Heinrich Rose

Handbuch der analytischen Chemie

Heinrich Rose

Handbuch der analytischen Chemie

ISBN/EAN: 9783744632409

Hergestellt in Europa, USA, Kanada, Australien, Japan

Cover: Foto ©berggeist007 / pixelio.de

Weitere Bücher finden Sie auf www.hansebooks.com

Vorwort.

Nach dem Tode von Heinrich Rose damit betraut, die Herausgabe der vorliegenden sechsten Ausgabe des „Handbuch's der analytischen Chemie" fortzusetzen, habe ich mich bestrebt, diese ehrenvolle Aufgabe in dem Sinne des verstorbenen Verfassers, meines verehrten Lehrers, auszuführen. Es stellten sich mir dadurch mannigfache Untersuchungen als nothwendig heraus, besonders zahlreich bei der Bearbeitung der zweiten Hälfte des zweiten Bandes, deren Ausführung die Vollendung der Ausgabe bis jetzt verzögert hat, länger, als anfangs gemuthmafst werden konnte.

Berlin, im Mai 1871.

R. Finkener.

Inhaltsverzeichniſs.

		Seite			Seite
I.	Kalium	1	XXXIV.	Osmium	216
II.	Natrium	12	XXXV.	Ruthen	219
III.	Lithium	17	XXXVI.	Platin	223
IV.	Rubidium	20	XXXVII.	Gold	258
V.	Cäsium	23	XXXVIII.	Zinn	271
VI.	Baryum	24	XXXIX.	Antimon	288
VII.	**Strontium**	**27**	XL.	Titan	312
VIII.	Calcium	34	XLI.	Thorium	325
IX.	Magnesium	40	XLII.	Zirkonium	328
X.	Aluminium	50	XLIII.	Tantal	330
XI.	Beryllium	59	XLIV.	Niob	339
XII.	Yttrium	63	XLV.	Wolfram	345
XIII.	Terbium	66	XLVI.	Molybdän	356
XIV.	Erbium	66	XLVII.	Vanadin	362
XV.	Cer	67	XLVIII.	Chrom	370
XVI.	Lanthan	71	XLIX.	Arsenik	387
XVII.	Didym	73	L.	Tellur	427
XVIII.	Mangan	74	LI.	Selen	440
XIX.	Eisen	94	LII.	Schwefel	453
XX.	Zink	114	LIII.	Phosphor	512
XXI.	Kobalt	124	LIV.	Fluor	563
XXII.	Nickel	136	LV.	Chlor	580
XXIII.	Thallium	147	**LVI.**	**Brom**	**616**
XXIV.	Cadmium	148	**LVII.**	**Jod**	**625**
XXV.	Blei	151	**LVIII.**	**Kiesel**	**638**
XXVI.	Wismuth	160	**LIX.**	**Bor**	**721**
XXVII.	Uran	167	**LX.**	**Kohle**	**732**
XXVIII.	Kupfer	173	**LXI.**	**Stickstoff**	**790**
XXIX.	Quecksilber	182	LXII.	Wasserstoff	835
XXX.	Silber	195	LXIII.	Sauerstoff	916
XXXI.	Palladium	204	LXIV.	Indium	921
XXXII.	Rhodium	208		Zusätze	923
XXXIII.	**Iridium**	**212**		Register	939

Der zweite Band dieses Werks enthält die Beschreibung der Methoden, nach welchen die Bestandtheile in zusammengesetzten Substanzen von einander getrennt und ihrer Menge nach bestimmt werden können, wenn die qualitative Zusammensetzung schon gefunden ist.

Die Beschreibung der Methoden, nach welchen die quantitative Bestimmung der Substanzen geschieht, ist so geordnet, dafs die Metalle, deren Oxyde Basen bilden, den Anfang machen, und dafs dann diejenigen folgen, welche in ihren Verbindungen saure Eigenschaften zeigen. Bei dem Kalium ist blofs die quantitative Bestimmung des Kaliums beschrieben worden; bei dem darauf folgenden Natrium aber nicht nur die des Natriums, sondern es sind hierbei auch die Methoden aufgeführt, nach welchen dasselbe vom Kalium quantitativ getrennt wird. So findet man in der ganzen Reihe der einfachen Körper zuerst die Art und Weise angegeben, wie die quantitative Bestimmung derselben geschieht, worauf sodann hintereinander die Methoden folgen, nach welchen sie in ihren Verbindungen von allen vorhergehenden getrennt werden können. Bei dieser Anordnung wird man ohne viele Schwierigkeiten sogleich alle Methoden auffinden können, die man bei einer vorkommenden quantitativen Analyse nachzuschlagen wünscht. Das Auffinden wird noch mehr durch ein Register erleichtert, welches diesem Bande zugefügt ist.

I. Kalium.

Bestimmung des Kaliums und des Kalis. — In den meisten Fällen wird das Kali in einer zu untersuchenden Substanz, wenn es von keiner andern Base zu trennen ist, als schwefelsaures Kali oder als Chlorkalium bestimmt, nur in seltenen Fällen als salpetersaures oder als kohlensaures Kali.

Bestimmung des Kalis als schwefelsaures Kali. — Ist das Kali als schwefelsaures in einer Lösung enthalten, so dampft man diese bei gelinder Hitze, zuletzt im Wasserbade, bis zur Trocknifs ab. Erhitzt man das abgedampfte Salz stärker, so pflegt es stark zu decrepitiren. Man vermeidet einen Verlust, wenn man das Abgedampfte längere Zeit einer Hitze aussetzt, welche den Kochpunkt des Wassers um etwas übersteigt; darauf wird es im bedeckten Tiegel bis zum Glühen erhitzt.

War in der Lösung ein Ueberschufs von Schwefelsäure, so decrepitirt die bis zur Trocknifs abgedampfte Masse, die aus saurem schwefelsaurem Kali besteht, bei stärkerem Erhitzen nicht, verliert aber beim Glühen den Ueberschufs der Schwefelsäure schwer und langsam, weshalb man auf das stark geglühte Salz ein Stückchen kohlensaures Ammoniak legt und wieder glüht. Man wiederholt die Operation so lange, bis bei zwei Wägungen das Gewicht des Tiegels sich nicht mehr verändert. Das kohlensaure Ammoniak mufs man immer auf das erkaltete, nicht auf das glühende Salz bringen und anfangs sehr gelinde, später aber stark glühen. In dem Maafse, als sich das saure schwefelsaure Kali in das neutrale verwandelt, verliert es seine Schmelzbarkeit. — Das auf diese Weise erhaltene schwefelsaure Kali enthält bisweilen etwas Platin, das beim Auflösen des Salzes ungelöst zurückbleibt. Man filtrirt die Lösung, wäscht das Platin aus, bestimmt nach dem Glühen das Gewicht desselben, und überzeugt sich, ob das Gewicht des Platintiegels, in welchem die Wägung des schwefelsauren Kalis geschah, unverändert geblieben ist.

Das Abdampfen der Flüssigkeit bis zur Trocknifs geschieht in einer Platinschale, in welcher auch der Ueberschufs der Schwefelsäure verflüchtigt wird, wenn ein solcher vorhanden ist. Die trockne Masse bringt man möglichst vollständig in einen Platintiegel und spült die Schale mit wenigem Wasser aus. Enthielt die Lösung aufser Schwefelsäure noch Chlorwasserstoffsäure und Salpetersäure, so mufs das Abdampfen in einer Porcellanschale bewerkstelligt und so lange fortgesetzt werden, bis diese Säuren vollständig verflüchtigt sind, und der Ueberschufs der Schwefelsäure anfängt zu verdampfen; dann spült man das Ganze entweder zuerst in eine Platinschale, wenn man eine grofse Menge von freier Schwefelsäure zu verjagen hat, oder gleich in den Platintiegel, in welchem das Glühen und Wägen geschieht.

Enthält die Lösung des schwefelsauren Kalis gröfsere Mengen von ammoniakalischen Salzen, wie dies sehr häufig der Fall ist, so werden diese durch Glühen aus der bis zur Trocknifs abgedampften Masse verjagt. Hierbei mufs aber viele Vorsicht beobachtet werden. Beim Abdampfen der Lösungen des schwefelsauren Kalis mit vielen ammoniakalischen Salzen effloresciren diese sehr leicht, und es kann dadurch ein Verlust entstehen, wenn das Abdampfen längere Zeit unterbrochen wird. Wenn man die Lösung in einer gröfseren Platinschale bis zur Trockniſs abgedampft hat, so bringt man dieselbe vorsichtig nach und nach bis zum anfangenden Glühen, um den allergröſsten Theil des schwefelsauren Ammoniaks in der Platinschale zu verjagen. Dies ist mit Unannehmlichkeiten verknüpft; denn das schwefelsaure Ammoniak schmilzt beim Erhitzen, sprützt ziemlich stark und kann leicht einen Verlust an schwefelsaurem Kali verursachen. Ist neben dem schwefelsauren Ammoniak auch noch Chlorammonium vorhanden, so verflüchtigt sich dieses meistentheils, ohne zu schmelzen. Wenn die ammoniakalischen Salze sich fast vollständig verflüchtigt haben, bringt man den Rückstand in einen Platintiegel, verdampft bis zur Trockniſs, und behandelt die trockne Masse mit kohlensaurem Ammoniak, um sie in neutrales schwefelsaures Kali zu verwandeln. Denn wenn auch in der Lösung neutrale Salze oder gar freies Ammoniak vorhanden waren, so bleibt nach dem Verjagen des schwefelsauren Ammoniaks das schwefelsaure Kali als saures Salz zurück. Das auf diese Weise erhaltene schwefelsaure Kali enthält gewöhnlich kleine Spuren von Platin.

Ist neben dem schwefelsauren Ammoniak in der Lösung Chlorammonium und salpetersaures Ammoniak vorhanden, so kann zwar das Abdampfen bis zur Trockniſs in einer Platinschale ohne Nachtheil geschehen, wenn während des Abdampfens von Zeit zu Zeit freies Ammoniak hinzugefügt wird; es dürfen aber die ammoniakalischen Salze in derselben nicht durch Glühen verjagt werden. Nicht nur wird dann die Platinschale angegriffen, sondern die ammoniakalischen Salze zersetzen sich auch gegenseitig, und oft, wenn sie in einem gewissen Verhältniſs vorhanden sind, mit Explosion. — Man muſs in diesem Falle die Flüssigkeit mit einem Ueberschuſs von Schwefelsäure versetzen, in einer Porcellanschale abdampfen, das trockne Salz in eine Platinschale bringen, in derselben das schwefelsaure Ammoniak durch Glühen verjagen und in einem Platintiegel das saure schwefelsaure Kali mit kohlensaurem Ammoniak behandeln.

Enthält eine Auflösung neben neutralem schwefelsaurem Kali Chlorammonium, so verwandelt sich ersteres beim Erhitzen des Rückstands zum Theil in Chlorkalium. Es ist deshalb nöthig, durch Zusetzen von etwas freier Schwefelsäure das Chlorkalium wiederum in schwefelsaures Kali zu verwandeln.

Bestimmung des Kaliums als Chlorkalium. — Man dampft die Lösung, die dasselbe enthält, in einer Platinschale beinahe bis zur Trockniſs, bringt den Rückstand mit wenigem Wasser in einen Platintiegel, verdampft im Wasserbade und erhitzt das Chlorkalium längere Zeit bei einer Temperatur, die den Kochpunkt des Wassers um etwas übersteigt, um bei stärkerem Erhitzen ein Decrepitiren möglichst zu vermeiden. Der bedeckte Tiegel wird darauf erhitzt, doch nicht einmal bis zum dunkelsten Rothglühen, weil beim Glühen sich leicht etwas Chlorkalium verflüchtigt, und dann gewogen.

Enthält die Lösung des Chlorkaliums viel Chlorammonium, so ist nach dem Abdampfen bis zur Trocknifs das letztere leichter zu verjagen, als das schwefelsaure Ammoniak. Man kann die in einer Porcellan- oder besser in einer Platinschale bis zur Trocknifs abgedampfte Masse zuerst gelinde und dann stärker bis zum anfangenden Glühen so lange erhitzen, bis das Chlorammonium sich verflüchtigt hat. Das Verjagen des Chlorammoniums geschieht ohne Gefahr für die quantitative Bestimmung des Chlorkaliums. Denn jenes Salz schmilzt nicht durch die Einwirkung der Hitze, sondern geht unmittelbar aus dem festen in den gasförmigen Aggregatzustand über. So lange Chlorammoniumdämpfe entweichen, kann nichts vom Chlorkalium sich verflüchtigen. Nach dem Erkalten löst man den Rückstand in möglichst wenigem Wasser, entfernt durch Filtriren die fast immer ausgeschiedene Kohle und verdampft vorsichtig im Platintiegel. — Nie mufs man, selbst wenn auch nur wenig Chlorammonium mit Chlorkalium gemengt im trocknen Rückstand vorhanden ist, denselben in den Platintiegel bringen und sodann das Ausspülungswasser der Schale hinzufügen. Immer mufs, ehe letzteres geschieht, aus dem trocknen Rückstand das Chlorammonium durch Glühen verjagt worden sein. Denn versucht man, das Ausspülungswasser in dem Tiegel abzudampfen, wenn noch Chlorammonium vorhanden ist, so gelingt dies selten ohne Verlust, indem durch Effloresciren das Salz über den Rand des Tiegels während des Abdampfens steigt.

Es kommt bei Untersuchungen häufig vor, dafs in einer Auflösung Chlorkalium neben oxalsaurem Ammoniak enthalten ist, und dafs, wenn die Lösung bis zur Trocknifs abgedampft worden ist, letzteres Salz verjagt werden soll. Hierbei wird aber ein nicht unbeträchtlicher Theil des Chlors vom Chlorkalium als Chlorwasserstoffsäure ausgetrieben, und der geglühte Rückstand besteht aus Chlorkalium gemengt mit mehr oder weniger kohlensaurem Kali. Wenn neben Chlorkalium freie Oxalsäure vorhanden ist, und man letztere durch Erhitzen des abgedampften Rückstandes verjagt, so ist die Menge des sich bildenden kohlensauren Kalis noch beträchtlicher; es kann sogar das Chlorkalium dadurch gänzlich in kohlensaures Kali verwandelt werden. In diesen Fällen mufs man das kohlensaure Kali entweder durch vorsichtiges Uebersättigen mit Chlorwasserstoffsäure oder besser durch einen Zusatz von reinem Chlorammonium und schwaches Glühen in Chlorkalium verwandeln. — War in der Flüssigkeit Chlorammonium enthalten, so hat man die Umwandlung des Chlorkaliums in kohlensaures Kali nicht zu befürchten.

Bestimmung des Kalis als salpetersaures Kali. — Ist

das Kali an Salpetersäure gebunden in einer Auflösung, so wird dieselbe bis zur Trockniſs abgedampft; die trockne Masse wird einer mäſsigen Hitze so lange ausgesetzt, bis das Gewicht dadurch nicht mehr verändert wird. Man darf das salpetersaure Kali nicht bis zum Schmelzen erhitzen, weil es dann leicht Sauerstoff verlieren und sich zum Theil in salpetrichtsaures Kali verwandeln kann. Enthält das salpetersaure Kali Spuren von organischen Substanzen, so erfolgt dadurch beim Schmelzen die Zersetzung eines Theils der Salpetersäure mit Lebhaftigkeit, wodurch leicht etwas von der Masse verloren gehen kann. Sicherer ist es immer, das salpetersaure Kali nach der Wägung durch vorsichtige Uebersättigung mit Schwefelsäure und nachheriger Behandlung des sauren Salzes mit kohlensaurem Ammoniak in schwefelsaures Kali zu verwandeln. Man kann das salpetersaure Kali auch in Chlorkalium verwandeln, indem man es im Tiegel mit Chlorammonium mengt und das Gemenge bis zur Verflüchtigung desselben erhitzt. Durch zwei oder dreimalige Behandlung mit Chlorammonium wird das salpetersaure Kali gewöhnlich vollständig in Chlorkalium verwandelt, das frei von jeder Spur von Salpetersäure ist. Ist das salpetersaure Kali geschmolzen, so läſst es sich nicht mit dem Chlorammonium mengen; man befeuchtet es dann mit einigen Tropfen Wasser, legt ungefähr die dreifache Menge von reinem Chlorammonium darauf und erhitzt, zuerst sehr vorsichtig und dann stärker. Man wendet besser einen kleinen Porcellantiegel als einen Platintiegel an. Im erstern kann man durch die Hitze einer kleinen Lampe das Chlorkalium nicht so leicht zum Schmelzen bringen, wodurch eine Verflüchtigung desselben vermieden wird.

Enthält eine Lösung neben salpetersaurem Kali auch salpetersaures Ammoniak, so muſs die zur Trockniſs abgedampfte Masse in einer Porcellanschale erhitzt werden. Das salpetersaure Salz zersetzt sich in Stickstoffoxydul und in Wasser, aber beim Zutritt der Luft entwikkelt sich viel Ammoniaksalz als dicker Rauch, und bei stärkerer Hitze kann eine Zersetzung mit Entflammung stattfinden.

Man verwandelt bisweilen das salpetersaure Kali durch etwas Kienruſs in kohlensaures Kali; es ist jedoch diese Methode, bei welcher leicht etwas von der Masse verloren gehen kann, nicht zu empfehlen. Diese Verwandlung kann indessen sehr gut bewirkt werden, wenn man das salpetersaure Kali mit Oxalsäure in einem bedeckten und nicht zu kleinen Platintiegel erhitzt. Wenn man die Operation noch einmal wiederholt, so ist die Umwandlung eine ganz vollkommene. Das auf diese Weise erhaltene kohlensaure Kali ist durch freie Kohle etwas grau gefärbt. — Die Umwandlung gelingt nicht, wenn man kohlensaures oder oxalsaures Ammoniak anwendet.

Bestimmung des Kalis als kohlensaures Kali. — Ist in

einer Lösung das Kali als kohlensaures enthalten, so kann dieselbe abgedampft und das kohlensaure Kali im Platintiegel geglüht werden. Vor dem Glühen legt man auf dasselbe etwas festes kohlensaures Ammoniak, um Spuren von etwa vorhandenem Kalihydrat in kohlensaures Kali zu verwandeln. Das Wägen muſs in einem möglichst gut verschlossenen Platintiegel geschehen, da das Salz leicht Feuchtigkeit anzieht. Man pflegt daher das kohlensaure Kali in Chlorkalium oder in schwefelsaures Kali zu verwandeln. Dies kann durch Uebersättigung mit Chlorwasserstoffsäure oder verdünnter Schwefelsäure, aber zweckmäſsiger durch Chlorammonium oder durch schwefelsaures Ammoniak geschehen. Ist das Kali mit organischen Säuren verbunden, so bestimmt man seine Menge gewöhnlich auf die Weise, daſs man es in kohlensaures Kali verwandelt. Man erhitzt die organische Verbindung im Platintiegel beim Zutritt der Luft erst gelinde, dann stärker. Es ist in den meisten Fällen nicht möglich, eine gänzliche Verbrennung der ausgeschiedenen Kohle dadurch zu bewirken; es bleibt gewöhnlich eine schwarze Mengung von kohlensaurem Kali, das freies Kali enthält, und von Kohle zurück, welche durch das Kalisalz gegen die Oxydation geschützt wird. Man pflegt dann das kohlensaure Kali in wenigem Wasser aufzulösen, um die ungelöste Kohle verbrennen zu können. Besser aber ist es, auf die geglühte schwarze oder schwärzliche Masse sehr kleine Mengen von salpetersaurem Ammoniak zu bringen, und sodann vorsichtig zu erhitzen, wodurch die Kohle mit Lebhaftigkeit verbrennt. Man wiederholt dies so lange, bis alle Kohle oxydirt, und die Masse farblos ist. Dieselbe ist gewöhnlich geschmolzen und besteht aus kohlensaurem und aus salpetersaurem und salpetrichtsaurem Kali. Es ist nicht anzurathen, sie durch Sättigung mit Salpetersäure in salpetersaures Kali zu verwandeln. Man kann aber auf die S. 5 angegebene Weise durch Chlorammonium die Umwandlung in Chlorkalium, oder durch schwefelsaures Ammoniak die in schwefelsaures Kali bewirken.

Bestimmung des Kalis im kohlensauren Kali und im Kalihydrat auf maaſsanalytischem Wege. — Am schnellsten und zuverlässigsten bestimmt man das kohlensaure Kali, so wie das Kalihydrat, besonders bei technischen Untersuchungen, maaſsanalytisch, indem man das Volumen einer Säure von bekannter Stärke miſst, welches zur Sättigung einer gewogenen Menge des kohlensauren Kalis nöthig ist. Zur Ausführung dieser Versuche hat man viele Vorschriften gegeben und in besonderen Büchern für technische Zwecke zusammengestellt. Es werden gewöhnlich die käuflichen Arten des kohlensauren Kalis, welche im mehr oder minder reinen Zustande als Pottasche in dem Handel vorkommen und das Kalihydrat auf diese Weise untersucht. — Man hat dieser Bestimmung der Alkalien und der alkalischen Erden einen besonderen Namen, den der Alkalimetrie gegeben.

Man wendet zu diesen Versuchen, der Einfachheit der Rechnung wegen, Säuren von solcher Concentration an, dafs ein Liter derselben die dem Atomgewicht der Säure ($H = 1$) gleiche Anzahl von Grammen Säure enthält. So enthält ein Liter einer solchen Säure 40 Grm. Schwefelsäure (SO^3), 36 Grm. Oxalsäure (C^2O^3), 36,5 Chlorwasserstoffsäure (HCl), 54 Grm. Salpetersäure(NO^5), alle diese im wasserfreien Zustand. Man nennt die Säuren in diesem Zustande der Verdünnung Normalsäuren.

Als Normalsäure gebraucht man immer Schwefelsäure, wenn nicht ihre Anwendung wegen Erzeugung von un- oder schwerlöslichen Verbindungen vermieden werden mufs.

Zur Bereitung einer Normal-Schwefelsäure verfährt man zweckmäfsig auf folgende Weise. Zuerst stellt man sich eine etwas concentrirtere Schwefelsäure dar, als die Normalsäure sein soll, und eine Lösung von Kali- oder von Natronhydrat, so dafs gleiche Volumina dieser Lösungen einander sättigen. Man vermischt zu dem Ende englische Schwefelsäure mit dem dreifsigfachen Volumen, und eine Natronlösung vom spec. Gewicht 1,4 mit dem zehnfachen Volumen Wasser. Nachdem die Mischungen erkaltet sind, bringt man eine genau gemessene Menge, etwa 10 Cub.-Cent. dieser Schwefelsäure, in ein Glas, verdünnt sie mit etwas Wasser, setzt einige Tropfen Lackmustinctur hinzu und läfst dann unter Umrühren aus einer Pipette oder Bürette von der Natronlauge so lange hinzufliefsen, bis durch den letzten Tropfen eine deutlich blaue Färbung eintritt. Hat man so das Verhältnifs der Volumina der Schwefelsäure und der Natronlösung, welche einander sättigen, erfahren, so bringt man die concentrirtere der Flüssigkeiten in einen Mischcylinder und fügt so viel Wasser hinzu, dafs gleiche Volumina der Säure und der Natronlösung einander sättigen.

Um nun die Concentration der Säure genau zu bestimmen, löst man eine gewogene Menge, etwa 1 Grm., reinen wasserfreien kohlensauren Natrons in einem Kolben in Wasser auf, setzt dann einige Tropfen Lackmustinctur und darauf aus einer Pipette von der verdünnten Schwefelsäure hinzu, bis eine entschieden saure Reaction eintritt. Nachdem man die Kohlensäure (weil sie die Lackmustinctur röthet) durch Kochen entfernt hat, läfst man zu der Flüssigkeit, welche noch roth gefärbt sein mufs, so viel von der Natronlösung fliefsen, bis mit dem letzten Tropfen eine blaue Färbung eintritt. Zieht man von den verbrauchten Cub.-Cent. Schwefelsäure die der Natronlösung ab, so erhält man das Volumen von Schwefelsäure, welches die angewandte Menge von kohlensaurem Natron sättigt. Hieraus berechnet man die

Concentration der Säure und verdünnt dieselbe dann in einem Mischcylinder so weit, dafs sie die angegebene Stärke hat, dafs also der Liter 40 Grm. wasserfreie Schwefelsäure enthält, oder 53 Grm. wasserfreies kohlensaures Natron sättigt. Auf diese Schwefelsäure stellt man dann die Natronlösung, die man Normal-Natronlösung nennt.

Will man das Kali im kohlensauren Kali oder im Kalihydrat auf diese Weise bestimmen, so löst man eine gewogene Menge der Substanz, etwa 1 bis 2 Grm., in Wasser, fügt etwas Lackmustinctur und so viel von der Normalschwefelsäure hinzu, dafs die Lösung stark roth wird. Man erhitzt dann, um die freie Kohlensäure zu vertreiben, und fügt so viel Normal-Natronlösung hinzu, bis die alkalische Reaction eintritt. Aus der Differenz der verbrauchten Cub.-Cent. Schwefelsäure und Natronlösung berechnet man die Menge des kohlensauren Alkalis.

Die speciellen Vorsichtsmaafsregeln, die hierbei zu nehmen sind, um ein genaues Resultat zu erzielen, sind in den maafsanalytischen Lehrbüchern, die in neuerer Zeit erschienen sind, so ausführlich erörtert, dafs hier nur darauf hingewiesen zu werden braucht.

Bestimmung des Kalis als Kaliumplatinchlorid. — Man kann das Kali aus seinen Lösungen durch Platinchlorid fällen, und aus dem Gewichte des gefällten Kaliumplatinchlorids die Menge des Kalis berechnen. Man bedient sich dieser Methode allgemein, wenn das Kali von andern Alkalien getrennt werden soll, oder wenn es an eine Säure gebunden ist, welche nicht flüchtig ist, so dafs ein Ueberschufs dieser Säure durch Glühen des Kalisalzes nicht verjagt werden kann.

In diesen Fällen hat man darauf zu sehen, dafs das angewandte Platinchlorid rein ist. Man dampft die Lösung von reinem Platin in Königswasser, die in Porcellanschalen und nicht in Glasgefäfsen, aus denen Alkali ausgezogen werden kann, bereitet sein mufs, im Wasserbade ab. Zu der sehr concentrirten Lösung setzt man etwas Chlorwasserstoffsäure und fährt mit dem Abdampfen im Wasserbade so lange fort, bis kein Geruch von Chlor und von Chlorwasserstoff mehr zu bemerken ist. Nach dem Erkalten erstarrt das Chlorid zu einer krystallinischen Masse, die man in nicht zu vielem Wasser auflöst. Bleibt dabei eine geringe Menge eines gelblichen Salzes zurück, so ist durch die Einwirkung des Königswassers Alkali aus den Gefäfsen aufgenommen worden, oder die Säure hat dasselbe enthalten. Es ist durchaus nöthig, dafs das Abdampfen, wenigstens der concentrirten Lösung, im Wasserbade geschieht, damit durch stärkere Hitze sich kein Platinchlorür bildet.

Es ist anzurathen, das Platinchlorid in concentrirter Lösung, de-

ren Gehalt an Platin man annähernd bestimmt hat, anzuwenden. Ein C. C. der Lösung kann zweckmäfsig 0,5 Grm. Platin enthalten *).

Das gewöhnliche Verfahren bei der Abscheidung des Kalis durch Platinchlorid ist, dafs man nach dem Zusetzen der Platinlösung zu der Lösung der kalihaltigen Verbindung in Wasser das Ganze im Wasserbade bis fast zur Trocknifs abdampft, und die trockne Masse mit Alkohol (vom spec. Gewicht 0,83) übergiefst, zu welchem man ungefähr dem Volumen nach den fünften bis sechsten Theil Aether hinzugefügt hat. Das im aetherhaltigen Alkohol ganz unlösliche Kaliumplatinchlorid sammelt man auf einem gewogenen Filtrum, wäscht es mit wasserhaltigem Alkohol aus, bis die Flüssigkeit vollkommen farblos abläuft, trocknet es im Trockenapparat bei 100°, bis es nicht mehr an Gewicht verliert, und berechnet aus dem Gewichte die Menge des Kalis.

Das Abdampfen bis zur Trocknifs ist indessen nicht nöthig, wenn man zur Abscheidung des Kaliumplatinchlorids sich des wasserfreien Alkohols bedient, den man zu einer wässrigen Lösung der mit Platinchlorid versetzten Kaliverbindung hinzufügt.

Ist das Kali als Chlorkalium vorhanden, so löst man ungefähr ein Gramm der Verbindung in 15 C. C. Wasser auf, setzt zur Lösung die nöthige Menge Platinchlorid, darauf 75 C. C. wasserfreien Alkohol und 15 C. C. Aether. Man läfst das Ganze, um das Verdunsten des Aethers zu verhindern, unter einer Glasglocke, die man auf einer matt geschliffenen Glasplatte stellt, 12 Stunden stehen, filtrirt, wäscht mit ätherhaltigem Alkohol aus und trocknet den Niederschlag, wie oben angegeben ist.

Es ist selbstverständlich, dafs bei der Bestimmung des Kalis kein ammoniakalisches Salz in der Auflösung enthalten sein darf.

Wenn die Menge des erhaltenen Kaliumplatinchlorids nur gering ist und einige Centigramme nicht übersteigt, so ist es nicht nöthig, dasselbe auf einem gewogenen Filtrum zu filtriren. Man glüht es dann nach dem Auswaschen, aber mit grofser Vorsicht, weil sonst mit den Dämpfen des Chlors etwas unzersetztes Salz und selbst etwas metallisches Platin fortgerissen werden kann. Man legt das Salz, ins Filtrum eingewickelt, in den Platintiegel, und erhitzt denselben mit ganz aufgelegtem Deckel lange Zeit mäfsig, wobei das Filtrum langsam verkohlt, und das Salz sich zersetzt, ohne dafs etwas davon mechanisch fortgerissen wird. Dann verbrennt man bei stärkerer Hitze mit geöffnetem Deckel beim Zutritt der Luft die Kohle des Filtrums und übergiefst im Platintiegel den geglühten Rückstand mit Wasser, welches das Chlorkalium auflöst, und fein zertheiltes Platin ungelöst

---

*) Man hat nämlich bei der Trennung des Kalis vom Natron und Lithion kein Mittel, um zu erfahren, ob man zu der Lösung auch so viel Platinchlorid hinzugefügt hat, dafs auch diese Alkalien in Natrium- und in Lithiumplatinchlorid umgewandelt sind, was durchaus nöthig ist.

zurückläfst, das wegen seiner grofsen specifischen Schwere leicht zu Boden fällt. Es wird so oft mit Wasser ausgewaschen, bis die abgegossene Flüssigkeit (welche farblos sein mufs, und nicht schwach gelblich von etwa nicht zersetztem Platinsalze) nicht mehr die Auflösung des salpetersauren Silberoxyds trübt. Das Platin wird dann im Tiegel getrocknet, geglüht und gewogen; aus der Menge desselben läfst sich die des Kaliums oder des Kalis berechnen.

Man kann indessen diese Methode nicht gut anwenden, wenn die Menge des erhaltenen Platinchlorids mehrere Decigramme beträgt. In diesem Falle erhält man entweder ein nicht richtiges oder nur bei grofser Sorgfalt und Vorsicht ein richtiges Resultat. Beim Glühen schmilzt das Chlorkalium und bedeckt die Kohle des Filtrums so, dafs sie später nach Oeffnung des Tiegels nicht verbrannt werden kann, was selbst dann schwer ist, wenn man durch Wasser den gröfsten Theil des Chlorkaliums aufgelöst, den Rückstand getrocknet hat und darauf glüht. Es kann ferner ein geringer Theil des Platinsalzes beim Glühen leicht unzersetzt bleiben, und im Waschwasser aufgelöst werden. Man befördert die Reduction des Salzes, wenn man zu dem geglühten Salze etwas Oxalsäure hinzufügt, und dann wieder glüht. Am sichersten aber wird die vollständige Reduction des Platins bewirkt, wenn man das Salz unter Wasserstoffgas mäfsig erhitzt, so dafs das Chlorkalium nicht schmilzt. Man leitet das Gas durch einen durchbohrten Porcellandeckel in den Porcellan- oder Platintiegel. Um aber einen Verlust durch das Stäuben zu verhüten, läfst man das Gas nicht früher in den Tiegel strömen, als bis das Salz durch vorsichtiges Erhitzen theilweise schon zersetzt ist. Nach dem Auswaschen des Chlorkaliums wird das Platin dann noch beim Zutritt der Luft geglüht, um die Kohle des Filtrums zu zerstören.

Ist das Kalium als Brom- oder Jodkalium in der Lösung enthalten, so müssen diese in Chlorkalium verwandelt werden, wenn man das Kalium in ihnen als Kaliumplatinchlorid bestimmen will. Es geschieht dies, indem man die Lösung mit Chlorwasser versetzt und abdampft. Ist die durch Chlorwasser bewirkte gelbe oder braune Farbe beim Abdampfen verschwunden, so fügt man eine neue Menge von Chlorwasser hinzu, um zu sehen, ob von Neuem eine gelbe oder braune Farbe entsteht. Es ist zweckmäfsig, auch noch das trockne Salz in Chlorwasser aufzulösen, und wiederum bis zur Trocknifs abzudampfen, um vollständig alles Brom und Jod aus dem alkalischen Chlormetall zu vertreiben.

Ist das Kalium in einer Cyanverbindung zu bestimmen, so wird diese zuvor vermittelst Chlorwasserstoffsäure in Chlorkalium verwandelt.

Ist das Kali an eine Säure gebunden, die für sich in ätherhaltigem Alkohol auflöslich ist, so wird die Verbindung in Chlorwasserstoffsäure gelöst, und dann nach dem Zusetzen von Platinchlorid ein Gemenge von wasserfreiem Alkohol und Aether hinzugefügt. Man nimmt auf 1 Grm. der Kaliverbindung 30 C. C. Chlorwasserstoffsäure (vom spec. Gewicht 1,05). 150 C. C. wasserfreien Alkohol und 25 C. C. Aether. Man läfst das Ganze einige Stunden hindurch stehen, filtrirt auf einem gewogenen Filtrum, wäscht mit einem Gemisch von Chlorwasserstoffsäure, Alkohol und Aether in dem oben angegebenen Verhältnisse, bis die Flüssigkeit vollkommen farblos abläuft und darauf noch mit etwas ätherhaltigem Alkohol aus. Auf diese Weise kann das Kali in seinen Verbindungen mit Schwefelsäure, Phosphorsäure, Borsäure und anderen Säuren bestimmt werden. Es ist durchaus nicht nöthig, diese Verbindungen in Chlorkalium zu verwandeln, wenn das Kali in ihnen als Kaliumplatinchlorid bestimmt werden soll. (Finkener).

Bestimmung des Kalis als Kieselfluorkalium. — Man kann das Kali aus manchen Lösungen als Kieselfluorkalium fällen. Dieses ist in Wasser nicht unauflöslich, aber vollkommen unauflöslich in einer Flüssigkeit, welche mit Alkohol versetzt ist. Wenn man daher die Auflösung eines Kalisalzes mit einem Ueberschusse von Kieselfluorwasserstoffsäure versetzt und ein der ganzen Flüssigkeit gleiches Volumen von starkem Alkohol hinzufügt, so wird alles Kali vollständig als Kieselfluorkalium gefällt, das mit Alkohol ausgewaschen werden mufs, der mit einem gleichen Volumen Wasser verdünnt ist. Das ausgewaschene voluminöse Salz wird auf einem gewogenen Filtrum bei 100° getrocknet und gewogen.

Diese Methode giebt genaue Resultate. Es versteht sich, dafs in der Flüssigkeit keine Substanzen enthalten sein dürfen, die in verdünntem Alkohol unauflöslich sind, und daher gemeinschaftlich mit dem Kieselfluorkalium gefällt werden. Das Kali mufs daher an eine Säure gebunden sein, die in isolirtem Zustand in Alkohol leicht auflöslich ist.

Bei der Anwendung der Kieselfluorwasserstoffsäure ist aber der Umstand in Erwähnung zu bringen, dafs dieselbe, wenn sie auch in sehr verdünntem Zustande lange in gläsernen Gefäfsen aufbewahrt worden ist, nicht rein ist. Sie enthält eine geringe Menge von Alkali, dessen gröfste Menge indessen als Kieselfluorkalium oder Natrium sich ausgeschieden hat. Die Kieselfluorwasserstoffsäure mufs man vor Anwendung frisch bereiten, oder durch Alkohol das darin enthaltene Alkali ausfällen, wenn sie nicht in Gefäfsen von Platin oder von Silber aufbewahrt wird.

Bestimmung des Kalis als überchlorsaures Kali. — Die Ueberchlorsäure bietet ein bequemes Mittel dar, das Kali aus mehreren Verbindungen auszuscheiden. Das überchlorsaure Kali ist in Wasser sehr schwer löslich und in Alkohol unlöslich. Fügt man daher Ueberchlorsäure zu der Lösung eines Kalisalzes, so wird daraus überchlorsaures Kali gefällt; man mufs darauf das Ganze beinahe bis zur Trocknifs abdampfen, die Masse mit Alkohol behandeln und das Salz mit Alkohol auswaschen. Nach dem Trocknen glüht man das überchlorsaure Kali sehr vorsichtig, wodurch es sich unter Sauerstoffentwicklung in Chlorkalium verwandelt, dessen Gewicht man bestimmt.

II. Natrium.

Bestimmung des Natriums und des Natrons. — Ist Natrium als ein Natronsalz oder als Chlornatrium in einer Flüssigkeit enthalten, in welcher sich sonst keine andere Substanz befindet, die von demselben getrennt werden soll, so bestimmt man es auf dieselbe Weise wie das Kali. Beim Glühen des einfach-schwefelsauren Natrons hat man nicht leicht ein Decrepitiren zu befürchten. Wenn es einen Ueberschufs von Schwefelsäure enthält, so wird es eben so mit kohlensaurem Ammoniak behandelt, wie das Kalisalz, um es in ein neutrales Salz zu verwandeln (S. 2). Das Chlornatrium darf eben so wie das Chlorkalium nicht stark geglüht werden, weil sich sonst etwas davon verflüchtigt, obgleich das Chlornatrium minder flüchtig ist, als das Chlorkalium.

Sind in den Lösungen des schwefelsauren Natrons und des Chlornatriums ammoniakalische Salze enthalten, so verfährt man eben so wie unter ähnlichen Umständen bei den Kalisalzen (S. 3). Will man das Natron als salpetersaures Natron bestimmen, so ist zu bemerken, dafs dasselbe etwas leichter Feuchtigkeit anzieht, als das salpetersaure Kali. Hat man dagegen das Natron als kohlensaures Natron zu bestimmen, so kann dies sicherer und leichter als bei dem kohlensauren Kali geschehen, da es nicht so leicht Feuchtigkeit anzieht, wie dieses; jedoch darf man das kohlensaure Natron nur schwach glühen, weil sich bei stärkerem Glühen etwas Natronhydrat bildet. Man bestimmt in einem kohlensauren Natron die Menge des Alkalis wie beim kohlensauren Kali am leichtesten mafsanalytisch durch die Menge der Säure, welche erfordert wird, um das kohlensaure Natron vollkommen zu sättigen. — Von Säuren, welche in Alkohol auflöslich sind, kann das Natron nicht auf die Weise wie das Kali durch Platinchlorid getrennt werden, da das Natriumplatinchlorid in Alkohol auflöslich ist. Auch durch Ueberchlorsäure kann das Natron nicht bestimmt werden, da das überchlorsaure Natron in Wasser und in Alkohol leicht löslich ist.

Dahingegen kann durch Kieselfluorwasserstoffsäure das Natron

auf dieselbe Weise wie das Kali vollständig aus seinen Auflösungen gefällt werden. Wie das Kieselfluorkalium ist auch das Kieselfluornatrium in einer Flüssigkeit, die mit Alkohol versetzt ist, ganz unlöslich. Um das Natron als Kieselfluornatrium zu fällen, verfährt man ganz so wie bei der Fällung des Kieselfluorkaliums (S. 11).

Trennung des Natrons vom Kali. — Wenn beide Alkalien in einer Flüssigkeit enthalten sind, so geschieht die quantitative Trennung beider gewöhnlich auf folgende Weise: Sind beide Alkalien als Chlormetalle in einer Auflösung, so dampft man dieselbe bis zur Trocknifs ab und wägt die Chlormetalle in einem Platintiegel nach einem Erhitzen bis zum anfangenden Glühen. Das Salzgemenge wird in wenigem Wasser gelöst; man setzt darauf eine hinreichende Menge einer concentrirten Lösung von Platinchlorid hinzu, so dafs nicht nur das Chlorkalium, sondern auch das Chlornatrium sich vollständig mit Platinchlorid verbinden kann. Fügt man zu wenig davon hinzu, so kann beim nachherigen Abdampfen Chlornatrium sich mit dem ausgeschiedenen Kaliumplatinchlorid mengen. Es wird hierdurch das Kali schon meistentheils als Kaliumplatinchlorid abgeschieden. Man dampft hierauf das Ganze in einer Porcellanschale im Wasserbade bis zu einem sehr geringen Volumen ab, aber nicht bis zur völligen Trocknifs; es ist nothwendig, dafs das Natriumplatinchlorid nicht sein Krystallwasser verliert. Wenn man die Schale dann erkalten läfst, so kann das Ganze zu einer trocknen krystallinischen Masse erstarren. Diese behandelt man mit Alkohol (es ist nicht nöthig, wasserfreien anzuwenden, sondern Alkohol von der Dichtigkeit 0,83), zu welchem man den fünften oder sechsten Theil Aether hinzugefügt hat. Wenn beim Abdampfen das Ganze bis zur völligen Trocknifs gebracht worden ist, so löst sich das Natriumplatinchlorid nur sehr langsam und oft unvollkommen in ätherhaltigem Alkohol auf, aber leicht, wenn es sein Krystallwasser behalten hat, während das Kaliumplatinchlorid sich vollständig abscheidet. Dasselbe wird darauf auf einem gewogenen Filtrum mit ätherhaltigem Alkohol ausgewaschen. Bei sehr kleinen Mengen von wenigen Centigrammen braucht man kein gewogenes Filtrum anzuwenden, sondern verfährt, wie S. 9 angegeben ist.

Hat man die Menge des Chlorkaliums im Platinniederschlage berechnet, so kann man dasselbe von der gewogenen Menge der beiden Chlormetalle abziehen, um die des Chlornatriums durch die Differenz zu erfahren. Der Sicherheit wegen ist es in den meisten Fällen rathsam, die Menge des Chlornatriums unmittelbar zu bestimmen. Man dampft zu dem Ende die von dem Kaliumplatinchlorid abfiltrirte alkoholische Flüssigkeit sehr sorgfältig ab, und zwar im Wasserbade, und sorgt dafür, dafs die alkoholische Flüssigkeit sich nicht entzündet. Die trockne Masse wird in der Porcellanschale, welche von sehr bedeutender Größe nicht sein darf, zur Zerstörung des Platinchlorids stark über der Lampe erhitzt. Die Zersetzung geschieht vollständig, wenn man während des Erhitzens etwas reine Oxalsäure in die erhitzte Masse bringt, und bei einer Hitze, bei welcher das Chlornatrium sich nicht verflüchtigen kann. Es ist besser, eine wässrige concentrirte Lösung von Oxalsäure hinzuzufügen, damit dieselbe mit der ganzen Masse in Berührung kommt und in allen Theilen derselben das Platin reduciren kann. Nach dem Erkalten der Schale löst man das Chlornatrium in derselben durch wenig Wasser auf. Da dasselbe sich zum Theil durch den Einfluss der Oxalsäure in kohlensaures Natron verwandelt haben kann, so fügt man etwas Chlorwasserstoffsäure hinzu, trennt dann die Lösung des Chlornatriums vom reducirten Platin durch Filtration, dampft sie bis zur Trocknifs ab und erhitzt bis zum anfangenden Glühen. Die Porcellanschale, in welcher das Abdampfen und die Zerstörung des Natriumplatinchlorids geschieht, kann immer zu demselben Zwecke angewandt werden. — Ein geringer Theil des reducirten Platins setzt sich so fest auf der Glasur des Porcellans an, dafs er selbst durch Behandlung mit Königswasser nicht davon getrennt und aufgelöst werden kann. Ist die vom Platin abfiltrirte Lösung gelblich, so enthält sie noch etwas unzersetztes Platinchlorid; man muß sie dann von Neuem abdampfen, und so verfahren, wie angegeben ist. — Die Menge des erhaltenen Chlornatriums und die des aus dem Kaliumplatinchlorid berechneten Chlorkaliums, verglichen mit den vor der Trennung gewogenen Chlormetallen, zeigt, ob die Untersuchung mit Genauigkeit ausgeführt ist.

Man kann auch nach Abscheidung des Kaliumplatinchlorids und Verjagung des ätherhaltigen Alkohols durch Zusetzen von Schwefelsäure, Abdampfen bis zur Trocknifs und Glühen mit Hülfe von etwas kohlensaurem Ammoniak das Natriumplatinchlorid in metallisches Platin und in schwefelsaures Natron verwandeln, dessen Menge man nach Abscheidung des Platins bestimmt. Man kann hierbei stärker glühen, als bei Gewinnung des Natriums als Chlornatrium.

Es gelingt nicht, aus der vom Kaliumplatinchlorid abfiltrirten alkoholischen Flüssigkeit das Platin durch Schwefelwasserstoffgas als Schwefelplatin, oder auf eine andre Weise, als die angegebene, abzuscheiden.

Sind die Alkalien als schwefelsaure Salze vorhanden, so hat man dieselben bis jetzt immer in Chlormetalle verwandelt, wenn man sie durch Platinchlorid von einander trennen wollte. Dies geschieht am besten durch Behandlung der festen schwefelsauren Salze vermittelst Chlorammoniums bei erhöhter Temperatur. Man bewirkte diese Umwandlung auch selbst auf die Weise, dafs man die schwefelsauren Alkalien durch Chlorbaryum oder durch essigsaure Baryterde in Chlormetalle oder in essigsaure Salze verwandelte, und die überschüssige Baryterde durch kohlensaures Ammoniak mit einem Zusatze von Ammoniak fällte, oder die essigsauren Salze durch Glühen in kohlensaure Salze verwandelte.

Indessen alle diese Methoden sind höchst unzweckmäfsig, da man durch unmittelbare Fällung das Kaliumplatinchlorid auf die Weise, wie es S. 11 angegeben ist, auf eine einfachere und sichere Art erhalten kann.

Sind daher beide Alkalien als Chlorverbindungen zu trennen, so werden sie nach dem Wägen in wenigem Wasser gelöst, 1 Grm. des Gemenges in 15 C. C. Wasser, die Lösung wird mit der hinreichenden Menge von Platinchlorid versetzt, darauf werden 75 C. C. wasserfreier Alkohol und 15 C. C. Aether hinzugefügt. Nach 12 Stunden wird filtrirt, und mit dem Niederschlage so verfahren, wie S. 11 gezeigt ist. — Die abfiltrirte Flüssigkeit wird zur Bestimmung des Natriums so behandelt, wie es so eben erörtert ist.

Sind die Alkalien in Brom-, Jod- oder Cyanverbindungen zu bestimmen, so werden diese zuvor in Chlorverbindungen verwandelt (S. 10). Wenn hingegen die Alkalien an Säuren gebunden sind, die in ätherhaltigem Alkohol löslich sind, wie z. B. an Schwefelsäure, Phosphorsäure, Borsäure u. s. w., so löst man die vorher gewogene Verbindung in Chlorwasserstoffsäure auf, fügt wasserfreien Alkohol und Aether, sodann Platinchlorid hinzu, und verfährt so, wie es S. 11 erörtert ist. Will man die Menge des Natrons unmittelbar und nicht aus dem Verlust bestimmen, so entfernt man aus der filtrirten Flüssigkeit das gelöste Platin auf S. 14 angeführte Weise. Bei schwefelsauren Verbindungen erhält man sodann das Natron als schwefelsaures Salz. Da durch Behandlung mit Oxalsäure etwas Schwefelsäure zersetzt werden kann, so fügt man zu der vom reducirten Platin getrennten Flüssigkeit etwas Schwefelsäure, und behandelt das geglühte schwefelsaure Natron mit etwas kohlensaurem Ammoniak. Bei phosphorsauren und borsauren Verbindungen trennt man die Säuren von dem Natron nach Methoden, die später bei der Bestimmung dieser Säuren erörtert werden.

Das Kaliumplatinchlorid, das man bei allen diesen Trennungen des Kalis vom Natron erhält, ist indessen nicht vollkommen rein, sondern etwas natronhaltig. Bei genauen Analysen mufs man es in einer Platinschale vollständig in kochendem Wasser auflösen, einige Tropfen Platinchlorid zur Lösung hinzufügen, das Ganze im Wasserbade bis fast zur Trocknifs abdampfen, den Rückstand mit ätherhaltigem Alkohol übergiefsen und, wie früher angegeben ist, verfahren.

Wenn bei der Bestimmung der Alkalien als schwefelsaure Salze oder als Chlormetalle in der Flüssigkeit ammoniakalische Salze enthalten sind, so werden diese zuvor durch Glühen auf die Weise verjagt, wie es oben beim Kali S. 13 angegeben ist. Es ist hierbei zu bemerken, daſs bei Verjagung der ammoniakalischen Salze, wenn unter diesen Chlorammonium enthalten ist, die schwefelsauren Alkalien zum Theil oder ganz in Chlormetalle verwandelt werden können.

Die Trennung des Kalis vom Natron kann auch vermittelst der Ueberchlorsäure bewirkt werden. Sind beide Alkalien als Chlormetalle in einer wässrigen Auflösung enthalten, so kann man sich zur Trennung beider des überchlorsauren Silberoxyds bedienen. Man setzt eine wässrige Lösung dieses Salzes im Uebermaaſs zu der Lösung der Chlormetalle. Das erhaltene Chlorsilber wird abfiltrirt und vollständig mit heiſsem Wasser ausgewaschen, damit alles überchlorsaure Kali aufgelöst bleibt. Man kann die Menge des erhaltenen Chlorsilbers bestimmen, um die Menge des Chlors zu ermitteln, welches mit den alkalischen Metallen verbunden war. Die vom Chlorsilber abfiltrirte Flüssigkeit wird bis zur Trockniſs abgedampft, und die trockne Masse mit starkem Alkohol behandelt, welcher das überchlorsaure Natron und den Ueberschuſs des hinzugesetzten überchlorsauren Silberoxyds auflöst, das überchlorsaure Kali hingegen ungelöst zurückläſst, das mit Alkohol ausgewaschen werden muſs. Man glüht es darauf vorsichtig, wodurch es sich unter Sauerstoffentwicklung in Chlorkalium verwandelt, dessen Gewicht man bestimmt. Die alkoholische Lösung des überchlorsauren Natrons und Silberoxyds wird ebenfalls bis zur Trockniſs abgedampft, der trockne Rückstand geglüht, und das entstandene Chlornatrium vom Chlorsilber durch Wasser getrennt, worauf man die Auflösung des Chlornatriums wiederum vorsichtig bis zur Trockniſs abdampft und das Gewicht des Chlornatriums bestimmt.

Sind Kali und Natron als schwefelsaure Salze von einander zu trennen, so bedient man sich dazu der überchlorsauren Baryterde, deren Lösung man zu der der schwefelsauren Alkalien setzt. Nach Abscheidung der schwefelsauren Baryterde, und Auswaschen derselben mit heiſsem Wasser wird die abfiltrirte Flüssigkeit bis zur Trockniſs abgedampft, und das überchlorsaure Kali durch Alkohol abgeschieden. Von der alkoholischen Auflösung des überchlorsauren Natrons und der überchlorsauren Baryterde wird der Alkohol abgedampft; man fügt darauf Wasser hinzu, und fällt die Baryterde vermittelst Schwefelsäure. Die von der schwefelsauren Baryterde abfiltrirte Flüssigkeit wird zur Trockniſs abgedunstet und das saure schwefelsaure Natron mit kohlensaurem Ammoniak behandelt. (Sérullas). Es ist indessen zu bemerken, daſs die gefällte schwefelsaure Baryterde etwas Kali und Natron enthält.

Die Scheidung des Kalis vom Natron auf die Weise zu bewirken, daſs man ersteres in zweifach weinsteinsaures Kali verwandelt, und dieses durch Alkohol abscheidet, giebt ungenaue Resultate. Das aus einer concentrirten Lösung eines Kalisalzes durch eine alkoholische Lösung von Weinsteinsäure gefällte Salz ist kein Weinstein.

Die quantitative Bestimmung des Natrons bei Gegenwart von Kali kann in vielen Fällen sehr gut nach einer Methode geschehen, welche man die indirecte Analyse nennt, und welche schon vor sehr langer Zeit Richter zuerst angewandt hat. Man nimmt das Gewicht beider Basen entweder als Chlormetalle oder als schwefelsaure Salze, löst diese auf, und bestimmt in der Auflösung der ersteren das Chlor als Chlorsilber und in der der letzteren die Schwefelsäure als schwefelsaure Baryterde nach Methoden, die später beschrieben werden. Da das Chlor sicherer und genauer als die Schwefelsäure bestimmt werden kann, so ist es vorzuziehen, die Basen als Chlormetalle zu bestimmen. Man kann indessen auch das Gewicht der beiden Alkalien als Chlormetalle bestimmen, und diese durch Schwefelsäure (mit Hülfe von etwas kohlensaurem Ammoniak) in neutrale schwefelsaure Salze verwandeln. Aus den gefundenen Resultaten läfst sich die Menge des Kalisalzes und des Natronsalzes leicht berechnen.

Bei grofser Genauigkeit kann die indirecte Bestimmung der beiden Alkalien genauere Resultate geben, als die Trennung vermittelst Platinchlorids, aber doch nur in dem Falle, wenn aufser den beiden Alkalien selbst nicht Spuren eines andern Alkalis oder eines fremden Körpers in der Chlorverbindung enthalten sind.

III. Lithium.

Bestimmung des Lithiums und des Lithions. — Lithion, wenn es von keiner andern Base zu trennen ist, wird eben so wie Kali und Natron quantitativ bestimmt. — Ist das Lithion an Schwefelsäure gebunden, so ist es kaum nöthig, das schwefelsaure Lithion beim Glühen mit kohlensaurem Ammoniak zu behandeln. Chlorlithium zerfliefst sehr leicht an der Luft, und ist deshalb schwer mit Genauigkeit zu wägen. Man darf es nicht glühen, weil es sich dabei zum Theil verflüchtigen kann; es ist jedoch weniger flüchtig als Chlorkalium, aber mehr als Chlornatrium.

Nach Mayer gelingt die Bestimmung des Lithions als phosphorsaures Lithion sehr gut, wenn man die Lösung des Lithionsalzes, das Lithion mag an Schwefelsäure, an Salpetersäure oder an Essigsäure gebunden, oder als Chlorlithium darin enthalten sein, mit einer Lösung von phosphorsaurem Natron versetzt, und so viel Natronhydratlösung hinzufügt, dafs die Flüssigkeit eine alkalische Reaction nach dem Abdampfen behält. Man dampft im Wasserbade bis zur Trocknifs ab, behandelt die trockne Masse unter gelindem Erwärmen mit Wasser, fügt ein gleiches Volumen Ammoniakflüssigkeit hinzu, digerirt das Ganze bei gelinder Wärme, filtrirt nach 12 Stunden das Ungelöste und wäscht es mit einer Mischung aus gleichen Volumen von Wasser und von Ammoniakflüssigkeit aus. Die filtrirte Flüssigkeit und das Waschwasser werden abgedampft, und der Rückstand wie zuvor behandelt, wobei eine neue Menge von phosphorsaurem Lithion erhalten wird. Man muſs dies so lange fortsetzen, als man noch durch Abdampfen des Waschwassers wägbare Mengen von phosphorsaurem Lithion erhält. Das erhaltene dreibasische phosphorsaure Lithion kann auf einem gewogenen Filtrum bei 100° getrocknet oder auch geglüht werden, wobei man nur Sorge tragen muſs, das Filtrum von dem Niederschlage möglichst zu befreien, bevor man es einäschert.

Fresenius hat nach dieser Methode zufriedenstellende Resultate erhalten, obgleich nach Rammelsberg das ausgeschiedene phosphorsaure Lithion bedeutende Mengen von phosphorsaurem Natron enthalten kann.

Will man in dem erhaltenen phosphorsauren Lithion die Menge des Lithions bestimmen, so geschieht dies nach Methoden, die weiter unten bei der Phosphorsäure beschrieben sind.

Trennung des Lithions vom Kali. — Die quantitative Trennung beider kann, wie die des Natrons vom Kali, vermittelst Platinchlorids bewirkt werden (S. 13). Das Lithiumplatinchlorid ist in ätherhaltigem Alkohol etwas schwerer als die Natriumverbindung löslich.

Die Trennung der beiden Alkalien von einander, sowohl als Chlormetalle, wie als salpetersaure Salze, kann auch auf folgende Weise ausgeführt werden: Man behandelt sie in einer Flasche, die verschlossen werden kann, mit einem Gemisch aus gleichen Theilen wasserfreiem Alkohol und Aether, und stellt das Ganze einige Zeit hindurch bei Seite, während welcher Zeit man es oft durchschüttelt. Das Chlorlithium sowohl, als auch das salpetersaure Lithion lösen sich vollständig auf, während die Kalisalze ungelöst zurückbleiben (das salpetersaure Kali vollständiger als das Chlorkalium). Man wäscht das Kalisalz mit aetherhaltigem Alkohol aus und bestimmt sein Gewicht. Die Menge des Lithionsalzes findet man durch vorsichtiges Abdampfen der Lösung oder aus dem Verluste, wenn man das Gemenge der Salze vorher gewogen hat. Statt des ätherhaltigen Alkohols darf nicht reiner wasserfreier Alkohol angewandt werden. In diesem ist das salpetersaure Kali, besonders das Chlorkalium, nicht ganz unlöslich.

Diese Trennung giebt indessen nicht so genaue Resultate, wie die durch Platinchlorid.

Sind hingegen die beiden Alkalien in schwefelsaurem Zustande, so kann die Trennung nicht auf die beschriebene Weise bewerkstelligt werden. Indessen die Umwandlung der schwefelsauren Alkalien in Chlormetalle oder in salpetersaure Salze ist nicht leicht zu bewerkstelligen, da das schwefelsaure Lithion nicht wie schwefelsaures Kali und Natron durch Behandlung mit Chlorammonium vollständig in Chlormetall umgewandelt wird. Durch oft wiederholte Behandlung wird es nur zum kleinsten Theile dadurch in Chlorlithium verwandelt.

Die Umwandlung der schwefelsauren Alkalien in Chlormetalle geschieht am besten auf die Weise, dafs man zu der Lösung Chlorcalcium in einem kleinen Ueberschufs hinzufügt, darauf die Lösung mit dem doppelten Vol. von Alkohol versetzt, die gefällte schwefelsaure Kalkerde mit verdünntem Alkohol auswäscht, aus der filtrirten Flüssigkeit die überschüssig hinzugefügte Kalkerde durch Oxalsäure entfernt, sodann bis zur Trocknifs abdampft und den trocknen Rückstand mit Vorsicht erhitzt. Es bleiben die Alkalien als Chlormetalle zurück. Löst man die gefällte schwefelsaure Kalkerde in verdünnter heifser Chlorwasserstoffsäure auf, dampft bis fast zur Trocknifs ab, und zieht den Rückstand mit verdünntem Alkohol aus, so erhält man noch Spuren von Alkalien.

Auf dieselbe Weise, wie man Natron vom Kali durch Ueberchlorsäure trennen kann (S. 16), kann auch Lithion von Kali geschieden werden, da das überchlorsaure Lithion wie das überchlorsaure Natron in Wasser und Alkohol auflöslich ist.

Auch durch Fällung des Lithions als phosphorsaures nach der S. 17 angegebenen Methode könnte dasselbe vom Kali getrennt werden. Die quantitative Bestimmung des Lithions bei Gegenwart von Kali kann am genauesten durch die indirecte Analyse geschehen, auf gleiche Weise, wie die des Kalis und des Natrons (S. 17). Man wägt beide Alkalien als Chlormetalle, bestimmt in diesen entweder die Menge des Chlors als Chlorsilber, oder verwandelt dieselben in schwefelsaure Salze. Das Resultat fällt wegen der gröfseren Verschiedenheit der Atomgewichte des Kaliums und Lithiums genauer aus, als bei der indirecten Bestimmung des Kalis und Natrons.

Trennung des Lithions vom Natron. — Man trennt beide auf dieselbe Weise wie Lithion von Kali durch ätherhaltigen Alkohol. Die Alkalien müssen auch in diesem Falle als salpetersaure Salze oder als Chlormetalle angewandt werden. Jedenfalls ist aber die Trennung des Kalis vom Lithion genauer durch ätherhaltigen Alkohol zu bewirken, als die des Natrons vom Lithion, da die Natronsalze etwas mehr als die Kalisalze in ätherhaltigem Alkohol löslich sind. Es ist dies namentlich bei den salpetersauren Salzen der Fall. In wasserfreiem Alkohols ist namentlich das salpetersaure Natron nicht unbedeutend löslich.

Die Trennung kann auch geschehen, indem man das Lithion als phosphorsaures Lithion ausscheidet (S. 17), nur ist in diesem Falle die Menge des Natrons nur aus dem Verluste zu bestimmen.

Am besten geschieht die quantitative Bestimmung beider durch die indirecte Analyse.

Trennung des Lithions vom Kali und Natron. — Man bestimmt das Gewicht der drei Alkalien als Chlormetalle, dann werden das Chlornatrium und das Chlorkalium gemeinschaftlich vom Chlorlithium durch ätherhaltigen Alkohol getrennt, sodann aus der alkoholischen Lösung das Chlorlithium gewonnen, und endlich werden Chlorkalium und Chlornatrium durch Platinchlorid geschieden.

Sind die Alkalien als salpetersaure Salze vorhanden, so werden sie auf eine ähnliche Weise getrennt. Sind sie als schwefelsaure Salze vorhanden, so müssen dieselben in Chlormetalle verwandelt werden, was auf dieselbe Weise geschieht, wie es S. 19 bei der Trennung des Kalis vom Lithion beschrieben ist.

Man kann auch das Kali zuerst als überchlorsaures Kali abscheiden, und sodann Natron und Lithion durch phosphorsaures Natron trennen (S. 17). Die Menge des Natrons findet man dann durch den Verlust. Nach Entfernung des Kalis können auch die beiden andern Alkalien nach ihrer Verwandlung in Chlormetalle durch die indirecte Analyse quantitativ bestimmt werden.

Sind die drei Alkalien an Phosphorsäure gebunden, so wird diese zweckmäfsig zuerst entfernt, wenn sie von einander getrennt werden sollen.

IV. Rubidium.

Nachdem Bunsen und Kirchhoff gefunden hatten, dafs die Lichtlinien in den Spectren, welche von glühenden Dämpfen verschiedener Metallverbindungen erhalten werden, als die feinsten und sichersten chemischen Reagentien benutzt werden können, ist es ihnen gelungen, neben den drei bekannten alkalischen Metallen, dem Kalium, dem Natrium und dem Lithium noch zwei andere, das Rubidium und das Caesium, aufzufinden, obgleich die Salze dieser Metalle fast dieselben Reactionen wie die Kaliumsalze geben, und ihr Vorkommen ein ganz aufserordentlich spärliches ist.

Bestimmung des Rubidiums und des Rubidiumoxyds. — Das Platinchlorid giebt mit dem Chlorrubidium eine Doppelverbindung, die der des Chlorkaliums mit Platinchlorid in jeder Hinsicht ähnlich ist, und sich nur dadurch von letzterer unterscheidet, dafs sie mehr als 8mal schwerer in kochendem Wasser löslich ist. Zur Abscheidung des Rubidiums bedient man sich daher des Platinchlorids auf ganz dieselbe Weise wie beim Kalium, und wäscht das erhaltene Doppelsalz mit ätherhaltigem Alkohol aus, bis derselbe vollkommen farblos abläuft. Wahrscheinlich könnte man den Zusatz von Aether entbehren.

Will man aus dem Doppelsalze das Chlorrubidium ausziehen, um es seiner Menge nach zu bestimmen, so mufs man dasselbe bei einer Temperatur, welche die Glühhitze nicht erreicht und unter dem Schmelzpunct des Chlorrubidiums liegt, in einem Wasserstoffgasstrome erhitzen, bis kein Chlorwasserstoffgas mehr entweicht. Wegen der Flüchtigkeit des Chlorrubidiums darf man keine höhere Temperatur anwenden. Aus der zurückbleibenden schwarzen Masse zieht man das Chlorrubidium durch heifses Wasser aus und dampft die Lösung im Wasserbade bis zur Trocknifs ab.

Um aus den Verbindungen des Rubidiums mit Brom, Jod und Cyan letztere zu entfernen, kann man sich unstreitig derselben Methoden wie beim Kalium bedienen (S. 10). Eben so kann gewifs das Rubidiumoxyd aus seinen Verbindungen mit Sauerstoffsäuren, die in Alkohol löslich sind, durch einen Zusatz von Chlorwasserstoffsäure auf dieselbe Weise wie das Kali durch Platinchlorid gefällt und seiner Menge nach bestimmt werden.

Trennung des Rubidiums vom Kalium. — Dieselbe ist wegen der grofsen Aehnlichkeit beider mit so grofsen Schwierigkeiten verbunden, dafs sie bis jetzt noch nicht durch eine directe Analyse ausgeführt werden kann. Eine Trennung, aber nicht eine quantitative, bewirkt man dadurch, dafs man beide mit Platinchlorid fällt und die gefällten Platindoppelsalze dann mit weniger Wasser kocht, als zur Lösung erforderlich ist. Dadurch löst sich vorzugsweise die Kaliumverbindung auf. Ist das Kalium gegen das Rubidium überwiegend, so setzt man überhaupt eine bei weitem geringere Menge von Platinchlorid hinzu, als zur völligen Ausfällung des Chlorkaliums nöthig ist. Man löst zu dem Ende das Salzgemenge in etwa $2\frac{1}{2}$ Theil Wasser auf, und fügt darauf Platinchlorid hinzu, in welchem ungefähr 0,03 Th. metallisches Platin enthalten sind. Man giefst die überstehende Flüssigkeit ab, sobald der gelbe Niederschlag sich gehörig abgesetzt hat, bringt ihn in eine Schale, um ihn fünf und zwanzig Male hintereinander mit kleinen Mengen von Wasser auszukochen. Man verwendet dazu ungefähr $1\frac{1}{2}$ Theile Wasser, und nimmt die Operation am besten in einer Platinschale vor, aus der man die zum Auskochen verwandte Wassermenge jedesmal noch kochend in die anfangs vom Niederschlage decantirte Flüssigkeit abgiefst, wodurch eine neue Platinfällung aus der nun etwa 4 Theile betragenden Flüssigkeit sich absetzt. Man dampft darauf die vom Niederschlage abgegossene Flüssigkeit so weit ab, dafs sie nach dem Zurückgiefsen auf den Niederschlag ungefähr dasselbe Volumen besitzt, wie im Beginn. Wird aus dem ausgekochten Niederschlag durch Behandlung mit Wasserstoffgas das Platin metallisch abgeschieden, in Königswasser gelöst und in Platinchlorid verwandelt, und dieses der Flüssigkeit hinzugefügt, so befindet sich der dadurch entstehende Niederschlag mit der darüber stehenden Flüssigkeit unter denselben Umständen, wie im Anfange der Untersuchung.

Nach sieben- bis achtmaliger Wiederholung dieses Verfahrens ist der gröfste Theil des Chlorrubidiums aus dem ursprünglichen Salzgemenge ausgeschieden. Jeder der so durch Auskochung erhaltenen sieben bis acht Platinniederschläge wird in der Schale selbst, worin die Auskochung geschah, im Wasserbade getrocknet und dann auf die oben beschriebene Weise mit Wasserstoffgas behandelt. Das Chlorrubidium, welches man auf diese Weise erhält, ist nur mit 3 bis 4 Proc. Chlorkalium verunreinigt.*).

Um dies Chlorkalium gänzlich zu entfernen, löst man einen Theil des dargestellten Chlormetalls in 30 Theilen Wasser auf und vermischt die Lösung mit 30 Theilen einer wässrigen Lösung von Platinchlorid, die einen Theil metallisches Platin enthält. Beide Lösungen werden kochend mit einander gemischt. Bei dem Abkühlen bis zu 50° C. setzt sich ein schwerer sandiger gelber Niederschlag ab, der durch Wasser von 40° bis 50° leicht durch Decantiren abgewaschen werden kann. Das durch Reduction des ausgewaschenen Niederschlags im Wasserstoffstrome abgeschiedene und wieder aufgelöste Chlorrubidium wird zur völligen Entfernung des Chlorkaliums so lange als Rubidiumplatinchlorid gefällt, bis eine Probe desselben im Spectralapparat geprüft keine Spur der rothen Kaliumlinie mehr zeigt. (Bunsen).

Wenn man sich überzeugt hat, dafs in der Chlorverbindung neben Chlorrubidium nur Chlorkalium und keine andere Chlorverbindung zugegen ist, so ist die sicherste und genaueste Analyse die indirecte. In der Lösung der gewogenen Chlorverbindung wird der Chlorgehalt als Chlorsilber bestimmt. Das Resultat kann, da das Atomgewicht des Rubidiums mehr als doppelt so grofs ist, als das des Kaliums, ein genaues sein.

Auch wenn man aus einer nicht gewogenen Menge der Chlormetalle durch Chlorplatin fällt, und das gewogene Platinsalz durch Wasserstoffgas reducirt, wobei der Gewichtsverlust in dem Chlor des mit den alkalischen Chlormetallen verbundenen Chlorplatins besteht, ergiebt sich hieraus die Menge der alkalischen Chlormetalle.

Trennung des Rubidiums vom Natrium und vom Lithium. — Sie geschieht auf dieselbe Weise, wie die des Kaliums vom Natrium und Lithium durch Platinchlorid (S. 13).

---

*) Es enthält zugleich gewöhnlich noch etwas Chlorcaesium, von dessen Abscheidung vom Chlorrubidium erst im folgenden Abschnitt die Rede sein kann, dessen Gegenwart durch den Spectralapparat nicht gefunden werden kann, wenn Kali zugegen ist, und das erst nach Abscheidung desselben durch den Spectralapparat erkennbar wird.

V. Caesium.

Bestimmung des Caesiums und des Caesiumoxyds. — Man bestimmt dieselben auf eine gleiche Weise, wie das Kalium und Kali.

Trennung des Caesiums vom Kalium. — Die qualitative Trennung kann auf eine ähnliche Weise, wie die des Rubidiums vom Kalium geschehen. Die quantitative Bestimmung wird am besten durch die indirecte Analyse bewirkt, indem man in gewogenen Mengen der Chlormetalle das Chlor als Chlorsilber bestimmt, oder dieselben durch Platinchlorid fällt und das Platinsalz durch Wasserstoffgas reducirt.

Trennung des Caesiums vom Rubidium. — Wegen der grofsen Aehnlichkeit der Doppelsalze, welche die Chlorverbindungen dieser beiden alkalischen Metalle mit dem Platinchlorid bilden, ist nicht einmal eine ähnliche qualitative Trennung derselben möglich, wie sie bei der Trennung des Rubidiums vom Kalium beschrieben ist (S. 21), obgleich das Platinsalz des Caesiums schwerer in kochendem Wasser löslich ist, als das des Rubidiums. Nur wenn man sich vermittelst des Spectralapparats überzeugt hat, dafs in der Verbindung Rubidium und Caesium ohne Kalium enthalten sind, kann die Bestimmung der beiden alkalischen Metalle durch die indirecte Analyse geschehen. Man bestimmt entweder in einer gewogenen Menge der Platinverbindungen durch Erhitzen in einem Strome von Wasserstoffgas durch den Gewichtsverlust das Chlor des Platinchlorids, oder in einer gewogenen Menge des beim Erhitzen in Wasserstoffgas zurückgebliebenen Gemenges von Chlorrubidium und von Chlorcaesium das Chlor durch salpetersaures Silberoxyd.

Die directe Trennung des Caesiums vom Rubidium kann auf die Weise geschehen, dafs man die Chlorverbindungen in schwefelsaure Salze verwandelt, die Schwefelsäure aus der Lösung derselben durch Baryterdehydrat entfernt, das in einem kleinen Ueberschufs zugesetzt wird, und die Oxydhydrate mit kohlensaurem Ammoniak in einer Silberschale bis zur Trocknifs abdampft. Die kohlensauren Salze vom Rubidium und Caesiumoxyd, welche man zuvor durch Filtration von der in kleiner Menge erzeugten kohlensauren Baryterde getrennt hat, werden völlig entwässert, und als feines Pulver 20 bis 30mal mit kochendem wasserfreien Alkohol ausgezogen, wobei das kohlensaure Caesiumoxyd sich unter Zurücklassung von kohlensaurem Rubidiumoxyd löst. (Bunsen)[*]).

---

[*]) Die getrennten Salze müssen im Spectralapparate auf ihre Reinheit untersucht werden. Werden sie nicht rein befunden, so mufs die Trennung durch Alkohol wiederholt werden. — Es mufs übrigens bemerkt werden, dafs diese Methode der Trennung nach Bunsen mehr zur Darstellung reiner Verbindungen als zu einer quantitativen Trennung geeignet ist.

Man kann auch nach Allen und Johnson die ungleiche Löslichkeit der sauren weinsteinsauren Salze des Rubidiums und des Caesiums zur Trennung beider Alkalien benutzen. Bunsen gründet eine Trennung beider auf der Luftbeständigkeit des sauren weinsteinsauren Rubidiumoxyds und der Zerfließlichkeit des neutralen weinsteinsauren Caesiumoxyds. Man verwandelt die Chlorverbindungen in kohlensaure Salze. Zu der Lösung dieser fügt man etwas mehr Weinsteinsäure hinzu, als erforderlich ist, um die Caesiumverbindung grade in neutrales und die Rubidiumverbindung in saures weinsteinsaures Salz zu verwandeln. Bringt man die durch Abdampfen der Salze gewonnene zerriebene Masse auf einen Trichter, in welchem sich ein Papierfilterchen befindet, und überläßt man dieselbe einige Zeit in einer mit Wasserdampf geschwängerten Atmosphäre sich selbst, so tropft das zerfließende Caesiumsalz ab, während das luftbeständige saure Rubidiumsalz auf dem Trichter zurückbleibt.

Trennung des Caesiums vom Natrium und vom Lithium. — Sie geschieht auf dieselbe Weise, wie die des Kaliums vom Natrium und Lithium (S. 13).

VI. Baryum.

Bestimmung der Baryterde als schwefelsaure Baryterde. — Man fügt zu der Lösung der Baryterde so lange verdünnte Schwefelsäure, als noch ein Niederschlag entsteht. Es ist anzurathen, die Baryterde aus einer heißen Lösung zu fällen, oder nach der Fällung das Ganze zu erwärmen, den Niederschlag sich vollkommen absetzen zu lassen und ihn mit heißem Wasser, zu welchem einige Tropfen Chlorwasserstoffsäure hinzugefügt worden sind, auszuwaschen. Durch den Zusatz von Säure verhindert man, daß das Waschwasser trübe durch das Filtrum geht, was sonst häufig der Fall ist. Die schwefelsaure Baryterde wird nach dem Trocknen geglüht; das Filtrum läßt sich leicht einäschern. War die freie Schwefelsäure nicht vollständig ausgewaschen, so wird das Filtrum beim Trocknen geschwärzt. Der Niederschlag der schwefelsauren Baryterde ist in Wasser und in allen verdünnten Säuren so gut wie unauflöslich; wenigstens bei gewöhnlicher Temperatur können nur in Lösungen, die bedeutende Mengen von Chlorwasserstoffsäure, von Salpetersäure, von Königswasser, so wie von ammoniakalischen Salzen enthalten, sehr kleine Mengen von schwefelsaurer Baryterde aufgelöst bleiben.

Die schwefelsaure Baryterde hat eine große Neigung, sich bei der Fällung mit kleinen Mengen von auflöslichen, namentlich von alkalischen, Salzen so innig zu verbinden, daß es nicht möglich ist, dieselben durch das sorgfältigste Auswaschen mit heißem Wasser oder mit verdünnten Säuren zu entfernen *). Selbst wenn sehr grofse Mengen des Waschwassers beim Abdampfen nicht die geringsten Spuren von Rückstand zeigen, kann ein nicht unbedeutender Alkaligehalt in der schwefelsauren Baryterde enthalten sein.

Wenn in einer Lösung aufser Baryterde keine andere feuerbeständige Base enthalten ist, so ist die durch Schwefelsäure gefällte Baryterde rein. Durch den Ueberschufs von Schwefelsäure wird die Verunreinigung der schwefelsauren Baryterde durch andere Säuren verhindert. Dies ist aber fast der einzige Fall, in dem man durch Wägung von schwefelsaurer Baryterde ein ganz richtiges Resultat erhält.

Will man in der schwefelsauren Baryterde die Menge der Baryterde bestimmen (wie dies auch geschehen mufs, wenn man von der vollkommenen Reinheit der schwefelsauren Baryterde nicht überzeugt ist), so kann man sie durch kohlensaures Kali auf trocknem und auf nassem Wege zersetzen.

Auf trocknem Wege geschieht dies, indem man die schwefelsaure Baryterde mit der vierfachen Menge von kohlensaurem Kali oder Natron mengt, und das Gemenge in einem Platintiegel über einer Lampe schmelzt, wodurch eine vollständige Zersetzung stattfindet. Die geschmolzene Masse wird in Wasser aufgeweicht, und die ungelöste kohlensaure Baryterde von dem schwefelsauren und überschüssigen kohlensauren Kali durch Behandlung mit Wasser getrennt. Man wäscht zuerst mit heifsem Wasser aus und darauf mit Wasser, das eine geringe Menge von kohlensaurem Ammoniak und von freiem Ammoniak enthält. In dem Waschwasser dürfen keine Spuren von Schwefelsäure mehr zu bemerken sein. **). Man kann aus dem Gewichte der schwach geglühten kohlensauren Baryterde die Menge der Baryterde berechnen; genauer ist es aber, dieselbe in verdünnter Chlorwasserstoffsäure aufzulösen, und sie aus der Lösung durch verdünnte Schwefelsäure als schwefelsaure Baryterde zu fällen ***). Löst sich die kohlensaure Baryterde in verdünnter Chlorwasserstoffsäure nicht vollständig auf, so ist die Zersetzung der schwefelsauren Baryterde keine ganz vollkommene gewesen.

*) Die schwefelsaure Baryterde verbindet sich eben so innig auch mit Salzen der Baryterde, wenn Schwefelsäure durch ein Baryterdesalz gefällt wird. Diese Verunreinigung ist von gröfserer Bedeutung, als die durch alkalische Salze.

**) Man fügt zu dem Waschwasser einige Tropfen Chlorwasserstoffsäure und Chlorbaryum. Es darf dadurch nicht die geringste Opalisirung entstehen.

***) Es ist bisweilen rathsam, die Menge der Schwefelsäure in dem erzeugten schwefelsauren Kali zu bestimmen. Man mufs alsdann die von der kohlensauren Baryterde filtrirten Flüssigkeiten und das Waschwasser (auch den schon vorher geprüften Theil desselben) vorsichtig mit Chlorwasserstoffsäure übersättigen und die Schwefelsäure durch Chlorbaryum als schwefelsaure Baryterde fällen.

Die schwefelsaure Baryterde kann indessen auch auf nassem Wege vollständig zersetzt werden. Man kocht sie in fein gepulvertem Zustand mit einer Lösung von kohlensaurem Kali unter öfterem Umrühren 10 Minuten hindurch und unter Erneuerung des verdampften Wassers, läfst das Ganze sich absetzen, giefst die Flüssigkeit möglichst klar ab und kocht das Ungelöste mit einer neuen Lösung von kohlensaurem Kali. Man kann diese Behandlung der Sicherheit wegen noch einmal mit einer neuen Lösung von kohlensaurem Kali wiederholen, oder so oft, bis in der klaren Lösung auf die erwähnte Weise keine Schwefelsäure mehr aufgefunden werden kann. Die schwefelsaure Baryterde ist nun vollständig in kohlensaure Baryterde verwandelt. Man wäscht sie, wie oben angegeben ist, so lange aus, bis das Waschwasser keine Spuren von Schwefelsäure mehr enthält.

Bestimmung der Baryterde als kohlensaure Baryterde. — Aus ihren Lösungen läfst sich die Baryterde durch kohlensaure Alkalien als kohlensaure Baryterde fällen, die man bei schwacher Rothgluht erhitzen (wodurch sie sich in ihrer Zusammensetzung nicht verändert) und ihrem Gewicht nach bestimmen kann. Diese Methode der Bestimmung der Baryterde steht aber der vermittelst Schwefelsäure nach, und wird nur in besonderen Fällen angewandt. Zur Fällung wendet man die Lösung des Sesquicarbonats von Ammoniak an; da in dieser die kohlensaure Baryterde aber nicht vollkommen unlöslich ist, so wird zu der Lösung freies Ammoniak hinzugefügt. Die kohlensaure Baryterde wird zuerst mit Wasser und dann mit einer sehr verdünnten Lösung von kohlensaurem Ammoniak, die freies Ammoniak enthält, ausgewaschen. — Enthält die Lösung, aus welcher man kohlensaure Baryterde gefällt hat, ammoniakalische Salze, so kann durch langes Stehen selbst bei gewöhnlicher Temperatur sich etwas Baryterde lösen.

Um in Verbindungen der Baryterde mit organischen Säuren die Baryterde zu bestimmen, hat man nur nötbig, dieselben durch Glühen beim Zutritt der Luft in kohlensaure Baryterde zu verwandeln. Die vollständige Verbrennung der Kohle gelingt besser, als bei den Kali und Natronverbindungen, so dafs die Anwendung des salpetersauren Ammoniaks nicht nothwendig ist (S. 6). Durch das längere Glühen mit Kohle verliert indessen die kohlensaure Baryterde einen Theil der Kohlensäure. Nachdem daher die Masse durch Glühen die schwarze Farbe ganz verloren hat und weifs geworden ist, wird sie mit einer concentrirten Lösung von kohlensaurem Ammoniak befeuchtet, getrocknet und schwach geglüht. Nach dem Wägen wiederholt man diese Operation, um zu sehen, ob das Gewicht dasselbe bleibt.

Bestimmung der kohlensauren Baryterde auf maafsanalytischem Wege. — Die Menge der Baryterde in der kohlensauren

Baryterde, so wie die reine Baryterde und die Hydrate derselben können maaſsanalytisch auf dieselbe Weise, wie die kohlensauren Alkalien bestimmt werden (S. 6). Man übergieſst dieselben mit Wasser, fügt etwas Lackmustinctur hinzu und darauf soviel Normal-Salpetersäure oder Normal-Chlorwasserstoffsäure (welche man auf gleiche Weise wie die Normal-Schwefelsäure bereitet), bis nach dem Verjagen der Kohlensäure durch Erwärmen eine saure Reaction bleibt. Den Ueberschuſs der Säure miſst man mit Normal-Natronlösung zurück.

Trennung der Baryterde von den Alkalien. — Wenn man aus der Lösung der Verbindung die Baryterde durch verdünnte Schwefelsäure gefällt hat, so sind die Alkalien in der von der schwefelsauren Baryterde abfiltrirten Flüssigkeit enthalten. Man dampft, zuletzt im Wasserbade, dieselbe bis zur Trockniſs ab, bringt den trocknen Rückstand zum Glühen, um die freie Schwefelsäure und etwa vorhandene ammoniakalische Salze zu verjagen, und behandelt die zurückbleibenden sauren schwefelsauren Alkalien mit kohlensaurem Ammoniak (S. 2), worauf man sie als neutrale Salze wägt.

Es ist indessen zu bemerken, daſs die durch Schwefelsäure gefällte Baryterde immer Alkali enthält, wenn dieses in der Lösung enthalten war. Dasselbe kann von der schwefelsauren Baryterde nicht durch das sorgfältigste Auswaschen getrennt werden. Je concentrirter die Lösungen sind, um so mehr Alkali enthält die gefällte schwefelsaure Baryterde[*]. Die Menge der schwefelsauren Alkalien beträgt oft mehr als $1\frac{1}{2}$ Proc.

Um die schwefelsaure Baryterde von den zugleich mitgefällten schwefelsauren Alkalien zu trennen, erhitzt man sie in einer Platinschale mit so viel reiner concentrirter Schwefelsäure, daſs sie sich ganz darin auflöst[**]. Die Auflösung verdünnt man vorsichtig mit vielem Wasser, wodurch die schwefelsaure Baryterde vollständig ausgeschieden wird. Dieselbe wird so lange ausgewaschen, bis das Waschwasser nicht mehr sauer reagirt. Im Spectralapparat zeigt sie dann so geringe Spuren von Kali und Natron, daſs man diese gänzlich vernachlässigen kann. — In dem filtrirten sauren Wasser sind die Spuren der Alkalien aufgelöst, die man bei sehr genauen Analysen durch Abdampfen und Erhitzen bis zur Verjagung der freien Schwefelsäure erhalten kann.

VII. Strontium.

Bestimmung der Strontianerde als schwefelsaure Strontianerde. — Da die schwefelsaure Strontianerde in Wasser etwas

---

[*] Von der Gegenwart der Alkalien in der schwefelsauren Baryterde kann man sich sehr leicht durch den Spectralapparat überzeugen.
[**] Die Schwefelsäure muſs möglichst concentrirt sein.

auflöslich, in wasserhaltigem Alkohol aber unlöslich ist, so wird zu der Lösung der Strontianerde erst Alkohol hinzugefügt (die Hälfte vom Volumen der Flüssigkeit) und darauf verdünnte Schwefelsäure. Die schwefelsaure Strontianerde wird nach dem völligen Absetzen und dem Filtriren mit wasserhaltigem Alkohol ausgewaschen, nach dem Trocknen geglüht und gewogen. Ist die freie Schwefelsäure nicht völlig ausgewaschen, so schwärzt sich das Filtrum beim Trocknen.

Man kann selbstverständlich diese Methode nicht anwenden, wenn die Lösung der Strontianerde Salze enthält, die in wasserhaltigem Alkohol nicht löslich sind. Deshalb ist auch anzurathen, den Alkohol der Lösung vor der Fällung vermittelst Schwefelsäure hinzuzufügen.

Die schwefelsaure Strontianerde verbindet sich, wenn die Lösung feuerbeständige Basen enthält, bei ihrer Fällung durch Schwefelsäure weniger, als dies bei der schwefelsauren Baryterde der Fall ist, mit schwefelsauren Basen. Wenn indessen in der Lösung bedeutende Mengen von starken Basen enthalten sind, so kann auch die schwefelsaure Strontianerde selbst nach dem sorgfältigsten Auswaschen nicht unbedeutende Mengen von andern schwefelsauren Salzen enthalten. In diesem Falle muſs bei genauen Analysen die erhaltene schwefelsaure Strontianerde auf die weiter unten angeführte Weise in kohlensaure Strontianerde verwandelt werden.

Sind in der Lösung neben der Strontianerde nur flüchtige Säuren vorhanden und nur geringere Mengen von ammoniakalischen Salzen, so kann man, nach dem Zusetzen von Schwefelsäure, das Ganze bis zur Trockniſs abdampfen, von der trocknen Masse den Ueberschuſs der Schwefelsäure und das schwefelsaure Ammoniak durch Erhitzen verjagen, und sodann das Gewicht der schwefelsauren Strontianerde bestimmen. Ist indessen die Menge der ammoniakalischen Salze bedeutend, so thut man wohl, vor dem Zusetzen der Schwefelsäure bis zur Trockniſs abzudampfen, die ammoniakalischen Salze durch Erhitzen zu verjagen, dann Schwefelsäure hinzuzufügen, die schwefelsaure Strontianerde bis zum Glühen zu erhitzen und ihr Gewicht zu bestimmen. Es ist dieser Gang vorzuziehen, weil es sehr unangenehm ist, eine grofse Menge von schwefelsaurem Ammoniak durch Erhitzen zu verjagen.

Wenn in der schwefelsauren Strontianerde die Menge der Strontianerde bestimmt werden soll, so kann die Zersetzung derselben leichter als die der schwefelsauren Baryterde bewerkstelligt werden. Sie kann auf trocknem und auf nassem Wege zerlegt werden.

Auf trocknem Wege schmelzt man die schwefelsaure Strontianerde mit der dreifachen Menge von kohlensaurem Kali in einem Platintiegel, behandelt die geschmolzene Masse auf gleiche Weise, wie die mit kohlensaurem Kali geschmolzene Baryterde (S. 25) und bestimmt auch ebenso die Menge der kohlensauren Strontianerde. Man braucht indessen letztere nur mit reinem und nicht mit Wasser auszuwaschen, das kohlensaures Ammoniak enthält. Die erhaltene kohlensaure Strontianerde darf nur schwach geglüht werden.

Weit leichter und einfacher indessen kann die schwefelsaure Strontianerde auf nassem Wege zersetzt werden. Man übergiefst sie mit einer etwas concentrirten Lösung von kohlensaurem Ammoniak, zu welcher man eine geringe Menge von freiem Ammoniak hinzugefügt hat, und läfst das Ganze unter öfterem Umrühren 4 Stunden hindurch bei gewöhnlicher Temperatur stehen, worauf man filtrirt und die erzeugte kohlensaure Strontianerde so lange auswäscht, bis im Waschwasser keine Schwefelsäure mehr entdeckt werden kann. Man kann die kohlensaure Strontianerde nach schwachem Glühen wägen oder nach Auflösung derselben in Chlorwasserstoffsäure durch Alkohol und verdünnte Schwefelsäure sie als schwefelsaure Strontianerde fällen. Die kohlensaure Strontianerde mufs sich vollständig in Chlorwasserstoffsäure lösen, sonst ist die Zersetzung der schwefelsauren Strontianerde nicht vollständig erfolgt.

Wenn man die Strontianerde als schwefelsaures Salz aus einer Lösung gefällt hat, welche viele feuerbeständige Basen enthält, so ist, wie schon oben erwähnt, anzurathen, die schwefelsaure Strontianerde auf die erwähnte Weise durch kohlensaures Ammoniak zu zersetzen und die erhaltene kohlensaure Strontianerde nach ihrer Lösung in Chlorwasserstoffsäure wiederum in schwefelsaure Strontianerde zu verwandeln. In der von der kohlensauren Strontianerde getrennten Flüssigkeit können die geringen Mengen der Basen, welche mit der schwefelsauren Strontianerde zugleich gefällt waren, bestimmt werden.

Bestimmung der Strontianerde als kohlensaure Strontianerde. — Aus ihren Lösungen läfst sich die Strontianerde durch kohlensaure Alkalien als kohlensaure Strontianerde fällen, die man nach schwachem Glühen ihrem Gewichte nach bestimmen kann. Durch gelindes Glühen verliert sie ihre Kohlensäure nicht; hat man sie indessen sehr stark geglüht, so mufs sie auf gleiche Weise, wie kohlensaure Baryterde, mit einer kleinen Menge von kohlensaurem Ammoniak behandelt werden. Dies ist besonders nothwendig, wenn Salze der Strontianerde mit organischen Säuren durch Glühen an der Luft in kohlensaure Strontianerde umgewandelt sind. Statt dessen kann man auch die kohlensaure Strontianerde durch Weifsglühhitze in Strontianerde verwandeln und als solche wägen.

Die Fällung der Strontianerde als kohlensaure Strontianerde giebt genauere Resultate als die Fällung der kohlensauren Baryterde (S. 26). Sie wird daher häufig angewandt, besonders in Fällen, wo das Zusetzen von Alkohol und daher die Bestimmung der Strontianerde als schwefelsaure Strontianerde Schwierigkeiten verursacht.

Maafsanalytische Bestimmung der kohlensauren Strontianerde. — Sie geschieht wie die der kohlensauren Baryterde (S. 26) und die der kohlensauren Alkalien (S. 6).

Trennung der Strontianerde von der Baryterde. — Dieselbe kann nach mehreren Methoden bewerkstelligt werden.

Nach einer häufig angewandten Methode trennt man Baryterde von Strontianerde dadurch, dafs man beide in Chlormetalle verwandelt, deren Gewicht man bestimmt, und diese dann mit wasserfreiem Alkohol behandelt, in welchem das wasserfreie Chlorbaryum unlöslich, das Chlorstrontium hingegen löslich ist. Beides ist aber nicht vollkommen richtig, und diese Methode der Trennung ist nur eine annähernde und nicht zu empfehlen.

Besser ist die Methode der Trennung durch Kieselfluorwasserstoffsäure. Man löst beide Erden in Chlorwasserstoffsäure oder in Essigsäure auf, wobei man einen unnützen Ueberschufs besonders der erstern Säure vermeidet, fügt dann Kieselfluorwasserstoffsäure hinzu, und, da das erzeugte Kieselfluorbaryum nicht ganz unlöslich in Wasser ist, auch Alkohol, etwa ein Viertel bis ein Drittel Volumen von der zu fällenden Flüssigkeit. Der Niederschlag des Kieselfluorbaryums setzt sich nicht sogleich ab sondern erst nach längerer Zeit. Er wird mit wasserhaltigem Alkohol auf einem gewogenen Filtrum ausgewaschen und bei 100° getrocknet und gewogen. — Die filtrirte Flüssigkeit wird in einer Platinschale mit verdünnter Schwefelsäure versetzt und abgedampft; die trockne Masse, die aus schwefelsaurer Strontianerde besteht, wird geglüht und gewogen. Sind aber in der Lösung Salze mit feuerbeständigen Basen enthalten, so mufs die Strontianerde aus der Lösung durch Alkohol und Schwefelsäure gefällt werden.

Sind Baryterde und Strontianerde in einer sehr verdünnten wässrigen Lösung enthalten, so ist anzurathen, dieselbe erst durch Abdampfen zu concentriren, oder wenigstens nach dem Zusetzen von Kieselfluorwasserstoffsäure zu erhitzen, wodurch die Ausscheidung des Kieselfluorbaryums sehr befördert wird. Nach dem Erhitzen erst wird die gehörige Menge von Alkohol hinzugefügt.

Bei Anwendung der Kieselfluorwasserstoffsäure ist zu bemerken, dafs dieselbe nur in frisch bereitetem Zustande angewandt werden mufs, und dafs eine lange in gläsernen Gefäfsen aufbewahrte Säure Kalkerde und andere Basen aus dem Glase aufgenommen hat. Aus diesem Grunde besonders, aber auch aus andern, ist diese Methode weniger als die folgende zu empfehlen.

Man kann die beiden Erden gut und sicher durch das verschiedene Verhalten der schwefelsauren Salze von einander trennen.

Hat man beide als trockne schwefelsaure Salze zu untersuchen, so werden dieselben in fein gepulvertem Zustand nach dem Wägen mit einer nicht zu verdünnten Lösung von kohlensaurem Ammoniak, zu welcher man etwas freies Ammoniak gesetzt hat, bei gewöhnlicher Temperatur übergossen und damit sechs Stunden unter öfterem Umrühren stehen gelassen. Während die schwefelsaure Baryterde durch das kohlensaure Ammoniak gar nicht verändert wird, verwandelt sich die schwefelsaure Strontianerde dadurch in kohlensaure Strontianerde. Es wird darauf das Ungelöste so lange ausgewaschen, zuerst mit Wasser von gewöhnlicher Temperatur, das etwas kohlensaures Ammoniak enthält, und zuletzt mit reinem Wasser, bis das Waschwasser keine Spur von Schwefelsäure mehr enthält. Man behandelt dann die Mengung von schwefelsaurer Baryterde und kohlensaurer Strontianerde mit sehr verdünnter Chlorwasserstoffsäure, welche letztere löst und erstere ungelöst zurückläfst, die nach dem Auswaschen und schwachen Glühen ihrem Gewicht nach bestimmt wird. Aus der Lösung wird die Strontianerde auf die oben erörterte Weise durch Alkohol und Schwefelsäure gefällt*).

Statt des kohlensauren Ammoniaks kann man zur Zersetzung der schwefelsauren Strontianerde eine Lösung von kohlensaurem Kali anwenden, welches bei gewöhnlicher Temperatur die schwefelsaure Baryterde nicht zersetzt. Hierbei mufs man indessen darauf sehen, dafs die Temperatur der Luft nicht zu hoch ist, denn in heifsen Sommermonaten findet allerdings eine sehr geringe Zersetzung der schwefelsauren Baryterde durch kohlensaures Kali statt. Man mufs dann das Gefäfs durch kaltes Wasser abkühlen. Die Anwendung des kohlensauren Kalis hat indessen keine Vorzüge vor der des kohlensauren Ammoniaks. — Eine Lösung von kohlensaurem Natron eignet sich weniger zur Zersetzung.

Man kann die Untersuchung in kürzerer Zeit beenden, wenn man die schwefelsauren Erden mit einer Lösung von kohlensaurem Kali, zu welcher man ungefähr ein Drittel oder etwas mehr von schwefelsaurem Kali hinzugefügt hat, einige Zeit, ungefähr 10 Minuten hindurch, kocht. Nach dem Absetzen kann man die Flüssigkeit abgiefsen und das Ungelöste noch einmal mit einer Lösung von kohlensaurem und von schwefelsaurem Kali kochen, was indessen kaum nöthig ist. Die schwefelsaure Baryterde ist hierdurch gar nicht verändert, die schwefel-

---

*) Es kann bisweilen von Interesse sein, die Menge der Schwefelsäure zu bestimmen, welche mit der Strontianerde verbunden war. Man mufs dann die filtrirte Lösung mit dem Waschwasser mit Chlorwasserstoffsäure übersättigen und die Schwefelsäure durch Chlorbaryum fällen. Man fügt die geringe Menge des Waschwassers hinzu, welches auf Gegenwart von Schwefelsäure geprüft worden ist.

saure Strontianerde aber in kohlensaure Strontianerde verwandelt worden. Man wäscht das Ungelöste so lange aus, bis in dem Waschwasser keine Spuren von Schwefelsäure mehr zu entdecken sind, behandelt dann den Rückstand mit sehr verdünnter Chlorwasserstoffsäure und verfährt so, wie oben angegeben ist *).

Nach diesen beschriebenen Methoden kann namentlich auch der in der Natur vorkommende Schwerspath untersucht und ein etwaiger Gehalt an schwefelsaurer Strontianerde darin bestimmt werden.

Sind beide Erden, Baryterde und Strontianerde, in einer Lösung enthalten, so können sie auf verschiedene Weise von einander geschieden werden. Man fügt zur Lösung kohlensaures und schwefelsaures Kali in dem oben angeführten Verhältnifs und kocht, worauf man so verfährt, wie so eben erörtert ist.

Oder man setzt zur Lösung verdünnte Schwefelsäure, sodann kohlensaures Ammoniak und läfst das Ganze bei gewöhnlicher Temperatur unter öfterem Umrühren mehrere Stunden hindurch stehen, worauf man das Ungelöste mit Wasser von gewöhnlicher Temperatur so lange auswäscht, bis das Waschwasser keine Schwefelsäure mehr enthält. Aus dem Ungelösten wird sodann die kohlensaure Strontianerde mit verdünnter Chlorwasserstoffsäure ausgezogen, und so verfahren, wie oben angegeben ist.

Am zweckmäfsigsten verfährt man indessen auf folgende Weise: Zu der Lösung beider Erden, sie mag neutral oder sauer sein, fügt man eine Lösung von schwefelsaurem und von kohlensaurem Ammoniak. Man mufs selbstverständlich von letzterem mehr hinzufügen, wenn die Lösung sehr sauer ist. Man läfst das Ganze bei gewöhnlicher Temperatur 12 Stunden hindurch stehen, filtrirt sodann und wäscht so lange aus, bis das Waschwasser keine Schwefelsäure mehr enthält. Der Rückstand besteht aus kohlensaurer Strontianerde und schwefelsaurer Baryterde.

Eine von Smith empfohlene Methode der Trennung der beiden Erden liefert nur ein annähernd richtiges Resultat und mufs daher den beschriebenen Methoden nachgesetzt werden. Die beiden Erden müssen in der Lösung als neutrale Salze enthalten sein. Die Lösung wird mit vielem Wasser verdünnt und mit einer sehr verdünnten Lösung von neutralem chromsauren Kali, welches frei von schwefelsaurem Kali sein mufs, versetzt, wodurch die Baryterde als chromsaure Baryterde gefällt, und nach dem Auswaschen, Trocknen und schwachen Glühen ihrem Gewicht nach bestimmt wird. Aus der filtrirten Flüssigkeit wird die Strontianerde durch kohlensaures Ammoniak gefällt. Immer aber

---

*) Die Anwendung dieser Methode hat den Nachtheil, dafs man die Schwefelsäure der zersetzten schwefelsauren Strontianerde nicht bestimmen kann.

erhält man, selbst wenn man sehr verdünnte Lösungen anwendet, nach dieser Methode zu viel Baryterde, weil mit der chromsauren Baryterde immer etwas chromsaure Strontianerde niederfällt.

In vielen Fällen kann man sehr genau die beiden Erden ihrer Menge nach durch die indirecte Analyse finden. Hat man beide in kohlensaurem Zustande, so verwandelt man sie nach der Wägung in Chlormetalle und bestimmt den Chlorgehalt durch salpetersaures Silberoxyd als Chlorsilber. Wegen der ziemlich bedeutenden Verschiedenheit der Atomgewichte des Baryums und des Strontiums kann die indirecte Analyse gute Resultate geben.

Trennung der Strontianerde von den Alkalien. — Wenn man die Lösung der Basen mit Alkohol, und zwar mit der Hälfte von dem Volumen der Flüssigkeit, und sodann mit Schwefelsäure versetzt, so wird die Strontianerde als schwefelsaure gefällt; dieselbe wird mit geringeren Mengen von schwefelsauren Alkalien niedergeschlagen, als die schwefelsaure Baryterde unter gleichen Verhältnissen (S. 27), so dafs man bei den meisten Analysen den Alkaligehalt in der schwefelsauren Strontianerde vernachlässigen kann. Die angewandte Lösung mufs nicht zu concentrirt sein, weil sonst auch schwefelsaure Alkalien gefällt werden können. Bei sehr genauen Analysen kann man die erhaltene schwefelsaure Strontianerde durch kohlensaures Ammoniak auf die oben S. 29 angeführte Weise zersetzen, und in der von der kohlensauren Strontianerde getrennten Flüssigkeit die Spuren der schwefelsauren Alkalien bestimmen.

Die von der schwefelsauren Strontianerde getrennte Flüssigkeit wird im Wasserbade zuerst bei einer sehr niedrigen Temperatur (bei 48 bis 50°) abgedampft, um den Alkohol zu verjagen. Man dampft sodann bis zur Trocknifs und bestimmt die Alkalien als neutrale schwefelsaure Salze (S. 2).

Die Trennung der Strontianerde von den Alkalien kann auch durch eine Lösung von kohlensaurem Ammoniak mit einem Zusatz von freiem Ammoniak bewirkt werden. Die kohlensaure Strontianerde wird sogar weniger als die schwefelsaure Strontianerde bei der Fällung durch kleine Mengen von Alkalien verunreinigt. Die abfiltrirte Flüssigkeit mufs im Wasserbade zuerst bei einer sehr niedrigen Temperatur, bei ungefähr 30° bis 40°, abgedampft werden, um das Sprützen, welches die entweichende Kohlensäure verursachen kann, zu verhüten. Man dampft bis zur Trocknifs ab und verjagt die ammoniakalischen Salze durch Glühen. Die Alkalien bleiben dann mit der stärksten Säure, die in der Lösung enthalten war, verbunden zurück, wenn sie mit derselben ein Salz bilden, das beim Glühen sich nicht zersetzt. Jedenfalls ist es am besten, nach der Verjagung der ammoniakalischen

Salze die Alkalien in schwefelsaure zu verwandeln und als solche zu bestimmen.

Trennung der Strontianerde von der Baryterde und den Alkalien. — Man fällt zuerst durch Alkohol und verdünnte Schwefelsäure die Baryterde und die Strontianerde gemeinschaftlich, trennt diese nach oben angeführten Methoden, und bestimmt in der von den schwefelsauren Erden getrennten Flüssigkeit die Alkalien.

VIII. Calcium.

Bestimmung der Kalkerde als schwefelsaure Kalkerde. — Wie die Strontianerde kann auch die Kalkerde durch Alkohol und Schwefelsäure vollständig gefällt werden, nur gehört zur völligen Ausscheidung der schwefelsauren Kalkerde mehr Alkohol. Man fügt zu der zu fällenden Lösung das 1½ fache Volumen an Alkohol (vom spec. Gewicht 0,83), filtrirt den Niederschlag nach 8 Stunden und wäscht ihn mit wasserhaltigem Alkohol (1 Vol. Wasser mit 1½ Vol. Alkohol) aus. Nach dem Trocknen verbrennt man das Filtrum für sich, befeuchtet die Asche mit etwas Schwefelsäure, verjagt dieselbe, fügt den Niederschlag hinzu und glüht nicht zu stark.

Man kann auf diese Weise die Kalkerde fällen, wenn in der Lösung keine Substanzen vorhanden sind, die in wasserhaltigem Alkohol unlöslich sind. Die schwefelsaure Kalkerde fällt, wenn die Lösung alkalische Salze enthält, weit reiner nieder, als unter ähnlichen Verhältnissen die schwefelsaure Baryterde und selbst die schwefelsaure Strontianerde.

Abscheidung der Kalkerde als oxalsaure Kalkerde. — Die gewöhnliche und zweckmäfsigste Methode, die Kalkerde aus ihren Lösungen zu fällen und quantitativ zu bestimmen, ist, sie durch oxalsaures Ammoniak als oxalsaure Kalkerde zu fällen. Ist die Lösung sauer, so wird sie durch Ammoniak etwas übersättigt, und dann eine Lösung von oxalsaurem Ammoniak so lange hinzugefügt, als noch eine Fällung entsteht. Der Niederschlag setzt sich bei gewöhnlicher Temperatur langsam, schneller aus einer erwärmten Lösung ab. Man darf ihn erst nach mehreren Stunden und nicht vor dem vollständigen Absetzen filtriren.

Man kann statt des oxalsauren Ammoniaks sich auch einer Lösung von freier Oxalsäure bedienen, die man zu der ammoniakalischen Lösung hinzufügt, wobei nur beachtet werden mufs, dafs die Lösung, wenn auch nur schwach, alkalisch bleibt. Man kann sich auch selbst des gewöhnlichen sauren oxalsauren Kalis bedienen, wenn nicht in der Lösung aufser der Kalkerde noch Alkalien bestimmt werden sollen, ohne befürchten zu brauchen, daſs der Niederschlag nach dem völligen Auswaschen Kali enthält.

Die Lösung kann ammoniakalische und andere Salze enthalten, dieselben wirken nicht auflösend auf die oxalsaure Kalkerde.

Die oxalsaure Kalkerde kann nach dem Trocknen nicht als solche mit Sicherheit gewogen werden, weil sie ihren Wassergehalt sehr schwierig und selbst nach anhaltendem Erwärmen nicht vollständig verliert.

Am zweckmäſsigsten erhitzt man die getrocknete oxalsaure Kalkerde in einem Platintiegel zuerst schwach und dann bis zum anfangenden Weiſsglühen, wodurch sie sich in reine Kalkerde verwandelt, deren Gewicht man bestimmt. Es gehört dazu indessen ein kleines Gebläse, durch welches man den Tiegel 10 Minuten hindurch im Glühen erhält. Die aus der oxalsauren Kalkerde zuerst entstandene kohlensaure Kalkerde verliert dadurch so vollständig die Kohlensäure, daſs ein nochmaliges Glühen keine Gewichtsabnahme mehr hervorbringt. Man läſst die Kalkerde im gut bedeckten Tiegel über Chlorcalcium oder concentrirter Schwefelsäure erkalten und wägt sie nach zehn Minuten oder einer Viertelstunde; sie löst sich in Chlorwasserstoffsäure ohne das mindeste Brausen vollständig auf.

In Ermangelung eines kleinen Gebläses muſs man die oxalsaure Kalkerde in kohlensaure Kalkerde verwandeln, deren Gewicht bestimmen, und daraus das der Kalkerde berechnen. Diese Methode wurde früher allein nur angewandt. Man erhitzt zu dem Ende die oxalsaure Kalkerde nach dem Trocknen in einem Platintiegel über einer Lampe bei dunkler Rothglühhitze. Je vorsichtiger dies geschieht, von um so weiſserer Farbe ist die erzeugte kohlensaure Kalkerde. Da indessen gewöhnlich durch ein schnelleres Erhitzen eine geringe Menge von freier Kohle sich ausscheidet, und die kohlensaure Kalkerde gräulich färbt, so muſs man den Zutritt der Luft befördern und die Hitze so verstärken, daſs die ausgeschiedene Kohle vollständig verbrennt. Dadurch wird indessen etwas Kohlensäure ausgetrieben, weshalb man die kohlensaure Kalkerde mit einer concentrirten Lösung von kohlensaurem Ammoniak befeuchtet, sie bei sehr gelinder Wärme (um ein Sprützen zu vermeiden) am besten im Wasserbade trocknet und über einer Lampe etwas erhitzt, doch nicht bis zum Glühen. Diese Operation wiederholt man, bis das Gewicht sich nicht mehr ändert.

Von diesen beiden Methoden ist die erstere vorzuziehen, da sie in weit kürzerer Zeit als die zweite ausgeführt werden kann.

Man verwandelt bisweilen die geglühte oxalsaure Kalkerde in schwefelsaure Kalkerde oder selbst auch in Chlorcalcium, um mit Sicherheit das Gewicht der Kalkerde zu bestimmen; jedoch ist dies nicht zu empfehlen.

Abscheidung der Kalkerde als kohlensaure Kalkerde. — In mehreren Fällen bestimmt man die Kalkerde als kohlensaure, indem man sie aus ihren Lösungen durch kohlensaure Alkalien fällt. Man wählt dazu immer kohlensaures Ammoniak, obgleich nach gehörigem Auswaschen die kohlensaure Kalkerde nicht kohlensaures Kali oder Natron enthält, wenn diese zur Fällung angewandt werden. Man fügt, da das kohlensaure Ammoniak aus Sesquicarbonat besteht, etwas freies Ammoniak hinzu. Der Niederschlag ist anfangs voluminös, fällt aber nach längerem Stehen zusammen, und läfst sich dann gut filtriren. Man läfst bei gewöhnlicher Temperatur, und nicht bei erhöhter, den Niederschlag sich absetzen. Wenn man das Ganze sehr lange vor dem Filtriren stehen läfst, so kann, wenn der Ueberschufs des kohlensauren Ammoniaks sich verflüchtigt hat, die kohlensaure Kalkerde zersetzend auf die in der Lösung enthaltenen ammoniakalischen Salze wirken, und eine sehr geringe Menge von Kalkerde sich auflösen. Es wird das natürlich sehr befördert, wenn das Ganze an einem etwas erwärmten Orte steht. Man vermeidet dies, wenn man darauf sieht, dafs in der Lösung immer etwas freies kohlensaures Ammoniak enthalten ist.

Die erhaltene kohlensaure Kalkerde kann schon nach starkem Trocknen gewogen werden, besser ist es, man erwärmt sie mit der Lampe, ohne den Tiegel bis zur dunklen Rothglühhitze zu bringen. Zweckmäfsiger ist es jedoch, da immer beim Einäschern des Filtrums sich Kalkerde bildet, sie durch Hülfe eines kleinen Gebläses in reine Kalkerde zu verwandeln.

Die angegebenen Methoden, die Kalkerde als oxalsaure und als kohlensaure Kalkerde zu fällen, sind nicht anwendbar, wenn die Kalkerde in sauren Lösungen an Phosphorsäure oder an eine andere Säure gebunden ist, mit welcher sie eine in Wasser unlösliche Verbindung bildet, die durch eine freie Säure gelöst wird. In diesem Falle mufs die Kalkerde durch Schwefelsäure und Alkohol gefällt werden. Die Trennung der Kalkerde von der Phosphorsäure wird weiter unten ausführlich erörtert.

Die Verbindungen der Kalkerde mit organischen Säuren werden beim Zutritt der Luft im Platintiegel geglüht. Durch längeres Glühen kann man, wenn man den Zutritt der Luft sehr befördert, die Kohle gänzlich verbrennen. Man verstärkt dann entweder vermittelst eines Gebläses die Hitze bis zum anfangenden Weifsglühen, um die Kalkerde als reine Kalkerde bestimmen zu können, oder man befeuchtet nach Verbrennung der Kohle den geglühten Rückstand mit kohlensaurem Ammoniak, und verfährt wie oben S. 35 angeführt ist, um die Kalkerde als kohlensaure zu wägen.

Maafsanalytische Bestimmung der Kalkerde. — Die Bestimmung der Kalkerde im Aetzkalk, im Kalkerdehydrat und in der kohlensauren Kalkerde auf maafsanalytischem Wege geschieht wie die der Baryterde und der Alkalien (S. 26 und S. 6).

Trennung der Kalkerde von der Strontianerde. — Zur Trennung benutzt man das verschiedene Verhalten der salpetersauren Salze gegen Alkohol. Sind die Basen in einer Auflösung enthalten, so werden sie durch kohlensaures Ammoniak mit einem kleinen Zusatze von freiem Ammoniak gefällt; die kohlensauren Erden werden in verdünnter Salpetersäure gelöst, die Lösung in einer Flasche, die verschlossen werden kann, im Wasserbade bis zur völligen Trockenheit abgeraucht, und die Flasche darauf sogleich verschlossen. Nach dem Erkalten wird die Salzmasse mit einer geringen Menge einer Mischung aus gleichen Theilen von wasserfreiem Alkohol und Aether übergossen, die Flasche verschlossen und öfters umgeschüttelt, die Anwendung von Wärme aber vermieden. Die salpetersaure Kalkerde löst sich auf, während die salpetersaure Strontianerde ungelöst bleibt. Wenn sich diese völlig abgesetzt hat, bringt man zuerst die Flüssigkeit auf ein gewogenes Filtrum, spült dann die salpetersaure Strontianerde mit ätherhaltigem Alkohol darauf, und wäscht damit aus; während des Filtrirens wird der Trichter sorgfältig mit einer Glasscheibe bedeckt. Man trocknet die salpetersaure Strontianerde bei 100° und wägt sie. Zur gröfseren Sicherheit kann man dieselbe in schwefelsaure Strontianerde verwandeln, und deren Gewicht bestimmen. — Die von der salpetersauren Strontianerde abfiltrirte Flüssigkeit wird mit Wasser verdünnt, bei sehr gelinder Hitze wird daraus der Aether und der Alkohol verjagt, und die Kalkerde als oxalsaure Kalkerde gefällt. Man kann auch unmittelbar aus der alkoholischen Lösung des Kalkerdesalzes durch verdünnte Schwefelsäure die Kalkerde als schwefelsaure fällen *).

Wenn die beiden Basen als Chlormetalle vorhanden sind, so ist es nicht nöthig, dieselben erst in kohlensaure und sodann in salpetersaure Salze zu verwandeln. Setzt man zu den festen Chlormetallen oder zu der Lösung derselben Salpetersäure, und dampft im Wasserbade bis zur Trocknifs ab, so sind die Chlormetalle in salpetersaure Salze verwandelt worden. Ganz vollkommen ist dies geschehen, wenn man die bis zur Trocknifs abgedampften Chlormetalle noch einmal mit Salpetersäure (vom spec. Gewicht 1,2) übergiefst und im Wasserbade bis zur Trocknifs abdampft.

---

*) Man hat früher nach Stromeyer bei dieser Trennung der Strontianerde von der Kalkerde nur wasserfreien Alkohol angewandt. Die salpetersaure Strontianerde kann sich indessen schon in 8500 Theilen von wasserfreiem Alkohol lösen, während sie erst in etwa 60000 Theilen ätherhaltigen Alkohols löslich ist, in welchem sich die salpetersaure Kalkerde vollkommen klar löst.

Diese Methode ist besonders anzuwenden, wenn kleine Mengen von Strontianerde von gröfseren Mengen von Kalkerde zu trennen sind. Sind beide in mehr gleichen Mengen vorhanden, so kann man sich der indirecten Analyse bedienen. Man kann entweder beide Basen als kohlensaure Salze fällen, und in dem Gemenge nach dem Wägen genau die Kohlensäure (nach Methoden, welche bei der Bestimmung derselben weiter unten angegeben sind) bestimmen, oder aus dem Gemenge der kohlensauren Salze in einem kleinen Platintiegel vermittelst eines Gebläses die Kohlensäure austreiben. Auf diese letztere Weise ist selbst die in der Natur vorkommende kohlensaure Strontianerde, welche oft nicht bedeutende Mengen von kohlensaurer Kalkerde enthält, mit Genauigkeit untersucht.

Eine andere Trennung der Strontianerde von der Kalkerde kann darauf begründet werden, dafs die schwefelsaure Strontianerde aus einer Lösung vollständig gefällt werden kann, wenn diese mit einer etwas concentrirten Lösung eines schwefelsauren Alkalis vermischt wird, während die schwefelsaure Kalkerde durch das schwefelsaure Alkali leichter gelöst wird. Am zweckmäfsigsten wählt man dazu schwefelsaures Ammoniak. Fügt man dasselbe zu einer Lösung eines Strontianerdesalzes, so wird der allergröfste Theil der Strontianerde als schwefelsaure gefällt, und der kleine Theil der schwefelsauren Strontianerde, welcher aufgelöst bleibt, bildet bei längerem Stehen, schneller beim Kochen, mit dem schwefelsauren Alkali ein Doppelsalz, das unlöslich in der Lösung des schwefelsauren Alkalis ist. Die Kalkerde eines Kalkerdesalzes bildet aber mit schwefelsaurem Alkali ein Doppelsalz, das in der Lösung desselben löslicher ist als in Wasser. Gründet man hierauf eine Trennung, so erhält man indessen nur annähernde, und nicht so genaue Resultate, wie durch die oben erwähnte Methode.

Trennung der Kalkerde von der Baryterde. — Die Trennung kann wie die der Strontianerde von der Baryterde ausgeführt werden. Die beiden Basen als Chlormetalle von einander durch wasserfreien Alkohol zu trennen, giebt ein eben so wenig befriedigendes Resultat, wie die Trennung des Chlorbaryums vom Chlorstrontium (S. 30). Besser ist die Methode der Trennung durch Kieselfluorwasserstoffsäure; man verführt dabei gerade so wie bei der Trennung der Baryterde von der Strontianerde (S. 30). Die beste Trennungsmethode indessen ist folgende:

Hat man beide Erden als trockne schwefelsaure Salze, so verfährt man eben so wie bei der Trennung der schwefelsauren Strontianerde von der schwefelsauren Baryterde (S. 31), wobei nur zu bemerken, dafs die schwefelsaure Kalkerde schneller durch kohlensaures Ammoniak und kohlensaures Kali zersetzt wird, als die schwefelsaure Strontianerde. Auch wenn die beiden Erden in einer Lösung enthalten sind, verfährt man ganz so, wie S. 32 erörtert ist.

Nach einer älteren Methode trennte man Baryterde von der Kalkerde auf die Weise, dass man die Lösung mit sehr vielem Wasser verdünnte, sodann durch verdünnte Schwefelsäure die Baryterde fällte, und die schwefelsaure Kalkerde aufgelöst zu erhalten suchte. Diese Methode giebt aber in den meisten Fällen keine genauen Resultate, weil man nicht dahin gelangen kann, die schwefelsaure Baryterde, wenn sie mit einer auch nur geringen Menge von schwefelsaurer Kalkerde gefällt ist, durch Auswaschen auch mit heissem Wasser vollständig von letzterer zu befreien. Nur in einer Lösung, welche sehr viel Kalkerde und nur kleine Mengen von Baryterde gelöst enthält, kann man letztere ziemlich sicher abscheiden, wenn man nach grosser Verdünnung sie mit einem oder einigen Tropfen verdünnter Schwefelsäure versetzt.

Sind beide Erden an Phosphorsäure oder an eine andere in Alkohol lösliche Säure gebunden, welche mit ihnen in Wasser unlösliche Verbindungen bildet, und in einer sauren Flüssigkeit von einander zu scheiden, so fällt man aus der sauren Lösung die Baryterde und Kalkerde gemeinschaftlich durch verdünnte Schwefelsäure und Alkohol (S. 34). Sind die Lösungen zu verdünnt, so können sie vor dem Fällen erst durch Abdampfen concentrirt werden. Die schwefelsauren Erden werden nach dem Auswaschen mit verdünntem Alkohol am besten durch kohlensaures Ammoniak von einander getrennt.

Trennung der Kalkerde von der Strontianerde und Baryterde. — Man fällt die drei Basen durch verdünnte Schwefelsäure und Alkohol, behandelt die schwefelsauren Erden mit kohlensaurem Ammoniak (S. 31) und löst nach dem Auswaschen die entstandene kohlensaure Kalkerde und kohlensaure Strontianerde in verdünnter Salpetersäure auf. Die salpetersauren Salze werden wie oben S. 37 angegeben von einander geschieden.

Trennung der Kalkerde von den Alkalien. — Man fällt die Kalkerde aus der Lösung durch oxalsaures Ammoniak, dampft die von der oxalsauren Kalkerde abfiltrirte Flüssigkeit bis zur Trockniss und glüht die trockne Masse. Man erhält so das Alkali mit der Säure verbunden, mit welcher es in der Flüssigkeit verbunden war, wenn beide eine Verbindung geben, die durch die Hitze nicht zersetzt wird. Es ist indessen schon oben S. 4 bemerkt, dass die alkalischen Chlormetalle durch Erhitzen mit oxalsaurem Ammoniak theilweise zersetzt werden. Besondere Vorsicht hat man anzuwenden, wenn die Kalkerde durch oxalsaures Ammoniak aus einer Flüssigkeit gefällt ist, die Schwefelsäure oder schwefelsaures Ammoniak enthält.

Trennung der Kalkerde von der Strontianerde oder Baryterde und von den Alkalien. — Man fällt entweder sämmtliche Erden durch kohlensaures Ammoniak mit einem Zusatz von Ammoniak, und trennt die Erden nach früher angegebenen Methoden; durch Abdampfen der filtrirten Flüssigkeit und Glühen des trocknen Rückstands erhält man die Alkalien, die man dann als schwefelsaure bestimmen kann. Oder man fällt durch verdünnte Schwefelsäure und Alkohol die Erden gemeinschaftlich, welche man, wie S. 39 angegeben ist, trennt, und bestimmt in der filtrirten Flüssigkeit die Alkalien als schwefelsaure Salze (S. 2).

IX. Magnesium.

Bestimmung der Magnesia als schwefelsaure Magnesia. — Ist Magnesia mit flüchtigen Säuren verbunden in einer Lösung enthalten, die sonst nur ammoniakalische Salze und keine feuerbeständigen Bestandtheile enthält, so dampft man sie bis zur Trocknifs ab, glüht den trocknen Rückstand, um die ammoniakalischen Salze zu verjagen, befeuchtet die erkaltete Masse vorsichtig mit etwas verdünnter Schwefelsäure, dampft ab und glüht die trockne Masse, aber nur gelinde, um die überschüssige Schwefelsäure zu verjagen. Glüht man zu stark und anhaltend, so kann ein kleiner Theil der Schwefelsäure verflüchtigt werden, und die schwefelsaure Magnesia löst sich dann, auch nach längerem Stehen, nicht vollständig in Wasser auf.

Fällung der Magnesia als kohlensaure Magnesia. — Wenn in einer Lösung neben Magnesia alkalische Salze enthalten sind, so kann man, wie das früher gebräuchlich war, die Magnesia durch eine Lösung von kohlensaurem Kali als eine Verbindung von kohlensaurer Magnesia mit Magnesiahydrat fällen. Da beim Fällen Kohlensäure frei wird, die mit dem Ueberschufs des kohlensauren Kalis zweifach kohlensaures Kali bildet, welches Magnesia auflöst, so dampft man fast bis zur Trocknifs ab, setzt darauf heifses Wasser hinzu und wäscht die ausgeschiedene kohlensaure Magnesia mit heifsem Wasser aus, da die Magnesia durch kälteres Wasser merklich mehr als durch heifses aufgelöst wird.

Es ist nicht zweckmäfsig, statt des kohlensauren Kalis kohlensaures Natron anzuwenden. Letzteres bildet mit der kohlensauren Magnesia leicht eine Doppelverbindung, welche schwer durch Wasser zersetzt wird.

Enthält die Lösung der Magnesia ammoniakalische Salze, wie dies gewöhnlich oder doch sehr häufig der Fall ist, so mufs eine solche Menge von kohlensaurem Kali hinzugefügt werden, dafs jene dadurch vollständig zersetzt werden.

Die erhaltene kohlensaure Magnesia wird geglüht, wodurch sie sich in reine Magnesia verwandelt, und ihrem Gewichte nach bestimmt.

Schon bei einer nicht sehr starken Rothglühhitze werden die Kohlensäure und das Wasser vollständig verjagt.

Man muſs nach dem Wägen die Magnesia in Chlorwasserstoffsäure auflösen, wobei kein Brausen stattfinden darf. Die Lösung muſs klar sein; häufig bleibt eine Spur von Kieselsäure angelöst, die gewöhnlich vom kohlensauren Kali herrührt.

Statt des kohlensauren Kalis kann man sich zur Fällung der Magnesia des Kalihydrats bedienen. Man erhält indessen dann Magnesiahydrat, das in Wasser etwas löslicher ist, als die Verbindung von kohlensaurer Magnesia mit Magnesiahydrat, aber auch wie dieses in heiſsem Wasser weit schwerlöslicher ist, als in Wasser von gewöhnlicher Temperatur.

Die Magnesia kann aus ihren Lösungen vollständig durch kohlensaures Ammoniak gefällt werden, und dieser Art der Fällung bedient man sich jetzt vielfach bei ihrer Trennung von den Alkalien.

Die Lösung des kohlensauren Ammoniaks bereitet man, indem man 230 Grm. käufliches anderthalbfach kohlensaures Ammoniak in Stücken in 160 C.C. Ammoniakflüssigkeit von dem spec. Gewicht 0,92 und in so viel Wasser löst, daſs die Lösung ein Liter beträgt. Die Magnesia, welche gefällt werden soll, muſs in einer möglichst concentrirten Lösung enthalten sein. Ist dieselbe sauer, so wird sie durch Ammoniak neutralisirt oder etwas damit übersättigt. Man fügt dann einen groſsen Ueberschuſs von der Lösung des neutralen kohlensauren Ammoniaks hinzu. Es entsteht dadurch zuerst ein voluminöser Niederschlag, der durch starkes Umrühren sich vollständig auflöst. Nach einiger Zeit sondert sich aber ein krystallinischer Niederschlag ab, dessen Menge sich mit der Zeit vermehrt, und der aus dem Doppelsalze von neutralem kohlensaurem Ammoniumoxyd und neutraler kohlensaurer Magnesia besteht, welches in einer concentrirten Lösung von neutralem kohlensaurem Ammoniak unlöslich ist. Der Sicherheit wegen läſst man das Ganze 24 Stunden hindurch stehen; wahrscheinlich ist die Hälfte und selbst der vierte Theil der Zeit zur völligen Ausfällung genügend. Man wäscht den Niederschlag mit der concentrirten Fällungsflüssigkeit aus, was in kurzer Zeit geschehen ist.

Der Niederschlag wird nach dem Trocknen geglüht; er besteht nach dem Glühen aus reiner Magnesia.

Es ist eigentlich nicht nöthig, daſs der durch die Fällungsflüssigkeit zuerst entstehende voluminöse Niederschlag sich vollständig wieder auflöst, da derselbe in der Flüssigkeit allmälig seine voluminöse Beschaffenheit verliert und krystallinisch wird. Sicherer aber ist es, die vollständige Lösung des zuerst entstandenen voluminösen Niederschlags durch ein Uebermaaſs der Fällungsflüssigkeit zu bewirken.

Die körnig krystallinische Beschaffenheit des Niederschlags, sein lockeres Ansitzen an den Wänden der Gefäfse, so dafs er leicht sich auf das Filtrum bringen läfst, und sein leichtes Auswaschen empfehlen diese Methode, die Magnesia aus Flüssigkeiten abzuscheiden. Besonders aber ist hervorzuheben, dafs die Magnesia auf diese Weise auch vollständig gefällt werden kann, wenn bedeutende Mengen von ammoniakalischen Salzen und auch Salze der feuerbeständigen Alkalien in der Lösung zugegen sind. Es ist in diesen Fällen nur anzurathen, das Ganze nach dem Fällen nicht zu kurze Zeit stehen zu lassen, ehe filtrirt wird, und öfters umzurühren. Ohne umzurühren kann oft in langer Zeit keine Ausscheidung des Niederschlags geschehen. Bei Gegenwart von Phosphorsäure und von Arseniksäure enthält der Niederschlag diese Säuren, und die Methode darf daher in diesen Fällen nicht angewandt werden (Gr. Schaffgotsch).

Fällung der Magnesia als phosphorsaure Ammoniak-Magnesia. — Diese Methode der Abscheidung der Magnesia ist die, welche jetzt am meisten angewandt wird; und in der That, sie läfst sich am schnellsten und leichtesten ausführen und giebt ein genaues Resultat.

Um die Magnesia auf diese Weise abzuscheiden, übersättigt man die Lösung derselben, sie mag neutral oder sauer sein, stark mit Ammoniak, so dafs letzteres beinahe ein Drittel vom Volumen der Flüssigkeit ausmacht, und fügt zur klaren Lösung eine Lösung von phosphorsaurem Natron. Entsteht durch Ammoniak ein Niederschlag, so mufs derselbe durch Chlorammonium gelöst werden.

Es bildet sich ein Niederschlag von phosphorsaurer Ammoniak-Magnesia, den man erst nach längerer Zeit filtriren darf, nachdem er sich vollkommen abgesetzt hat. Enthält die Lösung sehr viele ammoniakalische Salze, namentlich weinsteinsaures Ammoniak, und nur wenig Magnesia, so setzt sich oft der Niederschlag erst nach sehr langer Zeit (nach 12 Stunden) vollständig ab, und erscheint oft erst durch Umrühren.

Statt des Zusatzes von freiem Ammoniak darf nicht kohlensaures Ammoniak angewandt werden. Es könnte dann mit der phosphorsauren Ammoniak-Magnesia auch etwas von dem oben erwähnten Doppelsalz von kohlensaurer Magnesia und kohlensaurem Ammoniak gefällt werden. — Es mufs ferner nur das gewöhnliche (ungeglühte) phosphorsaure Natron und nicht etwa das (geglühte) pyrophosphorsaure Natron angewandt werden.

Die Magnesia kann auf diese Weise aus Lösungen vollständig gefällt werden, die grofse Mengen von ammoniakalischen Salzen und auch von andern Salzen enthalten.

Der Niederschlag darf nicht mit reinem Wasser, durch welches er etwas zersetzt und gelöst wird, sondern mufs mit ammoniakhaltigem ausgewaschen werden, und es ist nothwendig, dafs das Waschwasser einen bestimmten Ammoniakgehalt hat. Man verdünnt deshalb eine Ammoniakflüssigkeit vom spec. Gewicht 0,96 mit dem Dreifachen von Wasser, in welcher Mischung der Niederschlag ganz unlöslich ist.

Nach dem Trocknen wird der Niederschlag so viel wie möglich vom Filtrum entfernt, und dieses für sich eingeäschert, was längere Zeit erfordert, indem die Kohle des Papiers schwer verbrennt. Der Niederschlag selbst wird langsam bis zum Glühen erhitzt; wird er schnell einer hohen Temperatur ausgesetzt, so wird er grau und läfst sich dann schwer beim Zutritt der Luft weifs brennen. — Durch Glühen ist er in pyrophosphorsaure Magnesia verwandelt worden, aus deren Gewicht man das der Magnesia berechnet.

Da häufig der Platintiegel durch das Glühen der phosphorsauren Ammoniak-Magnesia angegriffen wird, so ist anzurathen, das Glühen in einem Porcellantiegel zu bewerkstelligen. Erhitzt man den Porcellantiegel auch nur kurze Zeit vermittelst eines kleinen Gebläses, so erhält man die phosphorsaure Magnesia leicht weifs.

In Fällen, wenn in der abfiltrirten Flüssigkeit die Gegenwart des Natrons vermieden werden soll, kann man statt des phosphorsauren Natrons eine Lösung von Phosphorsäure mit demselben Erfolge anwenden.

Bestimmung der Magnesia als arseniksaure Ammoniak-Magnesia. — Wenn andrerseits die Gegenwart der Phosphorsäure bei der Bestimmung andrer Bestandtheile nachtheilig sein kann, so kann man sich statt des phosphorsauren Natrons des arseniksauren Natrons bedienen, und die Magnesia als arseniksaure Ammoniak-Magnesia fällen, bei deren Fällung man dieselben Vorsichtsmaafsregeln beobachten mufs, wie bei der Fällung der phosphorsauren Ammoniak-Magnesia, namentlich mufs man das Auswaschen auch mit ammoniakhaltigem Wasser bewirken. Die arseniksaure Ammoniak-Magnesia darf indessen nicht wie das phosphorsaure Salz geglüht werden, sondern sie mufs auf einem gewogenen Filtrum bei 100° getrocknet, und als $2MgO + NH^4O + AsO^5 + HO$ gewogen werden. — Den Ueberschufs der Arseniksäure kann man in der abfiltrirten Flüssigkeit nicht nur nach Uebersättigung derselben durch eine Säure vermittelst Schwefelwasserstoff entfernen, sondern auch auf die Weise, dafs man die Lösung bis zur Trocknifs abdampft, die trockne Masse mit Chlorammonium (wenn dieses nicht schon in hinlänglicher Menge in der Lösung enthalten war) mengt, und das Gemenge in einem Porcellantiegel glüht, wodurch die Arseniksäure leicht verflüchtigt wird. Da Phosphorsäure nicht so leicht aus einer Lösung fortzuschaffen ist, so kann in manchen aber seltenen Fällen die Anwendung des arseniksauren Natrons vor der des phosphorsauren Vortheile haben. Wenn die Gegenwart der Phosphorsäure, der Arseniksäure und des Natrons in der Lösung, aus welcher die Magnesia gefällt werden soll, von Nachtheil sein kann, bedient man sich zur Fällung der Magnesia des kohlensauren Ammoniaks auf die oben beschriebene Weise.

Trennung der Magnesia von der Kalkerde. — Diese Trennung, welche sehr häufig bei analytischen Untersuchungen vorkommt, geschieht nach mehreren Methoden, unter denen die folgende am häufigsten angewandt wird und die besten Resultate giebt. Sind in der Flüssigkeit, welche Kalkerde und Magnesia enthält, aufserdem noch Chlorammonium oder andere ammoniakalische Salze enthalten oder ist sie sauer, was sehr häufig der Fall ist, so verdünnt man dieselbe, wenn sie concentrirt ist, gehörig mit Wasser und fügt dann reines Ammoniak, jedoch nur in kleinem Ueberschufs hinzu. Sind keine ammoniakalische Salze in der Flüssigkeit vorhanden, so setzt man eine Lösung von Chlorammonium hinzu. Sollte wegen nicht hinreichender Menge von ammoniakalischen Salzen durch Ammoniak ein geringer Niederschlag von Magnesia entstehen, so wird derselbe durch Chlorammonium oder durch Chlorwasserstoffsäure und nachherige Uebersättigung mit Ammoniak aufgelöst; löst er sich dadurch nicht auf, so besteht er nicht aus Magnesia, oder es sind kleine Mengen von Phosphorsäure oder von Arseniksäure in der Lösung. Man fügt darauf oxalsaures Ammoniak hinzu und fällt die Kalkerde als oxalsaure Kalkerde. Statt des oxalsauren Ammoniaks kann man eine Lösung von Oxalsäure anwenden, wenn man nur darauf sieht, dafs nach dem Zusatz derselben die Flüssigkeit noch etwas ammoniakalisch bleibt. Sind in der Lösung feuerbeständige Alkalien schon enthalten, so kann zur Fällung auch die Lösung des Kleesalzes angewandt werden, wenn dasselbe ganz frei von Kalkerde ist.

Man läfst den Niederschlag, der aus reiner oxalsaurer Kalkerde besteht, sich vollständig absetzen, was zweckmäfsiger Weise an einem warmen Orte geschehen kann. Man kann den Niederschlag mit heifsem Wasser auswaschen. Nach dem Trocknen behandelt man ihn wie oben S. 35 beschrieben ist. — Nachdem man sich durch Hinzufügung von etwas oxalsaurem Ammoniak zu der von der oxalsauren Kalkerde abfiltrirten Flüssigkeit überzeugt hat, dafs die Kalkerde vollständig ausgefällt ist [*]), fällt man die Magnesia durch phosphorsaures Natron [**]).

---

[*]) Diese Vorsicht ist für Ungeübte nöthig, die sehr oft zur Fällung der Kalkerde weniger oxalsaures Ammoniak, besonders aber weniger von der Lösung des etwas schwerlöslichen Kleesalzes, hinzufügen, als zur vollständigen Fällung erforderlich ist.

[**]) Diese Methode der Trennung der Kalkerde von der Magnesia hat sich durch eine lange Erfahrung so bewährt, dafs sie andere Methoden der Trennung

Die Kalkerde von der Magnesia durch verdünnte Schwefelsäure und Alkohol zu trennen, ist zahlreichen Versuchen zufolge nicht möglich. Da die Kalkerde aus ihren Lösungen, wenn diese auch neutral sind, nur dann als schwefelsaure Kalkerde vollständig gefällt wird, wenn zu der Lösung das gleiche oder besser das $1\frac{1}{2}$ fache Vol. Alkohol hinzugefügt wird, so wird die schwefelsaure Kalkerde immer mit schwefelsaurer Magnesia verunreinigt gefällt. Wendet man ein der Lösung gleiches Vol. von Alkohol an, so ist nicht nur die Menge der schwefelsauren Magnesia, die mit der schwefelsauren Kalkerde zugleich fällt, bedeutend (sie beträgt gewöhnlich mehr als 5 Proc.), sondern es bleibt etwas von der schwefelsauren Kalkerde gelöst. Bei Anwendung von $1\frac{1}{2}$ Vol. Alkohol fällt zwar die schwefelsaure Kalkerde vollständig, dann aber ist sie mit noch mehr schwefelsaurer Magnesia verunreinigt. Die Menge der gefällten schwefelsauren Magnesia ist übrigens unmittelbar nach der Fällung größer, als nach längerem Stehen.

Trennung der Magnesia von der Strontianerde. — Während die Trennung der Magnesia von der Kalkerde durch Schwefelsäure und Alkohol nicht gelingt, glückt sie bei der Trennung der Magnesia von der Strontianerde. Man fügt zur Lösung das halbe Volum Alkohol und läfst das Ganze 12 Stunden stehen. Nach Abscheidung der schwefelsauren Strontianerde und Auswaschen derselben mit Alkohol, der mit $1\frac{1}{2}$ Th. Wasser verdünnt ist, wird von der abfiltrirten Flüssigkeit durch Abdampfen bei sehr geringer Hitze der Alkohol verdampft, und dann die Magnesia als phosphorsaure Ammoniak-Magnesia gefällt.

Trennung der Magnesia von der Baryterde. — Die Trennung geschieht durch verdünnte Schwefelsäure ohne Hülfe von Alkohol. Die schwefelsaure Baryterde muſs sehr gut mit heiſsem Wasser ausgewaschen werden, zu welchem Anfangs etwas Chlorwasserstoffsäure hinzugefügt wird.

---

ganz überflüssig macht. Indessen hat Scheerer bemerkt, daſs diese Methode doch nicht genaue Resultate giebt, wenn äuſserst kleine Mengen von Kalkerde von groſsen Mengen von Magnesia geschieden werden sollen. Enthält eine Lösung von Magnesia ungefähr 1 Proc. Kalkerde, so kann aus derselben die Kalkerde durch oxalsaures Ammoniak nicht niedergeschlagen werden, während dieselbe geringe Menge von Kalkerde aus einer gleichen Menge von Flüssigkeit, die aber keine Magnesia enthält, durch oxalsaures Ammoniak sogleich gefällt wird. Die Trennung beider Erden gelingt dann durch Verwandlung derselben in schwefelsaure Salze, und vorsichtiges Hinzufügen von Alkohol unter stetem Umrühren, bis eine schwache Fällung entsteht, die nicht wieder verschwindet. Nach einigen Stunden hat sich alle Kalkerde als schwefelsaure Kalkerde abgeschieden, die man filtrirt und mit Alkohol, der mit einem gleichen Volumen Wasser verdünnt ist, auswäscht. Gewöhnlich hat sich mit derselben etwas schwefelsaure Magnesia abgeschieden; man löst daher das Gemenge beider Salze in Wasser auf, und fällt aus der Lösung die Kalkerde durch oxalsaures Ammoniak.

Trennung der Magnesia von der Strontianerde und Baryterde. — Sie wird wie die Trennung der Magnesia von der Strontianerde allein bewirkt, indem man zur Fällung der beiden alkalischen Erden verdünnte Schwefelsäure und das halbe Vol. Alkohol verwendet (S. 45). Die gefällten alkalischen Erden in schwefelsaurem Zustande werden nach dem S. 73 beschriebenen Verfahren getrennt.

Trennung der Magnesia von den alkalischen Erden. — Man pflegt diese Trennung oft vermittelst kohlensauren Ammoniaks zu bewerkstelligen, eine Trennung, welche zwar bei qualitativen Untersuchungen mit Vortheil angewandt werden kann (Th. I, S. 67, und S. 93), bei quantitativen Analysen indessen weniger zu empfehlen ist. Die Lösung muſs verdünnt angewandt werden. Ist sie sauer, so neutralisirt man sie mit Ammoniak (wodurch keine Fällung von Magnesia entstehen darf), und fügt dann kohlensaures Ammoniak im Ueberschuſs hinzu. Man läſst das Ganze nur kurze Zeit hindurch sich absetzen, etwa eine Viertelstunde; die gefällten kohlensauren alkalischen Erden werden mit Wasser von gewöhnlicher Temperatur ausgewaschen. — Aus der abfiltrirten Flüssigkeit verjagt man das überschüssige kohlensaure Ammoniak durch Abdampfen im Wasserbade bei einer sehr geringen Temperatur (bei 30 bis 40°), übersättigt ein wenig durch Chlorwasserstoffsäure, und fällt dann die Magnesia durch phosphorsaures Natron und Ammoniak.

Diese Art der Trennung hat den Nachtheil, daſs leicht neben den alkalischen Erden etwas kohlensaure Magnesia gefällt werden kann, besonders wenn die Lösungen concentrirt sind, und daſs andrerseits durch anderthalb- oder zweifach-kohlensaures Ammoniak von den kohlensauren alkalischen Erden, besonders von der kohlensauren Kalkerde, etwas aufgelöst werden kann. Man thut daher besser, die Abscheidung der drei alkalischen Erden erst durch Schwefelsäure und verdünnten Alkohol zu bewirken. Man fügt ein halbes Volum von letzterem hinzu. Von der filtrirten Flüssigkeit wird der Alkohol durch gelindes Erwärmen abgedampft, und der Rest der Kalkerde aus der mit Ammoniak neutralisirten Lösung durch oxalsaures Ammoniak gefällt. Die Magnesia bleibt dann vollständig gelöst und wird durch phosphorsaures Natron und Ammoniak gefällt.

Trennung der Magnesia von den Alkalien. — Diese Trennung, welche sonst ihre Schwierigkeiten hatte, kann jetzt leicht und sicher ausgeführt werden. Ist die Lösung, in welcher die Basen enthalten sind, verdünnt, so muſs sie durch Abdampfen zu einem kleinen Volumen gebracht werden; man fügt dann eine Lösung von neutralem kohlensaurem Ammoniak hinzu und verfährt so, wie es S. 41 bei der Fällung der Magnesia beschrieben ist. In der von der kohlensauren

Ammoniak-Magnesia abfiltrirten Flüssigkeit sind die Alkalien enthalten, welche durch bloßes Abdampfen und schwaches Glühen des trocknen Rückstands erhalten werden können. Da diese Flüssigkeit große Mengen von kohlensaurem Ammoniak enthält, so muß sie zuerst, um ein Sprützen zu verhüten, während der Vorsicht wegen die Schale mit einem Uhrglas bedeckt wird, einer sehr gelinden Wärme ausgesetzt werden; später, wenn das kohlensaure Ammoniak sich meistentheils verflüchtigt hat, kann das Wasserbad bis zum Sieden erhitzt werden. Man erhält die Alkalien mit der Säure verbunden, mit welcher sie schon in der Lösung verbunden waren, wenn diese Säure zu den stärkeren gehört, namentlich erhält man die Alkalien als schwefelsaure Salze und als Chlormetalle, wenn sie als solche in der Lösung waren. Waren die Alkalien als schwefelsaure in der Lösung, und enthielt diese zugleich Chlorammonium, so werden beim Glühen des trocknen Rückstands die schwefelsauren Alkalien zum Theil oder auch ganz in Chlormetalle verwandelt.

Es findet ein kleiner Unterschied zwischen den Kalisalzen und den Natronsalzen hinsichtlich ihres Verhaltens gegen die kohlensaure Ammoniak-Magnesia statt. Während der ausgewaschene Niederschlag nichts von Natronsalzen enthält, enthält er eine sehr geringe Menge Kalisalz und zwar kohlensaures Kali. Wenn man daher die kohlensaure Ammoniak-Magnesia durch Glühen in reine Magnesia verwandelt hat, so zieht heißes Wasser aus derselben etwas kohlensaures Kali aus. Es ist dies allerdings ein Uebelstand, aber die Magnesia kann in dem Platintiegel, in welchem sie geglüht ist, mit heißem Wasser übergossen werden; man kann, ohne mechanischen Verlust zu erleiden, das Wasser abgießen, und die Magnesia von der kleinen Menge des kohlensauren Kalis befreien, ohne sie filtriren zu brauchen. Man trocknet sie dann und wägt sie nach dem Glühen von Neuem. Das Wasser, mit welchem die Magnesia behandelt ist, und das die kleine Menge des kohlensauren Kalis enthält, wird der von der kohlensauren Ammoniak-Magnesia abfiltrirten Flüssigkeit hinzugefügt.

Wie das Kali und Natron, so läßt sich auch das Lithion durch neutrales kohlensaures Ammoniak von der Magnesia trennen, was um so mehr zu beachten ist, da nach den anderen Trennungsmethoden das Lithion weit schwerer als die beiden andern Alkalien von der Magnesia geschieden werden kann. Auch bei der Scheidung des Lithions von der Magnesia behält die kohlensaure Ammoniak-Magnesia etwas Lithion als kohlensaures Salz. Nach dem Glühen kann dasselbe indessen wie die geringe Menge des kohlensauren Kalis durch heißes Wasser aus der Magnesia ausgezogen und zu der von dem Niederschlage abfiltrirten Flüssigkeit hinzugefügt werden (Gr. Schaffgotsch).

Ist in der Lösung eine sehr grofse Menge von ammoniakalischen Salzen enthalten, so ist es zweckmäfsig, dieselbe erst abzudampfen, und aus dem trocknen Rückstand die ammoniakalischen Salze, oder wenigstens die gröfste Menge derselben, durch Erhitzen zu verjagen. Man mufs sonst zu viel Wasser zur Lösung anwenden.

Diese Trennung der Magnesia von den Alkalien ist nicht auszuführen, wenn in der Lösung Phosphorsäure oder Arseniksäure enthalten ist, weil dann mit der Magnesia auch ein Theil dieser Säuren gefällt wird. Weiter unten, wo von der quantitativen Bestimmung dieser Säuren die Rede ist, ist auch die Trennung derselben von der Magnesia und den Alkalien erörtert.

Wenn man, um die Magnesia von den Alkalien zu trennen, aus der Lösung die Magnesia durch Arseniksäure (nicht durch arseniksaures Natron) und Ammoniak fällt (S. 43), die filtrirte Flüssigkeit zur Trocknifs abdampft, und die trockne Masse mit Chlorammonium gemengt in einem Porcellantiegel glüht, so wird alle überschüssige Arseniksäure verflüchtigt, und die Alkalien bleiben als Chlormetalle zurück. Diese Methode ist in fast allen Fällen anwendbar, ist aber viel umständlicher, als die vermittelst kohlensauren Ammoniaks.

Die Methode, deren man sich früher zur Trennung der Magnesia von den Alkalien bediente, wenn diese Basen mit Schwefelsäure verbunden waren, war eine sehr umständliche. Man verwandelte die schwefelsauren Salze durch essigsaure Baryterde in essigsaure Salze und diese durch Glühen in kohlensaure. Durch heifses Wasser wurden dann die kohlensauren Alkalien von der kohlensauren Baryterde und der Magnesia getrennt. Oder statt der essigsauren Baryterde wandte man eine Lösung von Baryterdehydrat an. Diese Methoden sind zu verwerfen. Dasselbe gilt auch von der Methode, die schwefelsauren Salze durch Chlorbaryum in Chlormetalle zu verwandeln, und diese nach Methoden, die weiter unten besprochen sind, zu trennen.

Man hat noch vorgeschlagen, die Magnesia von den Alkalien in schwefelsaurem Zustande quantitativ dadurch zu scheiden, dafs man sie auf die Weise, wie Th. I., S. 98 beschrieben, in einem Platintiegel der Weifsglühhitze aussetzt, wodurch nur die schwefelsaure Magnesia zersetzt wird, aber nicht die schwefelsauren Alkalien. Diese Trennung ist indessen nicht genau.

Nur wenn die Basen an Salpetersäure oder an Säuren gebunden sind, die durch Glühen leicht zerstört werden, oder als Chlormetalle vorhanden sind, können Trennungsmethoden angewandt werden, welche, wenn sie auch der vermittelst des kohlensauren Ammoniaks nicht vorzuziehen sind, doch in kürzerer Zeit beendet sein können.

Sind die Basen an Salpetersäure gebunden, so erhitzt man sie mit einem Zusatz von freier Oxalsäure (was in einem Platintiegel ohne

Gefahr geschehen kann), nach und nach bis zum Glühen, wodurch kohlensaure Salze entstehen, und die Magnesia die Kohlensäure verliert. Durch Behandlung mit heifsem Wasser kann letztere von den kohlensauren Alkalien getrennt werden.

Sind die Basen an organische Säuren gebunden, so werden sie durch Glühen beim Zutritt der Luft in kohlensaure Salze verwandelt; die Magnesia verliert dabei die Kohlensäure. Ist durch die Zerstörung der organischen Säure zu viel Kohle ausgeschieden, so kann dieselbe durch vorsichtige Behandlung mit salpetersaurem Ammoniak oxydirt werden (S. 6).

Hat man die Basen als Chlormetalle, so lassen sich dieselben durch Digeriren mit Salpetersäure in einer Porcellanschale, bis nach einem neuen Zusatz der Säure die Flüssigkeit sich beim Erhitzen nicht mehr gelb färbt, und ein darüber gehaltenes Jodkaliumstärkepapier nicht mehr gebläut wird, in salpetersaure Salze verwandeln, die wie oben beschrieben ist, behandelt werden.

Sonst können auch die alkalischen Chlormetalle von dem Chlormagnesium dadurch getrennt werden, dafs man die Lösung beinahe bis zur Trocknifs abdampft, die Masse mit einem Zusatz von Oxalsäure vermischt, vorsichtig in einem Platintiegel trocknet, erhitzt und endlich glüht. Die geglühte Masse wird mit heifsem Wasser behandelt, welches Magnesia ungelöst zurückläfst, während die alkalischen Chlormetalle, die theilweise in kohlensaure Alkalien verwandelt sind, sich auflösen. — Durch zu starkes Glühen können hierbei kleine Mengen von den alkalischen Chlormetallen verflüchtigt werden.

Eine andere gute Methode der Trennung ist folgende: Man setzt zu der concentrirten Lösung der Chlorverbindungen ungefähr die dreifache Menge von Quecksilberoxyd, trocknet sie damit ein und erhitzt darauf bis zur Verflüchtigung des durch Zersetzung des Chlormagnesiums erzeugten Quecksilberchlorids und des überschüssigen Quecksilberoxyds, worauf die alkalischen Chlormetalle mit Magnesia gemengt zurückbleiben, welche durch heifses Wasser getrennt werden. Es versteht sich, dafs die Verflüchtigung des Quecksilberchlorids und des Quecksilberoxyds unter einem Rauchfang bewerkstelligt werden mufs (Berzelius).

Enthält die Lösung der Chlorverbindungen ammoniakalische Salze, namentlich Chlorammonium, so mufs sie vor dem Zusetzen des Quecksilberoxyds bis zur Trocknifs abgedampft und das Ammoniaksalz durch Glühen verjagt werden.

Trennung der Magnesia von den alkalischen Erden und den Alkalien. — Es ist nicht zu empfehlen, aus der Lösung zuerst die alkalischen Erden durch kohlensaures Ammoniak abzuscheiden, und dann die Magnesia von den Alkalien zu trennen. Es ist schon S. 46 erwähnt dafs diese Art der Scheidung der Magnesia von den alkalischen Erden keine genauen Resultate giebt. Es ist daher besser, die alkalischen Erden zuerst durch verdünnte Schwefelsäure zu fällen (mit einem Zusatz von Alkohol, wenn Strontianerde vorhanden ist) und den Rest der Kalkerde durch oxalsaures Ammoniak niederzuschlagen, nachdem vorher die Lösung durch Ammoniak neutralisirt ist. In der filtrirten Lösung scheidet man dann nach dem Concentriren durch Abdampfen die Magnesia von den Alkalien am besten durch neutrales kohlensaures Ammoniak auf die Weise, wie es S. 46 beschrieben ist.

X. Aluminium.

Bestimmung der Thonerde. — Man fällt gewöhnlich die Thonerde aus ihren Lösungen durch Ammoniak oder durch kohlensaures Ammoniak. Beide Fällungsmittel, besonders das erstere in einem weit gröfseren Grade als das letztere, lösen, wenn sie in einem Ueberschufs hinzugefügt werden, etwas von der gefällten Thonerde auf. Man hat zur Fällung der Thonerde das Schwefelammonium empfohlen, weil dasselbe, auch im Uebermaafs hinzugefügt, weniger Thonerde als die andern beiden genannten Reagentien auflöst. Es ist dies auch der Fall, aber die Anwendung desselben ist ganz unnöthig, da man durch Ammoniak die Thonerde ganz vollständig aus ihren Lösungen fällen kann, auch wenn dasselbe im Uebermaafs hinzugefügt ist, wenn man nur nach der Fällung das Ganze so lange mäfsig erwärmt, bis der Geruch nach freiem Ammoniak vorhanden ist. Statt das freie Ammoniak durch Kochen, kann man es auch durch Neutralisation mit Essigsäure entfernen. Da die gefällte Thonerde sehr bald die Poren des Filtrums verstopft, besonders wenn die Flüssigkeit längere Zeit gekocht hat, wobei die Thonerde ganz durchscheinend und gelatinös wird, so thut man gut, den Niederschlag nicht gleich auf das Filtrum zu bringen, sondern denselben im Becherglase mit heifsem Wasser zu übergiefsen, nach dem Absetzen des Niederschlags die klare Flüssigkeit zu filtriren, und diese Operation so oft zu wiederholen, bis die Thonerde vollständig ausgewaschen ist; dann erst wird sie auf das Filtrum gebracht. Wenn man indessen zum Auswaschen nicht so viel Wasser anwenden will, so bringt man den Niederschlag aufs Filtrum, läfst die Flüssigkeit ganz ablaufen und die Thonerde so weit trocknen, dafs sie gegen das trocken gewordene Filtrum gedrückt, dasselbe noch befeuchtet. Wenn man sie dann auf dem Filtrum mit heifsem Wasser auswäscht, so ist das Auswaschen bald vollendet. Ist aber die Thonerde durch zu starkes Trocknen hornartig geworden, so läfst sie sich nur schwer durch Wasser auswaschen; sie schwimmt auf demselben, und wird erst nach langer Berührung davon durchdrungen.

Der Niederschlag, welcher beim Trocknen aufserordentlich schwindet, mufs vor dem Glühen gut getrocknet werden, und auch dann mufs das Glühen anfangs mit Behutsamkeit geschehen, weil die getrocknete Thonerde dabei bisweilen decrepitirt, wodurch ein Verlust verursacht werden kann. Vor dem Wägen mufs die Thonerde stark geglüht werden, weil sie erst bei starker Hitze ihr Wasser vollständig verliert und auch um so langsamer Wasser anzieht, je stärker sie geglüht worden ist.

Statt die Thonerde vor dem Glühen vollständig zu trocknen, kann man sie auch in noch feuchtem Zustande in dem Filtrum eingewickelt im bedeckten Platintiegel erst mäfsig und dann stärker erhitzen und glühen, darauf wird beim Zutritt der Luft die Kohle des Filtrums vollständig verbrannt. Die durch das Verkohlen des Filtrums im bedeckten Tiegel schwarz gewordene Thonerde wird erst durch längeres Glühen beim Zutritt der Luft weifs. Auf diese Weise erhält man die Thonerde nicht in Stücken, sondern mehr als Pulver, das sich leichter in verdünnter Schwefelsäure auflösen läfst.

Ammoniakalische Salze verhindern durchaus nicht die vollständige Fällung der Thonerde. Dasselbe ist mit Salzen der feuerbeständigen Alkalien der Fall. Sind diese indessen in bedeutender Menge, namentlich als schwefelsaure Alkalien in der Lösung enthalten, so ist die Thonerde ganz aufserordentlich schwer vollständig auszuwaschen. Man mufs deshalb auch sorgfältig vermeiden, zu der Lösung Salze dieser Art hinzuzufügen, und als Fällungsmittel nicht die Carbonate oder die Bicarbonate der feuerbeständigen Alkalien anwenden, wie früher geschehen ist.

Hat man bei Anwesenheit von Salzen der feuerbeständigen Alkalien die Thonerde durch Ammoniak fällen müssen, so mufs man nach dem Auswaschen die noch feuchte Thonerde wiederum in Chlorwasserstoffsäure oder in Salpetersäure auflösen und noch einmal mit Ammoniak fällen.

Bei grofsen Mengen von schwefelsauren Alkalien ist es sogar rathsam, diese Operation noch einmal oder so oft zu wiederholen, bis man in der von der Thonerde abfiltrirten und mit etwas Chlorwasserstoffsäure versetzten Flüssigkeit keine Schwefelsäure durch Chlorbaryum mehr findet. So mufs man namentlich verfahren, wenn man neben der Thonerde auch die Schwefelsäure quantitativ bestimmen will.

Ist die Thonerde in einer Flüssigkeit ohne eine andere Base mit einer Säure verbunden, die sich bei erhöhter Temperatur verflüchtigen läfst, so kann sie sehr gut ihrer Menge nach bestimmt werden, indem man man das Ganze bis zur Trocknifs abdampft und den trocknen Rückstand dem Rothglühen unterwirft. Dies ist namentlich der Fall, wenn die Thonerde an Schwefelsäure gebunden ist. Die schwefelsaure Thonerde verliert ihre Schwefelsäure bei Rothglühhitze in weniger als einer Viertelstunde vollständig. Es ist nicht nöthig, ein Stückchen von kohlensaurem Ammoniak hinzuzufügen, um die Schwefelsäure leichter zu verjagen. Enthält die Thonerde ein feuerbeständiges Alkali, so bleibt nach dem Glühen ein Gemenge von Thonerde und schwefelsaurem Alkali zurück, aus welchem das letztere durch Wasser ausgezogen werden kann. Bei längerem Weifsglühen indessen wird die Schwefelsäure durch die Thonerde ausgetrieben, indem sich ein Aluminat von Alkali bildet, das in Wasser löslich ist.

Enthält aber die Lösung, aus welcher die schwefelsaure Thonerde durch Abdampfen erhalten werden soll, Chlorammonium, so kann die Thonerde nicht ohne grofsen Verlust durch Glühen erhalten werden. Beim Verjagen des Chlorammoniums aus der bis zur Trocknifs abgedampften Masse verflüchtigt sich viel Thonerde als Chloraluminium, und das um so mehr, je mehr Chlorammonium vorhanden ist. Es ist deshalb nöthig, wenn man die Thonerde aus einer chlorwasserstoffsauren Lösung durch Ammoniak gefällt hat, das Chlorammonium vollständig aus der Thonerde auszuwaschen.

Aus einer chlorwasserstoffsauren Lösung der Thonerde, wenn sie nur nicht ammoniakalische Salze enthält, kann durch Abdampfen und Glühen der abgedampften Masse die ganze Menge der Thonerde ohne Verlust erhalten werden.

Nach dem Glühen ist die Thonerde in den meisten Säuren sehr schwer löslich. Sie löst sich aber vollständig auf, wenn man sie in einer Platinschale mit einem Gemisch von gleichen Raumtheilen von concentrirter Schwefelsäure und von Wasser einige Zeit vorsichtig kocht. Ist die Thonerde in Stücken, so mufs das Erhitzen längere Zeit fortgesetzt werden; man thut daher besser, die Thonerde vor der Behandlung mit verdünnter Schwefelsäure im Chalcedonmörser zu einem feinen Pulver zu reiben, dann noch einmal zu glühen und zu wägen.

Es ist immer zweckmäfsig, bei Analysen die Thonerde auf diese Weise aufzulösen, um zu sehen, ob sie rein ist, oder Kieselsäure enthält, die ungelöst zurückbleibt.

Die in der Natur als Corund, Sapphir und Rubin vorkommende Thonerde läfst sich weder durch Säuren *), noch durch Schmelzen mit kohlensaurem Kali oder Natron vollständig auflösen. Man mufs diese Thonerde in fein gepulvertem Zustande in einem Platintiegel mit zweifach-schwefelsaurem Kali schmelzen. Die geschmolzene Masse löst sich vollständig in Wasser auf, und aus der Lösung kann die Thon-

---

*) Wenn man den gepulverten Corund in einer zugeschmolzenen Glasröhre während einer Stunde der Einwirkung der verdünnten Schwefelsäure bei einer Temperatur von ungefähr 210° aussetzt, so wird er vollständig aufgelöst (A. Mitscherlich); die Lösung wird aber durch die Bestandtheile des Glases verunreinigt.

erde durch Ammoniak gefällt werden. Aber wegen der grofsen Menge des in der Lösung enthaltenen schwefelsauren Kalis mufs die ausgewaschene feuchte Thonerde mehr als einmal in Chlorwasserstoffsäure gelöst und wiederum durch Ammoniak gefällt werden.

Bei der Untersuchung des Corunds besteht die gröfste Schwierigkeit in der feinen Pulverisirung desselben, ohne welche keine vollständige Auflösung des mit saurem schwefelsaurem Kali geschmolzenen Minerals stattfindet. Das Pulvern darf nur in einem kleinen Stahlmörser geschehen; das erhaltene Pulver bringt man auf ein kleines Sieb von feinem Linon, und das zurückgebliebene gröbere Pulver mufs wieder im Stahlmörser behandelt werden. Das von dem Stahlmörser abgeriebene Eisen entfernt man durch einen Magneten. Es geschieht dies so vollständig, dafs ein Behandeln des Pulvers mit Chlorwasserstoffsäure überflüssig ist. Reibt man die Mineralien, auch das im Stahlmörser erhaltene Pulver in einem Achatmörser, oder auf einer Achatplatte mit Wasser, so wird wegen der aufserordentlichen Härte des Pulvers viel Kieselsäure abgerieben. In einem etwas geräumigen Platintiegel bringt man zuerst das saure schwefelsaure Kali zum Schmelzen, und erhält es so lange darin, bis es nicht mehr sprützt und rubig fliefst. Nachdem es erkaltet ist, bringt man das geglühte und gewogene Pulver auf die Oberfläche des geschmolzenen Kuchens, bringt das saure schwefelsaure Kali zum Schmelzen und erhält es so lange bei Rothglühhitze im Flufs, bis sich das Pulver vollständig in dem schmelzenden Salze aufgelöst hat.

Löst die geschmolzene Masse nach dem Erkalten sich nicht vollständig in Wasser auf, so kann dies wohl davon herrühren, dafs das Pulver nicht fein genug war; gewöhnlich indessen scheidet sich Kieselsäure aus der Lösung aus, die man im Mineral auf keine Weise besser entdecken und quantitativ abscheiden kann, als auf diese.

Wenn man die Thonerde von manchen starken Basen zu trennen hat, so kann man sie durch Kochen der Lösung fällen, wenn man vorher essigsaures Natron oder ein anderes essigsaures Alkali hinzugefügt hat. Die Thonerde hat die Eigenschaft aus ihrer Verbindung mit Essigsäure durch Kochen der Lösung gefällt zu werden, wenn alkalische Salze in derselben gelöst sind. Ist die Lösung der Thonerde sehr sauer, so sättigt man sie zuvor durch Alkalihydrat oder durch kohlensaures Alkali, fügt dann essigsaures Natron hinzu und kocht. Die Thonerde wird auf diese Weise vollständig gefällt; beim nachherigen Erkalten würde sich indessen ein Theil derselben wieder auflösen. Man filtrirt deshalb die Thonerde so heifs wie möglich, und läfst die Flüssigkeit vom Filtrum vollständig ablaufen, ehe man wieder einen neuen Theil der Thonerde mit heifser Flüssigkeit auf dasselbe bringt, und wäscht mit heifsem Wasser aus. Hat man zu lange gekocht, so ist die Thonerde von der oben erwähnten gelatinösen Beschaffenheit, und verstopft leicht die Poren des Filtrums. Wenn die Flüssigkeit und das Waschwasser langsam durch das Filtrum gehen, und auf demselben erkalten, so enthalten beide, besonders das letztere noch etwas Thonerde, die aber durch Kochen der Flüssigkeit gefällt wird. Diese kleine Menge filtrirt man besonders, aber ebenfalls mit der beschriebenen Vorsicht. Man erhält, aber nur, wenn man genau auf die angegebene Weise verfährt, genaue Resultate. Die Thonerde enthält eine höchst geringe Menge von Alkali; man kann sie daher noch einmal in Chlorwasserstoffsäure lösen und von Neuem durch Ammoniak fällen. Wenn die Lösung übrigens weder Kali noch Natron enthält, so kann sie, wenn sie sauer ist, durch Ammoniak gesättigt werden; man fügt dann eine neutrale Lösung von essigsaurem Ammoniak hinzu, um eine Verunreinigung mit einem feuerbeständigen Alkali zu vermeiden, kocht und filtrirt auf die beschriebene Weise. — Enthält die Lösung Phosphorsäure, so wird die Thonerde, mit dieser Säure verbunden, durch Kochen ausgefällt. Dann hat man nicht nöthig, die Thonerde heifs zu filtriren, sondern kann nach dem Kochen das Ganze erkalten und sich gut absetzen lassen. Der Niederschlag kann ohne Nachtheil auch mit Wasser von gewöhnlicher Temperatur ausgewaschen werden.

Trennung der Thonerde von der Magnesia. — Dieselbe gelingt sehr gut durch Ammoniak. Fällt man aus der Lösung, die beide Basen und hinreichend ammoniakalische Salze enthält, die Thonerde durch Ammoniak, so fällt mit derselben immer eine kleine Menge von Magnesia, ungeachtet der Gegenwart des ammoniakalischen Salzes, während andrerseits durch den Ueberschufs des Ammoniaks etwas Thonerde aufgelöst wird. Wenn man indessen das Ganze erst zum Kochen bringt und darauf so lange erhitzt, bis freies Ammoniak nicht mehr durch den Geruch wahrzunehmen ist, so löst sich alle Magnesia durch Zersetzung des ammoniakalischen Salzes auf, während die Thonerde sich vollständig ausscheidet. — Nach dem Filtriren der Thonerde wird in der abfiltrirten Flüssigkeit die Magnesia, am besten durch phosphorsaures Natron und Ammoniak, als phosphorsaure Ammoniak-Magnesia gefällt (S. 42). Es kann bei sehr grofsen Mengen von Magnesia und kleinen Mengen von Thonerde letztere selbst bei Gegenwart einer grofsen Menge von ammoniakalischen Salzen auf diese Weise mit etwas Magnesia verunreinigt gefällt werden. Löst man indessen die gefällte Thonerde in Chlorwasserstoffsäure auf, und fällt die Lösung mit Ammoniak auf die beschriebene Weise, so wird die Magnesia von der Thonerde vollständig geschieden.

Um indessen sich zu überzeugen, ob die Thonerde ganz frei von

Magnesia ist, so übersättigt man die Lösung der geglühten und gewogenen Thonerde in Schwefelsäure mit Kali- oder Natronhydrat; erfolgt eine vollständige Lösung, so war die Thonerde rein; ein Gehalt an Magnesia aber bleibt ungelöst. Nach dem Auswaschen mit heifsem Wasser wägt man die Magnesia und zieht das Gewicht von dem der Thonerde ab. Die ausgeschiedene Magnesia ist indessen nicht gänzlich frei von Thonerde. Eine andere Methode, sich von der Reinheit der Thonerde von Magnesia zu überzeugen, ist diese: Zu der Lösung in Schwefelsäure fügt man Weinsteinsäure und übersättigt darauf mit Ammoniak, wodurch nichts gefällt wird; durch ein Zusetzen von phosphorsaurem Natron wird aber die etwa vorhandene Magnesia vollständig als phosphorsaure Ammoniak-Magnesia ausgeschieden, welche auf die S. 43 beschriebene Weise ausgewaschen und nach dem Glühen gewogen wird.

Statt dieser einfachen Methode bedient man sich gewöhnlich folgender:

Man fällt die Thonerde durch kohlensaures Ammoniak, und aus der von der Thonerde abfiltrirten Flüssigkeit unmittelbar die Magnesia durch phosphorsaures Natron. Durch einen Ueberschufs des Fällungsmittels wird eine sehr geringe Menge von Thonerde aufgelöst, mit der Thonerde aber fällt, ungeachtet der Gegenwart von ammoniakalischen Salzen etwas Magnesia, doch weniger als durch freies Ammoniak. Wenn man indessen so lange erhitzt, bis das freie kohlensaure Ammoniak sich verflüchtigt hat, und es durch den Geruch nicht zu bemerken ist, so giebt diese Methode eben so genaue Resultate wie die vermittelst freien Ammoniaks; sie hat nur den Nachtheil, dafs beim Erhitzen, um die mit der Thonerde gefällte Magnesia aufzulösen, ein Sprützen schwer zu vermeiden ist.

Nach einer zweiten Methode fällt man die Thonerde mit Schwefelammonium; ist die Lösung sauer, so mufs sie zuvor durch Ammoniak neutralisirt werden. In der abfiltrirten Flüssigkeit kann man unmittelbar, ohne das überschüssige Schwefelammonium zu zerstören, durch phosphorsaures Natron und Ammoniak die Magnesia niederschlagen. Auch in diesem Falle fällt mit der Thonerde etwas Magnesia, doch weniger als durch freies Ammoniak; die Methode ist also der durch Ammoniak und nachheriges Erhitzen nicht vorzuziehen.

Eine dritte Methode schreibt vor, die Thonerde aus der Lösung durch zweifach-kohlensaures Kali zu fällen und mit kaltem Wasser auszuwaschen. Aus den abfiltrirten Lösungen fällt man durch Erhitzen die Magnesia als kohlensaure Magnesia. Das Entweichen der Kohlensäure verursacht ein starkes Sprützen, weshalb anfangs sehr gelinde erhitzt und erst später gekocht werden mufs, wobei indessen ein

Verlust schwer zu vermeiden ist. Auch in diesem Falle enthält die Thonerde etwas Magnesia, und da sie zugleich kalihaltig gefällt wird, so kann diese Methode nicht empfohlen werden.

Es läfst sich die Thonerde von der Magnesia auch durch kohlensaure Baryterde scheiden. Ist die Lösung sauer, so wird sie durch kohlensaures Alkali der Sättigung nahe gebracht, und dann so viel kohlensaure Baryterde, die man zuvor mit Wasser zu einer Milch angerieben hat, nach und nach zugesetzt, dafs die Lösung neutral reagirt. Unter öfterem Umrühren läfst man das Ganze eine Viertelstunde stehen, filtrirt und wäscht mit kaltem Wasser aus. Das Ungelöste, das die ganze Menge der Thonerde enthält, wird in Chlorwasserstoffsäure gelöst*), die gelöste Baryterde durch Schwefelsäure niedergeschlagen, und nach Entfernung der schwefelsauren Baryterde die Thonerde durch Ammoniak auf die oben S. 50 angeführte Weise gefällt. Aus der vom Ungelösten abfiltrirten Flüssigkeit wird die gelöste Baryterde ebenfalls durch Schwefelsäure weggeschafft, und sodann die Magnesia am zweckmäfsigsten durch phosphorsaures Natron und Ammoniak gefällt. — Diese Methode steht zwar in vieler Hinsicht der einfachen Trennung der beiden Basen durch Ammoniak sehr nach; sie wird indessen bei der Analyse sehr zusammengesetzter Körper oft mit Vortheil angewandt.

Dasselbe gilt von der oben S. 55 kurz angeführten Methode, die beiden Basen aus einer Lösung, zu welcher man Weinsteinsäure gesetzt hat, auf die Weise zu scheiden, dafs man die Lösung mit Ammoniak übersättigt und phosphorsaures Natron hinzufügt, wodurch die Magnesia als phosphorsaure Ammoniak-Magnesia gefällt wird, die Thonerde aber vollständig gelöst bleibt. Es ist erwähnt worden, dafs diese Methode sehr gut angewandt werden kann, um sehr kleine Mengen von Magnesia aus der Thonerde auszuscheiden; aber zu einer Trennung beider Basen eignet sie sich schon deshalb nicht, weil es mit sehr grofsen Schwierigkeiten verknüpft ist, die Thonerde in der Lösung zu bestimmen. Aber diese Methode wird bei der Analyse zusammengesetzter Substanzen oft angewandt.

Endlich hat man besonders früher die beiden Basen auf die Weise getrennt, dafs man zu der Auflösung beider Kali- oder Natronhydrat im Uebermaafs hinzufügte; es wird dadurch die Magnesia vollständig ausgeschieden, während die Thonerde gelöst bleibt, und aus der Lösung durch Chlorammonium gefällt werden kann. Die abgeschiedene Magnesia enthält jedoch etwas Thonerde, die selbst durch Kochen mit Alkalihydratlösung nicht aufgelöst werden kann.

---

*) Wenn in der Lösung Schwefelsäure enthalten war, so bleibt schwefelsaure Baryterde ungelöst.

Unter allen beschriebenen Methoden giebt die zuerst erwähnte, die vermittelst reinen Ammoniaks, welche die einfachste ist, die besten Resultate.

Die in der Natur in Verbindung mit Magnesia als Spinell vorkommende Thonerde wird von den Säuren eben so wenig, wie der Corund angegriffen. Man zerlegt ihn auf ganz dieselbe Weise durch Schmelzen mit zweifach-schwefelsaurem Kali (S. 52) *).

Trennung der Thonerde von der Kalkerde. — Man trennt beide Basen gewöhnlich durch Ammoniak oder durch Schwefelammonium. Wenn man die Trennung bei gewöhnlicher Temperatur bewerkstelligt, so würden zwar, wenn das Ammoniak frei von jeder Spur von kohlensaurem Ammoniak ist, nicht mit der Thonerde kleine Mengen von Kalkerde gefällt (wie dies bei der Magnesia immer der Fall ist), allein durch den Zutritt der Luft wird Thonerde durch kohlensaure Kalkerde verunreinigt, da eine ammoniakalische Lösung von Kalkerde Kohlensäure aus der Luft anzieht und kohlensaure Kalkerde absetzt. Wenn die Menge der gefällten Thonerde nur einigermaaßen groß ist, so ist die Verunreinigung derselben durch kohlensaure Kalkerde fast gar nicht zu vermeiden. Man pflegt daher die gefällte Thonerde in Chlorwasserstoffsäure zu lösen (welche Lösung sichtlich von einem geringen Brausen begleitet ist) und noch einmal mit Ammoniak zu fällen, um sie möglichst frei von Kalkerde zu erhalten.

Dieselben Unannehmlichkeiten finden statt, wenn man zur Fällung der Thonerde statt des Ammoniaks sich des Schwefelammoniums bedient.

Die Trennung beider Basen ist aber eine genaue, wenn man die Lösung, zu welcher man einen kleinen Ueberschuß von Ammoniak gesetzt hat, so lange erhitzt, bis das freie Ammoniak durch den Geruch nicht mehr zu bemerken ist. Dann braucht man sich bei dem Filtriren nicht zu beeilen, und auch nicht den Zutritt der Luft zu verhindern. Wenn man selbst nach der Fällung der Thonerde durch einen Ueberschuß von Ammoniak das Ganze längere Zeit hat stehen lassen, und sich schon kohlensaure Kalkerde ausgeschieden hat, so wird dieselbe durch Erhitzen wieder vollständig gelöst, indem sie das Ammoniaksalz zersetzt.

Nach dem Abfiltriren der Thonerde fällt man die Kalkerde durch oxalsaures Ammoniak (S. 34).

Sind in einer verdünnten Lösung Thonerde und Kalkerde mit Schwefelsäure verbunden enthalten, so wird die Trennung auf die beschriebene Weise bewerkstelligt. Sind keine feuerbeständige Alkalien

---

*) Auch als feinstes Pulver wird der Spinell durch Kochen mit einer Lösung von Chlorammonium nicht angegriffen.

zugleich in der Flüssigkeit, so erhält man die Thonerde nach dem Glühen rein von Schwefelsäure. — Sind Thonerde und Kalkerde aber in festem Zustand vorhanden, wie dies häufig vorkommt, wenn Verbindungen durch Schwefelsäure zersetzt worden sind, so muſs man zuerst die freie Schwefelsäure, wenn diese vorhanden ist, durch Abdampfen verjagen. Dies muſs mit Vorsicht geschehen; wenn man zu stark erhitzt, so wird auch Schwefelsäure aus der schwefelsauren Thonerde ausgetrieben, und diese kann dann durch Wasser nicht mehr vollständig aufgelöst werden. Löst sich die erhitzte Masse nicht vollständig in Wasser auf, so sucht man durch etwas hinzugesetzte Chlorwasserstoffsäure die Auflösung zu bewirken. Man fällt dann die Thonerde auf die beschriebene Weise durch Ammoniak. — Sind gröſsere Mengen von feuerbeständigen Alkalien vorhanden, hat man z. B. die Verbindung, welche Kalkerde und Thonerde enthält, mit saurem schwefelsaurem Kali geschmolzen, so muſs auch in diesem Falle, auch wenn viel schwefelsaure Kalkerde vorhanden ist, die geschmolzene Masse vollständig in Wasser gelöst werden; die durch Ammoniak gefällte Thonerde wird aber in Chlorwasserstoffsäure gelöst und noch einmal durch Ammoniak gefällt.

Sehr kleine Mengen von Kalkerde können von gröſseren Mengen von Thonerde auch auf folgende Weise getrennt werden. Man fügt zu der Lösung Weinsteinsäure und übersättigt sie darauf mit Ammoniak. Wenn Kalkerde allein in der Lösung enthalten wäre, so würde weinsteinsaure Kalkerde gefällt werden; ist indessen in der Lösung neben der Kalkerde eine nicht zu geringe Menge von Thonerde (oder von einer anderen Base von der Zusammensetzung R^2O^3), so erfolgt keine Fällung. Aus dieser Lösung kann die Kalkerde durch Oxalsäure als oxalsaure Kalkerde gefällt werden; die Thonerde hingegen ist schwieriger und nur durch Abdampfen der Flüssigkeit und Glühen des trocknen Rückstands zu bestimmen. Diese Methode wird daher nur in einigen besonderen Fällen angewandt, oder nur, wenn man die Kalkerde und nicht die Thonerde quantitativ bestimmen will.

Trennung der Thonerde von der Magnesia und der Kalkerde. — Ist die Lösung der Basen hinreichend sauer, so übersättigt man sie mit Ammoniak, erhitzt bis zum Verschwinden des ammoniakalischen Geruchs und scheidet in der von der gefällten Thonerde abfiltrirten Flüssigkeit die Kalkerde von der Magnesia nach früher beschriebenen Methoden. — Ist die Lösung neutral, so wird eine Lösung von Chlorammonium und dann freies Ammoniak hinzugefügt.

Um sehr kleine Mengen von Kalkerde und von Magnesia von gröſseren Mengen von Thonerde zu scheiden, kann man in einigen Fällen folgende Methode anwenden: Man fügt zu der Lösung Weinsteinsäure und übersättigt darauf mit Ammoniak; man erhält dadurch keine Fällung. Durch Oxalsäure fällt man aus der ammoniakalischen Lösung die Kalkerde als oxalsaure Kalkerde, und in der abfiltrirten Flüssigkeit die Magnesia als phosphorsaure Ammoniak-Magnesia durch phosphorsaures Natron. Die Thonerde ist aber in diesem Falle schwieriger zu bestimmen.

Trennung der Thonerde von der Strontianerde. — Zur Trennung beider Basen bedient man sich des reinen Ammoniaks und verfährt eben so wie bei der Trennung der Thonerde von der Kalkerde (S. 57).

Trennung der Thonerde von der Baryterde. — Diese kann durch freies Ammoniak wie die der Thonerde von der Kalkerde bewirkt werden (S. 57). Gewöhnlich aber fällt man die Baryterde durch Schwefelsäure, und aus der von der schwefelsauren Baryterde filtrirten Flüssigkeit scheidet man die Thonerde durch Ammoniak ab. Erstere Trennung ist aber wohl vorzuziehen.

Trennung der Thonerde von den Alkalien. — Die Trennung geschieht durch Ammoniak. Die von der Thonerde getrennte Flüssigkeit wird zur Trocknifs abgedampft, und die Alkalien werden durch Glühen der trocknen Masse erhalten, wie es S. 2 beschrieben ist.

Trennung der Thonerde von der Magnesia, der Kalkerde und den Alkalien. — Diese Trennung kommt häufig bei der Untersuchung der Silicate vor. Sie wird auf die Weise bewirkt, dafs man aus der sauren Lösung die Thonerde durch Ammoniak fällt (ist die Lösung neutral, und enthält sie keine ammoniakalischen Salze, so wird Chlorammonium hinzugefügt). Aus der abfiltrirten Lösung fällt man die Kalkerde durch oxalsaures Ammoniak (S. 34). Die von der oxalsauren Kalkerde abfiltrirte Flüssigkeit wird durch Abdampfen concentrirt, um die Magnesia von den Alkalien durch kohlensaures Ammoniak zu trennen (S. 46).

XI. Beryllium.

Bestimmung der Beryllerde. — Die Beryllerde wird aus ihren Lösungen am besten durch Ammoniak gefällt. Doch auch hier ist, wie bei der Fällung der Thonerde durch Ammoniak, ein Ueberwaafs des Fällungsmittels zu vermeiden. Hat man indessen ein Ueberwaafs von Ammoniak angewandt, so ist es zweckmäfsiger, dasselbe durch Neutralisation mit einer Säure, namentlich mit Essigsäure, zu entfernen, als durch Erhitzen, da die Beryllerde beim Erhitzen die ammoniakalischen Salze zersetzt und sich zum Theil auflöst. Man läfst den voluminösen der gefällten Thonerde sehr ähnlichen Niederschlag sich absetzen, wäscht ihn erst durch Decantiren und dann auf dem Filtrum aus. Alles was von dem Auswaschen der Thonerde S. 50

erwähnt ist, muſs auch bei dem Auswaschen der Beryllerde befolgt werden. Auch sie läſst sich von den Salzen der feuerbeständigen Alkalien schwer durch Auswaschen völlig befreien, und es ist zweckmäſsig, sie nach dem Fällen aus Lösungen, die gröſsere Mengen von Alkalien enthalten, nach dem Auswaschen wieder aufzulösen und von Neuem mit Ammoniak zu fällen. Ammoniakalische Salze verhindern bei gewöhnlicher Temperatur nicht das völlige Ausfällen durch Ammoniak.

Statt des Ammoniaks kann man auch Schwefelammonium zur Fällung der Beryllerde anwenden. Ein Ueberschuſs desselben ist hierbei weniger nachtheilig, als ein Ueberschuſs von Ammoniak.

Wenn die Beryllerde in einer Lösung mit einer Säure verbunden ist, die sich bei erhöhter Temperatur verflüchtigen läſst, so kann man sie ihrer Menge nach bestimmen, wenn man die Lösung bis zur Trockniſs abdampft und die trockne Masse glüht. Auch wenn die Beryllerde an Schwefelsäure gebunden ist, so kann durch Glühen der abgedampften Masse die Schwefelsäure gänzlich verflüchtigt werden. Um aber aus der schwefelsauren Beryllerde die Schwefelsäure durch Glühen zu verjagen, wird eine weit höhere Temperatur erfordert, als zur Verjagung der Schwefelsäure von der Thonerde (S. 57). Es ist am besten, die schwefelsaure Beryllerde eine kurze Zeit hindurch, nur wenige Minuten, der anfangenden Weiſsglühhitze, durch ein kleines Gebläse hervorgebracht, auszusetzen. Durch langes und anhaltendes Rothglühen mit Hülfe von kohlensaurem Ammoniak ist das Verjagen der Schwefelsäure nur schwer und unsicher zu bewerkstelligen.

Enthält aber die Lösung der schwefelsauren Beryllerde Chlorammonium, so wird beim Glühen der trocknen Masse eine bedeutende Menge von Beryllerde als Chlorberyllium verflüchtigt.

Die geglühte Beryllerde löst sich äuſserst langsam, aber wenn sie rein ist, vollständig in Chlorwasserstoffsäure auf, leichter als dies bei der geglühten Thonerde der Fall ist; eine gelinde Wärme beschleunigt die Lösung.

Trennung der Beryllerde von der Thonerde. — Man hat mehrere Methoden, diese beiden Erden von einander zu trennen; sie geben indessen alle nicht sehr scharfe Resultate und erfordern Vorsicht.

Die gewöhnlichste früher nur allein angewandte Trennung beruht auf der Löslichkeit der Beryllerde in kohlensaurem Ammoniak. Man fügt zu der Flüssigkeit, welche beide Erden enthält, eine concentrirte Lösung von kohlensaurem Ammoniak, verschlieſst das Gefäſs und läſst das Ganze unter öfterem Umschütteln mehrere Tage hindurch stehen. Es ist nothwendig, das kohlensaure Ammoniak in einem Ueberschusse hinzuzusetzen, um die anfangs gleichzeitig mit der Thonerde gefällte Beryllerde vollständig aufzulösen. Der voluminöse Niederschlag vermindert sich in dem Maafse, als sich die Beryllerde allmälig auflöst. Die Thonerde wird filtrirt, nach dem Auswaschen mit Wasser von gewöhnlicher Temperatur getrocknet, geglüht und gewogen. Die von der Thonerde abfiltrirte Lösung der Beryllerde in kohlensaurem Ammoniak wird in einer Porcellanschale oder besser in einer Platinschale abgedampft, anfangs bei einer sehr wenig erhöhten Temperatur, um das Sprützen zu vermeiden, das durch die Verjagung der Kohlensäure entstehen kann. In dem Maafse, dafs die Verflüchtigung derselben statt findet, schlägt sich kohlensaure Beryllerde nieder und trübt die Flüssigkeit. Man kann beinahe bis zur Trocknifs abdampfen, darf aber, um das ammoniakalische Salz zu verjagen, die trockne Masse nicht glühen, weil, wenn dieselbe Chlorammonium enthält, beim Glühen ein Theil der Beryllerde sich als Chlorberyllium verflüchtigen würde. Nach Hinzusetzen von Wasser fügt man noch etwas Ammoniak hinzu, um die Beryllerde zu fällen, die sich durch Zersetzung von ammoniakalischem Salze aufgelöst haben könnte.

Bei Anwendung dieser Methode erhält man, wenn man nach kurzer Zeit die in kohlensaurem Ammoniak ungelöste Thonerde filtrirt, zu wenig von derselben. Bei Gegenwart der Beryllerde löst das kohlensaure Ammoniak etwas von der Thonerde auf, und mehr, als ein Ueberschufs desselben allein von der Thonerde aufgelöst haben würde. Die aufgelöste Thonerde scheidet sich indessen bei längerem Stehen wieder ab. Die Behandlung des Niederschlags mit kohlensaurem Ammoniak darf indessen nicht länger als eine Woche fortgesetzt werden. Läfst man das Ganze länger stehen, so fängt auch etwas kohlensaure Beryllerde an sich auszuscheiden (Joy).

Eine Abänderung dieser Methode ist die, dafs man beide Erden gemeinschaftlich durch Ammoniak fällt, den voluminösen Niederschlag noch feucht vom Filtrum in eine Flasche bringt, die verschlossen werden kann, und ihn in dieser mit einem Uebermaafs von kohlensaurem Ammoniak digerirt. Das Filtrum behandelt man mit Chlorwasserstoffsäure, wäscht gut aus, und bringt die Lösung ebenfalls (mit Vorsicht) in die Flasche. Die fernere Behandlung ist nun dieselbe wie zuvor. — Wenn man blofs Beryllerde von Thonerde zu trennen hat, so ist die zuerst beschriebene Weise der zweiten vorzuziehen, weil die Beryllerde unmittelbar nach ihrer Fällung löslicher in kohlensaurem Ammoniak ist, als später nach dem Auswaschen. Man ist aber bisweilen gezwungen, nach der zuletzt beschriebenen Weise zu verfahren, wenn beide Erden gemeinschaftlich durch Ammoniak niedergeschlagen werden müssen, um sie auf diese Weise von andern Substanzen zu trennen.

Eine zweite Methode der Trennung beider Erden ist folgende: Die chlorwasserstoffsaure Lösung beider Erden wird bei gewöhnlicher Temperatur mit einer Lösung von Kalihydrat so lange versetzt, bis der anfangs entstehende Niederschlag wieder völlig verschwunden ist, worauf man die Lösung mit vielem Wasser verdünnt und sie eine Viertelstunde in einer Platinschale kocht. Es wird dadurch nur die Beryllerde gefällt, welche man mit heifsem Wasser auswäscht und nach dem Glühen wägt. Wenn man die Beryllerde nicht bald durch Filtration trennt, so kann durch die erkaltete Kalilösung nach längerer Berührung etwas davon wieder aufgelöst werden. Die Beryllerde ist nach dem völligen Auswaschen frei von Kali. Die Thonerde wird aus der Lösung in Kalihydrat durch Chlorammonium gefällt (C. G. Gmelin). — Es kommt bei dieser Methode sehr darauf an, dafs die Lösungen nicht zu concentrirt, aber auch nicht gar zu verdünnt sind (Th. I S. 211). Gewöhnlich erhält man nach dieser Methode zu viel Thonerde und zu wenig Beryllerde.

Eine dritte Methode der Trennung beider Erden ist die, dafs man zur Lösung Chlorammonium fügt, dann durch Ammoniak die Fällung hervorbringt, und darauf unter Erneuerung des verdampften Wassers so lange kocht, bis keine Ammoniakdämpfe mehr entweichen (Berzelius). Man mufs hierbei sehr lange erhitzen, da die Beryllerde sich nur langsam in Chlorammonium auflöst. Man prüft durch einen mit Chlorwasserstoffsäure befeuchteten Glasstab, ob keine Spuren von Ammoniak aus der etwas erkalteten Flüssigkeit mehr entweichen. Durch das lange Kochen ist die Thonerde sehr gelatinös geworden, und mufs so behandelt werden, wie es S. 50 gezeigt ist.

Diese Methode, die zuverlässige Resultate geben kann, kann besonders auch dann angewandt werden, wenn eine nach einer andern Methode ausgeschiedene Thonerde Beryllerde enthält.

Die Trennung der Thonerde von der Beryllerde kann durch kohlensaure Baryterde bewirkt werden, welche bei gewöhnlicher Temperatur erstere und nicht letztere fällt. Diese Methode giebt annähernde Resultate, aber nur dann, wenn man die Lösung der beiden Erden nach dem Zusetzen von kohlensaurer Baryterde, die man vorher mit Wasser zu einer Milch angerieben hat, sehr bald (nach einer Viertelstunde) filtrirt. Man verfährt hierbei so, wie bei der Trennung der Thonerde von der Magnesia (S. 56). Aus der Flüssigkeit, welche von dem unlöslichen Rückstand abfiltrirt ist, entfernt man die gelöste Baryterde durch Schwefelsäure und fällt darauf die Beryllerde mit Ammoniak oder mit Schwefelammonium.

Beide Erden können nach Joy auf folgende Weise getrennt werden: Man fügt zu der Lösung schwefelsaures Kali und etwas Schwefelsäure, wenn diese nicht schon vorhanden ist, und concentrirt dieselbe. Nach 24 Stunden werden die Krystalle des entstandenen Alauns gesammelt und abgewaschen, die Flüssigkeit wird darauf wieder durch Abdampfen concentrirt und der entstandene Anschufs wiederum gesammelt. Die so erhaltene Mutterlauge wird nun mit einem Ueberschufs von kohlensaurem Ammoniak behandelt. Sie enthält nur sehr geringe Spuren von Thonerde, und die ganze Menge der Beryllerde.

Es sind noch viele Methoden der Trennung der Beryllerde von der Thonerde vorgeschlagen worden, die aber nach genauer Prüfung entweder ungenaue Resultate geben oder sehr umständlich sind, ohne dabei doch eine gröfsere Genauigkeit als die beschriebenen zu erreichen. Sie können deshalb hier nicht erwähnt werden.

Die Beryllerde kommt in Verbindung mit Thonerde in der Natur als Chrysoberyll vor; er wird wie der Corund von Säuren fast gar nicht angegriffen. Man zerlegt ihn am besten vermittelst Schmelzens mit zweifach-schwefelsaurem Kali, wie den Corund (S. 52).

Trennung der Beryllerde von der Magnesia. — Man setzt zur Lösung Chlorammonium, und fällt bei gewöhnlicher Temperatur die Beryllerde durch Ammoniak. — Genauer indessen dürfte die Scheidung durch kohlensaures Ammoniak bewirkt werden, durch welches man auf die S. 41 beschriebene Weise die Magnesia fällt, während die Beryllerde aufgelöst bleibt.

Trennung der Beryllerde von den alkalischen Erden. — Sie geschieht durch Ammoniak, das vollkommen frei von Kohlensäure sein mufs. Man mufs bei dieser Trennung mehr Vorsicht anwenden, als bei der Trennung der Thonerde von den alkalischen Erden (S. 58), indem man durch Erhitzen den Ueberschufs des Ammoniaks nicht verjagen darf, weil dadurch etwas Beryllerde aufgelöst werden könnte. Man mufs daher einen grofsen Ueberschufs von Ammoniak, und den Zutritt der Luft während des Filtrirens möglichst vermeiden.

Die Trennung der Beryllerde von den alkalischen Erden könnte auch theils durch verdünnte Schwefelsäure allein, wie bei der Baryterde, oder durch Schwefelsäure mit einem Zusatz von verdünntem Alkohol, wie bei der Strontianerde und Kalkerde, bewerkstelligt werden.

Trennung der Beryllerde von den Alkalien. — Sie geschieht vermittelst Ammoniak.

XII. Yttrium.

Bestimmung der Yttererde. — Die beste Methode, die Yttererde aus ihren Lösungen zu fällen, ist die durch oxalsaures Ammoniak. Die Yttererde verhält sich gegen Oxalsäure ähnlich wie die Kalkerde und man hat daher bei der Fällung dieselben Vorsichtsmaafsregeln zu beobachten (S. 34). Die oxalsaure Yttererde ist in verdünnten, und namentlich in schwachen, Säuren noch schwerlöslicher als die oxalsaure Kalkerde; und man kann daher statt des oxalsauren Ammoniaks sich einer Lösung von reiner Oxalsäure bedienen. Der Niederschlag muſs sich vollständig senken und 12 bis 24 Stunden stehen, wonach er sich besser filtriren läſst. Auch wenn die Lösungen ammoniakalische Salze enthalten, wird aus ihnen die Yttererde vollständig gefällt.

Durch Glühen verwandelt sich die oxalsaure Yttererde leicht in reine Yttererde, die frei von Kohlensäure ist, und gewogen werden kann.

Ist in der Auflösung Kali enthalten, oder wird die Fällung der Yttererde durch eine Lösung von saurem oder von neutralem oxalsaurem Kali bewirkt, so setzt sich ein Doppelsalz von oxalsaurem Kali und oxalsaurer Yttererde ab, welches durch Glühen in Yttererde und in kohlensaures Kali verwandelt wird. Man kann die Yttererde von dem kohlensauren Kali nicht gut durch Wasser trennen, da die Yttererde sich in einem so fein zertheilten Zustand befindet, daſs es schwer ist, sie abzufiltriren. Man muſs daher das Gemenge in Salpetersäure lösen, und aus der Lösung die Yttererde durch Ammoniak fällen (Th. Scheerer). Besser ist es indessen, die Yttererde aus der sauren Lösung nach Neutralisation mit Ammoniak durch oxalsaures Ammoniak zu fällen.

Man kann die Yttererde aus den neutral gemachten Lösungen auch durch weinsteinsaures Alkali fällen. Die weinsteinsaure Yttererde fällt langsam, und das Ganze muſs 24 oder besser 48 Stunden vor dem Filtriren stehen. Die Yttererde fällt aber durch weinsteinsaures Ammoniak nicht ganz so vollständig und erst nach längerer Zeit, wie durch oxalsaures Ammoniak, so daſs diese Methode nicht den Vorzug vor der Fällung durch oxalsaures Ammoniak verdient. Durch Glühen ist die weinsteinsaure Yttererde auch schwieriger als die oxalsaure in reine Yttererde zu verwandeln.

Häufig fällt man die Yttererde aus ihren Lösungen durch Alkalihydrate. Wendet man zur Fällung, wie in den meisten Fällen, Ammoniak an, so schlägt dieses gewöhnlich nur basische Salze nieder, die sich aber meistentheils durch Glühen in reine Yttererde verwandeln; bei Anwesenheit von Schwefelsäure ist dies jedoch nicht der Fall. Hat man die Yttererde daher aus einer schwefelsauren Lösung durch Ammoniak gefällt, so muſs man die gefällte Erde wiederum in Chlorwasserstoffsäure oder besser in Salpetersäure lösen, um sie noch einmal durch Ammoniak zu fällen.

Wegen der Bildung von basischen Salzen hat man vorgeschlagen, die Yttererde statt durch Ammoniak durch Kali- oder Natronhydrat zu fällen. Aber auch bei Anwendung dieser Alkalien vermeidet man die Bildung der basischen Salze nicht, selbst wenn man den Niederschlag mit einem Ueberschuſs der Alkalihydrate digeriren läſst. Nach dem Auswaschen muſs man daher auch in diesem Falle die Yttererde wieder lösen, um sie von Neuem durch Ammoniak zu fällen.

Bei Gegenwart von ammoniakalischen Salzen kann nach der Fällung durch Alkalien bei längerem Stehen eine kleine Menge von Yttererde sich wieder auflösen, und diese Menge kann bedeutend werden, wenn das Ganze erhitzt wird. Bei der Fällung durch Kali- oder Natronhydrat ist es daher zweckmäfsig, die ammoniakalischen Salze durch Erhitzen mit einem Ueberschuſs der Alkalien zu zerstören.

Trennung der Yttererde von der Beryllerde. — Diese kann durch Oxalsäure bewirkt werden. Die Lösung muſs, wenn sie sauer ist, durch Ammoniak so neutralisirt werden, daſs sie noch etwas sauer ist; man fügt dann essigsaures Ammoniak, und darauf oxalsaures Ammoniak hinzu, wodurch die Yttererde gefällt wird. Aus der filtrirten Lösung wird die Beryllerde durch Ammoniak gefällt.

Früher hat man die Trennung beider Erden durch Kalihydrat bewerkstelligt, wodurch indessen keine genaue Scheidung bewirkt wird. Wenn man dabei eine erhöhte Temperatur anwendet, so bleibt oft die ganze Menge der Beryllerde bei der Yttererde [*]).

Trennung der Yttererde von der Thonerde. — Die Yttererde läſst sich auf gleiche Weise von der Thonerde trennen wie von der Beryllerde. Aus der Lösung fällt man die Yttererde durch oxalsaures Ammoniak oder Oxalsäure, je nachdem sie schwach sauer oder neutral ist. Aus der filtrirten Flüssigkeit wird die Thonerde durch Ammoniak gefällt. Man erhitzt, bis der Geruch nach freiem Ammoniak nicht mehr zu bemerken ist.

Trennung der Yttererde von der Magnesia. — Diese läſst sich auf ähnliche Weise bewerkstelligen wie die der Kalkerde von der Magnesia. Wenn die Lösung sauer ist, so fügt man so viel Ammoniak hinzu, daſs sie noch sehr schwach sauer ist, und darauf oxalsaures Ammoniak; ist die Lösung neutral, und enthält sie eine hinreichende Menge von ammoniakalischen Salzen, die bei einem Mangel derselben hinzugefügt werden müssen, so kann die Fällung durch Oxalsäure bewirkt werden. In der von der oxalsauren Yttererde getrennten Flüssigkeit fällt man die Magnesia am besten als phosphorsaure Ammoniak-Magnesia.

Trennung der Yttererde von den alkalischen Erden. — Sie wird durch Ammoniak bei gewöhnlicher Temperatur ausgeführt. Man muſs keinen Ueberschuſs von Ammoniak hinzufügen, das man durch Erhitzen nicht verjagen darf, weil dabei sich etwas Yttererde durch Zersetzung der ammoniakalischen Salze auflösen könnte. Das

---

[*]) Bei den früheren Analysen der Gadolinite wurde auf diese Weise der Gehalt derselben an Beryllerde meistentheils ganz übersehen, oder viel zu gering angegeben. Auch enthielt fast jede früher dargestellte Yttererde Beryllerde.

anzuwendende Ammoniak mufs vollkommen kohlensäurefrei sein. Beim Filtriren vermeidet man möglichst den Zutritt der atmosphärischen Luft durch gutes Bedecken des Trichters und des Glases mit Glasplatten, um eine Bildung von kohlensauren alkalischen Erden zu verhüten. In der von der Yttererde getrennten Flüssigkeit werden die alkalischen Erden nach früher beschriebenen Methoden gefällt.

Trennung der Yttererde von den Alkalien. — Sie geschieht entweder durch Ammoniak, oder durch Oxalsäure, wobei zu beachten ist, dafs die oxalsaure Yttererde schwerlösliche Doppelsalze mit den oxalsauren Alkalien bildet.

XIII. Terbium.

Bestimmung der Terbinerde. — Die Terbinerde wird wie die Yttererde aus ihren Lösungen durch Ammoniak, durch Kali- oder Natronhydrat oder durch Oxalsäure gefällt und nach dem Glühen gewogen.

Trennung der Terbinerde von der Yttererde. — Die Terbinerde, welche als ein Bestandtheil aller bis jetzt dargestellten Yttererde erkannt ist, kann bis jetzt noch nicht quantitativ von derselben getrennt werden. Annähernd kann man sie von der Yttererde scheiden, wenn man zu der Lösung beider in Chlorwasserstoffsäure nach und nach Ammoniak tröpfelt, wodurch zuerst die Terbinerde, die schwächere Base, als ein basisches Salz gefällt wird, und durch einen gröfseren Zusatz von Ammoniak die Yttererde, welche eine stärkere Base als jene ist (Mosander).

Die Trennung der Terbinerde von den bisher abgehandelten Basen kann auf gleiche Weise, wie die Trennung der Yttererde von denselben, bewerkstelligt werden.

XIV. Erbium.

Bestimmung des Erbiumoxyds. — Sie geschieht wie die der Yttererde.

Trennung des Erbiumoxyds von der Yttererde und der Terbinerde. — Auch das Erbiumoxyd ist als ein Bestandtheil aller bis jetzt dargestellten Yttererde erkannt. Eine quantitative Trennung derselben ist unbekannt. Annähernd trennt man sie in ihrer Lösung in Chlorwasserstoffsäure, indem man zu derselben nach und nach Ammoniak setzt. Es wird dadurch zuerst das Erbiumoxyd, weil dieses von den drei Basen die schwächste ist, dann die Terbinerde, und endlich die Yttererde gefällt, welche von ihnen die stärksten basischen Eigenschaften hat (Mosander).

Behandelt man umgekehrt das Gemenge der drei Basen mit äufserst schwacher Salpetersäure, so löst sich zuerst die Yttererde auf, dann die Terbinerde, und am langsamsten das Erbiumoxyd.

Da das schwefelsaure Erbiumoxyd selbst bei $+80°$ nicht verwittert, so könnte es auch durch diese Eigenschaft annähernd von der schwefelsauren Terbinerde getrennt werden, welche schon bei $+50°$ verwittert.

Eine bessere Methode einer annähernden Trennung der drei Oxyde ist die, dafs man zu der neutralen Lösung derselben etwas freie Säure setzt, und dann eine Lösung von zweifach-oxalsaurem Kali unter fortwährendem Umrühren hinzufügt, bis sich der Niederschlag nicht mehr auflöst. In einigen Stunden wird ein Niederschlag entstehen, der vorzüglich Erbiumoxyd enthält, gemengt mit Terbinerde und weniger Yttererde. Man setzt darauf von Neuem so lange zweifach-oxalsaures Kali hinzu, als noch ein Niederschlag entsteht; dieser Niederschlag besteht vorzüglich aus Terbinerde, gemengt mit Yttererde. Wird dann die rückständige Flüssigkeit mit einem Alkali neutralisirt, so erhält man fast reine oxalsaure Yttererde, freilich nur in geringer Menge. Von den Niederschlägen sind die zuerst erhaltenen am meisten krystallinisch; sie fallen leicht zu Boden, während die letzten mehr pulverförmig sind und langsam niedersinken. Die ersten Niederschläge sind immer röthlich, die letzten farblos. Wird ein Gemenge von den Oxalaten der drei Basen mit einer sehr verdünnten Säure behandelt, so erhält man zuerst ein Salz, das meistentheils Yttererde enthält; dann eins, das reicher an Terbinerde ist, und das Uebrige enthält hauptsächlich Erbiumoxyd (Mosander).

XV. Cer.

Bestimmung der Oxyde des Cers. — Das Ceroxydul und auch das Ceroxyd[*]) können aus ihren Lösungen durch Ammoniak, so wie durch Kalihydrat gefällt werden. Es werden indessen dadurch basische Salze (wie bei der Yttererde) gefällt, welche auch beim Digeriren mit Kalihydrat die Säure nur schwierig verlieren. Enthält der Niederschlag keine feuerbeständige Säure, so wird er durch Glühen in Ceroxyd (Ce^2O^4) verwandelt, das in reinem Zustand gelblich ist. Schwefelsäure läfst sich aus dem Niederschlage nur durch Glühen über einem kleinen Gebläse entfernen. Das gefällte Ceroxydul wird schon während des Filtrirens durch Oxydation gelblich.

---

[*]) Man sehe Theil I. S. 219, welche Oxydationsstufe des Cers unter diesem Namen gemeint ist.

Da durch Alkalien nur basische Verbindungen niedergeschlagen werden, so fällt man besser das Cer als oxalsaures Ceroxydul. In einer Lösung von Ceroxydul entsteht durch eine Lösung von Oxalsäure oder von oxalsaurem Ammoniak sogleich der weifse Niederschlag des oxalsauren Ceroxyduls, das viele Aehnlichkeit mit der oxalsauren Yttererde hat. Bei der Fällung des oxalsauren Ceroxyduls mufs man dieselbe Vorsicht, wie bei der Fällung der oxalsauren Yttererde beobachten (S. 63). Das Ceroxydul fällt vollständig, selbst wenn in der Lösung kleine Mengen von starken Säuren enthalten sind; eine sehr saure Lösung mufs durch Ammoniak der Neutralisation nahe gebracht, oder auch damit übersättigt werden; im letzteren Falle wird sie durch Essigsäure sauer gemacht, und darauf durch Oxalsäure oder oxalsaures Ammoniak gefällt.

Ist in der Lösung neben dem Ceroxydul auch Oxyd enthalten, so wird auch dieses mit der Zeit als oxalsaures Ceroxydul gefällt, besonders wenn die Lösung erhitzt wird, indem das Oxyd durch die Oxalsäure zu Oxydul reducirt wird. Besser ist es aber, in diesem Falle zu der Auflösung vor dem Zusatze der Oxalsäure etwas schweflichte Säure oder Schwefelwasserstoffwasser hinzuzufügen, um die Reduction des Oxyds zu Oxydul schnell zu bewirken.

Das ausgewaschene oxalsaure Ceroxydul wird durch starkes Glühen beim Zutritt der Luft in Ceroxyd (Ce^2O^3) verwandelt, welches gewogen wird. Es hat zwar nicht immer aber doch in den meisten Fällen diese Zusammensetzung; die Abweichungen sind in jedem Falle äufserst gering, wenn man nur Sorge trägt, es zuletzt im verschlossenen Tiegel über der Lampe oder sicherer über dem Gasgebläse einige Augenblicke heftig zu glühen. Denn das Oxyd, lange beim Zutritt der Luft, besonders aber im Sauerstoffstrome erhitzt, kann eine sehr geringe Menge von Sauerstoff mehr aufnehmen (Rammelsberg).

Trennung des Ceroxyduls von der Yttererde (und den die Yttererde immer begleitenden Basen Terbinerde und Erbiumoxyd). — Das Ceroxydul, welches in der Natur fast immer gemeinschaftlich mit der Yttererde vorkommt, und das derselben sehr ähnlich ist, wird auf folgende Weise von derselben getrennt: Man setzt zu der nicht zu verdünnten Lösung, welche Yttererde und Ceroxydul enthält, sie mag etwas sauer oder neutral sein, einen Ueberschufs einer heifs gesättigten Lösung von schwefelsaurem Kali, so dafs nach dem Erkalten etwas schwefelsaures Kali herauskrystallisirt. Das Ceroxydul sowohl, als auch die Yttererde haben die Eigenschaft, sich mit Kali und Schwefelsäure zu Doppelsalzen zu verbinden; von diesen ist aber das durch Yttererde gebildete in einer gesättigten Lösung von schwefelsaurem Kali auflöslich (und zwar leichter darin löslich als in Wasser) das durch Ceroxydul gebildete hingegen unlöslich. Der Niederschlag des schwefelsauren Ceroxydul-Kali ist pulverig und von weifser Farbe. Man läfst ihn sich absetzen, filtrirt nach 24 Stunden und wäscht ihn mit einer gesättigten Lösung von schwefelsaurem Kali so lange aus, bis in der abfiltrirten Flüssigkeit durch Kalihydrat, durch Ammoniak oder durch Oxalsäure keine Fällung von Yttererde mehr zu bemerken ist. Alsdann wird er in kochend heifsem Wasser mit einem kleinen Zusatze von Chlorwasserstoffsäure (um die Ausscheidung von basischem Salze zu verhindern) aufgelöst, und die Lösung mit Kalihydrat in einem ziemlichen Ueberschusse niedergeschlagen und damit warm digerirt, um die basischen Salze zu zersetzen (Berzelius). — Besser ist es, aus der Lösung das Ceroxydul durch Oxalsäure zu fällen. Es ist vielleicht zweckmäfsig, wegen der Anwesenheit der nicht unbedeutenden Menge von Kali, das oxalsaure Ceroxydul in Chlorwasserstoffsäure zu lösen und noch einmal, nach der Neutralisation mit Ammoniak, durch Oxalsäure zu fällen.

Die Flüssigkeit, aus welcher das Ceroxydul durch schwefelsaures Kali abgeschieden ist, enthält das schwefelsaure Yttererde-Kali. Man fällt aus ihr die Yttererde durch Oxalsäure mit der oben S. 64 bemerkten Vorsicht.

Wenn in der Lösung neben Ceroxydul mehr oder weniger Ceroxyd vorhanden ist, so fällt auch dieses durch schwefelsaures Kali; wenn indessen das Ganze mit Wasser verdünnt wird, so bleibt ein gelber Rückstand von basischem schwefelsaurem Oxyd. Man verwandelt daher in der concentrirten Lösung das etwa vorhandene Ceroxyd durch schweflichte Säure oder durch Schwefelwasserstoffwasser in Ceroxydul.

Die Lösung, aus welcher das Ceroxydul durch schwefelsaures Kali gefällt wird, kann neutral, oder etwas sauer durch Chlorwasserstoffsäure oder Schwefelsäure sein. Im letzteren Falle scheint sogar das Ceroxydul am vollständigsten durch schwefelsaures Kali gefällt zu werden.

Ist geglühtes Ceroxyd von Yttererde zu trennen, oder sind beide in Verbindungen enthalten, die sich schwer in Säuren lösen, so schmelzt man die Substanz mit zweifach-schwefelsaurem Kali. Die geschmolzene Masse wird mit wenigem Wasser aufgeweicht, und das Doppelsalz der Yttererde durch Auswaschen mit einer Lösung von schwefelsaurem Kali vom Cer-Doppelsalze getrennt. Hat man beim Schmelzen sehr viel saures schwefelsaures Kali angewandt, so kann man zu der aufgeweichten Masse etwas kohlensaures Kali hinzufügen, doch nur so viel, dafs die Lösung noch schwach sauer bleibt.

Es gelingt nicht, die Yttererde von den Oxyden des Cers dadurch zu trennen, dafs man sie in Chlorwasserstoffsäure löst, zu der Lösung Weinsteinsäure und darauf Ammoniak hinzufügt. Es fällt mit der weinsteinsauren Yttererde sehr viel weinsteinsaures Ceroxydul, obgleich dasselbe bei Abwesenheit der Yttererde aufgelöst bleiben würde.

Trennung des Ceroxyduls von der Beryllerde. — Sie geschieht wie die Trennung der Yttererde von der Beryllerde durch Oxalsäure (S. 65), kann auch durch schwefelsaures Kali, aber nicht gut durch Kalihydrat bewirkt werden.

Trennung des Ceroxyduls von der Thonerde. — Auch diese geschieht, wie die Trennung der Yttererde von der Thonerde durch Oxalsäure (S. 65), welche Trennungsart der durch Kalihydrat vorzuziehen ist.

Trennung des Ceroxyduls von der Magnesia. — Sie geschieht wie die der Yttererde oder auch der Kalkerde von der Magnesia (S. 65), kann aber auch durch schwefelsaures Kali bewirkt werden.

Trennung des Ceroxyduls von den alkalischen Erden. — Sie geschieht wie die der Yttererde von den alkalischen Erden durch Ammoniak, mit der Vorsicht, die S. 65 erwähnt worden.

Trennung des Ceroxyduls von den Alkalien. — Sie geschieht durch Ammoniak oder durch Oxalsäure, bei welcher letzteren Trennung zu berücksichtigen ist, dafs die oxalsauren Alkalien mit oxalsaurem Ceroxydul unlösliche oder schwerlösliche Doppelsalze bilden können.

Bestimmung des Ceroxyds neben Ceroxydul. — Das Hydrat des Ceroxyds (Ce^2O^4) wird in Chlorwasserstoffsäure unter Chlorgas-Entwicklung aufgelöst, und in Cerchlorür verwandelt. Auch in dem schwefelsauren Ceroxyd, so wie in dem schwefelsauren Ceroxyd-Kali wird durch Behandlung mit Chlorwasserstoffsäure unter Chlorgasentbindung das Ceroxyd in Cerchlorür verwandelt. Das geglühte Ceroxyd wird zwar von Chlorwasserstoffsäure fast gar nicht angegriffen, namentlich wenn es frei von den Oxyden des Lanthans und des Didyms ist, aber es wird von nur etwas verdünnter Schwefelsäure beim Erhitzen aufgelöst, ohne dafs sich Sauerstoff entwickelt, und ohne dafs sich das Ceroxyd in seiner Zusammensetzung verändert, und in dieser Lösung wird es durch Chlorwasserstoffsäure unter Chlorgasentbindung in Cerchlorür verwandelt.

Aus der Menge des entweichenden Chlors kann die Menge des Ceroxyds leicht gefunden werden. Es geschieht am besten auf maafsanalytischem Wege, indem die Verbindungen in einem Kolben längere Zeit mit Chlorwasserstoffsäure gekocht werden, bis die Flüssigkeit sich entfärbt und alles freigewordene Chlor von einer Jodkaliumlösung absorbirt ist. Das freigewordene Jod läfst sich durch Titriren mit schweflichter Säure, oder besser mit unterschwefligtsaurem Natron bestimmen. — Die Jodprobe läfst sich auch hierbei so ausführen, dafs man die gepulverte Cerverbindung mit Jodkalium und verdünnter Chlorwasserstoffsäure vermischt, und das Ganze in einem kleinen, damit angefüllten Kolben, der mit einem guten Korke verschlossen ist, unter öfterem Umschütteln bei gewöhnlicher Temperatur sich überläfst. Die klare braunrothe Flüssigkeit wird alsdann der volumetrischen Probe unterworfen (Rammelsberg).

XVI. Lanthan.

Bestimmung des Lanthanoxyds. — Das Lanthanoxyd wird wie das Ceroxyd, mit welchem es immer in der Natur vorkommt, aus seinen Lösungen durch Kalihydrat, durch Ammoniak, am besten aber durch Oxalsäure gefällt. Durch Fällung mit Alkalien erhält man fast immer basische Salze. Durch Glühen wird das oxalsaure Salz in Lanthanoxyd verwandelt, das auch durch anhaltendes Glühen sich nicht verändert.

Trennung des Lanthanoxyds von den Oxyden des Cers. — Man kennt noch keine Methode, diese Oxyde quantitativ von einander mit Genauigkeit zu scheiden.

Die erste Methode, welche Mosander zu einer annähernden Trennung vorgeschlagen hat, besteht darin, dafs man die geglühten Oxyde mit Salpetersäure, welche frei von salpetrichter Säure sein mufs und mit 50 bis 100 Theilen Wasser verdünnt ist, bei sehr gelinder Wärme behandelt. Es wird dadurch vorzugsweise das Lanthanoxyd aufgelöst, während das Ceroxyd ungelöst zurückbleibt. Die anzuwendende Salpetersäure mufs frei von Schwefelsäure sein, und die zu trennenden Oxyde dürfen ebenfalls diese Säure nicht enthalten. Es ist das sehr oft der Fall, wenn man die Oxyde aus ihren schwefelsauren Lösungen durch Ammoniak oder Kalihydrat gefällt hat. Man mufs dann zu der salpetersauren Lösung etwas salpetersaure Baryterde hinzufügen.

Man erhält indessen auf diese Weise nie übereinstimmende Resultate, auch wenn man dasselbe Gemenge der Oxyde mehrmals derselben Behandlung unterwirft. Denn in den geglühten Oxyden ist das Cer zum Theil als Oxyd, zum Theil aber auch als Oxydul enthalten, beide in verschiedenen Verhältnissen, je nachdem das Glühen an der Luft kürzere oder längere Zeit dauerte. Schwache Salpetersäure löst aber auch aus dem geglühten Gemenge Ceroxydul auf, während nur das Ceroxyd darin unlöslich ist. Es bleibt ferner mit dem Ceroxyd auch Lanthan- (und Didymoxyd) ungelöst zurück.

Die später von Mosander angegebene Methode ist folgende: Man fällt die gemengten Oxyde aus ihrer Lösung in Chlorwasserstoffsäure mit einer Lösung von Kalihydrat, giefst dann die klare über dem Niederschlage stehende Flüssigkeit ab, setzt wieder eine concentrirte Lösung von Kalihydrat hinzu und leitet unter Umrühren einen Strom von Chlorgas bis zur völligen Sättigung des Alkalis durch die Flüssigkeit, wodurch das Ceroxydul in Ceroxyd verwandelt wird. Die Hydrate der Oxyde nehmen beim Hineinleiten des Chlors ein anderes Ansehn an, das Volum derselben nimmt ab, und ein schweres hellgelbes oder vielmehr orangefarbenes Pulver, welches ein Hydrat des Ceroxyds ist, fällt zu Boden. Wenn das Chlor keine Veränderung mehr zu bewirken scheint, wird die Flüssigkeit filtrirt; die Lösung, welche stark nach unterchlorichter Säure riecht, wird mit Kalihydratlösung im Ueberschufs versetzt, und die Fällung, welche beim Zutritt der Luft wieder gelb wird, von Neuem derselben Behandlung mit Chlorgas unterworfen, wodurch man wiederum eine neue Menge von Ceroxyd enthält. Wird diese Operation fünf- bis sechsmal wiederholt, so erhält man endlich eine Lösung, aus welcher Kalihydrat einen Niederschlag fällt, welcher an der Luft nicht gelb wird, und der, mit Wasser angerührt, sich durch Behandlung mit Chlorgas vollständig auflöst, ohne eine Spur von gelbem Ceroxyd zurückzulassen.

Das gesammelte Ceroxyd wird nach dem Auswaschen mit einer Lösung von Kalihydrat gelinde digerirt, welches unterchlorichte Säure aufnimmt. Durch sehr schwache Salpetersäure wird darauf noch ein Rückhalt von Kali ausgezogen, worauf das Oxyd ausgewaschen und geglüht wird. Es ist Ceroxyd von citronengelber Farbe.

Aus der Lösung wird durch Kalihydrat oder durch Oxalsäure das Lanthanoxyd (gemeinschaftlich mit Didymoxyd) gefällt.

Eine andere Trennung des Lanthans (und des Didyms) von den Oxyden des Cers ist folgende: Die Oxyde werden durch Oxalsäure gefällt; man fügt vorher etwas schweflichte Säure oder Schwefelwasserstoffwasser hinzu, wenn Ceroxyd in der Lösung vorhanden sein sollte. Nachdem der Niederschlag der oxalsauren Oxyde des Cers und Lanthans (so wie das Didymoxyd) nach dem Auswaschen beim Luftzutritt geglüht worden, werden die Oxyde mit gleichen Theilen concentrirter Schwefelsäure und Wasser digerirt, wodurch sie sich auflösen. Darauf verjagt man den gröfsten Theil der freien Schwefelsäure durch Erhitzen, setzt zu dem Rückstand nach und nach viel Wasser hinzu, wodurch basisches schwefelsaures Ceroxyd von schwefelgelber Farbe gefällt wird, während schwefelsaures Lanthanoxyd (und Didymoxyd) aufgelöst bleiben, freilich auch eine kleine Menge von Ceroxydul. Uebergiefst man den Rückstand mit einem Male mit heifsem Wasser, so kann er sich in eine zähe durchsichtige harzähnliche Masse verwandeln, in welchem Zustande er mehr der Einwirkung des Wassers wiedersteht. Man fügt so viel Wasser hinzu, dafs die Flüssigkeit nach dem Absetzen des basischen Salzes ganz farblos erscheint. Durch starkes Glühen mit Hülfe eines kleinen Gebläses kann man aus dem basischen

Salze die Schwefelsäure verjagen und es in Ceroxydul-Oxyd verwandeln. Um es vollständig vom Lanthan- und Didymoxyd zu reinigen, kann man es noch einmal in Schwefelsäure lösen, und noch einmal durch Wasser schwefelsaures Ceroxyd fällen. Aus den Lösungen wird das Oxyd des Lanthans (und das des Didyms) durch Oxalsäure gefällt. Durch Glühen werden die oxalsauren Verbindungen in Oxyde verwandelt.

Trennung des Lanthanoxyds von der Yttererde. — Das Lanthanoxyd giebt mit schwefelsaurem Kali ein ganz ähnliches Doppelsalz, wie das Ceroxydul, und dieses ist ebenfalls in einer concentrirten Lösung von schwefelsaurem Kali unauflöslich. Das Lanthanoxyd kann also auf gleiche Weise wie das Ceroxydul von der Yttererde getrennt werden.

Die Trennung des Lanthanoxyds von den übrigen Erden und den Alkalien geschieht wie die Trennung des Ceroxyduls und der Yttererde von denselben.

XVII. Didym.

Bestimmung des Didymoxyds. — Sie geschieht auf dieselbe Weise wie die des Ceroxyduls und des Lanthanoxyds durch Kalihydrat, Ammoniak oder besser durch Oxalsäure.

Trennung des Didymoxyds vom Lanthanoxyd. — Eine quantitative Trennung dieser Oxyde, die immer zusammen und gemeinschaftlich mit dem Ceroxydul vorkommen, ist noch unbekannt.

Eine annähernde Trennung des Didymoxyds vom Lanthanoxyd kann nach Mosander auf folgende Weise bewirkt werden: Man bereitet die schwefelsauren Salze der beiden Oxyde. Löst man die gemischten Salze bei einer Temperatur, welche $+ 7°$ nicht übersteigen darf, in 6 Theile Wasser auf und erhitzt die erhaltene Lösung bis zu $40°$, so wird eine Quantität von hell amethystfarbenem Lanthanoxyd abgesetzt, welches bei 10 bis 15mal wiederholter Behandlung farblos und fast rein wird. Die vom Lanthansalze getrennte amethystfarbene Lösung wird zur Trocknifs verdampft, und das Salz vom Wasser befreit; es wird auf die beschriebene Weise wiederum gelöst, die Lösung nun aber bis zu $50°$ erhitzt und, wenn sich kein Salz mehr absetzt, filtrirt. Die nun rothe Lösung verdünnt man mit einem gleichen Gewichte Wasser, das mit etwas Schwefelsäure angesäuert worden ist, und setzt sie an einem warmen Orte der Abdampfung aus. Es bilden sich nun mehrere Arten von Krystallen, von denen viele eine bedeutende Größe haben und zu Boden fallen. Wenn nur noch ein Sechstel der gewöhnlich gelben Flüssigkeit übrig ist, wird sie abgegossen, die am Boden liegende Salzkruste abgeschieden, und die gesammelten Krystalle mit siedendem Wasser geschüttelt, welches schnell abgegossen wird, wobei demselben eine Anzahl kleinerer Krystalle folgen. Die zurückbleibenden grofsen Krystalle bringt man wiederum in Wasser, säuert die Lösung mit Schwefelsäure an, dampft in zuvor beschriebener Weise ab, und trennt die grofsen rothen Krystalle; bei näherer Prüfung wird man dann finden, dafs diese ein Gemenge von zwei Arten sind. Die einen, welche in langen schmalen Prismen erscheinen, enthalten Lanthan- und Didymoxyd, so wie auch Cer; die übrigen grofsen rothen Krystalle bestehen aus ziemlich reinem schwefelsaurem Didymoxyd, aus dessen Lösung das Didymoxydhydrat durch Kalihydrat gefällt werden kann.

Trennung des Didymoxyds von dem Cer. — Diese Trennung ist schon gemeinschaftlich mit der des Lanthanoxyds beim Lanthanoxyd S. 72 beschrieben worden. Es ist versucht worden, das Ceroxyd vom Didymoxyd durch Baldriansäure zu trennen, nachdem man beide Oxyde in Salpetersäure gelöst hat. Das baldriansaure Ceroxyd ist in der Salpetersäure nicht löslich, während das baldriansaure Didymoxyd sich leicht darin auflöst. Diese Methode der Trennung ist aber keine vollkommene und der oben angegebenen nicht vorzuziehen.

Trennung des Didymoxyds von der Yttererde. — Da das Didymoxyd wie das Lanthanoxyd und die Oxyde des Cers mit schwefelsaurem Kali ein Doppelsalz giebt, das in einer concentrirten Lösung von schwefelsaurem Kali unauflöslich ist, so kann es wie diese Oxyde von der Yttererde getrennt werden (S. 68).

Von den übrigen Basen wird das Didymoxyd wie das Ceroxydul, oder vielmehr wie das Lanthanoxyd, getrennt.

XVIII. Mangan.

Bestimmung des Mangans als Manganoxyd-Oxydul. — Das Manganoxydul wird wie die Magnesia aus seinen Lösungen durch kohlensaures Kali oder Natron gefällt (S. 40). Da das kohlensaure Natron leichter frei von Kieselsäure erhalten werden kann, als das kohlensaure Kali, und da es mit dem kohlensauren Manganoxydul nicht wie mit der kohlensauren Magnesia ein unlösliches oder schwer durch Wasser zersetzbares Doppelsalz bildet (S. 40), so wendet man zur Fällung des kohlensauren Manganoxyduls kohlensaures Natron an. Enthält die Lösung ammoniakalische Salze, so müssen dieselben durch Erhitzen mit einem Ueberschusse des kohlensauren Alkalis zerstört werden. Man dampft am zweckmäfsigsten fast bis zur Trocknifs ab, wodurch das kohlensaure Manganoxydul sich zum Theil schon in Manganoxyd verwandelt, setzt dann heifses Wasser hinzu, und wäscht mit heifsem Wasser aus. Das kohlensaure Manganoxydul ist in Wasser unauflöslich, und läfst sich deshalb besser als die kohlensaure Magnesia auswaschen. Nach dem Trocknen wird es im Platintiegel längere Zeit beim Zutritt der Luft stark geglüht, wodurch es sich vollständig in Manganoxyd-Oxydul verwandelt, welches gewogen wird. Das Manganoxyd-Oxydul ist eine bestimmte Oxydationsstufe des Mangans, die sich beim Glühen und beim allmähligen Erkalten nicht verändert, wenn nicht reducirende Gasarten einwirken können. Es ist deshalb auch nicht nöthig, wie man vorgeschlagen hat, den durch kohlensaures Alkali erhaltenen Niederschlag nach dem Trocknen durch Glühen unter Wasserstoffgas in Manganoxydul zu verwandeln. Auch läfst sich das Manganoxydul nur dann mit Sicherheit wägen, wenn es einer Weifsglühhitze ausgesetzt war.

Das Manganoxydul kann auch als Hydrat durch Kali- oder Natronhydrat gefällt werden. Der Niedershhlag wird schon beim Filtriren durch Oxydation braun, was indessen bei der Bestimmung des Mangans ohne Nachtheil ist. Durch starkes Glühen verwandelt sich auch dieser Niederschlag in Oxyd-Oxydul. Die Fällung durch kohlensaures Alkali ist indessen vorzuziehen.

Ist das Mangan in der Lösung nicht als Oxydul enthalten, sondern zum Theil als Oxyd, so kann es auf dieselbe Weise durch kohlensaures Natron niedergeschlagen werden. Will man in Lösungen mangansaurer oder übermangansaurer Salze das Mangan als Oxyd-Oxydul bestimmen, so übersättigt man dieselben mit Chlorwasserstoffsäure und erhitzt. Die Säuren des Mangans werden dadurch zu Oxydul reducirt, welches durch kohlensaures Natron gefällt werden kann*).

Man kann in vielen festen Manganverbindungen, in welchen das Mangan mit flüchtigen Substanzen verbunden ist, dasselbe als Oxyd-Oxydul bestimmen. Es verwandeln sich die höheren Oxyde, das Manganoxyd und das Superoxyd, so wie deren Hydrate durch starkes Glühen ebenfalls in Oxyd-Oxydul, so dafs man, wenn diese keine feuerbeständige Verunreinigungen enthalten, den Mangangehalt in ihnen als Oxyd-Oxydul bestimmen kann. Es wird aber eine bei weitem stärkere Hitze erfordert, um die höheren Oxydationsstufen des Mangans in Oxyd-Oxydul zu verwandeln, als dies beim kohlensauren Oxydul nöthig ist, und es ist anzurathen, zum Glühen ein kleines Gebläse anzuwenden, oder erst unter Wasserstoffgas (S. 77) zu glühen, und dann das

---

*) Man kann in den Lösungen mangansaurer und übermangansaurer Salze durch Zusetzen von Alkohol und Essigsäure, so dafs die Lösung dadurch schwach sauer wird, und Erhitzen die Säuren des Mangans zu braunem Oxyd reduciren, das man nach dem Auswaschen durch Glühen in Oxyd-Oxydul verwandelt. Es ist aber nöthig, das Ganze längere Zeit stehen zu lassen, weil sonst die Flüssigkeit durch suspendirtes Manganoxyd bräunlich gefärbt abfiltrirt.

erzeugte Manganoxydul durch Glühen an der Luft in Oxyd-Oxydul zu verwandeln. Jedenfalls muſs man so lange glühen, bis kein Gewichtsverlust mehr stattfindet.

Das schwefelsaure Manganoxydul läſst sich indessen auch durch sehr starkes und anhaltendes Glühen, selbst mit Hülfe eines kleinen Gebläses, nur unvollständig in Manganoxyd-Oxydul verwandeln. Es gelingt dies aber, wenn man von Zeit zu Zeit während des Glühens kleine Mengen von kohlensaurem Ammoniak in den Tiegel bringt.

Bestimmung des Mangans als schwefelsaures Manganoxydul. — Diese Bestimmung des Mangans läſst sich wie die der Magnesia (S. 40) ausführen, wenn das Manganoxydul in einer festen Verbindung oder in einer Lösung mit Schwefelsäure, oder mit solchen Säuren verbunden ist, die durch Schwefelsäure verjagt werden können. Auch die höheren Oxydationsstufen des Mangans, das Oxyd-Oxydul, das Oxyd und das Superoxyd, können in schwefelsaures Manganoxydul verwandelt werden, wenn man sie mit Salpetersäure und etwas Oxalsäure behandelt, worin sie sich bei etwas erhöhter Temperatur lösen, sodann Schwefelsäure hinzufügt und abdampft (Déville).

Diese Bestimmung des Mangans ist indessen eine unsichere und ist nicht zu empfehlen. Es ist sehr schwer, die richtige Temperatur zu treffen, selbst wenn keine überschüssige Schwefelsäure vorhanden ist, so daſs bei der Verjagung der letzten Antheile von Wasser nicht auch etwas Schwefelsäure entweicht.

Bestimmung des Mangans als Schwefelmangan. — In sehr vielen Manganverbindungen kann das Mangan mit Genauigkeit auf die Weise bestimmt werden, daſs man sie, mit Schwefelpulver gemengt, in einer Atmosphäre von Wasserstoffgas einer Rothglühhitze aussetzt, wodurch sich Schwefelmangan (MnS) bildet.

Um diese Bestimmung mit Leichtigkeit auszuführen, mengt man in einem kleinen Porcellantiegel die Manganverbindung, am besten in gepulvertem Zustande, mit Schwefelpulver. Es ist nicht nötbig, sie äuſserst fein zu pulvern; auch ist ein sehr inniges Mengen eben so wenig nöthig. Statt des Porcellantiegels darf man nicht einen Platintiegel anwenden, weil dieser durch die Operation etwas leidet, besonders wenn man über einem kleinen Gebläse glüht. Auf den Tiegel bringt man einen Deckel von Porcellan, oder besser von Platin *), der in der Mitte ein rundes Loch hat, durch welches man eine dünne Porcellanröhre (oder auch eine Röhre von Platin, eine Glasröhre eignet sich weniger zu diesem Zwecke) ungefähr einen halben Zoll tief in den Tiegel führt. Die Röhre bringt man mit einem Wasserstoffgas-

---

*) Ein Platindeckel schlieſst im Allgemeinen fester an den Rand des Tiegels, und muſs auch Porcellandeckeln vorgezogen werden, weil diese oft beim Glühen springen.

apparate in Verbindung; das Gas wird zuerst durch concentrirte Schwefelsäure und dann durch Chlorcalcium getrocknet und entweicht zwischen Deckel und Tiegel. Man richtet das Ganze so ein, wie es in beistehender Figur abgebildet ist.

Nachdem der ganze Apparat mit Wasserstoffgas angefüllt ist, erhitzt man den Tiegel allmälig, erhält ihn 5 bis 10 Minuten rothglühend und läfst ihn dann langsam erkalten. Während der ganzen Operation mufs Wasserstoffgas aus dem Tiegel entweichen; strömt das Gas zu langsam, so kann es, besonders beim Erkalten, im Tiegel verbrennen; strömt es zu rasch, so kann etwas Schwefelmangan mit fortgeführt werden. Ist der Tiegel so weit erkaltet, dafs man ihn mit der Hand berühren kann, so bringt man ihn in den Exsiccator. Nach der ersten Wägung bringt man in den Tiegel wiederum eine kleine Menge von Schwefelpulver, und glüht von Neuem. Diese Operation wiederholt man so oft, bis das Gewicht des Schwefelmangans sich nicht mehr verändert. Das Schwefelmangan, welches auf diese Weise bei erhöhter Temperatur erhalten wird, kann genau gewogen werden; es oxydirt sich nicht, wie das auf nassem Wege bereitete. Es hat eine grüne Farbe, wenn es bei nicht zu stark erhöhter Temperatur, eine dunkelgrüne fast schwarze Farbe, wenn es bei sehr starker Rothglühhitze erhalten ist. Es ist hierbei zu bemerken, dafs das Schwefelmangan mit einer gewissen Hartnäckigkeit einen kleinen Theil von überschüssigem Schwefel festhält, den man am besten und sichersten entfernt, wenn man bei der zweiten Operation die Hitze durch ein kleines Gebläse verstärkt. Ohne dasselbe erfordert die gänzliche Verflüchtigung des überschüssigen Schwefels eine lange und anhaltende Rothglühhitze.

Auf diese Weise kann der Mangangehalt besonders in allen Oxydationsstufen dieses Metalls mit grofser Genauigkeit bestimmt werden, wenn dieselben sonst rein sind und keine feuerbeständigen Verunreinigungen enthalten. Auch in den Verbindungen des Manganoxyduls mit Wasser und flüchtigen Säuren wie Kohlensäure kann mit gleicher Genauigkeit die Menge des Metalls bestimmt werden. Schwieriger ist die Bestimmung des Mangans in Verbindungen, die Schwefelsäure enthalten. Glüht man entwässertes schwefelsaures Manganoxydul zu wiederholten Malen mit Schwefel in einer Wasserstoffgasatmosphäre, so erhält man eine gröfsere Menge von Schwefelmangan, als man der Berechnung nach erhalten müfste. Das schwefelsaure Manganoxydul wird nämlich beim Erhitzen mit Schwefel nur wenig und beim mäfsigen Glühen unter Wasserstoff nur langsam zersetzt. Man mufs daher das schwefelsaure Manganoxydul, wenn man seinen Mangangehalt als Schwefelmangan bestimmen will, entweder zuvor auf die oben S. 76 angeführte Weise mit Hülfe von kohlensaurem Ammoniak in Oxyd-Oxydul verwandeln, welches man dann leicht in Schwefelmangan überführen kann, oder man kann das schwefelsaure Manganoxydul zuerst allein über einem Gebläse unter Wasserstoff glühen, wodurch man ein Oxysulfuret erhält, und dieses zu wiederholten Malen mit Schwefel und Wasserstoff behandeln, wodurch reines Schwefelmangan entsteht.

Enthält die Manganverbindung Chlor, so ist es unmöglich, dieselbe durch Schwefel und Wasserstoff in reines Schwefelmangan zu verwandeln. Bei Anwendung von reinem Manganchlorür bildet sich auf diese Weise eine Verbindung von Chlor- und Schwefelmangan, aus der durch oft wiederholte Behandlung mit Schwefel und Wasserstoff oder Wasserstoff allein das Chlor nicht ausgetrieben werden kann. Wendet man dabei eine starke Hitze an, so wird Manganchlorür verflüchtigt.

Fällung des Mangans aus seinen Lösungen durch Schwefelammonium. — In sehr vielen Fällen fällt man das Mangan, besonders um es von andern Substanzen zu trennen, es mag in der Lösung als Oxydul oder auch als Oxyd enthalten sein, vermittelst Schwefelammoniums als Schwefelmangan. Die Lösung wird durch Ammoniak neutralisirt, das auch in einem kleinen Ueberschufs hinzugefügt werden kann; wenn dadurch eine Fällung von Manganoxydul oder Oxyd entsteht, so ist dies von keinem Nachtheil; durch Zusetzen von Schwefelammonium entsteht Schwefelmangan, dessen vollständige Abscheidung indessen langsam erfolgt. Man darf deshalb den Niederschlag nicht unmittelbar nach der Fällung filtriren, sondern mufs ihn in einem gegen die Luft geschützten Glase 24 Stunden sich absetzen lassen. Das Filtriren darf nicht unterbrochen werden, weil der Niederschlag eine grofse Neigung hat sich zu oxydiren; er darf daher auch nicht mit reinem Wasser ausgewaschen werden, sondern man mufs dazu Wasser anwenden, zu dem eine sehr geringe Menge von Schwefelammonium hinzugefügt ist.

Wegen der leichten Oxydirbarkeit ist es unmöglich, nach dem Trocknen aus dem Gewichte des Schwefelmangans die Menge des Mangans zu bestimmen. Wenn es aber auch durch Zersetzung an der Luft eine braune Farbe angenommen hat, so kann es durch starkes und anhaltendes Glühen beim Zutritt der Luft mit Hülfe von kohlensaurem Ammoniak in Manganoxyd-Oxydul verwandelt werden. Sicherer und einfacher ist es aber, das gefällte Schwefelmangan auf die S. 77 angegebene Weise durch Glühen mit Schwefel unter Wasserstoffgas in reines Schwefelmangan zu verwandeln.

Abscheidung des Mangans durch Chlor. — Es ist ein grofser Vortheil bei der Trennung des Mangans von anderen Substanzen, dafs man, wenn dasselbe als Oxydul in der zu untersuchenden Substanz enthalten ist, es in Oxyd (oder in noch höhere Oxydationsstufen), andrerseits alle höheren Oxydationsstufen leicht wieder in Manganoxydul verwandeln kann. Ist daher das Oxydul von anderen starken Basen zu trennen, so verwandelt man es in Oxyd, und soll letzteres von schwachen Basen geschieden werden, so ist es zu Oxydul zu reduciren.

Die Oxydation des Manganoxyduls zu Oxyd geschieht am zweckmäfsigsten durch starkes Chlorwasser. Das Chlor oxydirt das Oxydul vollständig nur bei Einwirkung einer etwas erhöhten Temperatur und wenn das Manganoxydul an schwache Säuren gebunden ist; soll daher die Trennung des Manganoxyduls von starken Basen bewirkt werden, so mufs man zur Oxydation des Oxyduls dasselbe an eine schwache Säure binden. Die Verbindungen der Alkalien mit der Essigsäure eignen sich hierzu am besten.

Bei der Oxydation des Manganoxyduls durch Chlor verfährt man am zweckmäfsigsten folgendermafsen: Man wendet dazu die Lösung concentrirt, wenigstens nicht zu verdünnt, an. Ist dieselbe stark sauer, so fügt man so viel kohlensaures Natron hinzu, dafs sie neutral oder nur schwach sauer ist, setzt dann essigsaures Natron hinzu, und erwärmt sie bis zum Kochen. Es kann dies in einem Becherglase geschehen. Während des Erhitzens fügt man concentrirtes Chlorwasser hinzu, bis nach dem Umrühren das Ganze nach Chlor riecht *). Die Operation ist sicher beendet, wenn die Flüssigkeit nach Ausscheidung eines schwarzen oder dunkelbraunen Niederschlags durch Bildung von Uebermangansäure roth erscheint. Man erreicht das nicht, wenn vor dem Zusetzen des essigsauren Natrons die Lösung nicht durch kohlensaures Natron fast vollständig neutralisirt worden ist. Man läfst darauf etwas absetzen, und fügt zu der noch warmen Lösung eine sehr kleine

---

*) Enthält das Chlorwasser viel Chlorwasserstoffsäure, so mufs noch etwas kohlensaures Natron hinzugefügt werden.

Menge von Alkohol hinzu, wodurch die Lösung nach einiger Zeit entfärbt und die Uebermangansäure zu unlöslichem Oxyd reducirt wird.

Das erhaltene Oxyd hat eine mehr oder minder schwarze Farbe, und verschiedene Zusammensetzung. Es mufs mit heifsem Wasser gut ausgewaschen werden. Man verwandelt es darauf durch starkes Glühen in Oxyd-Oxydul.

Hat man den Niederschlag nicht vollkommen ausgewaschen, und enthält er noch Natron, so vermindert sich zwar beim ersten Glühen sein Gewicht durch Verlust an Sauerstoff, wie dies auch bei den gut ausgewaschenen Niederschlägen der Fall ist; aber bei fernerem Glühen vermehrt sich das Gewicht, und zwar nicht ganz unbedeutend, weil dann durch den Einflufs des Natrons das Mangan sich höher oxydirt. Die Gewichtsvermehrung kann selbst mehr als ein Proc. von der Menge des Niederschlags betragen.

Hat sich etwas vom Niederschlage so fest an den Wänden des Gefäfses abgesetzt, dafs es durch mechanische Mittel nicht davon abgelöst werden kann, so befeuchtet man es mit einem oder einigen Tropfen Chlorwasserstoffsäure, oder man übergiefst es mit einer geringen Menge von einer Lösung der schweflichten Säure, wodurch es sich rasch als Manganchlorür, oder als unterschwefelsaures Manganoxydul auflöst, sättigt mit kohlensaurem Natron, fügt essigsaures Natron hinzu, erhitzt, während man Chlorwasser hinzufügt, und bringt die geringe Menge des schwarzen Niederschlags zu dem andern.

Enthält die Manganlösung eine nicht zu geringe Menge von ammoniakalischen Salzen, so kann man das Oxydul in derselben nach Zusetzen von essigsaurem Natron nicht vermittelst Chlors oxydiren. Man mufs dann vorher das ammoniakalische Salz durch kohlensaures Natron zerstören.

Es gelingt nicht, das Mangan ganz vollständig abzuscheiden, wenn man, um feuerbeständige Bestandtheile zu vermeiden, die Lösung mit Ammoniak sättigt, essigsaures Ammoniak und Chlorwasser hinzufügt und erhitzt.

Bestimmung des Sauerstoffs in den Oxyden des Mangans auf maafsanalytischem Wege. — Jede Verbindung des Mangans, die mehr Sauerstoff enthält, als im Oxydule enthalten ist, entwickelt beim Erwärmen mit Chlorwasserstoffsäure, wenn sie in derselben auflöslich oder durch sie zersetzbar ist, Chlor. Diese Eigenschaft kann man vortrefflich benutzen, um den Sauerstoffgehalt in den höheren Oxyden des Mangans mit grofser Genauigkeit auf maafsanalytischem Wege zu bestimmen. Man bringt einige Decigramme der zu untersuchenden Verbindung in feingeriebenem Zustand in ein kleines Kölbchen, füllt dasselbe zu zwei Dritteln mit concentrirter Chlorwasserstoffsäure und leitet das beim Erhitzen sich entbindende Chlor-

gas in eine Jodkaliumlösung. Ein Atom Sauerstoff in der Manganverbindung macht aus der Chlorwasserstoffsäure ein Aequivalent Chlor, und dieses aus der Jodkaliumlösung wiederum ein Aequivalent Jod frei, welches in der überschüssigen Jodkaliumlösung gelöst bleibt und die vorher farblose Lösung braun färbt. Das frei gewordene Jod läfst sich durch Titriren mit schweflichter Säure, oder besser mit unterschweflichtsaurem Natron bestimmen (Bunsen).

Nach einer andern Methode löst man die Manganverbindung in Chlorwasserstoffsäure gemeinschaftlich mit einer bestimmten überschüssigen Menge von Eisenoxydul auf, welches durch das freiwerdende Chlor in Oxyd verwandelt wird. Der Ueberschufs des Eisenoxyduls wird darauf durch übermangansaures Kali gemessen. So lange Eisenoxydul im Ueberschufs vorhanden ist, kann sich keine Spur von freiem Chlor entwickeln. Man wendet als Eisenoxydul mit Sorgfalt dargestelltes pulverförmig-krystallinisches schwefelsaures Eisenoxydul an, oder löst eine bestimmte Menge von metallischem Eisen in Chlorwasserstoffsäure auf. Nach Mohr ist es zweckmäfsig, sich des krystallisirten Doppelsalzes von schwefelsaurem Eisenoxydul und schwefelsaurem Ammoniak zu bedienen, das durch den Einflufs der Luft sich weniger als das schwefelsaure Eisenoxydul oxydiren soll, was indessen nicht der Fall zu sein scheint, wenn das schwefelsaure Eisenoxydul aus einer sehr concentrirten Lösung durch Alkohol gefällt ist. — Auf diese Weise werden 2 Atome der Eisenoxydulsalze durch 1 Atom Mangansuperoxyd, Manganoxyd, oder Manganoxyd-Oxydul oxydirt.

Bestimmung des Sauerstoffs in den Oxyden des Mangans durch Glühen. — Da das Manganoxyd-Oxydul die einzige Oxydationsstufe des Mangans ist, welche sich durch Glühen nicht verändert, und da alle Oxyde des Mangans durch Glühen in dieselbe verwandelt werden, so kann man den Sauerstoffgehalt der höheren Oxydationsstufen durch den Gewichtsverlust bestimmen, den sie durch das Glühen erleiden. Es mufs dabei vorausgesetzt werden, dafs die Manganverbindungen rein sind. Enthalten sie namentlich selbst nur kleine Quantitäten von Basen oder von kohlensauren Verbindungen eingemengt, so kann man durch den Glühverlust ganz unrichtige Resultate erhalten.

Ist nämlich Manganoxyd-Oxydul mit Sesquioxyden (Oxyden von der Zusammensetzung R^2O^3) gemengt, und wird es beim Zutritt der Luft stark geglüht, so verändert es sich nicht an Gewicht; ist statt des Manganoxyd-Oxyduls Manganoxyd oder eine noch höhere Oxydationsstufe mit einem oder mehreren von jenen Oxyden gemengt, so wird es wie in reinem Zustand durch Glühen in Oxyd-Oxydul verwandelt. Es sind indessen nur Thonerde, Beryllerde und Eisenoxyd in dieser Hinsicht untersucht worden.

Ist aber das Manganoxyd-Oxydul mit Isoxyden (Basen von der

Zusammensetzung RO) gemengt, und wird diese Mengung beim Zutritt der Luft geglüht, so wird das Oxyd-Oxydul dadurch in Manganoxyd verwandelt, das in Verbindung mit einigen oder einer der starken Basen auch durch sehr starkes Glühen nicht Sauerstoff verliert und sich in Oxyd-Oxydul verwandelt. Es ist hierzu nothwendig, dafs die starke Base im Ueberschufs oder auch in solcher Menge vorhanden sei, dafs sich die Verbindung RO + Mn^{2}O^3 bilden kann. Wird statt Oxyd-Oxydul Manganoxyd, oder Manganoxydhydrat mit einer starken Base gemengt, dem Glühen unterworfen, so wird das Oxyd in seiner Zusammensetzung nicht verändert.

Ist Manganoxyd-Oxydul oder Manganoxyd mit einem Ueberschufs eines kohlensauren Salzes gemengt, welches wie kohlensaure Baryterde für sich durch Glühen die Kohlensäure nicht verliert, so wird das Oxyd-Oxydul in Oxyd verwandelt, das Oxyd bleibt unverändert, und es wird so viel Kohlensäure ausgetrieben, dafs sich die Verbindung BaO + Mn O^3 bilden kann, welche gemengt mit dem Ueberschufs des kohlensauren Salzes zurückbleibt (Krieger).

Bestimmung des Sauerstoffs in den Oxyden des Mangans vermittelst Oxalsäure. — Man hat eine Menge von indirecten Methoden vorgeschlagen, um den Sauerstoff in den höheren Oxydationsstufen des Mangans zu bestimmen. Eine der besten ist die vermittelst Oxalsäure. Freie Oxalsäure erzeugt mit den höheren Oxyden oxalsaures Manganoxydul; neutrales oxalsaures Alkali auch in aufgelöstem Zustande wirkt nicht auf die höheren Oxyde des Mangans, wohl aber bei Gegenwart von verdünnter Schwefelsäure. In beiden Fällen verwandelt sich durch den Sauerstoff der Manganoxyde die Oxalsäure in gasförmige Kohlensäure. Ein Atom Sauerstoff, welches die Oxydationsstufe mehr als das Manganoxydul enthält, entspricht zwei Atomen gasförmiger Kohlensäure, die durch den Gewichtsverlust bestimmt wird.

Zu diesem Versuche wählt man zweckmäfsig zwei kleine Kölbchen, die ungefähr 60 bis 80 Gramme Wasser fassen können, von dünnem Glase, damit sie nicht von zu bedeutendem Gewichte sind; das eine kann etwas kleiner als das andere sein. In dem etwas gröfseren bringt man eine genau gewogene Menge der zu untersuchenden Oxydationsstufe des Mangans, etwa 2 bis 3 Grm., die man sehr fein zerrieben und bei 100° getrocknet hat; man schüttet ferner etwa 2½ Theile gepulvertes neutrales oxalsaures Kali oder etwas weniger neutrales oxalsaures Natron, und so viel Wasser hinzu, dafs das Kölbchen bis zu einem Drittel gefüllt wird. In das kleinere Kölbchen bringt man concentrirte englische Schwefelsäure, und füllt es damit bis zur Hälfte. Man versieht beide Kölbchen mit Korken; durch jeden Kork werden zwei dünne Glasröhren geführt. Die eine Glasröhre des etwas gröfseren

Kölbchens geht bis zum Boden desselben, ist unten offen und wird an dem oberen Ende mit einem Wachskügelchen luftdicht verschlossen. Die andere Glasröhre des gröfseren Kölbchens verbindet dieses mit dem kleineren, ist zweimal rechtwinklicht gebogen, und an beiden Enden offen; das Ende, welches in das gröfsere Kölbchen geht, reicht nur bis einige Linien unter dem Korke desselben, das andere Ende hingegen geht durch den Kork des kleinen Kölbchens bis fast auf den Boden desselben; die zweite Röhre des kleineren Kölbchens, an beiden Seiten offen, reicht mit dem unteren Ende nur einige Linien bis unter den Kork, während das obere Ende über demselben zwei bis drei Zoll hervorragen kann. An das offene obere Ende dieser Röhre des kleineren Kölbchens kann man einen durchbohrten Kork anbringen, um, nachdem der ganze Apparat, der nicht mehr als 100 Grm. schwer zu sein braucht, gewogen und das Wachskügelchen auf die erste Glasröhre gesetzt worden, etwas Luft aus demselben zu saugen. Beim Aufhören des Saugens fliefst etwas Schwefelsäure nach dem gröfseren Kölbchen über, und es entwickelt sich sogleich Kohlensäuregas, welches die Schwefelsäure in der gebogenen Röhre zurücktreibt und nur aus dem kleineren Kölbchen entweichen kann, nachdem es durch die Schwefelsäure gegangen ist, welche den Wasserdampf, den das Kohlensäuregas mit sich führt, zurückhält. Wenn die gleichmäfsige Entwickelung der Kohlensäure nachgelassen hat, wiederholt man das Aussaugen der Luft, und läfst etwas Schwefelsäure von Neuem in das gröfsere Kölbchen fliefsen. Nach einer Viertel- oder halben Stunde, wenn die Anfangs oft röthliche Farbe der Flüssigkeit verschwunden ist (welche von gelöstem Manganoxyd herrührt) hat auch die Manganverbindung die schwarze oder braune Farbe verloren. Man saugt darauf noch mehr Luft aus, um noch mehr Schwefelsäure in das gröfsere Kölbchen zu bringen, damit die Flüssigkeit sich etwas erhitzt, und die gelöste Kohlensäure ausgetrieben wird. Man nimmt darauf das Wachskügelchen fort, saugt atmosphärische Luft durch den Apparat, bis alle Kohlensäure ausgetrieben ist, und wägt ihn darauf. Der Gewichtsverlust zeigt die verjagte Kohlensäure an, aus deren Gewicht man die Menge des von der Manganverbindung abgegebenen Sauerstoffs berechnet (Fresenius und Will).

Zu diesem Versuche kann man sich noch anderer Apparate, zum Theil von minderem Gewichte bedienen, wie solche weiter unten bei der Bestimmung der Kohlensäure beschrieben sind.

Bestimmung des Sauerstoffs in den Oxyden des Mangans vermittelst Kupfers. — Diese Methode gründet sich darauf, dafs das Chlor, welches aus Chlorwasserstoffsäure durch die Oxyde des Mangans entwickelt wird, Kupferchlorür bildet, wenn es mit einem Ueberschufs von Kupfer in Berührung kommt. Aus der Menge des in Chlorür verwandelten Kupfers bestimmt man die Menge des Sauerstoffs. Man verfährt dabei auf folgende Weise. Eine gewogene Menge der fein geriebenen und bei 100° getrockneten Manganverbindung wird in einen Kolben gebracht, dessen Mündung mit einem Korke verschlossen werden kann, durch welchen eine enge Glasröhre geht. Man übergiefst die Manganverbindung mit etwas Wasser, bringt, wenn man 3 bis 4 Grm. der Verbindung angewandt hat, etwa 30 Gramme recht blank gescheuerte, nicht zu dünne Kupferstreifen hinein, die man vorher genau gewogen hat, und darauf so viel Chlorwasserstoffsäure, als zur Lösung der Manganverbindung nothwendig ist, worauf man den Kolben sogleich mit dem Korke, und die Mündung der Röhre mit einem Wachskügelchen verschliefst. Man läfst das Ganze erst einige Zeit bei gewöhnlicher Temperatur stehen, erwärmt allmählig bis zur Lösung der Manganverbindung und kocht zuletzt kurze Zeit, nachdem man vorher das Wachskügelchen von der Röhre genommen. So bald wie man aber mit dem Erhitzen und Kochen aufhört, wird die Glasröhre sogleich mit dem Wachskügelchen wieder verschlossen. Während der Lösung der Manganverbindung darf keine Spur von Chlor sich entwickeln, was der Fall sein würde, wenn man eine starke Chlorwasserstoffsäure und plötzliches starkes Erhitzen anwenden wollte. Nach dem Erkalten nimmt man die Kupferstreifen heraus, spült sie mit Wasser gut ab, trocknet und wägt sie. Zwei Atome von dem in Chlorür verwandelten Kupfer entsprechen einem Atom Sauerstoff, welchen die Manganverbindung zur Erzeugung des Chlors hergegeben hatte. Das erzeugte Kupferchlorür bleibt theils in der Chlorwasserstoffsäure aufgelöst, theils scheidet es sich als weifses Pulver aus. Sollte etwas davon auf den Kupferstreifen fest sitzen, so behandelt man dieselben mit etwas verdünnter Chlorwasserstoffsäure und darauf mit Wasser. Man kann das Ausscheiden des Kupferchlorürs aber ganz verhindern, wenn man in dem Kolben die zu untersuchende Manganverbindung statt mit etwas Wasser mit einer concentrirten Lösung von Chlornatrium übergiefst, in welcher sich das Chlorür löst.

Diese Methode giebt für die meisten, namentlich für technische Zwecke hinreichend genaue Resultate, obgleich auch beim Ausschlufs der Luft die Chlorwasserstoffsäure eine Spur von Kupfer aufzulösen vermag (Th. I S. 302).

Bestimmung des Wassers in den Oxyden des Mangans. — Enthalten die Manganoxyde Wasser, so kann man dasselbe zugleich mit dem Sauerstoff bestimmen. Von der fein zerriebenen und bei 100° getrockneten Manganverbindung bringt man etwas in ein Glaskölbchen, das man aus einem Stücke einer Glasröhre von starkem sehr schwer schmelzbarem Glase geblasen und vorher gewogen hat. Nachdem man die Substanz eingefüllt hat, wird es wieder gewogen und dann wird die Röhre des Kölbchens, ungefähr einen halben Zoll von der Kugel, zu einer Spitze ausgezogen, und zugleich so gebogen, dafs dadurch eine kleine Retorte entsteht. Der Apparat wird darauf wieder gewogen, und mit einer kleinen gewogenen Chlorcalcium-Röhre so in Verbindung gebracht, dafs die Spitze durch den einen Kork dieser Röhre luftdicht hindurchgeht. Wenn der Apparat zusammengestellt ist, erhitzt man die Kugel längere Zeit hindurch vermittelst einer Lampe so stark als es das Glas der Kugel ohne zu schmelzen erlaubt. Es entwickelt sich dadurch der ganze Wassergehalt der Verbindung und ein Theil des Sauerstoffs. Durch die Flamme einer kleinen Lampe treibt man alles Wasser in die Chlorcalcium-Röhre, was wegen des zugleich entweichenden Sauerstoffs gelingt. Noch heifs schmilzt man die ausgezogene Spitze der Retorte bei der Biegung ab, weil gewöhnlich ein Wassertropfen an dem Ende der Spitze in dem Chlorcalcium-Rohre hängen bleibt, und wägt die Chlorcalciumröhre mit dieser Spitze. Man trocknet darauf die Spitze und wägt sie, so wie auch die Retorte, nachdem man vorher, da sie verdünnte Luft enthält, die Spitze derselben abgeschnitten hat. Der Gewichtsverlust der Retorte giebt das gemeinschaftliche Gewicht des entwichenen Sauerstoffs und des Wassers; die Gewichtszunahme der Chlorcalcium-Röhre, nach Abzug des Gewichts der getrockneten Spitze, zeigt die Menge des Wassers an. — Durch das Glühen in der kleinen Retorte ist es nicht möglich gewesen, das höhere Oxyd des Mangans vollständig in Oxyd-Oxydul zu verwandeln. Man glüht deshalb eine gewogene Menge des in der kleinen Retorte erhitzten Oxyds in einem Platintiegel, bis es nicht mehr an Gewicht verliert, und vollständig in Oxyd-Oxydul verwandelt ist. — Man mufs indessen nie unterlassen, das erhaltene Oxyd-Oxydul auf seine Reinheit zu untersuchen; man mufs es namentlich mit befeuchtetem rothen Lackmuspapier in Berührung bringen, weil es sehr häufig einen kleinen Gehalt an Alkali auch dann enthalten kann, wenn man die Verbindung künstlich dargestellt hat.

Trennung des Mangans von den Oxyden des Cers, Lanthans und Didyms. — Diese Trennung geschieht am zweckmäfsigsten vermittelst schwefelsauren Kalis (S. 68). Das Manganoxydul bleibt in der Lösung, und kann aus derselben durch kohlensaures Natron oder durch Schwefelammonium gefällt werden.

Trennung des Mangans von der Yttererde. — Sie geschieht gewöhnlich durch Oxalsäure. Ist die Auflösung sauer, so bringt man sie durch Ammoniak der Sättigung nahe, fügt dann essigsaures Ammoniak und darauf oxalsaures Ammoniak oder besser Oxalsäure hinzu. Ist die Auflösung sehr verdünnt, so hat man nicht zu befürchten, dafs Spuren von oxalsaurem Manganoxydul gefällt werden, was bei concentrirten Lösungen der Fall sein kann, besonders wenn man nach der Fällung das Ganze lange vor dem Filtriren stehen läfst. In der von der oxalsauren Yttererde getrennten Lösung fällt man das Manganoxydul durch kohlensaures Natron oder durch Schwefelammonium.

Die Trennung der Yttererde von dem Manganoxydul kann auf die Weise bewerkstelligt werden, dafs man in der concentrirten oder nicht zu verdünnten Lösung das Manganoxydul auf die S. 79 angegebene Weise durch essigsaures Natron und Chlorwasser höher oxydirt und fällt. In der vom Manganoxyd abfiltrirten Flüssigkeit fällt man die Yttererde durch oxalsaures Ammoniak.

Trennung des Mangans von der Beryllerde. — Diese Trennung ist mit Schwierigkeiten verbunden. Man pflegt sie gewöhnlich durch Kali- oder Natronhydrat bei gewöhnlicher Temperatur zu bewirken. Das gefällte Manganoxydul oxydirt sich beim Filtriren durch den Zutritt der Luft höher, wird braun, bleibt aber im Alkalihydrat ungelöst. Diese Methode dürfte indessen nicht ganz genau sein, weil mit dem Manganoxydul etwas Beryllerde gefällt werden könnte.

Die Trennung des Manganoxyduls von der Beryllerde durch kohlensaures Ammoniak gelingt nicht, weil man das Manganoxydul nicht so vollständig wie die Magnesia auf die S. 41 beschriebene Weise durch kohlensaures Ammoniak fällen kann.

Trennung des Mangans von der Thonerde. — Die zweckmäfsigste Trennung beider ist die, dafs man die Lösung, welche Thonerde und Manganoxydul enthält, mit einer Lösung von Chlorammonium zum Kochen bringt, und dann während des Erhitzens so viel Ammoniak hinzufügt, dafs dasselbe sehr wenig vorwaltet. War die Lösung sauer und enthielt sie namentlich freie Chlorwasserstoffsäure, so ist ein Zusetzen von Chlorammonium nicht nötbig. Man erhitzt so lange, bis ein Geruch nach Ammoniak nicht mehr bemerkt werden kann, filtrirt und wäscht die Thonerde aus (S. 50). Das Manganoxydul wird in der abfiltrirten Flüssigkeit gefällt.

Man hat hierbei darauf zu achten, dafs man zu der Lösung nicht früher Ammoniak hinzufügt, als bis durch Kochen alle atmosphärische Luft ausgetrieben ist, und dafs man, nachdem man sie mit Ammoniak etwas übersättigt hat, ununterbrochen das Erhitzen bis zum fast gänzlichen Verschwinden des ammoniakalischen Geruchs fortsetzt. Versäumt man diese Vorsicht, so bilden sich Spuren von Manganoxyd, welche die gefällte Thonerde verunreinigen.

Wenn in der Lösung neben der Thonerde nur sehr kleine Mengen von Manganoxydul enthalten sind, so glückt es bei der erwähnten Vorsicht, die Thonerde ganz frei von Mangan zu erhalten. Ist aber die Menge des Manganoxyduls bedeutend, so ist dies nur schwer möglich. Die ausgeschiedene Thonerde kann zwar oft vollkommen farblos erscheinen; sie wird aber nach dem Glühen schwach bräunlich. Man löst sie dann auf die S. 52 erwähnte Weise in verdünnter Schwefelsäure auf, und wiederholt die Fällung noch einmal.

Die Trennung der Thonerde vom Manganoxydul kann auch auf die Weise bewerkstelligt werden, dafs man zu der Lösung beider Weinsteinsäure hinzufügt, darauf mit Ammoniak übersättigt, wodurch keine Fällung entsteht (Th. I S. 208 und S. 228), und durch Schwefelammonium das Mangan als Schwefelmangan fällt. In der abfiltrirten Flüssigkeit ist die Thonerde auf keine andere Weise zu erhalten, als durch Glühen des Rückstands der bis zur Trocknifs abgedampften Flüssigkeit. — Diese Methode wird nur in einigen, aber seltenen Fällen angewandt, und ist schon deshalb der ersten Methode nachzusetzen, weil die Bestimmung der Thonerde schwierig ist.

Man erhält keine genauen Resultate, wenn man Thonerde von Manganoxydul durch Kali- oder Natronhydrat trennt. Mit dem Manganoxydul fällt etwas Thonerde, auch wenn erhöhte Temperatur angewandt wird. Das ausgeschiedene Manganoxydulhydrat wird bald nach und nach zu braunem Oxyd oxydirt, was der Trennung nicht hinderlich ist.

Die Trennung der Thonerde vom Manganoxydul vermittelst kohlensaurer Baryterde kann bei genauen Untersuchungen weniger empfohlen werden; sie eignet sich mehr zu qualitativen als quantitativen Trennungen. Sie wird so ausgeführt, wie die Scheidung der Thonerde von der Magnesia (S. 56).

Es glückt nicht, die Thonerde von dem Manganoxydul vermittelst des braunen Bleisuperoxyds auf eine Weise zu trennen, wie man das Manganoxydul von der Magnesia und andern starken Basen scheiden kann (siehe weiter unten S. 88).

Trennung des Mangans von der Magnesia. — Dieselbe wird gewöhnlich auf folgende Weise ausgeführt: Die Auflösung beider Basen wird mit so viel Chlorammonium versetzt, dafs hinzugefügtes Ammoniak keinen Niederschlag hervorbringt; ist die Lösung sauer, so ist der Zusatz von Chlorammonium nicht nöthig, weil durch Sättigung mit Ammoniak eine hinreichende Menge eines ammoniakalischen Salzes entsteht. Man fügt darauf Schwefelammonium hinzu, um das Mangan als Schwefelmangan zu fällen. Dasselbe enthält keine Magnesia, wenn man dafür gesorgt hat, dafs durch das freie Ammoniak keine Magnesia fallen konnte. Wenn nach längerem Stehen beim Ausschlufs der Luft das Schwefelmangan sich vollständig abgesetzt hat, filtrirt man dasselbe, und behandelt es nach dem Trocknen, und dem Verbrennen des Filtrums auf die S. 76 angegebene Weise. — Die vom Schwefelmangan abfiltrirte Flüssigkeit enthält die ganze Menge der Magnesia. Gewöhnlich übersättigt man dieselbe durch Chlorwasserstoffsäure, um das überschüssig zugesetzte Schwefelammonium zu zerstören und erwärmt sie so lange, bis kein freier Schwefelwasserstoff mehr durch den Geruch zu bemerken ist, worauf man nach dem Filtriren die Magnesia nach Uebersättigung mit Ammoniak durch phosphorsaures Natron als phosphorsaure Ammoniak-Magnesia fällt (S. 42). Diese Zerstörung des Schwefelammoniums ist indessen nicht nöthig; man kann unmittelbar zu der Flüssigkeit, selbst wenn dieselbe auch durch ausgeschiedenen Schwefel etwas trübe geworden sein sollte, das phosphorsaure Natron setzen, um die Magnesia zu fällen. Wenn die gefällte phosphorsaure Ammoniak-Magnesia etwas eingemengten Schwefel enthalten sollte, so wird derselbe beim Glühen verjagt.

Die Trennung beider Basen durch Schwefelammonium gelingt besonders, wenn die Menge des Manganoxyduls gegen die der Magnesia bedeutend ist. Im umgekehrten Falle kann mit dem Schwefelmangan leicht eine geringe Menge von Magnesia gefällt werden.

Bei vielen Analysen fällt man Magnesia und Manganoxydul gemeinschaftlich durch kohlensaures Kali oder Natron, löst beide dann in Chlorwasserstoffsäure auf, und trennt sie auf die angegebene Weise.

Eine andere Methode der Trennung, die gute Resultate giebt und in vieler Hinsicht der beschriebenen vorzuziehen ist, ist folgende: Man oxydirt in der Lösung das Manganoxydul auf die S. 79 angegebene Weise. In der vom höher oxydirten Mangan abfiltrirten Lösung ist die ganze Menge der Magnesia, welche man nach bekannten Methoden bestimmt.

Diese Methode ist vielleicht die zweckmäfsigste der Trennung beider Basen, und leicht auszuführen. Eine ähnliche Methode der Scheidung, welche weit umständlicher und nur in gewissen Fällen zu empfehlen ist, ist die, das Manganoxydul durch braunes Bleisuperoxyd zu oxydiren, und als Mangansuperoxyd abzuscheiden. Wird zu einer Lösung von Manganoxydul Bleisuperoxyd hinzugefügt, so wird schon bei gewöhnlicher Temperatur, schneller beim Erhitzen, das Mangan vollständig ausgefällt, indem sich eine unlösliche Verbindung von Mangansuperoxyd und Bleioxyd bildet. Auf diese Weise wird das Manganoxydul aus seinen neutralen Lösungen in Chlorwasserstoffsäure, in Salpetersäure, in Schwefelsäure und in Essigsäure, vollständig gefällt; die Anwesenheit eines Ueberschusses von Chlorwasserstoffsäure verhindert zwar nicht die vollständige Fällung des Manganoxyduls; beim Erwärmen aber löst sich zu viel Bleioxyd unter Chlorentwicklung auf, und die Menge des anzuwendenden Bleisuperoxyds mufs zwecklos vermehrt werden. Die Gegenwart von überschüssiger Salpetersäure und von Schwefelsäure verhindert die gänzliche Abscheidung des Mangans; es bilden sich beim Erhitzen purpurrothe Lösungen von salpetersaurem oder von schwefelsaurem Manganoxyd (Th. I S. 229). Für ein Gramm der zu untersuchenden Verbindung wendet man ungefähr 5 Gramm Bleisuperoxyd an, und erhitzt die Lösung der Salze längere Zeit damit (ungefähr eine halbe Stunde); man kann das Erhitzen bis zum Kochen unter Erneuerung des verdampften Wassers steigern. Man fügt darauf einige Tropfen von Salpetersäure hinzu, filtrirt, und wäscht das Unlösliche mit heifsem Wasser aus. Aus der filtrirten Flüssigkeit entfernt man das Bleioxyd durch Schwefelwasserstoffwasser als Schwefelblei und fällt sodann die Magnesia als phosphorsaure Ammoniak-Magnesia. — Der ausgewaschene Rückstand wird am besten mit Salpetersäure und etwas Zucker erhitzt, wodurch die Verbindung unter Entwicklung von Kohlensäuregas aufgelöst wird. Nach der Verdünnung mit heifsem Wasser bleibt schwefelsaures Bleioxyd ungelöst zurück, wenn die untersuchte Verbindung Schwefelsäure enthielt. Aus der salpetersauren Lösung wird das Bleioxyd am besten gröfstentheils durch verdünnte Schwefelsäure und zuletzt durch Schwefelwasserstoffgas entfernt, und darauf das Manganoxydul durch kohlensaures Natron gefällt (Gibbs).

Diese Methode, welche bei der Trennung mehrerer Metalloxyde von dem Manganoxydul mit Vortheil angewandt werden kann, ist grade bei der Trennung der Magnesia von letzterem nicht besonders zu empfehlen, da sie an Einfachheit der Methode nachsteht, das Mangan durch Chlor und essigsaures Natron zu fällen.

Nach Deville trennt man das Manganoxydul von der Magnesia, so wie von anderen starken Basen (den alkalischen Erden und den Alkalien) aus einer salpetersauren Lösung auf die Weise, dafs dieselben in einer Platinschale abgedampft, und der trockne Rückstand bei einer Temperatur von 200° bis 250° so lange erhitzt wird, bis ein mit Ammoniak befeuchteter darüber gehaltener Glasstab keine Entwicklung von Salpetersäure mehr anzeigt. Man kann auch ohne Gefahr so lange erhitzen, bis sich einige Dämpfe von salpetrichter Säure bilden. Es wird hierdurch das Manganoxydul in schwarzes Mangansuperoxyd verwandelt, während die starken Basen die Salpetersäure behalten und nur die Magnesia einen Theil derselben verliert. Behandelt man dann nach dem Erkalten die Masse mit verdünnter Salpetersäure, oder besser, befeuchtet man sie mit einer concentrirten Lösung von salpetersaurem Ammoniak und erhitzt so lange, bis kein freies Ammoniak mehr zu verspüren ist, so bleibt nach dem Zusetzen von Wasser das Mangansuperoxyd ungelöst zurück, während die starken Basen und die Magnesia sich als salpetersaure Salze lösen.

Diese Methode giebt vielleicht bei grofser Sorgsamkeit befriedigende Resultate, namentlich wenn stärkere Basen als die Magnesia vom Mangan zu trennen sind. Vielfältige Versuche haben indessen gezeigt, dafs aus der erhitzten Masse verdünnte Salpetersäure oder salpetersaures Ammoniak nicht ganz geringe Mengen von Manganoxydul ausziehen, weshalb die Methode nicht zu empfehlen ist.

Trennung des Manganoxyduls von der Thonerde und der Magnesia. — Man fällt zuerst die Thonerde und das Manganoxydul gemeinschaftlich durch Schwefelammonium, und aus der filtrirten Lösung die Magnesia als phosphorsaure Ammoniak-Magnesia. Der Niederschlag der Thonerde und des Schwefelmangans wird in Chlorwasserstoffsäure gelöst, und die Thonerde vom Manganoxydul auf die S. 86 beschriebene Weise getrennt.

Trennung des Manganoxyduls von der Kalkerde. — Die zweckmäfsigste Trennung ist die, das Manganoxydul, besonders wenn es in etwas gröfserer Menge vorhanden ist, nach einem Zusatze von essigsaurem Natron durch Chlor zu oxydiren, und in der filtrirten Flüssigkeit die Kalkerde durch oxalsaures Ammoniak zu fällen (S. 34).

Sind aber sehr kleine Mengen von Manganoxydul von grofsen Mengen von Kalkerde zu trennen. so pflegt man gewöhnlich zu der Lösung so viel Chlorammonium zu setzen, dafs durch Ammoniak keine Fällung entsteht (ist die Flüssigkeit sehr sauer, so ist der Zusatz von Chlorammonium nicht nöthig), und nach Uebersättigung durch Ammoniak die Kalkerde als oxalsaure Kalkerde, und in der filtrirten Lösung die kleinen Mengen von Manganoxydul durch Schwefelammonium zu fällen. Ist dann noch Magnesia vorhanden, so ist dieselbe in der von dem Schwefelmangan abfiltrirten Flüssigkeit, und kann unmittelbar in derselben als phosphorsaure Ammoniak-Magnesia gefällt werden. Man kann auch gemeinschaftlich Manganoxydul und Magnesia durch kohlensaures Alkali fällen, und dann von einander trennen.

Es ist indessen hierbei zu bemerken, dafs, wenn man auch aus einer sehr verdünnten Lösung, die neben vieler Kalkerde kleine Mengen von Manganoxydul enthält, erstere als oxalsaure Kalkerde fällt, dieselbe häufig, besonders wenn man mit dem Filtriren der oxalsauren Kalkerde lange gesäumt hat, Spuren von Mangan enthalten kann, weil sich mit der Zeit etwas in Ammoniak unlösliches Manganoxyd bildet[*]. Nach dem Glühen ist dann die Kalkerde von gelblicher oder brauner Farbe und hinterläfst nach der Lösung in verdünnter Salpetersäure die geringen Spuren von Manganoxyd ungelöst, welche man nach dem Glühen wägt.

Unzweckmäfsig ist es bei gröfseren Mengen von Manganoxydul dasselbe durch Schwefelammonium als Schwefelmangan zu fällen, ehe man die Kalkerde abgeschieden hat. Das auf diese Weise gefällte Schwefelmangan wird immer geringe Mengen von kohlensaurer Kalkerde enthalten.

[*] Sind die Lösungen nicht sehr verdünnt, so kann mit der oxalsauren Kalkerde auch etwas schwerlösliches oxalsaures Manganoxydul gefällt werden.

Vermittelst des braunen Bleisuperoxyds kann auf gleiche Weise die Trennung der Kalkerde vom Mangan bewirkt werden, wie die der Magnesia vom Mangan (S. 88). Es ist indessen diese Trennung nur in seltenen Fällen anzuwenden.

Während es nicht möglich ist, Kalkerde von Magnesia durch verdünnte Schwefelsäure bei einem Zusatze von Alkohol zu trennen (S. 45), kann diese Methode bei der Trennung des Manganoxyduls von der Kalkerde wohl glücken. Zu der Lösung beider Basen, die möglichst neutral sein mufs, setzt man das 1½ fache Volumen Alkohol (von 0,83 spec. Gew.) und läfst das Ganze einige Zeit hindurch stehen. Die von der schwefelsauren Kalkerde abfiltrirte Flüssigkeit enthält alles Mangan. Durch gelindes Erhitzen wird vor der Fällung des Mangans der Alkohol verjagt. — Saure Lösungen müssen mit Ammoniak neutralisirt werden.

Trennung des Mangans von der Thonerde, Magnesia und Kalkerde. — Man fällt zuerst die Thonerde durch Ammoniak, erhitzt bis zum Verschwinden des ammoniakalischen Geruchs, und trennt in der filtrirten Flüssigkeit die anderen Basen nach den so eben gegebenen Anleitungen.

Trennung des Mangans von der Strontianerde. — Die Trennung geschieht entweder durch Chlorwasser nach Zusetzen von essigsaurem Natron, wie bei der Trennung von der Kalkerde (S. 90), oder sie könnte auch durch verdünnte Schwefelsäure und Alkohol ganz auf dieselbe Weise bewirkt werden, wie die Trennung der Magnesia von der Strontianerde (S. 45).

Trennung des Mangans von der Baryterde. — Sie geschieht durch verdünnte Schwefelsäure ohne Hülfe von Alkohol. — Die Scheidung kann auch vermittelst Chlor und essigsauren Natrons bewirkt werden.

Trennung des Mangans von den Alkalien. — Die gewöhnliche Trennung ist die vermittelst Schwefelammoniums. In der vom Schwefelmangan abfiltrirten Flüssigkeit zerstört man das überschüssige Schwefelammonium durch eine Säure, und gewinnt durch Abdampfen der filtrirten Flüssigkeit die Alkalien. — Auch durch braunes Bleisuperoxyd kann die Scheidung der Alkalien vom Mangan bewirkt werden, so wie nach der S. 89 beschriebenen Methode von Deville, nach welcher die Alkalien, als die stärksten aller Basen, sicherer vom Mangan zu trennen sind, als die Magnesia und die alkalischen Erden.

Sind in einer Verbindung Alkalien von einer bedeutenden Menge von Magnesia, und zugleich von einer sehr kleinen Menge von Mangan zu trennen, so glückt diese Trennung auf die S. 41 beschriebene Weise durch kohlensaures Ammoniak. Ist aber die Menge des Mangans gegen die der Magnesia bedeutend, so bleibt Mangan in der von der Magnesiaverbindung abfiltrirten Flüssigkeit. Dieselbe ist anfangs farblos; durch Stehen an der Luft setzt sich aber braunes Manganoxyd aus derselben ab.

Anhang.

Prüfung des Braunsteins. — Die höheren Oxydationsstufen des Mangans, namentlich der in der Natur sich findende Braunstein, sind in der Technik von sehr grofser Wichtigkeit, und es ist wichtig, die Reinheit derselben zu prüfen. Der Braunstein kommt sehr häufig nicht nur mit andern Manganerzen, sondern auch mit fremden Beimengungen, die vom Gestein herrühren, verunreinigt vor. Er wird um so mehr geschätzt, je mehr er sich der Zusammensetzung des reinen Mangansuperoxyds nähert. Die ihn in der Natur begleitenden und verunreinigenden Manganerze enthalten aber alle weniger Sauerstoff als das Superoxyd. Sie bestehen entweder aus Manganoxyd (Braunit), Manganoxydhydrat (Manganit), Manganoxyd-Oxydul (Hausmannit) oder aus Verbindungen des Superoxyds mit Manganoxydul, Kupferoxyd und Baryterde (Psilomelan). Die Verunreinigungen, die von dem begleitenden Gestein herrühren, und die man nicht sogleich erkennen kann, wenn der Braunstein in gepulvertem Zustande vorkommt, sind die Carbonate der Kalkerde, der Magnesia, des Eisenoxyduls und des Manganoxyduls, Schwerspath, Flufsspath, Quarz, Phorphyr, Roth- und Brauneisenstein und andere Eisenverbindungen.

Die Güte des Braunsteins hängt von der Menge des Chlors ab, die er durch Zersetzung mit Chlorwasserstoffsäure liefert. Ein Atom des reinen Superoxyds giebt beim Erhitzen 1 Aequivalent freies Chlor; die den Braunstein begleitenden Manganverbindungen geben alle weniger und erfordern im Verhältnifs zum freien Chlor, das sie liefern, mehr Chlorwasserstoffsäure. Die nicht manganhaltigen Verunreinigungen, mit Ausnahme des Spatheisensteins, wirken bei der Darstellung des Chlors im Allgemeinen nicht schädlich, nur dafs sie wie die Carbonate, das frei werdende Chlor mit Kohlensäure, oder, wie der Flufsspath bei gleichzeitiger Anwesenheit von Quarz oder von Silicaten, mit Kieselfluorgas verunreinigen können. Bei der Prüfung des Braunsteins mufs auf einige dieser Verunreinigungen Rücksicht genommen werden.

Von dem zu untersuchenden Braunstein wird bei allen Versuchen die Durchschnittsprobe fein zerrieben, und bei einer bestimmten Temperatur von der anhängenden Feuchtigkeit befreit. Das Trocknen bei 100° dauert länger als das bei 120°, bei welcher Temperatur indessen etwas von dem Wasser des Manganoxydhydrats entweichen kann, wenn dieses den Braunstein verunreinigt.

Was die S. 80 beschriebene maafsanalytische Untersuchung von Bunsen betrifft, so hat keine Verunreinigung des Braunsteins, auch nicht die von Eisenoxyd und Eisenoxydul, auf die Richtigkeit des Resultats einen nachtheiligen Einfluſs, und auch in dieser Hinsicht verdient diese Methode vor allen den Vorzug. — Dasselbe ist auch der Fall bei der S. 81 beschriebenen Prüfung des Braunsteins durch ein Eisenoxydulsalz.

Die S. 82 beschriebene Prüfung des Braunsteins vermittelst Oxalsäure giebt nur bei Abwesenheit von Eisenverbindungen und von Carbonaten genaue Resultate, wenn diese aber anwesend sind, darf sie nicht angewandt werden. Denn die Kohlensäure der Carbonate wird gemeinschaftlich mit der durch das Mangansuperoxyd gebildeten gewogen. Durch Eisenoxyd kann ebenfalls, besonders beim Erhitzen, Oxalsäure zu Kohlensäure oxydirt werden, und die Gegenwart des Eisenoxyduls hat zwar auf die Menge der erzeugten Kohlensäure keinen Einfluſs, vermindert aber die Menge des Chlors, welches aus dem Braunstein entwickelt werden kann.

Die S. 83 erörterte Methode, den Braunstein vermittelst Kupfer zu prüfen, eignet sich gut zu technischen Zwecken, weil alle Verunreinigungen (auch die durch kohlensaure Salze) auf das Resultat keinen nachtheiligen Einfluſs haben. Die Gegenwart des Eisenoxyduls schadet aus dem so eben angegebenen Grunde; bei Gegenwart von Eisenoxyd im Braunstein verwandelt sich das erzeugte Eisenoxyd auf Kosten des Kupfers in Chlorür; in diesem Falle muſs man dann mit dem Braunstein eine zweite Probe anstellen. Man nimmt eine zweite Menge des Braunsteins und erhitzt dieselbe in einem offenen Kolben so lange, bis das freie Chlor vollständig entwichen ist. Dann erst bringt man ein gewogenes Kupferblech hinein, verschliefst den Kolben auf die früher angegebene Weise, erhitzt und bestimmt den Kupferverlust, den man von dem bei der ersten Probe erhaltenen abzieht.

Will man bei einer genauen Analyse eines Braunsteins alle seine Bestandtheile bestimmen, so muſs man ihn durch Erhitzen mit Chlorwasserstoffsäure auflösen. Es bleiben häufig Kieselerde, Schwerspath und andere Verunreinigungen ungelöst. Zur filtrirten Lösung fügt man etwas verdünnte Schwefelsäure, um kleine Mengen von Baryterde zu fällen, die selten im Braunstein ganz fehlen. Die filtrirte Flüssigkeit behandelt man mit Schwefelwasserstoffwasser, um kleine Mengen von Kupfer und anderen Metallen als Schwefelverbindungen abzuscheiden. Dann übersättigt man mit Ammoniak und fällt durch Schwefelammonium neben Schwefelmangan und Schwefeleisen sehr kleine Mengen von Schwefelkobalt und Schwefelnickel, die man nach weiter unten beschriebenen Methoden trennt. Die von den Schwefelmetallen getrennte Lösung kann Kalkerde, Magnesia und namentlich Kali enthalten.

XIX. Eisen.

Bestimmung des Eisens als Eisenoxyd. — Das Eisen wird, wenn es in einer Flüssigkeit als Oxydul oder als Oxyd enthalten ist, gewöhnlich als Oxyd bestimmt. Eine feste Verbindung, sie mag metallisches Eisen oder eine Oxydationsstufe desselben enthalten, wird in Chlorwasserstoffsäure aufgelöst. Die Oxydation des Oxyduls geschieht durch Salpetersäure, durch Königswasser, durch Chlorwasser oder durch chlorsaures Kali und einer hinreichenden Menge von Chlorwasserstoffsäure. Ist die Lösung sehr verdünnt, so erfolgt die Oxydation durch Salpetersäure nicht eher, als bis die Flüssigkeit fast bis zum Kochen erhitzt ist*). Bei Anwendung von Chlorwasser oder von Königswasser, und von chlorsaurem Kali und Chlorwasserstoffsäure braucht die verdünnte Flüssigkeit einige Zeit hindurch nur mäfsig erwärmt zu werden.

Die Fällung des Eisenoxyds geschieht fast immer durch Ammoniak, das man in einem kleinen Ueberschufs unter gutem Umrühren am besten zu der noch warmen Flüssigkeit hinzusetzt, damit sich kein basisches Salz bildet. Der voluminöse Niederschlag des Eisenoxyds mufs nicht sogleich sondern erst nach einigem Stehen, wenn er sich vollständig gesetzt hat, filtrirt werden. Das Eisenoxyd ist zwar etwas schwer, doch lange nicht so schwer als die Thonerde, auszuwaschen.

Da das Eisenoxyd in überschüssigem Ammoniak gar nicht löslich ist, so hat man nicht nöthig, wie bei der Thonerde den Ueberschufs des Ammoniaks durch Erhitzen zu verjagen.

Nach dem Trocknen, wobei das Volumen des Niederschlags aufserordentlich schwindet, wird derselbe geglüht. Dabei findet oft ein Decrepitiren statt, weshalb man anfangs beim Glühen vorsichtig sein mufs. Da das Trocknen oft lange Zeit erfordert, so kann man den Niederschlag auch wie die Thonerde feucht in den Tiegel bringen (S. 51). Immer mufs man lange bei vollständigem Zutritt der Luft glühen, um sicher zu sein, dafs, wenn während des Glühens durch die Verbrennung des Filtrums sich etwas Oxyd-Oxydul gebildet haben sollte, dasselbe sich vollständig wieder zu Oxyd oxydire, was auch, wenn man den Zutritt der Luft befördert, immer der Fall ist. Man hat deshalb nie oder nur in seltenen Fällen nöthig, das Eisenoxyd nach dem Glühen mit einem oder einigen Tropfen Salpetersäure zu befeuchten, und nach dem Trocknen noch einmal zu glühen.

Da das Eisenoxyd erst in der Weifsglühhitze in Oxyd-Oxydul

---

*) Bei verdünnten Lösungen, besonders wenn sie wenig Eisen enthalten, kann man oft die durch Stickstoffoxyd hervorgebrachte schwarze Färbung nicht oder kaum bemerken (Th. I S. 248).

verwandelt wird, so hat man nicht zu befürchten, dafs beim Glühen über einem einfachen Brenner das Eisenoxyd Sauerstoff verliert.

Wenn man das Eisenoxyd nicht vollständig von allen Salzen durch Auswaschen befreit hat, wenn es namentlich noch kleine Mengen von Chlorammonium enthält, so kann beim Glühen etwas Eisenchlorid verflüchtigt werden. Man kann eine chlorwasserstoffsaure Auflösung des Eisenoxyds ohne Verlust bis zur Trocknifs verdampfen. Glüht man aber die trockne Masse, so kann sich etwas Eisenchlorid verflüchtigen.

Eben so vollständig wie durch Ammoniak, kann das Eisenoxyd aus seiner Lösung durch Kali- und Natronhydrat gefällt werden, ohne dafs Spuren davon in einem grofsen Ueberschufs des Fällungsmittels aufgelöst werden. Indessen auch nach dem sorgfältigsten Auswaschen enthält das Eisenoxyd eine sehr geringe Menge des Alkalis. Hat man daher Eisenoxyd durch Alkalihydrate ausgeschieden, so mufs dasselbe vor dem völligen Auswaschen in Chlorwasserstoffsäure gelöst, und durch Ammoniak gefällt werden.

Auch pflegt man, wenn man das Eisenoxyd aus einer Lösung, die grofse Mengen von Kali- oder Natronsalzen enthält, durch Ammoniak gefällt hat, es vor dem völligen Auswaschen in Chlorwasserstoffsäure zu lösen und von Neuem durch Ammoniak zu fällen. Diese Vorsicht ist auch nicht zu tadeln. Es scheint aber vorzüglich das Eisenoxyd nur dann feuerbeständiges Alkali zu enthalten, wenn es aus einer Lösung ausgeschieden wird, die freies Alkalihydrat enthält.

In einigen Fällen ist man genöthigt, das Eisenoxyd aus seinen Lösungen durch kohlensaure Alkalien zu fällen. Das Eisenoxyd wird durch dieselben nicht vollständig ausgeschieden, und um so weniger, je mehr die Lösungen freie Säuren enthalten; ein Ueberschufs von Bicarbonaten der Alkalien löst noch mehr als die Carbonate auf (Th. 1 S. 250). Läfst man aber das Ganze länger als 24 Stunden stehen, so hat sich alles Eisenoxyd abgeschieden und kann filtrirt werden. Es ist aber rathsam, wenn man kohlensaures Kali oder Natron, nicht aber wenn man kohlensaures Ammoniak angewandt hat, das gefällte Eisenoxyd in Chlorwasserstoffsäure zu lösen und noch einmal durch Ammoniak zu fällen.

In sehr vielen festen Verbindungen des Eisens kann man den Eisengehalt schnell bestimmen, indem man sie durch Glühen beim Zutritt der Luft in Eisenoxyd verwandelt. Es kann dies nicht nur geschehen bei den Verbindungen, die neben Eisenoxyd Eisenoxydul enthalten, sondern auch bei den Verbindungen der Oxyde des Eisens mit Wasser, mit Kohlensäure und anderen flüchtigen Säuren, selbst mit Schwefelsäure, so wie bei allen Arten des Schwefeleisens. Es ist dies die einfachste Methode, um schnell den Eisengehalt im Eisenvitriol zu bestimmen. Die verschiedenen Arten des natürlichen Schwefeleisens müssen in fein gepulvertem Zustande erst, damit sie nicht schmelzen, gelinde erhitzt und dann später einer starken Rothglühhitze ausgesetzt werden. Es ist nicht nöthig, hierbei kohlensaures Ammoniak anzuwenden.

Nach starkem Glühen ist das Eisenoxyd in den meisten Säuren sehr schwer löslich. Will man es wieder lösen, so muſs man es so wie geglühte Thonerde behandeln, wenn dieselbe in Säuren gelöst werden soll (S. 52).

Bestimmung des Eisens als Schwefeleisen. — In den Oxyden des Eisens, in ihren Verbindungen untereinander, so wie mit flüchtigen Säuren kann die Menge des Eisens mit Genauigkeit bestimmt werden, wenn man sie mit Schwefel gemengt in einer Atmosphäre von Wasserstoffgas erhitzt. Man erhält dann das Schwefeleisen FeS, aus dessen Gewicht man den Eisengehalt genau bestimmen kann.

Man verfährt hierbei genau so, wie bei der Bestimmung des Mangans als Schwefelmangan (S. 76) und bedient sich auch desselben Apparats. Es ist hierbei zu bemerken, daſs das Schwefeleisen fast noch stärker als das Schwefelmangan geglüht werden muſs, weil es mit Hartnäckigkeit etwas überschüssigen Schwefel zurückhält. Man bedient sich deshalb am besten beim Erhitzen eines kleinen Gebläses.

Auch alle Verbindungen der Oxyde des Eisens mit Schwefelsäure werden auf diese Weise leicht und sicher in Schwefeleisen verwandelt, wie auch selbst Eisenchlorür oder Eisenchlorid, nur muſs man zuerst schwach, dann nach und nach stärker erhitzen, und zuletzt erst stark glühen *).

Fällung des Eisens durch Schwefelammonium. — In vielen Fällen pflegt man das Eisen aus seinen Lösungen als Schwefeleisen zu fällen. Es ist hierbei gleichgültig, welches Oxyd des Eisens in der Lösung enthalten ist, da das gefällte Schwefeleisen nicht als solches gewogen werden kann, schon deshalb nicht, weil es sich an der Luft sehr leicht oxydirt (Th. I S. 248 und S. 253). Die Lösung wird zu dem Ende, wenn sie sauer ist, durch Ammoniak neutralisirt, das auch in einem kleinen Ueberschuſs hinzugefügt werden kann, wodurch zwar ein Niederschlag von Eisenoxyd oder Oxydul entsteht, was indessen nicht nachtheilig ist. Man fügt nun so lange Schwefelammonium hinzu, bis alles Eisen in Schwefeleisen sich verwandelt, das als ein schwarzer voluminöser Niederschlag sich langsam senkt. Wenn die über dem Niederschlage stehende Flüssigkeit gelblich von dem überschüssig hinzugesetzten Schwefelammonium ist, so wird das Schwefeleisen hintereinander ohne Unterbrechung filtrirt und ausgewaschen.

*) Durch Erhitzen von Eisenchlorür mit Schwefel ohne Hülfe des Wasserstoffgases bildet sich eine krystallinische Verbindung von Chlor- und Schwefeleisen.

Das Auswaschen geschieht mit Wasser, zu dem eine geringe Menge von Schwefelammonium hinzugefügt ist. Man kann zum Auswaschen auch heifses Wasser anwenden, wenn man zu demselben etwas Schwefelammonium hinzufügt. Wäscht man auch nur einmal mit reinem Wasser aus, oder hat man nur einmal das Filtriren auf längere Zeit unterbrochen, so kann die Flüssigkeit trübe durch das Filtrum geben. Oft bleibt, wenn das Schwefeleisen sich gesenkt hat, die überstehende Flüssigkeit grünlich gefärbt, und oft senkt sich das Schwefeleisen gar nicht. Die grünliche Färbung der Flüssigkeit rührt von suspendirtem Schwefeleisen her, das sich langsam senkt, wenn das Ganze gegen den Zutritt der Luft geschützt an einem etwas warmen Orte steht. Das Schwefeleisen sondert sich gut ab, wenn in der Lösung alkalische Salze enthalten sind; bleibt es lange suspendirt, so befördert man das Absetzen desselben daher durch das Hinzufügen einer Salzlösung, wozu man am besten eine Lösung von salpetersaurem Ammoniak wählt. Nie mufs man aber das Schwefeleisen auf das Filtrum bringen, wenn es sich nicht gut abgesetzt hat; es läuft dann eine trübe, schwarze oder grüne Flüssigkeit durch das Filtrum.

Am längsten bleibt das Schwefeleisen in der Flüssigkeit suspendirt, damit scheinbar eine schwarze, oder bei sehr geringen Mengen eine grüne Lösung bildend, wenn die Lösung Phosphorsäure, Weinsteinsäure, oder andere organische Substanzen enthält. Auch wenn Eisenoxyd vermittelst Phosphorsäure oder organischer Säuren in Kali- oder Natronhydrat, oder auch in kohlensaurem Kali und Natron aufgelöst ist, setzt sich das Schwefeleisen schwierig ab. Man thut dann gut, die Lösung mit einer Säure zu übersättigen und dann das Eisen durch Ammoniak und Schwefelammonium zu fällen.

Die Menge des Eisens in dem erhaltenen Schwefeleisen kann man nach dem Trocknen und nach dem Verbrennen des Filtrums auf zweierlei Weise bestimmen. Entweder glüht man es hinreichend lange beim Zutritt der Luft, und verwandelt es dadurch vollständig in Eisenoxyd; oder man glüht es nach Zusetzen von etwas Schwefel in einer Wasserstoffatmosphäre auf die oben S. 76 angeführte Art und verwandelt es in das Schwefeleisen FeS [*].

Fällung des Eisenoxyds durch Kochen mit essigsaurem Natron. — Das Eisenoxyd kann aus manchen seiner Lösungen durch Kochen gefällt werden; dies geschieht aber nur dann vollständig, wenn man zur Lösung ein essigsaures Alkali hinzugefügt hat, wozu man gewöhnlich essigsaures Natron wählt, das man leicht und wohlfeil rein erhalten kann. Um das Eisen auf diese

---

[*] Früher löste man das durch Schwefelammonium erhaltene Schwefeleisen in Chlorwasserstoffsäure auf, oxydirte die Lösung mit Salpetersäure und fällte das Eisenoxyd durch Ammoniak.

Weise zu fällen, muſs dasselbe als Eisenoxyd in der Lösung enthalten sein. Ist dieselbe sauer, so wird sie mit kohlensaurem Natron neutralisirt; man kann so viel davon hinzusetzen, daſs sie eine rothe Farbe erhält, aber keinen bleibenden Niederschlag absetzt. Man fügt dann die Lösung des essigsauren Natrons hinzu, wodurch die Flüssigkeit noch dunkelrother wird, und kocht. Das Eisenoxyd wird bald gefällt, es wird noch heiſs filtrirt und hintereinander ohne Unterbrechung ausgewaschen, am besten mit heiſsem Wasser. Man kann in diesem Falle reines Wasser zum Auswaschen anwenden. Ist es vollständig ausgewaschen, so enthält es kein Natron; nach dem Glühen kann es gewogen werden.

Läſst man, nachdem das Eisenoxyd durch Kochen gefällt ist, das Ganze ohne zu filtriren lange stehen, etwa 24 Stunden, so löst sich etwas Eisenoxyd wieder auf. Diese Mengen sind immer auch nach längerem Stehen sehr gering; durch baldiges Filtriren und Auswaschen kann man aber die Auflösung selbst der geringsten Spuren von Eisenoxyd ganz vermeiden.

Muſs man die Anwesenheit von Salzen mit feuerbeständigen Basen vermeiden, so kann man auch das Eisenoxyd durch Kochen mit essigsaurem Ammoniak vollständig fällen, nur muſs dann mehr Vorsicht gebraucht werden. Man sättigt die Auflösung mit Ammoniak, so daſs sie bluthroth ist, ohne einen bleibenden Niederschlag zu erzeugen, fügt dann essigsaures Ammoniak hinzu und kocht. Nach der Ausscheidung des Eisenoxyds muſs man sogleich filtriren, aber nicht mit reinem, sondern hintereinander mit Wasser auswaschen, das etwas salpetersaures oder essigsaures Ammoniak aufgelöst enthält. Es ist leicht möglich auf diese Weise alles Eisenoxyd zu fällen. Immer aber muſs man das essigsaure Natron dem essigsauren Ammoniak vorziehen, wenn man nicht die Gegenwart von Natronsalzen vermeiden muſs.

Bestimmung des Eisens durch Kupfer. — Die Menge des Eisens in einer Verbindung kann man auf eine indirecte Weise durch Kupfer auf gleiche Weise bestimmen, wie den Sauerstoffgehalt im Braunstein. In einer chlorwasserstoffsauren Lösung wird das Eisenoxyd durch Kupfer zu Eisenchlorür reducirt, während das Kupfer sich dabei in Chlorür verwandelt, das sich entweder als weiſses Pulver abscheidet, oder in der Chlorwasserstoffsäure oder in hinzugesetztem Chlornatrium aufgelöst bleibt. Zwei Atome des aufgelösten Kupfers entsprechen daher einem Atom Eisenchlorid oder zwei Atomen Eisen.

Man löst zu dem Ende die zu prüfende Substanz z. B. ein Eisenmineral in fein zerriebenem Zustand in einem ziemlich starken Ueberschuſs von Chlorwasserstoffsäure auf; bleibt dabei ein unlöslicher Rückstand von fremdartigen Materien, so braucht derselbe nicht durch Filtration abgeschieden zu werden. Ist ein Theil des Eisens oder die ganze Menge desselben in der Lösung als Chlorür enthalten, so muſs dasselbe vollständig in Chlorid verwandelt werden. Dies darf indessen nicht vermittelst Salpetersäure geschehen, sondern entweder durch Erwärmen mit Chlorwasser oder mit chlorsaurem Kali. Man erhitzt dann so lange bis das überschüssige Chlorgas vollständig verjagt ist, setzt so viel Wasser hinzu, daſs die Hälfte des Kolbens, in welchem die Auflösung geschehen ist, von der Flüssigkeit angefüllt ist, und erhitzt bis zum Kochen. Dann bringt man eine gewogene Menge von reinem Kupferblech in den Kolben, verschlieſst ihn mit einem Korke, durch welchen eine Glasröhre von kleinem Durchmesser geht, und verfährt so, wie es oben S. 84 bei der Prüfung des Braunsteins durch Kupfer erörtert ist (Fuchs).

Ein sehr groſser Vortheil dieser Methode ist der, daſs die Gegenwart einer groſsen Anzahl von anderen Stoffen in der zu untersuchenden eisenhaltigen Substanz ohne Nachtheil für das Resultat des Versuchs ist. Die Verbindung kann Phosphorsäure, Schwefelsäure, Kohlensäure, Kieselsäure, Thonerde, Magnesia, Kalkerde, so wie andere Erden u. s. w. enthalten. Nur Arseniksäure ist nachtheilig, weil sich in diesem Falle das Kupfer mit schwärzlich grauen Schuppen von Arsenikkupfer bedeckt. Auch alle Oxyde des Mangans sind ohne Nachtheil für das Resultat, nur müssen dieselben vor dem Eintragen des Kupfers durch Kochen mit Chlorwasserstoffsäure vollständig in Manganchlorür verwandelt sein.

Löst sich die eisenhaltige Substanz, wie z. B. manche Silicate, nicht ganz in Chlorwasserstoffsäure auf, so schmelzt man sie in feinzerriebenem Zustand mit kohlensaurem Alkali, und löst die geschmolzene oder nur bloſs zusammengesinterte Masse in verdünnter Chlorwasserstoffsäure auf.

Bestimmung des Eisens auf maaſsanalytischem Wege. — Die Methode, das Eisen in Verbindungen durch Kupfer zu bestimmen, wurde früher sehr viel und mit gutem Erfolge namentlich bei technischen Untersuchungen angewandt. Sie ist aber besonders durch die maaſsanalytische Methode vermittelst des übermangansauren Kalis, welche wir Marguerite verdanken, verdrängt worden.

Diese Methode, eine sehr schätzbare Bereicherung für die analytische Chemie, besteht darin, daſs man zuerst in der sauren Lösung der zu untersuchenden eisenhaltigen Substanz das Eisenoxyd vollständig in Eisenoxydul verwandelt. Dies geschah sonst durch schweflichte Säure oder durch Schwefelwasserstoffwasser, später aber durch metallisches Zink. In den ersteren Fällen muſs die Auflösung so lange gekocht werden, bis alle schweflichte Säure oder aller Schwefelwasserstoff vertrieben ist*); im letzten Fall muſs hinreichend Schwefel-

---

*) Der aus dem Schwefelwasserstoff abgeschiedene Schwefel braucht nicht abfiltrirt zu werden.

säure oder Chlorwasserstoffsäure vorhanden sein, um die vollständige Desoxydation zu bewirken*). Alsdann fügt man zu der sehr verdünnten Lösung nach Zusatz von Schwefelsäure allmählig von der Lösung des übermangansauren Kalis hinzu. Die rothe Farbe derselben verschwindet sogleich, wenn noch Eisenoxydul vorhanden ist. Wenn aber die Farbe des letzten Tropfens der hinzugefügten Lösung nicht zerstört wird, und die Flüssigkeit dadurch einen Stich ins Rosenrothe bekommt, so ist die Operation beendet. Die Lösung des übermangansauren Kalis ist von einem bestimmten Gehalte, den man durch gewogene Mengen von reinem metallischen Eisen, von reinem schwefelsauren Eisenoxydul, oder schwefelsauren Eisenoxydul-Ammoniak bestimmt. Die Gegenwart von freier Chlorwasserstoffsäure wirkt hierbei nicht störend, wenn die Lösung hinreichend verdünnt ist.

Trennung des Eisens vom Mangan. — Wenn man eine Verbindung, welche beide Metalle enthält, in Chlorwasserstoffsäure auflöst, so ist nach dem Erhitzen, wenn dabei Chlorentwicklung stattfand, das Mangan immer als Oxydul, das Eisen aber als Oxyd vorhanden, und nur wenn dies der Fall ist, können beide von einander geschieden werden. Ist aber bei der Lösung keine Chlorentwicklung bemerkt worden, so kann neben Manganoxydul noch Eisenoxydul vorhanden sein, welches durch Salpetersäure, durch Chlorwasser oder durch chlorsaures Kali in Oxyd umgewandelt werden muſs.

Sind kleine Mengen von Manganoxydul von gröſseren Mengen von Eisenoxyd zu scheiden, so geschieht diese Trennung am zweckmäſsigsten durch Ammoniak, wie bei der Trennung des Manganoxyduls von der Thonerde (S. 86). Man erhält dann das Eisenoxyd ganz manganfrei, wenn genau so verfahren wird, wie früher angegeben ist.

Ist hingegen die Menge des Manganoxyduls gegen die des Eisenoxyds bedeutend, so fällt mit dem letztern etwas Manganoxydul, was man gleich daran erkennen kann, daſs das Eisenoxyd auf dem Filtrum durch kleine Mengen von ausgeschiedenem Manganoxyd nach und nach eine etwas dunklere Farbe erhält, als es in reinem Zustand besitzt. Man muſs alsdann das Eisenoxyd, ohne es auszuwaschen, von Neuem

---

*) Die Reduction durch Zink geschieht am besten, wenn man die Eisenlösung mäſsig verdünnt anwendet und eine nicht zu geringe Menge verdünnter Schwefelsäure hinzufügt. Eine höhere Temperatur bei der Reduction ist nicht nöthig; im Gegentheil es oxydirt sich eine erwärmte Eisenoxydullösung, auch wenn das Zink nicht herausgenommen ist und die Wasserstoffgas-Entwicklung noch nicht aufgehört hat, leichter. Es ist zweckmäſsig, die kleine Stange von Zink mit einem Platindraht umwunden in die Eisenoxydlösung zu hängen. Man kann dann nicht nur das Zink leichter herausnehmen, sondern das Platin schützt die Eisenoxydullösung gegen die Oxydation.

in Chlorwasserstoffsäure lösen. Bei gelindem Erwärmen zeigt sich dann bei den kleinsten Mengen von Mangan ein schwacher aber deutlicher Chlorgeruch, und man kann von der Abwesenheit des Mangans im (ausgewaschenen) Eisenoxyd überzeugt sein, wenn sich dieser Chlorgeruch nicht zeigt. Die chlorwasserstoffsaure Lösung wird bei einem Mangangehalt noch einmal wie früher mit Ammoniak behandelt, wodurch man manganfreies Eisenoxyd erhält. In den abfiltrirten Flüssigkeiten wird das Mangan durch längeres Kochen mit kohlensaurem Natron oder durch Schwefelammonium gefällt.

Zweckmäfsiger bewirkt man die Trennung des Eisenoxyds vom Manganoxydul, selbst wenn nicht unbedeutende Mengen von letzterem vorhanden sind, dadurch, dafs man die Lösung auf die S. 97 angeführte Weise mit kohlensaurem Natron neutralisirt und nach Hinzufügung von essigsaurem Natron kocht. In der filtrirten Flüssigkeit ist alles Manganoxydul enthalten. Man kann auch, wenn man die Gegenwart von Natronsalzen vermeiden will, essigsaures Ammoniak anwenden.

Statt der essigsauren Alkalien kann man zur Trennung des Eisenoxyds vom Manganoxydul auch die bernsteinsauren Alkalien anwenden, durch welche das Eisenoxyd schon bei gewöhnlicher Temperatur vollständig gefällt wird, wenn die Flüssigkeit vorher mit Ammoniak so lange versetzt ist, bis sie eine blutrothe Farbe angenommen hat, was indessen besonders nur bei der chlorwasserstoffsauren Lösung der Fall ist.

Die Scheidung des Eisenoxyds vom Manganoxydul geschieht oft durch kohlensaure Baryterde. Man verfährt dabei so, wie bei der Trennung der Thonerde von der Magnesia (S. 56). Es ist jedoch diese Methode der Trennung besser bei qualitativen als bei quantitativen Trennungen anzuwenden; sie wird indessen bisweilen bei der Untersuchung sehr zusammengesetzter Körper angewandt.

Nach Deville kann die Trennung der Oxyde des Eisens von denen des Mangans auf die Weise geschehen, dafs man die schwefelsauren Oxydulsalze mit einigen Tropfen Salpetersäure erhitzt und dann schwach glüht, wodurch ein Gemenge von Eisenoxyd und von schwefelsaurem Manganoxydul gebildet wird, das man nach dem Wägen mit Wasser behandelt, durch welches das schwefelsaure Manganoxydul aufgelöst wird, während das Eisenoxyd ungelöst zurückbleibt. — Es ist indessen schon S. 76 bemerkt, dafs das schwefelsaure Manganoxydul auf die beschriebene Weise nicht richtig bestimmt werden kann, und mehrere Versuche haben auch ergeben, dafs es nicht möglich ist, das Eisenoxyd frei von Mangan zu erhalten.

Trennung des Eisens von den Oxyden des Cers, des Lanthans und des Didyms. — Von diesen Oxyden trennt man das Eisenoxyd vermittelst schwefelsauren Kalis, durch welches man jene

Oxyde auf die S. 68 angeführte Weise fällt. Man muſs die Lösungen nicht zu concentrirt anwenden, auch müssen sie eine geringe Menge einer freien Säure, namentlich Chlorwasserstoffsäure, enthalten, weil die gefällten Doppelsalze mit schwefelsaurem Eisenoxyd verunreinigt werden können.

Die Trennung kann auch eben so gut durch Oxalsäure bewirkt werden. Man muſs in diesem Falle darauf sehen, daſs das Eisen nur als Oxyd vorhanden ist, und man muſs das Ganze nicht erhitzen und lange stehen lassen, weil sonst sich etwas schwerlösliches oxalsaures Eisenoxydul bilden, und die gefällten Oxyde verunreinigen könnte.

Trennung des Eisens von der Yttererde. — Früher trennte man das Eisenoxyd von der Yttererde nur durch bernsteinsaures Ammoniak, wie vom Manganoxydul (S. 101), eine Trennung, die der durch Kochen mit essigsaurem Natron nachsteht.

Die Trennung kann auch ohne Schwierigkeiten durch Oxalsäure bewirkt werden. Man muſs dabei nur Erhitzung und längeres Stehen vermeiden, damit sich nicht oxalsaures Eisenoxydul bilden kann. Die Trennung durch kohlensaure Baryterde ist zu verwerfen.

Trennung des Eisens von der Beryllerde. — Diese Trennung ist mit Schwierigkeiten verbunden. Es geht nicht, das Eisenoxyd durch Kali- oder Natronhydrat bei gewöhnlicher Temperatur zu trennen. Besser gelingt die Scheidung durch kohlensaures Ammoniak. Je mehr die Lösung der Oxyde freie Säure enthält, um so mehr wird bei Uebersättigung derselben mit kohlensaurem Ammoniak neben der Beryllerde auch Eisenoxyd gelöst und die Flüssigkeit stark blutroth gefärbt. Man setzt einen Ueberschuſs von kohlensaurem Ammoniak hinzu, um vollständig die Beryllerde zu lösen, und läſst das Ganze bei gewöhnlicher Temperatur 24 Stunden stehen, in welcher Zeit das gelöste Eisenoxyd sich völlig als gelblicher Niederschlag absetzt. Man filtrirt, und kann zur filtrirten Flüssigkeit einen Tropfen Schwefelammonium hinzufügen, um etwa noch aufgelöstes Eisenoxyd als Schwefeleisen zu fällen.

Sehr zweckmäſsig kann das Eisen in einer Lösung, die zugleich Beryllerde enthält, auf maaſsanalytischem Wege bestimmt werden, und zwar auf gleiche Weise, wie in einer Lösung die Thonerde enthält. Es ist dies weiter unten S. 106 beschrieben.

Nach Rivot kann die Bestimmung beider Basen auf folgende Weise ausgeführt werden: nachdem man den durch Ammoniak erhaltenen ausgewaschenen Niederschlag geglüht und gewogen hat, wird derselbe fein gepulvert, und eine gewogene Menge des Pulvers auf einem Porcellanschiffchen in einer Porcellanröhre in einem Windofen bei starker Rothglühhitze erhitzt, während gut getrocknetes Wasserstoffgas darüber geleitet wird. Nach dem vollständigen Erkalten im Wasserstoffstrome wird das Porcellanschiffchen gewogen; der Gewichtsverlust zeigt die Menge des Sauerstoffs an, den das Eisenoxyd durch seine Reduction zu metallischem Eisen verloren hat. Man kann aus demselben die Menge des Eisenoxyds berechnen, da die Beryllerde durch Glühen im Wasserstoffstrome keine Veränderung erleidet. Es ist hierbei nicht zu empfehlen, die Menge des durch die Reduction des Eisenoxyds erzeugten Wassers durch die Gewichtsvermehrung einer Chlorcalciumröhre zu bestimmen, die man an dem Theile der Röhre anbringt, aus welchem das Gas ausströmt; denn diese Bestimmung würde jedenfalls kein sehr genaues Resultat geben. Man kann darauf das Gemenge von Eisen und Beryllerde nach dem Wägen mit einer sehr schwachen Salpetersäure (die Säure vom spec. Gewicht 1,2 muſs mit wenigstens 30 Theilen Wasser verdünnt werden) bei gewöhnlicher Temperatur digeriren. Besser ist es, eine weit verdünntere Säure anzuwenden, und dann von Zeit zu Zeit etwas Salpetersäure hinzuzufügen, um eine sehr langsame Gasentwicklung lange zu erhalten. Man löst auf diese Weise das Eisen vollkommen auf, ohne die Beryllerde anzugreifen, die durch Filtration getrennt werden kann.

Wenn man in dem Gemenge von Beryllerde und Eisenoxyd letzteres durch Wasserstoffgas zu Metall reducirt hat, so könnte alsdann wohl die Trennung des Eisens vermittelst Chlorwasserstoffgas auf eine ähnliche Weise ausgeführt werden, wie das weiter unten S. 106 bei der Trennung des Eisens von der Thonerde gezeigt ist.

Die Trennung der Beryllerde vom Eisenoxyd durch Weinsteinsäure und Schwefelammonium zu bewirken, auf dieselbe Weise, wie man Thonerde vom Mangan (S. 85) und vom Eisen (S. 105) trennt, ist nicht zweckmäſsig.

Eine Scheidung der Beryllerde vom Eisenoxyd durch kohlensaure Baryterde giebt ungenaue Resultate.

Trennung des Eisens von der Thonerde. — Die seit langer Zeit übliche Methode, Eisenoxyd von Thonerde zu trennen, ist die durch Kali- oder Natronhydrat. Die Trennung kann aber eine nur unvollkommene sein, wenn man, wie dies gewöhnlich geschieht, die chlorwasserstoffsaure Lösung beider Basen (die bei einem groſsen Ueberschuſs von freier Säure gewöhnlich mit kohlensaurem Kali oder Natron neutralisirt wird) mit der Lösung des Alkalihydrats gelinde erwärmt oder kocht. Auch bei einem groſsen Ueberschuſs des angewandten Alkalis kann eine oft nicht unbedeutende Menge von Thonerde bei dem Eisenoxyd zurückbleiben. Man muſs dann das ungelöste Eisenoxyd noch einmal in Chlorwasserstoffsäure auflösen, und noch einmal mit Alkalihydrat behandeln, um den Rest der Thonerde aus dem Eisenoxyd auszuziehen, wenn die Menge des Eisenoxyds nicht so unbedeutend ist, dafs ein Thonerdegehalt von ein oder zwei Procent nicht zu berücksichtigen ist.

Die vollständige Trennung beider Basen gelingt nur auf die Weise, dafs man die chlorwasserstoffsaure Lösung derselben (ist sie stark sauer, so wird der gröfste Theil der freien Säure vorher durch kohlensaures Kali oder Natron abgestumpft) nach und nach in eine nicht zu verdünnte kochende Lösung von Kalihydrat (das dem Natronhydrat vorzuziehen ist) unter gutem Umrühren tröpfelt*).

In der vom Eisenoxyd abfiltrirten Flüssigkeit wird zuerst das freie Alkali durch Chlorwasserstoffsäure übersättigt, und die Thonerde auf die S. 50 beschriebene Weise gefällt. Es ist unzweckmäfsig, die Thonerde durch eine Lösung von Chlorammonium zu fällen, weil dann, nachdem das überschüssige Alkali vollständig durch Chlorammonium zerstört ist, die grofse Menge des freien Ammoniaks verjagt werden mufs.

Da das erhaltene Eisenoxyd auch nach dem guten Auswaschen mit heifsem Wasser eine sehr kleine Menge von Alkali enthält, so mufs es noch einmal in Chlorwasserstoffsäure aufgelöst und aus der Lösung durch Ammoniak gefällt werden.

Ob ein Ueberschufs von Alkalihydrat angewandt ist, ersieht man daraus, dafs, wenn man zu der vom Eisenoxyd abfiltrirten Flüssigkeit einen Tropfen Chlorwasserstoffsäure setzt, eine kleine Wolke von ausgeschiedener Thonerde entsteht, die beim Umrühren wieder verschwindet. Wenn indessen eine zu geringe Menge von Thonerde mit dem Eisenoxyd verbunden war, so kann diese Probe kein sicheres Resultat geben.

Aus einem geglühten Gemenge von Thonerde und Eisenoxyd kann durch Alkalihydratlösung die Thonerde nicht ausgezogen werden. Man mufs dasselbe entweder in Schwefelsäure, wie die geglühte Thonerde, (S. 52) lösen, oder es in einem Silbertiegel mit Alkalihydrat schmelzen. Die geschmolzene Masse wird mit Wasser behandelt, wodurch das Aluminat von Kali vollständig aufgelöst wird, während das Eisenoxyd ungelöst zurückbleibt. Dasselbe ist, auf diese Weise erhalten, immer frei von Thonerde, enthält aber geringe Mengen von Alkali und mufs nach der Lösung in Chlorwasserstoffsäure mit Ammoniak gefällt werden; die Thonerde erhält man aus der alkalischen Lösung auf die oben angeführte Weise. Diese Methode hat zwar den Vortheil, dafs man schon durch ein einmaliges Schmelzen mit Alkalihydrat die Thonerde vollkommen vom Eisenoxyd trennen kann, selbst wenn die Menge des letzteren bedeutend ist; die Anwendung des Sil-

---

*) Es geschieht dies am besten in einer Platin- oder Silberschale, nicht in einer Porcellanschale, die durch Alkalihydratlösung, besonders durch kochende, angegriffen wird.

bertiegels ist aber immer unangenehm. Das Eisenoxyd wird von kleinen Mengen von Silberoxyd verunreinigt, welche indessen bei der Auflösung in Chlorwasserstoffsäure ungelöst zurückbleiben.

Man hat die Trennung der Thonerde vom Eisenoxyd durch Kali auf die Weise modificirt, dafs man in der chlorwasserstoffsauren Lösung beider Basen das Eisenoxyd durch eine Lösung von schweflichter Säure oder von einem schweflichtsauren Alkali zu Oxydul reducirt, das Ganze erhitzt, und dann durch eine Lösung von Kali- oder Natronhydrat das Eisenoxydul, das immer kleine Mengen von Oxyd enthält, als einen dunkelgrünen fast schwarzen Niederschlag fällt. Man erhält indessen auf die Weise keine genaueren Resultate, und mufs befürchten, dafs beim Zusetzen von vieler schweflichter Säure sich schwerlösliche schweflichtsaure Thonerde abscheidet (Th. 1 S. 209).

Es glückt nicht, die Thonerde vom Eisenoxyd auf die Weise zu trennen, dafs man nach Reduction des Eisenoxyds durch schweflichte Säure die Thonerde durch Ammoniak fällt, auf welche Weise man die Magnesia, und selbst das Manganoxydul von der Thonerde trennen kann (S. 54 und S. 86). Es ist schon schwierig, den Zutritt der Luft so völlig zu vermeiden, dafs nicht eine theilweise Oxydation des gelösten Oxyduls stattfindet; aber auch wenn dies geschieht, fällt mit der Thonerde eine sehr kleine Menge von Eisenoxydul, welches derselben einen kleinen Stich ins Graue mittheilt, und welches auch durch längeres Kochen mit Chlorammonium nicht von der Thonerde zu trennen ist.

Man hat die Thonerde vom Eisenoxyd vermittelst unterschweflichtsauren Natrons zu trennen gesucht, welches beim Kochen die Thonerde niederschlägt, das Eisenoxyd aber zu Oxydul reducirt und aufgelöst erhält (Chancel). Bei Anwendung dieser Methode ist es schwer, die Thonerde vollständig zu fällen, die sich auch nach längerer Zeit wieder auflösen kann.

Man trennt häufig Eisenoxyd von Thonerde auf die Weise, dafs man zu der Lösung beider Weinsteinsäure hinzufügt, und mit Ammoniak übersättigt, wodurch kein Niederschlag entsteht; man fällt dann das Eisen durch Schwefelammonium als Schwefeleisen, welches mit Vorsicht filtrirt und ausgewaschen werden mufs. Diese Methode kann mit Vortheil in gewissen Fällen angewandt werden; aber zu einer allgemeinen Anwendung eignet sie sich schon deshalb nicht, weil die Bestimmung der Thonerde in der vom Schwefeleisen abfiltrirten Flüssigkeit mit Schwierigkeiten verbunden ist. Man mufs die Flüssigkeit abdampfen, und den Rückstand so lange beim Zutritt der Luft glühen, bis alle ammoniakalischen Salze verjagt sind, und die Kohle der Weinsteinsäure verbrannt ist. Es ist nicht rathsam, auch wenn der Rückstand von ganz weifser Farbe ist, denselben für reine Thonerde zu halten; waren in der Flüssigkeit feuerbeständige Salze enthalten, so finden sich auch diese im Rückstand. Man löst deshalb die Thonerde auf die Th. I S. 206 beschriebene Weise in Schwefelsäure auf und fällt sie durch Ammoniak. Es ist noch zu bemerken, dafs, wenn die Lösung der Oxyde Chlorwasserstoffsäure enthält, beim Glühen des Rückstands durch das entstandene Chlorammonium viel Thonerde verflüchtigt werden kann (Th. I S. 206).

Die leichteste und schnellste und doch genaue Methode der Bestimmung des Eisenoxyds in seiner Verbindung mit Thonerde ist unstreitig die maafsanalytische. Nachdem man beide Basen gemeinschaftlich durch Ammoniak gefällt hat, wobei man die S. 50 angeführten Vorsichtsmaafsregeln nicht versäumen mufs, löst man nach dem Glühen und Wägen einen Theil der geglühten Verbindung in verdünnter Schwefelsäure auf die Weise auf, wie dies bei der geglühten Thonerde geschieht (S. 52), reducirt in der Lösung das Eisenoxyd durch Zink, und bestimmt durch übermangansaures Kali die Menge des Eisens (S. 99). Der Nachtheil dieser Methode besteht nur darin, dafs die nachherige directe Bestimmung der Thonerde mit Schwierigkeiten verknüpft ist, und man daher dieselbe aus dem Verluste berechnet.

Man kann die Thonerde vom Eisenoxyd durch Glühen in einem Wasserstoffstrome trennen, wie die Beryllerde vom Eisenoxyd (S. 102).

Nach Deville kann die Trennung des Eisenoxyds von der Thonerde dadurch mit Genauigkeit bewirkt werden, dafs man das Gemenge von Eisenoxyd und Thonerde zuerst in einem Porcellanschiffchen (wie bei der Trennung nach Rivot) der reducirenden Wirkung eines Wasserstoffstromes aussetzt, darauf bei Rothglühhitze einen Strom von Chlorwasserstoffgas darüber leitet, und, nachdem das Eisen sich als Chloreisen verflüchtigt hat, von Neuem einen Strom von Wasserstoffgas darüber leitet, in welchem das Ganze erkaltet. Das Eisen hat sich hierbei vollständig verflüchtigt; die Thonerde bleibt rein zurück; sie wird gewogen und die Menge des Eisenoxyds durch den Verlust bestimmt. Will man indessen dasselbe unmittelbar bestimmen, so mufs man das in dem Porcellanrohre und in dem an demselben angebrachten Ballon sublimirte Chloreisen dadurch aufzulösen suchen, dafs man Chlorwasserstoffsäure zum Kochen bringt, und die Dämpfe derselben durch den etwas geneigten Apparat leitet.

Wenn man Thonerde und Eisenoxyd gemeinschaftlich durch Kochen mit einem essigsauren Salze fällen will, um beide von anderen Basen zu trennen, so mufs man dabei sehr vorsichtig verfahren, wie S. 53 erwähnt ist; auch den Niederschlag mit einer heifsen Auflösung von salpetersaurem oder essigsaurem Ammoniak auswaschen. Man darf indessen diese Methode der Ausscheidung beider Basen nur dann anwenden, wenn andere Methoden unpassend sind.

Trennung des Eisens von der Magnesia. — Die Magnesia wird von dem Eisenoxyd wie von der Thonerde durch Ammoniak und Chlorammonium geschieden (S. 54). Die Trennung vom Eisenoxyd gelingt noch besser als von der Thonerde, weil sich das gefällte Eisenoxyd leichter filtriren läfst. Wenn man Eisenoxyd durch Ammoniak bei gewöhnlicher Temperatur aus einer Lösung abscheidet, die Magnesia enthält, so enthält es immer eine kleine Menge von Magnesia, wenn auch grofse Mengen von ammoniakalischen Salzen in der Flüssigkeit aufgelöst sind; nur durch Kochen findet eine vollständige Trennung statt. Die Trennung des Eisenoxyds von der Magnesia auf diese Weise glückt noch besser, als die des Eisenoxyds vom Manganoxydul (S. 100).

Die Trennung beider Basen kann auch sehr gut durch Kochen mit essigsaurem Natron so ausgeführt werden, wie die des Eisenoxyds vom Manganoxydul (S. 100), und auch sie gelingt fast noch besser als diese. — Eben so kann durch bernsteinsaures Ammoniak auf dieselbe Weise wie vom Manganoxydul das Eisen von der Magnesia getrennt werden (S. 101).

Die Trennung des Eisenoxyds von der Magnesia durch kohlensaure Baryterde kann genaue Resultate geben; man verfährt dabei so, wie bei der Trennung der Thonerde von der Magnesia (S. 56).

In gewissen Fällen trennt man die Magnesia vom Eisenoxyd durch Weinsteinsäure und phosphorsaures Natron auf ähnliche Weise wie von der Thonerde (S. 56). In der von der phosphorsauren Ammoniak-Magnesia abfiltrirten Flüssigkeit kann das Eisenoxyd durch Schwefelammonium als Schwefeleisen abgeschieden werden [*]).

Wenn bei einer Untersuchung kleine Mengen von Eisenoxyd von kleinen Mengen von Magnesia zu scheiden sind, so pflegt man oft zu der durch Ammoniak neutralisirten Lösung etwas Schwefelammonium zu setzen, und aus der vom Schwefeleisen abfiltrirten Flüssigkeit, ohne das überschüssige Schwefelammonium zu zerstören, die Magnesia als phosphorsaure Ammoniak-Magnesia zu fällen.

Trennung des Eisens von der Kalkerde. — Die Kalkerde wird vom Eisenoxyd wie von der Thonerde durch Ammoniak getrennt, wobei man die S. 57 beschriebenen Vorsichtsmaafsregeln nicht unterlassen mufs.

Die Trennung beider Basen kann auch durch Kochen mit einer

---

[*]) Es ist jedoch hierbei zu bemerken, dafs das gefällte Schwefeleisen leicht etwas Phosphorsäure enthalten kann, welche, wenn man es in Eisenoxyd verwandelt, sich mit diesem verbindet.

Lösung von essigsaurem Natron bewirkt werden. Es muſs dann aber keine oder nur wenig Schwefelsäure vorhanden sein.

Die Trennung des Eisenoxyds von der Kalkerde durch verdünnte Schwefelsäure und Alkohol gelingt nicht gut. Die Lösung muſs sehr sauer sein, und dann erfordert die Fällung der schwefelsauren Kalkerde sehr groſse Mengen von Alkohol. Nähert man die Lösung durch Ammoniak der Neutralität, so wird durch Zusetzen von Alkohol nach und nach Eisenammoniakalaun gefällt.

Wenn geringe Mengen von Kalkerde mit gröſseren Mengen von Eisenoxyd in einer Lösung enthalten sind, so kann man nach Zusetzen von Weinsteinsäure und Ammoniak die Kalkerde als oxalsaure Kalkerde und in der abfiltrirten ammoniakalischen Flüssigkeit das Eisenoxyd durch Schwefelammonium als Schwefeleisen niederschlagen *).

Trennung des Eisens von der Strontianerde. — Die Strontianerde scheidet man vom Eisenoxyd wie die Kalkerde durch Ammoniak, wobei man dieselbe Vorsicht anwenden muſs; oder durch Kochen mit essigsaurem Natron, wenn die Lösung keine Schwefelsäure enthält.

Trennung des Eisens von der Baryterde. — Sie geschieht durch verdünnte Schwefelsäure; aus der von der schwefelsauren Baryterde getrennten Flüssigkeit fällt man das Eisenoxyd durch Ammoniak. — Man muſs die schwefelsaure Baryterde anfangs mit Wasser auswaschen, das eine kleine Menge von Chlorwasserstoffsäure enthält; später erst kann das Wasser auch heiſs angewandt werden. Nachdem das Eisenoxyd ausgewaschen ist, wäscht man mit reinem Wasser aus. Bei der Fällung muſs man darauf sehen, daſs in der Lösung nicht alkalische Salze enthalten sind. Oft aber enthält die schwefelsaure Baryterde Spuren von Eisenoxyd; es ist daher vielleicht zweckmäſsiger, die Baryterde vom Eisenoxyd, wie die Kalk- und Strontianerde durch Ammoniak zu trennen, oder auch durch Kochen mit essigsaurem Natron.

Trennung des Eisens von den Alkalien. — Die Scheidung des Eisenoxyds von den Alkalien geschieht durch Ammoniak. Nach der Fällung des Eisenoxyds sind die Alkalien in der abfiltrirten Flüssigkeit enthalten und werden durch Abdampfen derselben und Glühen der trocknen Masse erhalten.

Wenn man in einer salpetersauren Lösung das Eisenoxyd von den Alkalien auf die Weise trennen will, daſs man die Lösung abdampft und den trocknen Rückstand unter Zusetzen von Oxalsäure glüht, wo-

---

*) Sind in der Lösung zugleich noch kleine Mengen von Magnesia, so können diese nach der Abscheidung der oxalsauren Kalkerde und des Schwefeleisens als phosphorsaure Ammoniak-Magnesia gefällt werden.

durch die Alkalien in kohlensaure verwandelt werden, so kann das Eisenoxyd bei der nachherigen Trennung der kohlensauren Alkalien durch Wasser etwas Alkali enthalten, das auch durch langes Auswaschen mit heifsem Wasser davon nicht zu trennen ist. Man mufs suchen, dasselbe durch Erhitzen mit einer concentrirten Lösung von salpetersaurem Ammoniak vom Eisenoxyd zu trennen. Es ist deshalb die gewöhnliche Trennung, das Eisenoxyd durch Ammoniak zu fällen, und in der filtrirten Flüssigkeit die Alkalien auf die S. 5 angegebene Weise zu bestimmen, vorzuziehen.

Trennung des Eisens von den Alkalien, der Kalkerde, der Magnesia, dem Manganoxydul und der Thonerde. — Trennungen ähnlicher Art kommen häufig vor, namentlich enthalten mehrere in der Natur vorkommende Silicate einige oder alle diese Basen. Ist die Menge des Manganoxyduls nur unbedeutend, so scheidet man zuerst das Eisenoxyd und die Thonerde durch Ammoniak von den übrigen Basen, und beobachtet dabei die Vorsicht, die oben S. 50 S. 54 und S. 100 angegeben ist. Eisenoxyd und Thonerde trennt man nach den S. 103 angegebenen Methoden. Man fällt darauf die Kalkerde aus der verdünnten Lösung durch oxalsaures Ammoniak (S. 34) und scheidet die Magnesia gemeinschaftlich mit der kleinen Menge von Manganoxydul von den Alkalien durch kohlensaures Ammoniak (S. 47 und S. 91).

Ist die Menge des Mangans aber bedeutender, so verfährt man bei Abwesenheit der Alkalien auf die Weise, dafs man Eisenoxyd und Thonerde gemeinschaftlich durch Kochen mit essigsaurem Natron abscheidet. Aus der filtrirten Flüssigkeit wird durch Erhitzen mit Chlorwasser das Mangan gefällt. Man scheidet darauf die Kalkerde als oxalsaure Kalkerde und die Magnesia als phosphorsaure Ammoniak-Magnesia ab.

Bei Anwesenheit von Alkalien hingegen mufs man Thonerde, Eisenoxyd und Mangan gemeinschaftlich durch Schwefelammonium fällen, wobei man nicht vermeiden kann, dafs der Niederschlag auch etwas kohlensaure Kalkerde enthält. Man löst den Niederschlag in Chlorwasserstoffsäure auf, oxydirt das Eisenoxydul zu Oxyd, fällt Thonerde und Eisenoxyd durch Kochen mit essigsaurem Natron, und scheidet in der abfiltrirten Flüssigkeit das Mangan von der etwa vorhandenen geringen Menge von Kalkerde durch Erhitzen mit Chlorwasser. In der von dem durch Schwefelammonium entstandenen Niederschlage getrennten Flüssigkeit fällt man die Kalkerde durch oxalsaures Ammoniak[*)]

[*)] In diesem Falle ist es zweckmäfsig, in der Flüssigkeit das überschüssige Schwefelammonium zu zerstören, was nicht nöthig wäre, wenn in derselben nur Magnesia und Alkalien zu bestimmen wären. — Die oxalsaure Kalkerde aber könnte sonst mit Schwefel verunreinigt werden und nach dem Glühen Schwefelcalcium und schwefelsaure Kalkerde enthalten.

und trennt dann die Magnesia von den Alkalien durch kohlensaures Ammoniak.

Man kann die Methoden der Trennung mannichfaltig modificiren, wenn eine oder die andere der Basen in der Verbindung fehlt. Die meiste Schwierigkeit bei diesen Untersuchungen macht immer die vollkommene Abscheidung des Mangans, das oft seiner ganzen Menge nach nicht auf einmal, sondern gemeinschaftlich in kleiner Menge mit andern Basen, namentlich mit der oxalsauren Kalkerde gefällt werden kann.

Bestimmung des Eisenoxyds neben Eisenoxydul. — Die Bestimmung des Eisenoxyduls, wenn es in Verbindung mit Eisenoxyd vorkommt, hat wegen der leichten Oxydirbarkeit des Oxyduls Schwierigkeiten.

Sind in einer festen Verbindung, die beide Oxyde des Eisens enthält, sonst keine anderen Bestandtheile, namentlich Oxyde, enthalten, die durch Wasserstoff reducirbar sind, oder besteht die Verbindung nur aus Eisenoxyd, so erfährt man das Verhältnifs beider Oxyde, wenn man zuerst einen Theil der Substanz in einer Säure, am besten in Chlorwasserstoffsäure, auflöst, das Oxydul in der Lösung zu Oxyd oxydirt und durch Ammoniak das gesammte Eisenoxyd fällt. Einen zweiten Theil der Substanz glüht man in einer Atmosphäre von Wasserstoffgas, um die Oxyde des Eisens zu reduciren. Durch den Gewichtsverlust erfährt man die Menge des Sauerstoffs in denselben; zieht man denselben von dem des Eisenoxyds aus dem ersten Versuche ab, so erhält man die Menge des Sauerstoffs, den das Oxydul aufgenommen hat, um in Oxyd verwandelt zu werden.

Die Reduction kann zweckmäfsig in einem Apparate ausgeführt werden, wie er S. 77 abgebildet ist. Es ist hierbei zu bemerken, dafs die Reduction des Eisenoxyds eine etwas höhere Temperatur erfordert, als die der meisten anderen leicht reducirbaren Oxyde; auch ist es nothwendig, bei der Reduction eine möglichst hohe Temperatur anzuwenden, um das reducirte Eisen in einem dichteren etwas zusammengesinterten Zustand zu erhalten, damit es nach dem völligen Erkalten gewogen werden kann, und sich nicht pyrophorisch an der Luft entzündet (Th. I S. 243).

Statt in dem erwähnten Apparate kann die Reduction der Oxyde des Eisens in einem Porcellanschiffchen geschehen, das in einer Porcellanröhre, während getrocknetes Wasserstoffgas darüber geleitet wird, in einem Windofen einer starken Rothglühhitze so lange ausgesetzt wird, bis sich keine Spur von Wasserdampf mehr in einer Glasröhre verdichtet, die an dem Ende des Porcellanrohrs angebracht wird, aus welcher das Gas ausströmt.

Man kann auch die Reduction in einer Kugelröhre bewirken, an welche man eine gewogene Chlorcalcium-Röhre anbringen kann, um zur Controle das erzeugte Wasser zu wägen, dessen Sauerstoffgehalt dem Gewichtsverlust der reducirten Oxyde gleich sein mufs. Es ist dies indessen nicht anzuratben, da man gewöhnlich nicht übereinstimmende Resultate, und ein wenig Wasser zu viel erhält, wenn das angewandte Wasserstoffgas nicht mit der äufsersten Sorgfalt getrocknet ist.

Besteht die Substanz nur aus den Oxyden des Eisens oder ist sie nur mit solchen Stoffen gemengt oder verbunden, die sich durch Glühen beim Zutritt der Luft nicht verändern, so kann man statt durch die Reduction den Sauerstoffgehalt zu bestimmen, denselben auf die Weise finden, dafs man die Substanz in fein gepulvertem Zustand beim Zutritt der Luft so lange erhitzt, bis sie nicht mehr an Gewicht zunimmt. Die Gewichtszunahme giebt die Menge des Sauerstoffs, den das Oxydul aufgenommen hat, um sich in Oxyd zu verwandeln.

Die leichteste Methode und dabei eine der zuverlässigsten ist die maafsanalytische, von Marguerite zuerst vorgeschlagen. Man löst eine bestimmte Menge der Verbindung beim Ausschlufs der Luft in Chlorwasserstoffsäure auf, und bestimmt in der Lösung die Menge des darin befindlichen Eisenoxyduls durch übermangansaures Kali. Darauf reducirt man in der chlorwasserstoffsauren Lösung einer zweiten Menge der Verbindung das darin enthaltene Eisenoxyd durch metallisches Zink und bestimmt die ganze Menge des Oxyduls (also die ganze Menge des in der Verbindung enthaltenen Eisens) ebenfalls durch übermangansaures Kali.

Aufser diesen beiden Methoden, der durch Reduction (oder durch Oxydation), so wie auf maafsanalytischem Wege die Menge des Oxyduls und des Oxyds in einer Eisenverbindung zu bestimmen, hat man noch viele andere, von denen manche bei technischen Untersuchungen, andere zu Controlversuchen bei wissenschaftlichen Untersuchungen angewandt werden können.

Eine Methode gründet sich darauf, dafs das Eisenchlorür dem Kupfer nicht Chlor abtreten kann, wohl aber das Eisenchlorid. Man löst daher die zu untersuchende Substanz beim Ausschlufs der Luft in Chlorwasserstoffsäure auf, und behandelt die Lösung auf die Weise mit metallischem Kupfer, wie es oben S. 98 gezeigt ist, wodurch man die Menge des vorhandenen Eisens erfährt. Man oxydirt darauf die chlorwasserstoffsaure Lösung einer zweiten Menge der Substanz vermittelst Chlorgas oder chlorsauren Kalis (nicht vermittelst Salpetersäure), und behandelt, nachdem man sehr sorgfältig alles Chlor durch längeres Erhitzen entfernt hat, diese Lösung auf dieselbe Weise mit metallischem Kupfer, wodurch man die ganze Menge des Eisens erfährt.

Diese Methode ist besonders in solchen Fällen anzuwenden, wenn in der zu untersuchenden Substanz aufser den Oxyden des Eisens noch andere und namentlich die S. 99 angeführten Substanzen enthalten sind.

Statt des Kupfers kann man sich des fein zertheilten Silbers*) bedienen. Man löst die Substanz in einer Flasche, die luftdicht verschlossen werden kann, in Chlorwasserstoffsäure auf, bringt dann eine gewogene Menge von Silberpulver hinzu, und füllt die Flasche mit gekochtem luftfreien Wasser, worauf man sie sogleich verschliefst. Man digerirt das Ganze bei einer Temperatur von nahe +100° unter öfterem Umschütteln. Es reducirt dann das Silber wie das Kupfer alles Eisenchlorid zu Eisenchlorür und bildet Chlorsilber. Wenn die Flüssigkeit farblos geworden ist, wozu bisweilen eine 24stündige Digestion erforderlich ist, giefst man dieselbe klar ab, nimmt das Silber auf ein Filtrum, wäscht es aus und trocknet es, worauf man das Gewicht desselben bestimmt. So viel als das Pulver jetzt mehr wiegt, hat es von dem Eisenchlorid an Chlor aufgenommen.

In einer chlorwasserstoffsauren Lösung läfst sich die Menge des Eisenoxyds, wenn dasselbe neben Eisenoxydul darin enthalten ist, durch die Menge des Schwefels bestimmen, der aus Schwefelwasserstoff abgeschieden wird, wenn dasselbe das Eisenoxyd in Eisenoxydul verwandelt. Zu dem Ende löst man die Substanz, welche beide Oxyde enthält, in einer geräumigen Flasche beim Ausschlufs der Luft in Chlorwasserstoffsäure auf, fügt dann schnell vollkommen klares Schwefelwasserstoffwasser im Ueberschufs hinzu, und verschliefst die Flasche. Aus der milchicht gewordenen Flüssigkeit setzt sich langsam der lange suspendirt bleibende Schwefel ab. Nach dem Klären entfernt man die Flüssigkeit am besten durch einen Heber, wäscht den Schwefel auf einem gewogenen Filtrum aus, trocknet ihn bei einer Temperatur unter 100° und wägt ihn. Hatte die Substanz bei ihrer Lösung in Chlorwasserstoffsäure einen unlöslichen Rückstand, z. B. Kieselsäure oder Gangart hinterlassen, so verbrennt man den Schwefel und zieht das Gewicht des Rückstands von dem des Schwefels ab. Zweckmäfsiger ist es aber in diesem Falle, den Schwefel zu Schwefelsäure zu oxydiren (auf die Weise, wie es weiter unten beim Schwefel gezeigt ist) und seine Menge als schwefelsaure Baryterde zu bestimmen. — Es ist nothwendig, bei diesem Versuche jede Erhitzung zu vermeiden,

---

*) Man erhält dasselbe am besten, wenn man auf geschmolzenes Chlorsilber Wasser bringt, das schwach sauer gemacht ist, und ein Stück Zink so lange darauf liegen läfst, bis alles Silber reducirt ist. Nach Hinwegnahme des ungelöst gebliebenen Zinks, spült man den Silberkuchen mit Chlorwasserstoffsäure ab, zerreibt ihn zwischen den Fingern zu Mehl, kocht dieses mit Wasser aus und trocknet es, ohne es aber stark zu erhitzen.

weil bei erhöhter Temperatur das Eisenoxyd den Schwefel des Schwefelwasserstoffs zum Theil zu Schwefelsäure oxydiren kann. — Man erhält durch diese Methode genaue Resultate; sie ist jedoch nur in einigen Fällen mit Vortheil anzuwenden, und steht namentlich der maafsanalytischen Methode an Bequemlichkeit und schneller Ausführbarkeit weit nach.

Dagegen ist eine Methode, welche man früher zum Bestimmen des Eisenoxyduls anwandte, nicht zu empfehlen, da sie unter gewissen Umständen sehr ungenaue Resultate geben kann. Es ist die, vermittelst einer Goldchloridlösung durch die Menge des ausgeschiedenen Goldes die Menge des Eisenoxyduls zu bestimmen. Kleine Mengen von Eisenoxydulsalzen vermögen indessen aus Goldchlorid kein Gold abzuscheiden, wenn die Lösung alkalische Chlormetalle oder selbst nur viel freie Chlorwasserstoffsäure enthält.

Man kann auch das Eisenoxyd vom Eisenoxydul durch kohlensaure Baryterde trennen. Man verfährt dabei so, wie bei der Trennung des Eisenoxyds oder der Thonerde vom Manganoxydul und der Magnesia (S. 56), mufs aber vorsichtiger verfahren, als bei der Trennung des Eisenoxyds und der Thonerde von andern starken Basen, weil das Eisenoxydul am schnellsten oxydirt wird. Man löst die Verbindung in einer Flasche, die fest verschlossen werden kann, in Chlorwasserstoffsäure auf, fügt sogleich kohlensaures Natron hinzu, damit die Flasche sich mit Kohlensäuregas füllt, und verschliefst dieselbe, nachdem man einen Ueberschufs von kohlensaurer Baryterde hinzugefügt hat, erst lose, damit noch Kohlensäuregas entweichen kann, und dann fest. Nachdem mit der ungelösten Baryterde das Eisenoxyd sich abgesetzt hat, giefst man die Flüssigkeit möglichst beim Ausschlufs der Luft durch ein Filtrum, und wäscht das Ungelöste schnell mit ausgekochtem aber kaltem Wasser aus. In dieser Lösung oxydirt man das Eisenoxydul zu Oxyd, und fällt es durch Erhitzen mit essigsaurem Natron. Man bestimmt das durch die kohlensaure Baryterde gefällte Eisenoxyd auf gleiche Weise.

Die beschriebenen Methoden können keine Anwendung finden, wenn die zu untersuchende, Eisenoxyd und Oxydul enthaltende, Substanz sehr schwer oder unlöslich in Chlorwasserstoffsäure ist. Es sind dies aber fast nur Silicate, deren Analyse erst weiter unten (beim Kiesel) erörtert ist.

Anhang.

Prüfung der Eisenerze. — Die Eisenerze, welche zur Ausbringung des Eisens angewandt werden, sind von sehr verschiedener Beschaffenheit, so dafs die Prüfung auf verschiedene Weise ausgeführt werden mufs. Bei der technischen Benutzung will man vorzüglich wissen den Gehalt an Eisen, an Mangan, an Phosphorsäure und an Schwefelsäure (oder an Schwefel). Es kann ferner in gewissen Fällen von Interesse sein, die Menge der Kieselsäure, der Kalkerde oder anderer Basen im Erze zu erfahren.

Ist das Erz in fein gepulvertem Zustande in Chlorwasserstoffsäure beim Erhitzen löslich, so bestimmt man in der Lösung die Menge des Eisens auf maafsanalytischem Wege (S. 99). Keine der Beimengungen, welche in den Erzen zu sein pflegen, kann nachtheilig auf die Richtigkeit des Resultats wirken. Will man in der chlorwasserstoffsauren Lösung die Menge des Mangans finden, so scheidet man in der Lösung das Eisenoxyd durch Kochen mit essigsaurem Natron ab, und bestimmt in der abfiltrirten Flüssigkeit die Menge des Mangans. Wie in der Lösung Phosphor- und Schwefelsäure zu finden sind, kann erst später erörtert werden.

Ist aber das Eisenerz auch in fein gepulvertem Zustand in Chlorwasserstoffsäure gar nicht oder schwierig oder theilweise löslich, so ist es zweckmäfsig, es in fein gepulvertem Zustande mit der drei- oder vierfachen Menge von kohlensaurem Kali-Natron im Platintiegel zu schmelzen. Die geschmolzene Masse kann dann entweder, um alle Bestandtheile zu finden, so behandelt werden, wie es weiter unten bei der Zersetzung der Silicate gezeigt ist, oder man erwärmt sie mit etwas Wasser, und löst sie in Chlorwasserstoffsäure auf. Durch die Behandlung mit kohlensaurem Kali-Natron ist das Eisenerz auflöslich in dieser Säure geworden. Wenn sich bei dieser Lösung Kieselsäure gallertartig abscheiden sollte, so ist diese auf die Richtigkeit der maafsanalytischen Prüfung von keinem Einflufs.

XX. Zink.

Bestimmung des Zinks als Zinkoxyd. — Das gewöhnliche Fällungsmittel des Zinks oder seiner Verbindungen in seinen Lösungen in Säuren ist kohlensaures Kali oder besser kohlensaures Natron, da dieses leichter rein zu haben ist. Sind in der Lösung des Zinkoxyds keine ammoniakalischen Salze, so setzt man zu derselben einen nur geringen Ueberschufs von kohlensaurem Alkali, und bringt das Ganze bis zum Kochen; das ausgeschiedene kohlensaure Zinkoxyd wird dann filtrirt und ausgewaschen. Das Kochen bei der Fällung des kohlensauren Zinkoxyds aus seiner schwefelsauren oder chlorwasserstoffsauren Lösung durch kohlensaure Alkalien ist zwar nothwendig, weil bei gewöhnlicher Temperatur eine geringe Menge des Zinkoxyds aufgelöst bleibt; es darf aber nicht lange fortgesetzt werden, da durch langes Kochen das gefällte kohlensaure Zinkoxyd mit dem erzeugten schwefelsauren Alkali oder dem alkalischen Chlormetall sich etwas zersetzt, und wiederum kohlensaures Alkali und zugleich ein unlösliches basisches schwefelsaures Zinkoxyd oder basisches Chlorzink bildet, das durch das kohlensaure Alkali nicht zersetzt wird. Diese basischen Salze verlieren, wenn man beim Glühen nicht eine sehr hohe Temperatur anwendet, die Säure nicht. Auch wenn das Zinkoxyd aus einer salpetersauren Lösung auf diese Weise gefällt wird, enthält es etwas Salpetersäure, die es aber beim Glühen verliert.

Sind in der Lösung ammoniakalische Salze enthalten, so müssen diese durch Erwärmen mit kohlensaurem Alkali zerstört werden. Man erhitzt die Lösung so lange, bis bei einem neuen Zusatz von kohlensaurem Alkali kein ammoniakalischer Geruch mehr wahrgenommen werden kann; es ist nicht nöthig, das Ganze bei gelinder Hitze bis zur Trocknifs abzudampfen.

Bei der Fällung des Zinkoxyds durch kohlensaures Alkali mufs man die abfiltrirte Flüssigkeit, wenn man nicht noch andere Bestandtheile abscheiden will, auf Spuren von Zinkoxyd untersuchen. Man versetzt sie mit einigen Tropfen Schwefelammonium, und läfst das Ganze längere Zeit stehen. Wenn man aber so verfahren hat, wie erwähnt ist, so wird man nicht Spuren von Schwefelzink sich absetzen sehen.

Das erhaltene kohlensaure Zinkoxyd wird nach dem Trocknen mäfsig stark geglüht, wodurch es die Kohlensäure und das Wasser gänzlich verliert. Man mufs darauf sehen, dafs es nicht mit organischen Substanzen gemengt ist, durch welche beim Glühen etwas Zinkoxyd zu Zink reducirt und verflüchtigt wird. Das Filtrum mufs defshalb auch, ehe es für sich eingeäschert wird, sehr sorgfältig vom Niederschlage gereinigt und dann bei möglichst niedriger Temperatur, bei der das Oxyd sich noch nicht reduciren kann, verbrannt werden.

Ist das Zinkoxyd in Verbindung mit Salpetersäure in einer Lösung, so kann, wenn in derselben keine andere, namentlich feuerbeständige Bestandtheile enthalten sind, die Menge des Zinkoxyds auf die Weise gefunden werden, dafs man das Ganze bis zur Trocknifs abdampft und den Rückstand vorsichtig so lange glüht, bis sich das Gewicht des Zinkoxyds nicht mehr verändert.

Eben so kann aus dem kohlensauren Zinkoxyd und aus seinen Verbindungen mit Zinkoxydhydrat die Menge des Zinkoxyds durch vorsichtiges Glühen bestimmt werden. Ist indessen Zinkoxyd mit organischen Säuren verbunden, so ist nur durch ein äufserst vorsichtiges Erhitzen, und dann dennoch auf nicht ganz sichere Weise, das Zinkoxyd durch Glühen und Zerstören der organischen Säuren zu bestimmen. Wird die Verbindung nicht beim Zutritt der Luft erhitzt, so verflüchtigt sich Zink.

Bestimmung des Zinks als Schwefelzink. — In sehr vielen Zinkverbindungen kann man das Zink mit grofser Genauigkeit bestimmen, wenn man sie mit Schwefelpulver gemengt in einer Atmosphäre von Wasserstoff einer Rothglühhitze aussetzt, wodurch sich Schwefelzink (ZnS) bildet.

Man verfährt hierbei so, wie bei der Bestimmung von Mangan und von Eisen (S. 76). Die Bildung des Schwefelzinks auf diese Weise geschieht leichter, als die des Schwefelmangans und Schwefeleisens; es behält nicht wie diese eine kleine Menge von Schwefel hartnäckig zurück. Man braucht daher zur Erzeugung des Schwefelzinks kein Gebläse.

Zinkoxyd und die Verbindungen desselben mit Kohlensäure und auch mit Schwefelsäure lassen sich leicht und vollständig auf die beschriebene Weise in Schwefelzink verwandeln. Die Zinkverbindung darf indessen nicht Chlorzink enthalten; dasselbe wird nicht vollständig durch Wasserstoffgas und Schwefel in Schwefelzink verwandelt und verflüchtigt sich.

Bei der Behandlung von Zinkverbindungen mit Schwefel und Wasserstoffgas darf man eine Vorsichtsmaafsregel nicht übersehen. Man mufs sich hüten, das Zinkoxyd und die Zinkoxydverbindungen im Wasserstoffstrome stark zu glühen, ohne sie mit der gehörigen Menge von Schwefelpulver, das heifst mit einem Ueberschufs desselben, gemengt zu haben. Das Schwefelzink ist nämlich in Wasserstoff bei Rothglühhitze feuerbeständig, nicht aber das Zinkoxyd, das bei dieser Hitze allmälig an Gewicht etwas abnimmt, indem kleine Mengen desselben zu Metall reducirt und verflüchtigt werden. Will man schwefelsaures Zinkoxyd in Schwefelzink auf diese Weise verwandeln, so wird es erst beim Zutritt der Luft geglüht und dann mit Schwefelpulver gemengt unter Wasserstoffgas geglüht. — Es ist bemerkenswerth, wie leicht Zinkoxyd auf diese Weise sich in Schwefelzink verwandelt, während die Bildung desselben aus metallischem Zink und Schwefel schwer und erst bei einer sehr starken Hitze zu bewerkstelligen ist.

Fällung des Zinks aus seinen Lösungen durch Schwefelammonium. — In sehr vielen Fällen wird das Zinkoxyd aus seinen Lösungen durch Schwefelammonium als Schwefelzink gefällt. Ist die Lösung neutral oder alkalisch, so fügt man unmittelbar Schwefelammonium hinzu, ist sie sauer, so übersättigt man sie zuvor durch Ammoniak, wodurch, wenn ein Ueberschufs hinzugefügt ist, das zuerst gefällte Zinkoxyd aufgelöst wird, und fällt dann durch Schwefelammonium Schwefelzink, das in jedem Ueberschufs von Alkali unauflöslich ist. Das Schwefelzink ist ein voluminöser weifser Niederschlag, der nicht früher filtrirt werden darf, als bis er sich vollständig abgesetzt hat, weil kaum ein anderer Niederschlag und kein anderes Schwefelmetall so leicht die Poren des Filtrums verstopft, als das Schwefelzink, wenn man es im frisch gefällten Zustand auf das Filtrum bringt. Da sich das Schwefelzink aus Lösungen, die Salze enthalten, besser und schneller absetzt, so müssen diese zu der Flüssigkeit hinzugesetzt werden, wenn sie fehlen. Am zweckmäfsigsten wählt man zu diesem Zwecke salpetersaures Ammoniak. Das Auswaschen geschieht mit Wasser, zu welchem etwas Schwefelammonium und salpetersaures Ammoniak hinzugefügt ist, und darf wie das Filtriren nicht unterbrochen werden. — Nach dem Trocknen glüht man das erhaltene Schwefelzink nach einem Zusatze von etwas Schwefelpulver in einem Wasserstoffstrome in dem S. 77 abgebildeten Apparate. Ist der Niederschlag des durch Schwefelammonium erhaltenen Schwefelzinks nur gering, so kann man es durch Glühen beim Zutritt der Luft vollständig in Zinkoxyd verwandeln. Bei gröfseren Mengen gelingt die vollständige Verwandlung des Schwefelzinks in Zinkoxyd nur auf die Weise, dafs man das getrocknete Schwefelzink erst für sich röstet, dann mit wenigen Tropfen Salpetersäure befeuchtet, wiederum beim Zutritt der Luft glüht, und während des Glühens ein Stückchen kohlensaures Ammoniak in den Tiegel bringt. Wenn man diese Operation noch einmal oder so oft wiederholt, bis das Gewicht des Zinkoxyds sich nicht mehr verändert, so ist dasselbe rein und frei von Schwefelsäure. Bei diesen Versuchen darf indessen nur eine mäfsige Rothglühhitze angewandt werden. Erhitzt man vermittelst eines kleinen Gebläses bei starker Rothglühhitze, die der Weifsglühhitze sich nähert, das geröstete Schwefelzink mit kohlensaurem Ammoniak, so wird das Zinkoxyd theilweise zu Metall reducirt, das sich verflüchtigt, und sich zum Theil mit dem Platin verbindet, wenn der Versuch im Platintiegel angestellt wird. Durch oft wiederholtes starkes Glühen mit kohlensaurem Ammoniak kann endlich das Zinkoxyd gänzlich verflüchtigt werden. Zweckmäfsiger ist es also jedenfalls, das auf nassem Wege erhaltene Schwefelzink auf die oben angeführte Art nach dem Zusetzen von etwas Schwefel in Wasserstoff zu glühen.

Bestimmung des Zinks als schwefelsaures Zinkoxyd. — Es ist schwerer, das Zinkoxyd, wenn es mit Schwefelsäure oder mit solchen Säuren verbunden ist, die durch Schwefelsäure ausgetrieben und verflüchtigt werden können, als schwefelsaures Zinkoxyd zu bestimmen, als die Magnesia als schwefelsaure Magnesia (S. 40). Man kann indessen durch vorsichtiges Erhitzen es dahin bringen, die überschüssige Schwefelsäure zu verjagen.

Bestimmung des Zinks auf maafsanalytischem Wege. — Alle Methoden, die man hierzu vorgeschlagen hat, können nicht so genaue Resultate geben, dafs sie bei wissenschaftlichen Untersuchungen angewandt werden können. Wohl aber eignen sie sich für technische Zwecke, und es ist ihrer daher im Anhange Erwähnung gethan.

Trennung des Zinks vom Eisen. — Weder durch Ammoniak noch durch Kali- oder Natronhydrat kann das Zinkoxyd vollständig vom Eisenoxyd getrennt werden. Nur wenn eine sehr geringe Menge von Zinkoxyd mit grofsen Mengen von Eisenoxyd in einer Lösung enthalten ist, kann man sich dieser Trennung bedienen, welche indessen auch in diesem Falle immer eine etwas unsichere ist. Wenn man sich ihrer bedient, so darf man dabei keine erhöhte Temperatur einwirken lassen.

Die besten Methoden der Trennung beider Oxyde sind folgende:

Man sättigt die Lösung beider, wenn sie sauer ist, durch kohlensaures Natron, fügt dann essigsaures Natron hinzu und kocht. Man filtrirt heifs, und beobachtet die Vorsichtsmaafsregeln, die S. 97 angeführt sind. In der vom Eisenoxyd abfiltrirten Flüssigkeit fällt man das Zink durch kohlensaures Natron oder durch Schwefelammonium.

Will man bei der Trennung feuerbeständige Bestandtheile vermeiden, so kann man die Lösung mit Ammoniak sättigen, und essigsaures Ammoniak anwenden.

Eine zweite Methode der Scheidung ist die, dafs man die Lösung mit kohlensaurem Natron fast neutralisirt, dann essigsaures Natron und freie Essigsäure hinzufügt und durch Schwefelwasserstoff das Zink als Schwefelzink fällt. Das gefällte Schwefelzink wird mit Wasser, zu welchem Schwefelwasserstoffwasser und etwas Essigsäure hinzugefügt ist, ausgewaschen und nach dem Trocknen mit Schwefel und Wasserstoff in dem S. 77 abgezeichneten Apparate geglüht. — Bedient man sich zur Fällung des Schwefelzinks eines gesättigten Schwefelwasserstoffwassers, so ist oft anfangs der Niederschlag durch eingemengtes Schwefeleisen grau. Läfst man ihn aber bei gewöhnlicher Temperatur einige Zeit hindurch stehen, so wird er vollkommen weifs, und enthält kein Eisen. — In der abfiltrirten Flüssigkeit fällt man am zweckmäfsigsten das Eisen in diesem Falle durch Schwefelammonium nach Zusatz von Ammoniak.

Die Trennung des Zinkoxyds vom Eisenoxyd kann nicht mit Genauigkeit durch kohlensaure Baryterde bewirkt werden. Eben so wenig wird das Zinkoxyd durch Kochen mit einer Lösung von Chlorammonium geschieden. Es bleiben beim Eisenoxyd nicht unbedeutende Mengen von Zinkoxyd*).

Das Eisenoxyd kann übrigens in seiner Verbindung mit Zinkoxyd sehr gut maafsanalytisch bestimmt werden, indem man in der Lösung der Verbindung in einer Säure das Eisenoxyd durch metallisches

---

*) Ist übrigens in einer grofsen Menge von Zinkoxyd oder auch von kohlensaurem Zinkoxyd nur wenig Eisenoxyd enthalten, so läfst sich das Zinkoxyd

Zink zu Oxydul reducirt und dessen Menge durch übermangansaures Kali bestimmt.

Ist in einer Lösung Zinkoxyd und Eisenoxydul enthalten, so muſs letzteres in Eisenoxyd oxydirt werden. Es ist dies indessen nicht nöthig, wenn man beide Oxyde in einer essigsauren Lösung durch Schwefelwasserstoff trennt. Bei Gegenwart von Eisenoxydul wird gewöhnlich das Schwefelzink mehr von rein weiſser Farbe gefällt, als wenn statt des Eisenoxyduls Eisenoxyd vorhanden ist.

Aus metallischen Verbindungen von Zink und Eisen kann man unstreitig das Zink durch starke Rothglühhitze in einem Strome von Wasserstoff verflüchtigen, und die Menge desselben durch den Gewichtsverlust bestimmen. Die Verbindung kann auf einem Porcellanschiffchen in einer Porcellanröhre in Wasserstoff geglüht werden.

Trennung des Zinks vom Mangan. — Es ist nicht möglich, die Trennung auf die Weise zu bewirken, daſs man in der Lösung das Manganoxydul durch Kochen mit essigsaurem Natron und Chlor auf die S. 79 angegebene Weise abscheidet. Das abgeschiedene Manganoxyd enthält nicht unbedeutende Mengen von Zinkoxyd. Die Trennung gelingt aber sehr gut in der essigsauren Lösung beider Oxyde, zu der man freie Essigsäure hinzufügt, durch Schwefelwasserstoff wie die Trennung des Zinks vom Eisen. Diese Scheidung geschieht vollständiger und leichter, wie die von Eisen.

Die Trennung des Zinks von dem Mangan auf die Weise, daſs man beide mit Schwefel gemengt in einer Atmosphäre von Wasserstoff stark glüht, und dann durch sehr verdünnte Chlorwasserstoffsäure das Schwefelzink vom Schwefelmangan zu trennen sucht, glückt nicht, weil das ungelöste Schwefelzink hartnäckig Mangan zurückhält.

Trennung des Zinks vom Cer, Lanthan und Didym. — Sie geschieht durch schwefelsaures Kali, wie die Trennung des Manganoxyduls von diesen Oxyden. Sie könnte auch wohl durch Zusetzen von essigsaurem Natron zu der neutralen oder durch kohlensaures Alkali neutralisirten Lösung und Fällung des Zinks durch Schwefelwasserstoff als Schwefelzink bewirkt werden. Da das oxalsaure Zinkoxyd schwerlöslich ist, so kann die Trennung nicht füglich durch Oxalsäure bewirkt werden, man müſste denn die Lösung sehr verdünnen.

Trennung des Zinks von der Yttererde und der Beryll-

---

durch Kochen der feingepulverten Verbindung mit einer Lösung von Chlorammonium auflösen. Das Eisenoxyd bleibt indessen mit etwas Zinkoxyd verbunden zurück. Auf diese Weise kann man aus dem in der Natur vorkommenden Galmei die geringe Menge von eingemengtem Eisenoxyd wenigstens annähernd trennen. Ist in demselben, wie gewöhnlich, auch noch Eisenoxydul enthalten, so bleibt schwarzes Eisenoxyd-Oxydul ungelöst.

erde. — Sie könnte auf ähnliche Weise durch Schwefelwasserstoff aus der essigsauren Lösung bewirkt werden.

Trennung des Zinks von der Thonerde. — Auch sie kann auf dieselbe Weise, wie die Trennung des Zinkoxyds vom Eisenoxyd, so wie von andern Basen, welche aus neutralen oder mit Essigsäure versetzten Lösungen durch Schwefelwasserstoff nicht gefällt werden, geschehen, und dies ist wohl die zweckmäfsigste Trennungsart.

Eine andere Methode der Trennung, welche gute Resultate giebt, ist folgende: Man fügt zu der Lösung beider Basen bei gewöhnlicher Temperatur so viel Kalihydrat, dafs der anfangs entstandene Niederschlag vollständig aufgelöst wird, vermeidet aber einen unnützen Ueberschufs des Alkalis, verdünnt das Ganze mit vielem Wasser und kocht. Es wird dadurch das Zinkoxyd vollständig gefällt, das mit heifsem Wasser ausgewaschen wird. Es enthält dann kein Alkali. Es ist nicht nöthig, unmittelbar nach dem Kochen zu filtriren; man kann das Ganze bis zum völligen Erkalten und länger stehen lassen, ohne befürchten zu müssen, dafs sich etwas von dem gefällten Zinkoxyd wieder löse. Aus der filtrirten Flüssigkeit fällt man die Thonerde.

Es würde auch angehen, aus einer Lösung beider Basen in Kali- oder Natronhydrat das Zinkoxyd durch Schwefelammonium als Schwefelzink zu fällen. Mit demselben fällt nicht Thonerde, wenn hinreichend Alkalihydrat in der Lösung ist.

Die Trennung beider Basen durch Cyankalium geschieht auf die Weise, dafs man die Lösung mit kohlensaurem Natron versetzt, und dann Cyankalium hinzufügt. Man läfst das Ganze einige Zeit bei gewöhnlicher Temperatur stehen; das Zinkoxyd löst sich im Cyankalium auf, die abgeschiedene Thonerde wird ausgewaschen. Da sie etwas Alkali enthalten kann, so löst man sie in Chlorwasserstoffsäure auf, und fällt sie durch Ammoniak (S. 50) (Fresenius und Haidlen). Aus der Lösung kann man das Zink durch Schwefelammonium als Schwefelzink fällen, mufs aber das Ganze mehrere Tage gegen den Zutritt der Luft geschützt stehen lassen, denn erst nach dieser Zeit setzt sich das Schwefelzink vollständig ab (Th. I S. 258). — Wenn man aber das Resultat früher erfahren will, mufs man die Lösung mit Chlorwasserstoffsäure unter Zusetzen von Salpetersäure erhitzen, bis alle Cyanwasserstoffsäure verjagt ist, und dann das Zinkoxyd durch kohlensaures Natron fällen.

Die Thonerde vom Zinkoxyd durch kohlensaure Baryterde zu trennen, giebt kein genaues Resultat, weil mit der Thonerde etwas Zinkoxyd gefällt wird. Noch weniger aber kann die Trennung beider Basen durch Erhitzen mit einer Lösung von Chlorammonium nach vorher erfolgter Neutralisation oder geringer Uebersättigung mit Ammoniak bewirkt werden; es fällt durch das Kochen neben der Thonerde auch Zinkoxyd.

Es kommt in der Natur eine Verbindung von Thonerde und Zinkoxyd (und etwas Eisenoxydul) vor, die man Gahnit nennt. Sie ist in Säuren nicht löslich, wird auch nur unvollkommen durch Schmelzen mit kohlensauren Alkalien zersetzt. Sie wird aber nach dem Schmelzen mit zweifach-schwefelsaurem Kali vollkommen in Wasser aufgelöst. Man verfährt bei der Untersuchung dieser Verbindung, wie bei der des Corunds (S. 52).

Trennung des Zinks von der Magnesia. — Sie geschieht auf gleiche Weise, wie die Trennung des Mangans von der Magnesia durch Schwefelammonium.

Die Trennung kann auch nach Zusetzen von essigsaurem Natron und Essigsäure durch Schwefelwasserstoff bewirkt werden.

Nach Haidlen und Fresenius kann die Trennung beider Basen auf die Weise geschehen, dafs man sie vermittelst kohlensauren Kalis fällt, und eine zur Wiederauflösung des Zinks genügende Menge von Cyankalium hinzufügt, worauf man das Ganze unter Zusatz einer neuen Menge von kohlensaurem Kali bis zur Trockuifs abdampft. Beim Behandeln des Rückstands mit Wasser bleibt die Magnesia ungelöst, das Zink erhält man als Kaliumzinkcyanid in der Lösung, aus welcher es durch Schwefelammonium gefällt werden kann (Th. I S. 258).

Trennung des Zinks von der Kalkerde. — Sie geschieht gewöhnlich auf gleiche Weise, wie die Trennung der Kalkerde von der Magnesia durch oxalsaures Ammoniak (S. 44). Diese Methode verdient indessen weniger empfohlen zu werden, da mit der oxalsauren Kalkerde leicht etwas oxalsaures Zinkoxyd gefällt werden kann.

Am zweckmäfsigsten ist die Trennung durch Schwefelwasserstoff in der mit essigsaurem Natron und Essigsäure versetzten Lösung.

Will man beide Basen durch Schwefelammonium trennen, so ist es auch bei aller Vorsicht schwer, das Schwefelzink frei von kohlensaurer Kalkerde zu erhalten.

Nach Haidlen und Fresenius kann man die Trennung beider Basen durch Cyankalium bewirken. Man versetzt die Lösung mit kohlensaurem Kali bis zur alkalischen Reaction, alsdann mit Cyankalium im Ueberschufs und erwärmt. Die Kalkerde bleibt als kohlensaure Kalkerde ungelöst; das Zink ist als Kaliumzinkcyanid in der Lösung.

Es gelingt nicht, das Zinkoxyd von der Kalkerde in der Lösung beider durch verdünnte Schwefelsäure und Alkohol zu trennen. Man erhält auffallender Weise zu wenig schwefelsaure Kalkerde, selbst wenn man zur Lösung beider Basen das doppelte Volum von Alkohol (vom spec. Gewicht 0,82) hinzufügt.

Trennung des Zinks von der Strontianerde. — Sie kann

wie die von der Kalkerde am zweckmäfsigsten mit Schwefelwasserstoff aus der mit essigsaurem Natron und Essigsäure versetzten Lösung bewirkt werden.

Auch vermittelst des Cyankaliums kann nach Haidlen und Fresenius die Scheidung ausgeführt werden.

Trennung des Zinks von der Baryterde. — Sie geschieht durch Schwefelsäure.

Trennung des Zinks von den Alkalien. — Aus der neutralen oder ammoniakalischen Lösung fällt man das Zinkoxyd durch Schwefelammonium. Man bestimmt die Alkalien in der abfiltrirten Flüssigkeit, indem man dieselbe nach Zusetzen von etwas Schwefelsäure abdampft.

Man kann auch die Trennung durch essigsaures Ammoniak und Schwefelwasserstoff bewirken, was in so fern vortheilhafter ist, als sich das so gefällte Schwefelzink leichter filtriren läfst.

Anhang.

Prüfung der Zinkerze. — Das gewöhnlichste Zinkerz, der Galmei, enthält aufser kohlensaurem Zinkoxyd oft noch Carbonate von Kalkerde, Magnesia, Manganoxydul, Eisenoxydul und Bleioxyd und kommt auch mit Brauneisenstein, mit Thon und mit Kieselzinkerz gemengt vor. Man trocknet eine aus einer grofsen Menge fein gepulverten Erzes genommene Probe bei 100°, bestimmt durch Glühen das Wasser und die Kohlensäure, und behandelt sie mit Salpetersäure, wobei das meiste Eisenoxyd ungelöst zurückbleibt. Die filtrirte Lösung wird sodann mit Ammoniak mit einem Zusatze von kohlensaurem Ammoniak übersättigt, um alles Zinkoxyd aufzulösen, und das gelöste Eisenoxyd zu fällen, das mit ammoniakhaltigem Wasser ausgewaschen wird. Besser ist es, die salpetersaure Lösung des Erzes mit kohlensaurem Natron zu neutralisiren, essigsaures Natron hinzufügen, und zu kochen, wodurch das Eisenoxyd gefällt wird. Die abfiltrirte Flüssigkeit enthält das Zinkoxyd; sie ist frei von Eisenoxyd (kann aber Manganoxydul enthalten). Aus der erhaltenen Zinklösung fällt man durch Schwefelwasserstoffwasser Schwefelzink, läfst den Niederschlag an einem warmen Orte sich absetzen und wäscht ihn ohne Unterbrechung mit heifsem Wasser (nicht mit verdünntem Schwefelwasserstoffwasser) aus. Sobald das Waschwasser ganz frei von Schwefelwasserstoff ist (was durch Bräunung nach Hinzufügung von einer sehr kleinen Menge von essigsaurem Bleioxyd zu erkennen ist) bringt man das Filtrum mit dem Niederschlage in ein Glas und fügt eine verdünnte Lösung von Eisenchlorid, darauf Schwefelsäure und Wasser von gewöhnlicher Temperatur hinzu. Es entweicht kein Schwefelwasserstoffgas, sondern das Eisenchlorid und das Schwefelzink zerlegen sich in

Eisenchlorür und Chlorzink unter Abscheidung von Schwefel; die Flüssigkeit mufs durch überschüssig hinzugesetztes Eisenchlorid eine gelbliche Farbe haben. Man bestimmt in der Lösung das Eisenchlorür durch übermangansaures Kali (S. 99). Zwei Atome des gefundenen Eisens entsprechen einem Atom Zink (Schwarz).

Eine andere Methode ist die, dafs man das Zinkoxyd aus seiner ammoniakalischen Lösung durch Schwefelnatriumlösung von einer bestimmten Stärke fällt. Da es indessen nicht gut möglich ist, das Ende der Fällung mit Schärfe wahrzunehmen, weil das Schwefelzink von weifser Farbe ist und sich langsam senkt, so werden zu der ammoniakalischen Zinklösung 4 Tropfen einer Auflösung von Eisenchlorid hinzugefügt, welche Flocken von Eisenoxydhydrat bilden, die sich am Boden ansammeln. Wenn man nun die Schwefelnatriumlösung unter beständigem Umschütteln hinzutröpfelt, so bemerkt man, dafs, so wie anfängt das Schwefelnatrium im Ueberschufs zu sein, das Schwefelzink grau oder schwarz wird, weil die Bildung von schwarzem Schwefeleisen eintritt. Man kann diesen Zeitpunkt nur dann gehörig erkennen, wenn man nun das Ganze von Anfang an erwärmt (Schaffner).

Eine Verbesserung dieser Methode ist die, dafs man den Ueberschufs des Schwefelnatriums durch eine Lösung von essigsaurem Bleioxyd erkennt, von welcher man einen Tropfen auf Fliefspapier bringt, und sodann in einer ganz kleinen Entfernung davon einen Tropfen der zu prüfenden Flüssigkeit mit dem darin suspendirten Schwefelzink. Bei einem Ueberschufs von Schwefelnatrium wird die Bleilösung gebräunt.

Will man einige von den andern Bestandtheilen in dem Zinkerze bestimmen, so behandelt man eine gewogene Menge des getrockneten fein gepulverten Zinkerzes mit Chlorwasserstoffsäure, und bemerkt, ob bei der Lösung eine Chlorentwicklung stattfindet. Durch diese giebt sich ein Mangangehalt zu erkennen[*]. Enthält das Erz Kieselzinkerz, so bleibt bei der Behandlung Kieselsäure zurück, deren Menge zu bestimmen (Siehe Kiesel) oft von grofser Wichtigkeit ist, wenn aus dem Erze metallisches Zink dargestellt werden soll. Die abgeschiedene Kieselsäure kann Chlorblei enthalten, wenn viel Bleioxyd in der Verbindung enthalten war; man erkennt dasselbe sogleich, wenn man die Kieselsäure mit Schwefelammonium befeuchtet (Th. I S. 119). In der von der Kieselsäure getrennten Flüssigkeit kann etwa darin enthaltenes Bleioxyd durch verdünnte Schwefelsäure und einen kleinen Zusatz von Alkohol gefällt werden; darauf scheidet man nach Neutralisiren

---

[*] Der Chlorgeruch zeigt sich besonders bei der Behandlung des geglühten Zinkerzes mit Chlorwasserstoffsäure; im ungeglühten ist das Mangan gewöhnlich als kohlensaures Manganoxydul, das indessen häufig ein wenig höher oxydirt ist, und deshalb einen wiewohl schwachen Chlorgeruch mit Chlorwasserstoffsäure zeigt.

mit kohlensaurem Natron durch Kochen mit essigsaurem Natron das Eisenoxyd ab, macht die filtrirte Flüssigkeit durch Chlorwasserstoffsäure oder Schwefelsäure sauer *), fällt durch Schwefelwasserstoff die aus sauren Lösungen fällbaren Metalle wie Cadmium und Kupfer und bestimmt dann in der filtrirten Flüssigkeit das Zinkoxyd maafsanalytisch nach einer der beschriebenen Methoden.

XXI. Kobalt.

Bestimmung des Kobalts. — Das Kobaltoxyd wird aus seinen Lösungen gewöhnlich durch Kali- oder Natronhydrat gefällt. Der Niederschlag ist voluminös und oxydirt sich beim Zutritt der Luft zum Theil zu Sesquioxyd. Man muſs das Oxyd warm fällen, oder nach der Fällung das Ganze etwas erwärmen aber nicht lange kochen, und mit heifsem Wasser auswaschen. Das Kobaltoxyd fällt durch das Alkalihydrat nicht so vollständig, daſs nicht sehr kleine Spuren davon in der abfiltrirten Flüssigkeit sich finden. Wäscht man sehr lange aus, so wird der Verlust noch gröfser. Wenn daher das Waschwasser nur einen höchst unbedeutenden Rückstand beim Abdampfen hinterläſst, so hört man mit dem Auswaschen auf. Beim Glühen des getrockneten Niederschlags beim nicht völligen Ausschluſs der atmosphärischen Luft, oxydirt sich derselbe höher, nimmt aber nach dem stärkeren oder schwächeren Glühen und dem raschen oder minder raschen Erkalten verschiedene Mengen von Sauerstoff auf, so daſs es unmöglich ist, aus dem Gewicht des geglühten Oxyds die Menge des in ihm enthaltenen Metalls zu berechnen. Man muſs daher das erhaltene Oxyd in Wasserstoff zu Metall reduciren. Dies geschieht zweckmäſsig in einem Porcellantiegel mit durchbohrtem Platindeckel in dem S. 77 abgebildeten Apparat. Man muſs während des Reducirens eine starke Hitze anwenden, weil das bei geringerer Hitze reducirte Kobalt auch nach dem völligen Erkalten sich beim Zutritt der Luft pyrophorisch entzünden kann. Es ist dies um so mehr der Fall, wenn das Kobaltoxyd nicht ganz rein war, und anschmelzbare Verunreinigungen enthielt.

Nach dem Wägen wird das Kobalt im Tiegel mit Wasser übergossen, das aus demselben etwas Alkali auszieht. Man gieſst nach einiger Zeit das Wasser behutsam ab, und erneuert dasselbe so oft, als es Lackmuspapier noch deutlich bläut, und einen Rückstand beim Abdampfen hinterläſst. Das Metall wird nach dem Trocknen noch einmal in Wasserstoff geglüht. Der Gewichtsverlust, den das

---

*) Es muſs mehr von der starken Säure hinzugefügt werden, als zur Zersetzung des essigsauren Natrons nöthig ist.

Metall nach der ersten Wägung erlitten, beträgt gewöhnlich unter 0,2 Proc.

Man kann das Kobalt als Kobaltoxyd bestimmen, wenn man das Oxyd in einer Atmosphäre von Kohlensäuregas glüht und darin erkalten läfst. Es zeigt dann keine schwarze, sondern eine braune Farbe (Russel). Man bedient sich zu diesem Versuche des S. 77 abgebildeten Apparats, in welchem die Kohlensäure entwickelt wird, glüht aber über einem kleinen Gebläse. Ein Kobaltoxyd, das Superoxyd enthält und von schwarzer Farbe ist, verliert durch starkes Erhitzen in einem Strome von Kohlensäuregas vollständig den überschüssigen Sauerstoff und wird braun.

Da das Kobalt aus mehreren seiner Verbindungen, wie aus dem Chlorkobalt, dem salpetersauren Kobaltoxyd und andern durch Wasserstoffgas beim Erhitzen zu Metall reducirt werden kann, so kann man diese Eigenschaft zur Bestimmung des Kobalts benutzen, was der Fällung des Oxyds durch Alkalihydrat vorzuziehen ist. Ist daher das Kobaltoxyd in Salpetersäure, in Chlorwasserstoffsäure oder in Königswasser gelöst, und enthält die Lösung keine andere Säure oder festen Bestandtheile, so dampft man sie bis zur Trocknifs, und glüht den Rückstand in dem S. 77 abgebildeten Apparate in einem Wasserstoffstrome. Sind im Rückstand ammoniakalische Salze enthalten, so können diese vorher verjagt werden, wobei schon ein Theil des Kobaltoxyds reducirt wird.

Lösungen von kohlensaurem Kali oder Natron fällen das Kobaltoxyd unvollständiger, als die Hydrate der Alkalien.

Fällung des Kobalts aus seinen Lösungen durch Schwefelammonium. — Sind in der Lösung ammoniakalische Salze enthalten, so kann aus derselben das Kobaltoxyd nicht füglich durch die Hydrate oder Carbonate der Alkalien gefällt werden, wenn man die ammoniakalischen Salze nicht vorher zerstört. Man scheidet in diesem Falle das Kobalt besser durch Schwefelammonium ab, ein Verfahren, das man auch häufig anwendet, um das Kobalt von andern Stoffen zu trennen.

Das Kobalt kann aus seinen neutralen oder ammoniakalischen Lösungen vollständig durch Schwefelammonium niedergeschlagen werden. Der schwarze Niederschlag des Schwefelkobalts setzt sich um so langsamer ab, je weniger Salze in der Lösung enthalten sind. Fehlen dieselben fast ganz, so fügt man Chlorammonium, oder besser salpetersaures Ammoniak hinzu, und wäscht das Schwefelmetall mit Wasser aus, zu welchem man etwas Schwefelammonium und salpetersaures Ammoniak oder Chlorammonium hinzugefügt hat. Das Filtriren und Auswaschen darf nicht unterbrochen werden.

Aus dem Gewichte des erhaltenen Schwefelkobalts kann man nicht mit Genauigkeit das des Kobalts berechnen. Durch längeres Trocknen bei 100° nimmt es durch Oxydation an Gewicht zu. Aber es ist auch nicht möglich, durch Glühen des Schwefelkobalts in einer Atmosphäre von Wasserstoff mit oder ohne Zusatz von Schwefelpulver eine bestimmte Schwefelstufe des Kobalts zu erhalten, aus welcher man mit Sicherheit die Menge des Kobalts berechnen kann, wie dies beim Mangan, beim Eisen, beim Zink und andern Metallen der Fall ist. Man erhält je nach der Temperatur des Glühens die Schwefelungsstufen CoS^2, Co^2S^3, CoS und bei Weifsglühhitze Co^2S und Mengungen dieser untereinander. Das Resultat wird kein günstigeres, wenn man das Schwefelkobalt statt in einer Atmosphäre von Wasserstoffgas in Schwefelwasserstoffgas oder in Kohlensäuregas glüht und erkalten läfst. Auch verwandelt sich das Schwefelkobalt nicht in metallisches Kobalt, wenn es mit Chlorammonium gemengt in Wasserstoff erhitzt wird. Wohl aber kann man das erhaltene Schwefelkobalt in metallisches Kobalt verwandeln, wenn man dasselbe nach dem Trocknen, und nach dem Verbrennen des Filtrums im Tiegel vorsichtig mit etwas starker Salpetersäure behandelt, abdampft, stark glüht, und während des Glühens kohlensaures Ammoniak in den Tiegel bringt. Es wird dadurch das schwefelsaure Kobaltoxyd zu Metall reducirt. Da es kleine Mengen von Sauerstoff aufnehmen kann, so glüht man es noch einmal in Wasserstoff in dem S. 77 abgebildeten Apparat. Es geschieht dies am besten in einem kleinen Porcellantiegel, da ein Platintiegel etwas angegriffen wird. Auf diese Weise kann man das Kobalt mit gröfserer Sicherheit bestimmen, als durch Fällung aus seinen Lösungen durch Alkalihydrat; es ist daher anzurathen, dasselbe aus Lösungen durch Schwefelammonium zu fällen, und das gefällte Schwefelkobalt auf die angegebene Weise zu behandeln*).

Man kann das Schwefelkobalt, wenn man es von einigen andern Oxyden trennen will, noch auf eine andere Weise fällen. Man neutralisirt die Lösung mit kohlensaurem Kali oder Natron, oder wenn man feuerbeständige Bestandtheile vermeiden will, mit Ammoniak, so dafs sie nur noch äufserst schwach sauer ist, leitet Schwefelwasserstoffgas hindurch oder setzt Schwefelwasserstoffwasser hinzu; darauf wird essigsaures Natron oder essigsaures Ammoniak hinzugesetzt, wodurch das Schwefelkobalt gänzlich gefällt wird. Man wäscht es mit Wasser aus, zu welchem Schwefelwasserstoffwasser und essigsaures Ammoniak gesetzt ist, und behandelt es dann so, wie so eben erörtert ist. Das Filtriren und Auswaschen darf nicht unterbrochen werden.

Andrerseits kann man die ganze Menge des Kobalts aufgelöst er-

---

*) Gewöhnlich wird im gefällten Schwefelkobalt das Kobalt auf die Weise bestimmt, dafs man es oxydirt und aus der Lösung das Oxyd durch Alkalihydrat fällt.

halten, wenn man die Lösung, in welcher das Kobaltoxyd enthalten ist, mit kohlensaurem Natron oder auch mit Ammoniak sättigt, so daſs sie schwach alkalisch reagirt, darauf eine bedeutende Menge Essigsäure hinzufügt, mit vielem Wasser verdünnt und nun hinreichend Schwefelwasserstoffwasser zusetzt. Nur wenn man zu wenig Essigsäure hinzufügt und mit zu wenigem Wasser verdünnt hat, kann sich nach einiger Zeit Schwefelkobalt absondern, das, wenn es sich ausgeschieden hat, nicht durch Zusetzen von Essigsäure mehr aufzulösen ist.

Abscheidung des Kobalts durch Chlor. — Man kann das Kobaltoxyd auf dieselbe Weise als Sesquioxyd aus einer Lösung abscheiden wie Mangan (S. 79). Die Lösung wird mit kohlensaurem Natron so neutralisirt, daſs sie nur noch schwach sauer ist, nach einem Zusatz von essigsaurem Natron erhitzt und mit Chlorwasser versetzt. Es fällt dunkelbraunes Kobaltsesquioxydhydrat. Man muſs von Zeit zu Zeit vorsichtig einige Tropfen von kohlensaurer Natronlösung und Chlorwasser hinzufügen, bis die Flüssigkeit etwas nach Chlor riecht. Das Kobalt wird dadurch gänzlich gefällt. Man kann es mit heiſsem Wasser auswaschen. Nach dem Trocknen wird es in dem S. 77 abgebildeten Apparate in einem Wasserstoffstrome geglüht, und in metallisches Kobalt verwandelt.

Fällung des Kobalts durch Oxalsäure. — Man fällt oft das Kobaltoxyd aus seinen Lösungen durch Oxalsäure, aber diese Methode der Ausscheidung ist durchaus nicht zu empfehlen, und kann nur in gewissen Fällen angewandt werden. Freie Oxalsäure fällt das Kobaltoxyd aus seinen neutralen Lösungen nicht ganz so vollkommen, als andere Metalloxyde; die Menge des nicht gefällten Kobaltoxyds ist indessen unbedeutend, wenn das Ganze längere Zeit, mehrere Tage hindurch, vor dem Filtriren gestanden hat. Das oxalsaure Kobaltoxyd wird mit Wasser ausgewaschen, das sehr kleine Mengen Oxalsäure aufgelöst enthält. Nach dem Trocknen wird es geglüht, wodurch es sich in metallisches Kobalt verwandelt. Da aber durch das Glühen beim Zutritt der Luft das Kobalt etwas oxydirt werden kann, so geschieht das Glühen in einem Strome von Wasserstoff in dem S. 77 abgebildeten Apparate.

Wendet man statt der reinen Oxalsäure zur Fällung des Kobaltoxyds saures oxalsaures Kali an, so ist die Menge des nicht gefällten Oxyds noch gröſser als bei Anwendung von reiner Oxalsäure, und es bleibt noch mehr Kobaltoxyd gelöst, wenn man saures oxalsaures Natron oder Ammoniak, oder neutrales oxalsaures Kali anwendet; durch letzteres Salz wird das Kobaltoxyd fast gar nicht gefällt. Groſse Mengen nicht nur von ammoniakalischen Salzen, sondern auch von Kali- und Natronsalzen können die Fällung des oxalsauren Kobalts ganz verhindern.

Bestimmung des Kobalts als schwefelsaures Kobaltoxyd. — Man kann das Kobaltoxyd als schwefelsaures Kobaltoxyd auf dieselbe Weise bestimmen, wie die Magnesia (S. 40). Nur mufs man etwas vorsichtiger dabei sein, weil das Kobaltoxyd leichter Schwefelsäure verliert, als die Magnesia. Es ist namentlich schwer, von dem schwefelsauren Kobaltoxyd überschüssige Schwefelsäure so zu verjagen, dafs nicht neben dieser auch etwas Schwefelsäure des Oxyds verflüchtigt wird.

Fällung des Kobalts durch salpetrichtsaures Kali. — Man kann das Kobaltoxyd aus seinen concentrirten Lösungen durch eine concentrirte Lösung von salpetrichtsaurem Kali niederschlagen; es fällt als ein gelbes Doppelsalz nieder, das in einer sehr concentrirten Lösung von salpetrichtsaurem Kali nicht löslich ist. Man kann nach Fischer diese Methode mit Vortheil anwenden, um das Kobaltoxyd von andern Metalloxyden zu trennen. Die Lösung des Kobaltoxyds mufs concentrirt angewandt werden; ist sie sauer, so neutralisirt man sie durch Kalihydrat oder durch kohlensaures Kali. Man fügt darauf eine concentrirte Lösung von salpetrichtsaurem Kali hinzu, und wendet einen bedeutenden Ueberschufs davon an, macht die Flüssigkeit sehr schwach durch verdünnte Essigsäure sauer, und läfst das Ganze längere Zeit stehen, denn das gelbe Doppelsalz scheidet sich sehr langsam vollständig aus. Es ist rathsam, den Niederschlag nicht vor 48 Stunden zu filtriren. War die Kobaltlösung sehr verdünnt, so erfolgt die Ausscheidung noch später, und das Salz setzt sich dann sehr fest an die Wände des Gefäfses, so dafs es schwer zu sammeln ist. Das Zusetzen von Essigsäure ist nöthig, damit etwas salpetrichte Säure frei wird, um das Kobaltoxyd in Sesquioxyd zu verwandeln. Man wäscht darauf den Niederschlag mit einer etwas concentrirten Lösung eines Kalisalzes aus; man kann dazu Chlorkalium oder schwefelsaures Kali anwenden. Das ausgewaschene Salz löst man durch Erhitzen in Salpetersäure oder in Chlorwasserstoffsäure auf, und fällt das Kobaltoxyd entweder durch Kalihydrat oder besser durch Schwefelammonium.

Man hat vorgeschlagen, aus dem Gewichte des bei 100° getrockneten Salzes die Menge des Kobalts zu berechnen. Zu dem Ende mufs man das Salz auf einem gewogenen Filtrum mit einer Lösung von essigsaurem Kali (welche 10 Proc. vom festen Salze enthält), und dann dieses Salz durch Alkohol (vom spec. Gewicht 0,82) auswaschen. Das Salz enthält nach Stromeyer 17,33 Proc. Kobaltoxyd. Da indessen die Zusammensetzung des Salzes nicht ganz genau bestimmt zu sein scheint, und da es schwer ist, es von allen eingemengten Kalisalzen vollständig durch Alkohol auszuwaschen, so ist es besser, den Kobaltgehalt jedesmal in demselben zu bestimmen.

Man hat behauptet, dafs die Gegenwart von Natronsalzen die Fällung des gelben Doppelsalzes in etwas verhindern könne. Es scheint dies indessen nicht der Fall zu sein.

Bestimmung des Kobaltsesquioxyds. — Das Sesquioxyd und seine Verbindungen mit Kobaltoxyd werden wie das Oxyd durch Wasserstoffgas zu Metall reducirt. Aus dem Gewichtsverlust ergiebt sich die Menge des mit dem Kobalt verbundenen Sauerstoffs, wenn nicht zugleich noch Wasser in der Verbindung enthalten war. Man kann den Versuch in dem S. 77 abgebildeten Apparat anstellen. — Am zweckmäfsigsten aber bestimmt man den Sauerstoff in dem Sesquioxyd des Kobalts maafsanalytisch auf dieselbe Weise, wie den in den Oxyden des Mangans, indem man das durch Chlorwasserstoffsäure entwickelte Chlor in eine Jodkaliumlösung leitet (S. 80).

Das Sesquioxyd, so wie seine Verbindungen mit Oxyd lösen sich leicht in Chlorwasserstoffsäure unter Chlorentwicklung. Aus dieser Lösung kann das Kobalt als Oxyd oder als Schwefelkobalt gefällt werden.

Das Sesquioxyd des Kobalts kommt nur in seiner Verbindung mit Essigsäure in Lösungen vor. Aus denselben kann es durch die Hydrate und Carbonate von Kali und Natron gefällt werden. Kohlensaure Baryterde fällt das Sesquioxyd schon bei gewöhnlicher Temperatur, und dadurch kann es von starken Basen getrennt werden.

Trennung des Kobalts vom Zink. — Dieselbe kann nach folgenden Methoden ausgeführt werden: Aus der concentrirten Lösung der Oxyde beider Metalle fällt man das Kobaltoxyd durch salpetrichtsaures Kali auf die S. 128 erwähnte Weise. In der vom gelben Doppelsalze abfiltrirten Flüssigkeit wird das Zinkoxyd durch kohlensaures Natron oder durch Schwefelammonium gefällt (Stromeyer).

Eine zweite Methode der Trennung ist die, dafs man vermittelst essigsauren Natrons und Chlorwasser das Kobalt als Sesquioxyd fällt (S. 127). In der abfiltrirten Flüssigkeit ist das Zinkoxyd enthalten. Diese Methode giebt genaue Resultate.

Nach einer dritten Methode setzt man zur Lösung beider Oxyde kohlensaures Kali oder Natron, bis sie schwach alkalisch reagirt, fügt dann viel Essigsäure hinzu (wodurch der entstandene Niederschlag wieder aufgelöst wird), verdünnt mit vielem Wasser und fällt das Zinkoxyd durch Schwefelwasserstoffwasser. Das Kobaltoxyd bleibt aufgelöst (S. 127). Das gefällte Schwefelzink darf nicht grau oder schwärzlich gefärbt sein, was nur der Fall ist, wenn man zu wenig Essigsäure oder Wasser hinzugefügt hat. Das Schwefelzink, welches sich in diesem Falle sehr gut, weit besser als das durch Schwefelammonium gefällte, filtriren läfst, wird mit verdünntem essigsauren Ammoniak und etwas Schwefelwasserstoffwasser ausgewaschen und so behandelt, wie

S. 116 angegeben ist. Man erhält nach dieser Methode genaue Resultate.

Die Trennung der beiden Oxyde kann mit ziemlicher Genauigkeit durch braunes Bleisuperoxyd auf gleiche Weise bewirkt werden, wie man das Manganoxydul von der Magnesia und andern Basen trennen kann (S. 88). Es bildet sich Kobaltsesquioxyd, das nach dem Kochen der concentrirten Lösung mit dem Bleisuperoxyd ungelöst zurückbleibt. Der Rückstand wird unter Zusatz von etwas Alkohol in Chlorwasserstoffsäure gelöst; aus der verdünnten Lösung wird das Bleioxyd erst durch verdünnte Schwefelsäure und dann durch Schwefelwasserstoffwasser entfernt, und sodann das Kobalt durch Schwefelammonium gefällt. Aus der vom unlöslichen Rückstand getrennten Lösung fällt man, nachdem das Bleioxyd durch Schwefelwasserstoffwasser entfernt ist, das Zinkoxyd. Hat man nach Entfernung des Schwefelwasserstoffs das Zinkoxyd durch kohlensaures Natron gefällt, so hat dasselbe nach dem Glühen eine schwach grünliche Farbe, ein sicheres Zeichen, dafs es Kobaltoxyd enthält; die Menge desselben ist aber sehr unbedeutend; die erhaltenen Resultate sind zufriedenstellend.

Die Trennung des Kobalts vom Zink kann vermittelst des Cyankaliums bewirkt werden. Man fügt zu der Lösung beider Oxyde Cyankalium, bis der anfangs entstandene Niederschlag von Kobaltcyanür und Cyanzink sich vollkommen gelöst hat, setzt dann noch mehr Cyankalium hinzu und kocht eine Zeit lang, während man die Lösung tropfenweise mit Chlorwasserstoffsäure versetzt, doch nicht mit so viel, dafs sie sauer wird. Dann fügt man Chlorwasserstoffsäure im Ueberschufs hinzu, kocht so lange, bis das erst gefällte Zinkkobaltcyanid sich gelöst, und alle Cyanwasserstoffsäure ausgetrieben und verflüchtigt ist, wodurch sich auch der anfangs entstandene Niederschlag wieder löst. Aus der Lösung, die Kaliumkobaltcyanid und Zinkoxyd in Kali aufgelöst enthält, wird letzteres durch Schwefelwasserstoff als Schwefelzink gefällt. In der Lösung ist zinkfreies Kaliumkobaltcyanid enthalten, in welcher das Kobalt mit einiger Schwierigkeit zu bestimmen ist. Man verfährt dabei so, wie es weiter unten bei der Trennung des Kobalts vom Nickel vermittelst Cyankaliums ausführlich beschrieben ist. Diese Methode ist von Fresenius und Haidlen, und giebt nach ihnen genaue Resultate.

Aus einem Gemenge von Kobalt- und Zinkoxyd kann man, wie aus einem Gemenge von Nickel- und Zinkoxyd nach der Reduction das Zink verflüchtigen, wie dies weiter unten beim Nickel erwähnt ist. Es ist rathsam, das geglühte Gemenge der Oxyde vor dem Wägen mit heifsem Wasser zu behandeln, wodurch oft noch Alkali ausgezogen wird (Berzelius). — Aus metallischen Verbindungen von Zink und von Kobalt läfst sich wie aus den Legirungen des Eisens unstreitig das Zink durch starke Rothglühhitze in einem Strome von Wasserstoff auf dieselbe Weise verflüchtigen.

Nach Ullgren soll die Trennung beider Oxyde auf die Weise bewirkt werden können, daſs man sie unter Wasserstoff glüht, wodurch nur das Kobaltoxyd reducirt wird, und darauf das Zinkoxyd durch kohlensaures Ammoniak auflöst. Diese Methode kann aber keine genauen Resultate geben, da das Zinkoxyd sich beim Glühen in Wasserstoff zum Theil als metallisches Zink verflüchtigt (Th. I S. 257). Auch wird das fein zertheilte metallische Kobalt beim Erhitzen mit einer Lösung von kohlensaurem Ammoniak etwas gelöst.

Nach Ebelmen können die durch Schwefelwasserstoff erzeugten geglühten Schwefelmetalle durch sehr verdünnte Chlorwasserstoffsäure getrennt werden, wie Schwefeleisen vom Schwefelkobalt (siehe weiter unten), doch ist sehr zu bezweifeln, ob diese Methode genaue Resultate giebt.

Trennung des Kobalts vom Eisen. — Die Trennung des Kobaltoxyds vom Eisenoxyd geschieht am besten durch Kochen mit essigsaurem Natron (S. 97). Das Eisenoxyd fällt vollkommen frei von Kobaltoxyd nieder; man kann es mit warmem Wasser auswaschen. In der abfiltrirten Lösung fällt man das Kobaltoxyd durch Schwefelammonium.

Es ist diese Trennung um so mehr zu empfehlen, als die Trennung durch bernsteinsaures Alkali nicht so gut glückt; denn es ist schwer, das abgeschiedene bernsteinsaure Eisenoxyd ganz frei von Kobaltoxyd zu erhalten.

Die Scheidung des Eisenoxyds vom Kobaltoxyd durch kohlensaure Baryterde glückt mehr bei chlorwasserstoffsauren als bei schwefelsauren Lösungen; doch auch bei ersteren ist sie der durch Kochen mit essigsaurem Natron nicht vorzuziehen.

Bei der Trennung des Eisens vom Kobalt durch salpetrichtsaures Kali muſs zuvor das Eisenoxyd in Oxydul verwandelt werden.

Die Trennung des Eisenoxyds vom Kobalt durch Oxalsäure ist nicht bei quantitativen Untersuchungen zu empfehlen, so anwendbar sie auch zur Darstellung eines eisenfreien Kobalts ist.

Die Trennung beider Oxyde dadurch zu bewirken, daſs man die Lösung mit kohlensaurem Natron oder mit Ammoniak nicht vollständig neutralisirt und durch Schwefelwasserstoff und essigsaures Alkali das Kobalt als Schwefelkobalt fällt, ist nicht zu empfehlen, weil je nach der Menge der entstehenden freien Essigsäure entweder mit dem Eisen Kobalt gelöst bleibt, oder mit dem Schwefelkobalt Schwefeleisen sich ausscheidet.

Wenn bei Untersuchungen nicht der höchste Grad der Genauigkeit erreicht zu werden braucht, so kann diese Methode auf folgende

Weise modificirt werden: Man übersättigt die verdünnte Lösung beider Oxyde, die aber nicht viel Salpetersäure enthalten darf, mit Ammoniak, und fällt durch Schwefelammonium Schwefelkobalt und Schwefeleisen. Es wird alsdann sehr verdünnte Chlorwasserstoffsäure (die zweckmäfsiger als Essigsäure ist) hinzugefügt, bis die Lösung sehr schwach sauer ist. Es löst sich das Schwefeleisen auf, während das Schwefelkobalt ungelöst bleibt und mit Wasser, das kleine Mengen von Schwefelwasserstoffwasser enthält, ausgewaschen wird (Th. I S. 264). Man kann auf diese Weise ziemlich genaue Resultate erhalten, besonders wenn man das Eisen aus der Lösung von Neuem mit Schwefelammonium fällt, und das Ganze mit sehr verdünnter Chlorwasserstoffsäure behandelt, wobei gewöhnlich noch sehr geringe Mengen von Schwefelkobalt ungelöst bleiben.

Ebelmen hat diese Methode auf die Weise abgeändert, dafs er das trockne Gemenge beider Oxyde durch Glühen in einem Strome von Schwefelwasserstoff in Schwefelmetalle verwandelt, und diese dann durch sehr verdünnte Chlorwasserstoffsäure trennt. Indessen bekommt man minder genaue Resultate, als auf die so eben beschriebene Weise, und Ebelmen bemerkt selbst, dafs seine Methode nicht ganz genaue Resultate geben kann, weil das auf trocknem Wege dargestellte Schwefeleisen durch verdünnte Chlorwasserstoffsäure schwer vollständig vom Schwefelkobalt zu trennen ist*).

Die Bestimmung des Eisenoxyds, wenn es mit Kobaltoxyd zusammen vorkommt, kann auch auf maafsanalytischem Wege geschehen, indem man in der Lösung in Chlorwasserstoffsäure das Eisen durch Zink zu Oxydul reducirt, und dieses durch übermangansaures Kali bestimmt (S. 99).

Trennung des Kobalts vom Mangan. — Das Kobaltoxyd kann vom Manganoxydul durch salpetrichtsaures Kali getrennt werden. Aus der vom gelben Doppelsalze getrennten Flüssigkeit kann man das Manganoxydul durch kohlensaures Natron fällen (Stromeyer).

Kann man beide Metalle als Chlorverbindungen erhalten, so gelingt die Trennung auf die Weise, dafs man sie in einem Strome von Wasserstoff in dem S. 77 abgebildeten Apparate so lange erhitzt, bis keine chlorwasserstoffsauren Dämpfe mehr entweichen. Es wird dadurch das Kobaltchlorid zu Metall reducirt, während das Manganchlorür unverändert bleibt. Man mufs darauf das Gemenge von Kobalt und Manganchlorür beim Ausschlufs der Luft mit ausgekochtem Wasser von gewöhnlicher Temperatur behandeln. Das zurückbleibende Kobalt wird in Wasserstoff in dem S. 77 beschriebenen Apparate geglüht und gewogen. Aus der filtrirten Lösung wird das Manganoxydul durch

---

*) Noch schwieriger gelingt auf diese Weise die S. 131 erwähnte Methode der Trennung des Kobalts vom Zink.

kohlensaures Natron oder Schwefelammonium gefällt. Wendet man beim Erhitzen unter Wasserstoffgas eine zu starke Rothglühhitze an, so kann sich etwas Manganchlorür verflüchtigen. — Es ist vielleicht gut, zu dem Gemenge beider Chlormetalle, nachdem sie einige Zeit unter Wasserstoff geglüht sind, etwas Chlorammonium hinzuzufügen.

Die Trennung der Oxyde beider Metalle kann durch Cyankalium bewirkt werden. Man versetzt die saure Lösung der Oxyde mit Cyankalium, wodurch Niederschläge von Mangancyanür und Kobaltcyanür entstehen. Dann fügt man mehr Cyankalium hinzu, worin sich das Kobaltcyanür und ein Theil des Mangancyanürs löst, während, wenn man nicht eine überaus grofse Menge von Cyankalium anwendet, was ganz unnöthig ist, ein anderer Theil des Mangancyanürs ungelöst bleibt. Man filtrirt, und verfährt mit der filtrirten Flüssigkeit genau so, wie es bei der weiter unten beschriebenen Trennung des Kobalts vom Nikkel gezeigt ist. Das zuerst abfiltrirte Mangancyanür löst man in Chlorwasserstoffsäure auf, kocht die Lösung, bis die Cyanwasserstoffsäure verjagt ist, fällt das Manganoxydul durch kohlensaures Natron oder durch Schwefelammonium, und rechnet die Menge zu der erhaltenen andern Menge (Liebig).

Nicht zweckmäfsig ist die Trennung des Kobalts vom Mangan nach dem S. 131 erörterten Verfahren durch Schwefelwasserstoff und essigsaures Alkali, dagegen kann man durch Fällung beider Oxyde vermittelst Schwefelammoniums und Behandlung der gefällten Schwefelmetalle mit sehr verdünnter Chlorwasserstoffsäure ein gutes Resultat erhalten; man verfährt in allen Stücken wie dort angegeben. — Ebelmen hat die Trennung der Schwefelmetalle auf die S. 132 angegebene Weise modificirt, und dieses Verfahren giebt noch bessere Resultate, als die auf gleiche Weise angestellte Trennung des Kobalts vom Eisen[*]). Die Scheidung gelingt sowohl wenn das eine, als wenn das andere Oxyd im Uebermaafs vorhanden ist.

Trennung des Kobalts von den Oxyden des Cers. — Sie kann durch schwefelsaures Kali auf dieselbe Weise bewirkt werden, wie die des Ceroxyduls von der Yttererde (S. 68). Sie könnte auch durch essigsaures Alkali und Schwefelwasserstoff auf die Weise, wie es bei der Trennung des Kobalts vom Eisen (S. 131) und Mangan angegeben ist, ausgeführt werden.

Trennung des Kobalts von der Yttererde. — Sie wird unstreitig auf dieselbe Weise ausgeführt werden können, wie die des Kobalts vom Zinkoxyd durch essigsaures Natron und Chlor (S. 129),

---

[*]) Man kann das Verfahren von Ebelmen bei der Untersuchung eines kobalthaltigen Braunsteins benutzen, den man in dem S. 77 abgebildeten Apparat mit Schwefelpulver in Wasserstoff glüht.

oder wie die des Kobalts vom Eisen und Cer durch essigsaures Alkali und Schwefelwasserstoff.

Trennung des Kobalts von der Beryllerde und der Thonerde. — Dieselbe gelingt durch salpetrichtsaures Kali, wie die des Kobalts vom Zink (S. 129).

Auch durch Cyankalium kann die Scheidung geschehen. Man versetzt die Lösung mit kohlensaurem Kali, fügt dann Cyankalium hinzu, wodurch das Kobaltoxyd gelöst wird, während Thonerde und Beryllerde ungelöst bleiben (Fresenius und Haidlen).

In gewissen Fällen kann man die Thonerde vom Kobalt durch Weinsteinsäure trennen. Man verfährt so wie bei der Trennung des Mangans und des Eisens von der Thonerde (S. 85 und S. 105).

Von der Thonerde (und von der Beryllerde) kann man das Kobaltoxyd nicht durch eine Lösung von Kalihydrat scheiden, auch wenn die Lösung beider Oxyde zu wiederholten Malen mit einem Ueberschufs von Kalihydrat gekocht wird. Es bleibt eine beträchtliche Menge von Thonerde beim gefällten Kobaltoxyd. Dagegen läfst sich durch Schmelzen eines Gemenges von Thonerde und Kobaltoxyd mit Kalihydrat in einem Silbertiegel und durch Behandlung der geschmolzenen Masse mit Wasser die Thonerde vollständig auflösen. Das ungelöste Kobaltoxyd enthält zwar etwas Kali aber keine Thonerde. (Man vergleiche indessen S. 104).

Die Thonerde kann nicht vollständig durch kohlensaure Baryterde vom Kobaltoxyd getrennt werden.

Das Kobalt kann aber von der Thonerde vollständig getrennt werden, wenn man zu der Lösung beider, nachdem sie mit kohlensaurem Natron gesättigt ist, essigsaures Natron hinzufügt und kocht. Die Thonerde fällt dadurch vollkommen kobaltfrei; man mufs aber bei der Fällung der Thonerde genau so verfahren, wie es S. 53 erörtert ist.

Es würde auch die Trennung des Kobalts sowohl von der Beryllerde, als auch von der Thonerde nach dem S. 126 erörterten Verfahren, durch essigsaures Alkali und Schwefelwasserstoff bewirkt werden können.

Trennung des Kobalts von der Magnesia. — Gewöhnlich trennt man beide durch Schwefelammonium, wie man Magnesia vom Manganoxydul zu trennen pflegt (S. 87). Durch Hülfe von ammoniakalischen Salzen wird das Kobaltoxyd in Ammoniak gelöst, und dann Schwefelammonium hinzugesetzt. Diese Trennung ist indessen keine ganz scharfe, besonders wenn das Schwefelammonium nicht einen Ueberschufs von Schwefelwasserstoff enthält. Die Gegenwart der Magnesia im gefällten Schwefelkobalt kann man erst entdecken, wenn man dasselbe in metallisches Kobalt verwandelt hat. Erhitzt man dasselbe beim Zutritt der Luft bei dunkler Rothglühhitze, und verwandelt es in Sesquioxyd, oder vielmehr in Verbindungen desselben mit Oxyd, so kann man die Magnesia durch verdünnte Salpetersäure ausziehen, welche indessen auch etwas Kobaltoxyd auflöst.

Die Trennung des Kobalts von der Magnesia wird am besten auf die Weise bewirkt, wie es bei der Trennung des Kobalts vom Eisen (S. 131) angegeben ist, durch essigsaures Alkali und Schwefelwasserstoff oder essigsaures Natron und Chlor, wie die Trennung des Kobalts vom Zink (S. 129).

Die Trennung beider Basen gelingt ferner durch salpetrichtsaures Kali (Stromeyer), wie auch durch Cyankalium (Fresenius und Haidlen).

Die Trennung kann nicht auf die Weise ausgeführt werden, dafs man die Lösung beider Basen mit Ammoniak versetzt, nachdem so viel Chlorammonium hinzugesetzt ist, dafs dadurch keine Fällung entsteht, und darauf phosphorsaures Natron hinzufügt. Die gefällte phosphorsaure Ammoniak-Magnesia enthält Kobaltoxyd. — Wenn man indessen dieses Verfahren auf die Weise modificirt, dafs man zur Lösung Weinsteinsäure hinzufügt, darauf einen Ueberschufs von Ammoniak, wodurch kein Niederschlag entsteht, und sodann durch phosphorsaures Natron die Magnesia als phosphorsaure Ammoniak-Magnesia fällt, so erhält man gute Resultate. Das Kobalt kann aus der abfiltrirten Flüssigkeit durch Schwefelammonium gefällt werden.

Trennung des Kobaltoxyds von der Kalkerde. — Dieselbe wird gewöhnlich durch Schwefelammonium bewirkt, doch ist dabei zu befürchten, dafs das Schwefelkobalt durch kohlensaure Kalkerde verunreinigt wird.

Besser und genauer ist die Trennung beider Basen entweder durch essigsaures Alkali und Schwefelwasserstoff oder durch essigsaures Alkali und Chlor.

Auch durch salpetrichtsaures Kali kann die Trennung beider Basen bewirkt werden.

Das Kobaltoxyd von der Kalkerde aus Lösungen durch verdünnte Schwefelsäure und Alkohol zu trennen, gelingt nicht.

Früher wurde ziemlich allgemein das Kobaltoxyd von der Kalkerde durch Oxalsäure getrennt. Man fügt zur Lösung so viel Chlorammonium, dafs Ammoniak im Ueberschufs kein Kobaltoxyd fällt, fällt darauf die Kalkerde durch oxalsaures Alkali, und aus der filtrirten Lösung das gelöste Kobalt durch Schwefelammonium. Die auf diese Weise erhaltene Kalkerde enthält oft etwas Kobalt.

Trennung des Kobalts von der Strontianerde und Baryterde. — Dieselbe geschieht wie die von der Kalkerde; von der Baryterde kann die Trennung durch verdünnte Schwefelsäure bewirkt werden.

Trennung des Kobalts von den Alkalien. — Man fällt aus den neutralen oder durch Ammoniak etwas übersättigten Lösungen das Kobalt durch Schwefelammonium als Schwefelmetall und verfährt so wie bei der Trennung des Mangans von den Alkalien (S. 91).

Wenn man das Kobalt und die Alkalien leicht in Chlormetalle verwandeln kann, so kann man diese nach dem Erhitzen in Wasserstoff durch Wasser trennen. Man muſs hierbei eine so schwache Rotglühhitze anwenden, daſs nichts von den alkalischen Chlormetallen sich verflüchtigen kann. Es ist hierbei der S 77. abgebildete Apparat anzuwenden; doch ist es vielleicht besser, in diesem Falle wegen der leichteren Verflüchtigung der alkalischen Chlormetalle die Reduction in einer Kugelröhre vorzunehmen.

XXVI. Nickel.

Bestimmung des Nickels als Nickeloxyd. — Das Nickeloxyd wird aus seinen Lösungen durch Kali- oder Natronhydrat gefällt. Der Niederschlag ist schwer auszuwaschen; man darf das Ganze wie bei der Fällung des Kobaltoxyds (S. 124) zwar etwas erwärmen, aber nicht lange kochen. Sehr geringe Spuren von Nickel bleiben gelöst, und um so mehr, je länger mit heiſsem Wasser ausgewaschen ist. Man wäscht daher nur so lange mit heiſsem Wasser aus, bis das Waschwasser nur einen höchst geringen Rückstand zeigt.

Durch Alkalihydrat wird das Nickeloxyd auch aus Lösungen, die ammoniakalische Salze enthalten, und zwar schon bei gewöhnlicher Temperatur, gefällt, ohne daſs es nöthig ist, die ammoniakalischen Salze erst vollständig durch einen Ueberschuſs von Alkalihydrat zu zerstören. Auch aus Lösungen, die freies Ammoniak enthalten, wird durch Alkalihydrat das Nickeloxyd gefällt.

Nach dem Trocknen wird das Nickeloxyd geglüht und gewogen. Wird es schwach geglüht, so kann es während des Erkaltens etwas Sauerstoff anziehen und kleine Mengen von Sesquioxyd bilden. Es ist dies aber nicht der Fall, wenn es stark, namentlich vermittelst eines kleinen Gebläses geglüht ist. Man braucht es daher nicht in Wasserstoff zu glühen und in Metall zu verwandeln. Da indessen, wenn während des Glühens verbrennliche Gasarten mit dem Nickeloxyd in Berührung kommen, leicht etwas Oxyd zu Metall reducirt werden kann, so ist anzurathen, es im Tiegel mit etwas Salpetersäure zu befeuchten und nochmals zu glühen.

Kohlensaures Kali und Natron fällen das Nickeloxyd nicht so vollständig, als die Alkalihydrate.

Das Nickeloxyd kommt bisweilen von einer solchen Dichtigkeit vor, daſs es der Lösung in Säuren fast ganz widersteht. Ein solches

Nickeloxyd findet man namentlich im Garkupfer; es bleibt bei der Lösung desselben in Salpetersäure ungelöst zurück. Will man dasselbe näher untersuchen, so kann man es durch Schmelzen mit zweifach-schwefelsaurem Kali zerlegen. Man verfährt dabei auf ähnliche Weise wie bei der Untersuchung des Corunds (S. 52).

Ist Nickeloxyd in Salpetersäure gelöst, so kann man dasselbe durch Abdampfen und Glühen des trocknen Rückstands erhalten. — Ist das Nickel als Chlorid in einer Lösung, oder ist es in Königswasser gelöst, so wird die Lösung abgedampft, und die trockne Masse in Wasserstoff in dem S. 77 beschriebenen Apparate vorsichtig geglüht. Es bleibt metallisches Nickel zurück. Man muſs vorsichtig verfahren und anfangs gelinde erhitzen, damit sich nicht Nickelchlorid verflüchtigt.

Fällung des Nickels als Schwefelnickel. — Durch Schwefelammonium kann das Nickeloxyd nicht so gut wie das Kobaltoxyd aus neutralen oder ammoniakalischen Lösungen gefällt werden, denn Schwefelnickel ist etwas löslich in einem Ueberschusse von gewöhnlichem gelblichem Schwefelammonium und bildet mit demselben eine bräunliche und in concentrirtem Zustande eine undurchsichtige Lösung über dem gefällten schwarzen Schwefelnickel. Wenn diese Lösung abgedampft wird, so schlägt sich zwar ein Theil des gelösten Schwefelnickels wieder nieder, ein anderer Theil aber wird oxydirt und bleibt in der Lösung.

Schwefelammonium äuſsert indessen nicht eine so auflösende Wirkung auf das Schwefelnickel, wenn letzteres mit Schwefelkobalt, Schwefeleisen, oder andern durch Schwefelammonium fällbaren Schwefelmetallen gemengt gefällt wird. In diesem Falle löst selbst ein ziemlich stark gelbes Schwefelammonium kein Schwefelnickel auf.

Die Fällung des reinen Schwefelnickels durch Schwefelammonium kann indessen ganz vollständig stattfinden, wenn man sorgsam vermeidet, daſs das Schwefelammonium sich etwas oxydirt und eine höhere Schwefelungsstufe des Ammoniums bildet, in welcher das Schwefelnickel etwas auflöslich ist. Man verfährt dabei auf folgende Weise: Man leitet durch die mit Ammoniak fast neutralisirte verdünnte Nikkellösung längere Zeit Schwefelwasserstoffgas, oder fügt, wenn der Nickelgehalt nicht bedeutend ist, Schwefelwasserstoffwasser hinzu und übersättigt sie darauf mit Ammoniak, so daſs das Lackmuspapier nur sehr schwach davon gebläut wird. Das gefällte Schwefelnickel läſst sich jetzt sehr gut und sogar sogleich nach dem Fällen filtriren, wenn in der Lösung eine nicht zu geringe Menge von ammoniakalischen Salzen sich gebildet hat, oder wenn auch andere Salze in gehöriger Menge vorhanden sind. Die filtrirte Flüssigkeit läuft klar ab und der Niederschlag wird mit Wasser ausgewaschen, zu welchem Schwefelwasserstoffwasser und Chlorammonium, essigsaures Ammoniak oder ein anderes ammoniakalisches Salz hinzugefügt ist. Das Filtriren und Auswaschen darf nicht unterbrochen werden. Ist in der Lösung nicht eine gehörige Menge von Salzen vorhanden, so muſs Chlorammonium, salpetersaures oder essigsaures Ammoniak hinzugefügt werden. Hat aber durch Unachtsamkeit das Schwefelammonium sich oxydiren können, und ist eine auch nur geringe Menge einer höheren Schwefelungsstufe des Ammoniums entstanden, so wird etwas Schwefelnickel gelöst, und die filtrirte Lösung kann sich schwach bräunlich färben. Es ist dann schwer, das gelöste Schwefelnickel seiner Menge nach zu bestimmen, und man muſs daher dieser Auflösung des Nickels zuvor zu kommen suchen.

Eine andere Methode, das Nickel als Schwefelnickel abzuscheiden und es zugleich dadurch von andern Basen zu trennen, ist schon S. 126 bei der Ausscheidung des Kobalts als Schwefelkobalt beschrieben. Man neutralisirt die Lösung mit kohlensaurem Alkali, oder mit Ammoniak, wenn man feuerbeständige Bestandtheile vermeiden will, so daſs sie nur äuſserst schwach sauer ist, sättigt darauf mit Schwefelwasserstoffgas oder mit Schwefelwasserstoffwasser und fügt dann essigsaures Natron oder essigsaures Ammoniak hinzu, wodurch das Schwefelnickel vollständig gefällt wird. Man wäscht es mit Wasser, zu welchem man Schwefelwasserstoffwasser und essigsaures oder salpetersaures Ammoniak hinzugefügt hat. Das Filtriren und Auswaschen muſs ohne Unterbrechung ausgeführt werden.

Es ist nicht gut möglich, aus dem Gewichte des Schwefelnickels den Gehalt an Metall zu berechnen. Wenn man es mit etwas Schwefelpulver in Wasserstoff glüht, so erhält man zwar in vielen aber nicht in allen Fällen ein Schwefelnickel von der Zusammensetzung Ni^2S; je stärker man indessen glüht, desto mehr wird vom Schwefel verflüchtigt. Man pflegt daher das erhaltene Schwefelnickel wie das Schwefelkobalt (S. 126) zu oxydiren und aufzulösen, und das Nickeloxyd aus der Lösung durch Kalihydrat zu fällen. Wenn man indessen das Schwefelnickel nach dem Trocknen und dem Verbrennen des Filtrums im Tiegel mit etwas starker Salpetersäure behandelt, abdampft und stark glüht, so kann man es durch starkes Glühen ganz in Nickeloxyd verwandeln, aus dessen Gewicht man mit Genauigkeit die Menge des Nickels berechnen kann. Es enthält dann keine Schwefelsäure. — Obgleich das Fällen und Filtriren des Schwefelnickels Aufmerksamkeit erfordert, so ist doch anzurathen, das Nickel lieber als Schwefelnickel aus Lösungen abzuscheiden, als es durch Alkalihydrat zu fällen. Hat man übrigens alle die angegebenen Vorsichtsmaaſsregeln genau beobachtet, so gelingt das Filtriren des Schwefelnickels immer.

Man kann wie beim Kobalt (S. 127) die ganze Menge des Nickels aufgelöst erhalten, wenn man die Lösung mit kohlensaurem Alkali oder auch mit Ammoniak sättigt, so dafs sie schwach alkalisch wird, viel Essigsäure hinzufügt, mit vielem Wasser verdünnt, und Schwefelwasserstoffwasser hinzusetzt. Wenn man die gehörige Menge von Essigsäure und Wasser hinzugefügt hat, so scheidet sich auch nach langer Zeit kein Schwefelnickel ab.

Abscheidung des Nickels durch Chlor. — Es ist nicht möglich, das Nickel vollständig als Nickelsesquioxyd so abzuscheiden, wie dies beim Kobalt geschehen kann. Behandelt man eine Nickellösung genau so, wie eine Kobaltlösung (S. 127), so bleiben bedeutende Mengen von Nickel gelöst. Nur wenn man eine Nickellösung mit einem Ueberschufs von Kali- oder Natronhydrat versetzt hat, kann man durch Chlor beim Erwärmen alles Nickel als schwarzes Sesquioxyd fällen; nach der Fällung mufs jedoch die Flüssigkeit noch stark alkalisch sein. Auf diese Weise aber gewährt die Umwandlung des Nickeloxyds in Sesquioxyd keine Vortheile für die analytische Chemie.

Fällung des Nickels durch Oxalsäure. — Das Nickeloxyd kann vollständiger aus seinen neutralen Lösungen als das Kobaltoxyd durch Oxalsäure gefällt werden (S. 127). Man wählt zur Fällung freie Oxalsäure, läfst das Ganze wenigstens 24 Stunden vor dem Filtriren stehen und wäscht das oxalsaure Nickeloxyd mit einer sehr verdünnten Lösung von Oxalsäure aus. Nach dem Trocknen wird es durch Glühen in metallisches Nickel verwandelt; um aber dabei sicher jede Oxydation zu vermeiden, ist es zweckmäfsig, das Nickel in dem S. 77 beschriebenen Apparate in Wasserstoff zu glühen. — Statt der freien Oxalsäure darf man zur Fällung des Nickeloxyds nicht oxalsaure Salze anwenden, in denen das oxalsaure Nickeloxyd sich oft ganz auflösen kann. Dasselbe findet nicht nur bei Gegenwart von ammoniakalischen Salzen, sondern auch bei der von andern Salzen wie von alkalischen Chlormetallen und von schwefelsauren Alkalien statt. Man kann die Fällung des Nickeloxyds durch Oxalsäure also nur in seltenen Fällen anwenden.

Bestimmung des Nickels als schwefelsaures Nickeloxyd. — Man kann das Nickeloxyd auf ähnliche Weise wie die Magnesia als schwefelsaures Salz bestimmen, und diese Bestimmung ist leichter, als die des schwefelsauren Zinkoxyds und des schwefelsauren Kobaltoxyds, da das Nickeloxyd schwerer die Schwefelsäure verliert als das Zinkoxyd und das Kobaltoxyd. Man verfährt wie bei der schwefelsauren Magnesia (S. 46).

Bestimmung des Nickelsesquioxyds. — Sie geschieht durch Glühen, wobei Nickeloxyd zurückbleibt; der Gewichtsverlust besteht in Sauerstoff, wenn nicht Wasser im Sesquioxyde enthalten ist. Beim schwachen Glühen entweicht indessen weder Sauerstoff noch Wasser;

es findet dies erst beim starken Glühen statt. Man kann das Sesquioxyd (oder seine Verbindungen mit Oxyd) im Wasserstoff glühen. Am sichersten ist aber die maafsanalytische Bestimmung; sie geschieht wie die des Kobaltoxyds (S. 129).

Trennung des Nickels vom Kobalt. — Die Chemiker haben sich schon seit langer Zeit mit der Trennung der Oxyde dieser Metalle beschäftigt, und es sind viele Methoden dazu vorgeschlagen worden, von denen die älteren hier nicht berücksichtigt werden sollen. Es soll hier nur bemerkt werden, dafs von diesen die schon Th. I S. 270 erwähnte Trennung, die oxalsauren Salze in Ammoniak zu lösen und die ammoniakalische Lösung der Luft auszusetzen, wobei das oxalsaure Nickeloxyd sich absetzt, während selbst kleine Spuren von oxalsaurem Kobaltoxyd noch aufgelöst bleiben, die beste der älteren Methoden ist, um sehr kleine Mengen des einen Oxyds im andern zu entdecken.

Die zweckmäfsigste Methode der Trennung ist die von Fischer zuerst vorgeschlagene, das Kobalt durch salpetrichtsaures Kali zu fällen. Sie ist S. 128 ausführlich beschrieben. Aus der von gelbem Doppelsalze abfiltrirten Flüssigkeit kann das Nickeloxyd gefällt werden*).

Nach dieser Methode ist wohl die von Liebig am meisten zu empfehlen. Nach dieser wird eine verdünnte Lösung beider Oxyde durch Abdampfen concentrirt. Es ist gut, wenn in der Lösung nur möglichst wenig Chlorwasserstoffsäure und Schwefelsäure vorhanden ist; vortheilhafter ist es, eine salpetersaure Lösung anzuwenden. Enthält die Lösung viel freie Säure, so wird diese mit Kalihydrat übersättigt und darauf Cyanwasserstoffsäure so lange hinzugefügt, bis der zuletzt entstandene Niederschlag sich vollständig in dem erzeugten Cyankalium aufgelöst hat; die Cyanwasserstoffsäure mufs im Ueberschufs vorhanden und durch den Geruch wahrzunehmen sein. Die röthlichgelbe Lösung wird vorsichtig nach und nach bis zum Sieden erhitzt, und darin längere Zeit, wohl fast eine Stunde erhalten. Das weggegangene Wasser wird durch hinzugefügtes Wasser ersetzt. Das Sieden findet wegen der Entwicklung der schädlichen Dämpfe nicht im Zimmer statt.

Durch das längere Sieden mit einem Ueberschusse von Cyankalium verwandelt sich allmählig in der Lösung, welche Kaliumnickelcya-

---

*) Dafs diese Methode der Trennung von allen die beste ist, ergiebt sich daraus, dafs das Nickeloxyd, welches vom Kobaltoxyde nach den weiter unten angeführten Methoden von Liebig und von Gibbs, so wie nach der Methode vermittelst Chlorgas und kohlensaurer Baryterde getrennt ist, nach der Lösung in Säuren und Neutralisirung mit Kalihydrat mit salpetrichtsaurem Kali und einem Zusatz von Essigsäure noch einen geringen Niederschlag des gelben Kobaltdoppelsalzes giebt.

nür und Kaliumkobaltcyanür enthält, das letztere unter Wasserstoffgasentwicklung in Kaliumkobaltcyanid, während das erstere sich nicht ferner zersetzt.

Zu der warmen Lösung setzt man darauf fein geriebenes Quecksilberoxyd, kocht und erhitzt das Ganze längere Zeit unter öfterem Umrühren. Es wird dadurch das Nickel theils als Oxyd, theils als Cyanür ausgefällt, während sich Quecksilbercyanid bildet. Nachdem man längere Zeit, mehr als eine Stunde hindurch, gekocht hat, läfst man das Ganze erkalten und filtrirt. Die ausgeschiedene Nickelverbindung ist gelblichgrün, aber durch eingemengtes überschüssiges Quecksilberoxyd roth gefärbt.

Nach dem Auswaschen und Trocknen des unlöslichen Rückstandes wird derselbe geglüht. Es bleibt nach dem Glühen Nickeloxyd zurück, dessen Gewicht man bestimmt.

Aus der abfiltrirten Flüssigkeit setzt sich gewöhnlich nach längerem Stehen ein weifser Niederschlag ab, der sich beim Erhitzen wieder löst; er besteht aus einer sehr schwerlöslichen Verbindung von Quecksilbercyanid mit Quecksilberoxyd. Wird er nach dem Auswaschen mit Wasser von gewöhnlicher Temperatur geglüht, so hinterläfst er keinen Rückstand, und nur dann Spuren von Nickeloxyd, wenn man vorher die Flüssigkeit nicht lange genug mit Quecksilberoxyd gekocht hatte. Man braucht daher, wenn man lange genug gekocht hat, auf die Ausscheidung der Quecksilberverbindung keine Rücksicht zu nehmen.

Die abfiltrirte Flüssigkeit enthält das Kobalt als Kaliumkobaltcyanid, das aus seiner Lösung weder durch Chlorwasserstoffsäure, Schwefelsäure, Salpetersäure, noch durch Kalihydrat weder bei gewöhnlicher Temperatur, noch beim Kochen zersetzt werden kann.

Am besten zersetzt man die Lösung des Kaliumkobaltcyanids nach Wöhler durch eine Lösung von salpetersaurem Quecksilberoxydul. Man neutralisirt die Lösung genau mit Salpetersäure oder läfst das Kali noch aufserordentlich schwach vorwalten, ehe man das salpetersaure Quecksilberoxydul hinzufügt. Es entsteht dann ein weifser oder durch Quecksilberoxydul grau gefärbter Niederschlag von Quecksilberkobaltcyanid, der schwer ist, sich leicht absetzt, und sich leicht filtriren und auswaschen läfst. Nach dem Trocknen wird derselbe erst an der Luft stark geglüht, und dann in einer Atmosphäre von Wasserstoffgas und zwar in dem S. 77 abgebildeten Apparate. Man erhält so metallisches Kobalt.

Statt der reinen Cyanwasserstoffsäure kann man mit demselben Erfolge unmittelbar Cyankalium anwenden, und zwar auch solches, das man im Handel erhalten kann, und das cyansaures Kali enthält. Es wird zwar angegeben, dafs man statt der reinen Cyanwasserstoffsäure

Cyankalium anwenden könne, doch nur solches, welches frei von cyansaurem Kali sei; die Einmengung von diesem Salze ist indessen zur Erlangung eines guten Resultats von gar keinem nachtheiligen Einflusse. Man fügt die concentrirte Lösung des Cyankaliums unmittelbar zur Lösung der Oxyde, welche man, wenn sie sehr sauer ist, durch Kalihydrat annähernd neutralisirt, kocht die Flüssigkeit, welche nach Cyanwasserstoffsäure riechen muſs, eine Stunde oder länger und verfährt ganz so, wie es so eben ausführlich beschrieben ist.

Enthält die Lösung der beiden Metalloxyde sehr viel Chlorwasserstoffsäure und Schwefelsäure, wie dies fast immer bei der Untersuchung der Kobalt- und Nickelhaltigen Mineralien, die zugleich noch Schwefel enthalten, der Fall ist, so ist es nicht gut möglich, das Kaliumkobaltcyanid durch salpetersaures Quecksilberoxydul zu zersetzen. Denn man erhält alsdann einen zu starken Niederschlag, der neben dem Quecksilberkobaltcyanid sehr viel Quecksilberchlorür und schwefelsaures Quecksilberoxydul beigemengt enthält.

Man muſs in diesem Falle nach der ursprünglichen Angabe von Liebig die Flüssigkeit, welche von dem durch Quecksilberoxyd entstandenen Niederschlage der Nickelverbindung abfiltrirt ist, mit Essigsäure übersättigen und dann mit einer Lösung von schwefelsaurem Kupferoxyd versetzen. Es wird dadurch ein schwarzer Niederschlag von Kupferkobaltcyanid gefällt, in welchem alles Kobalt des gelöst gewesenen Kaliumkobaltcyanids enthalten ist. Die Fällung muſs kochend geschehen und der Niederschlag in der Flüssigkeit eine Zeit lang im Sieden erhalten werden, weil er sonst kalihaltig und schleimig bleibt, was das Auswaschen erschwert.

Es ist nicht anzurathen, aus dem Gewicht des Niederschlags, dessen richtige Zusammensetzung noch nicht ermittelt ist, die Menge des Kobalts zu berechnen; eben so wenig darf dies auf die Weise geschehen, daſs man die Menge des Kupfers in demselben bestimmt, und danach die des Kobalts berechnet. Man muſs den Niederschlag beim Zutritt der Luft stark glühen, um das Cyan zu zerstören, den Rückstand in Chlorwasserstoffsäure und etwas Salpetersäure auflösen, das Kupfer aus der Lösung durch Schwefelwasserstoff entfernen, und aus der filtrirten Flüssigkeit das Kobalt fällen.

Wenn beide Oxyde in Kaliumnickelcyanür und in Kaliumkobaltcyanid verwandelt sind, so kann man nach Liebig statt das Nickel durch Quecksilberoxyd abzuscheiden, durch die erkaltete Lösung Chlorgas leiten, und den sich bildenden Niederschlag von Cyannickel durch Zusetzen von Kali- oder Natronhydrat stets wieder in Auflösung bringen. Das Chlor fällt aus der Lösung des Kaliumkobaltcyanids bei gewöhnlicher Temperatur kein Sesquioxyd, während aus dem Kaliumnickelcyanür alles Nickel als Sesquioxyd abgeschieden wird, wenn man darauf sieht, dafs nach dem Einleiten des Chlors die Lösung noch stark alkalisch ist. Wenn aber die alkalische Lösung beim Durchleiten des Chlors warm ist, so fällt mit dem Nickelsesquioxyd auch Kobaltsesquioxyd.

Eine andere Methode der Trennung beider Oxyde ist die vermittelst des braunen Bleisuperoxyds, vorgeschlagen von Gibbs. Man verfährt dabei vollkommen so, wie es früher S. 88 ausführlich bei der Trennung des Manganoxyduls von der Magnesia erörtert ist. Die Lösung der beiden Oxyde mufs neutral sein. Wenn man sie mit der hinreichenden Menge des braunen Bleisuperoxyds längere Zeit erhitzt hat, wird aus der vom ungelösten ausgewaschenen Rückstand abfiltrirten Flüssigkeit das Bleioxyd durch Schwefelwasserstoffgas als Schwefelblei entfernt und sodann das Nickel gefällt. Der ungelöste Rückstand wird so behandelt, wie es oben S. 89 angegeben ist. Wenn das Bleioxyd daraus entfernt ist, so fällt man das Kobalt.

Eine dritte Trennungsart des Nickeloxyds vom Kobaltoxyd, welche nicht mit grofsen Schwierigkeiten verknüpft ist, beruht darauf, dafs aus einer verdünnten Auflösung beider Oxyde, die freie Chlorwasserstoffsäure oder eine andere starke Säure enthält, und die mit Chlorgas gesättigt wird, kohlensaure Baryterde im Ueberschufs bei gewöhnlicher Temperatur nur das Kobalt als Sesquioxyd fällt, nicht aber das Nickeloxyd. Man läfst das Ganze einige Stunden, aber nicht länger stehen und filtrirt es. Das Kobaltsesquioxyd wird nach der Lösung in Chlorwasserstoffsäure durch essigsaures Natron und Chlor gefällt; und aus der nickelhaltigen Flüssigkeit wird nach Entfernung der Baryterde durch Schwefelsäure das Nickel gefällt.

Trennung des Nickels vom Zink. — Diese Trennung, welche häufiger vorkommt, als die des Kobalts vom Zink, da Nickel und Zink in mehreren Metalllegirungen enthalten sind, ist daher wichtiger aber auch schwieriger, als jene.

Sie kann am besten geschehen, wie die des Zinks vom Kobalt durch Schwefelwasserstoff und freier Essigsäure. Man verfährt so, wie es S. 129 angegeben ist. Wenn man zu der durch kohlensaures Alkali schwach alkalisch gemachten Lösung eine hinreichende Menge von freier Essigsäure und Wasser hinzugefügt hat, so wird durch Schwefelwasserstoff nur Schwefelzink, nicht Schwefelnickel gefällt. Nach Ebelmen kann die Trennung wie die des Kobalts vom Eisenoxyd ausgeführt werden (S. 132). Man vergleiche auch S. 131 die Trennung des Kobalts vom Zink.

Die Trennung beider Oxyde findet auch auf die Weise statt, dafs man zu der durch Abdampfen concentrirten Lösung einen Ueberschufs von Kalihydrat hinzufügt, und darauf Cyanwasserstoffsäure, bis der entstandene Niederschlag sich wieder auflöst. Die Lösung, welche beide Oxyde als Cyanmetalle enthält, wird mit einer Lösung von Schwefelkalium versetzt *), durch welche das Schwefelzink vollständig fällt, wenn auch nicht sogleich, doch nach einiger Zeit. Durch Schwefelammonium wird dasselbe langsamer gefällt (Th. I S. 258). Da das gefällte Schwefelzink Kali enthalten könnte, so darf man es nicht unmittelbar auf die S. 119 angegebene Weise in Schwefelzink verwandeln, sondern mufs es in Chlorwasserstoffsäure lösen, und das Zink von Neuem als Schwefelzink oder Zinkoxyd fällen. — In der filtrirten Lösung mufs das Kaliumnickelcyanür durch Erhitzen mit Königswasser, oder durch chlorsaures Kali und Chlorwasserstoffsäure zersetzt werden, worauf man das Nickel fällt (Wöhler).

Aus einem Gemenge von Nickel- und Zinkoxyd kann man nach der Reduction das Zink verflüchtigen. Sind beide in einer Lösung enthalten, so kann dieselbe mit Kali- oder Natronhydrat behandelt werden, durch welche der gröfste Theil des Zinkoxyds aufgelöst wird. Das Ungelöste wird mit Wasser von gewöhnlicher Temperatur und dann mit heifsem Wasser ausgewaschen, bis der Alkaligehalt ausgezogen ist. Darauf werden die Oxyde nach starkem Glühen gewogen, und in einem kleinen Porcellantiegel mit gepulvertem reinen Zucker (der beim Verbrennen keine Asche hinterlassen darf) gemengt und der Zucker durch vorsichtiges Erhitzen verkohlt. Dann setzt man den Tiegel einer starken Hitze vermittelst eines kleinen Gebläses aus; die Oxyde werden reducirt, das Nickel bleibt mit Kohle gemengt zurück, das Zink raucht vollständig fort. Ersteres wird in Salpetersäure gelöst, die Lösung von der kohligen Masse abfiltrirt, und zur Trocknifs abgedampft; der Verlust an Gewicht zeigt das Zinkoxyd an. Eine Hauptbedingung bei dieser Methode ist das vollständige Auswaschen der Oxyde, weil das Zinkoxyd aus dem Verluste bestimmt wird (Berzelius).

Eben so wird aus einer Legirung von Nickel und Zink letzteres durch starkes Glühen in Wasserstoff verflüchtigt werden können.

Nach Ullgren kann die Trennung beider Oxyde nach Erhitzen in Wasserstoff durch kohlensaures Ammoniak bewirkt werden. Es ist indessen schon S. 131 bemerkt, dafs diese Methode kein genaues Resultat geben kann.

Trennung des Nickels vom Eisen. — Die Trennung des Nickeloxyds vom Eisenoxyd kann zwar durch Kochen mit essigsaurem Natron ausgeführt werden. Sie giebt aber nicht so genaue Resultate wie die des Kobaltoxyds vom Eisenoxyd, weil mit letzterem Nickeloxyd niederfällt.

---

*) Man kann dazu auch die Lösung der sogenannten Schwefelleber anwenden, nur darf diese nicht zu viel freies Kali enthalten.

Wenn man die Lösung der Oxyde mit kohlensaurem Natron oder mit Ammoniak so sättigt, dafs sie noch sehr schwach sauer bleibt, so kann man durch Schwefelwasserstoff und essigsaures Natron oder Ammoniak das Schwefelnickel vollständig fällen, aber mit demselben fällt auch Schwefeleisen, so dafs man auf diese Weise keine sichere Trennung des Nickels vom Eisen erreichen kann.

Man erhält indessen ein Resultat, das sich der Wahrheit sehr nähert, wenn man dieses Verfahren auf die Weise modificirt, dafs man beide Oxyde durch Schwefelammonium fällt, und, wie bei der Trennung des Kobalts vom Eisen (S. 132), die Schwefelmetalle durch sehr verdünnte Chlorwasserstoffsäure (weniger gut durch Essigsäure) trennt. Nach der Behandlung mit der verdünnten Säure mufs man das ungelöste Schwefelnickel bald filtriren, da durch längeres Stehen etwas Nickel aufgelöst wird.

Die S. 132 erwähnte Trennung des Kobalts vom Eisen ist auch für die des Nickels vom Eisen anzuwenden (Ebelmen).

Durch bernsteinsaures Alkali so wie durch Oxalsäure ist die Trennung der beiden Oxyde nicht eine ganz vollständige. Besser als diese ist die durch kohlensaure Baryterde, die jedoch mehr bei chlorwasserstoffsauren Lösungen als bei schwefelsauren glückt.

Gute Resultate giebt die Bestimmung des Eisenoxyds in seiner Verbindung mit Nickeloxyd auf maafsanalytischem Wege durch übermangansaures Kali.

Trennung des Nickels vom Mangan. — Sie kann wie die Trennung des Kobalts vom Mangan durch Behandlung der Chloride beider Metalle mit Wasserstoff (S. 132) bewirkt werden.

Die Trennung beider Oxyde, indem man die Lösung derselben mit kohlensaurem Alkali so sättigt, dafs sie noch sehr schwach sauer bleibt, und sodann mit Schwefelwasserstoff und essigsaurem Alkali versetzt, gelingt eben so wenig wie bei der Trennung des Eisens, obgleich das Schwefelmangan leichter löslich in Essigsäure ist als das Schwefeleisen. Wohl aber kann man beide Oxyde trennen, wenn man die durch Schwefelammonium frisch gefällten Schwefelmetalle mit sehr verdünnter Chlorwasserstoffsäure (besser als mit verdünter Essigsäure) behandelt, wodurch das Schwefelmangan aufgelöst wird, während das Schwefelnickel ungelöst bleibt, das man aber schnell filtriren mufs.

Die Trennung nach Ebelmens Verfahren giebt bessere Resultate als die des Nickels vom Eisen.

Trennung des Nickels von den Oxyden des Cers. — Sie geschieht durch schwefelsaures Kali (S. 64) oder durch essigsaures Alkali und Schwefelwasserstoff (S. 138).

Trennung des Nickels von der Yttererde. — Sie könnte ebenfalls durch essigsaures Alkali und Schwefelwasserstoff bewirkt werden.

Trennung des Nickels von der Beryllerde und der Thonerde. — Sie kann durch Cyankalium geschehen, wie die Trennung dieser Erden vom Kobalt (S. 134) oder besser durch essigsaures Alkali und Schwefelwasserstoff.

Von der Thonerde läfst sich das Nickeloxyd (wie das Kobaltoxyd) nicht durch Kalihydrat trennen, wenn man die Lösung damit erhitzt und kocht. Durch Schmelzen des Gemenges mit Kalihydrat im Silbertiegel gelingt indessen die Trennung (Man vergleiche S. 134).

Durch Hülfe von Weinsteinsäure und Schwefelammonium kann das Nickel wie andere Metalloxyde von der Thonerde getrennt werden, wenn man bei der Fällung des Schwefelnickels die oben S. 137 angeführte Vorsicht beobachtet.

Die Trennung des Nickeloxyds von der Thonerde durch kohlensaure Baryterde gelingt mehr bei chlorwasserstoffsauren als bei schwefelsauren Lösungen.

Während die Trennung des Kobaltoxyds von der Thonerde durch Kochen mit essigsaurem Natron glückt (S. 134), gelingt sie nicht bei der Trennung vom Nickeloxyd. Die gefällte Thonerde ist durch Nikkeloxyd grünlich gefärbt.

Trennung des Nickels von der Magnesia. — Man trennt zweckmäfsig wohl beide Basen wie Kobaltoxyd von der Magnesia, indem man die Lösung neutralisirt, dann mit Schwefelwasserstoff sättigt und essigsaures Natron hinzufügt (S. 135). Das Schwefelnickel wird mit einer verdünnten Lösung von essigsaurem Ammoniak, zu welcher Schwefelwasserstoffwasser hinzugefügt ist, ausgewaschen.

Die Trennung beider Basen kann auch durch Cyankalium bewirkt werden.

Wenn die Lösung beider Basen ammoniakalische Salze enthält, und sie mit Ammoniak übersättigt wird, wodurch keine Fällung entsteht, so erhält man durch phosphorsaures Natron einen Niederschlag von phosphorsaurer Ammoniak-Magnesia, der eine grünliche Farbe hat, und Nickeloxyd enthält, das mit verdünntem Ammoniak nicht ausgewaschen werden kann. Man kann indessen die Magnesia als reine phosphorsaure Ammoniak-Magnesia abscheiden, wenn man zu der Lösung beider Basen Weinsteinsäure setzt, sie dann mit Ammoniak übersättigt und phosphorsaures Natron hinzufügt. Die Menge des Nickels ist schwerer zu bestimmen. Man mufs es nach Sättigung der ammoniakalischen Flüssigkeit mit Essigsäure durch Schwefelwasserstoff als Schwefelnickel abscheiden.

Trennung des Nickels von der Kalkerde. — Auch diese

kann durch essigsaures Alkali und Schwefelwasserstoff bewerkstelligt werden.

Die Trennung kann auch durch Cyankalium bewirkt werden.

Die Abscheidung der Kalkerde vom Nickeloxyd aus einer ammoniakalischen Lösung durch Oxalsäure giebt wie die vom Kobaltoxyd (S. 135) nicht sehr scharfe Resultate.

Die Scheidung des Nickeloxyds von der Kalkerde durch Schwefelsäure und Alkohol gelingt nicht.

Trennung des Nickels von der Strontianerde und Baryterde. — Sie kann wie die des Kobalts von diesen Basen geschehen.

Trennung des Nickels von den Alkalien. — Sie kann durch essigsaures Ammoniak und Schwefelwasserstoff bewirkt werden. — Wenn man das Nickel und die Alkalien in Chlormetalle verwandeln kann, so kann man Chlornickel wie Chlorkobalt von alkalischen Chlormetallen scheiden (S. 136).

XXIII. Thallium.

Die Verbindungen des Thalliums und die Eigenschaften desselben sind noch zu wenig untersucht, um mit Sicherheit genaue Methoden angeben zu können, wie man dasselbe am besten quantitativ aus seinen Verbindungen ausscheidet, und es von andern Stoffen trennt. Im Allgemeinen ist zu bemerken, dafs das Thalliumoxydul aus den concentrirten Lösungen seiner löslichen Salze durch einen Ueberschufs von Chlorwasserstoffsäure mit einem Zusatz von Alkohol vollständig als Thalliumchlorür gefällt werden kann, das mit Alkohol vom spec. Gewicht 0,80 ausgewaschen bei 100° getrocknet und gewogen werden kann. Man kann ferner das Thalliumoxydul aus seinen Lösungen durch Platinchlorid auf ähnliche Weise wie das Kali (S. 8) abscheiden, und aus dem Gewichte des Thalliumplatinchlorids die Menge des Thalliums berechnen. Das Platinsalz des Thalliums ist noch schwerlöslicher als das des Kaliums, des Rubidiums und des Caesiums; es kann daher von diesen auf eine ähnliche Weise getrennt werden, wie diese von einander (S. 21). Zweckmäfsiger ist es aber das Gemenge der schwerlöslichen Platinsalze mit einer nicht zu concentrirten Lösung von Oxalsäure zu kochen, die filtrirte Lösung mit kohlensaurem Natron bis zu einer stark alkalischen Reaction zu versetzen und Schwefelwasserstoffgas hindurchzuleiten. Das Thallium scheidet sich dann, besonders leicht beim Erhitzen der Flüssigkeit, als Schwefelthallium aus.

Um das Thallium von Sulfiden zu trennen, mit denen es gemeinschaftlich im Flugstaube der Schwefelsäurefabriken vorkommt, die mit Schwefelkies arbeiten, kocht man denselben, nachdem er auf das feinste zerrieben ist, mit der vier- bis sechsfachen Menge von Wasser aus, fügt zu der bis zum Sieden gebrachten filtrirten Flüssigkeit allmählig von einer concentrirten Lösung von unterschweflichtsaurem Natron hinzu, bis sie, nachdem sie vorübergehend durch unterschweflichtsaures Eisenoxyd rothbraun gefärbt worden, wieder durch Bildung von Eisenoxydul ungefärbt erscheint. Man fährt mit dem Zusetzen von unterschweflichtsaurem Natron unter Erwärmung fort, bis ein flockiger, mennigfarbener Niederschlag sich gebildet hat, der aus einer höheren Schwefelungsstufe des Thalliums, aus Schwefelarsenik und aus Schwefel besteht. Aus diesem Niederschlage kann man durch Erwärmen mit Alkalihydrat oder Cyankalium das Schwefelthallium vom Schwefelarsenik und vom Schwefel trennen und in das niedrigere grau schwarze Schwefelthallium verwandeln. — Der wäsrige Auszug des Flugstaubs kann auch, nach dem Erwärmen mit schweflichter Säure, mit Jodkalium gefällt und das gefällte gelbliche Jodthallium in Wasser, das Alkalihydrat enthält, suspendirt werden, worauf man durch Schwefelwasserstoffgas grauschwarzes Schwefelthallium abscheiden kann. (Böttger.)

XXIV. Cadmium.

Bestimmung des Cadmiums als Cadmiumoxyd. — Das Cadmiumoxyd wird aus seinen Lösungen am besten durch kohlensaures Kali gefällt. Die Cadmiumlösung muſs mit einem geringen Ueberschuſs desselben erhitzt werden. Man muſs zum Fällen nicht kohlensaures Natron anwenden, da man durch dasselbe einen Niederschlag erhält, der sich schwer auswaschen läſst. Kohlensaures Ammoniak schlägt das Cadmiumoxyd nicht ganz so vollständig nieder, als kohlensaures Kali.

Der Niederschlag des kohlensauren Cadmiumoxyds wird nach dem Trocknen geglüht; durch das Glühen entweicht Kohlensäure und etwas Wasser, und das Oxyd bleibt als braunes Pulver zurück. Da das Cadmiumoxyd sehr leicht durch Kohle reducirt und verflüchtigt werden kann, so muſs das Filtrum so viel wie möglich vom Oxyd gereinigt und für sich verbrannt werden; man befeuchtet die Asche mit einem Tropfen Salpetersäure, und glüht bis zur Verjagung der Salpetersäure. Hierbei hat man indessen immer einen kleinen Verlust; denn die geringe Menge des am Filtrum haftenden Cadmiumoxyds reducirt sich beim Verbrennen und verflüchtigt sich. Man muſs ferner das kohlensaure Oxyd sorgfältig vor Staub schützen, der beim Glühen eine theilweise Reduction und Verflüchtigung des Metalls veranlassen könnte.

Wenige Metalloxyde verlieren, wenn sie mit Kohlensäure verbunden sind, dieselbe so schwierig durch Glühen wie das Cadmiumoxyd (Th. I S. 297). Man muſs das getrocknete Cadmiumoxyd lange und anhaltend glühen, bis das Gewicht desselben sich nicht mehr vermindert und dann durch Uebergieſsen mit Salpetersäure prüfen, ob es nicht noch eine kleine Menge von Kohlensäure enthält. Hat man ein Brausen bemerkt, so muſs das Ganze abgedampft und der Rückstand geglüht werden. Das Glühen geschieht am zweckmäſsigsten in einem kleinen Porcellantiegel. Man muſs den Zutritt verbrennlicher Gasarten zum Cadmiumoxyd während des Glühens vermeiden.

Ist Cadmiumoxyd an Salpetersäure gebunden in einer Lösung enthalten, so wird der durch Abdampfen erhaltene Rückstand geglüht und in Cadmiumoxyd verwandelt.

Bestimmung des Cadmiums als schwefelsaures Cadmiumoxyd. — Man kann das Cadmium als schwefelsaures Salz auf gleiche Weise wie die Magnesia bestimmen (S. 40). Das schwefelsaure Cadmiumoxyd kann eine auſserordentlich hohe Temperatur ertragen, ehe es sich zersetzt.

Bestimmung des Cadmiums als Schwefelcadmium. — Da das kohlensaure Cadmiumoxyd nicht ohne einen kleinen Verlust bestimmt werden kann, so ist es sicherer, das Cadmium als Schwefelcadmium zu bestimmen. Das Schwefelcadmium gehört zu den Schwefelmetallen, die sich im feuchten Zustand nicht an der Luft oxydiren. Man fällt es aus einer etwas sauren Lösung und kann es dadurch zugleich von sehr vielen Oxyden trennen. Man muſs darauf sehen, daſs es nicht durch überschüssigen Schwefel verunreinigt wird; denn man darf es wegen seiner Flüchtigkeit nicht in Wasserstoff erhitzen, sondern muſs es auf einem gewogenen Filtrum bei 100° trocknen bis es nicht mehr an Gewicht verliert. Das gefällte Schwefelcadmium muſs zuerst mit sehr verdünntem Schwefelwasserstoffwasser, zu welchem man eine sehr geringe Menge von Chlorwasserstoffsäure hinzugefügt hat, und zuletzt mit reinem Wasser ausgewaschen werden, weil das Waschwasser leicht etwas trübe durch das Filtrum geht.

Man kann das Cadmium auch aus einer neutralen und ammoniakalischen Lösung durch Schwefelammonium fällen; wenn man indessen aus dem Gewicht des Schwefelcadmiums den Cadmiumgehalt bestimmen will, so ist besser, es aus einer etwas sauren Lösung durch Schwefelwasserstoff zu fällen.

Zum Ansäuern der Cadmiumlösungen bedient man sich der verdünnten Schwefelsäure oder Chlorwasserstoffsäure, und wendet nur dann Salpetersäure an, wenn jene Säuren vermieden werden müssen. Enthalten die Cadmiumlösungen sehr viel einer freien starken Säure, so mufs man sie mit vielem Wasser verdünnen, oder die Säure mit Ammoniak etwas abstumpfen, ehe man Schwefelwasserstoffgas durch sie leitet.

Wenn man nicht weifs, ob das Schwefelcadmium frei von eingemengtem Schwefel ist, so mufs man es noch feucht nach dem Auswaschen mit Königswasser digeriren (da es von verdünnter Schwefelsäure zu langsam aufgelöst wird), die filtrirte Lösung mit Schwefelsäure versetzen und zur Trocknifs abdampfen. Man verjagt vorsichtig den Ueberschufs von Schwefelsäure, und bestimmt das Cadmium als schwefelsaures Salz. Es ist dies zweckmäfsiger als das Cadmiumoxyd aus der Lösung durch kohlensaures Kali zu fällen.

Es geht nicht an, das Schwefelcadmium mit einem Zusatz von etwas Schwefelpulver in Wasserstoff zu erhitzen, um wie bei andern Metallen aus dem Gewicht des auf diese Weise erhaltenen Schwefelmetalls das des Metalls zu bestimmen. Das Schwefelcadmium ist für diese Bestimmung zu flüchtig, und wenn man bei dem Versuche auch nur eine geringe Hitze anwendet, so verflüchtigt sich eine nicht unbedeutende Menge.

Trennung des Cadmiums vom Nickel und Kobalt. — Sie geschieht durch Fällung des Cadmiums aus einer sauren Lösung durch Schwefelwasserstoff.

Trennung des Cadmiums vom Zink. — Auch sie geschieht zweckmäfsig durch Schwefelwasserstoff, nur mufs die Lösung ziemlich stark sauer gemacht werden, damit nicht auch etwas Schwefelzink gefällt wird.

Nach Aubel und Ramdohr kann die Trennung auf die Weise geschehen, dafs man zu der Lösung der Oxyde beider Metalle Weinsteinsäure setzt, mit Kali- oder Natronhydrat etwas, aber nicht zu stark übersättigt, sodann viel Wasser hinzufügt und längere Zeit (über eine Stunde) unter Ersetzung des verdampften Wassers kocht. Es wird nur Cadmiumoxydhydrat gefällt, während das Zinkoxyd aufgelöst bleibt, das man nach Uebersättigung der Lösung mit Essigsäure durch Schwefelwasserstoff fällen kann.

Trennung des Cadmiums vom Eisen. — Sie geschieht durch Fällung des Cadmiums aus einer sauren Lösung durch Schwefelwasserstoff, wobei zu bemerken ist, dafs, wenn Eisenoxyd vorhanden war, das gefällte Schwefelcadmium mit Schwefel gemengt wird, während Eisenoxydul entsteht. Aus dem Gewichte des Schwefelcadmiums kann daher der Cadmiumgehalt nicht bestimmt werden.

Trennung des Cadmiums vom Mangan. — Sie geschieht durch Schwefelwasserstoff. Es kann die Trennung nicht dadurch bewirkt werden, dafs das Mangan durch essigsaures Natron und Chlor abgeschieden wird (S. 79); es fällt zugleich Cadmiumoxyd. Vom Manganoxydul könnte das Cadmiumoxyd auch durch kohlensaure Baryterde geschieden werden.

Trennung des Cadmiums von den Erden und den Alkalien. — Sie wird durch Schwefelwasserstoff bewirkt. Von der Magnesia könnte das Cadmiumoxyd durch kohlensaure Baryterde getrennt werden.

XXV. Blei.

Bestimmung des Bleis als Bleioxyd. — Das Blei wird aus seinen Lösungen bei gewöhnlicher Temperatur vollständig durch kohlensaures Ammoniak gefällt. Der Niederschlag besteht aus neutralem kohlensauren Bleioxyd, welches man vor dem Filtriren sich absetzen läfst, so dafs die überstehende Flüssigkeit ganz klar ist. Eben so vollständig wird das Bleioxyd durch zweifach-kohlensaures Kali oder Natron niedergeschlagen; der Niederschlag besteht ebenfalls aus neutralem kohlensauren Bleioxyd. Wenn man einen Ueberschufs von zweifach-kohlensaurem Natron zur Fällung angewandt hat, so enthält das Bleioxyd Spuren von Natron. Nach dem Trocknen verbrennt man das Filtrum in einem kleinen Porcellantiegel, befeuchtet die Asche mit einem Tropfen Salpetersäure, und erhitzt den Rückstand nach dem Verdampfen der Salpetersäure bis zum Glühen, darauf bringt man das kohlensaure Bleioxyd in den Tiegel und glüht es, bis es die weifse Farbe verloren hat und in reines Bleioxyd verwandelt ist, jedoch nicht so stark, dafs es schmilzt.

Einfach-kohlensaures Kali und Natron fällen bei einem Ueberschufs des Fällungsmittels das Bleioxyd nicht ganz vollständig und können beim Erhitzen eine nicht ganz geringe Menge davon auflösen.

Ist Bleioxyd in Salpetersäure gelöst, und sind in der Lösung nicht Schwefelsäure, Alkalien und andere Bestandtheile, die durch Erhitzen nicht zu vertreiben sind, so braucht man nur die Lösung bis zur Trocknifs abzudampfen, und die trockne Masse in einem kleinen Porcellantiegel zu glühen, wodurch sie in Bleioxyd verwandelt wird. Die trockne Masse kann bei stärkerem Erhitzen leicht decrepitiren, was sich aber dadurch vermeiden läfst, dafs man die trockne Masse vor dem Glühen längere Zeit bei einer Temperatur von etwas über 100° erhitzt.

Ist das Bleioxyd mit flüchtigen Säuren, besonders mit solchen verbunden, welche durch Salpetersäure ausgetrieben werden können, so wird die Bleiverbindung im trocknen Zustand durch Salpetersäure zersetzt, das Ganze bis zur Trocknifs abgedampft, und die trockne Masse geglüht.

Manche flüchtige Säuren können durch Glühen vom Bleioxyd gänzlich verjagt werden, so dafs dies rein zurückbleibt, wie z. B. die Kohlensäure.

Bestimmung des Bleioxyds in organischen Verbindungen. — Ist das Bleioxyd mit organischen Säuren oder anderen organischen Substanzen vereinigt, so erhitzt man eine gewogene Menge derselben in einem kleinen leichten Porcellantiegel über der Flamme einer kleinen Lampe, so dafs die Bleiverbindung zu glimmen anfängt. Alsdann vermindert man die Hitze, damit die Verbrennung von der angezündeten Stelle langsam fortschreitet, weil sonst die Hitze bei der Verbrennung bisweilen so zunehmen kann, dafs die Masse lebhaft glühend wird, und etwas Blei verdampft. Nach beendeter Verbrennung erhitzt man die Masse, um alle Kohle zu verbrennen, bis zum anfangenden Glühen und wägt nach dem Erkalten. Aus dem geglühten Rückstand, der ein Gemenge von Bleioxyd mit metallischem Blei ist, löst man durch verdünnte Essigsäure das Bleioxyd auf, wäscht dann das zurückbleibende sich zusammenballende Metall durch Decantiren im Tiegel aus, bis das abgegossene Wasser nicht im mindesten mehr durch Schwefelwasserstoffwasser gebräunt wird, und wägt das metallische Blei nach dem Trocknen im Luftbade. Diese Art der Bestimmung hat den grofsen Vorzug, dafs sie ein ganz genaues Resultat giebt und dabei in sehr kurzer Zeit vollendet ist (Berzelius).

Man kann die ganze Menge des Bleis in der Bleiverbindung leicht und sicher als Bleioxyd erhalten und wägen, wenn man die zu verbrennende Verbindung nach dem Wägen in einem Porcellantiegel mit ihrem zwei- bis dreifachen Volumen mäfsig feinen, mit Chlorwasserstoffsäure ausgezogenen, vom Staube durch Schlämmen mit Wasser gereinigten und wieder getrockneten Quarzsandes mengt, und dieses Gemenge nach dem Wägen unter Umrühren mit einem Glasstabe über einer Lampe so lange röstet, bis alles in ein rein gelbes Pulver verwandelt ist, und beim Umrühren während des Erhitzens sich keine Fünkchen mehr zeigen. Durch das Mengen der Bleiverbindung mit Quarzpulver wird die Verbrennung langsamer und gleichförmiger bewirkt. Die Masse kommt nie in heftiges Glühen, backt nicht zusammen und bläht sich nicht auf, so dafs die Verbrennung leicht und vollständig geschieht. Um sich von der vollständigen Oxydation zu überzeugen, behandelt man das Geglühte nach dem Wägen mit verdünnter Essigsäure, und entfernt das essigsaure Bleioxyd vollständig durch Waschen mit Wasser. Uebergiefst man darauf den Quarz mit Salpetersäure, so wird diese bei gehörig ausgeführter Verbrennung keine wägbare Menge von Blei aufnehmen (Brunner).

Man kann auch ohne Quarzsand die organische Bleiverbindung vollkommen in Bleioxyd verwandeln, wenn man sie zuerst in einem bedecktem Porcellantiegel bei gelinder Hitze bis zum vollständigen Verkohlen der organischen Substanz glüht, dann den Deckel vom Tiegel abnimmt und mit einem Eisendraht umrührt, wodurch unter Erglühen die Kohle verbrennt, so daſs ein Gemenge von Bleioxyd und Blei entsteht, welches bisweilen auch noch etwas unverbrannte Kohle enthalten kann. Man läſst nun den Tiegel erkalten, bringt etwas salpetersaures Ammoniak hinein und erhitzt ihn mit aufgelegtem Deckel vorsichtig bis zum Glühen, bis keine Dämpfe von Untersalpetersäure mehr erscheinen. Es wird dadurch alles Blei in Bleioxyd verwandelt. Hierbei muſs man indessen vorsichtig sein, daſs man keinen Verlust durch Spritzen erleide (Dulk).

Ist die mit Bleioxyd verbundene organische Substanz für sich flüchtig, oder wird sie durch Schwefelsäure leicht in flüchtige Verbindungen zerlegt, so kann in der Verbindung leicht auf die Weise die Menge des Bleioxyds bestimmt werden, daſs man sie mit Schwefelsäure übergieſst und erhitzt, bis daſs die organische Substanz und die überschüssige Schwefelsäure sich verflüchtigt haben. Es bleibt dann schwefelsaures Bleioxyd zurück.

Bestimmung des Bleis als Schwefelblei. — Sehr häufig fällt man das Bleioxyd aus seinen Lösungen durch Schwefelwasserstoff als Schwefelblei, besonders wenn es von andern Basen getrennt werden soll. Das Schwefelblei fällt sowohl aus neutralen wie auch aus nicht zu sauren Lösungen. Wenn man aus einer Lösung, welche sehr viel von einer freien starken Säure enthält, das Bleioxyd durch Schwefelwasserstoff fällt, so muſs man den gröſsten Theil der Säure mit Ammoniak sättigen, oder wenn man dies nicht thun darf, die Lösung mit vielem Wasser verdünnen. — Es ist anzurathen, das Schwefelblei mit sehr verdünntem Schwefelwasserstoffwasser auszuwaschen.

Ist die Flüssigkeit, aus welcher man das Bleioxyd als Schwefelblei fällen will, durch ein suspendirtes unlösliches oder schwerlösliches Bleisalz, namentlich durch schwefelsaures Bleioxyd oder durch Chlorblei trübe, so gelingt es nicht, oder nur unvollkommen, dasselbe in Schwefelblei zu verwandeln, wenn man Schwefelwasserstoffgas durch die saure Lösung leitet. Es gelingt dies aber sogleich und vollständig, wenn man die Lösung mit einem Alkali, am besten mit Ammoniak, sättigt oder etwas übersättigt, und dann Schwefelwasserstoffgas hindurch leitet, oder Schwefelammonium hinzufügt.

Durch Schwefelammonium wird das Bleioxyd aus neutralen und alkalischen Lösungen ganz vollständig gefällt. Auch jedes unlösliche oder schwerlösliche Bleisalz wird durch Uebergieſsen mit Schwefelammonium vollständig in Schwefelblei verwandelt. Das auf diese Weise gefällte Schwefelblei wird mit Wasser ausgewaschen, zu welchem eine sehr geringe Menge von Schwefelammonium oder Schwefelwasserstoffwasser hinzugefügt ist.

Man kann aus dem Gewichte des bei 100° getrockneten Schwefelbleis nicht die Menge des Bleis berechnen; es nimmt im feuchten und lufttrocknen Zustand durch Oxydation an Gewicht zu, ohne dabei seine schwarze Farbe zu verlieren. Man mufs es entweder in schwefelsaures Bleioxyd verwandeln, oder mit Schwefel in Wasserstoff glühen.

Die Verwandlung in schwefelsaures Bleioxyd ist etwas schwierig. Man legt das Schwefelblei, nachdem man vorher das Filtrum verbrannt hat, im lufttrocknen oder selbst auch noch im feuchten Zustande in einen kleinen Porcellantiegel (den man in eine Porcellanschale stellt) und setzt tropfenweise concentrirte Salpetersäure hinzu. Die Einwirkung ist heftig, nachdem man daher einige Tropfen der Säure hinzugefügt, dampft man bis zur Trocknifs ab, tröpfelt von Neuem Salpetersäure hinzu, wiederholt dies, bis das Schwefelblei oxydirt ist, fügt dann einige Tropfen concentrirter Schwefelsäure hinzu und erhitzt nach und nach bis zum anfangenden Glühen, um alle Salpetersäure und freie Schwefelsäure zu verjagen. Ist das schwefelsaure Bleioxyd durch noch nicht oxydirtes Schwefelblei etwas schwärzlich, so mufs man wiederum mit concentrirter Salpetersäure und Schwefelsäure die Operation wiederholen, bis man nach dem Glühen ein weifses schwefelsaures Bleioxyd erhalten hat.

Diese Oxydation des Schwefelbleis ist langwierig und kann mit Verlust verbunden sein, wenn sie nicht mit grofser Sorgfalt ausgeführt wird.

Weit leichter und sicherer bestimmt man die Menge des Schwefelbleis, wenn man es nach dem Trocknen und nach dem Verbrennen des Filtrums mit etwas Schwefelpulver in Wasserstoff in dem S. 77 abgebildeten Apparate bei ziemlich starker Rothglühhitze glüht. Nach Wiederholung der Operation mufs es dasselbe Gewicht zeigen. Es verflüchtigt sich bei Rothglühhitze in einer Wasserstoffatmosphäre kein Schwefelblei. Wendet man eine schwache Rothglühhitze an, so enthält das Schwefelblei mehr Schwefel, als der Zusammensetzung PbS entspricht. Das erhaltene Schwefelblei ist ganz krystallinisch.

Auf diese Weise können sehr viele Bleiverbindungen unmittelbar in Schwefelblei verwandelt werden, namentlich Bleioxyd und die Verbindungen desselben mit Kohlensäure und mit Schwefelsäure. Bei der Zersetzung des schwefelsauren Bleioxyds durch Schwefel und Wasserstoff mufs man eine starke Rothglühhitze anwenden; bei schwacher Rothglühhitze bleibt ziemlich viel schwefelsaures Bleioxyd unzersetzt, und hat seine weifse Farbe behalten. Das braune und selbst das rothe Bleisuperoxyd dürfen nicht unmittelbar mit Schwefel gemengt erhitzt werden; die Einwirkung ist eine zu starke, wodurch etwas von der Masse aus dem Tiegel herausgeführt werden könnte. Man mufs diese Superoxyde vor dem Mengen mit Schwefel erst für sich so lange erhitzen, dafs sie sich in Bleioxyd verwandeln, ohne aber dabei zu schmelzen.

Wenn die zu untersuchende Verbindung aber Chlorblei enthält, so kann sie auf die angegebene Weise nicht in Schwefelblei verwandelt werden. Es bilden sich dann Verbindungen von Schwefel- und Chlorblei, die der Einwirkung des Schwefels und des Wasserstoffs widerstehen.

Bestimmung des Bleis als schwefelsaures Bleioxyd. — Wenn in einer Lösung das Bleioxyd mit flüchtigen Säuren verbunden ist, so kann man dasselbe als schwefelsaures Bleioxyd bestimmen, wenn man nach dem Zusetzen von Schwefelsäure das Ganze bis zur Trocknifs abdampft, und den Rückstand des schwefelsauren Bleioxyds bis zur Verjagung der überschüssigen Schwefelsäure erhitzt und schwach glüht.

Das Bleioxyd kann aus seinen Lösungen durch Schwefelsäure mit einem kleinen Zusatz von Alkohol vollständig gefällt werden. Das reine schwefelsaure Bleioxyd erfordert zwar eine nicht unbedeutende Menge, fast das gleiche Volumen von Alkohol (vom spec. Gewicht 0,8), um aus seiner Lösung vollständig ausgeschieden zu werden. Fügt man aber eine nur unbedeutende Menge von verdünnter Schwefelsäure hinzu, so braucht man eine ungleich geringere Menge von Alkohol, um das schwefelsaure Bleioxyd vollständig zu fällen, und zu einer Bleioxydlösung, die ein wenig freie Schwefelsäure enthält, braucht nur eine höchst geringe Menge Alkohol hinzugefügt zu werden. Man wäscht das schwefelsaure Bleioxyd mit Wasser aus, das eine Spur von Schwefelsäure und Alkohol enthält. Nach dem Trocknen wird das Filtrum für sich verbrannt, die Asche mit einem Tropfen Salpetersäure erhitzt, ein Tropfen verdünnter Schwefelsäure hinzugefügt, und geglüht, worauf man die ganze Menge des schwefelsauren Bleioxyds bis zur dunkelsten Rothgluht erhitzt. Man kann auch das schwefelsaure Bleioxyd auf einem gewogenen Filtrum bei 100° trocknen, um sein Gewicht zu bestimmen.

Bestimmung des Bleis als Chlorblei. — In einigen seltenen Fällen trennt man das Bleioxyd als Chlorblei von andern Chlormetallen durch Alkohol (vom spec. Gew. 0,8). Ersteres ist darin unlöslich, während mehrere Chlormetalle darin löslich sind. Es ist hierbei zu bemerken, daſs keine freie Chlorwasserstoffsäure vorhanden sein darf, weil dann das Chlorblei selbst in wasserfreiem Alkohol nicht unlöslich ist.

Bestimmung des Bleis als oxalsaures Bleioxyd. — Man kann das Bleioxyd als oxalsaures Bleioxyd fällen; der Niederschlag ist ganz unlöslich in Wasser. Man darf zur Fällung nur freie Oxalsäure anwenden; das Bleioxyd auch nur aus neutralen Auflösungen fällen. Der Niederschlag wird mit Wasser ausgewaschen, das etwas Oxalsäure enthält. Sind in der Lösung alkalische Salze, namentlich aber ammoniakalische Salze, enthalten, so bleibt eine beträchtliche Menge von Bleioxyd gelöst, weshalb man nicht einmal zur Fällung oxalsaure Alkalien anwenden darf. Man kann sich daher nur in seltenen Fällen der Oxalsäure zur Fällung des Bleis bedienen.

Das oxalsaure Bleioxyd muſs beim Zutritt der Luft geglüht werden, um es vollständig in Bleioxyd zu verwandeln. Findet kein vollständiger Luftzutritt beim Glühen statt, so kann etwas metallisches Blei sich ausscheiden. Das Filtrum wird besonders verbrannt; die Asche mit einem Tropfen Salpetersäure befeuchtet, damit erhitzt und geglüht.

Bestimmung des Bleis als chromsaures Bleioxyd. — Das Bleioxyd kann aus seinen neutralen Lösungen vollständig durch neutrales chromsaures Kali niedergeschlagen werden. Enthält die Lösung eine freie Säure, so fügt man essigsaures Natron hinzu, und fällt durch chromsaures Kali. Das chromsaure Bleioxyd wird bei 100° getrocknet gewogen. Nur in wenigen Fällen wird diese Fällung des Bleioxyds mit Vortheil angewandt. Sie hat keine Vorzüge und hat den Nachtheil, daſs wenn man zur Controle in dem chromsauren Bleioxyd die Menge des Bleis bestimmen will, dies mit Schwierigkeiten verbunden ist; denn man kann es nicht leicht in schwefelsaures Bleioxyd und in Schwefelblei verwandeln, und durch Schmelzen mit Cyankalium erhält man nicht die richtige Menge metallisches Blei.

Abscheidung des Bleis durch Chlor. — Das Bleioxyd kann aus seinen Lösungen vollständig auf eine ähnliche Weise wie das Mangan (S. 79) und das Kobalt (S. 127) durch Chlor als Superoxyd (PbO^2) gefällt werden. Enthält die Lösung freie Säure, so wird sie durch kohlensaures Natron gesättigt, man fügt sodann essigsaures Natron hinzu und kocht. Aber auch schon bei etwas niedrigerer Temperatur wird alles Blei als Superoxyd gefällt. Die Verwandlung des Bleioxyds in Superoxyd durch Chlor findet auch vollständig statt, wenn das Bleioxyd nicht ganz in der Flüssigkeit gelöst, sondern als schwefelsaures Bleioxyd oder als Chlorblei darin suspendirt ist. — Es ist diese Abscheidung des Bleis von Rivot, Beudant und Daguin sehr empfohlen worden, um auf diese Weise das Bleioxyd von andern Oxyden zu trennen, welche durch Chlor nicht zu Superoxyden oxydirt werden. Ein Theil des Superoxyds hat sich so fest an die Wände des Glases gesetzt, daſs er nur durch Chlorwasserstoffsäure oder durch schweflichte Säure fortgebracht werden kann; man sättigt diese kleine Menge mit kohlensaurem Natron, fügt etwas essigsaures Natron und Chlorwasser hinzu, kocht, und bringt die kleine Menge des erhaltenen Superoxyds zu der andern auf ein gewogenes Filtrum. Man wäscht darauf mit heiſsem Wasser aus, und wägt das Superoxyd bei 100° getrocknet.

Die Menge des erhaltenen Superoxyds zeigt indessen nur annä-

hernd die des Bleis an. Es ist bei aller Vorsicht nicht zu vermeiden, dafs in dem erhaltenen Superoxyde eine sehr kleine Spur von Chlorblei und bei Anwesenheit von Schwefelsäure auch gröfsere Mengen von schwefelsaurem Bleioxyd enthalten sind. Es ist daher zweckmäfsiger, das Superoxyd erst durch Erhitzen in Bleioxyd, und dieses durch Behandeln mit Schwefel und Wasserstoff in Schwefelblei zu verwandeln. Dadurch wird das eingemengte schwefelsaure Bleioxyd vollständig in Schwefelblei verwandelt; das Chlorblei, von dem übrigens nur Spuren im Superoxyd vorhanden sind, freilich nur zum Theil. — Gar nicht anwendbar ist aber die Methode der Bestimmung des Bleioxyds als Superoxyd, wenn in der Lösung noch andere Metalloxyde enthalten sind, von denen dasselbe getrennt werden soll. Das Bleisuperoxyd scheidet sich mit gröfseren oder geringeren Mengen von diesen Oxyden verbunden ab.

Bestimmung des Bleis durch Schmelzen seiner Verbindungen mit Cyankalium. — Aus den meisten Bleiverbindungen läfst sich durch Schmelzen mit Cyankalium das Blei so reduciren, dafs es mit Genauigkeit gewogen werden kann. Man schmelzt die Bleiverbindung mit dem vier- bis fünffachen Gewicht von käuflichem Cyankalium in einem kleinen bedeckten Porcellantiegel mit guter Glasur über einer einfachen Lampe. Nach dem Erkalten übergiefst man die geschmolzene Masse mit Wasser, worin sie sich bis auf die reducirten Bleikugeln auflöst. Man giefst die Lösung sobald wie möglich vom reducirten Blei ab, wäscht dieses zuerst mit Wasser, dann mit verdünntem und endlich mit concentrirtem Alkohol ab, worauf man das Gewicht bestimmt. Bisweilen bekommt man das reducirte Blei als eine einzige Kugel, häufiger in mehreren Kugeln und zum Theil als Pulver. Man kann auf diese Weise Bleioxyd, schwefelsaures und phosphorsaures Bleioxyd wie auch Schwefelblei und viele andere Bleiverbindungen reduciren. Das Schwefelblei indessen wird gewöhnlich nicht ganz vollkommen durch ein einmaliges Schmelzen mit Cyankalium reducirt. Man mufs das Schmelzen wiederholen.

Läfst man die geschmolzene Masse lange mit Wasser in Berührung, ohne das Blei daraus zu entfernen, so können sich Spuren von Blei auflösen [*]).

---

[*]) Bei diesen Reductionen vermittelst Cyankaliums wird man oft dadurch in Verlegenheit gesetzt, dafs beim Schmelzen die Glasur des Porcellantiegels ziemlich stark angegriffen wird. Es lösen sich Stückchen der Tiegelmasse ab, die man nicht vollkommen von dem reducirten Metalle trennen kann. In diesem Falle erhält man indessen immer noch ein gutes Resultat, wenn man auf folgende Weise verfährt: Der Porcellantiegel wird gewogen; nach dem Versuche sammelt man die Kügelchen oder das Pulver des reducirten Metalls mit den abgelösten Theilchen der Tiegelmasse auf einem gewogenen Filtrum, trocknet es nach dem Auswaschen bei 100°, und zieht von dem Gewichte den Gewichtsverlust des getrockneten Tiegels ab.

Bestimmung der Bleisuperoxyde. — Dieselben werden durch schwaches Glühen in Bleioxyd verwandelt, und der fortgegangene Sauerstoff aus dem Gewichtsverlust gefunden, wenn sie vorher gut getrocknet waren.

Am sichersten aber findet man den Sauerstoff auf maafsanalytischem Wege, wenn man die Superoxyde des Blei wie die des Mangans mit Chlorwasserstoffsäure behandelt, und das sich entbindende Chlor in eine Jodkaliumlösung leitet (S. 80).

Die Verbindungen des Bleisuperoxyds mit dem Bleioxyd zerlegt man durch verdünnte Salpetersäure, welche das Bleioxyd auflöst und das Superoxyd ungelöst zurückläfst. Nach dem Auswaschen fällt man das gelöste Oxyd durch kohlensaures Ammoniak; das Superoxyd wägt man entweder auf einem gewogenen Filtrum, oder verwandelt es durch schwaches Glühen in Bleioxyd.

Trennung des Blei vom Cadmium. — Die Trennung der Oxyde beider Metalle geschieht aus der Lösung in Salpetersäure oder einer andern Säure durch Schwefelsäure mit einem sehr geringen Zusatz von Alkohol. Aus der vom schwefelsauren Bleioxyd abfiltrirten Flüssigkeit verjagt man den Alkohol, und fällt das Cadmiumoxyd durch Schwefelwasserstoff oder durch kohlensaures Kali.

Die Trennung gelingt nicht, wenn man aus der Lösung beider Oxyde nach Hinzufügung von essigsaurem Natron das Blei durch Chlor als Superoxyd fällt. Das gefällte Superoxyd enthält immer eine nicht unbedeutende Menge von Cadmiumoxyd.

Besser gelingt die Trennung durch kohlensaure Baryterde, durch welche das Cadmiumoxyd, nicht aber das Bleioxyd, bei gewöhnlicher Temperatur gefällt wird.

Die Trennung der Oxyde wird auch durch Cyankalium bewirkt. Die verdünnte Lösung wird mit kohlensaurem Natron gesättigt, worauf man Cyankalium hinzufügt, darauf gelinde erwärmt und filtrirt. Es wird das Blei als kohlensaures Bleioxyd gefällt, das aber, da es immer alkalihaltig ist, in Salpetersäure gelöst und durch kohlensaures Ammoniak gefällt werden mufs. Aus der Lösung kann das Cadmium durch Schwefelwasserstoff als Schwefelcadmium gefällt werden, oder man erhitzt sie mit Chlorwasserstoffsäure und fällt das Cadmiumoxyd mit kohlensaurem Kali.

Trennung des Blei vom Nickel und Kobalt. — Sie geschieht durch Schwefelwasserstoffgas, das man durch die sauer gemachte verdünnte Lösung leitet. Ist die Lösung nicht sauer, so wird sie mit verdünnter Salpetersäure, nicht mit Chlorwasserstoffsäure, versetzt, weil durch diese, wenn die Lösung nicht sehr verdünnt ist, ein Niederschlag von Chlorblei entstehen könnte, das, wenn es sich ausgeschieden hat, schwer durch Schwefelwasserstoff zersetzt wird. Das Schwefelblei wird mit sehr verdünntem Schwefelwasserstoffwasser ausgewaschen, und nach dem Trocknen mit etwas Schwefel in Wasserstoff geglüht (S. 154). Aus der vom Schwefelblei abfiltrirten Flüssigkeit scheidet man das Kobalt am besten durch Schwefelammonium, und das Nickel durch essigsaures Alkali und Schwefelwasserstoff (S. 138).

Die Trennung des Bleis von den Oxyden des Kobalts und Nikkels kann auch sehr gut durch verdünnte Schwefelsäure unter Zusatz von Alkohol ausgeführt werden, auf dieselbe Weise, wie Cadmium von Blei getrennt wird.

Trennung des Bleis vom Zink. — Sie kann ebenfalls durch Schwefelwasserstoff oder durch Schwefelsäure mit einem kleinen Zusatz von Alkohol bewirkt werden, wie die vom Kobalt und Nickel, nur muſs im ersten Falle die Lösung nicht durch zu wenig Salpetersäure sauer gemacht sein, um eine theilweise Fällung von Schwefelzink zu verhüten.

Die Trennung kann auch durch Cyankalium ausgeführt werden, wie die des Bleis vom Cadmium (S. 158).

Die Trennung gelingt nur unvollkommen auf die Weise, daſs man das Bleioxyd durch essigsaures Natron und Chlor als braunes Superoxyd ausscheidet. Dasselbe enthält nach dem Auswaschen Zinkoxyd, obgleich geringere Mengen als es Cadmiumoxyd enthält, wenn dieses vom Blei auf gleiche Weise geschieden wird.

Trennung des Bleis vom Eisen. — Sie geschieht durch Schwefelwasserstoff aus einer sauren Lösung, wobei zu berücksichtigen ist, daſs, wenn Bleioxyd und Eisenoxyd auf diese Weise geschieden werden, letzteres dabei in Eisenoxydul verwandelt wird.

Die Trennung gelingt sehr gut durch Kochen mit essigsaurem Natron (S. 97), und auch durch kohlensaure Baryterde, deren Anwendung aber zeitraubender ist.

Trennung des Bleis vom Mangan und der Magnesia. — Auſser durch Schwefelwasserstoff können das Manganoxydul und die Magnesia wie das Cadmium (S. 158) durch Schwefelsäure mit einem kleinen Zusatz von Alkohol vom Bleioxyd getrennt werden.

Trennung des Bleis von der Thonerde. — Sie wird durch Schwefelwasserstoff so wie durch kohlensaure Baryterde ausgeführt, könnte aber auch durch Kochen mit essigsaurem Natron bewirkt werden (S. 53).

Trennung des Bleis von der Kalkerde und Strontianerde. — Sie wird durch Schwefelwasserstoff aus sauren Lösungen bewirkt.

Trennung des Bleis von der Baryterde. — Sie geschieht in Lösungen durch Schwefelwasserstoff. Sind indessen beide als schwefelsaure Salze zu untersuchen, so verfährt man so wie bei der Trennung der schwefelsauren Strontianerde von der schwefelsauren Baryterde (S. 31), nur mit dem Unterschiede, dafs man zur Trennung nur kohlensaures Ammoniak, oder die Bicarbonate von Kali und Natron anwenden darf, nicht aber die einfach-kohlensauren Alkalien; auch kann man daher sich nicht des Verfahrens bedienen, die schwefelsauren Verbindungen kochend mit einem Gemenge von schwefelsaurem und von kohlensaurem Alkali zu zersetzen, da beim Kochen die kohlensauren Alkalien etwas Bleioxyd auflösen. — In Lösungen fällt man Bleioxyd und Baryterde durch ein Gemenge von schwefelsaurem und von kohlensaurem Ammoniak, und verfährt so, wie es S. 32 bei der Trennung der Strontianerde von der Baryterde angeführt ist.

Trennung des Bleis von den Alkalien. — Zweckmäfsig geschieht sie durch Schwefelwasserstoff; man kann sie indessen auch durch Schwefelsäure und etwas Alkohol oder durch kohlensaures Ammoniak bewirken.

XXVI. Wismuth.

Bestimmung des Wismuths als basisches Chlorwismuth. — Die zweckmäfsigste und genauste Bestimmung des Wismuths ist, es als basisches Chlorwismuth ($BiCl^3 + 2BiO^3 + HO$) zu fällen. Dasselbe ist in Wasser und in verdünnten Säuren ganz unlöslich, und man kann das Wismuth als solches so vollständig ausfällen, dafs in der abfiltrirten Flüssigkeit nicht die geringsten Spuren davon zu entdecken sind.

Zu dieser Scheidung braucht man nur die Lösung des Wismuths in Salpetersäure mit etwas Chlorwasserstoffsäure oder besser mit Chlorammonium zu versetzen, und das Ganze mit sehr vielem Wasser zu verdünnen. Je mehr freie Säure die Lösung enthält, desto gröfser mufs die Menge des Wassers sein, um das Wismuth als basisches Chlorwismuth auszuscheiden; man kann daher die Menge des hinzuzusetzenden Wassers nicht vorher bestimmen, und es ist deshalb nöthig, den Niederschlag sich vollständig absetzen zu lassen, dann einen Theil der klaren Flüssigkeit abzugiefsen und diese mit einer neuen Menge von Wasser zu versetzen. Entsteht dadurch eine neue Trübung, so war bei der ersten Fällung nicht die hinreichende Menge Wasser angewandt.

Um daher eine zu grofse Menge von Wasser zu vermeiden, mufs man die zu untersuchende Wismuthverbindung in einer nicht zu grofsen Menge von Salpetersäure, von Chlorwasserstoffsäure oder von Königswasser lösen. Ist eine Wismuthlösung sehr verdünnt, und dabei nicht trübe, so ist jedenfalls eine sehr grofse Menge von freier Säure vorhanden, und diese mufs durch vorsichtiges Abdampfen gröfs-

tentheils entfernt werden. Besteht die freie Säure nur aus Salpetersäure, so hat man dabei keinen Verlust zu befürchten; enthielt die Lösung aber Chlorwasserstoffsäure oder Königswasser, so kann beim nicht vorsichtigen Abdampfen der freien Säure auch etwas Chlorwismuth verflüchtigt werden. Das Chlorwismuth fängt indessen erst dann an sich zu verflüchtigen, wenn von der Lösung der gröfste Theil der Chlorwasserstoffsäure abgedampft ist.

Wenn man indessen das Wismuth in einer sehr sauren Lösung bestimmen und das Zusetzen einer überaus grofsen Menge von Wasser vermeiden will, so kann man durch Ammoniak die Säure so abstumpfen, dafs die Lösung nur noch sehr schwach sauer ist, und dann nach Zusetzen von Chlorammonium mit Wasser verdünnen.

Der Niederschlag des basischen Chlorwismuths mufs auf einem gewogenen Filtrum gesammelt, und so lange mit Wasser von gewöhnlicher Temperatur, zu dem eine sehr kleine Menge von Chlorwasserstoffsäure gesetzt ist (weil durch reines Wasser dem Niederschlag etwas Chlor entzogen werden kann) ausgewaschen werden, bis das Waschwasser beim Verdampfen keinen Rückstand hinterläfst.

Man kann aus dem Gewicht des bei 100° getrockneten basischen Chlorwismuths die Menge des Wismuths berechnen.

Enthält die Wismuthlösung Schwefelsäure, und hat man das Wismuth als basisches Chlorwismuth abgeschieden, so enthält der Niederschlag eine wiewohl sehr geringe Menge von Schwefelsäure als basisch schwefelsaures Wismuthoxyd. Die Menge desselben ist aber so gering, dafs sie kaum einen Einflufs auf die Richtigkeit des Resultats haben kann, zumal das Atomgewicht des basischen Chlorwismuths von dem des schwefelsauren Wismuthoxyds nicht sehr verschieden ist. Uebrigens kann man leicht die Menge des Wismuths im basischen Chlorwismuth durch Schmelzen mit Cyankalium auf die S. 164 angeführte Weise bestimmen. — Es ist nicht möglich, die Menge des Wismuths im basischen Chlorwismuth durch Reduction vermittelst Wasserstoff in dem S. 77 abgebildeten Apparate zu bestimmen. Es verflüchtigt sich hierbei eine grofse Menge von Chlorwismuth.

Eben so ist Phosphorsäure im basischen Chlorwismuth, wenn diese Säure in der Wismuthlösung enthalten war.

Die Fällung des Wismuths als basisches Chlorwismuth ist besonders bei der Trennung des Wismuths von anderen Metallen vortheilhaft.

Bestimmung des Wismuths als Wismuthoxyd. — Gewöhnlich fällt man das Wismuthoxyd aus seiner Lösung durch kohlensaures Ammoniak; das Wismuthoxyd wird indessen durch dieses Reagens nicht ganz vollständig gefällt. Kohlensaures Kali fällt das Wismuth wie kohlensaures Ammoniak; bei Anwendung von kohlensaurem Natron bleibt etwas mehr Wismuth gelöst. Aber das durch kohlensaures Kali oder Natron gefällte Wismuthoxyd enthält nach dem Auswaschen Spuren von Alkali.

Es ist bei diesen Fällungen gleichgültig, ob das Wismuth in einer klaren verdünnten sauren Lösung, oder in einer durch Verdünnung mit Wasser milchicht gewordenen enthalten ist.

Anfangs lösen die kohlensauren Alkalien viel vom Wismuthoxyd auf; wenn aber das Ganze einige Stunden an einem warmen Orte gestanden hat, so hat sich das Wismuthoxyd bis auf sehr geringe Spuren abgesondert, welche in der abfiltrirten Flüssigkeit enthalten sind.

Der Niederschlag läfst sich gut auswaschen. Er wird nach dem Trocknen in einem Porcellantiegel bis zur dunklen Rothglühhitze geglüht. Es ist ganz unnöthig, die Temperatur bis zum Schmelzen des Oxyds zu steigern. Das Filtrum reinigt man so viel wie möglich vom Niederschlage und verbrennt es vorher für sich; die Asche wird mit einem Tropfen Salpetersäure befeuchtet, getrocknet und dann geglüht.

Um zu sehen, ob das geglühte Wismuthoxyd rein ist, kann man dasselbe in metallisches Wismuth verwandeln. Dies geschieht mit der gröfsten Leichtigkeit durch Reduction des Oxyds vermittelst Wasserstoffgas in demselben Porcellantiegel, in welchem das Oxyd geglüht ist. Man bedient sich dazu des S. 77 abgebildeten Apparates.

Ein fernerer Uebelstand bei der Fällung des Wismuthoxyds durch kohlensaure Alkalien ist, dafs der Niederschlag, auch wenn er mit einem Ueberschufs des Fällungsmittels erhitzt wird, immer basisches Chlorwismuth enthält, wenn in der Lösung Chlorwasserstoffsäure vorhanden war. Nur durch längeres Erhitzen mit Kalihydrat kann dem Wismuthoxyde das Chlor fast ganz entzogen werden. Wenn ein chlorhaltiger Niederschlag des Wismuthoxyds nach dem Trocknen bis zum Glühen erhitzt wird, so sublimirt sich ein Theil des Chlorwismuths, und es bleibt Wismuthoxyd zurück, das aber noch Chlorwismuth enthält. Wegen des angeführten Uebelstandes ist die Fällung des Wismuths als basisches Chlorwismuth unbedingt vorzuziehen.

Ist das Wismuthoxyd in einer salpetersauren Lösung enthalten, so wird sie abgedampft, und der Rückstand geglüht, wobei Wismuthoxyd zurückbleibt.

Bestimmung des Wismuths als Schwefelwismuth. — Von den meisten Oxyden pflegt man das Wismuth durch Schwefelwasserstoff zu trennen, und als Schwefelwismuth zu fällen. Eine sehr saure Lösung mufs mit Wasser verdünnt werden, wenn sie mit Schwefelwasserstoff behandelt werden soll; doch da sie durch die Verdünnung milchicht werden kann, so ist es zweckmäfsiger, die saure Lösang gleich mit einer grofsen Menge von gesättigtem Schwefelwasserstoffwasser zu versetzen.

Das Schwefelwismuth gehört zu den wenigen auf nassem Wege erzeugten Schwefelmetallen, die sich beim Trocknen und beim Erhitzen bis zu 100° nicht verändern und oxydiren. Es scheint indessen etwas Wasser zu enthalten, aber nicht mehr als 0,5 bis 0,6 Proc., welches erst bei 200° entweicht. Indessen wohl nur in seltenen Fällen kann man von der Reinheit des gefällten Schwefelwismuths so überzeugt sein, dafs man aus dem Gewicht desselben die Menge des Wismuths berechnen kann. Fast immer enthält es zu viel Schwefel, besonders wenn man es aus ziemlich sauren salpetersauren Lösungen gefällt hat. Die Salpetersäure, selbst bei ziemlich starker Verdünnung, greift schon bei gewöhnlicher Temperatur das Schwefelwismuth an, und dasselbe ist eins von den aus sauren Lösungen durch Schwefelwasserstoffgas fällbaren Schwefelmetallen, welche leicht durch oxydirende Säuren zersetzt werden. Man darf deshalb das gefällte Schwefelwismuth nur dann filtriren, wenn die Flüssigkeit stark nach Schwefelwasserstoff riecht.

Man mufs daher in dem erhaltenen Schwefelwismuth die Menge des Wismuths bestimmen. Es kann dies nicht dadurch geschehen, dafs man das Schwefelwismuth, wie andere Schwefelmetalle, in Wasserstoff glüht. Das Schwefelwismuth wird durch Wasserstoffgas bei erhöhter Temperatur zu metallischem Wismuth reducirt, aber so langsam, dafs man auf diese Weise nicht die Menge des Metalls bestimmen kann.

Gewöhnlich behandelt man das Schwefelwismuth mit Salpetersäure, und fällt aus der salpetersauren Lösung das Wismuthoxyd nach einer der oben erwähnten Methoden.

Auf eine leichtere Weise verwandelt man das Schwefelwismuth in Wismuthoxyd, wenn man es im lufttrocknen Zustand in einem kleinen Porcellantiegel mit etwas starker Salpetersäure beträufelt, und dadurch oxydirt. Das Filtrum wird vorher vorsichtig verbrannt. Man erhitzt, bis das Ganze trocken geworden ist, glüht erst vorsichtig über einer einfachen Lampe, und dann über einem kleinen Gebläse. Die Schwefelsäure wird dadurch gänzlich verflüchtigt, und das Wismuthoxyd bleibt im geschmolzenen Zustand zurück. Man mufs sich hüten, die Schwefelsäure durch Hinzufügung von kohlensaurem Ammoniak während des Glühens leichter verjagen zu wollen; es wird dadurch Wismuthoxyd reducirt.

Man bestimmt im Schwefelwismuth die Menge des Wismuths auch sehr leicht durch Schmelzen mit Cyankalium, wie dies weiter unten erörtert wird.

Das Wismuthoxyd kann auch durch Schwefelammonium in alkalisch gemachten Lösungen in Schwefelwismuth verwandelt werden, das in Schwefelammonium nicht löslich ist. Wenn auch durch die Uebersättigung mit Ammoniak oder einem andern Alkali das Wismuthoxyd schon gefällt wird, so wird dasselbe doch vollständig durch Schwefelammonium in Schwefelwismuth verwandelt. Man bestimmt in diesem das Wismuth wie in dem aus sauren Lösungen gefällten Schwefelwismuth.

Bestimmung des Wismuths durch Schmelzen seiner Verbindungen mit Cyankalium. — Diese Reduction wird ganz auf dieselbe Weise ausgeführt, wie die des Bleioxyds und seiner Verbindungen mit Cyankalium (S. 157). Man erhält aus dem Wismuthoxyde das Metall gewöhnlich als eine grofse zusammengeschmolzene Kugel, und nur eine sehr geringe Menge als pulverförmiges schwarzes Wismuth. Wenn die Glasur des Tiegels angegriffen ist, so verfährt man so wie es S. 157 erwähnt ist. Bei der Reduction des basischen Chlorwismuths erhält man eben so genaue Resultate, wie bei der Reduction des Wismuthoxyds. Diese Reduction ist besonders anzurathen, wenn das basische Chlorwismuth aus Lösungen gefällt ist, die Schwefelsäure und Phosphorsäure enthalten. Das Schwefelwismuth erfordert zur Reduction ein längeres Schmelzen bei stärkerer Hitze als die oxydirten Verbindungen des Wismuths. Schmelzt man zu kurze Zeit und bei schwächerer Hitze, so erhält man neben einem Metallregulus ein schwarzes Pulver, das aus metallischem Wismuth und Schwefelwismuth besteht und welches man durch nochmaliges Schmelzen mit Cyankalium vollständig in Wismuth verwandelt. Bei längerem Schmelzen aber vereinigt sich gewöhnlich alles zu einem grofsen metallischen Korne und man erhält fast kein schwarzes Pulver. Nachdem man Wasser auf die geschmolzene Masse gegossen hat, giefst man die Lösung möglichst schnell von dem reducirten Wismuth ab, wäscht es mit verdünntem und endlich mit concentrirtem Alkohol ab und wägt es nach dem Trocknen. Beim Schmelzen des Cyankaliums mit Schwefelwismuth findet ein Sprützen statt, weshalb man einen concaven Porcellandeckel anwenden mufs.

Trennung des Wismuths vom Blei. — Dieselbe kann nicht durch Kalihydrat bewirkt werden. Selbst wenn man die Oxyde längere Zeit mit einem Ueberschufs von Kalihydrat kocht, so enthält das Wismuthoxyd eine bedeutende Menge von Bleioxyd, das durch ein erneutes Kochen mit Kalilösung nicht aufgelöst werden kann.

Wegen der Schwerlöslichkeit des Chlorbleis kann das Wismuth von demselben nicht als basisches Chlorwismuth geschieden werden. Eine zweckmäfsige Trennung beider Metalle ist folgende: sind die Oxyde beider Metalle in einer verdünnten sauren Lösung enthalten, so wird dieselbe durch Abdampfen zu einem geringeren Volum gebracht und so viel Chlorwasserstoffsäure hinzugefügt, dafs alles Wismuthoxyd dadurch gelöst wird, das Bleioxyd aber zum Theil als Chlorblei abgeschieden wird. Man kann die Menge der hinzuzufügenden Chlorwasserstoffsäure am besten auf die Weise bestimmen, dafs man nach dem Zusetzen derselben das Ganze sich absetzen läfst, eine geringe Menge der klaren Flüssigkeit abgiefst und mit Wasser prüft. Trübt sie sich schon nach dem Zusetzen der ersten Tropfen Wasser, so mufs man noch etwas mehr Chlorwasserstoffsäure hinzufügen, bis erst durch etwas mehr Wasser eine bleibende Trübung erfolgt; die geprüften Flüssigkeiten werden zu dem Ganzen hinzugefügt und die Gläser mit Alkohol ausgespült. Man setzt nun verdünnte Schwefelsäure hinzu, und läfst das Ganze unter öfterem Umrühren einige Zeit stehen, damit das Chlorblei sich in schwefelsaures Bleioxyd verwandeln kann, fügt dann etwas Alkohol (vom spec. Gewicht 0,8) hinzu, rührt gut um, und läfst alles längere Zeit stehen, damit das schwefelsaure Bleioxyd sich gut absetzt. Dasselbe wird filtrirt und zuerst mit Alkohol, zu welchem eine sehr geringe Menge von Chlorwasserstoffsäure hinzugefügt ist, und darauf mit reinem Wasser ausgewaschen. Es wird auf die S. 155 angegebene Weise seinem Gewichte nach bestimmt. — Von der vom schwefelsauren Bleioxyd getrennten Flüssigkeit braucht man nicht den Alkohol abzudunsten; man versetzt sie mit einer grofsen Menge Wasser und fällt dadurch das Wismuth als basisches Chlorwismuth. Da dasselbe in diesem Falle eine geringe Menge von Schwefelsäure enthält, so bestimmt man darin die Menge des Wismuths durch Schmelzen mit Cyankalium (S. 164).

Diese Methode der Trennung giebt genaue Resultate. Man mufs sich hüten, eine zu grofse und unnöthige Menge von Chlorwasserstoffsäure hinzuzufügen, durch welche etwas schwefelsaures Bleioxyd aufgelöst werden könnte.

Eine andere Methode der Trennung, die beiden Metalle als Chloride durch wasserfreien Alkohol zu scheiden, giebt nicht so gute Resultate. Nach dieser löst man die Metalle oder deren Oxyde in Salpetersäure auf, die mit möglichst wenigem Wasser verdünnt ist. Das Wasser ganz wegzulassen, geht nicht an, weil die Metalle und deren Oxyde nicht vollständig durch die concentrirte Säure aufgelöst werden. Zu der salpetersauren Lösung setzt man etwas mehr Chlorwasserstoffsäure, als nöthig ist, um die Oxyde vollständig in Chlormetalle zu verwandeln. Dann fügt man wasserfreien Alkohol hinzu, wodurch Chlorblei ungelöst sich abscheidet und Chlorwismuth aufgelöst wird. Das Chlorblei läfst man sich vollständig setzen, wäscht es auf einem gewogenen Filtrum mit wasserfreiem Alkohol aus, und trocknet es bei 100°. Zu der alkoholischen Lösung des Chlorwismuths fügt man viel Wasser, um das Wismuth als basisches Chlorwismuth zu fällen. — Das abgeschiedene Chlorblei kann leicht etwas Chlorwismuth enthalten. Statt des wasserfreien Alkohols darf man nicht ätherhaltigen

Alkohol anwenden, weil in diesem das Chlorblei nicht so unlöslich zu sein scheint, als in wasserfreiem Alkohol und als selbst in einem Alkohol vom spec. Gew. 0,8.

Bleioxyd und Wismuthoxyd als salpetersaure Salze vermittelst Alkohol zu trennen, gelingt nicht, weil das salpetersaure Bleioxyd selbst im stärksten Alkohol nicht vollständig unauflöslich ist.

Man kann die Oxyde beider Metalle durch kohlensaure Baryterde trennen. Auch wenn die Lösung Chlorwasserstoffsäure enthält, wird durch kohlensaure Baryterde das Wismuth vollständig gefällt. Dessen ungeachtet giebt die Methode nicht sehr genaue Resultate.

Ullgren empfiehlt folgende Trennung beider Oxyde: Man fällt sie beide aus der Lösung durch kohlensaures Ammoniak, löst die Fällung in Essigsäure auf und stellt in die Lösung ein Stück gewogenes, reines, ausgewalztes metallisches Blei, so dafs dasselbe vollständig von der Flüssigkeit bedeckt wird und dadurch vor dem Zutritt der Luft geschützt ist. Das Gefäfs wird verschlossen, und bleibt einige Stunden stehen. Das Blei scheidet das Wismuth metallisch aus. Sobald die Ausscheidung aufgehört hat, wird das auf dem Blei sitzende Wismuth abgespült, der Bleistreifen getrocknet und gewogen. Das Wismuth wird auf ein Filtrum genommen, mit gekochtem und wieder erkaltetem Wasser gewaschen, in Salpetersäure gelöst, und aus der Lösung entweder durch kohlensaures Ammoniak gefällt, oder durch Glühen der trocknen Masse gewonnen. Die Bleilösung wird mit kohlensaurem Ammoniak gefällt, der Niederschlag geglüht und gewogen. (Der Gewichtsverlust des metallischen Bleis weist nach, wie viel Bleioxyd in die Lösung übergegangen ist.)

Sind Blei und Wismuth in metallischem Zustand zu trennen, so kann die Trennung auf die Weise ausgeführt werden, dafs man über die erhitzte Legirung Chlorgas leitet, wodurch Chlorwismuth abdestillirt werden kann, und Chlorblei zurückbleibt. Wendet man dabei eine zu starke Hitze an, so kann etwas Chlorblei verflüchtigt werden; ist aber die angewandte Hitze zu schwach, so wird nicht alles Chlorwismuth verflüchtigt. Das Chlorwismuth wird in Wasser geleitet, welches so viel Chlorwasserstoffsäure enthält, dafs alles Chlorwismuth aufgelöst bleibt; man vermeidet jedoch einen zu grofsen Ueberschufs dieser Säure. Aus dieser Lösung fällt man das Wismuth durch vieles Wasser als basisches Chlorwismuth.

Trennung des Wismuths vom Cadmium. — Die sicherste Trennung ist die, dafs man zu der salpetersauren Lösung beider Oxyde Chlorwasserstoffsäure setzt und viel Wasser hinzufügt, um das Wismuth als basisches Chlorwismuth zu fällen. In der abfiltrirten Flüssigkeit ist alles Cadmiumoxyd, das durch Schwefelwasserstoff abgeschieden werden kann.

Man trennt durch Cyankalium beide Oxyde, wie man Bleioxyd von Cadmiumoxyd trennt (Fresenius und Haidlen).

Die Trennung könnte vielleicht auch durch Ammoniak bewirkt werden, welches das Cadmiumoxyd leicht auflöst, das Wismuth hingegen nicht.

Trennung des Wismuths vom Nickel und Kobalt. — Die Trennung geschieht in der salpetersauren Lösung leichter und zweckmäßiger, wenn man das Wismuthoxyd als basisches Chlorwismuth abscheidet, als wenn man durch die saure Lösung Schwefelwasserstoff leitet, und das Wismuth als Schwefelwismuth fällt.

Trennung des Wismuths vom Zink. — Wenn man in der sauren Lösung der Oxyde beider Metalle die Trennung durch Schwefelwasserstoff bewirken will, so muß die Lösung mit einer hinreichenden Menge einer starken Säure versetzt werden, um eine theilweise Fällung von Schwefelzink zu verhindern. Weit zweckmäßiger ist es, das Wismuth als basisches Chlorwismuth zu fällen; das Zinkoxyd wird dadurch ganz vollständig geschieden und bleibt in der Lösung.

Die Trennung kann auch durch Cyankalium bewirkt werden, wie die des Bleis vom Cadmium (S. 158) und Zink.

Trennung des Wismuths vom Eisen. — Vom Eisenoxyd kann das Wismuth nicht vollständig geschieden werden, wenn man letzteres als basisches Chlorwismuth fällt; die Trennung muß daher durch Schwefelwasserstoff bewirkt werden.

Trennung des Wismuths vom Mangan, den Erden und den Alkalien. — Am zweckmäßigsten geschieht die Abscheidung des Wismuths von diesen Basen als basisches Chlorwismuth, als welches es indessen von der Thonerde nicht vollständig getrennt wird. Die Scheidung wird in diesem Falle durch Schwefelwasserstoff bewirkt, ein Verfahren, das auch bei der Abscheidung der andern Basen vom Wismuth angewandt werden kann.

XXVII. Uran.

Bestimmung des Urans als Uranoxyd-Oxydul und Uranoxydul. — Das Uranoxyd wird aus seinen Lösungen vollständig durch Ammoniak niedergeschlagen. Der gelbe Niederschlag, der noch Ammoniak und Wasser enthält, darf nicht mit reinem Wasser ausgewaschen werden, weil dann das Waschwasser trübe durchs Filtrum geht, eine gelbliche Milch bildend, sondern mit einer verdünnten Lösung von Chlorammonium. Bei der Fällung verfährt man am besten so, daß man die kochende Uranlösung schwach mit Ammoniak übersättigt, und heiß filtrirt; das Filtriren und Auswaschen darf nicht unterbrochen werden. Nach dem Auswaschen und Trocknen wird der Niederschlag geglüht; er verwandelt sich dadurch unter Verlust von Wasser, Ammoniak und Sauerstoff in Uranoxyd-Oxydul ($UO+UO^2$)*). Sicherer ist es aber, das Uranoxyd durch Glühen in einer Atmosphäre von Wasserstoffgas in Uranoxydul zu verwandeln. Man bedient sich dazu des S. 77 abgebildeten Apparats. Man muſs stark glühen und besonders darauf sehen, daſs das Oxydul nicht während des Erkaltens Sauerstoff anziehen kann. Ist die Menge des Uranoxyds bedeutend, so ist es oft schwer möglich, die untere Schicht im Tiegel vollständig in Oxydul zu verwandeln. Man muſs dann mehrmal glühen, nachdem man vorher umgerührt hat, oder den Versuch in einer Kugelröhre anstellen, in welcher man durch Schütteln alle Theile des Oxyds in Berührung mit Wasserstoff bringen kann.

Hat man das Oxydul nicht stark geglüht, so kann es sich nach dem gänzlichen Erkalten pyrophorisch an der Luft entzünden.

Ist das Uranoxyd in Chlorwasserstoffsäure oder in Salpetersäure aufgelöst, und enthält die Lösung keine feuerbeständigen Bestandtheile, so dampft man sie, zuletzt bei sehr gelinder Hitze, ab, glüht den trocknen Rückstand erst schwach, und später unter Wasserstoff stärker. Wird der aus einer chlorwasserstoffsauren Lösung erhaltene Rückstand plötzlich stark geglüht, so können Spuren von basischem Uranchlorid sich verflüchtigen.

Ist in einer Lösung, aus welcher das Uranoxyd gefällt werden soll, ein feuerbeständiges Alkali, oder eine alkalische Erde enthalten, so wird durch Ammoniak zugleich mit dem Uranoxyd viel von dem Alkali und der alkalischen Erde niedergeschlagen. In diesen Uranoxyd-Verbindungen wird das Uranoxyd beim Glühen nicht in Oxyd-Oxydul verwandelt; sie behalten nach dem Glühen eine braungelbe Farbe. Wie das Uranoxyd von diesen starken Basen getrennt wird, ist weiter unten erörtert.

Fällung des Uranoxyds durch Schwefelammonium. Man kann das Uranoxyd vollständig aus seinen Lösungen in Säuren, auch bei Gegenwart von vielen ammoniakalischen Salzen, durch Schwefelammonium niederschlagen. Aber aus den Lösungen des Urans in kohlensaurem Ammoniak oder in kohlensaurem Kali oder Natron wird dasselbe durch Schwefelammonium nicht gefällt. Der Niederschlag ist schwarz; wendet man einen groſsen Ueberschuſs des Schwefelammoniums an, in welchem der Niederschlag nicht löslich ist, so kann er braun und blutroth werden. Der Niederschlag läſst sich gut filtriren und aus-

---

*) Das Uranoxyd-Oxydul hat zwar nach Péligot nicht immer dieselbe Zusammensetzung, wohl aber nach Rammelsberg, wenn man das Uranoxyd im Platintiegel beim Zutritt der Luft glüht, noch während des Glühens den Tiegel gut bedeckt, und ihn so erkalten läſst.

waschen, wenn man zum Auswaschen Wasser anwendet, zu welchem etwas Schwefelammonium und Chlorammonium hinzugefügt ist.

Der durch Schwefelammonium erzeugte Niederschlag besteht wesentlich aus Uranoxydul und enthält kein Schwefeluran; wenn er durch ein grofses Uebermaafs von Schwefelammonium gefällt ist, so kann er Schwefelammonium enthalten.

Nach dem Trocknen röstet man den Niederschlag, weil er etwas Schwefel enthalten kann, und glüht das Geröstete in einem Strome von Wasserstoffgas in dem S. 77 abgebildeten Apparate, wobei man wie beim Glühen des Uranoxyds eine starke Hitze anwenden muſs. Man erhält dann reines Uranoxydul. Enthielt die Lösung viel Kalisalze oder Salze anderer feuerbeständigen sehr starken Basen, so können Kali oder andere Basen im Niederschlage enthalten sein.

Trennung des Urans vom Wismuth, Blei und Cadmium. — Sie geschieht dadurch, daſs man durch die saure Lösung der Oxyde Schwefelwasserstoff leitet. Aus der von den Schwefelmetallen getrennten Flüssigkeit kann das Uran durch Ammoniak oder durch Schwefelammonium gefällt werden.

Die Trennung des Uranoxyds von den Oxyden der genannten Metalle, so wie überhaupt von allen Metalloxyden, welche aus ihren Lösungen vollständig durch Schwefelammonium als Schwefelmetalle gefällt werden können, kann sehr gut auf die Weise bewerkstelligt werden, daſs man die Lösung mit kohlensaurem Ammoniak im Ueberschuſs versetzt und Schwefelammonium hinzufügt. Alle Oxyde, welche durch Schwefelammonium in Schwefelmetalle verwandelt werden, setzen sich als solche ab, während das in Uranoxydul verwandelte Uranoxyd sich im kohlensauren Ammoniak auflöst. Man läſst die Schwefelmetalle in einem bedeckten Glase sich absetzen, und bringt sie nicht eher auf das Filtrum, als bis das gelöste Uran durch Decantiren mit Wasser, zu welchem man etwas Schwefelammonium und kohlensaures Ammoniak hinzufügt, fast vollständig ausgewaschen ist. Aus der filtrirten Flüssigkeit wird das kohlensaure Ammoniak durch Erhitzen, das Schwefelammonium durch Chlorwasserstoffsäure entfernt, sodann durch Salpetersäure das Uranoxydul in Oxyd verwandelt, und dieses durch Ammoniak gefällt. Das Uranoxyd wird darauf durch Glühen in Uranoxydul verwandelt. — Die Schwefelmetalle werden auf die Weise, wie es beim Schwefel beschrieben ist, oxydirt und dann nach beschriebenen Methoden getrennt.

Trennung des Urans vom Nickel, Kobalt und Zink. — Sie kann durch Schwefelammonium und kohlensaures Ammoniak bewirkt werden, wie die vom Wismuth, Blei und Cadmium, wobei nur zu bemerken ist, daſs sich das Schwefelnickel durch Schwefelammonium nicht gut abscheidet, wenn es nicht mit andern Schwefelmetallen gemengt ist (S. 137). — Die Trennung vom Nickel und Kobalt kann auch durch kohlensaure Baryterde geschehen, und zwar aus chlorwasserstoffsauren Lösungen besser als aus schwefelsauren. — Die Abscheidung des Schwefelzinks hat Schwierigkeiten, da dasselbe sehr leicht beim Filtriren die Poren des Filtrums verstopft. Ist es indessen mit andern Schwefelmetallen gemengt, so ist dies nicht der Fall. Jedenfalls mufs man das Schwefelzink sich gut absetzen lassen.

Nach Ebelmen fällt man entweder die Oxyde mit einfach-kohlensaurem Kali in geringem Ueberschufs, oder auch das Kobalt- und Nickeloxyd gemeinschaftlich mit Uranoxyd durch Kalihydrat, und digerirt den gewaschenen Niederschlag mit zweifach-kohlensaurem Kali, filtrirt, und wäscht in beiden Fällen so lange aus, als noch die Flüssigkeit von Uranoxyd gelblich gefärbt durchs Filtrum geht.

Nach Berzelius kann die Trennung auch auf folgende Weise geschehen: Die Oxyde werden in Salpetersäure oder in Essigsäure gelöst, die Lösung, da sie mehr oder weniger freie Säure enthält, nicht mit neutralem, sondern mit basisch-essigsaurem Bleioxyd vermischt, wodurch das Uranoxyd mit Bleioxyd verbunden, gefällt wird. Der Niederschlag wird mit verdünnter Schwefelsäure behandelt (wozu man wohl eine geringe Menge von Alkohol hinzufügen kann) die Uranoxydlösung mit Ammoniak gefällt, oder besser bis zur Trocknifs abgedampft. Aus der vom uransauren Bleioxyd abfiltrirten Flüssigkeit fällt man das Bleioxyd durch verdünnte Schwefelsäure, und die noch gelösten Spuren desselben mit Schwefelwasserstoff, worauf die übrigen Metalloxyde bestimmt werden.

Zweckmäfsiger geschieht die Trennung des Urans vom Nickel, Kobalt und Zink auf die Weise, dafs man die Lösung mit Ammoniak so lange versetzt, als noch kein bleibender Niederschlag entsteht, und sie nur noch sehr schwach sauer ist. Man fügt dann essigsaures Ammoniak hinzu, und sättigt die Lösung mit Schwefelwasserstoff, wodurch Nickel, Kobalt und Zink als Schwefelmetalle gefällt werden, während das Uran gelöst bleibt.

Die Methoden von Ebelmen, nach welcher das Uranoxyd auch vom Kali getrennt werden mufs, und die von Berzelius stehen offenbar dieser Trennung, so wie der durch Schwefelammonium und kohlensaures Ammoniak an leichter Ausführung und Genauigkeit nach.

Trennung des Urans vom Eisen. — Die gewöhnliche Trennung geschieht durch kohlensaures Ammoniak. Man nimmt einen Ueberschufs von letzterem, durch welchen mit dem Uranoxyd eine bedeutende Menge vom Eisenoxyd aufgelöst werden kann. Läfst man indessen das Ganze bei gewöhnlicher Temperatur längere Zeit (24 bis 48 Stunden) stehen, so scheidet sich das gelöste Eisenoxyd als ockergelber Niederschlag ab.

Zweckmäsiger ist folgende Trennung: Aus der Lösung, in welcher keines der beiden Metalle auf einer niedrigeren Oxydationsstufe enthalten sein darf, werden die Oxyde durch Ammoniak gefällt. Der Niederschlag läfst sich besser auswaschen als Uranoxyd allein, besonders wenn viel Eisenoxyd zugegen ist. Nach dem Glühen werden die Oxyde in dem S. 77 beschriebenen Apparate durch Wasserstoff bei starker Hitze so lange geglüht, bis keine Gewichtsabnahme mehr erfolgt. Das Uran ist dadurch zu Oxydul, das nach starkem Glühen unlöslich in verdünnter Chlorwasserstoffsäure ist, und das Eisenoxyd zu Metall reducirt. Nach dem Erkalten wird das Gemenge mit verdünnter Chlorwasserstoffsäure behandelt, wodurch das Eisen aufgelöst wird; das Uranoxydul wird wiederum in Wasserstoff geglüht, und nach dem völligen Erkalten gewogen. In der Lösung wird das Eisen zu Oxyd oxydirt, und durch Ammoniak gefällt.

Aber auch dieser Methode ist in den meisten Fällen die vorzuziehen, die Lösung der Metalle nach der Neutralisation durch Ammoniak mit Schwefelammonium und kohlensaurem Ammoniak zu behandeln.

Trennung des Urans vom Mangan. — Sie geschieht am zweckmäfsigsten durch Schwefelammonium und kohlensaures Ammoniak.

Trennung des Urans von den Ceroxyden. — Sie geschieht in der schwach sauren Lösung durch schwefelsaures Kali; auch kann sie durch Oxalsäure bewirkt werden.

Trennung des Urans von der Yttererde. — Die Yttererde kommt gemeinschaftlich mit Uranoxyd in mehreren seltenen Mineralien vor. Die Trennung beider gelingt durch Oxalsäure; nur mufs man nach Fällung der Yttererde das Ganze nicht sehr lange stehen lassen, weil sich dann etwas schwerlösliches oxalsaures Uranoxyd absetzen könnte.

Die Trennung der Yttererde vom Uranoxyd durch kohlensaure Baryterde giebt ungenaue Resultate.

Trennung des Urans von der Beryllerde und Thonerde. — Sie geschieht durch Kalihydrat, von der Beryllerde bei gewöhnlicher Temperatur, von der Thonerde beim Erhitzen. Das gefällte Uranoxyd enthält Kali, von dem es, wie weiter unten gezeigt wird, getrennt werden mufs. Ob die Trennung genaue Resultate giebt, ist durch Versuche noch nicht festgestellt.

Von der Thonerde kann das Uranoxyd wie das Eisenoxyd durch kohlensaures Ammoniak geschieden werden.

Trennung des Urans von der Magnesia. — Man fügt zu der Lösung, wenn sie nicht sauer ist, Chlorammonium, bringt sie zum Sieden, übersättigt sie während des Kochens vorsichtig mit Ammoniak, und erhitzt so lange, bis der Geruch von freiem Ammoniak nur schwach noch zu erkennen ist. Das gefällte Uranoxyd wird, wie oben S. 168

angegeben ist, behandelt. Aus der abfiltrirten Flüssigkeit fällt man die Magnesia durch phosphorsaures Natron. Das Uranoxyd wird durch starkes Glühen in Wasserstoff in Oxydul verwandelt. Ist man nicht sorgsam bei der Fällung des Uranoxyds gewesen, hat man nicht lange genug die Lösung mit Ammoniak gekocht, so kann das Uranoxyd eine Spur von uransaurer Magnesia enthalten, welche leicht durch verdünnte Chlorwasserstoffsäure nach der Reduction mit Wasserstoff ausgezogen werden kann. Jedenfalls gehört die Magnesia zu den stark basischen Oxyden, die noch durch Ammoniak von dem Uranoxyd getrennt werden können.

Trennung des Urans von der Kalkerde. — Man versetzt die Lösung mit Schwefelsäure, und fügt das $1\frac{1}{2}$fache Volum von Alkohol hinzu, wodurch die Kalkerde als schwefelsaure gefällt wird. Man läfst das Ganze längere Zeit stehen, und wäscht den Niederschlag mit Wasser aus, zu dem das $1\frac{1}{2}$fache Volum von Alkohol hinzugefügt ist. Nach Verdampfen des Alkohols wird das Uranoxyd durch Ammoniak gefällt oder auch durch Abdampfen erhalten.

Ist die Lösung der Kalkerde und des Uranoxyds sauer, so wird der Ueberschufs der Säure vor dem Fällen vermittelst Schwefelsäure durch Abdampfen entfernt.

Nach Ebelmen kann die Trennung auf die Weise bewirkt werden, dafs man die Lösung der Oxyde in Chlorwasserstoffsäure bis zur Trocknifs abdampft, und die trockne Masse in Wasserstoff glüht. Aus der geglühten und erkalteten Masse löst Wasser Chlorcalcium auf, während Uranoxydul zurückbleibt. Der Versuch gelingt indessen nur, wenn man die Verbindung des Uranoxyds mit der Kalkerde mit Chlorammonium mengt und das Gemenge in Wasserstoffgas glüht, wobei man sich des S. 77 abgebildeten Apparates bedient. Glüht man das Gemenge der Verbindung mit Chlorammonium stark beim Zutritt der Luft, so verflüchtigt sich etwas basisches Uranchlorid, was in einer Atmosphäre von Wasserstoff nicht stattfindet, jedoch darf man auch in diesem Falle das Gemenge plötzlich nicht sehr stark erhitzen.

Trennung des Urans von der Strontianerde. — Diese geschieht vollkommen, so wie die Trennung von der Kalkerde, nur wendet man zur Fällung der schwefelsauren Strontianerde einen verdünnteren Alkohol an. Man fügt zur Lösung nur das halbe Volum von Alkohol, und läfst das Ganze längere Zeit stehen.

Trennung des Urans von der Baryterde. — Die Trennung geschieht durch Schwefelsäure. Die geglühte Verbindung des Uranoxyds mit der Baryterde kann auf ähnliche Weise zerlegt werden, wie die mit der Kalkerde.

Trennung des Urans von den Alkalien. — Von diesen kann man das Uranoxyd nicht durch Ammoniak trennen, das man im Ueber-

schufs hinzufügt; es wird dadurch nur der Ueberschufs von Alkali vom uransauren Alkali geschieden. Das uransaure Alkali, das nach dem Glühen eine hellgelbe Farbe hat, wird nach dem Mengen mit Chlorammonium in Wasserstoffgas vorsichtig geglüht. Glübt man plötzlich das Gemenge stark, so verflüchtigt sich etwas Uran als basisches Uranchlorid und auch etwas des alkalischen Chlormetalles, was nicht der Fall ist, wenn man nicht eine zu starke Hitze anwendet. Aus der geglühten Masse wird durch Wasser das Alkali vollständig als Chlormetall ausgezogen; das ungelöste Uranoxydul enthält kein Alkali.

Die Trennung wird auch auf die Weise stattfinden können, dafs man in der möglichst neutralen oder mit Ammoniak neutralisirten Lösung das Uran mit Schwefelammonium fällt, und in der abfiltrirten Lösung die Alkalien bestimmt.

XXVIII. Kupfer.

Bestimmung des Kupfers als Schwefelkupfer. — Die zweckmäfsigste Bestimmung des Kupferoxyds in seinen Lösungen, dieselben mögen neutral oder sauer sein, ist die, dafs man dasselbe durch Schwefelwasserstoffgas als Schwefelkupfer fällt. Das gefällte Schwefelkupfer setzt sich bald ab, und kann schnell filtrirt werden, nur mufs man darauf sehen, dafs die Flüssigkeit mit Schwefelwasserstoff gesättigt ist. Das Auswaschen des Niederschlags, das in kurzer Zeit vollendet sein kann, geschieht mit sehr verdünntem Schwefelwasserstoffwasser. Das Filtriren und Auswaschen des Niederschlags darf nicht unterbrochen werden.

Das feuchte Schwefelkupfer oxydirt sich sehr leicht an der Luft, und es ist daher nicht möglich, aus dem Gewicht des getrockneten Niederschlags das des Kupfers zu berechnen. Nach dem Trocknen verbrennt man das Filtrum, und glüht den Niederschlag mit der Asche nach Zusatz von etwas Schwefelpulver in Wasserstoff in dem S. 77 abgebildeten Apparate. Man erhält das Schwefelkupfer Cu^2S*).

Das Schwefelkupfer wird auch aus neutralen und ammoniakalischen Lösungen durch Schwefelammonium gefällt. Es ist indessen vorzuziehen, das Kupfer aus angesäuerten Lösungen durch Schwefelwasserstoff zu fällen, weil besonders bei Gegenwart von gewissen Schwefelmetallen, die in Schwefelammonium löslich sind, das Schwefelkupfer nicht unlöslich in einem Ueberschufs von Schwefelammonium ist. Wenn diese Substanzen indessen fehlen, so ist das Schwefelkupfer in Schwefel-

---

*) Sonst bestimmte man den Kupfergehalt in dem durch Schwefelwasserstoff gefällten Schwefelkupfer, indem man dasselbe so wie auch die Asche des Filtrums durch Salpetersäure oder durch Königswasser oxydirte, und aus der oxydirten Lösung das Kupfer durch Kalihydrat fällte.

ammonium unlöslich. Das durch Schwefelammonium gefällte Schwefelkupfer wird auf dieselbe Weise behandelt, wie das durch Schwefelwasserstoff gefällte.

In einer Menge von festen Verbindungen des Kupfers kann man den Kupfergehalt leicht bestimmen, wenn man sie mit Schwefelpulver gemengt in Wasserstoff glüht. Sie werden dadurch alle in das Schwefelkupfer Cu^2S verwandelt. Auf diese Weise kann der Kupfergehalt bestimmt werden in allen Oxyden des Kupfers, in den Verbindungen des Kupferoxyds mit Schwefelsäure, Kohlensäure und andern flüchtigen Säuren. Die Kupferoxydsalze müssen zuvor von ihrem Wassergehalt durch Erhitzen befreit werden. Die salpetersauren Verbindungen müssen vorher geglüht sein. Man erhält auf diese Weise die genauesten Resultate. Nur Chlor (so wie Brom und Jod) darf in der zu untersuchenden Verbindung nicht enthalten sein; das Kupferchlorür widersteht der Zersetzung durch Schwefel und bildet eine Verbindung mit Schwefelkupfer, die auch durch Erhitzen in Wasserstoff nicht zersetzt wird.

Man hat vorgeschlagen, das Kupferoxyd aus seinen Lösungen statt durch Schwefelwasserstoff durch Kochen mit einer Lösung von unterschwefligtsaurem Natron als Schwefelkupfer zu fällen. Da aber bei einem bedeutenden Uebermaafs von unterschwefligtsaurem Natron durch Kochen gar kein Schwefelkupfer gefällt wird, weil das Kupfer ein Doppelsalz mit dem unterschwefligtsauren Natron bildet, so ist die Anwendung desselben zu verwerfen.

Bestimmung des Kupfers als Kupferoxyd. — Die gewöhnlichste Methode, das Kupferoxyd in seinen Lösungen zu bestimmen, ist, es durch Kali- oder Natronhydrat zu fällen. Die Kupferlösung wird in einer Porcellan- oder besser in einer Platinschale vorsichtig zum Kochen gebracht und dann mit der Lösung des Alkalihydrats in einem kleinen Ueberschufs versetzt, wodurch das Kupferoxyd als ein braunschwarzer Niederschlag gefällt wird. Dasselbe ist schwer auszuwaschen; das Auswaschen mufs mit heifsem Wasser geschehen. Nach dem Trocknen wird der Niederschlag geglüht, was in einem Platintiegel geschehen kann, in welchem auch zuvor das Filtrum verbrannt ist. Wendet man beim Glühen eine sehr starke Hitze an, so verliert das Oxyd Sauerstoff, und verwandelt sich zum Theil in Kupferoxydul, das, wenn die Menge nicht bedeutend ist, beim schwächeren Glühen beim vollständigen Zutritt der Luft sich wieder zu Oxyd oxydiren kann. Das Kupferoxyd zieht leichter als andere ähnliche Oxyde Wasser aus der Luft an, und mufs daher beim Wägen gegen Feuchtigkeit geschützt werden.

Wendet man bei der Fällung des Kupferoxyds einen grofsen Ueberschufs von Alkalihydrat an, so bleibt etwas Kupferoxyd auch beim

Kochen gelöst. Kleine Mengen von Kupferoxyd können durch grofse Mengen von Alkalihydrat gar nicht gefällt werden (Th. I, S. 307).

Bei genauen Untersuchungen mufs das geglühte Kupferoxyd nach dem Wägen mit heifsem Wasser ausgezogen werden, welches aus demselben oft eine sehr geringe Menge von Alkali ausziehen kann. Es wird darauf wiederum getrocknet, geglüht und gewogen.

Das Verfahren, das Kupferoxyd aus seinen Lösungen durch Alkalihydrat zu fällen, giebt nicht so genaue Resultate, und ist umständlicher, als die Bestimmung des Kupfers als Schwefelkupfer.

Das Kupferoxyd kann aus seinen Lösungen nicht so vollständig durch kohlensaures Kali und Natron gefällt werden, als durch Alkalihydrat. Es bleibt bei der Fällung etwas Kupferoxyd gelöst, das erst erhalten werden kann, wenn die Flüssigkeit bis zur Trocknifs abgedampft, und der Rückstand gelinde geglüht wird.

Ist das Kupferoxyd, mit Salpetersäure verbunden, in einer Lösung enthalten, und finden sich in derselben keine andere feuerbeständige Substanzen, so braucht man nur das Ganze bis zur Trocknifs abzudampfen, und die trockne Masse zu glühen; es bleibt dann Kupferoxyd zurück, dessen Gewicht man bestimmt. Enthält eine Kupferlösung organische Substanzen, so wird sie bis zur Trocknifs abgedampft, und beim Zutritt der Luft geglüht, bis die Kohle der organischen Substanz so vollständig wie möglich oxydirt, und reines Kupferoxyd zurückgeblieben ist. Der Sicherheit wegen, befeuchtet man das erhaltene Kupferoxyd mit Salpetersäure, erhitzt und glüht. Zur Controle kann man das Kupferoxyd in Wasserstoff glühen, und es als metallisches Kupfer wägen.

Fällung des Kupfers als Kupferrhodanür. — Die Fällung des Kupfers als Rhodanür, von Rivot zuerst empfohlen, giebt ein sehr gutes Resultat. Die Lösung des Kupfers kann etwas aber nicht zu stark sauer sein. Man fügt zur Lösung schweflichte Säure, und läfst dieselbe entweder bei gewöhnlicher Temperatur darauf einwirken, oder unterstützt die Einwirkung durch eine gelinde Erwärmung, wodurch die Reduction beschleunigt wird. Man fügt darauf eine Lösung von Rhodankalium so lange hinzu, als noch ein weifser Niederschlag entsteht, welchen man erst nach längerer Zeit filtrirt. Einen Ueberschufs von Rhodankalium mufs man möglichst vermeiden, weil sonst Kupferrhodanür aufgelöst bleibt. Man wägt entweder den bei 100° getrockneten Niederschlag ($Cu^2 + C^2NS^2$) oder, was besser ist, man glüht ihn nach Verbrennung des Filtrums mit einem Zusatze von Schwefelpulver in Wasserstoffgas, wodurch er sich in Schwefelkupfer Cu^2S verwandelt. Man erhält zwar nicht ganz so genaue Resultate, wie durch Fällung mit Schwefelwasserstoff, denn das Kupferrhodanür ist nicht so ganz vollständig unlöslich, wie das Schwefelkupfer; man kann indessen durch Rhodankalium die meisten Oxyde vortrefflich vom Kupfer trennen und es hat dieses Verfahren noch den grofsen Vortheil, dafs man den unangenehmen Geruch des Schwefelwasserstoffs vermeidet.

Fällung des Kupfers durch Oxalsäure. — Man kann das Kupfer aus seiner neutralen Lösung durch Oxalsäure fällen, durch welche es eben so vollständig geschieden werden kann, wie durch Alkalihydrat. Man mufs den Niederschlag des oxalsauren Kupferoxyds sich lange absetzen lassen, sonst geht die Lösung nicht völlig klar durchs Filtrum. Man wäscht es mit Wasser aus, das etwas Oxalsäure enthält. Nach dem Trocknen wird es in einem Porcellantiegel geglüht, wodurch es sich in metallisches Kupfer verwandelt; es ist aber sicherer das Kupfer noch in Wasserstoff zu glühen.

Man darf zur Fällung nicht zweifach-oxalsaures Kali anwenden, noch weniger neutrale oxalsaure Alkalien, weil in einem Ueberschufs derselben das oxalsaure Kupferoxyd vollständig gelöst wird. Man kann daher die Bestimmung des Kupferoxyds durch Oxalsäure nur in wenigen Fällen mit Sicherheit anwenden.

Fällung des Kupfers als Kupferjodür. — Es ist oft vorgeschlagen worden, das Kupfer aus seinen Lösungen als Kupferjodür (Cu^2J) zu fällen, um aus der Menge desselben die des Kupfers zu berechnen. Man fügt zu der Kupferoxydlösung schweflichte Säure und dann eine Lösung von Jodkalium. Das Kupfer wird indessen nicht vollständig gefällt, auch ist dasselbe in Jodkalium und in alkalischen Chlormetallen löslich, so dafs man auf diese Weise nicht genaue Resultate erhalten kann.

Bestimmung des Kupfers durch Kupfer. — Wie man die Menge des Eisenoxyds in einer Lösung durch metallisches Kupfer bestimmen kann (S. 98), so kann auch die des Kupfers in Kupferoxydsalzen auf gleiche Weise gefunden werden, indem das Kupferoxyd in Oxydul verwandelt wird, wobei eben so viel Kupfer von dem hinzugesetzten metallischen Kupfer aufgelöst wird, als in dem Kupferoxyd enthalten ist.

Level hat diese Methode von Fuchs in etwas verändert. Nach ihm wird die Lösung des Kupferoxyds mit Ammoniak übersättigt. Man giefst die klare Lösung in eine Flasche, welche mit einem breiten Glasstöpsel luftdicht verschlossen werden kann, verdünnt sie mit kochendem Wasser, so dafs sie den ganzen Raum der Flasche einnimmt, bringt ein gewogenes Kupferblech hinein und verschliefst. Man setzt sie so lange bei Seite, bis die blaue Flüssigkeit vollkommen farblos geworden ist, nimmt dann das Kupferblech heraus und bestimmt seinen Gewichtsverlust, der dem Kupfergehalte der zu untersuchenden Flüssigkeit entspricht. Diese veränderte Methode hat den grofsen Vortheil, dafs man sie bei den Kupferoxydsalzen aller Säuren, auch der Salpetersäure, und natürlich auch, wenn sie freie Säure enthalten, anwenden kann, was bei der ursprünglichen Methode von Fuchs nicht der Fall ist. Dahingegen hat sie den Nachtheil, dafs sie sehr lange dauert. Enthält die Flüssigkeit ungefähr 1 Grm. Kupferoxyd und wendet man ein Kupferblech von 4 bis 5 Grm. an, so ist der Versuch erst in ungefähr vier Tagen beendet. Die Menge des hinzugefügten Ammoniaks mufs hinreichend sein, um das sich bildende Oxydulsalz aufgelöst zu erhalten. Versuche indessen haben ergeben, dafs die Resultate dieser Methode gewöhnlich nicht genau sind, und eine gröfsere Menge von Kupfer angeben, als wirklich vorhanden ist.

Ausscheidung des Kupfers durch Zink. — Das Kupfer kann aus seinen Lösungen vollständig durch metallisches Eisen und Zink metallisch ausgeschieden werden, und man hat sich dieser Methode schon seit sehr langer Zeit bedient, um die Menge des Kupfers in einer Lösung zu bestimmen. Wendet man einen bedeutenden Ueberschufs der fällenden Metalle an, so kann, nachdem eine beträchtliche Menge von Kupfer sich ausgeschieden hat, durch die entstandene Kette von Kupfer und Eisen oder Kupfer und Zink etwas aufgelöstes Eisen oder Zink an das gefällte Kupfer sich niederschlagen, und sich mit demselben so innig mengen, dafs es schwer durch Chlorwasserstoffsäure oder durch verdünnte Schwefelsäure davon zu trennen ist. Man vermeidet dies, wenn man, wie es Mohr und Fresenius eingeführt haben, eine geringere Menge der fällenden Metalle hinzufügt. Die Kupferoxydlösung darf nur verdünnte Schwefelsäure oder Chlorwasserstoffsäure, nicht aber Salpetersäure enthalten. Zur Fällung wendet man nur Zink, nicht Eisen an, weil letzteres immer kleine Mengen von Kohle enthält; das Zink mufs auch so rein sein, dafs es sich vollständig ohne Rückstand in verdünnten Säuren auflöst. Man bringt die Kupferlösung in eine gewogene Platinschale, legt ein Stückchen Zink hinein und fügt, wenn die Lösung neutral ist, so viel Chlorwasserstoffsäure hinzu, dafs eine mäfsige Wasserstoffgas-Entwicklung eintritt, welche man, wenn sie zu stark werden sollte, durch Verdünnung mit Wasser mildert. Man bedeckt die Schale mit einem Uhrglase. Die Ausscheidung des Kupfers beginnt sogleich, ein grofser Theil desselben setzt sich als fester Ueberzug an das Platin an, ein anderer scheidet sich als eine schwammige Masse aus. Nach einigen Stunden ist das Kupfer gefällt. Man mufs nun untersuchen, ob alles Zink gelöst ist, indem man mit einem Glasstäbchen fühlt, ob kein harter Körper mehr vorhanden ist, und indem man beobachtet, ob bei Zusatz von etwas Chlorwasserstoffsäure eine neue Entwicklung von Wasserstoffgas eintritt. Ist man von der gänzlichen Lösung des Zinks überzeugt, so giefst man die klare Flüssigkeit ab, was sehr gut geht. Dieselbe mufs durch Schwefelwasserstoffgas nicht gebräunt werden, was nur der Fall ist, wenn das Kupfer noch nicht vollständig gefällt ist. Man bringt darauf schnell heifses Wasser in die Schale, und wäscht das Kupfer damit so lange aus, bis das Waschwasser keine Reaction mehr auf Chlorwasserstoffsäure zeigt. Man giefst alsdann das Wasser so viel als möglich vom Kupfer ab, nimmt den Rest durch Fliefspapier weg, trocknet die Schale schnell bei 100°, und wägt sie nach dem Erkalten. (Bei genauen Versuchen kann das getrocknete Kupfer in dem S. 77 abgebildeten Apparate in Wasserstoff geglüht werden.) In Ermangelung einer Platinschale kann die Ausscheidung des Kupfers durch Zink auch in einem Porcellantiegel oder in einer kleinen Porcellanschale oder Glasschale vorgenommen werden, die Reduction des Kupfers findet nur schneller in der Platinschale statt. — Diese Art der Bestimmung des Kupfers ist sehr schnell und leicht auszuführen, giebt sehr genaue Resultate, und ist daher sehr zu empfehlen.

Bestimmung des Kupfers auf maafsanalytischem Wege. — Es giebt auch mehrere sehr zweckmäfsige Methoden das Kupfer maafsanalytisch zu bestimmen, von welchen hier nur besonders die von Fleitmann erwähnt werden soll. Nach dieser wird das Kupfer aus seiner Lösung, die frei von Salpetersäure sein mufs, durch überschüssiges Zink oder Eisen gefällt, das gefällte Kupfer, besonders wenn es durch Eisen gefällt ist, gut gewaschen, was, wie schon oben bemerkt ist, leicht angeht, und in einer sauren Lösung von Eisenchlorid gelöst. Die Auflösung geschieht sehr rasch, ein Atom Eisenchlorid wird durch ein Atom Kupfer zu Eisenchlorür reducirt, welches durch übermangansaures Kali bestimmt werden kann.

Bestimmung des Kupferoxyduls. — In festen Verbindungen kann man die Menge des Kupferoxyduls auf die Weise bestimmen, dafs man sie beim Ausschlufs der Luft mit verdünnter Schwefelsäure behandelt; die Hälfte des Kupfers vom Oxydul wird gelöst, und kann in der Lösung durch Schwefelwasserstoff als Schwefelkupfer bestimmt werden, die andere Hälfte scheidet sich als metallisches Kupfer aus, und kann nach dem Auswaschen (und nach dem Glühen in Wasserstoff) gewogen werden.

Auf ähnliche Weise wie das Kupferoxydul wird das Kupferquadrantoxyd durch verdünnte Schwefelsäure zerlegt; nur dafs diese drei Viertel des Kupfers metallisch ausscheidet.

Ist in Lösungen Kupferoxydul (oder vielmehr Kupferchlorür) enthalten, so könnte man dasselbe maafsanalytisch wie Eisenoxydul durch übermangansaures Kali bestimmen (S. 100).

Trennung des Kupfers vom Uran. — In einer sauren oder angesäuerten Lösung geschieht dieselbe durch Schwefelwasserstoff.

Trennung des Kupfers vom Wismuth. — Die sicherste und zweckmäfsigste Trennung beider Oxyde ist die, dafs man zu der salpetersauren Lösung Chlorwasserstoffsäure hinzufügt und durch vieles

Wasser das Wismuth als basisches Chlorwismuth fällt (S. 160). Ist die salpetersaure Lösung stark sauer, so muſs man entweder durch Abdampfen die freie Säure verjagen oder die Lösung mit Alkali abstumpfen, ehe man Chlorwasserstoffsäure oder ein alkalisches Chlormetall hinzufügt. In der filtrirten Lösung fällt man das Kupfer durch Schwefelwasserstoff. Ist in der Lösung Schwefelsäure, so reducirt man das basische Chlorwismuth durch Cyankalium (S. 161).

Die frühere Trennung beider Oxyde bestand darin, daſs man zu der Lösung derselben einen Ueberschuſs von kohlensaurem Ammoniak hinzufügte, durch dasselbe das Kupferoxyd löste und das Wismuthoxyd fällte. Das gefällte Wismuthoxyd enthält indessen immer Kupferoxyd, das man nicht anders vom Wismuthoxyd vollkommen trennen konnte, als daſs man das gefällte Wismuthoxyd in Salpetersäure wiederum löste, von Neuem mit kohlensaurem Ammoniak fällte, und diese Operation noch einige Male wiederholte.

Die Trennung kann auch durch Cyankalium bewirkt werden, durch welches, wenn es im Uebermaaſs hinzugefügt wird, das Kupferoxyd aufgelöst wird. Enthält die Lösung viel freie Säure, so neutralisirt man sie beinahe aber nicht vollständig durch kohlensaures Alkali. Das aufgelöste und filtrirte Kaliumkupfercyanid verwandelt man durch längeres Kochen mit Chlorwasserstoffsäure unter Zusatz von Salpetersäure in Kupferchlorid, und fällt aus der Lösung das Kupfer durch Schwefelwasserstoff. — Auch die Schwefelverbindungen der beiden Metalle lassen sich durch Cyankaliumlösung vollständig trennen. Schwefelkupfer wird leicht und vollständig von derselben aufgenommen, Schwefelwismuth bleibt ungelöst (Haidlen und Fresenius).

Eine Legirung von Kupfer und Wismuth kann zweckmäſsig durch Chlorgas zersetzt werden, das über die erhitzte Legirung geleitet wird. Es destillirt Chlorwismuth über, während ein Gemenge von Kupferchlorid und Kupferchlorür zurückbleibt. Zur vollständigen Verflüchtigung des Chlorwismuths ist eine ziemlich starke Hitze nothwendig.

Trennung des Kupfers vom Blei. — Die Trennung geschieht am zweckmäſsigsten durch Schwefelsäure, mit einem Zusatz von sehr wenig Alkohol. Ist in der Lösung viel freie Säure, so muſs die Alkoholmenge vergröſsert werden. Aus der vom schwefelsauren Bleioxyd getrennten Flüssigkeit verjagt man zuvor den Alkohol durch Erhitzen, ehe man das Kupfer durch Schwefelwasserstoff abscheidet.

Man trennt häufig beide Oxyde durch Kalihydrat oder durch kohlensaures Ammoniak, aber beide Methoden sind zu verwerfen. Bei der Behandlung mit Kalihydrat bleibt eine bedeutende Menge Bleioxyd beim Kupferoxyd und bei der Behandlung mit kohlensaurem Ammoniak bleibt etwas Kupferoxyd bei dem kohlensauren Bleioxyd und färbt dasselbe grünlich.

Eben so wenig gelingt die Trennung beider Oxyde, wenn man das Bleioxyd durch essigsaures Natron und Chlor abscheidet (S. 156). Das abgeschiedene Bleisuperoxyd enthält eine bedeutende Menge von Kupferoxyd.

Man kann beide Oxyde durch Cyankalium auf ähnliche Weise trennen, wie Kupferoxyd vom Wismuthoxyd (S. 179).

Trennung des Kupfers vom Cadmium. — Sind beide Oxyde in einer Lösung, so ist die zweckmäfsigste Trennung die, dafs man nach Hinzufügung von schweflichter Säure das Kupfer als Kupferrhodanür fällt. Das Cadmium wird in der abfiltrirten Flüssigkeit durch Schwefelwasserstoff niedergeschlagen. Bisher trennte man gewöhnlich beide Oxyde durch kohlensaures Ammoniak, das im Ueberschufs hinzugefügt werden mufs. Es wird kohlensaures Cadmiumoxyd gefällt, während das Kupferoxyd mit etwas Cadmiumoxyd aufgelöst bleibt. Setzt man diese Lösung der Luft aus, so setzt sich, während kohlensaures Ammoniak verdunstet, das kohlensaure Cadmiumoxyd vollständig ab, während das Kupferoxyd noch aufgelöst bleibt (Stromeyer).

Die Trennung beider Oxyde kann auch durch Cyankalium bewirkt werden. Man setzt zu der Lösung Cyankalium, bis der entstandene Niederschlag sich wieder aufgelöst hat, und leitet durch die Lösung, welche Kaliumkupfer- und Kaliumcadmiumcyanid enthält, Schwefelwasserstoff, wodurch das Cadmium vollständig niedergeschlagen wird, während das Schwefelkupfer gelöst bleibt, wenn der überschüssige Schwefelwasserstoff durch Erwärmen entfernt und noch etwas Cyankalium hinzugefügt wird. Aus der filtrirten Flüssigkeit läfst sich das Kupfer durch Chlorwasserstoffsäure fällen, besser ist es aber, die Auflösung mit Chlorwasserstoffsäure unter Zusetzen von Salpetersäure so lange zu kochen, bis alle Cyanwasserstoffsäure verjagt ist, und dann das Kupferoxyd durch Schwefelwasserstoff zu fällen (Haidlen und Fresenius).

Sind beide Oxyde durch Schwefelwasserstoffgas als Schwefelmetalle gefüllt, so trennt man sie mit verdünnter Schwefelsäure (1 Th. Säure mit 5 Th. Wasser), durch welche das Schwefelcadmium aufgelöst wird, das Schwefelkupfer aber nicht angegriffen wird (Hofmann).

Trennung des Kupfers vom Nickel und Kobalt. — Die zweckmäfsigste Trennung ist die durch Schwefelwasserstoff, welchen man durch die mit freier Säure versetzte Lösung leitet. Aus der vom Schwefelkupfer abfiltrirten Flüssigkeit fällt man Nickel und Kobalt am besten als Schwefelmetalle wie früher angegeben ist (S. 137 und S. 125).

Fast eben so zweckmäfsig ist die Trennung durch Rhodankalium, welche wie die vom Cadmium ausgeführt wird.

Trennung des Kupfers vom Zink. — Auch sie kann ganz gut durch Schwefelwasserstoff bewirkt werden, obgleich dies oft bezweifelt ist. Es ist nur nöthig, die Lösung durch eine starke Säure hinreichend sauer zu machen, um eine theilweise Fällung von Schwefelzink zu verhüten.

Leichter ist die Trennung durch Rhodankalium auszuführen, nachdem man vorher schweflichte Säure zur Lösung hinzugefügt hat.

Die Trennung des Kupferoxyds und des Zinkoxyds kann auch auf die Weise bewerkstelligt werden, die früher S. 144 bei der Trennung des Nickeloxyds vom Zinkoxyd beschrieben ist, vermittelst Kohle bei einer starken Rothglühhitze, bei welcher das Zink verflüchtigt wird. Man kann das Gemenge auch in einem kleinen Porcellantiegel über einem kleinen Gebläse bei starker Rothglühhitze oder anfangender Weifsglühhitze länger als eine Stunde behandeln, wobei das Zink verflüchtigt wird. — Auch von den metallischen Legirungen des Kupfers und des Zinks (Messing und Tomback) kann in einem kleinen Porcellantiegel unter einer Decke von Kohlenpulver durch lange fortgesetztes Glühen vermittelst eines kleinen Gebläses das Zink so gänzlich verflüchtigt werden, dafs man diese Methode zu einer quantitativen Trennung beider Metalle benutzen kann. Schneller verflüchtigt sich das Zink beim Glühen in Wasserstoff.

Trennung des Kupfers vom Eisen. — In früheren Zeiten trennte man Eisenoxyd vom Kupferoxyd durch Ammoniak, das man im Ueberschufs hinzufügte. Das abgeschiedene Eisenoxyd enthält indessen Kupferoxyd, das man nur auf die Weise vom Eisenoxyd durch Ammoniak scheiden kann, dafs man dasselbe in einer Säure löst, die Lösung von Neuem mit Ammoniak übersättigt und dieses Verfahren so oft wiederholt, bis das Eisenoxyd frei von Kupferoxyd ist. Eben so wenig kann man das Eisenoxyd vom Kupferoxyd auf die Weise trennen, dafs man die Lösung mit essigsaurem Natron kocht (S. 97). Das gefällte Eisenoxyd enthält Kupferoxyd selbst wenn vor dem Zusetzen des essigsauren Salzes die Lösung sauer war.

Sehr leicht und vollkommen trennt man das Eisen vom Kupfer durch Schwefelwasserstoff; das Eisenoxyd wird hierbei in Oxydul verwandelt, und Schwefel gemeinschaftlich mit Schwefelkupfer abgeschieden.

Die Trennung kann indessen auch durch Rhodankalium bewirkt werden. Durch das Zusetzen von schweflichter Säure wird das Eisenoxyd nicht so vollständig in Oxydul verwandelt, dafs man nicht durch Rhodankalium neben dem ausgeschiedenen Kupferrhodanür eine blutrothe Flüssigkeit bekommt. Das Eisenrhodanid kann aber leicht und vollständig vom weifsen Kupferrhodanür ausgewaschen werden.

Trennung des Kupfers vom Mangan. — Auch sie kann

zweckmäfsig sowohl durch Schwefelwasserstoff als auch durch Rhodankalium bewirkt werden.

Trennung des Kupfers vom Cer und der Yttererde. — Auch sie kann auf ähnliche Weise ausgeführt werden.

Trennung des Kupfers von der Beryllerde und der Thonerde. — Eben so wenig wie das Kupferoxyd vom Eisenoxyd kann es auch von der Beryllerde und der Thonerde durch Ammoniak oder durch essigsaures Natron geschieden werden.

Die Trennung des Kupferoxyds von der Beryllerde und der Thonerde kann sehr gut sowohl durch Schwefelwasserstoff als auch durch Rhodankalium bewirkt werden.

Trennung des Kupfers von der Magnesia und den alkalischen Erden. — Auch sie kann vermittelst des Schwefelwasserstoffs und des Rhodankaliums bewerkstelligt werden. Die Baryterde läfst sich vom Kupfer auch noch durch verdünnte Schwefelsäure trennen. Die Trennung des Kupfers von der Baryterde durch Rhodankalium ist wohl der durch Schwefelwasserstoff vorzuziehen, weil in der Lösung durch den Einflufs von etwa vorhandener Salpetersäure oder von Königswasser auf Schwefelwasserstoff Spuren von Schwefelsäure entstehen könnten, durch welche das Schwefelkupfer mit etwas schwefelsaurer Baryterde gemengt abgeschieden würde.

Trennung des Kupfers von den Alkalien. — Sie geschieht durch Schwefelwasserstoff. Hat man die Chlorverbindungen zu untersuchen, so läfst sich das Kupfer von den Alkalien nicht vollständig durch Erhitzen in Wasserstoff und Behandlung der geglühten Masse mit Wasser trennen, weil das Kupferchlorür in Verbindung mit alkalischen Chlormetallen durch Wasserstoff nicht vollständig zu Metall reducirt wird.

XXIX. Quecksilber.

Ausscheidung des Quecksilbers durch Zinnchlorür. — Früher mehr als jetzt bestimmte man das Quecksilber in Lösungen, indem man es in metallischem Zustand ausschied. Als Reductionsmittel wandte man am häufigsten das Zinnchlorür an, da man dasselbe von hinlänglicher Reinheit im Handel haben kann.

Es ist hierbei gleichgültig, ob in den Auflösungen das Quecksilber als Oxyd oder als Oxydul enthalten ist; auch können in der Lösung freie Chlorwasserstoffsäure, verdünnte Schwefelsäure und andere Säuren enthalten sein, nur Salpetersäure darf nicht, wenigstens nicht in grofser Menge, zugegen sein. Auch viele unlösliche Quecksilberverbindungen, wie z. B. Quecksilberchlorür, nicht aber die Schwefelverbindungen, können durch Zinnchlorür zu Metall reducirt werden.

Man übergiefst die quecksilberhaltige Substanz, wenn sie fest und unlöslich ist, im zerriebenen Zustand in einem kegelförmigen Kolben mit Chlorwasserstoffsäure, setzt dann eine concentrirte Lösung von Zinnchlorür (die man mit so viel Chlorwasserstoffsäure versetzt hat, dafs sie klar geworden ist) hinzu*) und erhitzt bis zum Aufkochen, setzt aber das Kochen nicht fort, sondern verschliefst den Kolben mit einem Korke, und läfst ihn erkalten. Durch das Zusetzen von Zinnchlorür bildet sich zuerst ein weifser Niederschlag von Quecksilberchlorür, das durch einen gröfseren Zusatz grau wird und sich in metallisches Quecksilber verwandelt. Wenn das Zinnchlorür frisch bereitet war, so vereinigen sich die kleinen Quecksilberkügelchen zu grofsen, oder zu einer einzigen; ist dies nicht der Fall, so gelingt die Vereinigung gewöhnlich, wenn man die ganz klare Flüssigkeit vom Niederschlage abgiefst, zu diesem etwas Chlorwasserstoffsäure setzt und erhitzt.

Es ist bei dieser Reduction des Quecksilbers durchaus nothwendig, dafs der Kolben, in welchem der Versuch geschieht, vollständig rein und auf der inneren Seite nicht mit einer unsichtbaren Haut von Fett überzogen ist, wie dies so häufig bei den Gläsern im Laboratorium vorkommt. Ist dies der Fall, so haben die ausgeschiedenen Quecksilberkugeln kein rechtes metallisches Ansehn, und, vereinigen sich nicht mit einander; es ist dann noch oft der Fall, dafs ganze Flächen von Quecksilberkügelchen auf der Oberfläche der Flüssigkeit schwimmen, und nicht vom Wasser benetzt werden, daher auch nicht zu Boden fallen. Man mufs vor dem Versuch den Kolben mit einer geringen Menge von Kali- oder Natronhydrat reinigen, und dann mit Wasser ausspülen.

Nachdem das Quecksilber sich gut abgesetzt hat, giefst man die klare Flüssigkeit ab, und wäscht die Quecksilberkugeln mit Wasser, zu dem etwas Chlorwasserstoffsäure gesetzt ist, so lange ab, bis das Waschwasser nicht mehr durch Schwefelwasserstoffwasser gebräunt wird. Man spült darauf das mit Wasser benetzte Quecksilber in einen kleinen Porcellantiegel (oder auch in einen Platintiegel), nimmt den gröfsten Theil des Wassers mit Fliefspapier fort, und trocknet das Quecksilber bei gewöhnlicher Temperatur über Schwefelsäure.

Gelingt es nicht, das reducirte Quecksilber zu gröfseren Kugeln zu vereinigen, und die überstehende Flüssigkeit vollkommen klar zu

---

*) Das Zinnchlorür mufs von nicht zu alter Bereitung sein, und durch wenig Chlorwasserstoffsäure schon bei gewöhnlicher Temperatur eine klare Auflösung geben. Wird die Lösung erst beim Erhitzen, und dann auch nicht einmal vollkommen klar, so ist das Zinnchlorür von alter Bereitung und kann nicht oder kaum zur quantitativen Abscheidung des Quecksilbers angewandt werden. Ist man gezwungen, eine solche Lösung anzuwenden, so mufs sie vorher filtrirt werden.

erhalten, so muſs man zum Filtriren seine Zuflucht nehmen. Man filtrirt durch ein gewogenes Filtrum, das bei gewöhnlicher Temperatur über Schwefelsäure getrocknet ist. Man kann aber in diesem Falle nicht ganz sicher sein, daſs man die richtige Menge des Quecksilbers erhält.

Die Bestimmung des Quecksilbers durch Zinnchlorür wird besonders unsicher, wenn in der Flüssigkeit Salpetersäure enthalten ist. Es ist dann vorzuziehen, die Salpetersäure durch Erhitzen mit nach und nach hinzugefügter Chlorwasserstoffsäure zu zerstören, bis sich kein Chlorgeruch mehr zeigt. Da durch das längere Erhitzen etwas Quecksilber verflüchtigt werden kann, so thut man wohl, in diesem Falle das Quecksilber auf eine andere Weise abzuscheiden.

Die Reduction des Quecksilbers aus seinen Verbindungen durch Zinnchlorür ist bisweilen mit Unannehmlichkeiten verbunden, erfordert Vorsicht und Uebung, und ist daher besonders Anfängern nicht zu empfehlen.

Fällung des Quecksilbers als Schwefelquecksilber. — Ist das Quecksilber als Oxyd, Chlorid, Bromid oder als Cyanid in einer Lösung, so kann dasselbe sehr gut durch Schwefelwasserstoff aus einer neutralen oder angesäuerten Lösung als Schwefelquecksilber gefällt werden, aus dessen Gewicht man die Menge des Quecksilbers berechnen kann. Denn das durch Schwefelwasserstoff gefällte Schwefelquecksilber gehört zu den wenigen Schwefelmetallen, die beim Trocknen an der Luft nicht theilweise oxydirt werden. Man kann es auf einem gewogenen Filtrum waschen, und nach dem Trocknen bei 100° wägen. Die erhaltenen Resultate sind sehr genau, wenn mit dem Schwefelquecksilber nicht zugleich noch andere Stoffe mitgefallen sind. So ist es mit Schwefel gemengt, wenn in der Lösung Eisenoxyd vorhanden war, oder salpetrichte Säure sich gebildet hatte. Wenn die Lösung Quecksilberoxydul enthielt, so verliert das Schwefelquecksilber durch Trocknen bei 100° fortwährend durch Verflüchtigung von Quecksilber an Gewicht.

Hat man daher aus einer Lösung durch Schwefelwasserstoff das Quecksilber gefällt, und ist nicht von der vollkommnen Reinheit des Schwefelquecksilbers überzeugt, so muſs man es lösen, und in der Lösung das Quecksilber entweder noch einmal als Schwefelquecksilber oder besser (durch phosphorichte Säure) als Quecksilberchlorür bestimmen (auf eine Weise wie gleich weiter unten erörtert ist). — Man löst gewöhnlich das Schwefelquecksilber durch Königswasser oder durch chlorsaures Kali und Chlorwasserstoffsäure auf, wobei oft etwas Schwefel ungelöst bleiben kann; besser ist es, das Schwefelquecksilber mit dem Filtrum, das nicht unnützer Weise zu groſs zu sein braucht, mit einer verdünnten Lösung von Kali- oder Natronhydrat zu über-

giefsen, und einen Strom von Chlorgas hindurchzuleiten, während man mäfsig erhitzt. Man vermeidet einen grofsen Ueberschufs von Alkali. Das schwarze Schwefelquecksilber wird erst roth, dann immer heller, und endlich weifs, indem sich Verbindungen von Schwefelquecksilber mit Chlorid bilden, worauf es sich auflöst, und die Lösung filtrirt wird. Will man es aus dieser Lösung von Neuem durch Schwefelwasserstoff fällen, so mufs in derselben das chlorsaure Kali vollständig durch Erhitzen mit Chlorwasserstoffsäure zerstört werden, was man am schnellsten dadurch erreicht, dafs man zu der siedend heifsen Flüssigkeit etwas Chlorammonium hinzufügt. Man kann auch das Quecksilber als Chlorür durch phosphorichte Säure fällen.

Man kann das Schwefelquecksilber in verdünnter Chlorwasserstoffsäure suspendiren und durch das Gemenge Chlorgas leiten, oder chlorsaures Kali hinzufügen und erhitzen, aber dadurch erfolgt die Lösung des Schwefelquecksilbers bei weitem langsamer, als durch Kalihydrat und Chlorgas.

Aus neutralen Lösungen kann das Quecksilber als Schwefelquecksilber vollkommen auch durch Schwefelammonium gefällt werden, ohne dafs ein Ueberschufs desselben Schwefelquecksilber auflöst. Dies Schwefelquecksilber kann mit reinem Wasser ausgewaschen werden. In den meisten Fällen wird es, da man gewöhnlich von seiner richtigen Zusammensetzung nicht überzeugt sein kann, auf die oben angeführte Weise aufgelöst. — Um das Quecksilber vollständig durch Schwefelammonium zu fällen, dürfen in der Lösung die Hydrate oder Carbonate von Kali oder Natron nicht enthalten sein*). Es kann dann oft gar kein Niederschlag erfolgen (Th. I, S. 327). In diesem Falle mufs die Lösung durch Chlorwasserstoffsäure übersättigt werden.

Bestimmung des Quecksilbers als Quecksilberchlorür. — Die Reduction des Quecksilbers aus seinen Verbindungen durch Zinnchlorür ist oft mit vielen Unannehmlichkeiten verbunden, und giebt bei aller Vorsicht bisweilen nicht die genauesten Resultate.

Eine weit bessere Methode ist die Bestimmung des Quecksilbers als Chlorür, und sie geschieht ohne Widerrede am besten durch phosphorichte Säure.

Die Lösungen der Quecksilberverbindungen werden, wenn sie Chlorwasserstoffsäure enthalten, durch die phosphorichte Säure bei gewöhnlicher Temperatur nur zu Chlorür reducirt; man kann die Temperatur selbst bis zu 60° steigern, ohne dafs auch bei einem grofsen Ueberschufs von phosphorichter Säure das Chlorür sich in Metall verwandelt. Erst wenn bis zum Kochen erhitzt wird, findet, und dann

---

*) Solche Lösungen können entstehen, wenn man die Hydrate der genannten Alkalien zu einer Quecksilberchloridlösung hinzugefügt, die viel von einem alkalischen Chlormetalle enthält (Th. I, S. 324).

besonders nur bei Gegenwart von freier Chlorwasserstoffsäure oder Schwefelsäure, die Reduction zu Metall, aber nur theilweise, statt.

Als Reductionsmittel wendet man nicht reine phosphorichte Säure, sondern die Säure, die man mit leichter Mühe durch das Zerfliefsen des Phosphors in feuchter Luft erhalten kann *). Dieselbe enthält bekanntlich mehr oder weniger Phosphorsäure, deren Gegenwart indessen von keinem Nachtheile ist.

Man mufs zu der Quecksilberlösung Chlorwasserstoffsäure setzen, wenn dieselbe nicht schon darin enthalten ist. Ist in der Lösung neben Quecksilberoxyd Oxydul enthalten, so fällt dieses als Chlorür. Man fügt darauf die phosphorichte Säure hinzu; es entsteht dadurch gewöhnlich in den ersten Augenblicken noch keine Ausscheidung von Chlorür, wohl aber nach einiger Zeit. Nach 12 Stunden ist bei gewöhnlicher Temperatur alles Chlorür ausgeschieden; durch ein sehr geringes Erwärmen beschleunigt man sehr die Ausscheidung des Chlorürs ohne befürchten zu müssen, dafs sich das Chlorür zu Metall reducirt. Das Chlorür setzt sich gut ab, nur wenn die Lösung sehr wenig freie Säure enthält, geschieht das Absetzen langsam, und dann kann auch der Niederschlag trübe durchs Filtrum gehen, was man aber vollständig verhindert, wenn man etwas Säure, namentlich Chlorwasserstoffsäure, hinzufügt.

Es ist von Wichtigkeit, dafs diese Bestimmung des Quecksilbers auch bei Gegenwart von vieler Salpetersäure vollkommen gelingt; die Lösung mufs dann nur verdünnter sein. Auch bei Gegenwart von grofsen Mengen von alkalischen Chlormetallen wird das Chlorür vollständig niedergeschlagen. Das Auswaschen kann mit Wasser von gewöhnlicher Temperatur, oder auch mit heifsem Wasser geschehen. Man trocknet den Niederschlag auf einem gewogenen Filtrum bei 100°.

Durch diese Methode erhält man genauere Resultate als durch Zinnchlorür, und hat dabei den grofsen Vortheil, das Quecksilber von vielen Basen zu trennen, von denen es sonst oft schwer zu trennen ist, was nicht gut oder schwer möglich ist, wenn man das Quecksilber durch Zinnchlorür reducirt.

Man kann zwar durch phosphorichte Säure beim Kochen das Chlo-

---

*) Wenn man in eine kleine Porcellanschale ein Stück Phosphor legt, dasselbe mit so viel Wasser übergiefst, dafs die Hälfte des Phosphors aus dem Wasser hervorragt, über das Schälchen eine Glocke oder ein grofses Becherglas setzt, das Ganze in eine Porcellanschale stellt, und dafür sorgt, dafs zu dem Schälchen atmosphärische Luft dringen kann, was man dadurch bewirkt, dafs man ein Paar kleine Glasstäbchen unter den Rand der Glocke oder des Becherglases legt, so hat sich, wenn die Temperatur der Luft nicht zu niedrig ist, in einigen Stunden so viel phosphorichte Säure gebildet, als zu einer Untersuchung nothwendig ist.

rür zu Metall reduciren. Das Chlorür wird erst grau, aber es verwandelt sich nicht eher zu Kügelchen von Metall, als bis man verdünnte Schwefelsäure oder Chlorwasserstoffsäure hinzugefügt hat. Es ist aber schwer, das Metall vollkommen frei von Chlorür zu erhalten, und es gelingt nicht, auf diese Weise zufriedenstellende Resultate zu erlangen.

Bestimmung des Quecksilbers als Chlorür vermittelst schweflichter Säure. — Man kann das Quecksilber aus seinen Lösungen auch durch schweflichte Säure als Chlorür fällen, wenn zur Lösung Chlorwasserstoffsäure hinzugefügt wird, wenn diese nicht schon vorhanden ist. Die Erzeugung des Chlorürs auf diese Weise geschieht indessen schwieriger und nicht so vollständig, wie durch phosphorichte Säure.

Bestimmung des Quecksilbers als Chlorür vermittelst ameisensaurer Alkalien. — v. Bonsdorf hatte vorgeschlagen, das Quecksilber aus chlorwasserstoffhaltigen Lösungen nach annähernder Neutralisation durch Kali- oder Natronhydrat vermittelst ameisensaurer Alkalien als Quecksilberchlorür zu fällen. Diese Methode kann indessen sehr ungenaue Resultate geben, weil die ameisensauren Alkalien ihre reducirende Wirkung auf Quecksilberverbindungen bei Gegenwart von alkalischen Chlormetallen fast gänzlich verlieren.

Bestimmung des Quecksilbers als Chlorür durch schwefelsaures Eisenoxydul. — Man hat vorgeschlagen, aus einer Quecksilberchloridlösung auf die Weise Quecksilber als Chlorür auszuscheiden, daſs man die Lösung nach Zusatz von schwefelsaurem Eisenoxydul mit Kalihydrat schwach übersättigt, wodurch das Quecksilberoxyd zu Oxydul reducirt wird, und dann wieder durch Chlorwasserstoffsäure sauer macht (Hempel). Diese Methode giebt ein fehlerhaftes Resultat, weil das gefällte Quecksilberoxydul durch das freie Alkali theilweise in Quecksilberoxyd und in Metall zerfällt. Man hat diese Methode zur maaſsanalytischen Bestimmung des Quecksilbers benutzen wollen, die aber aus den angeführten Gründen nicht genau sein kann.

Bestimmung des Quecksilbers durch Destillation. — In festen Verbindungen pflegt man die Menge des Quecksilbers auf die Weise zu bestimmen, daſs man dasselbe von anderen Bestandtheilen durch Destillation trennt, nachdem man zuvor die Verbindung mit einer starken Base gemengt hat. Dieses Verfahren erfordert viel Vorsicht, und giebt nur dann so genaue Resultate, als die Reduction auf nassem Wege. Geschieht die Reduction in einer kleinen Retorte, so legt man auf den Boden derselben etwas kohlensaure Kalkerde, und etwas trocknes Kalkerdehydrat, dieses aber nur in sehr geringer Menge, ehe man die Mengung der Quecksilberverbindung mit reiner Kalkerde hineinbringt.

Auf diese Weise können indessen nur Verbindungen behandelt werden, welche das Quecksilber im oxydirten Zustande enthalten. Ist aber die zu untersuchende Verbindung sehr flüchtig, enthält sie z. B. die Chlorverbindungen des Quecksilbers, so ist es nicht zu vermeiden, dafs ein Theil der flüchtigen Verbindungen unzersetzt entweicht. Auch bei den Verbindungen, die Schwefelquecksilber enthalten, ist dies der Fall, obgleich dasselbe schwerer flüchtig ist.

Die Bestimmung des Quecksilbers in den Chlorverbindungen, oder in ähnlichen Verbindungen wird auf folgende Weise ausgeführt: In einer an einem Ende zugeschmolzenen Glasröhre von sehr schwer schmelzbarem Glase von einem bis anderthalb Fufs Länge und von einem Durchmesser von vier bis fünf Linien, bringt man zuerst eine kleine Menge von doppelt-kohlensaurem Natron, dann eine Schicht von reiner Kalkerde (am besten gebrannten Cararischen Marmor), darauf die Mengung der Quecksilberverbindung mit reiner Kalkerde, und endlich noch eine Schicht von reiner Kalkerde. Dann zieht man das Ende der Glasröhre zu einer dünnen Röhre aus, und biegt diese unter einem stumpfen Winkel. Man mufs dafür sorgen, dafs längst der ganzen Röhre in ihrer horizontalen Stellung die obere Seite nicht von den Substanzen berührt werde, sondern zwischen ihr und denselben ein Zwischenraum wenn auch nur ein geringer bleibe, was nach der Füllung durch Klopfen der Röhre zu bewirken ist, weil sonst beim Erhitzen Kalkerde herausgetrieben oder das Glas aufgeblasen werden kann. Man erhitzt nun die Röhre in einem Gasofen oder in einem Verbrennungsofen, wie man sie zu organischen Analysen gebraucht, nachdem man die Mündung in einen Kolben, der Wasser enthält, so gebracht hat, dafs sie einige Linien unter die Oberfläche desselben reicht.

Man erhitzt zuerst die Schicht Kalkerde, welche vor der Mengung liegt, bis zum Rothglühen; dann erst fängt man an, das Gemenge langsam zu erwärmen, und bringt es nach und nach zum Rothglühen, und erst wenn dieses glüht, erhitzt man die Kalkerde hinter dem Gemenge stark, das doppelt-kohlensaure Natron aber nur sehr schwach, damit sich nur langsam aus demselben ein schwacher Strom von Kohlensäuregas entwickelt, der allen Quecksilberdampf aus der Röhre herausdrängt. Die Quecksilberkugeln sammeln sich meistentheils unter dem Wasser zu einer gröfseren Kugel mit vollkommen metallisch-glänzender Oberfläche. Ein Theil der Kügelchen bleibt in dem ausgezogenen Theil der Glasröhre; man schneidet diesen nach dem Erkalten mit einer Feile ab und spült das Quecksilber in die Vorlage, wodurch es sich mit der gröfseren Kugel vereinigt. Man trocknet das Quecksilber in einem kleinen Porcellantiegel erst durch Fliespapier und dann über Schwefelsäure.

Statt der wasserfreien Kalkerde darf man bei diesen Versuchen nicht Kalkerdehydrat anwenden, auch wenn es vollkommen trocken und pulverförmig ist, weil dasselbe beim Erhitzen leicht stäubt, und dadurch das Quecksilber verunreinigt wird. Dann aber scheinen die Wasserdämpfe durch metallisches Quecksilber bei einer gewissen Temperatur zersetzt zu werden, bei welcher das gebildete oxydirte Quecksilber nicht vollständig mehr in metallisches Quecksilber verwandelt wird. Denn in dem Wasser der Vorlage zeigt sich neben den Kügelchen des metallischen Quecksilbers ein graues Pulver, welches durch sehr verdünnte Chlorwasserstoffsäure sich in ein weifses Pulver von Quecksilberchlorür verwandelt, während die Quecksilberkugeln dadurch eine blanke Oberfläche erhalten; die klare Flüssigkeit wird ferner durch Schwefelwasserstoffwasser schwach bräunlich gefärbt.

Bei der Zersetzung von schwefelhaltigen Quecksilberverbindungen durch Kalkerdehydrat tritt noch ein anderer Uebelstand ein. Es entwickelt sich dabei Schwefelwasserstoff, wodurch das Quecksilber die blanke Oberfläche verliert und die Flüssigkeit in der Vorlage etwas milchicht wird. Auf die angegebene Weise lassen sich alle Quecksilberverbindungen zerlegen mit Ausnahme der Jodverbindungen, da die Dämpfe des Quecksilberjodids durch glühende Kalkerde nicht zersetzt werden. In diesen Verbindungen bestimmt man das Quecksilber als Metall am besten durch Glühen mit fein zertheiltem Kupfer oder Cyankalium. Man verfährt gerade so wie oben angegeben ist, nur dafs man statt der Kalkerde metallisches Kupfer oder Cyankalium anwendet. Das fein zertheilte Kupfer stellt man sich durch Erhitzen von Kupferoxyd in Wasserstoff dar. Das Cyankalium ist für sich zu leicht schmelzbar und auch nicht leicht zu pulvern, weshalb man es mit der doppelten Menge von wasserfreier Kalkerde zusammenreibt, wodurch man ein ziemlich trocknes Pulver erhält *). Man nimmt gegen einen Theil des Jodids acht bis zehn Theile des Gemenges von Cyankalium und Kalkerde. Wenn man auch keine wasserhaltige Substanz hinzugefügt hat, so enthalten das Cyankalium und die Kalkerde so viele Feuchtigkeit, dafs sich das Cyan des entstandenen Quecksilbercyanids in Ammoniak verwandelt, während sich das Gemenge schwärzt; aber die schwarze Farbe verschwindet, wenn darauf die Kohlensäure aus dem Magnesit die Kohle zu Kohlenoxyd oxydirt.

Bestimmung des Quecksilbers durch Verflüchtigung desselben. — Ist das Quecksilber in einer metallischen Verbindung

---

*) Das Cyankalium zersetzt auf ähnliche Weise auch die übrigen Quecksilberverbindungen. Es ist indessen zu bemerken, dafs aufser den oxydirten Quecksilberverbindungen vorzugsweise nur die Jod- und die Schwefelverbindungen vollständig zersetzt werden. Die Chlor- und Bromverbindungen des Quecksilbers verhalten sich gegen Cyankalium, wie gegen kohlensaure Erden und wie gegen alkalische Erden (Th. I S. 17).

mit nicht flüchtigen Metallen vereinigt, so kann man die Menge des Quecksilbers durch den Gewichtsverlust finden, den das Amalgam beim Glühen erleidet. Man pflegt diesen Versuch in einer kleinen Retorte anzustellen, damit das zurückbleibende Metall nicht durch den Zutritt der Luft oxydirt werde; zweckmäfsiger aber ist es, die Verbindung auf einem Porcellanschiffchen in einer Porcellauröhre in einem Wasserstoffstrome zu glühen. Ist das Quecksilber mit edlen Metallen verbunden, so kann das Glühen in einem kleinen Porcellantiegel über einer Lampe geschehen.

Auf ähnliche Weise können auch die Verbindungen der Oxyde des Quecksilbers mit den Oxyden von nicht flüchtigen Metallen behandelt werden.

Bestimmung des Quecksilbers als Quecksilberoxyd. — Durch Erhitzen von salpetersaurem Quecksilberoxyd- oder Oxydul bis zu ungefähr 290° Quecksilberoxyd darzustellen und zu wägen, ist nicht zu empfehlen, weil das Quecksilberoxyd schon bis etwas über 200° anfängt sich zu zersetzen, und man desbalb um so weniger erhält, je länger die Operation dauert.

Bestimmung des Quecksilberoxyduls. — Aus Lösungen kann man das Quecksilberoxydul durch verdünnte Chlorwasserstoffsäure als Quecksilberchlorür fällen, welches man bei 100° trocknet und wägt. Will man das Oxydul auf diese Weise in festen Verbindungen bestimmen, so löst man sie bei gewöhnlicher Temperatur in verdünnter Salpetersäure auf. Concentrirte Lösungen, aus denen das Oxydul gefällt werden soll, müssen zuvor mit vielem Wasser verdünnt werden, weil besonders bei Gegenwart von Salpetersäure sich etwas Quecksilberchlorid bilden kann.

Bestimmung des Quecksilberoxyds. — Man fällt dasselbe aus der Lösung entweder durch Schwefelwasserstoff als Schwefelquecksilber, oder verwandelt es auf die oben S. 185 angeführte Weise durch phosphorichte Säure in Quecksilberchlorür.

Sind in einer Lösung Quecksilberoxyd und Oxydul enthalten, und will man die Mengen beider bestimmen, so fällt man zuerst das Oxydul durch Chlorwasserstoffsäure, und darauf das Oxyd durch Schwefelwasserstoff oder verwandelt es in Chlorür.

Trennung des Quecksilbers vom Kupfer. — Die zweckmäfsigste Methode die beiden Metalle in ihren Lösungen zu trennen, ist vor allem die, dafs man nach Zusatz von Chlorwasserstoffsäure das Quecksilber als Chlorür durch phosphorichte Säure fällt. Wenn die Fällung bei gewöhnlicher und nicht bei erhöhter Temperatur stattfindet, so hat man nicht zu befürchten, dafs das Quecksilberchlorür durch Kupferchlorür verunreinigt werde. Die Resultate, welche man erhält, sind sehr genau.

Dafs die Trennung des Quecksilbers vom Kupfer durch ameisensaures Alkali nicht gute Resultate geben kann, ergiebt sich aus dem oben S. 187 Angeführten.

Durch Cyankalium kann die Trennung des Kupfers vom Quecksilber wie die vom Cadmium (S. 180) bewirkt werden.

In metallischer Verbindung, oder als Oxyd, kann man Quecksilber vom Kupfer auf die Weise trennen, dafs man die Verbindung in einem Strome von Wasserstoff glüht, und das Quecksilber verflüchtigt, wobei man auch durch Auffangung des Quecksilbers bei einem nicht zu starken Strome des Wasserstoffgases dasselbe bestimmen kann. Man kann indessen das Quecksilber in seiner Verbindung mit Kupfer auf eine Weise trennen, wie man überhaupt dasselbe von allen andern Metallen scheiden kann, die keine sehr leicht flüchtige Chloride bilden, indem man diese Verbindungen in einem Strome von Chlorgas erhitzt, und das leicht flüchtige Quecksilberchlorid von den nicht so leicht flüchtigen Chloriden der andern Metalle durch Erhitzen abtreibt und destillirt. Dies Verfahren wird ausführlicher weiter unten bei der Zerlegung der Schwefelmetalle durch Chlor beschrieben.

Auch wenn Quecksilber gemeinschaftlich mit andern Metallen durch Schwefelwasserstoff aus sauren Lösungen als Schwefelmetall gefällt ist, so können diese oft sehr zweckmäfsig der Behandlung mit Chlorgas unterworfen werden.

Trennung des Quecksilbers vom Uran. — Dieselbe kann durch Schwefelwasserstoff, oder wenn man das Uran nicht bestimmen will, durch Verwandlung des Quecksilbers in Chlorür vermittelst phosphorichter Säure bewirkt werden.

Trennung des Quecksilbers vom Wismuth. — Wenn das Quecksilber als Oxyd vorhanden ist, so trennt man dasselbe vom Wismuth, indem man letzteres als basisches Chlorwismuth fällt, und in der filtrirten Flüssigkeit das Quecksilber bestimmt. Ist das Quecksilber als Oxydul vorhanden, so mufs es durch Erhitzen mit Königswasser oder durch Chlorwasser oxydirt werden. Eine etwas weniger genaue Methode der Trennung beider in Lösungen ist die, das Quecksilber durch phosphorichte Säure als Chlorür zu fällen. Man mufs zur Lösung Chlorwasserstoffsäure in hinreichender Menge hinzufügen, um eine theilweise Fällung von basischem Chlorwismuth zu verhüten. Das Quecksilberchlorür mufs zuerst mit Wasser ausgewaschen werden, das mit Chlorwasserstoffsäure versetzt ist, und darauf mit reinem Wasser. In der vom Quecksilberchlorür abfiltrirten Flüssigkeit kann das Wismuth als basisches Chlorid gefällt werden, wenn man sie durch Ammoniak der Sättigung nahe bringt und dann viel Wasser hinzufügt. Aus dem Gewichte des getrockneten basischen Chlorwismuths läfst sich indessen in diesem Falle die Menge des Wismuths nicht mit Sicherheit berechnen, da es Phosphorsäure und phosphorichte Säure und daher weniger Wismuth enthalten kann, als das reine basische Chlorid. Es muſs daher mit Cyankalium geschmolzen werden, um die Menge des Wismuths darin zu bestimmen (S. 161); oder man muſs es aus der Lösung durch Schwefelwasserstoff fällen.

Die Trennung des Quecksilbers vom Wismuth auf diese Weise giebt nicht so scharfe Resultate. Man erhält gewöhnlich etwas weniger Quecksilberchlorür als man erhalten sollte, weil man gezwungen ist, viel Chlorwasserstoffsäure anzuwenden.

In dem Falle, wenn man beide Metalle aus Lösungen durch Schwefelwasserstoff als Schwefelmetalle gefüllt hat, ist es daher zweckmäſsiger, dieselben durch Erhitzen mit Salpetersäure vom spec. Gew. 1,2 zu trennen. Diese zersetzt das Schwefelwismuth leicht, nicht aber das Schwefelquecksilber, wenn man dafür gesorgt hat, daſs in der Lösung nur Quecksilberoxyd, nicht Oxydul vorhanden war (Th. I S. 86 und S. 328). Man digerirt so lange mit erneuter Salpetersäure, als aus dem Waschwasser sich noch basisches Chlorwismuth ausscheiden läſst. Man muſs dafür sorgen, daſs die Schwefelmetalle frei von allen Chlorverbindungen sind, weil sonst etwas Schwefelquecksilber zersetzt werden kann. Aus dem Gewichte des Schwefelquecksilbers kann nicht das des Quecksilbers berechnet werden, da es noch Schwefel vom Schwefelwismuth enthalten kann. Man löst es auf die S. 184 angegebene Weise auf, und fällt das Quecksilber entweder als Schwefelmetall oder als Chlorür. — In der vom Schwefelquecksilber getrennten Flüssigkeit kann man das Wismuth als basisches Chlorwismuth fällen, obgleich sie etwas Schwefelsäure enthält (S. 161). Da die Lösung sehr viel freie Salpetersäure enthält, wird zweckmäſsig der gröſste Theil derselben durch Abdampfen entfernt.

Die Trennung kann auch durch Cyankalium geschehen. Das Wismuth wird durch dasselbe gefällt, ohne durch einen Ueberschuſs desselben aufgelöst zu werden. In der abfiltrirten Flüssigkeit kann man das Quecksilber durch Schwefelwasserstoff fällen, nachdem sie vorher sauer gemacht ist.

Trennung des Quecksilbers vom Blei. — Die zweckmäſsigste Methode der Trennung der Oxyde beider Metalle (das Quecksilber muſs vollständig als Oxyd vorhanden sein) ist die, daſs man zur Lösung beider Schwefelsäure hinzufügt und darauf so viel Alkohol, daſs er ungefähr ein Sechstel vom Volumen der Flüssigkeit ausmacht. Es muſs ferner Chlorwasserstoffsäure vorhanden sein, und zwar so viel, daſs das Quecksilberoxyd dadurch in Chlorid verwandelt wird, weil sonst durch Zusatz von Wasser basisch-schwefelsaures Quecksilberoxyd entstehen könnte. Das schwefelsaure Bleioxyd wird mit wasserhaltigem Alkohol ausgewaschen, zu welchem etwas verdünnte Schwefelsäure hinzugefügt ist. Man erhält auf diese Weise sehr genaue Resultate.

Wenn man die Oxyde, oder die Verbindungen beider Metalle durch Chlorwasserstoffsäure in Chloride verwandelt, so kann das Quecksilberchlorid vom Chlorblei durch Alkohol von 0,8 spec. Gew. getrennt werden. In der alkoholischen Lösung kann das Quecksilberchlorid durch phosphorichte Säure in Chlorür verwandelt werden, ohne dafs es nöthig ist, den Alkohol zu verjagen. — Diese Methode der Trennung steht indessen der durch Schwefelsäure nach.

Durch Cyankalium geschieht die Trennung des Quecksilbers vom Blei wie vom Wismuth (S. 192).

Das Blei kann vom Quecksilber nicht vollständig bei Gegenwart von Chlorwasserstoffsäure durch phosphorichte Säure getrennt werden. Es ist nicht zu vermeiden, dafs mit dem Quecksilberchlorür auch eine geringe Menge von Chlorblei fällt. Wird das ausgewaschene Quecksilberchlorür durch Erhitzen verflüchtigt, so bleibt eine geringe Menge von geschmolzenem Chlorblei zurück.

Auch durch Kalihydratlösung ist es nicht möglich Quecksilberoxyd vom Bleioxyd zu trennen, da das zurückbleibende Quecksilberoxyd stark bleihaltig, und die alkalische Lösung des Bleis quecksilberhaltig ist.

Metallisches Blei kann vom Quecksilber durch Erhitzen in Wasserstoffgas getrennt werden (S. 190). Sind beide Metalle durch Schwefelwasserstoff als Schwefelmetalle gefällt worden, so können diese (wie auch die metallischen Verbindungen) durch Chlorgas getrennt werden, wobei nur zu bemerken ist, dafs man beim Erhitzen derselben in Chlorgas mit Vorsicht verfahren mufs, damit nicht etwas Chlorblei sich mit dem Quecksilberchlorid verflüchtigt.

Trennung des Quecksilbers vom Cadmium. — Sie geschieht am zweckmäfsigsten durch phosphorichte Säure bei einem Zusatz von Chlorwasserstoffsäure. In der vom Quecksilberchlorür getrennten Flüssigkeit fällt man das Cadmium durch Schwefelwasserstoff.

Wenn man beide Metalle als Schwefelmetalle erhalten hat, so kann die Trennung vorsichtig auf dieselbe Weise ausgeführt werden, wie die des Schwefelkupfers vom Schwefelcadmium durch verdünnte Schwefelsäure oder Salpetersäure (S. 180).

Durch Cyankalium trennt man die Oxyde beider Metalle auf die Weise, dafs man die Lösung mit Cyankalium bis zur Wiederlösung des entstandenen Niederschlags versetzt, dann sehr verdünnte Salpetersäure im Ueberschufs hinzufügt und kocht. Das Cyanquecksilber wird nicht zersetzt, das Cyankalium und das Cyancadmium verwandeln sich in salpetersaure Salze. Nachdem die Cyanwasserstoffsäure vollständig verjagt ist, fällt man das Cadmiumoxyd durch kohlensaures

Kali, und in der abfiltrirten Flüssigkeit das Quecksilber durch Schwefelwasserstoff (Fresenius und Haidlen). Ein genaues Resultat kann indessen diese Trennung nicht geben, da das Quecksilbercyanid durch Kochen mit verdünnter Salpetersäure zersetzt wird (Th. I S. 329).

Trennung des Quecksilbers von Nickel und Kobalt. — Sie geschieht am zweckmäfsigsten durch Schwefelwasserstoff aus sauren Lösungen. Sie kann auch nach Zusatz von Chlorwasserstoffsäure durch phosphorichte Säure bewirkt werden; man mufs dann in der vom Quecksilberchlorür abfiltrirten Flüssigkeit das Nickel und Kobalt wegen der Anwesenheit der Säuren des Phosphors nur als Schwefelmetalle fällen.

Trennung des Quecksilbers vom Zink. — Sie wird durch Fällung der sehr sauer gemachten Lösung beider Metalle durch Schwefelwasserstoff bewirkt; man kann aber auch das Quecksilber als Chlorür durch Chlorwasserstoffsäure und phosphorichte Säure, und das Zink in der abfiltrirten Flüssigkeit nach Neutralisation mit kohlensaurem Natron und Zusetzen von essigsaurem Natron und freier Essigsäure durch Schwefelwasserstoff als Schwefelzink fällen.

Trennung des Quecksilbers vom Eisen. — Sie geschieht durch Schwefelwasserstoff in der sauer gemachten Lösung, wobei zu bemerken ist, dafs, wenn das Eisenoxyd auf diese Weise von den Oxyden des Quecksilbers getrennt wird, man das Quecksilber nicht aus dem Gewicht des erhaltenen Schwefelmetalls berechnen kann, da es mit Schwefel gemengt ist. Man mufs es nach dem S. 184 erörterten Verfahren auflösen, und es als Schwefelquecksilber oder als Chlorür fällen.

Man kann auch das Eisenoxyd durch Kochen mit essigsaurem Natron vom Quecksilberoxyd scheiden (S. 97), nachdem man dasselbe durch Zusetzen von Chlorwasserstoffsäure in Chlorid verwandelt hat, wenn es nicht schon als solches vorhanden war.

Trennung des Quecksilbers vom Mangan. — Sie geschieht entweder durch Fällung des Quecksilbers aus der sauren Lösung als Schwefelquecksilber, oder aus der mit Chlorwasserstoffsäure versetzten als Chlorür. Im ersten Falle kann man das Mangan durch kohlensaures Natron, im zweiten durch Schwefelammonium fällen.

Trennung des Quecksilbers von den Erden und den Alkalien. — Sie kann durch Schwefelwasserstoff bewirkt werden. Das Quecksilber als Chlorür durch phosphorichte Säure abzuscheiden, ist nicht rathsam, da die Bestimmung der Erden und Alkalien wegen Gegenwart von phosphorichter Säure und Phosphorsäure mit einigen Schwierigkeiten verbunden ist.

XXX. Silber.

Bestimmung des Silbers als Chlorsilber. — Das Silber kann in seinen Lösungen leichter als die meisten der andern Metalle genau abgeschieden und quantitativ bestimmt werden. Aus seiner Lösung wird es durch Chlorwasserstoffsäure oder durch eine Lösung von Chlornatrium, oder einem andern alkalischen Chlormetall vollständig als Chlorsilber gefällt, das in verdünnten Säuren nicht löslich ist. Es ist zweckmäfsig, die Silberlösung, wenn sie neutral ist, durch wenige Tropfen von Salpetersäure anzusäuern und das Chlorsilber aus einer verdünnten Lösung zu fällen, besonders wenn die Lösung viel alkalische Salze enthält, weil die entstehenden alkalischen Chlormetalle in concentrirten Lösungen Spuren von Chlorsilber auflösen können. Fleifsiges Umrühren befördert sehr das schnelle Absetzen des Chlorsilbers; die letzten Spuren von suspendirtem Chlorsilber, welche die Flüssigkeit opalisirend machen, setzen sich spät ab, früher, wenn das Ganze erwärmt wird. Es ist daher zweckmäfsig, vor oder auch nach der Fällung das Ganze zu erwärmen; geschieht dies nicht, so mufs man das Ganze so lange stehen lassen, bis die über dem Chlorsilber stehende Flüssigkeit sich vollständig geklärt hat, was erst in 12 Stunden der Fall sein kann. Nach dem Filtriren der Flüssigkeit läuft bisweilen das Waschwasser vom Chlorsilber opalisirend durch das Filtrum, was man dadurch verhindert, dafs man zum Waschwasser einige Tropfen Salpetersäure hinzufügt. Das Auswaschen ist schnell vollendet.

Man nimmt entweder ein gewogenes Filtrum, und bestimmt das Gewicht des bei 100° getrockneten Chlorsilbers, oder man wendet kein gewogenes Filtrum an, und verbrennt dies Filtrum in einem kleinen Porcellantiegel, befeuchtet die Asche mit einem oder zwei Tropfen Salpetersäure, setzt nach gelindem Erwärmen einen Tropfen Chlorwasserstoffsäure hinzu, dampft bis zur Trocknifs ab, legt sodann das Chlorsilber in den Tiegel und schmelzt es bei gelinder Hitze. Ist dasselbe vorher nicht gut getrocknet, so spritzt es während des Schmelzens, wodurch ein Verlust entstehen kann.

Da das Chlorsilber sich besser als andere Niederschläge absetzt, wenn es aus heifsen Lösungen gefällt und gut umgerührt wird, so kann man das Auswaschen durch Decantiren in einem Becherglase bewerkstelligen. Man giefst so lange das Waschwasser ab, bis es keine Opalisirung mit salpetersaurem Silberoxyd mehr hervorbringt, spült das Chlorsilber alsdann in einen kleinen Porcellantiegel, giefst das Wasser möglichst ab, und wägt es entweder nach längerem Trocknen bei 100° oder nach dem Schmelzen. Man erhält auf diese Weise genauere Resultate als durch Filtriren.

Die weifse Farbe des Chlorsilbers verändert sich durch das Sonnenlicht, und auch selbst durch das Tageslicht durch theilweise Bildung von Chlorür in eine violette, weshalb man es nicht unnöthiger Weise dem Licht aussetzen mufs.

Bestimmung des Silbers auf maafsanalytischem Wege. — Wenige Substanzen können so genau maafsanalytisch bestimmt werden wie das Silber in seinen Lösungen. Man wendet dazu eine Lösung von Chlornatrium an, von welcher gewöhnlich ein C.C. 0,0108 Grm. Silber als Chlorsilber fällt. Diese maafsanalytische Bestimmung des Silbers, welche in allen Münzen und Affinirungsanstalten angewandt wird, ist sehr scharf, weil durch Schütteln das Chlorsilber sich schnell senkt, und man dann die leiseste Trübung durch Chlornatriumlösung sicher zu erkennen im Stande ist. Die Gegenwart der meisten andern Metalle kann nicht störend auf das Resultat einwirken.

Bestimmung des Silbers als Schwefelsilber. — Das Silber kann vollständig aus neutralen und sauren Lösungen durch Schwefelwasserstoffgas gefällt werden, und man bedient sich oft dieser Abscheidung des Silbers, wenn man dasselbe von andern Stoffen trennen will. Das Schwefelsilber verändert sich im feuchten Zustand und beim Trocknen nicht an der Luft. Man trocknet es auf einem gewogenen Filtrum bei 100°, und berechnet aus dem Gewicht das des Silbers. Wenn man indessen nicht von der vollkommnen Reinheit des Schwefelsilbers überzeugt ist, oder wenn dasselbe gemengt mit Schwefel gefällt ist, so reducirt man es nach Verbrennung des Filtrums durch Wasserstoffgas[*]). Die Reduction geschieht leicht bei nicht zu starker Rothglühhitze.

Das Schwefelsilber bleibt, wenn die Lösung möglichst neutral, oder keine Salze gelöst enthält, oft nach der Fällung lange in der Flüssigkeit suspendirt, so dafs es nicht klar filtrirt werden kann. Man mufs dann zu der Lösung eine freie Säure, z. B. Salpetersäure oder irgend eine Salzlösung hinzufügen, wodurch das Schwefelsilber dann sogleich nach der Fällung klar filtrirt werden kann[**]).

Aus neutralen und ammoniakalischen Lösungen kann das Silber eben so vollständig durch Schwefelammonium gefällt werden. Es ist anzurathen, das auf diese Weise gefällte Schwefelsilber, weil es überschüssigen Schwefel enthalten könnte, mit Wasserstoffgas zu reduciren.

Bestimmung des Silbers als Cyansilber. — Man kann das Silber durch Cyanwasserstoffsäure als Cyansilber fällen, das wie das Chlorsilber in verdünnter Salpetersäure unlöslich ist. Man wendet

---

[*]) Früher hat man das Schwefelsilber zur Bestimmung des Silbers durch Salpetersäure oxydirt, und aus der Lösung das Silber als Chlorsilber gefällt.

[**]) Ein Zusatz von freiem Ammoniak bewirkt das schnelle Absetzen des Schwefelsilbers nicht.

bei der Fällung dieselben Vorsichtsmaafsregeln wie bei der des Chlorsilbers an, dem das Cyansilber in seinem Aeufsern sehr ähnlich ist. Das Cyansilber wird auf einem gewogenen Filtrum bei 100° getrocknet. Man kann es zwar auch durch Glühen in Silber verwandeln; es mufs aber einer starken Rothglühhitze ausgesetzt werden, um reines Silber zu hinterlassen; glüht man es minder stark, so enthält es noch Paracyan. Will man die Menge des Silbers im Cyansilber durch Glühen bestimmen, so ist es am besten, sich dazu eines kleinen Gebläses zu bedienen. Jedenfalls mufs man zweimal, oder so lange glühen, bis das Gewicht sich nicht mehr vermindert. Nach dem Wägen mufs es in Salpetersäure sich ohne Rückstand von Paracyan auflösen.

Statt der freien Cyanwasserstoffsäure kann man sich zur Fällung des Silbers auch des Cyankaliums bedienen, das man zur neutralen oder durch Ammoniak neutralisirten Lösung hinzufügt. Durch einen Ueberschufs des Cyankaliums wird das zuerst gefällte Cyansilber wieder aufgelöst, aber durch Zusetzen von verdünnter Salpetersäure, bis dieselbe schwach vorwaltet, wieder vollständig gefällt.

Nur in wenigen Fällen bedient man sich zur Fällung des Silbers der Cyanwasserstoffsäure. Weit häufiger hingegen findet die Bestimmung des Cyans durch Silber statt.

Ausscheidung des Silbers durch Ameisensäure. — Aus seinen Lösungen wird das Silber leicht durch Ameisensäure als metallisches Silber reducirt, und man hat dies zur Bestimmung des Silbers benutzt, eine Art der Bestimmung, die indessen gewifs nur in wenigen Fällen von Nutzen sein kann. Man wendet dazu am zweckmäfsigsten das ameisensaure Natron an. Enthält die Lösung freie Säure, so wird sie durch kohlensaures Natron oder Kali gesättigt und dann das ameisensaure Alkali hinzugefügt. Zur vollständigen Reduction des Silbers sind gegen einen Theil der zu untersuchenden Silberverbindung wenigstens fünf Theile des ameisensauren Alkalis nothwendig. Zwei Atome der Silberoxydverbindung werden durch ein Atom des ameisensauren Natrons reducirt, wobei Säure frei wird. Die Ausscheidung des Silbers fängt zwar, besonders beim Erwärmen, sogleich an, aber um das Silber vollständig zu reduciren und von weifser Farbe zu erhalten, ist ein längeres Kochen erforderlich, und es ist nothwendig, die abfiltrirte Lösung noch einmal mit ameisensaurem Alkali zu erhitzen, um zu sehen, ob alles Silber gefällt ist. Das abgeschiedene Silber läfst sich erst nach längerem Stehen abfiltriren.

Man kann auf diese Weise gute Resultate erhalten; es ist jedoch zu bemerken, dafs aus ammoniakalischen Lösungen des Silberoxyds die ameisensauren Salze das Silber nicht reduciren, auch nicht beim Kochen.

Bestimmung des Silbers in organischen Verbindungen.
— Da das Silber aus den meisten seiner Salze leicht durch die blofse Wirkung der Hitze reducirt wird, so kann man in vielen Verbindungen die Menge des Silbers einfach dadurch bestimmen, dafs man dieselben in einem kleinen Porcellantiegel beim Zutritt der Luft glüht. Es bleibt metallisches Silber zurück, das bei dem Erhitzen durch eine Lampe nicht schmilzt.

Auf die Weise bestimmt man die Menge des Silbers, wenn dasselbe als Oxyd in organischen Verbindungen enthalten ist. Man pflegt namentlich organische Säuren mit Silberoxyd zu verbinden, wenn man das Atomgewicht derselben bestimmen will, da das Silberoxyd vorzugsweise die Eigenschaft hat, mit den organischen Säuren wasserfreie Salze zu bilden, die man gewöhnlich sehr rein erhalten kann, da sie meistentheils unlöslich oder sehr wenig löslich sind. Auch verbindet sich das Silberoxyd gewöhnlich nur in einem einzigen Verhältnifs mit organischen Säuren, und hat weit weniger Neigung basische Salze mit ihnen zu bilden, als z. B. das Bleioxyd.

Hierbei ist indessen zu bemerken, dafs manche Silberoxydverbindungen mit organischen Säuren mehr oder weniger stark verpuffen, wie z. B. die Verbindungen des Silberoxyds mit der Oxalsäure, der Mellithsäure, der Citronensäure, der Itaconsäure, der Citraconsäure, der Fumarsäure, der Chelidonsäure und anderen organischen Säuren. Mehrere von den organischen Säuren geben in ihren Verbindungen mit Silberoxyd nach dem Erhitzen nicht metallisches Silber, sondern Kohlensilber, dessen Kohlengehalt selbst beim freien Luftzutritt nicht vollständig verbrennt; beim Lösen des Silbers in Salpetersäure bleibt die Kohle aber zurück. Manchmal bleibt auch nach dem Glühen einiger Verbindungen des Silberoxyds mit stickstoffhaltigen organischen Substanzen Cyansilber zurück, das erst durch stärkeres Glühen in reines Silber verwandelt wird.

Bestimmung des Silbers durch Kupelliren. — Um den Gehalt an Silber in Legirungen mit unedlen Metallen, namentlich, wenn dasselbe mit Kupfer verbunden ist, quantitativ zu bestimmen, bedient man sich schon seit den ältesten Zeiten einer Operation, welche man das Kupelliren nennt. Sie besteht wesentlich darin, dafs man die unedlen Metalle, welche mit dem Silber verbunden sind, nach einem Zusatze von Blei bei erhöhter Temperatur unter vollständigem Zutritt der Luft oxydirt. Das gebildete Bleioxyd verbindet sich mit den Oxyden der andern unedlen Metalle zu einer schmelzbaren Masse, die sich in die Poren der angewandten Kupelle einzieht, während das Silber metallisch zurückbleibt und nach dem Erkalten gewogen werden kann. Diese Operation giebt ein für die meisten Zwecke hinreichend genaues Resultat, etwas Silber indessen geht mit den schmelzenden Oxyden der unedlen Metalle in die Masse der Kupelle. Es muſs indessen hier bemerkt und hervorgehoben werden, daſs in vielen Substanzen, z. B. im Bleiglanz, Spuren von Silber lange nicht mit der Sicherheit auf nassem Wege aufgefunden werden können, als durch die Kupellation, wobei aber immer zu berücksichtigen ist, daſs man sich bei derselben eines Bleis bedienen muſs, welches vollkommen silberfrei ist.

Trennung des Silbers vom Quecksilber. — Ist in einer salpetersauren Lösung Quecksilberoxyd neben Silberoxyd, so trennt man beide durch Chlorwasserstoffsäure, wodurch Chlorsilber gefällt wird. Man vermeidet dabei einen zu grofsen Ueberschuſs an Chlorwasserstoffsäure; auch muſs die Lösung vorher verdünnt werden. Nachdem das Chlorsilber, das eine kleine Menge von basisch-salpetersaurem Quecksilberoxyd enthält, sich abgeschieden hat, gieſst man die überstehende Flüssigkeit von demselben ab, erhitzt es mit etwas Salpetersäure und Chlorwasserstoffsäure, fügt dann Wasser hinzu und filtrirt*). Aus der vom Chlorsilber abfiltrirten Flüssigkeit fällt man das Quecksilber nach früher erörterten Methoden am besten durch phosphorichte Säure (S. 185) oder durch Schwefelwasserstoff. — Je weniger die Lösung beider Metalle freie Salpetersäure enthält, um so mehr wird mit dem Chlorsilber basisch-salpetersaures Quecksilberoxyd gefällt, das sogar oft das Chlorsilber schwach gelblich färben kann.

Wenn neben dem salpetersauren Quecksilberoxyd auch salpetersaures Quecksilberoxydul vorhanden ist, so fällt mit dem Chlorsilber auch Quecksilberchlorür. Ist die Lösung sehr verdünnt, so ist es schwer durch Erhitzen mit Salpetersäure das Oxydul zu Oxyd zu oxydiren, und es ist deshalb vorzuziehen nach der Fällung vermittelst Chlorwasserstoffsäure das mit dem Chlorsilber gemengte Quecksilberchlorür durch Erhitzen mit Königswasser in Quecksilberchlorid zu verwandeln, und das Chlorsilber zu reinigen.

Wenn man zu einer salpetersauren Lösung von Silber- und Quecksilberoxyd Chlorwasserstoffsäure oder Chlornatrium hinzufügt, so entsteht erst dann ein Niederschlag von Chlorsilber, wenn das Quecksilberoxyd vollständig in Chlorid verwandelt ist.

Die Trennung des Silberoxyds vom Quecksilberoxyd kann auch sehr gut durch Cyanwasserstoffsäure bewirkt werden, die man in ihrer wäſsrigen oder auch weingeistigen Lösung anwenden kann. Es wird dadurch Cyansilber gefällt, das man auf die S. 197 angegebene Weise behandelt. Statt der Cyanwasserstoffsäure kann man auch Cyankalium

---

*) Man kann auch das Chlorsilber mit etwas essigsaurem Natron oder essigsaurem Ammoniak und einer sehr kleinen Menge von Salpetersäure behandeln, wodurch das salpetersaure Quecksilberoxyd zersetzt und vom Chlorsilber getrennt wird.

anwenden, und darauf das Ganze mit Salpetersäure übersättigen. In der abfiltrirten Flüssigkeit fällt man das Quecksilber durch Schwefelwasserstoff.

Ist indessen in der Lösung neben Quecksilberoxyd auch Oxydul enthalten, so wird durch Cyanwasserstoffsäure Cyansilber mit metallischem Quecksilber gemengt gefällt. Nachdem sich der Niederschlag gesenkt hat, wird die überstehende Flüssigkeit abgegossen, und das Cyansilber längere Zeit mit Salpetersäure erhitzt, um das Quecksilber aufzulösen. Man fügt darauf Wasser und noch etwas Cyanwasserstoffsäure hinzu. Wenn das Cyansilber rein weifs ist, so filtrirt man, ist es noch etwas graulich, so mufs die Behandlung mit Salpetersäure wiederholt werden.

Hat man bei Untersuchungen durch Schwefelwasserstoff Silber und Quecksilber gemeinschaftlich als Schwefelmetalle gefällt, so kann man das Gewicht derselben auf einem gewogenen Filtrum bei 100° bestimmen. Man nimmt darauf eine gewogene Menge vom Filtrum, und glüht dieselbe in einem Porcellantiegel, zuletzt in einem Strome von Wasserstoffgas; es bleibt metallisches Silber zurück. Hierbei mufs man überzeugt sein, dafs das Quecksilber vollständig als Oxyd vorhanden war, als die Metalle durch Schwefelwasserstoff gefällt wurden, und dafs die Schwefelmetalle rein von eingemengtem Schwefel sind.

Will man indessen die Menge des Quecksilbers neben der des Silbers unmittelbar bestimmen, so kann man sich eines Verfahrens bedienen, das man auch bei der Scheidung des Quecksilbers von vielen anderen Metallen anwenden kann, deren Chlorverbindungen nicht oder sehr schwer flüchtig sind. Man leitet über die erhitzten Schwefelmetalle in einer Kugelröhre einen langsamen Strom von getrocknetem Chlorgas in einem Apparate wie er weiter unten bei der Analyse der Schwefelmetalle durch Chlorgas beschrieben ist. Man treibt die flüchtigen Chlorverbindungen in eine Vorlage mit Wasser, in welchem sich das Quecksilberchlorid auflöst, so wie auch der Chlorschwefel, dieser indessen mit Zurücklassung von Schwefel, der durch längeres Behandeln mit Chlorgas oft auch ganz aufgelöst wird, sonst nach längerem Stehen an einem mäfsig erwärmten Orte, nachdem er seine anfänglich weiche Consistenz verloren hat, abgesondert werden kann. In der Lösung kann das Quecksilber, nachdem das freie Chlor durch Erwärmen mit etwas Chlorammonium entfernt ist, durch phosphorichte Säure als Chlorür oder durch Schwefelwasserstoff als Schwefelquecksilber gefällt werden. Das Silber bleibt als Chlorsilber in der Kugelröhre zurück, in welcher es gewogen wird[*]).

---

[*]) Man kann es dann durch Erhitzen in Wasserstoff in metallisches Silber verwandeln, und als solches in Salpetersäure auflösen.

Auf eine leichte Weise kann man durch Salpetersäure das Schwefelquecksilber vom Schwefelsilber wie vom Schwefelwismuth trennen (S. 192); ein Verfahren, das man namentlich mit Vortheil benutzen kann, wenn man bei Analysen kleine Mengen beider erhalten hat. Bei gröfseren Mengen ist dasselbe weniger anwendbar, da durch langes Erhitzen Spuren von Quecksilber gelöst werden können.

Aus einem Amalgam von Silber und Quecksilber kann durch Erhitzen in einem kleinen Porcellantiegel das Quecksilber vollständig verflüchtigt werden.

Trennung des Silbers vom Kupfer. — Diese Trennung, welche sehr häufig unternommen werden mufs, da das gewöhnliche Arbeitssilber aus Silber und Kupfer besteht, wird durch Chlorwasserstoffsäure bewirkt, oder das Silber wird maafsanalytisch durch eine Lösung von Chlornatrium bestimmt, nachdem man die Legirung beider Metalle in Salpetersäure gelöst hat. Bestimmt man das Chlorsilber seinem Gewichte nach, so kann in der abfiltrirten Flüssigkeit das Kupferoxyd durch Schwefelwasserstoff gefällt werden.

Die Trennung beider Oxyde kann auch durch Cyankalium geschehen. Zu der Lösung fügt man, wenn sie viele freie Säure enthält, kohlensaures Alkali und dann Cyankalium, bis dafs der zuerst entstandene Niederschlag wiederum aufgelöst ist, fügt dann Salpetersäure in geringem Ueberschufs hinzu und bestimmt das gefällte Cyansilber auf die S. 197 beschriebene Weise; das Cyankupfer löst sich im Ueberschufs der Salpetersäure. Um das Kupferoxyd in der abfiltrirten Lösung zu bestimmen, wird dieselbe mit Schwefelsäure versetzt und so lange abgedampft, bis kein Geruch nach Cyanwasserstoffsäure mehr wahrzunehmen ist, worauf man durch Schwefelwasserstoff Schwefelkupfer fällt. — Die Trennung kann auch so bewirkt werden, dafs man zu der Lösung beider Metalle in einem Ueberschufs von Cyankalium Schwefelammonium hinzufügt, oder durch dieselbe Schwefelwasserstoffgas hindurchleitet. Hierdurch wird nur das Silber als Schwefelsilber gefällt. Die vom Schwefelsilber abfiltrirte Flüssigkeit wird mit Salpetersäure und Schwefelsäure versetzt und so lange abgedampft, bis kein Geruch nach Cyanwasserstoff mehr zu bemerken ist, und dann erst fällt man das Kupfer (Fresenius).

Trennung des Silberoxyds vom Uran. — Sie kann sowohl durch Chlorwasserstoffsäure als auch durch Schwefelwasserstoff bewirkt werden.

Trennung des Silberoxyds vom Wismuthoxyd. — Auch diese Trennung kann durch Chlorwasserstoffsäure bewerkstelligt werden, wenn man nur dafür sorgt, dafs in der Lösung hinreichend Salpetersäure vorhanden ist, damit kein basisches Chlorwismuth fällt. Der Sicherheit wegen kann man das Chlorsilber, nachdem man die überstehende geklärte Flüssigkeit davon abgegossen hat, mit verdünnter Salpetersäure erhitzen, um etwa gefälltes basisches Chlorwismuth aufzulösen, dann Wasser, aber nicht in zu grofser Menge, hinzufügen, und das Chlorsilber nicht mit reinem Wasser, sondern mit Wasser auswaschen, zu dem etwas Salpetersäure hinzugefügt ist; zuletzt entfernt man diese noch durch reines Wasser. Die vom Chlorsilber abfiltrirte Flüssigkeit wird durch Ammoniak der Sättigung nahe gebracht, und dann durch Wasser basisches Chlorwismuth gefällt.

Wenn man zu der Lösung Weinsteinsäure setzt, dann Ammoniak (oder ein anderes Alkali) im Ueberschufs, so fällt nach Uebersättigung mit Chlorwasserstoffsäure auch durch Wasser kein basisches Chlorwismuth, sondern nur Chlorsilber. In der abfiltrirten Flüssigkeit kann man dann das Wismuth nur durch Schwefelwasserstoff als Schwefelwismuth fällen.

Die Trennung des Silberoxyds vom Wismuthoxyd kann auch durch Cyankalium bewirkt werden. Man fügt zu der Lösung, nachdem sie verdünnt worden ist, kohlensaures Natron in einem geringen Ueberschufs, setzt dann Cyankalium hinzu, erwärmt einige Zeit gelinde, filtrirt das ungelöste Wismuthoxyd (das Kohlensäure enthält) und wäscht es aus. Man kann unmittelbar durch Schmelzen mit Cyankalium die Menge des Wismuths darin bestimmen (S. 164), oder man löst es in möglichst wenig Chlorwasserstoffsäure auf, und fällt aus der Lösung durch vieles Wasser basisches Chlorwismuth. In der abfiltrirten Flüssigkeit fällt man das Silber durch Uebersättigung mit Salpetersäure als Cyansilber.

Trennung des Silberoxyds vom Bleioxyd. — Auch selbst vom Bleioxyd läfst sich das Silberoxyd, ungeachtet der Schwerlöslichkeit des Chlorbleis, durch Chlorwasserstoffsäure trennen. Die Lösung mufs indessen sehr verdünnt sein, und es ist ein zu grofser Ueberschufs von Chlorwasserstoffsäure zu vermeiden, weil in dieser das Chlorblei schwerlöslicher als in reinem Wasser ist. Es ist vortheilhaft essigsaures Natron oder essigsaures Ammoniak zu der Lösung zu setzen, und dann erst Chlorwasserstoffsäure, weil dadurch das Chlorblei weit leichter gelöst bleibt; man kann ferner das Ganze erwärmen, um auch dadurch die Löslichkeit des Chlorbleis zu befördern.

Das Chlorsilber wird am besten mit heifsem Wasser ausgewaschen. Aus der vom Chlorsilber abfiltrirten Flüssigkeit fällt man das Bleioxyd, wenn essigsaures Alkali hinzugesetzt worden ist, mit Schwefelwasserstoff als Schwefelblei und nicht mit Schwefelsäure, weil das schwefelsaure Bleioxyd in den essigsauren Alkalien in einem nicht geringen Maafse auflöslich ist.

Man hat vorgeschlagen, das Silberoxyd vom Bleioxyd auf die

Weise zu trennen, dafs man zu der Lösung Chlorwasserstoffsäure hinzufügt, und darauf sogleich eine nicht unbedeutende Menge von Ammoniak. Dieses löst das Chlorsilber auf, während das Blei als basisches Chlorblei ungelöst zurückbleibt. In demselben bestimmt man am besten die Menge des Bleis durch Schmelzen mit Cyankalium (S. 157). Aus der ammoniakalischen Lösung des Chlorsilbers wird durch Uebersättigung mit Salpetersäure das Chlorsilber gefällt. — Diese Methode der Trennung giebt indessen nicht sehr genaue Resultate.

Eine andere Trennung des Bleis vom Silber in der Auflösung beider in Salpetersäure, kann durch verdünnte Cyanwasserstoffsäure bewirkt werden. Diese fällt nur das Silber als Cyansilber; aus der filtrirten Flüssigkeit fällt man das Bleioxyd durch Schwefelwasserstoff oder durch Schwefelsäure mit einem Zusatze von Alkohol. Wendet man eine alkoholische Lösung der Cyanwasserstoffsäure an, so mufs die Lösung der Oxyde mit nicht zu wenig Wasser verdünnt werden, damit sich nicht salpetersaures Bleioxyd niederschlagen kann.

Statt durch freie Cyanwasserstoffsäure kann die Trennung des Bleioxyds vom Silberoxyd auch durch Cyankalium statt finden, und zwar auf dieselbe Weise, wie die des Silbers vom Wismuth vermittelst Cyankaliums (S. 202). Das Bleioxyd bleibt als kohlensaures Bleioxyd ungelöst; da es aber alkalihaltig sein kann, so kann man es mit Cyankalium schmelzen, oder in Salpetersäure auflösen und als kohlensaures oder als schwefelsaures Bleioxyd fällen und bestimmen.

Trennung des Silberoxyds vom Cadmiumoxyd. — Sie geschieht ohne die mindesten Schwierigkeiten durch Chlorwasserstoffsäure. Die Trennung kann auch vermittelst des Cyankaliums bewerkstelligt werden, und zwar auf ähnliche Weise wie die Trennung des Silbers vom Kupfer (S. 201). Hat man nämlich die Oxyde in einem Ueberschufs von Cyankalium aufgelöst, so fällt man aus der Lösung das Cyansilber durch Salpetersäure; das Cyancadmium bleibt in einem Ueberschufs der Salpetersäure gelöst. Aus der Lösung wird es durch Schwefelwasserstoffgas als Schwefelcadmium gefällt.

Trennung des Silbers vom Nickel, Kobalt, Zink, Eisen und Mangan. — Die Trennung geschieht vollständig und sicher durch Chlorwasserstoffsäure, durch welche nur Chlorsilber gefällt wird.

Aber auch durch Schwefelwasserstoffgas kann das Silberoxyd von diesen Oxyden geschieden werden, wenn man die Lösung vorher durch Salpetersäure oder Schwefelsäure sauer macht.

Bei der Trennung des Silberoxyds vom Zinkoxyd wendet man besser Chlorwasserstoffsäure als Schwefelwasserstoffgas an.

Trennung des Silbers von den Erden und den Alkalien. — Auch diese geschieht durch Chlorwasserstoffsäure oder durch Schwefelwasserstoff.

XXXI. Palladium.

Bestimmung des Palladiums als Cyanpalladium. — Das Palladium kann aus seinen Lösungen, in welchen es entweder als Chlorür oder als salpetersaures Oxydul enthalten ist, durch eine Lösung von Quecksilbercyanid als Cyanpalladium gefällt werden, und diese Methode wurde schon von dem Entdecker des Palladiums angewandt, um es von den im Platinerze begleitenden Metallen zu trennen. Enthält die Auflösung des Chlorürs viel freie Chlorwasserstoffsäure, so muſs sie zuerst mit kohlensaurem Natron so abgestumpft werden, daſs sie noch merklich sauer reagirt, dann fügt man Cyanquecksilber im Ueberschuſs hinzu und erhitzt so lange bei gelinder Wärme, bis der Geruch nach freier Cyanwasserstoffsäure (durch welche etwas von dem gefällten Cyanpalladium aufgelöst werden könnte) verschwunden, und die anfangs freie Chlorwasserstoffsäure Quecksilberchlorid gebildet hat. Der Niederschlag ist voluminös und verstopft leicht die Poren des Filtrums; es ist daher zweckmäſsig ihn möglichst schon vor dem Filtriren durch Decantiren auszuwaschen. Es ist nicht rathsam ihn auf einem gewogenen Filtrum zu sammeln, da er oft etwas Quecksilber enthalten kann. Durch starkes Glühen verwandelt er sich in metallisches Palladium, das durch Wasserstoff reducirt werden muſs, da es sich während des Glühens etwas oxydirt. Vor dem Glühen muſs das Cyanpalladium gut getrocknet werden, da die zusammenhängenden Stücke (die getrockneter Thonerde gleichen) stark beim Erhitzen decrepitiren, wenn sie noch etwas Feuchtigkeit enthalten. Man muſs beim Glühen eine starke Hitze anwenden, und es ist zweckmäſsig dazu ein kleines Gebläse anzuwenden. Durch die erste Einwirkung der Hitze verwandelt sich das Cyanpalladium in Paracyanpalladium.

Fällt man das Cyanpalladium aus der Lösung des salpetersauren Oxyduls, so ist es kaum nöthig, dieselbe durch eine Lösung von kohlensaurem Natron abzustumpfen, da die freie Salpetersäure weniger den Ueberschuſs des Quecksilbercyanids zersetzt, als die Chlorwasserstoffsäure. Der Niederschlag ist auch von anderer Beschaffenheit; er ist mehr gelblichweiſs, nicht schleimig, sondern käsig, läſst sich leicht und schnell mit heiſsem Wasser auswaschen, und bildet beim Trocknen keine glasartigen Stücke. Er enthält etwas basisch-salpetersaures Quecksilberoxyd, oder auch nach längerem Auswaschen Quecksilberoxyd.

Man erhält sehr genaue Resultate. Hat man indessen eine saure Lösung des Palladiums durch kohlensaures Natron so gesättigt, daſs das Alkali auch nur sehr wenig vorwaltet, so bleibt viel Palladium gelöst.

Bestimmung des Palladiums als Palladiumjodür. — Man kann das Palladium zwar nicht gut aus der Lösung des Chlorürs, wohl aber aus der des salpetersauren Oxyduls vermittelst Jodwasserstoffsäure als Palladiumjodür fällen, aber diese Methode kann nur in wenigen Fällen angewandt werden, um das Palladium von andern Metallen zu scheiden. Denn sind in der Palladiumlösung Salze, namentlich alkalische, in nicht unbedeutender Menge enthalten, so kann das Palladium durch Jodwasserstoffsäure nicht gefällt werden. Ist dies aber nicht der Fall, so kann das Palladium aus einer mit vielem Wasser verdünnten Lösung vollständig durch Jodwasserstoffsäure gefällt werden, selbst wenn diese, wie dies gewöhnlich der Fall ist, von brauner Farbe durch aufgelöstes Jod ist. Man muſs die Palladiumlösung vor und nicht nach dem Zusetzen von Jodwasserstoffsäure mit vielem Wasser verdünnen. Auch muſs man einen Ueberschuſs von Jodwasserstoffsäure vermeiden, weil dadurch, besonders in nicht verdünnter Lösung, etwas Palladiumjodür aufgelöst werden kann. Statt der Jodwasserstoffsäure darf nicht Jodkalium zur Fällung angewandt werden, weil in einem auch nur kleinen Ueberschuſs desselben das Palladiumjodür merklich löslich ist, jedoch weniger in sehr verdünnten Lösungen. Es ist am zweckmäſsigsten, den Niederschlag in einem kleinen Porcellan- oder Platintiegel (der nicht dadurch angegriffen wird) erst an der Luft, und dann in Wasserstoff zu glühen, wodurch man metallisches Palladium erhält. Das Palladiumjodür kann zwar auch auf einem gewogenen Filtrum gewogen werden, doch darf es dann nur bei einer Temperatur von 80° bis 90° getrocknet werden, weil bei langem Trocknen bei 100° etwas Jod daraus verflüchtigt werden kann, dessen Menge indessen aber unbedeutend ist.

Fällt man das Palladium aus einer Chlorürlösung durch Jodwasserstoffsäure, so bleibt etwas Palladium gelöst.

Fällung des Palladiums als Schwefelpalladium. — Von allen Platinmetallen ist das Palladium das, welches aus seiner Lösung am leichtesten und vollständigsten vermittelst des Schwefelwasserstoffgases als Schwefelpalladium gefällt und dadurch von mehreren Metallen, namentlich vom Eisen getrennt werden kann. Es ist indessen nicht möglich, aus dem Gewichte des erhaltenen getrockneten Schwefelpalladiums das Gewicht des Palladiums mit Sicherheit zu berechnen. Man erhält immer mehr Schwefelmetall, als man der Berechnung nach erhalten sollte, auch wenn man darauf gesehen hat, daſs das Palladium nicht zum Theil als Chlorid in der Lösung enthalten war. Wird das erhaltene Schwefelpalladium nach dem Trocknen auch in einer Atmosphäre von Wasserstoffgas bei Weifsglühhitze geglüht, so verliert es den gröfsten Theil aber nicht die ganze Menge des Schwefels. Ein solches schwefelhaltiges Palladium schmilzt weit leichter, als reines Palladium, bei einer schwachen Rothglühhitze, während Palladium mit mehr Schwefel verbunden, bei dieser Temperatur nicht schmelzbar ist. Das Schwefelpalladium läfst sich daher wegen dieser Leichtschmelzbarkeit nicht gut rösten; das Geröstete kann durch Königswasser gelöst, und aus dieser Lösung Cyanpalladium gefällt werden.

Trennung des Palladiums von andern Metallen. — Durch die Löslichkeit des Palladiums in Salpetersäure kann dasselbe von mehreren Metallen, namentlich von den meisten Platinmetallen, getrennt werden. Es ist jedoch zu bemerken, dafs, wenn das Palladium mit diesen Metallen in kleiner Menge förmlich legirt ist, es der Einwirkung der Salpetersäure widerstehen kann. Man bestimmt die Menge des aufgelösten Palladiums, indem man die salpetersaure Lösung bis zur Trocknifs abdampft, und die trockne Masse stark glüht. Es bleibt dann metallisches Palladium zurück, das in Wasserstoff noch einmal geglüht werden mufs.

Von einigen Metallen, namentlich von einigen edlen, kann das Palladium durch Schmelzen mit saurem schwefelsaurem Kali getrennt werden: es wird dadurch oxydirt, aufgelöst und in schwefelsaures Oxydul verwandelt. Schon durch einmaliges Schmelzen, nachheriges Hinzufügen von concentrirter Schwefelsäure und darauf nochmaliges Schmelzen kann das Palladium, wenn es nicht in zu grofser Menge vorhanden ist, vollständig aufgelöst werden; die geschmolzene Masse löst sich ganz in Wasser auf.

Nach den beschriebenen Methoden, vorzüglich aber durch Quecksilbercyanid, läfst sich das Palladium von fast allen Metallen, die mit demselben verbunden sein können, trennen, ausgenommen vom Kupfer. Mit diesem kommt es zusammen im Platinerz vor. Die Trennung beider Metalle kann auf folgende Weise geschehen: Man fällt sie gemeinschaftlich durch Schwefelwasserstoff aus der sauren Lösung als Schwefelmetalle, und röstet diese noch feucht (gemeinschaftlich mit dem Filtrum) so lange als sich noch schweflichte Säure entwickelt. Durch die Mengung mit Schwefelkupfer läfst sich das Schwefelpalladium nicht besser rösten als für sich: es wird durch Rösten das Schwefelkupfer leicht oxydirt, aber in dem Gerösteten sieht man deutlich die geschmolzenen Kugeln von Schwefelpalladium. Man behandelt das Ganze mit Königswasser, die Lösung wird mit Chlorkalium versetzt und bis zur Trocknifs abgedampft, man erhält dadurch eine dunkle Salzmasse, welche Chlorkalium, Kaliumkupferchlorid und Kaliumpalladiumchlorid, nicht Palladiumchlorür, enthält. Die beiden ersten dieser Salze werden durch Alkohol vom spec. Gewicht 0,83 ausgezogen, und das Palladiumsalz, welches darin unlöslich ist, wird auf einem gewogenen Filtrum mit Alkohol gewaschen, getrocknet, gewogen, und das Palladium daraus berechnet. Man kann auch die Salzmasse, nachdem man das Kaliumkupferchlorid durch Alkohol ausgezogen hat, in Wasserstoff erhitzen, und das metallische Palladium wägen. Dieses Verfahren verdient den Vorzug, weil das Chlorkalium sich etwas schwer durch Alkohol ausziehen läfst. Die alkoholische Lösung des Kupferoxyds enthält eine Spur von Palladium, welche indessen vernachlässigt werden kann. Die Lösung wird zur Verjagung des Alkohols abgedampft, die Salzmasse in Wasser gelöst, und das Kupfer durch Schwefelwasserstoff gefällt. (Berzelius).

Trennung des Palladiums von den alkalischen Metallen. — Ist das Palladium als Chlorid oder als Chlorür mit alkalischen Chlormetallen verbunden, so kann die Trennung schon dadurch bewirkt werden, dafs man die Verbindung einer starken Glühhitze aussetzt, durch welche das Chlorpalladium zu Metall reducirt wird, das nach dem Auswaschen gewogen werden kann. Dabei verflüchtigt sich aber mehr oder weniger von dem alkalischen Chlormetall. Es ist daher weit zweckmäfsiger, die Doppelverbindungen in einer Kugelröhre durch Wasserstoffgas bei nicht zu hoher Temperatur zu erhitzen bis das Chlorpalladium reducirt ist, und sich keine weifse Nebel mehr bilden, wenn man einen mit Ammoniak befeuchteten Glasstab an das Ende des Apparats hält. Nachdem man nach dem völligen Erkalten das Wasserstoffgas in der Kugelröhre durch atmosphärische Luft ersetzt hat, wägt man die aus metallischem Palladium und dem alkalischen Chlorid bestehende Masse, behandelt sie mit Wasser, welches das alkalische Chlormetall auflöst, und bestimmt die Menge des Palladiums nach Glühen in Wasserstoff. In der vom Palladium abfiltrirten Flüssigkeit kann man noch unmittelbar die Menge des alkalischen Chlorids nach dem Abdampfen, oder die Menge des Chlors auf maafsanalytischem Wege bestimmen. — Wendet man bei dieser Operation nur eine schwache Hitze an, so dafs das Chlorkalium nicht schmilzt, so verflüchtigt sich nichts vom alkalischen Chlorid.

Statt in einer Kugelröhre kann man die Doppelverbindung in einem kleinen Porcellantiegel mit durchbohrtem Platindeckel in einem Wasserstoffstrome erhitzen. Die Anwendung dieses Apparates hat nur den Nachtheil, dafs man mit weniger Sicherheit als bei Anwendung einer Kugelröhre sich von der gänzlichen Zersetzung des Chlorpalladiums überzeugen kann.

XXXII. Rhodium.

Bestimmung des Rhodiums als Metall. — Aus den Lösungen des Sesquioxyds oder des Sesquichlorids, die fast allein bei Untersuchungen vorkommen, kann das Rhodium auf die Weise ausgeschieden werden, dafs man sie mit kohlensaurem Natron versetzt, die Flüssigkeit abdampft, und die trockne Masse in einem Platintiegel glüht, oder auch nur stark erhitzt. Nach Behandlung derselben mit Wasser bleibt Rhodiumsesquioxyd zurück, das man auf dem Filtrum zuerst mit Chlorwasserstoffsäure und dann mit Wasser wäscht, worauf man es nach dem Glühen in einem kleinen Porcellantiegel durch Erhitzen in Wasserstoff reducirt. Die Reduction wird so leicht bewirkt, dafs es kaum nothwendig ist, dabei Wärme anzuwenden. — Man kann auch das Sesquioxyd vor der Behandlung mit Chlorwasserstoffsäure durch Wasserstoff reduciren, und das Metall darauf mit Chlorwasserstoffsäure und Wasser auswaschen.

Man kann das Sesquioxyd aus den Lösungen auch durch Kalihydrat fällen, wenn man einen Ueberschufs des Fällungsmittels vermeidet und das Ganze bis zum Kochen erhitzt. Das mit Chlorwasserstoffsäure und Wasser ausgewaschene Sesquioxyd wird ebenfalls durch Wasserstoff reducirt.

Trennung des Rhodiums von andern Metallen. — Die Abscheidung des Rhodiums von andern Metallen, namentlich von denen, mit welchen es gemeinschaftlich in den Platinerzen vorkommt, beruht besonders auf folgenden Eigenschaften des Rhodiums und seiner Verbindungen.

Das Rhodiumammoniumsesquichlorid ist in einer concentrirten (aber nicht gesättigten) Auflösung von Chlorammonium auflöslich, während die Ammoniumdoppelsalze anderer Platinmetalle, namentlich die des Platins, des Iridiums, des Osmiums und des Rutheniums darin unlöslich sind.

Das metallische Rhodium ist in Salpetersäure unlöslich, während die unedlen Metalle, so wie Palladium, Silber und Quecksilber darin auflöslich sind.

Das metallische Rhodium ist, wenn es nicht legirt, sondern nur gemengt mit andern Metallen ist, nicht nur in allen einfachen Säuren, sondern selbst in Königswasser unlöslich, während Platin und Gold darin auflöslich sind.

Endlich sind die Verbindungen des Rhodiumsesquichlorids mit den alkalischen Chloriden, namentlich mit dem Chlornatrium, in Alkohol unlöslich, während die Natriumdoppelsalze der Chloride des

Platins, des Iridiums*), des Kupfers und des Eisens in Alkohol auflöslich sind **).

Das Doppelsalz von salpetrichtsaurem Rhodiumsesquioxyd mit salpetrichtsaurem Kali ist in Alkohol nicht löslich, während das entsprechende Ruthensalz darin auflöslich ist. (Gibbs).

Rhodiumsesquichlorid giebt, wie Iridiumsesquichlorid, mit Luteokobaltchlorid einen in verdünnter Chlorwasserstoffsäure unlöslichen Niederschlag, während die Verbindungen des Luteokobaltchlorids mit Ruthenbichlorid, Platinbichlorid, Ruthensesquichlorid und Palladiumchlorür darin auflöslich sind. (Gibbs).

Auflösung des Rhodiums und Trennung desselben von mehreren andern Metallen. Man muſs, wenn das metallische Rhodium mit andern Metallen gemengt oder verbunden ist, die Masse mit Chlornatrium gemengt bei anfangender Glühhitze einem Strome von getrocknetem Chlorgas aussetzen. Aus der erkalteten Masse werden die entstandenen Doppelsalze der anderen Metalle durch Alkohol gelöst, während das Natriumrhodiumsesquichlorid ungelöst zurückbleibt. Auf diese Weise wird das Rhodium namentlich am besten aus dem Metallgemenge ausgeschieden, welches aus der Lösung der Platinerze, nach Abscheidung des Ammoniumplatinbichlorids, durch metallisches Zink oder Eisen gefällt ist.

Eine andere eigenthümliche Methode haben Deville und Debray angegeben, um in dem erhaltenen Metallgemenge das Rhodium zu bestimmen. Nach ihnen wird dasselbe mit einem gleichen Gewicht von metallischem Blei und dem doppelten Gewichte von Bleiglätte geschmolzen. Wenn der Tiegel stark rothglühend, und die Glätte sehr flüssig ist, rührt man ein- oder zweimal um, und läſst das Ganze erkalten. Man trennt darauf den Bleiregulus, der alle Metalle des Gemenges enthält, welche minder oxydirbar als das Blei sind; er wird gut gereinigt und mit Salpetersäure behandelt, welche mit einem gleichen Gewichte von Wasser verdünnt ist; diese löst daraus das Blei, das Kupfer, das Palladium und auch etwas Rhodium auf. Wie in dieser

---

*) Das Natriumiridiumbichlorid wird indessen leicht durch Alkohol in das Sesquichlorid verwandelt, das in Alkohol unlöslich ist.

**) Auf diese Weise wurde das Rhodium schon von Wollaston ausgeschieden. Nachdem derselbe nämlich die Lösung des Platinerzes in Königswasser (in welcher Lösung das Rhodium enthalten ist, da es in dem Erze mit dem Platin förmlich legirt und dadurch löslich in Königswasser ist) mit kohlensaurem Natron gesättigt, und durch Quecksilbercyanid das Palladium gefällt hatte, wurde die abfiltrirte Flüssigkeit mit Chlorwasserstoffsäure versetzt, um das überschüssige Quecksilbercyanid in Chlorid zu verwandeln, und bis zur Trockniſs abgedampft. Die trockne Masse wurde (fein gepulvert) mit Alkohol vom spec. Gewicht 0,83 behandelt, der die Doppelverbindungen des Chlornatriums mit den Chloriden aller darin enthaltenen Metalle mit Ausnahme der des Rhodiumsesquichlorids auflöste, welche als dunkelrothes Pulver zurückblieb und mit Alkohol ausgewaschen wurde.

Auflösung das Rhodium bestimmt wird, ist weiter unten bei der Trennung des Rhodiums von diesen Metallen angegeben.

Diese Methode ist als Vorarbeit vortrefflich, denn es werden durch die Glätte die kieselsauren Verbindungen, die in dem metallischen Gemenge immer enthalten sind, aufgelöst und entfernt, und nach der Behandlung des Bleiregulus mit Salpetersäure kann man die darin unlöslichen Metalle auf die so eben erwähnte Weise mit Chlornatrium und Chlor behandeln, um das Rhodium von ihnen abzuscheiden. Deville und Debray geben aber eine andere Methode an, welche weiter unten bei der Analyse der Platinrückstände beschrieben ist, aber nach Claus fehlerhafte Resultate giebt.

Die Methode von Berzelius, das Rhodium von den andern Platinmetallen, das Palladium ausgenommen, durch Schmelzen mit saurem schwefelsaurem Kali zu trennen, ist nur zu empfehlen, wenn man sehr kleine Mengen von Rhodium aufzulösen hat. Das Rhodium wird von schmelzendem saurem schwefelsaurem Kali unter Entwicklung von schweflichter Säure als Sesquioxyd aufgelöst. Das geschmolzene Salz ist, wenn es wenig Rhodium enthält, roth und durchsichtig; wenn es aber damit gesättigt ist, sieht es dunkel und schwarz aus; nach dem Erkalten ist es hell- oder dunkelgelb gefärbt. Das schwefelsaure Rhodiumsesquioxyd löst sich schnell in heifsem Wasser auf; die Lösung ist gelb. Gewöhnlich bleibt selbst nach zehn- bis zwanzigmaligem Schmelzen einer und derselben Menge der Verbindung noch viel Rhodium ungelöst.

Trennung des Rhodiums vom Palladium. — Wenn die Metalle in Lösung sind (das Palladium als Oxydul), so kann die Trennung durch Quecksilbercyanid geschehen. Wenn man beide Metalle durch Behandlung mit Chlornatrium und Chlor in Natriumchloridverbindungen verwandelt hat, so mufs man die Lösung in Wasser so lange erhitzen, bis sie nicht mehr nach freiem Chlor riecht, denn nur, wenn das Palladiumbichlorid gänzlich in Chlorür verwandelt ist, kann dasselbe vollständig durch Quecksilbercyanid gefüllt werden. Die filtrirte Lösung, die das Rhodium enthält, kann nach der Methode von Wollaston behandelt werden (S. 209 Anmerkung).

Deville bewirkt die Trennung des Rhodiums vom Palladium, wie auch vom Kupfer und Eisen auf folgende Weise. Die Lösung wird mit Salpetersäure zuletzt in einem Porzellantiegel eingedampft, und der trockne Rückstand mit etwas Schwefelammonium befeuchtet und mit Schwefel bedeckt. Nach dem vollständigen Trocknen verschliefst man den Tiegel mit einem Deckel, bringt ihn in einen irdenen Tiegel, füllt den Zwischenraum mit Kohlenstückchen an und setzt den Tiegel einer lebhaften Rothglühhitze aus. Es bleibt im Tiegel metallisches Rhodium, metallisches Palladium (etwas Schwefel enthaltend) und Halbschwefelkupfer und Schwefeleisen zurück. Durch längeres Digeriren bei 70° mit concentrirter Salpetersäure werden Palladium, Kupfer und Eisen aufgelöst, während das Rhodium zurückbleibt. Deville bedient sich dieser Methode insbesondere, um in der etwas Rhodium enthaltenden Lösung, erhalten durch Behandeln des Bleiregulus mit Salpetersäure (S. 209), nach Entfernung des Bleis durch Eindampfen mit Schwefelsäure, das Rhodium von dem Palladium, Kupfer und Eisen zu trennen.

Trennung des Rhodiums vom Kupfer. — Beide Metalle sind in den Platinerzen enthalten. Aus einer Lösung scheidet man sie auf die Weise, dafs man durch dieselbe Schwefelwasserstoff bis zur Sättigung leitet, worauf man die Flasche, in der dies geschehen, verschliefst und an einem warmen Orte 12 Stunden stehen läfst. Das Schwefelkupfer ist dann vollständig und das Schwefelrhodium gröfstentheils gefällt. Aus der filtrirten Flüssigkeit erhält man beim Erhitzen noch etwas Schwefelrhodium, welches den andern Schwefelmetallen hinzugefügt wird. Diese werden in noch feuchtem Zustand in einem Platintiegel geröstet, so lange als sich noch schweflichte Säure bildet. Die geröstete Masse wird mit concentrirter Chlorwasserstoffsäure übergossen, welche das Kupferoxyd auflöst, das durch Schwefelwasserstoff gefällt werden kann, während Rhodiumsesquioxyd ungelöst zurückbleibt. — In der von den Schwefelmetallen abfiltrirten Flüssigkeit ist noch etwas Rhodium enthalten. Man kann es durch kohlensaures Natron auf die S. 208 angegebene Weise erhalten. Sämmtliches Sesquioxyd des Rhodiums wird nach der Reduction mit Wasserstoff und Behandlung mit Chlorwasserstoffsäure gewogen (Berzelius). Die von Deville angegebene Methode ist schon oben bei der Trennung des Rhodiums vom Palladium beschrieben.

Trennung des Rhodiums vom Blei. — Sie geschieht durch Schwefelsäure wie die des Kupfers vom Blei (S. 197).

Trennung des Rhodiums vom Eisen. — Das Rhodium kann vom Eisen, mit welchem es nicht nur in den Platinerzen vorkommt, sondern mit welchem es als Stahl legirt wird, in Lösungen auf folgende Weise getrennt werden: Aus der sauren Lösung fällt man durch Schwefelwasserstoff den gröfsten Theil des Rhodiums als Schwefelrhodium, das man durch Rösten in Sesquioxyd verwandelt. In der filtrirten Lösung wird das Eisenoxydul durch Salpetersäure zu Oxyd oxydirt, welches durch Ammoniak gefällt und nach dem Glühen gewogen wird. Es enthält noch Rhodiumsesquioxyd, und zwar in einem solchen Zustande, das es gemeinschaftlich mit dem Eisenoxyd von Chlorwasserstoffsäure gelöst wird. Es wird daher durch Wasserstoff reducirt, und das Metall durch Erwärmen in Chlorwasserstoffsäure gelöst. Die geringe Menge von Rhodium bleibt dabei ungelöst; durch

Glühen bildet sich Sesquioxyd, das man durch Wasserstoff reducirt.
— Die mit Ammoniak gefällte Flüssigkeit enthält noch etwas Rhodium, das durch kohlensaures Natron als Sesquioxyd ausgeschieden, und durch Wasserstoff reducirt werden kann.

Nach Deville verfährt man, wie bei der Trennung des Rhodiums vom Palladium angegeben ist.

Wird eine Rhodiumsesquioxydlösung durch Erhitzen mit Chlorwasserstoffsäure in eine Sesquichloridlösung verwandelt (Th. I, S. 355), so kann durch kohlensaure Baryterde bei gewöhnlicher Temperatur das Rhodium vom Eisenoxyd getrennt werden.

Trennung des Rhodiums von den alkalischen Metallen. — In den Verbindungen des Sesquichlorids des Rhodiums mit alkalischen Chlormetallen geschieht die Scheidung wie bei den ähnlichen Verbindungen des Palladiums (S. 207).

XXXIII. Iridium.

Bestimmung des Iridiums. — Das Iridium kann aus seinen Sauerstoff- und Chlorverbindungen sehr leicht durch Erhitzen in Wasserstoffgas als Metall erhalten und als solches gewogen werden. Enthält die Verbindung Alkali, so kann dieses nach der Reduction durch Wasser ausgezogen werden.

Abscheidung des Iridiums als Sesquioxyd. — Aus einer Lösung des Iridiums, dasselbe mag als Sesquichlorid oder als Bichlorid in derselben enthalten sein, wird dasselbe am besten durch kohlensaures Kali oder Natron gefällt. Man setzt einen Ueberschufs des kohlensauren Alkalis hinzu, dampft bis zur Trocknifs ab, und erhitzt bis zum schwachen Glühen. Die geglühte Masse wird mit Wasser und darauf, um das Alkali zu entfernen, mit Königswasser behandelt, wobei Iridiumsesquioxyd ungelöst zurückbleibt. Man reducirt dasselbe durch Wasserstoff.

Wenn man durch Schmelzen mit Kalihydrat und Salpeter das Iridium in iridiumsaures Kali verwandelt, und dieses durch Chlorwasserstoffsäure unter Chlorentwicklung in Iridiumbichlorid übergeführt hat, so kann auch aus dieser Lösung Iridiumsesquioxyd auf die so eben angegebene Weise ausgeschieden werden.

Trennung des Iridiums von andern Metallen. Die Trennung des Iridiums von andern ihm ähnlichen Metallen, namentlich von den andern Platinmetallen, beruht vorzüglich auf folgenden Eigenschaften einiger seiner Verbindungen:

Die Doppelverbindungen des Iridiumbichlorids mit dem Chlorkalium und dem Chlorammonium sind in starkem, besonders in ätherhaltigem, Alkohol unlöslich, eine Eigenschaft, welche sie mit den analogen Verbindungen des Platins und des Osmiums, wie mit denen des Rhodiumsesquichlorids gemein haben*), (die analogen Verbindungen mit Chlornatrium sind in Alkohol löslich, die des Rhodiumsesquichlorids ausgenommen**).

Die Doppelverbindungen des Iridiumbichlorids mit dem Chlorkalium und dem Chlorammonium sind in concentrirten wässerigen Lösungen von Chlorkalium und von Chlorammonium unlöslich, wie die analogen Verbindungen des Platinbichlorids und des Osmiumbichlorids, so wie die des Ruthensesquichlorids.

Die Doppelverbindung des Iridiumsesquichlorids mit Chlorammonium ist in einer Lösung von Chlorammonium löslich, wie die analoge Verbindung des Rhodiumsesquichlorids, so wie auch die des Palladiumchlorürs mit Chlorammonium.

Die Auflösungen der salpetrichtsauren Doppelsalze des Iridiumsesquioxyds mit den Alkalien werden durch Schwefelnatrium selbst beim Kochen nicht gefällt (Gibbs).

Die Doppelverbindung des Iridiumsesquichlorids mit Luteokobaltchlorid ist, wie die des Rhodiumsesquichlorids, in verdünnter heifser Chlorwasserstoffsäure unlöslich (Gibbs).

Das Iridium wie auch das Sesquioxyd desselben ist unlöslich in Königswasser, eine Eigenschaft, welche es besonders nur mit dem Rhodium theilt, wobei indessen zu bemerken ist, dafs durch die Unlöslichkeit in Königswasser das Iridium von den in Königswasser löslichen Metallen, wie z. B. vom Platin, nur dann getrennt werden kann, wenn es mit denselben als feines Pulver gemengt ist, eine Mengung, welche bei Analysen häufig erhalten wird. Ist aber das Iridium in kleinen Mengen mit jenen Metallen förmlich legirt, so verliert es die Eigenschaft der Unlöslichkeit in Königswasser, und dies ist der Grund, weshalb bei der Lösung des Platinerzes in Königswasser die kleinen Mengen des Iridiums (und des Rhodiums) in derselben enthalten sind ***).

Da die Löslichkeit der Doppelverbindung des Iridiumsesquichlorids mit Chlorammonium in einer concentrirten Lösung von Chlorammonium bei der Analyse der Platinerze zur Trennung des Iridiums benutzt wird, und man andrerseits bei der Lösung in Königswasser

---

*) Die Doppelsalze des Iridiumbichlorids werden durch Alkohol in die Sesquichloriddoppelsalze verwandelt, welche indessen in Alkohol auch unlöslich sind.

**) Das in Alkohol lösliche Natriumiridiumbichlorid wird durch den Alkohol in das Sesquichloriddoppelsalz verwandelt, das in Alkohol unlöslich ist, und daher oft das Rhodiumdoppelsalz verunreinigen kann.

***) Andrerseits verlieren andere Metalle, die löslich in Königswasser sind, wie z. B. das Platin, diese Eigenschaft, wenn sie mit gröfseren Mengen von Iridium legirt sind, wie solche Legirungen von Deville dargestellt worden sind.

das Iridium als Bichlorid erhält, so ist es wichtig zu wissen, wodurch das Bichlorid am leichtesten in Sesquichlorid übergeht.

Schon Th. I. S. 360 ist angegeben, unter welchen Verhältnissen diese Umwandlung erfolgt. Bei einer quantitativen Bestimmung ist es am zweckmäfsigsten, die Verwandlung des Bichlorids in Sesquichlorid durch Schwefelwasserstoffwasser oder durch salpetrichtsaures Kali zu bewirken. Das Schwefelwasserstoffwasser mufs nicht in zu grofser Menge und bei erhöhter Temperatur angewandt werden, um die Bildung von Schwefeliridium zu vermeiden. Dasselbe mufs auch bei Anwendung des salpetrichtsauren Kalis geschehen, wenn die Bildung des salpetrichtsauren Doppelsalzes nicht bezweckt werden soll.

Andrerseits kann man in der Lösung das Sesquichlorid sehr leicht durch Salpetersäure und Königswasser, so wie durch Chlorgas in Bichlorid verwandeln und dieses vollkommen durch Chlorammonium fällen, wodurch eine Trennung von Chloriden bewirkt wird, die in einer Lösung von Chlorammonium löslich sind.

Durch Schwefelwasserstoffgas kann ferner das Iridium aus sauren Lösungen beim Erhitzen als Schwefeliridium vollständig gefällt, und dadurch von vielen Metallen getrennt werden. Es gehört indessen ein Ueberschufs von Schwefelwasserstoff zur Fällung des Iridiums, denn die erste Wirkung desselben ist die Verwandlung des Bichlorids in Sesquichlorid. Das Schwefeliridium mufs mit schwach saurem Wasser oder mit einer sehr verdünnten Lösung von Chlorammonium ausgewaschen werden. Es löst sich schon in kalter Salpetersäure ohne Rückstand auf, und das Iridium kann aus dieser Lösung, wenn sie concentrirt ist, unter Zusetzen von Chlorwasserstoffsäure durch Chlorammonium gefällt, und aus dem Ammoniumiridiumbichlorid durch Glühen metallisch dargestellt werden.

Trennung des Iridiums vom Palladium. — Wenn beide Metalle mit einander gemengt aber nicht legirt sind, können sie durch Salpetersäure von einander getrennt werden. Eine schwache Salpetersäure löst zwar das Palladium sehr schwer auf; bei der Trennung des Palladiums vom Iridium ist indessen anzurathen, sich zuerst einer Salpetersäure von der Dichtigkeit 1,2 zu bedienen; wenn diese bei einer erhöhten Temperatur lange genug eingewirkt hat, giefst man sie vom Ungelösten ab, ersetzt sie durch eine etwas stärkere Salpetersäure, und wiederholt dies so lange, als die Säure noch gefärbt wird.

Auch durch Königswasser kann die Trennung beider Metalle bewirkt werden, aber auch nur, wenn die Metalle gemengt sind, nicht aber, wenn wenig Iridium mit sehr vielem Palladium förmlich legirt ist. Aber bei dieser Art der Trennung ist es nothwendiger als bei der Anwendung der Salpetersäure, eine schwache Säure anzuwenden, und diese so lange einwirken zu lassen, bis sie nichts mehr aufnimmt.

Man ersetzt sie dann durch neues Königswasser und fährt damit so lange fort, als die Säure noch gefärbt wird. Das Königswasser, welches man hierzu anwendet, verdünnt man mit zwei bis drei Theilen Wasser, wendet beim Erhitzen keine höhere Temperatur an, als ungefähr 80° und vermeidet das Kochen.

Da das Palladium durch Schmelzen mit saurem schwefelsaurem Kali oxydirt und aufgelöst wird, das Iridium aber nicht, so kann bei gemengten Metallen dieses verschiedene Verhalten zur Scheidung beider Metalle benutzt werden. Bei Legirungen kann vielleicht diese Art der Trennung sich nicht bewähren.

In Lösungen trennt man das Palladiumoxydul oder -chlorür vermittelst des Quecksilbercyanids vom Iridium, das, mag es als Sesquioxyd oder Bioxyd vorhanden sein, nicht davon gefällt wird.

Da die Doppelsalze des Bichlorids des Iridiums in gesättigten Lösungen von Chlorammonium nicht löslich sind, die Doppelsalze des Palladiumchlorürs hingegen darin löslich sind, so werden namentlich bei der Untersuchung der Platinerze, Iridium und Palladium auf diese Weise geschieden.

Nach Gibbs läfst sich ferner die Trennung beider Metalle durch salpetrichtsaures Natron und Schwefelnatrium, oder auch durch Luteokobaltchlorid bewirken. Man verfährt dabei so, wie es später bei der Trennung des Iridiums vom Ruthen angegeben ist.

Trennung des Iridiums vom Rhodium. — Es ist schon S. 210 angeführt, dafs es bei quantitativen Untersuchungen nicht gut möglich ist, das Rhodium vollständig durch Schmelzen mit saurem schwefelsaurem Kali aufzulösen. Noch weniger kann man es auf diesem Wege vom Iridium trennen. Es findet sogar fast gar keine Lösung des Rhodiums statt, wenn nur wenig Rhodium mit vielem Iridium gemengt ist. Auch wenn ein Gemenge von Salzen beider Metalle mit saurem schwefelsaurem Kali geschmolzen wird, so scheiden sich die Metalle ab und es wird aus dem Gemenge der Metalle beim ferneren Schmelzen kein Rhodium aufgelöst.

Wie in metallischen Verbindungen das Iridium vom Rhodium getrennt werden kann, ist weiter unten bei der Analyse des OsmiumIridiums beschrieben. In Auflösungen, welche das Iridium als Bichlorid und das Rhodium als Sesquichlorid enthalten, trennt man beide durch einen Ueberschufs einer mäfsig concentrirten aber nicht gesättigten Lösung von Chlorammonium, in welcher das Iridiumsalz fast unlöslich, das Rhodiumsalz aber löslich ist. (In einer gesättigten Lösung von Chlorammonium ist das Rhodiumsalz zu schwerlöslich.)

Diese Methode ist indessen schwierig auszuführen, wenn die Menge des Rhodiums nur gering ist. Eine bessere Methode ist von Gibbs beschrieben. Man behandelt, wie später bei der Trennung des Iridiums vom Ruthen ausführlich angegeben ist, die Auflösung mit salpetrichtsaurem Natron, Schwefelnatrium und etwas Chlorwasserstoffsäure, wodurch das Rhodium vollständig als Schwefelrhodium abgeschieden wird. Das mit heifsem Wasser vollständig ausgewaschene Schwefelrhodium wird mit dem Filtrum mit concentrirter Chlorwasserstoffsäure unter allmähligem Hinzufügen von Salpetersäure erhitzt, um alles Schwefelrhodium vollständig zu oxydiren, das man aus der Lösung durch kohlensaures Alkali oder Kalihydrat abscheidet (S. 208). Die vom Schwefelrhodium abfiltrirte Flüssigkeit wird mit einem Ueberschufs von Chlorwasserstoffsäure gekocht, wodurch Natriumiridiumbichlorid entsteht, das bei gewöhnlicher Temperatur mit einer gesättigten Lösung von Chlorammonium gefällt und damit ausgewaschen wird. Aus dem Ammoniumsalz wird durch Glühen metallisches Iridium dargestellt.

Trennung des Rhodiums von den alkalischen Metallen. Die Verbindungen des Sesquichlorids und des Bichlorids mit den alkalischen Chlormetallen werden bei der Analyse wie die des Chlorids des Palladiums behandelt (S. 207).

XXXIV. Osmium.

Bestimmung des Osmiums. — Die quantitative Bestimmung des Osmiums ist wegen der grofsen Flüchtigkeit der Ueberosmiumsäure mit Schwierigkeiten verbunden. In einer Auflösung von Ueberosmiumsäure, wie man sie bei Analysen meistens erhält, kann man die Menge des Osmiums auf verschiedene Weise bestimmen. Wenn die Menge desselben nur gering ist, so ist es nach Berzelius am besten, das Osmium als Schwefelosmium abzuscheiden. Man versetzt die saure Flüssigkeit mit Ammoniak oder Kali, so dafs sie nur noch schwach sauer ist, bringt sie in eine Flasche mit eingeriebenem Stöpsel, welche von der Flüssigkeit gefüllt sein mufs, und leitet Schwefelwasserstoffgas hindurch, bis dasselbe im Ueberschufs vorhanden ist. Man verschliefst die Flasche und läfst das Schwefelosmium sich absetzen, was oft mehrere Tage dauert. Die klare Flüssigkeit giefst man ab, oder läfst sie durch einen Heber ablaufen, bringt das Schwefelosmium auf ein vorher gewogenes Filtrum und wäscht es aus. Beim Trocknen desselben mufs man vorsichtig sein, weil es sich zu stark erhitzt entzünden und als Ueberosmiumsäure und schweflichte Säure vollständig entweichen kann (Deville). Das getrocknete Schwefelosmium enthält etwas weniger Osmium, als es enthalten sollte, weil es Wasser zurückhält und sich während des Trocknens etwas oxydirt, es enthält 50 bis 52 Proc. Osmium.

Es ist fast unmöglich, die Menge des Osmiums aus dem Gewichte des getrockneten Schwefelosmiums mit grofser Genauigkeit zu bestimmen, wenn man die Ueberosmiumsäure durch Schwefelwasserstoffgas gefällt hat. Nach Fritsche und Struve verfährt man dabei folgendermaſsen. Das getrocknete Schwefelosmium wird zur Verjagung des überschüssigen Schwefels und der entstandenen Schwefelsäure in einem Strome von Kohlensäuregas erhitzt, und nach dem Wägen durch Königswasser vollständig oxydirt; aus der Auflösung fällt man die entstandene Schwefelsäure vermittelst der Auflösung eines Baryterdesalzes und berechnet aus der Menge der erhaltenen schwefelsauren Baryterde die Menge des Schwefels im Schwefelosmium, wonach sich die Menge des Osmiums durch den Verlust ergiebt. — Man kann auch das im Kohlensäuregas getrocknete Schwefelosmium durch Wasserstoffgas in metallisches Osmium verwandeln, aber dies ist eine höchst mühsame Operation; denn wenn man auch länger als 12 Stunden ununterbrochen über das erhitzte Schwefelosmium Wasserstoffgas geleitet hat, so erhält man doch noch immer nachweisbare Spuren von Schwefelwasserstoff, und man hat keine vollkommene Gewiſsheit, daſs die compacten Stücke, als welche man das Osmium erhält, nicht noch Schwefelmetall einschlieſsen.

Claus macht darauf aufmerksam, daſs, wenn die Auflösung der Ueberosmiumsäure viel Salpetersäure und Chlorwasserstoffsäure enthält, durch Schwefelwasserstoffgas nicht die ganze Menge des Osmiums als Schwefelosmium gefällt werden kann, selbst wenn die Säuren durch Alkalien abgestumpft werden. Er räth, in diesem Falle die Auflösung noch einmal der Destillation zu unterwerfen. Die Ueberosmiumsäure verflüchtigt sich weit früher, als die anderen Säuren, und kann also sehr gut von ihnen auf diese Weise getrennt werden. Es ist zwar durch die erneute Destillation ein geringer Verlust an Osmium zu befürchten; derselbe ist aber in jedem Falle weit unbeträchtlicher, als wenn man die Ueberosmiumsäure durch Schwefelwasserstoffgas aus einer Auflösung, die viel Säuren und Salze enthält, fällen wollte. Diese Bemerkung hat ihre vollkommene Richtigkeit, und es ist zu empfehlen, diesem Rathe zu folgen.

Nach Deville und Debray wird die Lösung von Ueberosmiumsäure, wie man sie durch Destillation erhalten hat, mit Ammoniak gesättigt; durch die Lösung leitet man Schwefelwasserstoffgas, erhitzt sie darauf längere Zeit bis zum Kochen und filtrirt das Schwefelosmium. Sie reduciren das Osmium aus der Schwefelverbindung, indem sie es in einen Kohlentiegel legen, der gut mit seinem Deckel verschlossen wird; es wird dieser in einen schwer schmelzbaren irdenen Tiegel gesetzt, der ebenfalls mit einem guten Deckel versehen sein muſs, die Zwischenräume zwischen beiden Tiegeln werden mit Sand ausgefüllt. Das Ganze setzt man vier bis fünf Stunden hindurch einer Temperatur aus, bei welcher das Nickel schmelzen kann. Dadurch wird das Schwefelosmium in Osmium verwandelt, das metallisch glänzend, und von einer bläulichen Farbe ist, welche heller als die des Zinks erscheint; es läfst sich leicht zerreiben.

Ist die Menge des Osmiums in einer Flüssigkeit bedeutend, so fällt man es, nach Berzelius, am besten durch Quecksilber, nachdem man zur Auflösung so viel Chlorwasserstoffsäure gesetzt hat, dafs sich das Quecksilber mit dem Chlor verbinden kann. Es fällt dann ein Niederschlag, der aus Quecksilberchlorür, aus einem pulverförmigen Amalgam von Osmium und Quecksilber, und aus eingemengtem Quecksilber, welches sehr wenig Osmium enthält, besteht. Man erhitzt diese Mengung in einem Porcellantiegel oder besser in einer Kugelröhre. Die Dämpfe des regulinischen Quecksilbers und des Quecksilberchlorürs entweichen, während das Osmium als ein poröses, schwarzes Pulver zurückbleibt, welches zwar nicht metallisch aussieht, aber einen metallischen Strich annimmt, wenn man darauf drückt. Man bestimmt das Gewicht desselben.

In der von dem Niederschlage abgesonderten Flüssigkeit ist noch etwas Osmium enthalten. Durch längere Digestion mit Quecksilber kann das Osmium zwar ausgefällt werden, doch geht dies nur sehr langsam. Statt dessen ist es besser, die Säure mit Ammoniak zu sättigen, die Flüssigkeit zur Trocknifs abzudampfen, und die Masse in einer Retorte zu erhitzen. Dabei wird das Osmiumsalz vom Ammoniak zersetzt, und das etwa darin enthaltene Quecksilber wird mit dem Chlorammonium als ein Doppelsalz verflüchtigt.

Nach Döbereiner kann man das Osmium durch Ameisensäure aus Flüssigkeiten, und selbst aus der Auflösung der Ueberosmiumsäure in Kali, metallisch als ein tief dunkelblaues Pulver ausscheiden. — Diese quantitative Bestimmung des Osmiums gelingt indessen nicht gut.

In fester Form kann die Ueberosmiumsäure nicht ohne Anwendung von Wärme vermittelst des Wasserstoffgases reducirt werden; bei den niedrigeren Oxydationsstufen ist dies indessen der Fall.

Trennung des Osmiums von andern Metallen. — Wegen der Flüchtigkeit der Ueberosmiumsäure kann das Osmium von allen Metallen, wenn die Verbindung sich in Königswasser auflösen läfst, durch Destillation der Lösung getrennt werden. Man bewirkt die Auflösung und Destillation in einer tubulirten Glasretorte mit eingeschliffenem Stöpsel. Die Vorlage wird der Retorte sorgfältig angepafst und während der Destillation gut abgekühlt. Wenn der Inhalt der Retorte nicht mehr nach Ueberosmiumsäure riecht, so ist die Destillation beendet. Oft indessen befindet sich nicht die ganze Menge des Osmiums in der abdestillirten Flüssigkeit, besonders wenn die der Destillation unterworfene Lösung sehr viel Chlorwasserstoffsäure und nur wenig Salpetersäure enthielt. In allen Fällen ist es gut, nochmals Salpetersäure in die Retorte zu bringen und abzudestilliren, bis auch nach Zusatz von neuer Salpetersäure der Geruch der Ueberosmiumsäure nicht mehr auftritt.

Auf welche Weise aus den in Königswasser unlöslichen Verbindungen, besonders aus dem Osmium-Iridium das Osmium abgeschieden wird, ist später beim Platin bei der Analyse des Osmium-Iridiums ausführlich beschrieben.

XXXV. Ruthen.

Bestimmung des Ruthens. — Das Ruthen kann aus seinen Sauerstoff- und Chlorverbindungen durch Glühen in Wasserstoffgas als Metall erhalten und als solches gewogen werden. Enthält die Ruthenverbindung Alkalien, wie dies sehr häufig der Fall ist, so können diese aus der reducirten Masse durch Wasser ausgezogen werden. Hat man das Ruthen auf einem Filtrum gesammelt und dieses verbrannt, so muſs man den Rückstand vor dem Wägen in Wasserstoffgas glühen, weil das Ruthen sich beim Erhitzen an der Luft oxydirt.

Die Verbindungen des Ruthens mit Schwefel verpuffen oft beim Erhitzen, es ist daher zweckmäſsig, diese erst durch rauchende Salpetersäure in schwefelsaures Ruthenbioxyd überzuführen, die Schwefelsäure dann durch Glühen zu verjagen und den Rückstand vor dem Wägen in Wasserstoffgas zu erhitzen. Aus einem schwefelhaltigen Ruthen läſst sich durch Glühen in Wasserstoffgas der Schwefel nur schwer entfernen, doch erhält man daraus reines Ruthen, wenn man durch längeres Rösten den Schwefel als schweflichte Säure entfernt und dann den Rückstand in Wasserstoffgas glüht.

Wenn Ruthenverbindungen, namentlich auch einige Arten des Osmium-Iridiums, sehr stark beim Zutritt der Luft geglüht werden, so kann sich etwas Ruthen verflüchtigen, wie später bei der Analyse des Osmium-Iridiums angegeben ist.

Abscheidung des Ruthens. — Aus einer Ruthensesquichloridlösung kann schon durch bloſses Erhitzen, wie auch durch Kali- oder Natronhydrat oder durch kohlensaures Kali oder Natron Sesquioxydhydrat ausgeschieden werden. Aus einer Lösung von ruthensaurem Alkali oder von Ueberruthensäure wird das Ruthen als Sesquioxyd am zweckmäſsigsten durch Alkohol gefällt. Durch Neutralisation einer Lösung von ruthensaurem Alkali mit Salpetersäure wird zwar auch Sesquioxyd gefällt, allein es kann dann etwas Ruthen als Ruthenbioxyd und als Ueberruthensäure gelöst bleiben. Da das gefällte Sesquioxyd stets Alkali enthält, wenn es aus einer Alkalien enthaltenden Lösung gefällt ist, so muſs das Alkali nach dem Reduciren durch Wasser ausgezogen werden.

Aus allen seinen Lösungen kann das Ruthen durch Schwefelammonium und nachherigen Zusatz einer Säure als Schwefelruthen gefällt werden, welches sich auf die vorher angegebene Weise in metallisches Ruthen überführen läfst.

Trennung des Ruthens von andern Metallen. — Das Ruthen findet sich im Osmium-Iridium und auch in geringerer Menge in den Platinerzen. Bei der Behandlung der letztern mit Königswasser bleibt das meiste Ruthen in den Rückständen und nur sehr wenig löst sich auf, welches sich dann in der von dem durch Chlorammonium erhaltenen Niederschlage abfiltrirten Flüssigkeit befindet. In den verschiedenen Arten des Osmium-Iridiums steigt nach Claus die Menge des Ruthens mit der des Osmiums. Das hellfarbene stark glänzende Osmium-Iridium, welches sich als Schuppen und Tafeln findet, ist sehr reich an Osmium und Ruthen, während das dunkelgraue, minder metallglänzende, dendritische Erz, das sehr arm an Osmium ist, sehr wenig Ruthen enthält, welches indessen nie darin fehlt.

Die Trennung des Ruthens von andern Metallen, besonders von den Platinmetallen, beruht hauptsächlich auf folgenden Eigenschaften des Ruthens und seiner Verbindungen:

Das metallische Ruthen ist in Säuren, auch beim Erhitzen, nicht auflöslich; es wird aber beim Schmelzen mit Kalihydrat und Salpeter oder chlorsaurem Kali aufgelöst. Das Ammoniumruthensesquichlorid ist, wie die Doppelverbindungen des Iridium-, Platin- und Osmiumbichlorids mit Chlorammonium, in einer concentrirten wässerigen Lösung von Chlorammonium nicht löslich.

Das Kaliumruthenbichlorid ist in einer mäfsig concentrirten Lösung von Chlorkalium auflöslich, in welcher die entsprechenden Verbindungen des Platins, Iridiums und Osmiums fast unlöslich sind.

Das Ruthen wird aus seinen Lösungen durch Schwefelammonium und nachherigen Zusatz einer Säure als Schwefelruthen gefällt, während das Iridium aus der Lösung des salpetrichtsauren Sesquioxyd-Kalis dadurch nicht gefällt wird.

Das Doppelsalz von salpetrichtsaurem Ruthensesquioxyd mit salpetrichtsaurem Kali ist in absolutem Alkohol auflöslich.

Die Chlorverbindungen des Ruthens geben mit Luteokobaltchlorid keine in verdünnter Chlorwasserstoffsäure unlöslichen Verbindungen; Iridium- und Rhodiumsesquichlorid dagegen geben mit Luteokobaltchlorid Niederschläge, welche sich auch in verdünnter heifser Chlorwasserstoffsäure nicht auflösen.

Trennung des Ruthens vom Palladium. — Wenn die beiden Metalle mit einander gemengt sind, so kann man das Palladium durch Erwärmen mit Salpetersäure oder Königswasser, oder durch

Schmelzen mit saurem schwefelsaurem Kali auflösen, das Ruthen bleibt ungelöst zurück.

Aus Lösungen, die Palladiumchlorür und Ruthensesquichlorid oder Ruthenbichlorid enthalten, fällt man das Palladium durch Quecksilbercyanid (S. 204), wodurch das Ruthen nicht gefällt wird.

Das Ruthensesquichlorid läfst sich auch, wie das Iridiumbichlorid, vom Palladiumchlorür durch eine gesättigte Lösung von Chlorammonium trennen.

Trennung des Ruthens vom Rhodium. — Ein Gemenge von metallischem Ruthen und Rhodium kann man, zur Trennung der Metalle, mit Chlornatrium gemengt in Chlorgas erhitzen, und dann aus dem Gemenge das Ruthendoppelsalz durch Alkohol ausziehen, wobei das Natriumrhodiumsesquichlorid ungelöst zurückbleibt. Sind die Metalle als Sesquichloride in einer Lösung enthalten, so läfst sich das Ruthen durch eine mäfsig concentrirte Lösung von Chlorammonium abscheiden, während das Rhodium in Lösung bleibt; jedoch ist das Rhodiumsalz in einer Chlorammoniumlösung weit weniger löslich, als das Palladiumsalz, und die Trennung ist nur annähernd.

Nach Gibbs bewirkt man die Trennung auf folgende Weise. Die Lösung wird eine kurze Zeit mit einem Ueberschufs von salpetrichtsaurem Kali gekocht, unter Zusatz von etwas kohlensaurem Kali, um die Lösung neutral oder schwach alkalisch zu erhalten. Die gelb oder orange gefärbte Lösung wird auf einem Wasserbade bis zur Trocknifs abgedampft, und die trockne zerriebene Masse mit absolutem Alkohol ausgekocht, in welchem das gebildete Rhodiumsalz unlöslich ist. Wegen der leichten Löslichkeit des Ruthensalzes läfst sich das Auskochen in nicht sehr langer Zeit beenden. Kocht man den Rückstand nochmals mit salpetrichtsaurem Kali, dampft ein und zieht mit Alkohol aus, so werden die letzten Spuren von Ruthen vom Rhodium entfernt[*]).

Nach einer zweiten Methode von Gibbs versetzt man die neutrale Lösung der Chlorverbindungen des Ruthens und Rhodiums so lange mit Luteokobaltchlorid, als noch ein Niederschlag entsteht. Dieser, eine Verbindung von Rhodiumsesquichlorid mit Luteokobaltchlorid, wird durch Decantiren, dann mit heifsem Wasser und endlich mit verdünnter heifser Chlorwasserstoffsäure ausgewaschen. Nach dem Trocknen zersetzt man das Salz durch Glühen und kocht den Rückstand mit Chlorwasserstoffsäure; es bleibt metallisches Rhodium ungelöst. Aus der von dem Rhodiumsalze abfiltrirten Flüssigkeit kann nach dem Eindampfen das Ruthen auf gleiche Weise erhalten werden.

---

[*]) Von der Gegenwart des Ruthens auch der kleinsten Menge in der alkoholischen Lösung kann man sich durch einige Tropfen Schwefelammoniums überzeugen. (B. I. S. 381.)

Trennung des Ruthens vom Iridium. — Durch Schmelzen der Metalle mit Kalihydrat und Salpeter oder chlorsaurem Kali und Auflösen des gebildeten ruthensauren Kalis in Wasser läfst sich die Trennung nicht vollständig bewirken, weil sich etwas Iridium auflöst und auch Ruthen ungelöst bleibt.

Nach Gibbs trennt man die Metalle auf folgende Weise: Zu der sauren Lösung, welche die Metalle, gleichviel auf welcher Oxydationsstufe, enthält, setzt man salpetrichtsaures Natron im Ueberschufs zugleich mit einer hinreichenden Menge kohlensauren Natrons, um die Lösung neutral oder sehr schwach alkalisch zu machen, und kocht, bis die Farbe der Lösung orange geworden ist. Es bilden sich dadurch lösliche salpetrichtsaure Doppelsalze. Hat die Farbe noch einen Stich ins Grünliche, so mufs mehr salpetrichtsaures Natron und, wenn nöthig, auch kohlensaures Natron hinzugesetzt und wieder gekocht werden. Man fügt nun vorsichtig nach und nach einfach Schwefelnatrium hinzu, bis sich etwas von dem ausgeschiedenen Schwefelruthen in dem überschüssigen Schwefelnatrium auflöst. Beim ersten Zusatz des Schwefelnatriums entsteht die karminrothe Färbung (B. I, S. 381), welche aber bald verschwindet, indem ein chocoladenbrauner Niederschlag entsteht. Die Lösung wird nun einige Minuten gekocht, und, nachdem sie vollständig erkaltet ist, mit verdünnter Chlorwasserstoffsäure eben sauer gemacht, worauf nun das Schwefelruthen sogleich abfiltrirt und mit kochendem Wasser vollständig auswäscht. Dasselbe kann Spuren von Iridium enthalten, wenn man nicht gut ausgewaschen oder die Fällung mit Schwefelnatrium nicht sorgfältig ausgeführt hat.

Man kann auch die Lösung der Metalle mit salpetrichtsaurem Kali unter Zusatz von kohlensaurem Kali, so dafs die Lösung nicht sauer wird, kochen, bis die grüne Färbung verschwunden ist, eindampfen und die trockne Masse mit Alkohol auskochen, wie bei der Trennung des Ruthens vom Rhodium (S. 221).

Nach einer dritten ebenfalls von Gibbs angegebenen Methode versetzt man die Lösung mit Luteokobaltchlorid so lange, als noch ein Niederschlag entsteht, wäscht denselben mit heifsem Wasser aus und kocht ihn mit salpetrichtsaurem Kali, um die noch unlöslichere Verbindung von Iridiumsesquichlorid mit Luteokobaltchlorid zu bilden, welche endlich vollständig mit heifser verdünnter Chlorwasserstoffsäure ausgewaschen wird. Enthielt die Lösung schon Iridiumsesquichlorid, so ist das Kochen mit salpetrichtsaurem Kali unnöthig. Den trocknen Niederschlag zersetzt man durch Glühen und kocht den Rückstand mit Chlorwasserstoffsäure, um das Kobalt aufzulösen. Ebenso wird das Filtrat, welches das Ruthen enthält, nach dem Eindampfen behandelt.

Trennung des Ruthens vom Osmium. — Diese bewirkt

man, wie S. 218 angegeben ist, durch Destillation der Lösung beider Metalle mit Königswasser.

Trennung des Ruthens von den Alkalien. — Man verfährt so, wie bei der Bestimmung des Ruthens angegeben ist (S. 219).

Wie das Ruthen im Osmium-Iridium bestimmt wird, ist später bei der Analyse desselben angegeben.

XXXVI. Platin.

Bestimmung und Abscheidung des Platins. — Das Platin kann als Metall gewogen werden, da es sich beim Glühen an der Luft nicht verändert. Die Ueberführung der Niederschläge, welche man bei der Analyse erhält, in metallisches Platin ist weiter unten angegeben.

Aus den Auflösungen des Platins kann durch sehr viele reducirende Substanzen metallisches Platin niedergeschlagen werden. Es geschieht dies z. B. durch Quecksilber oder durch eine Auflösung von salpetersaurem Quecksilberoxydul; das gefällte quecksilberhaltige Platin wird nach dem Auswaschen und Trocknen stark geglüht und gewogen. Auch durch ameisensaures Alkali kann das Platin aus seinen Auflösungen, wie das Silber, gefällt werden (S. 197). Aus vielen Lösungen, namentlich aus der in Königswasser, kann man durch Eindampfen und Glühen des Rückstandes metallisches Platin erhalten. Die schon concentrirte Lösung bringt man in einem gewogenen Porzellantiegel zuletzt über freiem Feuer vorsichtig bis zur Trockne und erhitzt dann allmählich bis zum Glühen.

Zur Abscheidung des Platins aus Lösungen, welche dasselbe als Bichlorid enthalten, was meistens der Fall ist, verfährt man gewöhnlich auf folgende Weise: Man concentrirt die saure Auflösung des Platins, neutralisirt sie, wenn sehr viel freie Säure vorhanden ist, annähernd mit Ammoniak und setzt von einer heiß gesättigten Lösung von Chlorammonium so viel hinzu, daß beim Erkalten auch etwas Chlorammonium auskrystallisirt. Nach einiger Zeit filtrirt man den Niederschlag von Ammoniumplatinbichlorid gemengt mit Chlorammonium ab und wäscht ihn mit einer gesättigten Lösung von Chlorammonium aus. Der getrocknete Niederschlag hinterläßt beim Glühen metallisches Platin.

Beim Glühen des Doppelsalzes muß man indessen bei quantitativen Analysen sehr vorsichtig sein, weil mit den entweichenden Dämpfen leicht etwas von dem unzersetzten Doppelsalze und selbst auch etwas fein zertheiltes Platin mechanisch mit fortgerissen werden kann. Man vermeidet diesen Verlust am besten dadurch, daß man das Doppelsalz vor dem Glühen nicht, wie dies bei andern zu glühenden Niederschlägen geschieht, aus dem Filtrum in den Tiegel schüttet, sondern in dasselbe eingewickelt in Tiegel mit aufgelegtem

Deckel lange Zeit mäfsig erhitzt, wodurch zuerst das Filtrum verkohlt, und bei etwas stärkerer Hitze Chlor und Chlorammonium entweichen, ohne die geringste Menge vom unzersetzten Doppelsalze oder vom reducirten Platin mechanisch mit sich fortzureifsen. Darauf wird bei halbgeöffnetem Deckel die Kohle des Filtrums bei stärkerer Hitze verbrannt.

Das Glühen des Salzes kann am besten in einem Porcellantiegel vorgenommen werden. Geschieht es in einem Platintiegel, so nimmt derselbe etwas an Gewicht zu, indem Platin sich mit der Masse des Tiegels verbindet, wodurch freilich die Genauigkeit des Resultates nicht leidet.

Sind die Quantitäten des Platinsalzes bedeutend, so ist es oft schwer, dasselbe durch blofses Erhitzen vollständig in Platin zu verwandeln; häufig wird daher Wasser, womit man letzteres behandelt, gelb gefärbt. Man befördert die vollständige Zersetzung dadurch, dafs man auf das Salz während des Glühens einige Krystalle von reiner Oxalsäure legt. Leicht aber geschieht die vollständige Reduction in einer Atmosphäre von Wasserstoffgas. Es ist indessen hierbei zu bemerken, dafs man das Salz zuerst sorgfältig auf die oben beschriebene Weise allein glühen mufs, und nur zuletzt, wenn es schon fast gänzlich in Platin verwandelt ist, das Wasserstoffgas anwenden darf. Wenn dasselbe zu dem unzersetzten Salze geleitet wird, so kann ein starkes Stäuben desselben schwer verhindert werden.

Eben so vollständig als durch Chlorammonium kann man die Abscheidung des Platins durch Chlorkalium bewirken, indem man übrigens auf gleiche Weise verfährt. Der erhaltene Niederschlag, ein Gemenge von Kaliumplatinbichlorid mit Chlorkalium, wird durch blofses Erhitzen weit schwieriger zersetzt, als das Ammoniumplatinbichlorid, und selbst wenn beim Glühen Oxalsäure wiederholt zugesetzt wird, ist bei etwas gröfseren Mengen des Salzes die Zersetzung häufig nicht vollständig. Es ist daher, wenn mehr als einige Decigramme des Salzes zu zersetzen sind, das Glühen in einer Atmosphäre von Wasserstoffgas zu bewerkstelligen, das Gas indessen, um einen Verlust durch Stäuben zu verhüten, nicht eher in den Tiegel zu leiten, als bis das Salz durch blofses Erhitzen schon theilweise zersetzt ist. Hütet man sich, die Hitze soweit zu steigern, dafs das entstehende Chlorkalium schmelzen und Theile des Doppelsalzes umhüllen kann, so gelangt man leicht zum Ziele. Aus dem zurückgebliebenen Gemenge von Chlorkalium und Platin wird das erstere durch Wasser ausgezogen und dann das Platin geglüht, bis alle Kohle vollständig verbrannt ist. Ist das Filtrat vom Platin im geringsten gefärbt, so enthält es noch unzersetztes Kaliumplatinbichlorid, welches dann nach dem Eindampfen der Flüssigkeit durch nochmaliges Glühen in Wasserstoffgas zersetzt werden muſs. Geschieht das Glühen dieses Doppelsalzes in einem Platintiegel, so vermehrt sich das Gewicht desselben weit bedeutender als durch Glühen des Ammoniumplatinbichlorids.

Statt das Ammonium- oder Kaliumplatinbichlorid durch eine gesättigte Lösung von Chlorammonium oder Chlorkalium vollständig abzuscheiden, kann man auch zu der Platinlösung, nachdem sie mit einer hinreichenden Menge von Chlorammonium oder Chlorkalium versetzt ist, um alles Platin in das Doppelsalz überzuführen, so viel wasserfreien Alkohol und Aether hinzufügen, daſs die Flüssigkeit auf 1 Volumen Wasser, 5 Volume Alkohol und 1 Volumen Aether enthält. Der Niederschlag wird nach 24 Stunden filtrirt, mit einem Gemisch von Wasser, Alkohol und Aether in dem eben angegebenen Verhältnisse ausgewaschen und nach dem Trocknen zur Bestimmung des metallischen Platins, wie oben beschrieben ist, behandelt.

Trennung des Platins von andern Metallen. Zu dieser benutzt man besonders folgende Eigenschaften des Platins und seiner Verbindungen.

Das metallische Platin ist, wenn es nicht mit andern Metallen legirt ist, wie die übrigen Platinmetalle mit Ausnahme des Palladiums, in den einfachen Säuren nicht löslich und wird auch beim Schmelzen mit saurem schwefelsaurem Kali nicht angegriffen, während sich Palladium und Rhodium, das letztere jedoch nur schwierig, darin auflösen.

Das Platin ist auch in verdünntem Königswasser beim Erwärmen auflöslich, während das Rhodium, Iridium und Ruthen davon nicht, oder doch nur sehr wenig angegriffen werden. Kalium- und Ammoniumplatinbichlorid sind in concentrirten Lösungen von Chlorkalium und Chlorammonium nicht auflöslich, während die Doppelsalze von Iridiumsesquichlorid und Palladiumchlorür mit Chlorammonium in der Lösung dieses Salzes auflöslich sind.

Kalium- und Ammoniumplatinbichlorid sind in starkem Alkohol fast unlöslich.

Das Platin wird aus den Bichloridlösungen durch längeres Behandeln mit Schwefelwasserstoffgas oder durch Schwefelammonium und nachherigen Zusatz einer Säure gefällt.

Von sehr vielen aufgelösten Metallen kann das Platinbichlorid durch concentrirte Lösungen von Chlorammonium oder Chlorkalium getrennt werden, so z. B. vom Mangan, Eisen, Kobalt, Nickel, Zink, Kupfer, Quecksilber u. s. w. Es ist hierbei aber nöthig, daſs diese Metalle durch Auswaschen mit der zur Fällung angewendeten Salzlösung vollständig entfernt werden, denn sonst kann sich beim Glühen in Wasserstoffgas das Platin mit andern reducirten Metallen, besonders mit Eisen so fest verbinden, daſs es auch durch längeres Kochen mit Chlorwasserstoffsäure oder Salpetersäure nicht davon getrennt werden kann. Auch concentrirte Schwefelsäure löst nur den kleinsten Theil des Eisens auf, und selbst nach dem Schmelzen mit saurem schwefelsaurem Kali enthält das Platin noch Spuren von Eisen.

Ist das Platin mit andern Metallen legirt, so löst man am besten die Legirung in Königswasser auf und behandelt dann die eingedampfte Lösung auf die eben angegebene Weise. Nur bisweilen läfst sich die Legirung durch Behandeln mit concentrirter Schwefelsäure zerlegen. Besser ist es aber, auch dann die Legirung mit saurem schwefelsaurem Kali zu schmelzen, wodurch die fremden Metalle sicherer vom Platin getrennt werden.

Trennung des Platins vom Silber. Wenn beide Metalle mit einander legirt sind, so läfst sich durch blofses Behandeln mit Salpetersäure keine Trennung bewirken. Ist die Legirung sehr silberreich, so löst sich mit dem Silber zugleich etwas Platin (ungefähr 10 Procent desselben) auf, welches sich nach der Fällung des Silbers durch Chlorwasserstoffsäure nur unvollständig durch Chlorkalium abscheiden läfst und deshalb durch Eindampfen der Flüssigkeit und Glühen des Rückstandes bestimmt werden mufs.

Die Auflösung des Silbers allein gelingt aber sehr gut durch Schwefelsäure. Man erhitzt die Legirung, welche zu einem dünnen Blech ausgewalzt sein mufs, am besten in einer geräumigen Platinschale, mit reiner concentrirter Schwefelsäure und etwas Wasser so lange, bis keine Gasentwicklung mehr stattfindet, wenn auch die Schwefelsäure in dicken Dämpfen sich zu verflüchtigen anfängt. Gewöhnlich hat das ungelöst zurückgebliebene Platin die Form der angewandten Legirung behalten, aber bei Berührung mit einem Stabe oder Platinspaten zerfällt es zu einem blättrigen Pulver. Verdünnt man die saure Lösung des gelösten schwefelsauren Silberoxyds mit Wasser, so scheidet sich gewöhnlich ein grofser Theil des Salzes aus. Man löst es in vielem heifsen Wasser auf, kocht das rückständige Platin mit Wasser aus, und behandelt es noch einmal mit concentrirter Schwefelsäure auf die angeführte Art, um einen Rückhalt von Silber aus demselben auszuziehen. Das Platin wird darauf mit heifsem Wasser so lange ausgewaschen, bis die abfiltrirte Flüssigkeit nicht mehr durch Chlorwasserstoffsäure getrübt wird, und nach dem Glühen gewogen. Wenn man es in Königswasser auflöst, und die Auflösung mit Wasser verdünnt, so scheidet sich bisweilen noch eine sehr geringe Menge Chlorsilber aus, dessen Menge man bestimmen mufs. Das Silber wird aus der schwefelsauren Auflösung durch Chlorwasserstoffsäure gefällt und als Chlorsilber gewogen.

Diese Methode der Trennung beider Metalle ist die genaueste und leichteste. Wollte man die Scheidung auf die Weise bewirken, dafs man die Legirung mit Königswasser behandelt, um das Silber als

Chlorsilber vom aufgelösten Platin zu trennen, so würde man hierbei auf ähnliche Schwierigkeiten stofsen, wie bei der Trennung des Goldes und Silbers vermittelst Königswassers, von welcher Trennung weiter unten die Rede sein wird. Enthält die Legirung viel Silber, so wird sie von Königswasser sehr wenig angegriffen.

Trennung des Platins vom Palladium. — Sind beide Metalle mit einander gemengt, so läfst sich das Palladium durch Erwärmen mit einer nicht zu geringen Menge von Salpetersäure oder durch Schmelzen mit saurem schwefelsaurem Kali auflösen. Aus Auflösungen beider Metalle, die gewöhnlich das Platin als Bichlorid und das Palladium als Chlorür enthalten, kann das Platin als Kalium- oder Ammoniumplatinbichlorid gefällt werden. Man wendet zur vollständigen Abscheidung wie auch zum nachherigen Auswaschen des Platindoppelsalzes Lösungen von Chlorkalium oder Chlorammonium an (S. 223). Aus dem Niederschlage erhält man metallisches Platin auf die (S. 224) angegebene Weise. Das in der abfiltrirten Flüssigkeit enthaltene Palladium kann man durch Abdampfen und Glühen des Rückstandes in Wasserstoffgas erhalten (S. 207).

Aus einer Auflösung von Palladiumchlorür und Platinbichlorid läfst sich auch zuerst durch Quecksilbercyanid Cyanpalladium fällen (S. 204) und aus der abfiltrirten Flüssigkeit durch Eindampfen und Glühen des Rückstandes das Platin erhalten.

Trennung des Platins vom Rhodium. — Hat man ein Gemenge beider Metalle, so läfst sich das Platin durch längeres, gelindes Erwärmen mit verdünntem Königswasser auflösen, wodurch das Rhodium nicht angegriffen wird. Ebenso kann man aus einem Gemenge von metallischem Platin und Rhodiumsesquioxyd, wie man es durch Erhitzen von Kaliumplatinbichlorid und Kaliumrhodiumsesquichlorid mit trocknem kohlensaurem Natron erhält, das metallische Platin ausziehen, wobei das Rhodiumsesquioxyd zurückbleibt. Die Trennung durch Schmelzen mit saurem schwefelsaurem Kali ist nur bei äufserst geringen Mengen von Rhodium zu empfehlen.

Aus einer Auflösung, die Platinbichlorid und Rhodiumsesquichlorid enthält, läfst sich das erstere durch eine Lösung von Chlorammonium abscheiden (S. 223). Es ist hierbei jedoch zu bemerken, dafs das Rhodiumdoppelsalz in einer gesättigten Lösung von Chlorkalium oder Chlorammonium ebenfalls nicht auflöslich ist und man deshalb nur eine mäfsig concentrirte Lösung (1 Theil der gesättigten Lösung und ungefähr 3 Theile Wasser) der Salze anwenden darf, wodurch dann aber auch etwas Platin aufgelöst wird (Gibbs). Man muss deshalb das Auswaschen mit möglichst geringen Mengen der Lösungen ausführen. Die Trennung kann auch durch Chlornatrium und starken Alkohol bewirkt werden, das Natriumrhodiumsesquichlorid bleibt ungelöst, während das Natriumplatinbichlorid sich in starkem Alkohol auflöst.

Gibbs hat zwei verschiedene Trennungsmethoden angegeben, beruhend auf dem verschiedenen Verhalten der Lösungen des Platinbichlorids und Rhodiumsesquichlorids gegen salpetrichtsaures Kali und gegen Luteokobaltchlorid. Nach der ersten wird die Lösung des Platinbichlorids und Rhodiumsesquichlorids nach Neutralisation mit kohlensaurem Kali mit einem Ueberschufs von salpetrichtsaurem Kali zur Trockne eingedampft. Der aus Kaliumplatinbichlorid und salpetrichtsauren Doppelsalzen des Rhodiums bestehende Rückstand wird wiederholt mit Wasser eingetrocknet, um das lösliche Rhodiumdoppelsalz in das unlösliche zu verwandeln, worauf dann das Kaliumplatinbichlorid durch kochendes Wasser ausgezogen wird. Das zurückbleibende Rhodiumsalz wird in heifser Chlorwasserstoffsäure gelöst, mit Chlorammonium eingedampft und geglüht, es bleibt ein Gemenge von metallischem Rhodium und Chlorkalium zurück.

Nach der zweiten Methode wird die Trennung durch Luteokobaltchlorid bewirkt, indem man so verfährt, wie zur Trennung des Rhodiums vom Ruthen angegeben ist (S. 221).

Trennung des Platins vom Iridium. — Sind die beiden Metalle mit einander gemengt, wie man sie z. B. durch Glühen eines Gemenges von Ammoniumplatinbichlorid mit Ammoniumiridiumbichlorid erhält, so läfst sich das Platin durch längeres gelindes Erwärmen mit einem, mit der vier bis fünffachen Menge Wasser verdünnten Königswasser auflösen. Man setzt die Behandlung mit Königswasser so lange fort, bis eine neue Portion desselben nicht mehr gefärbt wird.

Auf gleiche Weise läfst sich Platin von Iridiumoxyd trennen. Ein solches Gemenge erhält man durch Fällung der Auflösung der Bichloride beider Metalle durch Chlorkalium und gelindes Glühen des mit dem halben Gewicht trockenen kohlensauren Natrons innig gemengten Niederschlages, bis die Masse schwarz geworden ist.

Hat man durch Fällung die Doppelsalze des Iridium- und Platinbichlorids mit Chlorammonium oder Chlorkalium erhalten, so läfst sich die Trennung des Platins vom Iridium auf folgende Weise ausführen. Man löst die Salze in siedendem Wasser auf, fügt so viel Schwefelwasserstoffwasser hinzu als nöthig ist, um das Iridiumbichlorid in Sesquichlorid überzuführen, dampft mit dem ausgeschiedenen Schwefel stark ein und fällt nun das Platin durch eine concentrirte Lösung von Chlorammonium (S. 223). Im Filtrate wird das Iridium nach dem Eindampfen durch Glühen des Rückstandes zuletzt in Wasserstoffgas und Ausziehen mit Wasser erhalten (S. 212). Die Reduction des Iridiumbichlorids zu Sesquichlorid kann statt durch Schwefelwasserstoffwasser auch durch eine Lösung von salpetrichtsaurem Kali bewirkt werden.

Nach Gibbs läfst sich das Platin wie das Ruthen vom Iridium nach dem Kochen der Lösung mit salpetrichtsaurem Natron unter Zusatz von kohlensaurem Natron durch Schwefelnatrium und Chlorwasserstoffsäure trennen, indem man so verfährt, wie S. 222. angegeben ist. Ferner kann man die Trennung des Iridiums vom Platin durch Luteokobaltchlorid auf dieselbe Weise bewirken, wie die Trennung des Iridiums vom Ruthen (222).

Trennung des Platins vom Ruthen. — Aus einem Gemenge beider Metalle kann das Platin durch Königswasser aufgelöst werden; man verfährt so, wie bei der Trennung des Platins vom Iridium (S. 228). Nach Gibbs kann man Kaliumplatinbichlorid und Kaliumruthenbichlorid durch Ausziehen mit kleinen Mengen einer mäfsig concentrirten Lösung von Chlorkalium oder Chlorammonium annähernd trennen. Die Lösung enthält mit dem Ruthensalz etwas Platin. Um das letztere vollständig zu entfernen, dampft man die Lösung mit salpetrichtsaurem Kali zur Trockne ab und kocht den Rückstand mit absolutem Alkohol aus, wie es bei der Trennung des Ruthens vom Rhodium beschrieben ist (S. 221).

Trennung des Platins von den Alkalien. — Man erhitzt die mit Chlorwasserstoffsäure eingetrocknete Masse in Wasserstoffgas, wobei man die S. 224 angeführten Vorsichtsmafsregeln beobachten mufs, und löst die Alkalien in Wasser auf. Auch durch Eindampfen mit Schwefelsäure und nachheriges Glühen, wodurch das Platinsalz in metallisches Platin übergeführt wird, läfst sich die Trennung bewerkstelligen.

Analyse der Platinerze. — Die Trennung der darin enthaltenen Metalle von einander ist wegen der vielen ähnlichen Eigenschaften derselben mit grofsen Schwierigkeiten verbunden, und es ist bei den noch mangelhaften Kenntnissen über die Eigenschaften der Platinmetalle noch nicht möglich, eine Methode anzugeben, nach welcher die einzelnen Bestandtheile mit derselben Genauigkeit von einander zu scheiden sind, welche bei der Trennung anderer Körper, deren Eigenschaften wir besser kennen, erreicht werden kann. Es sind besonders Berzelius, Claus, Deville in Gemeinschaft mit Debray und Gibbs, denen wir die Methoden der Analyse der Platinerze verdanken.

Die älteste dieser Methoden ist die von Berzelius. Sie ist im Wesentlichen folgende:

Berzelius macht zuerst darauf aufmerksam, dafs man die Körner des rohen Platinerzes, welche sich durch ihr Ansehen von den übrigen unterscheiden, mechanisch von einander sondern mufs; dann mufs man untersuchen, ob der Magnet einige von ihnen ausziehe. Der Platinsand enthält, aufser den durch Osann darin entdeckten Flitterchen von gediegenem Eisen, oft metallische Verbindungen von Eisen und Platin, welche nicht nur vom Magnete angezogen werden, sondern sogar selbst Polarität besitzen. Diese haben eine andere Zusammensetzung, als die magnetischen Körner. Man zieht sie mit dem Magnete aus und bestimmt ihre relative Menge.

Darauf behandelt man die Probe mit verdünnter Chlorwasserstoffsäure. Der Zweck hierbei ist, die Körner von dem Ueberzug von Eisenoxyd, mit dem sie oft bekleidet sind, zu befreien und das metallische Eisen aufzulösen. Dann wird die Menge des Eisens, welche auf diese Weise in der Probe gefunden ist, bestimmt.

Die Probe darf nicht geglüht werden, ohne dafs man sie zuvor gewogen hat, denn sie bekleidet sich gewöhnlich dabei mit einer Haut von Eisenoxyd und nimmt an Gewicht zu. Es ist hinreichend, sie auf einer heifsen Sandkapelle zu trocknen.

Der Plan zu der eigentlichen Analyse bleibt für alle bis jetzt bekannten Platinerze, sowohl für die aus Asien, als für die aus Amerika, derselbe, da sie alle dieselben Bestandtheile, nur in etwas veränderten Verhältnissen, enthalten. Diese Bestandtheile, nach ihrer relativen Menge geordnet, sind: Platin, Eisen, Iridium, Kupfer, Rhodium, Palladium, Osmium und Ruthen. Das Ruthen kommt nur in äufserst geringer Menge darin vor und nur der kleinste Theil desselben löst sich in Königswasser. Iridium und Osmium finden sich in den Platinerzen in zwei verschiedenen Zuständen, entweder legirt mit den übrigen Metallen, oder nur eingeschmolzen in deren Masse als kleine Partikeln von Osmium-Iridium. Im ersteren Falle lösen sie sich mit dem Platin auf; im letzteren bleiben sie ungelöst zurück als glänzende Flitterchen, die so zart und leicht sind, dafs sie auf der Haut ausgestrichen werden können. Wenn gröfsere Körner von Osmium-Iridium zurückbleiben, so ist dies ein Beweis, dafs man sie nicht gehörig ausgelesen hat. Es kann bisweilen von Wichtigkeit sein, ihre relative Menge zu bestimmen; dies geschieht am besten dadurch, dafs man das Uebrige auflöst.

Man darf von der Probe keine zu grofse Quantität nehmen; 5 Gramm sind schon zu viel, 2 Gramm scheinen Berzelius am bequemsten. Indefs mufs man zuweilen, wenn es sich darum handelt, die Menge eines nur in sehr geringer Quantität darin befindlichen Bestandtheils mit aller Genauigkeit zu bestimmen, eine gröfsere Quantität auflösen, und dann alle übrigen Bestandtheile, aufser dem zu bestimmenden, vernachlässigen.

Berzelius bewerkstelligt die Lösung des gewogenen Metalls mittelst Königswassers in einer mit einer abgekühlten Vorlage versehenen Glasretorte. Die Säure, welche während des Auflösens überdestillirt, ist gelb; dies rührt nicht blofs vom Chlor her, sondern auch von den Bestandtheilen der Lösung, die während des Aufbrausens in einer feinen Wolke in die Höhe getrieben werden, und wegen des entweichenden Stickstoffoxydgases nicht wieder in die Retorte zurückfallen können. Sogar auch Flitterchen von Osmium-Iridium findet man auf diese Weise übergeführt. Die Säure wird abdestillirt, bis die Flüssigkeit die Consistenz eines Syrups hat und beim Erkalten gesteht. Die Salzmasse wird in möglichst wenigem Wasser gelöst, und die Lösung mit der gehörigen Vorsicht abgegossen. Der ungelöste Rückstand wird mit der übergegangenen Säure übergossen, und mit derselben abermals destillirt. Hierbei löst sich gewöhnlich, was beim ersten Male ungelöst blieb. Die Flüssigkeit wird ebenfalls bis zur Syrupconsistenz abdestillirt. Wenn das Destillat nicht farblos ist, mufs es nochmals destillirt werden. Es enthält gewöhnlich Ueberosmiumsäure, wovon dann bei dem Destilliren etwas verloren geht; allein die Quantität derselben ist im Allgemeinen sehr gering.

Das farblose Destillat wird mit Wasser verdünnt und mit Ammoniak oder Kali versetzt, bis es nur noch schwach sauer ist, damit später das Schwefelwasserstoffgas von der Säure nicht zersetzt wird, worauf man das Osmium, wie S. 216 angegeben ist, fällt und bestimmt.

Was nun die Metalllösung betrifft, so geschieht es bisweilen, dafs nach der Auflösung der Salzmasse die Flüssigkeit nach Chlor riecht. Dies rührt von einer Zersetzung des Palladiumbichlorids her. Die Lösung mufs dann so lange in Digestion gestellt werden, bis aller Geruch nach Chlor verschwunden ist. Sollte dabei eine Trübung entstehen, so rührt diese vom Palladiumbioxyd her, das man dann in Chlorwasserstoffsäure aufzulösen suchen mufs. Die Lösung filtrirt man durch ein gewogenes Filtrum, worauf die ungelösten Theile zurückbleiben. Diese bestehen aus Körnern von Osmium-Iridium, aus den erwähnten Flitterchen derselben Metallverbindung, aus Sandkörnern u. dergl., welche man vor der Analyse nicht entfernen konnte. Zuweilen erhält man überdies ein schwarzes, wie Kohle aussehendes Pulver, welches beim Waschen durch das Filtrirpapier geht. Dies ist Iridiumbioxyd. Man bekommt es hauptsächlich, wenn das Königswasser zu viel Salpetersäure enthält. Bei der Concentration der Salzlösung oxydirt sich nämlich das Iridium durch die Salpetersäure, und es geht Chlor fort. Da nun das einmal ausgeschiedene Iridiumbioxyd sich vom zurückbleibenden Osmium-Iridium nicht trennen läfst, weil beide in allen Flüssigkeiten unlöslich sind, so mufs man vom Anfange an danach trachten, diesem Uebelstande zuvorzukommen.

Die filtrirte Lösung wird mit dem Doppelten ihres Volumens an Alkohol von 0,833 specifischem Gewicht vermischt, wodurch sie ungefähr auf einen Alkoholgehalt von 60 Procent ihres Volumens kommt. Nun setzt man eine concentrirte Lösung von Chlorkalium in Wasser hinzu, so lange, als dadurch noch etwas gefällt wird. Der Niederschlag besteht aus Kalium-Chloridsalz von Platin und Iridium, verunreinigt mit dem von Rhodium, und ein wenig mit dem von Palladium, wie überhaupt alle Krystalle etwas von der Mutterlauge mitnehmen. Der Niederschlag ist schön citronengelb, wenn er von Iridium frei ist, besitzt aber alle Nüancen vom Roth, vom Dunkelgelb bis zur Zinnoberfarbe, wenn er Iridium enthält. Er wird auf ein Filtrum gebracht und mit 60-procentigem Alkohol, dem eine geringe Menge von concentrirter Chlorkaliumlösung zugesetzt ist, ausgewaschen. Man wäscht ihn damit so lange, bis das Durchgehende nicht mehr von Schwefelwasserstoffgas gefällt wird.

Das gewaschene Doppelsalz wird getrocknet und höchst sorgfältig mit einem gleichen Gewichte kohlensauren Natrons gemengt. Das Filtrum mit dem, was nicht davon abgesondert werden kann, wird verbrannt, und die Asche mit etwas kohlensaurem Natron vermischt dem Uebrigen hinzugefügt. Das Ganze wird in einen Porcellantiegel gebracht und sehr gelinde erhitzt, bis die Masse durch und durch schwarz ist. Wenn dieser Versuch in einem Platintiegel angestellt wird, so setzt man sich der Gefahr aus, dafs, was sehr leicht geschieht, die Tiegelmasse durch die Einwirkung des Alkali's mit dem Chloridsalze Chlorür giebt, wodurch man in der Analyse einen unerwarteten Ueberschufs bekommt.

Bei dieser Behandlung werden die Doppelsalze des Alkali's zerlegt, und das Platin, dessen Sauerstoff mit der Kohlensäure fortgeht, reducirt, während das Rhodium und Iridium oxydirt zurückbleiben, in einem Zustande, welcher erlaubt, das Platin von ihnen durch Auflösen abzusondern. Wenn man statt durch Chlorkalium, wie sehr häufig geschieht, die Fällung durch Chorammonium bewirkt, so wird beim Erhitzen des Niederschlages in einem Tiegel sowohl das Rhodium, als auch das Iridium neben dem Platin reducirt, und bei nachheriger Behandlung mit Königswasser, wenn dieses concentrirt ist und nahezu bis zum Sieden erhitzt wird, wenigstens theilweise wieder gelöst.

Die erhitzte Salzmasse wird mit Wasser ausgelaugt. Wenn dadurch das meiste Salz fortgeschafft ist, wird verdünnte Chlorwasserstoffsäure hinzugesetzt, um aus den Iridium- und Rhodiumoxyden das darin enthaltene Alkali auszuziehen, worauf diese ausgewaschen, getrocknet und geglüht werden. Man mufs das Filtrum abgesondert verbrennen, damit die Oxyde nicht von den aus dem Papier entwickelten brennbaren Gasen reducirt werden. Die Masse schmelzt man nun in einem Platintiegel auf die Weise, wie es beim Rhodium (S. 210) angegeben ist, mit dem Fünf- bis Sechsfachen ihres Gewichts an zweifach-schwefelsaurem Kali zusammen. Dies wird einige Male wiederholt, oder so oft, als sich der Fluss noch färbt.

Die Auflösung des sauren rhodiumhaltigen Salzes versetzt man mit kohlensaurem Natron im Ueberschusse, trocknet die Flüssigkeit ein, und glüht das Salz in einem Platintiegel. Nach Auflösung desselben in Wasser bleibt das Rhodiumoxyd zurück, welches man nun auf ein Filtrum bringt, wäscht, mit dem Filtrum verbrennt und durch Wasserstoff reducirt. Das erhaltene Metall wird dann gewogen. Das so erhaltene Rhodium enthält zuweilen Palladium. Dies zieht man mit Königswasser aus, und fällt es aus der Lösung, nachdem dieselbe neutralisirt ist, mit Quecksilbercyanid. Das Gewicht des erhaltenen Palladiums wird von dem des Rhodiums abgezogen.

Nachdem das Rhodium ausgezogen ist, wägt man die Metallmasse und behandelt sie zunächst mit ganz verdünntem Königswasser, welches beim Digeriren reines Platin aus derselben auszieht. Die Lösung sieht von aufgeschlämmtem Iridiumoxyd sehr dunkel aus; nachdem sie sich aber geklärt hat, besitzt sie eine rein gelbe Farbe. Sie wird nun abgegossen. Jetzt giefst man concentrirtes, mit Chlornatrium versetztes Königswasser auf den Rückstand, und dunstet die Flüssigkeit zur Trocknifs ab. Das Chlornatrium wird hinzugesetzt, um die Bildung von Platinchlorür zu verhindern. In dieser mehr concentrirten Säure löst sich etwas Iridium auf; allein, wenn man sie nicht anwendete, würde eine merkbare Menge von Platin im Iridium bleiben. Bei Auflösung der eingetrockneten Masse bleibt das Iridiumoxyd zurück. Wenn man dieses mit reinem Wasser wäscht, geht es fast immer mit durchs Filtrum; man muss es daher zur Entfernung der Platinlösung mit einer schwachen Chlornatriumlösung waschen, und um diese fortzuschaffen, mit einer schwachen Chlorammoniumlösung, von welcher das Zurückbleibende beim Glühen verflüchtigt wird. Der gewaschene Rückstand wird mit dem Filtrum verbrannt, durch Wasserstoffgas reducirt und gewogen. Die iridiumhaltige Lösung von Natronsalz wird mit kohlensaurem Natron vermischt, eingetrocknet und geglüht. Man erhält dann ein Gemenge von Platin und Iridiumoxyd, welches durch Auslaugen vom Salze befreit, und nun mit Königswasser behandelt wird, worauf das Iridiumoxyd zurückbleibt. Aus der Lösung fällt Ammoniak noch eine Spur von braunem Iridiumoxyd, welches jedoch nicht ganz frei von Platin ist. Das Iridiumoxyd wird reducirt, und das Metall zu dem frühern addirt. Berechnet man aus dem Gewicht des erhaltenen Iridiums, indem man 12 Procent addirt, das des Iridiumoxyds und zieht dieses von dem gemeinschaftlichen Gewicht des Platins und Iridiumoxyds ab, so erhält man das Gewicht des Platins. Das Platin aus seinen Lösungen zu reduciren und sein Gewicht zu bestimmen, würde die Operationen nur verlängern, ohne die Genauigkeit zu erhöhen.

Die von dem in der ursprünglichen Lösung durch Alkohol und Chlorkaliumlösung entstandenen Niederschlag abfiltrirte Flüssigkeit bringt man in eine Flasche mit eingeriebenem Stöpsel und leitet Schwefelwasserstoffgas bis zur Sättigung hindurch. Man verschließt alsdann die Flasche und läfst sie 12 Stunden lang an einem warmen Orte stehen, worauf alle Schwefelmetalle niedergeschlagen sein werden. Zuweilen ist dann die Flüssigkeit roth, entweder von Rhodium, oder von Iridium. Die Flüssigkeit wird filtrirt und der Alkohol abgedampft, wobei sich noch mehr Schwefelmetall absetzt, welches man dem vorher erhaltenen hinzufügt. Es besteht aus Schwefeliridium, Schwefelrhodium, Schwefelpalladium und Schwefelkupfer, während die durchgegangene Flüssigkeit Eisen, ein wenig Iridium und Rhodium, nebst einer Spur von Mangan enthält. Bei der Verdunstung des Alkohols setzt sich in dem Gefäße ein gleichsam fettes, übelriechendes Schwefelmetall ab, welches man nicht fortspülen kann. Man löst es in etwas Ammoniak, dampft die Lösung in einem Platintiegel ein, legt dann die feuchten Schwefelmetalle darauf und röstet sie im Tiegel so lange, als noch etwas schweflichte Säure gebildet wird. Darauf übergiefst man die Masse mit concentrirter Chlorwasserstoffsäure, welche sich grün oder gelblichgrün färbt, indem sie basisch schwefelsaures Palladiumoxyd auflöst. Rhodium- und Iridiumoxyd, nebst etwas Platin, bleiben ungelöst.

Die Lösung in Chlorwasserstoffsäure wird mit Chlorkalium und Salpetersäure versetzt, und darauf zur Trockniß abgedampft; man bekommt dadurch eine dunkle Salzmasse, welche Chlorkalium, Kaliumkupferchlorid und Kaliumpalladiumbichlorid enthält. Die beiden ersten dieser Salze, welche in Alkohol von 0,833 specifischem Gewicht löslich sind, werden durch denselben ausgezogen; das Palladiumsalz aber, welches dabei ungelöst bleibt, wird auf ein gewogenes Filtrum gebracht und mit Alkohol gewaschen. Besser ist es, den Rückstand, weil das Chlorkalium sich in dem Alkohol nicht leicht löst, nachdem man das Kupfersalz ausgewaschen hat, in Wasserstoffgas zu glühen und das metallische Palladium nach dem Auswaschen zu wägen.

Die alkoholische Lösung des Kupfersalzes enthält eine Spur von Palladium, welche jedoch ganz vernachlässigt werden kann. Die Lösung wird zur Verjagung des Alkohols abgedampft, und das Kupfer entweder durch Kali, oder durch Schwefelwasserstoffgas gefällt. Will man das Palladium von diesem Kupfer trennen, so löst man es in Salpetersäure, neutralisirt die Lösung, und vermischt sie mit Quecksilbercyanid, wodurch zuweilen ein äußerst geringer Niederschlag von kupferhaltigem Cyanpalladium entsteht, welchen man abfiltrirt, mit dem Filtrum verbrennt und wägt. Gewöhnlich ist die Menge desselben so gering, daß sie nicht gewogen werden kann.

Die gerösteten Schwefelmetalle, welche die Chlorwasserstoffsäure nicht gelöst hat, werden mit zweifach-schwefelsaurem Kali zusammengeschmolzen, so oft als dieses sich noch färbt. Sie enthalten weit mehr Rhodium, als das zu Anfange der Analyse gefällte Kaliumplatinbichlorid, und mit ihnen wird eben so verfahren, wie oben angegeben ist, auch in Bezug auf einen Gehalt von Palladium, welcher hier gewöhnlich ist. Die mit zweifach-schwefelsaurem Kali ausgezogene Masse wird mit Königswasser behandelt, welches ein wenig Platin löst und Iridiumoxyd zurückläfst.

Die eingedampfte Flüssigkeit, aus welcher die Schwefelmetalle gefällt sind, enthält nur Eisen, in Form des Chlorürs, eine geringe Menge Iridium und Rhodium, nebst einer Spur von Mangan. Sie wird mit einer hinreichenden Menge Salpetersäure versetzt und bis zur vollständigen Oxydation des Eisens gekocht, worauf man das Eisenoxyd mit Ammoniak niederschlägt, wäscht, glüht und wägt. Dieses Eisenoxyd enthält Iridium und Rhodium, beide in einem solchen Zustande, dafs sie mit dem Eisenoxyde durch Chlorwasserstoffsäure gelöst werden. Bei dieser Auflösung bleibt, in Folge der Zersetzung eines kieselhaltigen Minerals, von dem das Platinerz gewöhnlich einige Körner enthält, etwas Kieselsäure ungelöst zurück, doch gewöhnlich in zu geringer Menge, um in Rechnung gezogen werden zu können. Das Eisenoxyd wird durch Wasserstoffgas reducirt, und das Metall in Chlorwasserstoffsäure, die man zuletzt erwärmt, aufgelöst. Es bleibt alsdann eine geringe Menge eines schwarzen Pulvers ungelöst zurück. Dieses decrepitirt bei einer äufserst geringen Hitze mit einer Feuererscheinung, in einem bedeckten Gefäfse giebt es viel Wasser, aber keine Feuererscheinung. Nach dem Glühen an offener Luft wird es gewogen, und es hat nun denselben Oxydationsgrad wie im Eisenoxyd, so dafs man aus der Differenz der Gewichte die Menge des reinen Eisenoxyds erhält.

Die mit Ammoniak gefällte Flüssigkeit enthält noch Iridium und Rhodium. Sie wird, nachdem sie zur Zersetzung der Ammoniaksalze mit der hinreichenden Menge von kohlensaurem Natron versetzt ist, zur Trocknifs abgedampft, und der Rückstand bis zum gelinden Glühen erhitzt. Darauf löst man das Salz in Wasser, wobei die Metalloxyde ungelöst zurückbleiben. Erhitzt man den Rückstand zu stark, so wird die Salzlösung gelb, und sie enthält etwas von den Oxyden aufgelöst. Diesem Uebelstande ist indefs durch eine mäfsige Hitze zuvorzukommen. Die Quantität des Mangans in den Metalloxyden ist kaum gröfser, als zur Erkennung desselben erforderlich ist, und bei einer Probe von 2 Gramm durchaus unwägbar. Sie wird aus den gewaschenen Oxyden mit Salzsäure ausgezogen.

Um die gar zu grofse Menge von kleinen Operationen zu vermeiden, hebt Berzelius die Oxyde von Rhodium und Iridium, welche aus dem Eisenoxyd und der Salzmasse erhalten werden, bis zur Behandlung der Schwefelmetalle mit zweifach-schwefelsaurem Kali auf wo er sie diesen dann hinzufügt und mit ihnen analysirt.

Die Methode von Claus, welche derselbe mehr als 25 Jahre später als Berzelius bekannt machte, hat den Vorzug, daſs sie einfacher ist, und schon dadurch mehrere Fehlerquellen vermeidet. Sie gründet sich besonders auf folgende Thatsachen: 1) auf die Unlöslichkeit des Ammoniumplatinbichlorids und des analogen Salzes des Iridiums in einer wäſserigen Lösung von Chlorammonium; 2) auf die Löslichkeit des Ammoniumiridium- und Ammoniumrhodiumsesquichlorids, so wie des Ammoniumpalladiumchlorürs in einer etwas verdünnten Lösung von Chlorammonium und 3) auf die Reducirbarkeit des Ammoniumiridiumbichlorids in das Salz des Sesquichlorids durch Schwefelwasserstoff.

Nach Claus ist es vortheilhaft, gröſsere Mengen Platinerz, als es Berzelius vorschlägt, zur Analyse anzuwenden, nämlich zehn Gramm, um gröſsere Mengen von den im Erze enthaltenen Metallen zu erhalten, welche einen sehr geringen procentischen Bestandtheil desselben ausmachen.

Die Lösung des gereinigten und ausgelesenen Erzes in Königswasser, wie auch die Trennung und die Bestimmung des Osmiums bewerkstelligt Claus auf dieselbe Weise wie Berzelius; verfährt dann weiter aber auf folgende Weise:

Die von dem in Königswasser unlöslichen Rückstand gesonderte Lösung des Platinerzes wird in einer Porcellanschale im Wasserbade bis zur Trockniſs abgedampft, und dann einige Zeit im Sandbade bei einer Temperatur von 140° bis 150° erhitzt, um das Iridiumbichlorid in Sesquichlorid zu verwandeln. Dann befeuchtet man die Masse mit etwas Chlorwasserstoffsäure, löst sie in Wasser auf, fügt eine concentrirte Lösung von Chlorammonium hinzu, und bringt das Gefällte auf ein gewogenes geräumiges Filtrum. Man wäscht den Niederschlag mit einer verdünnten Lösung von Chlorammonium aus, und das anhängende Chlorammonium mit 80 procentigem Alkohol. Das getrocknete Ammoniumplatinbichlorid wird gewogen. Man nimmt eine zur Analyse hinreichende Probe von dem Salze, und bestimmt darin den Gehalt an Platin, den man auf die ganze Menge berechnet. Das auf diese Weise erhaltene Platin enthält nur sehr wenig Iridium und sonst keine Beimengungen. Man löst das reducirte Platin in nicht zu concentrirtem Königswasser, dem man einen Ueberschuſs von Salpetersäure hinzugefügt hat. Hierbei erhält man als unlöslichen Rückstand Iridium, das man filtrirt, gut auswäscht, glüht, und nach Verbrennung des Filtrums mit Wasserstoffgas reducirt. Aus der Menge des erhaltenen Iridiums berechnet man die ganze Menge des Iridiums im Ammoniumplatinbichlorid. Man hat davon so viel erhalten, dafs man zur Controlle mehrere Bestimmungen dieser Art machen kann. Das in Königswasser gelöste Platin ist fast vollkommen rein, und enthält nur geringe Spuren von Iridium.

Die von dem Niederschlage des Ammoniumplatinbichlorids abfiltrirte Flüssigkeit wird mit dem Waschwasser so lange einem Chlorstrome ausgesetzt, bis sie die braunrothe Farbe des Iridiumbichlorids angenommen hat. (Hierbei hat man sich durch Erhitzen vor Erzeugung von Chlorstickstoff zu hüten.) Das Iridiumsesquichlorid ist nun in Bichlorid verwandelt. Man dampft die Lösung im Wasserbade bis zum geringen Volumen ein und läfst bei geringer Wärme Alles völlig austrocknen. Dann zerreibt man die Salzmasse zum feinen Pulver, übergiefst sie mit 80 procentigem Alkohol, bringt sie auf ein Filtrum und wäscht so lange mit Alkohol aus, bis derselbe vollkommen farblos abläuft. In der Lösung befindet sich alles Eisen und Kupfer, welche nach bekannten Methoden bestimmt werden. Von Platinmetallen ist kaum eine Spur darin vorhanden.

Der ausgewaschene Rückstand enthält alle Platinmetalle mit Ausnahme des Osmiums; das Ruthen ist indessen in so geringer Menge vorhanden, dafs es nicht bestimmt werden kann, und ist deshalb bei der Analyse nicht zu berücksichtigen. Man wäscht denselben mit einer verdünnten Lösung von Chlorammonium so lange aus, bis das anfänglich rothe Waschwasser farblos durchs Filtrum läuft. Diese Lösung enthält alles Rhodium und Palladium des Salzgemenges; sie wird bis zur Trocknifs abgedampft, die trockne Masse aus der Schale genommen und in Filtrirpapier gewickelt. Den Rest des Salzes spült man mit Wasser aus der Schale in einen Platintiegel, und dampft bis zur Trocknifs ab, dann legt man auf diesen trocknen Rückstand das in Filtrirpapier gewickelte Salz, verschliefst den Tiegel mit einem Deckel, und erhitzt ihn sehr vorsichtig. Wenn das meiste Chlorammonium verjagt ist, wird die Hitze gesteigert bis zum schwachen Glühen und bis zum Verbrennen des Filtrums (bei Gegenwart von Platinmetallen verbrennen die Filtra sehr leicht) und der Rückstand darauf mit Wasserstoffgas reducirt, was in demselben Tiegel geschehen kann. Nach dem Wägen werden die beiden Metalle mit Königswasser behandelt, wodurch das Palladium und etwas Rhodium gelöst wird. Die Lösung wird fast bis zur Trocknifs abgedampft, mit Natron gesättigt und darauf mit Quecksilbercyanid gefällt. Der gut ausgewaschene und getrocknete Niederschlag wird geglüht, mit Wasserstoffgas reducirt, gewogen und als Palladium berechnet; die Menge desselben von dem Gewichte des Metallgemenges abgezogen, ergiebt das Gewicht des Rhodiums.

Endlich ist der Rest des unlöslichen Salzes, das zuletzt mit einer verdünnten Lösung von Chlorammonium ausgewaschen ist, zu untersuchen. Es besteht aus Iridium und Platin. Man nimmt es vom Filtrum, wäscht das noch anhängende Salz mit Wasser ab, erhitzt die Flüssigkeit bis zum Sieden und fügt dann so viel Schwefelwasserstoffwasser hinzu als nöthig ist, um das Iridiumbichlorid in Sesquichlorid zu verwandeln. Hierauf dampft man, ohne den ausgeschiedenen Schwefel zu filtriren, stark ein und vermischt das Ganze mit einer concentrirten Lösung von Chlorammonium. Das Platinbichlorid wird gefällt, während das Iridiumsesquichlorid gelöst bleibt. Nach einiger Zeit, wenn alles Platin als Ammoniumplatinbichlorid sich ausgeschieden hat, filtrirt man die Lösung vom Niederschlag ab, wäscht diesen mit einer concentrirten Lösung von Chlorammonium aus, und dampft die filtrirte Lösung mit dem Waschwasser bis zur Trockniſs ab. Das trockne Salz wird eben so behandelt, wie das Rhodiumhaltige Chlorammonium, und das Iridium gewogen. Das Platinsalz wird reducirt, und die Menge des Platins zu dem früher erhaltenen hinzugerechnet. Man kann auch das zuletzt erhaltene Platin in nicht zu concentrirtem Königswasser lösen, und wenn dabei eine sehr geringe Menge von Iridium ungelöst zurückbleiben sollte, dieses bestimmen, und vom Platingehalte abziehen.*)

Diese Methode von Claus ist weit weniger umständlich als die von Berzelius, sie hat nur den Nachtheil, daſs man bei der Bestimmung des Rhodiums und des Palladiums, so wie bei der des Iridiums aus den Lösungen eine grofse Menge von Chlorammonium erhält, bei dessen Verflüchtigung Verluste fast gar nicht zu vermeiden sind. Man muſs daher das Salz, wenn man das Chlorammonium daraus verflüchtigen will, stets in Papier einwickeln, und die Verjagung des Chlorammoniums durch möglichst schwaches Erhitzen zu bewerkstelligen suchen.

Die Methode, welche Deville in Verbindung mit Debray in

---

*) Claus macht hierbei die sehr richtige Bemerkung, daſs es höchst unvortheilhaft sei, bei der Auflösung des Platinerzes im Grofsen nach dem Fällen des Platins durch Chlorammonium die in der Mutterlauge enthaltenen Platinmetalle, wie dies allgemein geschieht, durch Eisen oder Zink auszuscheiden. Man giebt dabei den grofsen Vortheil auf, diese Metalle in Lösung zu haben, und ist später gezwungen, diese Lösung mit vielem Aufwand von Mühe und Kosten wieder von Neuem vorzunehmen (die gefällten Metalle sind fast eben so schwer aufzuschlieſsen, als Osmium-Iridium), während man diese Metalle leicht als Doppelsalze rein gewinnen kann, wenn man dabei die Methode befolgt, wie sie so eben für die quantitative Analyse des Platinerzes gegeben ist. Im Grofsen gelingt dieser Scheidungsprocess noch besser als im Kleinen, und er hat vor andern noch den Vortheil, daſs man dabei alles Platin des Erzes bis auf die letzte Spur gewinnt.

neuerer Zeit bekannt gemacht hat, unterscheidet sich in mehreren Stücken von der von Berzelius und von Claus.

Nach dieser Methode wird zuerst das Platinerz von den oxydirten Mineralien, von denen es auf mechanischem Wege nicht getrennt werden kann, auf eine eigenthümliche Weise geschieden. Diese Mineralien bestehen vorzüglich aus Quarz, Zircon, Chromeisenstein und Titaneisen, letzteres besonders in den Erzen von Rufsland; sie können oft einige Procente betragen.

Zu dem Ende wendet man ungefähr 2 Gramm an, die aber so gut gewählt sein müssen, dafs sie so gut wie möglich die mittlere Zusammensetzung haben. Man schmelzt darauf etwas Borax in einem kleinen irdenen Tiegel mit glatten Wänden, um diese damit zu überziehen, bringt darauf 7 bis 8 Gramm reines granulirtes Silber und das Platinerz hinein, bedeckt dies mit ungefähr 10 Gramm geschmolzenen Borax und legt auf diese ein oder zwei kleine Stückchen Holzkohle. Man erhitzt darauf den Tiegel einige Zeit über den Schmelzpunkt des Silbers, damit der Borax sehr flüssig wird, und die oxydirten Theile des Platinerzes auflöst; man kann übrigens den Borax mit einem Pfeifenstiel umrühren. Nach dem Erkalten sondert man den Silberregulus ab, welcher das Platin mit allen begleitenden Metallen, und auch das darin enthaltene Osmium-Iridium enthält. Um die letzten anhängenden Theile von Borax fortzunehmen, kann man ihn mit etwas schwacher Fluorwasserstoffsäure digeriren. Nach dem Trocknen und schwachem Glühen wird er gewogen. Wenn man von dem Gewichte des angewandten Platinerzes und des angewandten Silbers das des erhaltenen Regulus abzieht, so findet man aus dem Verluste die Menge der im Platinerz enthaltenen oxydirten Substanzen, welche sich im Borax aufgelöst haben. Auf diese Weise kann man zugleich den wahren Werth des Platinerzes beurtheilen, indem es so am leichtesten von den werthlosen begleitenden Substanzen getrennt wird.

Um die Menge des Osmium-Iridiums zu bestimmen, wird eine neue Menge des Platinerzes, ebenfalls ungefähr 2 Gramm, mit Königswasser bei einer Temperatur von 70° bis zur Auflösung des Platins behandelt. Man giefst die Lösung vom Ungelösten ab, und erneuert das Königswasser so oft, bis es vollkommen farblos bleibt, wenn es 12 bis 15 Stunden mit dem Rückstand in Berührung gewesen ist. Man giefst darauf alle Flüssigkeiten mit grofser Sorgfalt ab, und sieht zu, ob auf dem Boden des Gefäfses sich sichtbare Metallschüppchen von Osmium-Iridium abgeschieden haben. Wenn es nöthig ist, so mufs man filtriren, indessen aber so wenig wie möglich auf das Filtrum bringen. Das Ungelöste, das eine Mengung von Osmium-Iridium mit den oxydirten Begleitern des Platinerzes ist, wird durch Decantiren ausgewaschen. Nach dem Trocknen wägt man diesen Rückstand, nachdem man vorher das auf dem Filtrum Befindliche hinzugefügt, und das Filtrum so viel wie möglich gereinigt und dann verbrannt hat. Nachdem von dem Gewichte des Rückstands das der oxydirten Substanzen, das man durch den früheren Versuch bestimmt hat, abgezogen, erhält man die Menge des Osmium-Iridiums.

Man kann indessen die Menge des Osmium-Iridiums auch in dem Silberregulus bestimmen, welchen man im ersten Versuche erhalten hat. Zu dem Ende löst man denselben in Salpetersäure auf, wobei das darin befindliche Platinerz mit dem Osmium-Iridium ungelöst bleibt, die man beide von einander durch Königswasser auf die so eben beschriebene Weise trennt. Das Silber löst nämlich beim Schmelzen weder das Platinerz, noch das Osmium-Iridium auf; Deville meint, dafs besonders das im Platinerze enthaltene Eisen die Legirung des Silbers mit dem Platin verhindere.

Die Auflösung des Platinerzes in Königswasser wird bei einer wenig erhöhten Temperatur beinahe bis zur Trocknifs abgedampft; dann wird etwas Wasser hinzugefügt, das alles auflösen mufs, (wenn dies nicht der Fall ist, so mufs man Königswasser hinzufügen und von Neuem abdampfen) und reiner Alkohol, und zwar das doppelte Volumen vom angewandten Wasser. Nun fügt man Chlorammonium in Krystallen in einem ziemlich grofsen Ueberschufs hinzu. Man erhitzt ein wenig, um eine beinahe vollständige Lösung des Chlorammoniums zu bewirken, rührt gut um, und läfst das Ganze 24 Stunden stehen. Der Niederschlag, welcher gelb, oder gelbröthlich oder selbst zinnoberroth ist, enthält alles Platin und Iridium bis auf eine sehr geringe Menge. Er wird filtrirt und mit 67 procentigem Alkohol ausgewaschen. Nach dem Trocknen des Filtrums mit dem Niederschlage in einem Platintiegel wird dieser bedeckt, der Sicherheit wegen in einen gröfseren Platintiegel gestellt und sehr langsam bis zur dunklen Rothglühhitze gebracht; darauf nimmt man von den Tiegeln die Deckel ab, und verbrennt das Filtrum bei einer möglichst niedrigen Temperatur. Nach der Einäscherung desselben bringt man in den glühenden Tiegel ein- oder zweimal ein Stückchen Papier, das mit Terpentinöl getränkt ist, wodurch die Reduction vom Iridium, das sich während des Glühens oxydirt hat, und die Verjagung der letzten Spuren von etwa vorhandenem Osmium bewirkt wird. Darauf wird der Tiegel bis zum Weifsglühen erhitzt, bis er nicht mehr an Gewicht abnimmt; am besten ist es, zuletzt das Glühen in einer Atmosphäre von Wasserstoffgas vorzunehmen. Die Mengung von Platin und Iridium wird gewogen und mit Königswasser behandelt, das mit der vier- oder fünffachen Menge Wasser verdünnt ist. Man erneuert dasselbe so oft, bis es nicht mehr gefärbt wird. Die Digestion geschieht bei keiner höheren Temperatur als 40° bis 50°. Der ungelöste Rückstand besteht aus reinem Iridium.

Die Flüssigkeit, welche von den Doppelsalzen des Platins und Iridiums abfiltrirt ist, wird so weit abgedampft, daſs das Chlorammonium daraus in grofser Menge krystallisirt. Nach dem Erkalten wird die Flüssigkeit filtrirt; es bleibt auf dem Filtrum eine kleine Menge eines dunkel violetten Salzes, das aus Ammoniumiridiumbichlorid, gemengt mit etwas Ammoniumplatinbichlorid besteht. Man wäscht es mit einer Lösung von Chlorammonium und darauf mit Alkohol aus. Es wird zur Bestimmung des Platins und Iridiums auf dieselbe Weise behandelt wie die grofse Menge des zuerst erhaltenen Salzes. Die unlöslichen Rückstände des Iridiums werden gemeinschaftlich gewogen. Die Menge des Platins findet man, indem man das Gewicht des Iridiums von dem gemeinschaftlichen Gewicht beider Metalle abzieht, die man durch Glühen der Verbindungen ihrer Chloride mit Chlorammonium erhalten hatte. — Diese Methode der Trennung des Platins vom Iridium ist nach Deville eine genaue, wenn man verdünntes Königswasser anwendet, und dasselbe lange mit den Metallen in Berührung läfst.

Aus den Flüssigkeiten, welche von den durch Chlorammonium gefällten Doppelsalzen des Platins und Iridiums getrennt sind, wird zuerst durch gelindes Erwärmen der Alkohol verjagt, und dann das darin enthaltene Chlorammonium durch Erhitzen mit einem Ueberschufs von Salpetersäure zerstört, worauf man bis zur Trockniſs abdampft. Der trockne Rückstand wird in einen gewogenen Porcellantiegel gebracht, mit einer concentrirten Lösung von Schwefelammonium befeuchtet, mit 2 bis 3 Grm. Schwefelpulver bestreut und wieder getrocknet. Den Porcellantiegel bringt man nun in einen gröfseren irdenen Tiegel, und füllt die Zwischenräume mit grofsen Stücken von Holzkohle aus. Nachdem der gröfsere Tiegel gut bedeckt ist, wird er in einen Windofen gestellt und mit Kohlen überschüttet, welche man von oben anzündet, damit der Tiegel sich langsam erwärmt. Nach einem starken Rothglühen läfst man Alles erkalten, und wägt dann den Platintiegel, was übrigens nicht durchaus nothwendig ist. Man könnte auch die Operation bei minder starker Hitze in einem Strome von Wasserstoffgas ausführen. Das Geglühte besteht aus metallischem Palladium (das etwas Schwefel enthält), aus Schwefeleisen und aus Schwefelkupfer; ferner ist darin Gold und Rhodium enthalten. Man befeuchtet das Geglühte mit concentrirter Salpetersäure, welche nach einer längeren Digestion bei 70° das Palladium, das Eisen und das Kupfer auflöst. Man giefst die salpetersaure Lösung ab und wäscht den Rückstand so viel wie möglich durch Decantiren aus. Die Lösungen werden bis zur Trockniſs abgedampft, und der trockne Rückstand wird bei einer etwas höheren Temperatur als der des schmelzenden Zinks geglüht, wodurch das Palladium reducirt, Eisen und Kupfer aber in Oxyde verwandelt werden. Letztere löst man in nicht zu concentrirter Chlorwasserstoffsäure auf, wobei das Palladium ungelöst zurückbleibt, welches nach dem Glühen gewogen werden kann. Die chlorwasserstoffsaure Lösung des Kupfers und des Eisens wird bei einer Temperatur, die kaum höher als 100° ist, abgedampft, und dann mit Ammoniak behandelt, wodurch das Kupfer gelöst wird. Zu der ammoniakalischen Lösung setzt man nach dem Eindampfen Salpetersäure und erhitzt, um alles Chlorammonium zu zersetzen; das salpetersaure Kupferoxyd wird alsdann durch Glühen in Kupferoxyd übergeführt, welches gewogen wird. Auch das in Ammoniak ungelöst zurückgebliebene Eisenoxyd wird geglüht und gewogen. Das Eisenoxyd und das Kupferoxyd müssen sich in Chlorwasserstoffsäure lösen. Wenn bei der Lösung Spuren von Palladium zurückbleiben, so werden sie nach dem Waschen und Glühen gewogen.

Der in Salpetersäure unlösliche Rückstand wird nach dem Wägen mit sehr verdünntem Königswasser behandelt. Dasselbe löst das Gold auf, und bisweilen, jedoch sehr selten, Spuren von Platin. Man kann sich von der Gegenwart des letzteren überzeugen, wenn man die Lösung in Königswasser abdampft, und den trocknen Rückstand mit Alkohol und Chlorammonium behandelt; es bleiben dann bisweilen Spuren von Ammoniumplatinbichlorid zurück, die man glüht und wägt. Die Menge des Goldes findet man durch den Verlust, welchen der in Salpetersäure unlösliche Rückstand durch die Behandlung mit verdünntem Königswasser erlitten hat. Wenn man etwas Platin gefunden hat, so zieht man dessen Gewicht von dem des Goldes ab.

Bei der Behandlung des in Salpetersäure unlöslichen Rückstandes mit verdünntem Königswasser ist Rhodium ungelöst zurückgeblieben. Es wird in dem Porcellantiegel, in welchem es mit Königswasser behandelt ist, nach dem Glühen gewogen, und dann noch einmal in einem Strome von Wasserstoffgas geglüht und wieder gewogen, wodurch es einige Milligramme verliert, da es früher durch das Glühen zum Theil oxydirt worden war. Um zu sehen, ob es rein ist, schmelzt man es mit zweifach-schwefelsaurem Kali, von dem es endlich nach öfterem Schmelzen vollständig aufgelöst werden kann, wenn man es in geringer Menge anwendet. Bei der quantitativen Untersuchung der Platinerze erhält man es aber immer nur in geringer Menge.

Um in einem Platinerze zur Ausmittelung des Werthes desselben die Menge des Osmium-Iridiums und des Platins schnell und leicht quantitativ zu bestimmen, bedienen sich Deville und Debray folgender Methode:

Zuerst wird die Menge des Goldes bestimmt, das fast immer im Platinerze, obwohl in sehr geringer Menge, enthalten zu sein scheint. Man behandelt das Platinerz einige Stunden hindurch mit kleinen Mengen von kochendem Quecksilber, giefst dasselbe ab, um es mit neuen Mengen von heifsem Quecksilber zu behandeln, und es gleichsam damit zu waschen. Sämmtliches abgegossene Quecksilber wird in einer kleinen gläsernen Retorte der Destillation unterworfen, wobei das Gold zurückbleibt, das man dem Rothglühen unterwirft und wägt. Man kann auch das Platinerz mit schwachem Königswasser behandeln, die Lösung in einem tarirten Porcellantiegel abdampfen, glühen und wägen. Die erste Methode giebt das Minimum, die zweite das Maximum des Goldgehalts; aber die erstere giebt genauere Resultate. Man mufs ungefähr 10 Gramm anwenden. Wenn man bei der Destillation des Quecksilbers nicht mit Vorsicht verfährt, kann man einen kleinen Verlust erleiden.

Darauf bestimmt man die Menge der oxydirten Mineralien, welche im Platinerze enthalten sind, durch Schmelzen mit Silber und Borax, wie es S. 239 angegeben ist.

Die Unreinigkeiten des Platinerzes bestehen aufser den beigemengten oxydirten Mineralien besonders aus Eisen und Osmium-Iridium. Die andern Metalle, Palladium, Rhodium und Iridium machen zusammengenommen ziemlich beständig eine Menge von 4 bis 5 Procent aus, so dafs man nur die Menge aller Platinmetalle zusammen (das Osmium-Iridium nicht mitgerechnet) zu wissen braucht, um den Platingehalt des Erzes zu erfahren.

Man schmelzt 50 Gramm des Erzes mit 75 Grm. Blei und 50 Grm. reinen gut krystallisirten Bleiglanzes in einem gewöhnlichen Tiegel zusammen, setzt dann 10 bis 15 Grm. Borax hinzu, und verstärkt die Hitze bis zum Schmelzpunkt des Silbers. Man rührt von Zeit zu Zeit mit einem Pfeifenstiel um, und hört nicht früher mit dem Erhitzen auf, als bis alles Platinerz im Blei aufgelöst ist, und beim Umrühren mit dem Pfeifenstiele keine Körnchen des Erzes mehr zu bemerken sind. Dann fügt man noch 50 Grm. Bleiglätte hinzu, während man die Temperatur erhöht; man setzt die Glätte nur nach und nach hinzu, und zwar in dem Maafse, als sie sich reducirt, und bis sie im Uebermaafs vorhanden ist, was man an der Beschaffenheit der Schlacke, welche dann den Pfeifenstiel angreift, und an dem Aufhören der Entwickelung von schweflichter Säure merken kann. Nach dem vollständigen langsamen Erkalten zerschlägt man den Tiegel, sondert die Schlacke ab, die bleireich sein mufs, und die das Eisen enthält, und reinigt den erhaltenen Regulus, der ungefähr 200 Grm. wiegen mufs.

Um den Procefs zu begreifen, mufs man wissen, dafs das Platinerz, das mehr oder weniger Eisen enthält, sich nur sehr langsam im Blei auflöst, durch das angewandte Schwefelblei wird aber das Eisen in Schwefeleisen verwandelt, und die Verbindung des Bleis mit dem Platin erleichtert; die entstandene Legirung sammelt sich am Boden des Tiegels. Das Eisen und das Kupfer werden geschwefelt und gehen in die Schlacke; das Osmium-Iridium ist zwar im Blei unlöslich, wird aber von demselben benetzt, senkt sich nach dem Boden des Tiegels und bleibt in dem Regulus. Durch die hinzugefügte Glätte zersetzt man den Bleiglanz und das Schwefeleisen; es bildet sich Blei und Oxyde, welche von dem Borax aufgelöst werden.

Von dem gut gereinigten und gewogenen Regulus sägt man dann den unteren Theil, der ungefähr ein Zehntel vom Gewicht des Ganzen ausmachen mufs, ab, und wägt ihn. Den oberen Theil des Regulus, der krystallinisch und sehr brüchig ist, zerstöfst man, fügt die Sägespähne hinzu, mengt gut durcheinander und wägt. Die beiden Gewichte müssen mit dem des Ganzen übereinstimmen. Darauf nimmt man von dem gepulverten platinhaltigen Blei so viel, dafs es dem neunten Theile von dem ganzen Gewichte des Regulus entspricht, und bestimmt den Gehalt an Platinmetallen darin durch Kupellation, wie weiter unten beschrieben ist. Unter der Voraussetzung, dafs die Zusammensetzung des platinhaltigen Bleis im unten abgesägten Theil des Regulus dieselbe ist, als im obern, und unter Vernachlässigung des Gewichtes des Osmium-Iridiums, welches man von dem Gewichte des Regulus abziehen müfste, läfst sich hieraus nun die Menge der Platinmetalle im angewandten Erze berechnen.

Man kann auch zur Bestimmung des Platins, wie zu der des Osmium-Iridiums, den unteren Theil vom Regulus des platinhaltigen Bleis, in dem sich alles Osmium-Iridium abgesetzt hat, mit der zehnfachen Menge von Salpetersäure, welche man mit einem gleichen Gewicht Wasser verdünnt hat, behandeln. Beim Erhitzen löst sich das Blei leicht auf. Wenn die Operation gut gelungen ist, so hat man als ungelösten Rückstand nur das Osmium-Iridium und sehr fein zertheiltes Platin, und man kann kein Körnchen vom Platinerze entdecken. (Das Osmium-Iridium kann bisweilen auch kleine Körnchen bilden, aber durch Behandlung mit Königswasser kann man diese leicht von denen des Platinerzes unterscheiden.)

Man wäscht den ungelösten Rückstand am zweckmäfsigsten durch Decantiren, zuerst mit saurem und dann mit reinem heifsen Wasser aus, und wägt ihn nach dem Trocknen. Das Platin in demselben läfst sich annähernd von dem Osmium-Iridium durch ein feines Sieb von Seide trennen; das Platin geht durch die Maschen des Seidenzeuges, während das Osmium-Iridium in sehr kleinen Schüppchen zurückbleibt. Besser aber ist es, das Gemenge mit Königswasser zu behandeln, durch welches das Platin sehr schnell gelöst wird, und das Osmium-Iridium ungelöst zurückbleibt. Das Gewicht des Platins ergiebt sich aus der Differenz.

Hat man nun so den Gehalt an Platin im Erze bestimmt, so zieht man davon 4 Procent für die im Platin enthaltenen Metalle Rhodium, Palladium und Iridium ab, und erhält so den Gehalt des Erzes an reinem Platin bis auf 1 bis 2 Procent genau.

Das Blei legirt sich mit dem Platin aufserordentlich leicht, wenn dasselbe kein Eisen enthält. Die Legirung kupellirt sich leicht in einer Muffel, die bis zu der Temperatur der Goldprobe erhitzt wird, und wenn man die Hitze bis zu dem Grade erhöht, dafs Zink destilliren kann, so verwandelt sie sich in eine schwammige Masse, die aber nicht mehr als 6 bis 7 Procent Blei enthält, und aus welcher noch etwas Glätte ausschwitzt. Um dies Resultat aber zu erhalten, mufs man die Legirung sehr lange rösten.

Um durch Kupellation die vollständige Trennung des Bleis zu bewirken, mufs man entweder Silber anwenden, oder zuletzt im Knallgasgebläse erhitzen. Man setzt im ersten Fall zu der Legirung ungefähr fünf- bis sechsmal so viel Silber hinzu, als man Platin in ihr vermuthet. Nachdem man, wenn es nöthig ist, noch Blei hinzugefügt hat, kupellirt man, und wägt den Regulus. Was er mehr wiegt, als man Silber angewandt hat, ist Platin. Man erhält einen kleinen Verlust, weil eine sehr kleine Menge von Silber sich verflüchtigt, da man bei der Temperatur der Goldproben kupelliren mufs. Dieser Verlust ist indessen ganz unbedeutend. Man braucht übrigens nur den Silberregulus in Schwefelsäure aufzulösen; es bleibt dann das Platin ungelöst zurück. Deville und Debray bedienen sich bei diesen Kupellationen eines Flammenofens, in welchen die Muffeln gestellt werden, und dessen ausführliche Beschreibung sie geben.

Im zweiten Fall erhitzt man die in der Muffel schon möglichst von Blei befreite Legirung in einem Knallgasgebläse auf einer Kupelle, indem man das Sauerstoffgas stark vorwalten läfst. Das Blei wird meistens oxydirt und von der Kupelle aufgesogen. Dann glüht man das Platin in der Höhlung eines Stückes Aetzkalk ebenfalls bei einem Ueberschufs von Sauerstoffgas so lange, bis alles Blei verdampft ist, und bringt schliefslich das Platin zum Schmelzen. Nach dem Erkalten kocht man es zur Reinigung mit Chlorwasserstoffsäure und wägt es. Bei diesem Kupelliren kommt es zuweilen vor, dafs der Aetzkalk in der Höhlung an der Oberfläche eine Menge kleiner Platinkügelchen enthält.

Nach Gibbs kann man bei der Analyse der Platinerze folgendes Verfahren einschlagen. Die vom Osmium befreite Lösung des Platinerzes wird mit Chlorkalium gesättigt, und der Niederschlag mit einer gesättigten Lösung von Chlorkalium ausgewaschen. Die abfiltrirte Flüssigkeit, welche Palladium, Kupfer und Eisen und etwa vorhandenes Gold enthält, kann man eindampfen und den fein zerriebenen Rückstand mit 86 procentigem Alkohol ausziehen. Kupfer, Eisen und Gold werden aufgelöst, und, wie später angegeben ist, von einander getrennt, während das Palladium im Rückstand bleibt und auf die S. 234 angegebene Weise daraus erhalten werden kann. Der durch Chlorkalium entstandene Niederschlag, enthaltend die Doppelverbindungen von Chlorkalium mit Platinbichlorid, Iridiumbichlorid und Rhodiumsesquichlorid, so wie etwas Eisenchlorid, wird in kochendem Wasser gelöst, und das Iridiumbichlorid durch salpetrichtsaures Natron zu Sesquichlorid reducirt. Hält man die Lösung durch kohlensaures Natron schwach alkalisch, so scheidet sich fast reines Eisenoxyd aus, welches man abfiltrirt. Aus der Lösung fällt man durch Luteokobaltchlorid das Iridium- und Rhodiumsesquichlorid auf die (S. 221) angegebene Weise und bestimmt dann das Platin in der abfiltrirten Flüssigkeit. Den Niederschlag kocht man mit einer concentrirten Lösung von Kalihydrat, bis kein Ammoniak mehr entweicht, löst den schwarzen Niederschlag in einem Ueberschufs von Chlorwasserstoffsäure auf und dampft bis zur Trockne ein. Aus dem Rückstand, welcher die Doppelverbindungen von Chlorkalium mit Iridium- und Rhodiumsesquichlorid und Kobaltchlorid enthält, zieht man das letztere mit kochendem, absolutem Alkohol aus und trennt das Iridium vom Rhodium durch salpetrichtsaures Natron und Schwefelnatrium (S. 215).

Es soll hier noch mit wenigen Worten einer Methode, die Platinerze zu untersuchen, Erwähnung gethan werden, welche schon vor längerer Zeit von Döbereiner angegeben worden ist. Sie gründet sich darauf, dafs Iridium, Kupfer, Eisen und gröfstentheils auch Palladium aus ihren Auflösungen durch Kalkmilch oder durch Kalkwasser schon im Dunkeln gefällt werden, während dies beim Platin erst der Fall ist, wenn die Auflösung dem Sonnenlichte ausgesetzt wird. Diese Methode, welche zum Theil bei der Darstellung des Platins und zur Trennung der dasselbe begleitenden Metalle im Grofsen in der Münze von Petersburg angewandt wird, ist wesentlich folgende: Die Auflösung des Platinerzes erfolgt in einer Retorte; das wiederholt rectificirte Destillat wird mit Kalkmilch oder mit einem Alkali beinahe gesättigt und mit ameisensaurem Alkali in der Siedhitze behandelt, wobei unter Entwickelung von Kohlensäure metallisches Osmium als blaues Pulver zu Boden fällt.

Die Auflösung des Platinerzes wird filtrirt, und auch der Rückstand in der Retorte auf das Filtrum gespült. Die nach dem Auswaschen und Trocknen auf dem Filtrum zurückbleibende Materie wird auf Chlorsilber vermittelst Ammoniak geprüft, und im Falle dies vorhanden durch Ammoniak davon getrennt, worauf der Rückstand mit dem Filtrum geglüht und gewogen wird.

Die filtrirte Auflösung des Erzes, nebst dem Auswaschwasser, wird an einem dunklen Orte so lange mit sehr verdünnter Kalkmilch vermischt, bis die Flüssigkeit beinahe neutral ist, dann mit einem grofsen Ueberschusse von Kalkwasser vermischt, hierauf an einem dunklen Orte möglichst schnell filtrirt, und der auf dem Filtrum gesammelte Niederschlag noch mit kaltem Kalkwasser ausgewaschen. Von allen Metallen, welche in der Auflösung sind, wird bei der Behandlung mit Kalkmilch das Oxyd des Rhodiums zuerst gefällt, dann die des Osmiums, des Palladiums, des Iridiums, und endlich das des Platins. Wenn indessen vom Iridium etwas aufgelöst bleibt, so wird das Iridiumbichlorid durch Kalkmilch in Sesquichlorid umgewandelt, und dieses, wenn man das Platinbichlorid durch Chlorammonium fällt, nicht niedergeschlagen. Dies ist der Grund, weshalb man nach Döbereiner ein ziemlich reines Platin erhalten kann, obgleich seine Methode zu einer quantitativen Untersuchung nicht geeignet ist, und deshalb nicht ausführlich hier beschrieben werden soll.

Analyse des Osmium-Iridiums. — Das mit den Platinerzen vorkommende Osmium-Iridium enthält aufser diesen beiden Metallen noch Rhodium, Ruthenium, Platin, Kupfer und Eisen in wechselnden Mengen. Die verschiedenen Arten desselben, welche sich in der Natur finden, verhalten sich gegen Reagentien verschieden. Einige von ihnen, namentlich diejenigen, welche eine dunkle Farbe haben, sind leichter zersetzbar, verlieren schon durch Erhitzen beim Zutritt der Luft ihren metallischen Glanz, verbreiten dabei den durchdringenden Geruch nach Ueberosmiumsäure und lassen sich, wie weiter unten ausführlich erörtert ist, durch ein zweckmäfsiges Rösten ganz zerlegen. Andere, besonders die lichten Abänderungen des Osmium-Iridiums verändern sich nicht beim Glühen unter Zutritt der Luft, so dafs sich das Osmium darin nicht durch den Geruch erkennen läfst, und sie gehören zu den Substanzen, welche am schwersten, auch durch sehr energisch wirkende Reagentien, angegriffen werden.

Bei den meisten der zur Zerlegung des Osmium-Iridiums angewendeten Methoden ist ein vorheriges Zerkleinern desselben nicht unbedingt erforderlich, aber das Aufschliefsen gelingt weit besser, wenn man das Erz fein zertheilt anwendet. Das Pulvern des Osmium-Iridiums ist mit einigen Schwierigkeiten verbunden; am besten gelingt es noch in einem Stahlmörser. Die Härte der Körner ist so grofs, dafs sie sich, wenn die Schläge stark genug sind, in den Stahl eindrücken und darin sitzen bleiben. Hat man sie aber einmal zerstofsen, so geht das Zerreiben zu einem feinen Pulver ziemlich leicht vor sich. Das abgeriebene Eisen läfst sich aus dem Pulver durch Kochen mit Chlorwasserstoffsäure entfernen.

Mit weniger Mühe erhält man das Osmium-Iridium in einem fein zertheilten Zustande nach einem von Deville und Debray angegebenen Verfahren. Die gut ausgewählten Körner oder Platten des Erzes werden mit ungefähr der sechsfachen Menge an Zink in einem Kohlentiegel, den man in einen gröfseren irdenen Tiegel stellt, und gut mit dem Deckel verschliefst, zusammengeschmolzen. Das Ganze wird zuerst während einer halben oder ganzen Stunde der Rothglühhitze, und dann zwei Stunden hindurch der Weifsglühhitze ausgesetzt, bis dafs in der Flamme des Ofens kein Zinkdampf mehr wahrgenommen werden kann. Das Zink verflüchtigt sich leicht vollständig von dem Osmium-Iridium, aber dieses verliert durch die Operation seine Structur und bleibt als eine glänzende, sehr zerreibliche, schwammige Masse zurück, ohne an seinem Gewicht verloren zu haben, nur bisweilen hat man einen geringen Verlust. Man kann nun das Osmium-Iridium durch Reiben mit einem Pistille zwar langsam aber vollständig zu einem höchst feinen Pulver reiben, von dem man dann durch ein Seidentuch die geringe Menge der Lamellen des Omium-Iridiums sondert, welche der Einwirkung des Zinks entgangen sind. — Es ist nöthig, dafs zu dieser Operation sehr reines destillirtes Zink genommen wird.

Berzelius erhitzte das feine Pulver des Osmium-Iridiums mit dem gleichen Gewichte Salpeters in einer kleinen Porcellanretorte allmählig bis zur vollen Weifsgluth, behandelte die Masse mit Wasser, setzte Chlorwasserstoffsäure und Salpetersäure hinzu, und trennte in der Auflösung und dem Rückstande die Ueberosmiumsäure durch Destillation.

Nach Berzelius hat zuerst Wöhler eine sehr zweckmäfsige Methode vorgeschlagen, das Osmium-Iridium zu zersetzen. Ohne es zu zerkleinern, mengt man es mit dem gleichen Gewichte verknisterten und fein zerriebenen Chlornatriums. Dieses Gemenge bringt man in eine weite Glasröhre und verbindet das eine Ende derselben mit einem Chlorentwickelungsapparate, das andere Ende mit einem kleinen mit einer Gasleitungsröhre versehenen tubulirten Ballon, welcher zur Aufnahme der abzusublimirenden Ueberosmiumsäure dient. Diese Ableitungsröhre wird in ein Gefäfs mit verdünntem Ammoniak geleitet, worin sich die weiter fortgeführten Theile der Ueberosmiumsäure auflösen. Weil sich hierbei jedoch Chlorstickstoff bilden könnte, möchte vielleicht Kalihydratlösung vorzuziehen sein. Man erhitzt darauf die Röhre ihrer ganzen Länge nach über einem Gasofen oder in einem Kohlenofen, wie er zur Analyse organischer Substanzen angewendet wird, bis zum schwachen Glühen, so dafs das Chlornatrium nicht schmilzt. Das Chlorgas, welches vorher nicht getrocknet wird, wird absorbirt, und zwar um so mehr, je feiner das angewandte Osmium-Iridium war. Wenn von der erhitzten Masse kein Chlorgas mehr absorbirt wird, so ist die Operation beendet, und man läfst den Apparat erkalten.

Der Vorgang bei der Operation besteht darin, dafs sich Iridium und Osmium bei Gegenwart von Chlornatrium mit Chlor verbinden und in Wasser leicht lösliche Doppelsalze liefern. Wegen der erhöhten Temperatur bildet sich hierbei vorzüglich nur das Sesquichlorid des Iridiums; beim Erkalten im Chlorgasstrome kann indessen dasselbe wieder in Bichlorid verwandelt werden. Durch die Feuchtigkeit des Chlorgases aber scheint das Chlorosmium sich wieder in der Art zu zersetzen, dafs sich Chlorwasserstoffsäure und Ueberosmiumsäure bilden, während metallisches Osmium abgeschieden und von Neuem der Einwirkung des Chlorgases ausgesetzt wird. Auch findet man im vorderen Theile der Glasröhre eine gewisse Menge tiefgrünes oder rothes Chlorosmium. So viel ist gewifs, dafs man den gröfsten Theil des Osmiums als Ueberosmiumsäure abgeschieden erhält.

Man bestimmt darauf das Osmium aus der erhaltenen Ueberosmiumsäure, aus dem Chlorosmium und aus der Lösung in Ammoniak oder in Kalihydrat auf die S. 216 angeführte Weise, vermittelst Schwefelwasserstoffgas.

Der Inhalt der Glasröhre ist schwach zusammengesintert. Indem man die ganze Röhre in einen hohen Cylinder mit Wasser stellt, sondert sich die Masse leicht ab, und es löst sich alles Lösliche darin auf. Man erhält eine tief braunrothe Lösung vom Iridiumdoppelsalze. Sie riecht stark nach Ueberosmiumsäure, die vom zersetzten Chlorosmium herrührt. Man giefst die ganze Flüssigkeit von dem unangegriffenen Rückstand ab, welcher aus den nicht völlig zersetzten Blättchen von Osmium-Iridium besteht, so wie aus den oxydirten Mineralien, welche das Osmium-Iridium begleiten. Die abgegossenen Flüssigkeiten unterwirft man der Destillation, nachdem man Salpetersäure hinzugefügt hat, um das Chlorosmium zu Ueberosmiumsäure zu oxydiren. Es ist dies nothwendig, obgleich es nicht von Wöhler vorgeschrieben ist. Nachdem ungefähr die Hälfte der Flüssigkeit übergegangen ist, unterbricht man die Destillation und filtrirt. Die filtrirte Flüssigkeit, welche sämmtliche Bestandtheile des Osmium-Iridiums enthält, wird zweckmäfsig auf eine der später angegebenen Weisen behandelt.

Soll durch diese Untersuchung die quantitative Zusammensetzung des Osmium-Iridiums ermittelt werden, so mufs man das unangegriffene Osmium-Iridium noch mehrere Male mit Chlornatrium im Chlorgasstrome behandeln.

Die Methode, deren sich Claus bedient, um das Osmium-Iridium zu zersetzen ist folgende: Das Osmium-Iridium wird mit zwei Theilen salpetersaurem Kali und einem Theile Kalihydrat in einem Silbertiegel eine Stunde hindurch der Rothglühhitze ausgesetzt, wobei fast gar keine Ueberosmiumsäure entweicht, wenn die richtige Menge von Kalihydrat angewandt ist. Das Geschmolzene giefst man ab, sucht das im Tiegel Zurückgebliebene nach dem Erkalten abzusondern, und zerstöfst Alles zu einem groben Pulver, das man in eine Glasflasche bringt; diese füllt man mit kaltem Wasser ganz an, verschliefst sie mit einem Glasstöpsel, und überläfst sie an einem dunklen Orte der Ruhe. Nach 12 Stunden ist die Lösung erfolgt, und die Flüssigkeit hat sich geklärt. Man zieht nun die klare, orangenfarbene Lösung von überosmiumsaurem und ruthensaurem Kali vom Bodensatze vermittelst eines Hebers ab, und schlämmt den aufgeschlossenen Antheil des Bodensatzes vom unangegriffenen Osmium-Iridium ab. Dieses unterwirft man einer nochmaligen Schmelzung mit salpetersaurem Kali und Kalihydrat. Gewöhnlich wird durch dieses zweimalige Schmelzen Alles aufgeschlossen, mit Ausnahme eines geringen Restes von gröfseren Metallkörnern. Wendet man das Osmium-Iridium als feines Pulver an, so wird man mit dem Schmelzen rascher zum Ziele kommen.

Man hat nun die Lösung und das schwarze ungelöste Pulver zu untersuchen.

Aus der Lösung, welche ruthensaures und überosmiumsaures Kali enthält, fällt man durch etwas Salpetersäure das Ruthen als Sesquioxyd und reinigt den Niederschlag von einer Beimengung von Osmium durch Destillation mit Königswasser. Aus der von dem Ruthen getrennten Flüssigkeit erhält man alle Ueberosmiumsäure, welche sie enthält, durch Destillation mit Salpetersäure. Die in der Retorte zurückbleibende Flüssigkeit enthält neben einer grofsen Menge von salpetersaurem Kali nur noch Ruthen.

Das schwarze Pulver, das bei der Lösung des überosmiumsauren und ruthensauren Kalis ungelöst zurückgeblieben ist, ist ein Gemenge aller Platinmetalle als Oxyde. Man unterwirft es in einer Retorte der Destillation mit Königswasser, wobei alle Ueberosmiumsäure im Destillate gewonnen wird; zugleich löst sich fast Alles in der Säure auf bis auf einen geringen Rest von unreinem Rhodiumoxyde. Die Lösung kann nun so behandelt werden, wie dies bei der Analyse der Platinerze ausführlich erwähnt ist. Man erhält dann jedoch ein Iridium, welches noch etwas Ruthen enthält.

Gibbs behandelt die nach der Methode von Claus erhaltene geschmolzene Masse mit kochendem Wasser, dem $\frac{1}{15}$ Volumen Alkohol zugesetzt ist; dadurch wird alles Ruthen gefällt, während ein Theil des Osmiums als überosmiumsaures Kali gelöst bleibt. Aus dem Rückstand wird das Osmium durch wiederholte Destillation mit Königswasser entfernt, und die abdestillirte in Kalilauge aufgefangene Ueberosmiumsäure mit der alkoholischen Lösung vereinigt, aus welcher man dann das Osmium auf die (S. 216) angegebene Weise erhalten kann. Die in der Retorte zurückgebliebene Lösung, welche alle Bestandtheile des Osmium-Iridiums mit Ausnahme des Osmium enthält, wird gerade so behandelt, wie die Lösung des Platinerzes in Königswasser (S. 245). Aber in der von dem durch Luteokobaltchlorid erhaltenen Niederschlag abfiltrirten Flüssigkeit befindet sich neben etwa vorhandenem Platin das Ruthen. Sie wird nach einander mit Kali, Chlorwasserstoffsäure und Alkohol behandelt, wie der durch Luteokobaltchlorid entstandene Niederschlag, und die zurückbleibenden Doppelsalze des Ruthens und Platins werden zur Trennung der beiden Metalle mit salpetrichtsaurem Kali eingedampft und mit kochendem, absolutem Alkohol ausgezogen (S. 229).

Man kann auch in dem durch Chlorkalium erhaltenen Niederschlage zuerst das Iridium von den andern Metallen durch salpetrichtsaures Natron, Schwefelnatrium und Chlorwasserstoffsäure trennen (S. 215). Die dabei gefällten Schwefelverbindungen des Rhodiums, Ruthens und Platins werden getrocknet, vom Filtrum genommen und mit der Filterasche mit einem gleichen Gewichte eines Gemenges von salpetersaurem und kohlensaurem Baryt zu gleichen Theilen innig gemengt; das Gemenge wird in einem Porcellantiegel eine Stunde zur Rothgluth erhitzt und die Masse, welche nicht zusammengeschmolzen ist, mit starker Chlorwasserstoffsäure behandelt, wobei sich Ruthen, Rhodium und Platin lösen, und nur schwefelsaurer Baryt zurückbleibt. Nach vorsichtiger Entfernung des noch gelösten Baryts durch Schwefelsäure wird mit Luteokobaltchlorid gefällt. Das gefällte Rhodiumsalz wird vollständig ausgewaschen, geglüht und mit Chlorwasserstoffsäure gekocht, es bleibt metallisches Rhodium zurück. Das Ruthen und Platin werden, wie oben angegeben ist, getrennt.

Die Methode, welche Deville und Debray anwenden, um die verschiedenen Abänderungen des Osmium-Iridiums zu untersuchen, ist in vieler Hinsicht eine ganz eigenthümliche. Zuerst befreien sie das Osmium-Iridium von allen fremdartigen, namentlich den oxydirten begleitenden Mineralien, welche durch ein sorgfältiges Waschen und Schlämmen nicht vollständig weggeschafft werden können, durch Schmelzen mit Borax und der zwei- oder dreifachen Menge Silber. Die Hitze, welche dazu angewandt werden muſs, muſs ein wenig stärker sein, als die des Schmelzpunktes des Silbers. Die oxydirten Substanzen lösen sich im Borax auf, das Osmium-Iridium geht in das Silber. Nach dem Erkalten braucht man nur den Regulus mit etwas Fluorwasserstoffsäure zu reinigen, wenn es nöthig ist, und zu wägen. Was er weniger wiegt, als das angewandte Osmium-Iridium und das Silber, bestand in oxydirten Mineralien.

Wenn man darauf das Silber durch Salpetersäure auflöst, so löst sich oft eine kleine Menge von Osmium und Iridium darin auf, welche aber nach Deville und Debray nicht als Osmium-Iridium im Erze enthalten war, sondern als eine Legirung von Platin und Iridium, welche sich im schmelzenden Silber löst, während das Osmium-Iridium darin unlöslich ist, und nach der Behandlung mit Salpetersäure mit seinen unveränderten Eigenschaften zurückbleibt.

Das so gereinigte Osmium-Iridium wird nun auf die (S. 247) angegebene Weise fein zertheilt und mit fünf Theilen Baryumsuperoxyd, oder mit einem Theile salpetersaurer Baryterde, welche vorher von ihrem Decrepitationswasser befreit sein mufs, und drei Theilen Baryumsuperoxyd in einem glasirten Porcellanmörser oder in einem Achatmörser innig gemengt. Je mehr man übrigens von dem Gemenge anwendet, um so sicherer wird die ganze Menge des Osmium-Iridiums aufgeschlofsen; jedenfalls aber mufs sowohl das Baryumsuperoxyd als auch die salpetersaure Baryterde genau gewogen worden sein. Man bringt das Gemenge in einen Silbertiegel, und erhitzt diesen entweder der Sicherheit wegen in einem irdenen Tiegel in einem schwachen Kohlenfeuer, oder unmittelbar über einer Gas- oder Spirituslampe. Das schwache Glühen mufs ein bis zwei Stunden hindurch fortgesetzt werden, während dessen man den Tiegel gut bedeckt hält, um den Zutritt der Kohlensäure der Luft möglichst zu verhindern. Wendet man nur Baryumsuperoxyd an, so erreicht man eine eben so vollständige Zersetzung, aber erst nach längerer Zeit. Da aber auch das Gemenge von Baryumsuperoxyd und salpetersaurer Baryterde bei dem Erhitzen nicht schmilzt, und man daher keinen Verlust zu befürchten hat, so ist dasselbe vorzuziehen.

Die geglühte Masse ist zerreiblich und läfst sich gut aus dem Tiegel bringen; das wenige, was von der schwarzen Masse am Tiegel hängen bleibt, wird durch etwas Wasser weggenommen. Man bringt alles in eine Porcellanschale, bedeckt sie mit einem grofsen Trichter und läfst ungefähr, wenn man 2 Grm. Osmium-Iridium angewandt hat, 100 C. C. Chlorwasserstoffsäure und 20 C. C. Salpetersäure in die Schale fliefsen, darauf bringt man das Ganze bis zum Kochen, und unterhält dasselbe so lange, bis aller Geruch nach Ueberosmiumsäure verschwunden ist. Der Trichter verhindert die Verluste, die durch Sprützen entstehen könnten.

Man bestimmt auf diese Weise den Gehalt des Osmiums in der Legirung durch den Verlust. Die Austreibung der Ueberosmiumsäure ist eine langwierige Operation, die erst nach der gehörigen Zeit vollständig erfolgt. Deshalb giebt die Bestimmung des Osmiums durch den Verlust genauere Resultate. Will man aber das Osmium unmittelbar bestimmen, so geht dies auch an, wenn man anstatt der Porcellanschale eine Retorte anwendet und die Ueberosmiumsäure abdestillirt, nachdem man durch den Tubus das Königswasser hineingebracht hat.

Das Destillat wird dann mit Ammoniak gesättigt und mit Schwefelwasserstoffgas gefällt (S. 216).

Die Flüssigkeit, von der die Ueberosmiumsäure entweder verjagt oder abdestillirt ist, wird langsam bei niedriger Temperatur bis beinahe zur Trockniſs abgedampft, worauf man Wasser und ein wenig Säure hinzufügt, wodurch sich kein Geruch nach Ueberosmiumsäure entwickeln darf. Man erhitzt die Flüssigkeit, decantirt, und nachdem alles Chlorbaryum in Wasser aufgelöst ist, findet man am Boden der Schale etwas farblose Kieselsäure, welche in dem angewandten Baryumsuperoxyd enthalten war, und ein schweres Pulver, das aus Osmium-Iridium besteht, welches der Einwirkung der Baryterde entgangen ist. Wenn auch die Menge desselben sehr gering ist, so darf es doch nicht vernachlässigt werden; man spült es in eine Platinschale, wäscht es in derselben mit etwas Chlorwasserstoffsäure, und darauf mit Wasser, wägt es nach dem Trocknen und zieht das Gewicht von dem des angewandten Osmium-Iridiums ab. Wenn man 2 Grm. davon angewandt hat, so beträgt die Menge des unlöslichen Rückstands 0,02 bis 0,03 Gramm. Die gröſsere und geringere Menge beruht übrigens auf der gröſseren oder geringeren Sorgfalt, mit welcher die Substanz gepulvert, und mit der Baryterde gemengt worden ist. Je mehr man auch von dieser angewandt hat, desto vollständiger wird das Osmium-Iridium zersetzt.

Die decantirte Flüssigkeit enthält wegen des groſsen specifischen Gewichts niemals auch nur die kleinste Spur von unaufgeschlossenem Osmium-Iridium, wie schnell auch das Decantiren vor sich gegangen sein mag, aber sie enthält noch einige Flocken von Kieselsäure, die indessen von keinem Nachtheil sind. Man fügt genau die Menge von Schwefelsäure hinzu, die nöthig ist, um die Baryterde zu fällen. Eine sehr kleine Menge von Schwefelsäure im Ueberschuſs schadet nichts, wie auch andrerseits eine sehr geringe Menge von Chlorbaryum von keinem groſsen Nachtheile ist, da dieses mit dem Rhodium später abgeschieden wird. Die schwefelsaure Baryterde setzt sich leicht ab, wenn das Ganze auf einem Sandbade erwärmt wird.

Die über der schwefelsauren Baryterde stehende Flüssigkeit ist ganz ausserordentlich dunkel rothgelb gefärbt, und selbst bei einer sehr mäſsigen Dicke vollkommen undurchsichtig. Kurze Zeit vor dem Decantiren mischt man sie mit einer sehr kleinen Menge von Alkohol, um noch mehr das Absetzen der schwefelsauren Baryterde zu befördern, decantirt alsdann, wiederholt dies einigeMale und bringt die schwefelsaure Baryterde auf ein Filtrum, auf dem man sie mit Wasser, zu welchem etwas Alkohol hinzugefügt ist, vollständig auswäscht. Wenn das Waschwasser vollkommen farblos ist, kann man sicher sein, daſs das Auswaschen vollendet ist. Man fügt dann zu der Flüssigkeit 7 bis 8 Grm. reines Chlorammonium, und erwärmt im Sandbade. Die gröfste Menge des Ammoniumiridiumbichlorids setzt sich ab, es ist aber nicht nöthig, es abzusondern, sondern man dampft langsam beinahe bis zur Trocknifs ab, und fügt dann etwas von einer concentrirten Lösung von Chlorammonium hinzu. Man bringt das Ungelöste auf ein Filtrum, wäscht es aber noch nicht aus. Wenn die abfiltrirte Flüssigkeit noch etwas Iridium enthält, so ist dieses als Sesquichlorid darin enthalten, das durch Chlorammonium nicht gefällt wird; man mufs dann ein oder zwei C. C. Salpetersäure hinzufügen und erhitzen, um zu sehen, ob dadurch ein neuer Niederschlag entsteht. Man dampft dann wiederum bei geringer Temperatur ab, setzt etwas Wasser hinzu und bringt den kleinen Niederschlag auf dasselbe Filtrum; es wird darauf alles mit einer concentrirten Lösung von Chlorammonium ausgewaschen, dann mit verdünntem und endlich mit starkem Alkohol. Das Ammoniumiridiumbichlorid bringt man darauf mit dem Filtrum in einen Platintiegel, stellt diesen in einen noch gröfseren, bedeckt beide Tiegel mit ihren Deckeln und erhitzt so lange, bis alles Chlorammonium verjagt ist. Das Erhitzen mufs ausserordentlich langsam geschehen, wenn man keinen Verlust von dem Iridiumsalze haben will. Es werden darauf die Deckel von den Tiegeln abgenommen und das Filtrum bei einer möglichst niedrigen Temperatur eingeäschert. Wenn man dabei den geringsten Geruch nach Ueberosmiumsäure merkt, so mufs man mit dem Rösten fortfahren, es darauf unterbrechen, einen Tropfen Terpentinöl in den Tiegel bringen, um die niedrigeren Oxyde des Osmiums zu reduciren, und dann von Neuem rösten, bis der Geruch nach Ueberosmiumsäure vollkommen verschwunden ist. Das Iridium wird dann in Wasserstoffgas gelinde erhitzt, gewogen und mit schwachem Königswasser und zwar längere Zeit behandelt, um das darin enthaltene Platin aufzulösen. Dasselbe ist bisweilen, aber jedesmal nur in kleinen Mengen im Osmium-Iridium enthalten, und bisweilen fehlt es darin ganz. Aus der Lösung fällt man das Platin, wie es früher angegeben ist.

In dem Iridium ist nun aber noch das Ruthen enthalten, welches durch Schmelzen mit salpetersaurem Kali und Kalihydrat und Behandeln der geschmolzenen Masse mit Wasser aufgelöst wird. Aus der Lösung wird es auf die S. 219 angegebene Weise abgeschieden. (Hat man die Analyse richtig ausgeführt, so tritt weder hierbei noch bei der Behandlung des Ruthens mit Königswasser der Geruch der Ueberosmiumsäure auf). Diese Methode giebt ein wenig zu viel Ruthen, weil etwas Iridium in die Lösung der geschmolzenen Masse kommt; die Lösung des ruthensauren Kalis ist dann nicht rein orangefarben sondern schwach grünlich. Ist sie bläulich, so hat man gar kein Ruthen, sondern etwas Iridium in Lösung.

Das Rhodium findet sich in der Flüssigkeit, die von dem Ammoniumiridiumbichlorid getrennt ist. Man fügt zu derselben eine grofse Menge von Salpetersäure und dampft sie in einer Porcellanschale, die man mit einem grofsen Trichter bedeckt, bis zu einem kleinen Volumen ein, darauf bringt man sie in einen gewogenen Porcellantiegel, dampft bis zur Trocknifs ab, befeuchtet die trockne Masse mit Schwefelammonium, setzt Schwefelpulver hinzu und glüht in einer reducirenden Atmosphäre (in einem Kohlentiegel). Das Rhodium wird darauf nach und nach mit Chlorwasserstoffsäure, mit Salpetersäure und selbst mit Schwefelsäure behandelt, welche fremde Metalle und auch Thonerde ausziehen, welche letztere von dem Baryumsuperoxyd herrührt. Jedenfalls mufs man nachher das Rhodium in einer Atmosphäre von Wasserstoffgas erhitzen.

Wenn das Osmium-Iridium Eisen und Kupfer enthält, so finden sich diese beim Rhodium als Schwefelmetalle. Zu dieser Methode bemerkt Claus, dafs ein Gemenge von Baryumsuperoxyd und salpetersaurer Baryterde das Osmium-Iridium nicht so energisch angreife, als ein Gemenge von Kalihydrat und Salpeter, dafs ferner beim Fällen der Baryterde durch Schwefelsäure Antheile von den Platinmetallen mit gefällt werden, welche durch Auswaschen nicht von der schwefelsauren Baryterde getrennt werden können und dafs endlich sich das Ruthen vollständiger und reiner vom Iridium abscheiden läfst, wenn das Osmium-Iridium mit Salpeter und Kalihydrat geschmolzen wird, als wenn diese Operation mit dem vom Osmium befreiten Iridium vorgenommen wird.

In einigen Arten des Osmium-Iridiums, namentlich in den Rückständen, die bei der Auflösung der Platinerze in Königswasser zurückbleiben, findet man, aufser den krystallinischen, glänzenden, silberweifsen Schuppen von Osmium-Iridium, welche in einigen Platinerzen vom Ural enthalten sind, noch eine Menge von abgerundeten Körnern mit unebener Oberfläche, welche minder reich an Osmium sind, als das krystallinische Osmium-Iridium. Bei der Analyse dieser Körner findet man, aufser dem Osmium und Iridium, noch mehrere Bestandtheile, welche zwar nur eingemengt und unwesentlich sind, doch aber nicht mechanisch abgeschieden werden können. Diese Bestandtheile sind Titansäure, Kieselsäure, Chromsäure, Chromoxyd, Zirconerde und Eisenoxyd; es rührt ihre Gegenwart offenbar von Chromeisen, Titaneisen und von Hyacinthen her, welche durchs Auge nicht von den Körnern des Osmium-Iridiums unterschieden werden können, und sich auch durch Schlämmen nicht davon trennen lassen.

Die Entfernung derselben läfst sich aber auf die von Deville und Debray angegebene Weise (S. 251) bewerkstelligen.

Nach Döbereiner kann man, wie schon früher auch Persoz

angegeben hat, das Osmium-Iridium durch Glühen mit Schwefelnatrium im Maximum von Schwefel ganz aufschliefsen, so dafs das Produkt schon beim einmaligen Glühen mit 1 Theile kohlensauren und 2 Theilen salpetersauren Kalis fast ganz oxydirt wird, und bei Behandlung der geglühten Masse erst mit Wasser, dann mit verdünnter Salpetersäure, und endlich mit Chlorwasserstoffsäure nur ein sehr unbedeutender Rückstand von unzersetztem Osmium-Iridium bleibt.

Nach einer früheren Methode von Claus bewerkstelligt man die Analyse des Osmium-Iridiums auf folgende Weise: Es wird zuerst in einem eisernen Mörser so gut als möglich zerkleinert, worauf das Eisen, welches vom Mörser herrührt, durch Chlorwasserstoffsäure fortgenommen werden mufs. Man legt das Pulver darauf in eine Glasröhre, und leitet eine Stunde lang Chlorgas hindurch. Es verflüchtigt sich dabei etwas Chlorosmium, welches sorgfältig in eine Kalihydratlösung geleitet wird. Das Osmium-Iridium zerreibt man darauf in einem Achatmörser, was ganz ohne Verlust geschehen kann; man legt es wieder in die Glasröhre, und leitet unter Erwärmung einen Strom von Wasserstoffgas durch dieselbe, um die Chlorverbindungen zu reduciren, worauf man die Legirung abermals mit Chlorgas behandelt, und von Neuem im Achatmörser zerreibt. Wenn man diese Operation ungefähr viermal wiederholt, so läfst sich dadurch das Osmium-Iridium in ein so feines Pulver verwandeln, dafs man in demselben keine metallisch glänzende Körner bemerken kann; das feine Pulver wird dann nach der Methode von Wöhler aufgeschlossen.

Eine andere Methode, das Osmium-Iridium zu zersetzen, ist von Fritsche und Struve angegeben worden. Man schmelzt in einem geräumigen Tiegel gleiche Theile von Kalihydrat und chlorsaurem Kali zusammen, und trägt in die geschmolzene Masse das Dreifache des Gewichtes an Osmium-Iridium in seinem natürlichen Zustande ein, d. h. ohne es zu zerkleinern. Mit dem Erhitzen fortfahrend gelangt man bald zu dem Punkte, bei welchem die Sauerstoffentwickelung aus dem chlorsauren Kali anfängt, und mit dieser beginnt auch sogleich die Einwirkung der geschmolzenen Masse auf das Osmium-Iridium. Die Masse fängt nun bei einer verhältnifsmäfsig nur wenig erhöhten Temperatur so stark an zu schäumen und zu steigen, dafs man das Feuer mäfsigen mufs; die Einwirkung geht energisch weiter fort, die Masse nimmt eine fast schwarze Farbe an, und die Operation nähert sich ihrem Ende, sobald das Schäumen aufhört, und die Masse fest wird. Ein Gemenge von chlorsaurem Kali und Kalihydrat wirkt jedoch nach Claus, weil es schon bei niedrigerer Temperatur den Sauerstoff verliert, weniger energisch, als ein Gemenge von Salpeter und Kalihydrat; dann ist wegen des starken Schäumens ein sehr geräumiger Tiegel erforderlich und endlich bildet sich bei Anwendung eines

Silbertiegels Chlorsilber, so dafs das Aufschliefsen durch Salpeter und Kalihydrat vorzuziehen ist.

Auf eine leichte Weise lassen sich andere Abänderungen des Osmium-Iridiums, die sich durch eine dunkle Farbe vom schwer zersetzbaren, lichten Osmium-Iridium unterscheiden, mit diesem aber gemeinschaftlich vorkommen, zerlegen. Sie zeichnen sich nämlich dadurch bedeutend vor dem gewöhnlichen lichten Osmium-Iridium aus, dafs sie erhitzt ihren metallischen Glanz verlieren und dabei den durchdringenden Geruch der Ueberosmiumsäure verbreiten.

Da die Untersuchung dieser Legirung einfach ist, so ist es anzurathen, sehr kleine Mengen derselben, von nur einigen Centigrammen, zu analysiren, was auch schon darum nothwendig ist, weil jede einzelne Schuppe der Legirung eine etwas andere Zusammensetzung haben kann.

Die Untersuchung geschieht, nach Berzelius, auf folgende Weise: Eine kleine Menge der Legirung wird in einem kleinen gewogenen Platintiegel bei gelinder Weifsglühhitze geröstet. Nach einer Viertelstunde hat sie ihr Aussehen verändert und sich mit Iridiumoxyd bedeckt. Der Glühverlust wird nach dieser Zeit sehr unbeträchtlich, ohne jedoch aufzuhören. Um das Rösten zu beschleunigen, benetzt man mit einem Glasstab, der in reines Terpenthinöl getaucht worden ist, die innere Seite des glühenden Tiegels, wodurch das Iridium nicht nur durch den Dampf des Oels reducirt, sondern zugleich auch unter Erglühen mit Kohle verbunden wird, worauf es, wenn das Oel verdunstet ist, wiederum mit einem Osmiumgeruch verbrennt. Dies wird so oft wiederholt, bis kein Gewichtsverlust mehr stattfindet. Der Rückstand wird mit Wasserstoffgas reducirt, und dadurch in metallisches Iridium verwandelt, welches indessen noch Ruthenium, Rhodium und andere Metalle enthalten kann. Zur weiteren Analyse mengt man es mit Kochsalz und erhitzt das Gemenge in Chlorgas.

Fremy bewirkt die Röstung dieser Arten von Osmium-Iridium auf die Weise, dafs er sie in einem Schiffchen in einer Porcellan- oder Platinröhre bis zu einer starken Rothglühhitze erhitzt, und gut getrocknete atmosphärische Luft darüber leitet.

In dem hinteren Theile der Röhre, in welchen man Porcellanscherben gebracht hat, setzt sich auf diesen krystallinisches Ruthenoxyd ab, offenbar durch Zersetzung von gebildeter Ueberruthensäure entstanden. Die entweichende Ueberosmiumsäure wird in geküblten Vorlagen condensirt, und der Rest durch Kalilauge absorbirt.

Nach Deville und Debray wird durch das Rösten dieser Arten von Osmium-Iridium, wie es von Berzelius angegeben ist, nicht alles Osmium entfernt. Sie führen zuerst das Osmium-Iridium durch Erhitzen mit Zink in eine schwammige Masse über (S. 247), und erhitzen diese, ohne sie zu pulvern, vor dem Knallgasgebläse, indem sie dafür sorgen, dafs die Temperatur nicht so hoch wird, dafs das Osmium-Iridium schmelzen kann. Man fährt mit dem Rösten, indem man die Flamme bald oxydirend und bald reducirend macht, so lange fort, bis man keine Ueberosminmsäure mehr riecht, und bis der Rückstand, der von Berzelius angegebenen Probe unterworfen (B. J. S. 368), kein Osmium mehr erkennen läfst.

XXXVII. Gold.

Bestimmung und Abscheidung des Goldes. — Das Gold wird als Metall gewogen, da es sich beim Glühen an der Luft nicht verändert und aus seinen Auflösungen leicht als solches erhalten werden kann. Um das Gold aus seinen Auflösungen abzuscheiden, reducirt man es. Man wendet dazu gewöhnlich eine Auflösung von einem Eisenoxydulsalze oder Oxalsäure an. Durch eine Auflösung von schwefelsaurem Eisenoxydul wird das Gold als ein feines braunes Pulver gefällt und es setzt sich nicht so fest an die Wände des Gefäfses, als das durch andere Reductionsmittel ausgeschiedene Gold. Die Reduction geschieht vollständig, wenn nur eine hinreichende Menge des Eisenoxydulsalzes angewendet wird, und wird dann durch selbst bedeutende Mengen von Chlorwasserstoffsäure oder von alkalischen Chlormetallen nicht verhindert oder verlangsamt[*]). Es ist indessen gut, das Ganze nach dem Zusatze des Eisenoxydulsalzes an einem mäfsig warmen Orte einige Zeit stehen zu lassen. Man filtrirt darauf das reducirte Gold, glüht es schwach und wägt es; das Glühen und das Verbrennen des Filtrums kann in einem Porcellantiegel, aber auch dreist in einem Platintiegel geschehen, denn die Temperatur braucht nicht so hoch zu sein, dafs eine Legirung des Goldes mit Platin stattfinden kann.

Hat man eine neutrale Auflösung von Goldchlorid, so mufs man Chlorwasserstoffsäure hinzusetzen, damit bei längerer Einwirkung der atmosphärischen Luft aus der Eisenoxydullösung kein Eisenoxyd ausgeschieden und mit dem reducirten Gold gefällt wird.

Enthält die Goldauflösung viel Salpetersäure, was gewöhnlich der Fall ist, da man das Gold und viele seiner Legirungen in Königswasser aufzulösen pflegt, so mufs man bei der Reduction des Goldes vorsichtiger sein, weil das in der Auflösung enthaltene Königswasser leicht etwas reducirtes Gold wieder auflösen kann. Es ist daher gut,

---

[*]) Dahingegen kann die Reduction des Goldes verhindert werden, wenn nur sehr kleine Mengen eines Eisenoxydulsalzes auf bedeutende Mengen von Goldchlorid und alkalischen Chlormetallen einwirken (S. 113).

vor dem Zusatze von schwefelsaurem Eisenoxydul die Auflösung durch Eindampfen stark zu concentriren, und dann durch längeres Erhitzen mit Chlorwasserstoffsäure die Salpetersäure zu zerstören.

Hat man die Auflösung bis zur Trockniſs abgedampft, so muſs man auſser Wasser noch freie Chlorwasserstoffsäure zur abgedampften Masse hinzusetzen. Sollte beim Abdampfen der Auflösung schon vor dem Zusatze der schwefelsauren Eisenoxydulauflösung Gold ausgeschieden werden, so schadet dies nicht; es ist das immer der Fall, wenn man die Flüssigkeit so lange abdampft, bis Chlor sich zu entwickeln anfängt und Goldchlorür gebildet wird.

Wird eine Goldauflösung, welche viel Salpetersäure enthält, nicht abgedampft, so muſs wenigstens die Menge des hinzugesetzten schwefelsauren Eisenoxyduls beträchtlich sein, damit durch dasselbe die Salpetersäure zerstört werde.

Das Gold kann auch durch eine Auflösung von salpetersaurem Quecksilberoxydul als Goldoxydul niedergeschlagen werden, welche Methode indessen nicht so gut ist, als die so eben angeführte. Die Auflösung darf dabei nicht zu viel Salpetersäure enthalten, und der entstandene Niederschlag muſs stark geglüht werden, damit alles etwa darin enthaltene Quecksilber daraus verjagt wird.

In sehr vielen Fällen kann man sich mit Vortheil der Oxalsäure oder der oxalsauren Salze zur Reduction des Goldes bedienen. Wendet man eine Auflösung von reiner Oxalsäure an, so wird das Gold zwar etwas langsam, aber vollständig reducirt. Die Goldauflösung muſs mit der Oxalsäure ziemlich lange, ungefähr 24 bis 48 Stunden, warm digerirt werden. Schneller erfolgt die Reduction des Goldes aus nicht zu saurer Auflösung durch Lösungen neutraler oxalsaurer Alkalien; sie fängt bei gewöhnlicher Temperatur schon nach wenigen Augenblicken an. Ohne zu erhitzen, kann das reducirte Gold nach einigen Stunden filtrirt werden, früher wenn man erhitzt. Während der Reduction des Goldes findet eine Entwicklung von Kohlensäure statt, weshalb man Sorge tragen muſs, daſs nichts von der Flüssigkeit durch Spritzen verloren geht. Die Reduction des Goldes durch Oxalsäure geht aber nur schwer oder doch sehr langsam vor sich, wenn in der Lösung Chlorwasserstoffsäure zugegen ist. Ist die Menge derselben bedeutend, so kann in concentrirten Auflösungen selbst durch langes und anhaltendes Kochen gar kein Gold durch Oxalsäure aus der Auflösung reducirt werden; es gelingt dies erst, wenn das Ganze mit einer groſsen Menge von Wasser verdünnt worden ist; aber auch dann geschieht die Reduction des Goldes vollständig erst nach langem Kochen. Andere Säuren, wie Schwefelsäure und Phosphorsäure, äuſsern keine ähnliche Wirkung wie Chlorwasserstoffsäure, denn auch bei Anwesenheit ziemlich bedeutender Mengen jener Säuren erfolgt durch Oxalsäure eine Reduction des Goldes in concentrirten Lösungen, besonders wenn das Ganze bis zum Kochen erhitzt wird. Wie freie Chlorwasserstoffsäure, so wirken auch Lösungen von alkalischen Chlormetallen. Es ist in allen diesen Fällen die Verwandtschaft des Goldchlorids zu den alkalischen Chlormetallen und zu der Chlorwasserstoffsäure, wodurch die Reduction des Goldes erschwert wird. Uebrigens fällt bei gehöriger Verdünnung, durch Erhitzen und durch langes Stehen das Gold endlich vollständig. Je langsamer aber das Gold sich aus einer Lösung durch Reduction absetzt, desto mehr scheidet es sich in feinen gelben Lamellen aus, die bei kleinen Mengen sich fest an die Wände des Gefäfses ansetzen, und schwer von denselben auf mechanischem Wege zu trennen sind. Je schneller das Gold sich aus der Lösung absondert, desto mehr scheidet es sich als braunes Pulver aus. Wenn sich das Gold fest an die Wände des Gefäfses angesetzt hat, so ist man oft gezwungen, es in einer kleinen Menge von Königswasser wieder zu lösen, und aus der Lösung von Neuem zu fällen.

Enthält die Goldlösung viel Salpetersäure, so kann, wie bei der Reduction durch schwefelsaures Eisenoxydul, das Königswasser etwas reducirtes Gold wieder auflösen; man mufs daher auf dieselbe Weise, wie es vorher beschrieben ist, die Salpetersäure vertreiben.

Das Gold kann noch durch viele andere Substanzen, besonders organische, niedergeschlagen werden, doch scheinen die so eben erwähnten hierzu die vorzüglichsten zu sein. Bei einem Ueberschusse von Kali fällen aus Goldlösungen fast alle organische Substanzen Goldoxydul in Form eines schwarzen Pulvers, welches durch Glühen sich leicht in metallisches Gold verwandelt.

Wenn in einer Auflösung blofs Gold und keine andere feuerbeständige Substanz enthalten ist, so könnte man wohl die Auflösung bis zur Trocknifs abdampfen und die trockene Masse in einem Porcellantiegel glühen, wobei metallisches Gold allein zurückbleiben würde. Indessen dann ist das Gold oft auf der ganzen Oberfläche des Gefäfses ausgebreitet, läfst sich schwer von den Wänden desselben trennen, und kann daher schwerer gesammelt werden, als wenn es durch eine reducirende Substanz niedergeschlagen ist.

Trennung des Goldes von andern Metallen, den alkalischen Erden und den Alkalien. — Diese Scheidung kann nach verschiedenen Methoden geschehen. Ist das Gold als Chlorid in Auflösungen enthalten (als Oxyd ist das Gold in den meisten Sauerstoffsäuren unlöslich), so kann man es von sehr vielen Metallen auf die Weise trennen, dafs man es aus den Auflösungen, nachdem dieselben vermittelst Chlorwasserstoffsäure sauer gemacht sind, durch eine Auflösung von schwefelsaurem Eisenoxydul fällt. Man kann es auch dann vermittelst der Oxalsäure reduciren, nur mufs dann nur wenig Chlorwasserstoffsäure hinzugesetzt, und ein Ueberschufs vermieden werden; auch mufs dann das Ganze mit vielem Wasser verdünnt werden.

Die meisten Metalloxyde, deren Metalle eine gröfsere Verwandtschaft zum Sauerstoff besitzen, werden durch diese Reagentien nicht gefällt. In den meisten Fällen ist bei solchen Trennungen die Reduction des Goldes vermittelst Oxalsäure vorzuziehen, da in der vom reducirten Golde abfiltrirten Flüssigkeit die anderen Metalle schwerer bestimmt werden können, wenn in derselben grofse Mengen von aufgelöstem Eisen enthalten sind.

Wenn das Gold vermittelst Oxalsäure von anderen Metallen aus Auflösungen getrennt ist, so mufs man nicht versäumen, nach der Reduction des Goldes noch Chlorwasserstoffsäure hinzuzufügen. Sehr viele Metalloxyde bilden nämlich mit der Oxalsäure in Wasser unlösliche oder schwerlösliche Verbindungen, welche aber in einer gehörigen Menge von Chlorwasserstoffsäure auflöslich sind. Dafs man nicht vor der Reduction die Chlorwasserstoffsäure hinzufügen mufs, ergiebt sich aus dem, was oben von der Reduction des Goldes durch Oxalsäure erwähnt ist.

In der vom reducirten Golde abfiltrirten Flüssigkeit bestimmt man nun die Substanzen, welche mit dem Golde verbunden waren, nach Methoden, die im Vorhergehenden beschrieben sind. Auf diese Weise kann man das Gold vom Kupfer, Uran, Wismuth, Cadmium, Nickel, Kobalt, Zink, Eisen und Mangan, so wie von Erden und Alkalien trennen. Diese Methode kann nicht angewandt werden, wenn Silber oder grofse Mengen von Blei vom Golde getrennt werden sollen, da deren Chlorverbindungen in sauren Auflösungen theils unlöslich, theils sehr schwerlöslich sind. Es ist auch nicht rathsam, das Gold in Auflösungen vermittelst Oxalsäure vom Platin zu trennen, obgleich letzteres durch Oxalsäure nicht wie das Gold regulinisch gefällt wird.

Man kann das Gold vollständig durch Schwefelwasserstoffgas aus einer sauren, verdünnten Auflösung fällen, und es dadurch von den Substanzen trennen, die aus der sauren Auflösung nicht durch Schwefelwasserstoffgas niedergeschlagen werden. Wenn man das Gas durch eine warme Auflösung des Goldes strömen läfst, so wird leicht der Schwefel des Schwefelgoldes zum Theil zu Schwefelsäure oxydirt, während sich metallisches Gold ausscheidet; es geht aber dadurch kein Gold in Lösung, wenn diese nicht neben der Chlorwasserstoffsäure noch Salpetersäure enthält; jedenfalls ist das Gold vollständig aus der Lösung gefällt, wenn diese einen Ueberschufs von Schwefelwasserstoff enthält. Das Schwefelgold glüht man nach dem Trocknen in einem Porcellan- oder Platintiegel, wodurch der Schwefel sich leicht verflüchtigt und das Gold zurückbleibt. Auf diese Weise kann in Auflösungen das Gold vom Nickel, Kobalt, Zink, Eisen, Mangan, von den Erden und den Alkalien getrennt werden.

Da das Gold von einfachen Säuren nicht aufgelöst wird, so kann man sich der verdünnten reinen Salpetersäure, und in manchen Fällen der Chlorwasserstoffsäure bedienen, um in Legirungen das Gold von anderen Metallen zu trennen, da die meisten derselben in Salpetersäure und einige auch in Chlorwasserstoffsäure auflöslich sind. Man darf zur Auflösung keine zu starke Salpetersäure kochend anwenden, weil sonst durch die entstehende salpetrichte Säure eine höchst geringe Spur von Gold aufgelöst werden könnte.

Es ist indessen hierbei zu berücksichtigen, dafs es mehrere Metalle giebt, wie Silber und Blei, die für sich allein, oder auch mit anderen Metallen verbunden, mit Leichtigkeit von der Salpetersäure aufgelöst, in ihren Legirungen mit Gold aber schwer von dieser Säure angegriffen werden, wenn eine beträchtliche Menge Gold mit ihnen verbunden ist, und sie nicht zu dünnen Blechen ausgewalzt sind. Es ist daher besser, eine goldhaltige Legirung, wenn sie quantitativ analysirt werden soll, und wenn sie nicht viel Silber oder Blei enthält, in Königswasser aufzulösen, aus dieser Lösung die Salpetersäure durch Abdampfen zu vertreiben, und dann das Gold zu fällen, was, wie schon oben angeführt wurde, in diesem Falle am besten durch Oxalsäure geschieht.

Besser als durch Salpetersäure kann man das Gold von den meisten Metallen in Legirungen durch Behandlung mit concentrirter Schwefelsäure, oder durch Schmelzen mit zweifach-schwefelsaurem Kali auf die Weise trennen, wie es bei der Scheidung des Platins vom Silber gezeigt ist (S. 226).

Trennung des Goldes vom Platin. — Gold und Platin können auf die Weise getrennt werden, dafs man aus der concentrirten Auflösung in Königswasser das Platin als Doppelsalz durch Chlorammonium oder Chlorkalium fällt, wie es S. 223 angeführt ist. Die entsprechenden Doppelverbindungen des Goldchlorids sind sowohl in concentrirten Lösungen von Chlorkalium oder Chlorammonium, als in ätherhaltigem Alkohol löslich. Aus der abfiltrirten Flüssigkeit wird, nachdem der gröfste Theil des Alkohols, wenn man diesen angewendet hat, durch gelindes Erwärmen vertrieben ist, das Gold vermittelst einer Auflösung von schwefelsaurem Eisenoxydul gefällt. — Auf dieselbe Weise könnte auch Iridium vom Golde getrennt werden.

Eine zweite Methode der Trennung des Goldes vom Platin ist die, dafs man die Legirung in Königswasser löst, und die Lösung mit einer frisch bereiteten Auflösung von Eisenchlorür versetzt, wodurch das Gold metallisch ausgeschieden wird, während das aufgelöste Platin dadurch nicht verändert wird. Man läfst das Ganze zwölf Stunden stehen, filtrirt darauf das Gold, und wäscht es aus. Die abfiltrirte Flüssigkeit macht man durch Chlorwasserstoffsäure stark sauer und fällt dann das Platin durch eine concentrirte Lösung von Chlorkalium oder Chlorammonium, wobei man beachten muſs, was S. 225. bei der Trennung des Platins vom Eisen angeführt ist.

Durch diese Methode der Scheidung erhält man übrigens ein sehr genaues Resultat.

Diese beiden Methoden der Trennung des Goldes und Platins sind unstreitig der vorzuziehen, nach welcher man diese Legirung mit dem Dreifachen ihres Gewichts an Silber zusammenschmelzt, und die ausgewalzte Legirung mit Salpetersäure behandelt. Mit Silber und Gold gemeinschaftlich verbunden, löst sich mit dem Silber das Platin auf, wenn seine Menge nur gering ist, wie weiter unten angeführt ist. Enthält aber das Platin zugleich kleine Mengen von Iridium und Rhodium, so bleiben auch diese ungelöst.

Es ist schon oben S. 242 bemerkt worden, daſs man nach Deville aus dem Platinerze das Gold, das darin fast immer, obgleich in sehr geringer Menge, enthalten zu sein scheint, durch Kochen mit Quecksilber ausziehen kann.

Trennung des Goldes vom Palladium. — Verbindungen von Gold und Palladium, welche in der Natur vorkommen, können durch Schmelzen mit saurem schwefelsaurem Kali zerlegt werden. Man schmelzt mit der sechs- bis achtfachen Menge des Salzes längere Zeit, indem man die verdampfte Säure nach vorhergehender Abkühlung der geschmolzenen Masse durch etwas concentrirte Schwefelsäure ein oder zwei Mal ersetzt. Die geschmolzene Masse enthält Palladiumoxydul; sie wird mit Wasser behandelt, welches das Gold ungelöst zurückläſst. Es ist anzurathen, dasselbe noch einmal mit saurem schwefelsaurem Kali zu schmelzen, um zu sehen, ob dadurch noch etwas Palladium aufgelöst wird. Aus der wässrigen Lösung fällt man zuerst durch etwas Chlorwasserstoffsäure das aufgelöste Silberoxyd als Chlorsilber, (Silber ist wohl in jeder natürlichen Legirung von Gold und Palladium, wenn auch oft nur in sehr geringer Menge, enthalten) und dann das Palladiumoxydul durch Quecksilbercyanid (S. 204). Das ungelöste Gold wird in Königswasser gelöst, und aus der Lösung durch schwefelsaures Eisenoxydul gefällt. In der vom Golde abfiltrirten Flüssigkeit können noch kleine Mengen von Platinmetallen enthalten sein, welche nicht durch Schmelzen mit saurem schwefelsaurem Kali oxydirt und aufgelöst worden sind.

Trennung des Goldes vom Silber. — Die Trennung dieser beiden Metalle, welche für technische Zwecke sehr wichtig ist, kann auf verschiedene Weise bewerkstelligt werden. Sie geschieht gewöhnlich so, daſs man die Legirung beider Metalle, nachdem man das

Verhältniſs der Bestandtheile durch das Probiren auf dem Probirsteine ungefähr ermittelt hat, mit einer genau gewogenen Menge von reinem Silber zusammenschmelzt. Die Menge des in der Legirung enthaltenen Silbers mit dem, das hinzugesetzt worden ist, muſs in der zusammengeschmolzenen Masse ungefähr 2¼- bis 3mal so viel betragen, als die des Goldes. Das Zusammenschmelzen geschieht auf der Kupelle in einem Probirofen, nachdem man noch 3- bis 4mal so viel reines Blei, als die Masse wiegt, hinzugefügt hat, weil die Hitze des Probirofens nicht hinreichend groſs ist, um das Silber mit dem Golde vollkommen zusammenzuschmelzen. Man treibt darauf das Blei ab, wendet dabei aber eine möglichst geringe Temperatur an, damit so wenig Gold wie möglich mit dem gebildeten Bleioxyd von der Masse der Kupelle eingesogen werde. Die Legirung von Gold und Silber wird darauf zu einem dünnen Bleche ausgeplattet, dann zu einer Rolle gedreht, geglüht, und nachdem sie gewogen ist, in einem Kolben mit reiner Salpetersäure vom specif. Gewicht 1,20 behandelt und mäſsig erwärmt. Es wird hierdurch nur das Silber aufgelöst, während das Gold ungelöst bleibt. Wenn die Säure nichts mehr auflöst, gieſst man sie ab, gieſst eine stärkere reine Salpetersäure vom specif. Gewicht 1,30 auf den Rückstand, kocht denselben damit, gieſst die Säure herunter, und spült den Rückstand mit destillirtem Wasser wiederholt ab, bis in dem Abspülwasser kein Niederschlag von Chlorsilber mehr entsteht, wenn etwas Chlorwasserstoffsäure hinzugefügt wird. Das rückständige Gold, das nach der Operation die Form der Rolle, welche die Legirung vor der Behandlung mit Salpetersäure hatte, behalten hat, wird vorsichtig geglüht, um ihm mehr Festigkeit zu geben, und dann gewogen. Der Silbergehalt findet sich durch den Verlust.

Bei diesen Versuchen ist es nothwendig, daſs die Menge der zu untersuchenden Legirung nur gering sei. Man muſs zur Analyse nicht mehr als ungefähr ein halbes Gramm anwenden, weil bei gröſseren Mengen das Resultat weniger genau wird.

Diese Methode, die man Scheidung durch die Quart nennt, wird nur angewandt, wenn in einer zu untersuchenden Legirung die Menge des Goldes gegen die des Silbers beträchtlich ist, weil nur in diesem Falle das Silber vom Golde durch bloſse Salpetersäure nicht getrennt werden kann. Ist hingegen in einer zu untersuchenden Legirung der Goldgehalt nur gering, beträgt er noch weniger als der dritte oder vierte Theil des Silbers, so kann, ohne Zusatz von Silber, die Legirung, nachdem sie zu einem Bleche ausgeplattet ist, auf die beschriebene Art mit reiner Salpetersäure behandelt werden.

Die Scheidung durch die Quart giebt indessen nicht vollkommen genaue Resultate. Der Zusatz von Silber ist immer so gering, daſs nach Behandlung mit Salpetersäure das Gold die Rollenform behalten

muſs. Nun kann man indessen wohl annehmen, daſs, so lange dies der Fall ist, das Gold noch einen kleinen, wenn auch oft höchst unbedeutenden Rückhalt von Silber behält. Das Gold ist nur dann rein, wenn man es mit so viel Silber legirt hatte, daſs es nach Behandlung mit Salpetersäure als Pulver zurückbleibt. Dazu gehören ungefähr 7 bis 8 Theile Silber gegen einen des Goldes. Ein solches Verfahren würde aber bei technischen Untersuchungen nicht praktisch sein.

Bei wissenschaftlichen Untersuchungen verfährt man besser auf eine andere Art, um in einer Legirung die Menge des Goldes und des Silbers zu bestimmen. Ist in einer solchen Legirung die Menge des Silbers sehr gering, beträgt sie nicht mehr als ungefähr 15 Procent, so ist es am besten, die zu einem Bleche ausgeplattete Legirung mit Königswasser längere Zeit zu erwärmen. Es wird dadurch das Gold vollständig aufgelöst, das Silber in Chlorsilber verwandelt, von welchem sich ein kleiner Theil in der starken Säure zwar auflöst, aber bei gehöriger Verdünnung mit Wasser sich vollständig ausscheidet. Das unauflösliche Chlorsilber behält die Form der zur Untersuchung angewandten Legirung. Man zertheilt es sorgfältig mit einem Glasstabe, verdünnt die Flüssigkeit mit vielem Wasser, läſst das Chlorsilber sich vollständig absetzen und filtrirt. Aus der abfiltrirten Flüssigkeit fällt man entweder das aufgelöste Gold durch ein Eisenoxydulsalz, oder man dampft sie so weit ab, bis die darin enthaltene Salpetersäure verjagt ist, und fällt darauf das Gold durch Oxalsäure, um dann noch in der vom reducirten Golde abfiltrirten Flüssigkeit die Metalle, welche mit dem Golde und Silber in der Legirung verbunden sein konnten, zu bestimmen. Es sind dies gewöhnlich nur, wenn man natürliche Legirungen analysirt, kleine Quantitäten von Kupfer und Eisen.

Diese Methode kann indessen nicht mit Vortheil angewandt werden, wenn in einer zu untersuchenden Legirung die Menge des Silbers mehr als ungefähr 15 Procent beträgt. Behandelt man eine solche Legirung selbst in fein ausgeplatteten Blechen mit Königswasser, so umhüllt das entstehende Chlorsilber den noch nicht angegriffenen Theil der Legirung so fest, daſs er ganz gegen die Einwirkung der Säure geschützt wird. In diesen Fällen muſs man sich statt des Königswassers der reinen Salpetersäure bedienen, aber die Anwendung derselben kann nur bei der Analyse von Legirungen stattfinden, deren Silbergehalt wenigstens 70 Procent beträgt. Man erwärmt die concentrirte Legirung mit Salpetersäure, und zertheilt nach Einwirkung derselben das rückständige Gold durch einen Glasstab zu einem Pulver, damit man sicher sein kann, daſs alles Silber vollständig durch die Salpetersäure aufgelöst wird, während man bei den oben beschriebenen Versuchen, die nur zu technischen Zwecken angestellt werden, das Gold in einer zusammenhängenden Rolle zu erhalten sucht, damit es schneller gewogen werden kann. Man wiederholt das Kochen mit Salpetersäure, filtrirt darauf das unaufgelöst gebliebene Gold und wäscht es gut aus. Es ist sehr anzurathen, das erhaltene Gold nach dem Wägen in Königswasser aufzulösen, um zu sehen, ob es ganz frei von jeder Spur von Silber ist, und ob man nicht nach der Verdünnung der Auflösung mit Wasser Chlorsilber erhält. Es ist dies namentlich der Fall, wenn, wie schon oben angeführt, das Gold nicht als Pulver erhalten worden war.

Zu der vom Golde abfiltrirten Flüssigkeit setzt man Chlorwasserstoffsäure, um das aufgelöste Silber als Chlorsilber zu fällen, und kann dann in der vom Chlorsilber abfiltrirten Flüssigkeit noch die anderen in der Legirung enthaltenen Metalle bestimmen. Hat man sich indessen bei der Auflösung des Goldes in Königswasser überzeugt, dafs dasselbe noch Silber enthält, so kann diese Auflösung mit der vom Golde abfiltrirten Flüssigkeit vermischt werden, wodurch das Silber als Chlorsilber gefällt wird. Man filtrirt dasselbe, reducirt aus der davon abfiltrirten Flüssigkeit das Gold, und verfährt dann überhaupt so, als wenn die Legirung mit Königswasser auf die vorher beschriebene Weise behandelt worden wäre.

Enthält eine Legirung mehr als 15 Procent, aber weniger als 70 Procent Silber, so kann bei wissenschaftlichen Untersuchungen weder die eine, noch die andere dieser Methoden angewandt werden, die nur für technische Zwecke genügende Resultate geben. Bei der Methode durch die Quart kann ein Ungeübter zu Resultaten kommen, die selbst für einen technischen Zweck bisweilen zu ungenau sind.

Wollte man eine Goldverbindung, welche ungefähr zwischen 15 bis 70 Procent Silber enthält, durch die Methode untersuchen, dafs man sie mit einer genau gewogenen Menge reinen Silbers zusammenschmelzt, und die geschmolzene Masse mit reiner Salpetersäure behandelt, so kann man nicht füglich die Legirung mit dem Silber in einem kleinen Tiegel in einem Ofen schmelzen; denn hierbei setzen sich oft sehr kleine Kügelchen der geschmolzenen Masse an die Wände des Tiegels an, welche schwer vollständig gesammelt werden können. Man kann ferner nicht die zusammengeschmolzene Legirung durch Befeilen von allen Spuren der Tiegelmasse reinigen, da es durchaus nothwendig ist, zur Analyse die ganze Masse der zusammengeschmolzenen Metalle anzuwenden, weil diese nicht in allen Theilen gleichförmig, sondern in den verschiedenen Theilen verschieden zusammengesetzt ist. Das Zusammenschmelzen kann auch nicht gut ohne Bleizusatz auf einer kleinen Kupelle in der Muffel eines Probirofens geschehen, weil dazu die Hitze desselben nicht hinreicht.

Es ist daher besser, ein leichter schmelzbares Metall als Silber anzuwenden, um die Legirung darin aufzulösen, damit sie nachher durch blofse Salpetersäure behandelt werden kann. Am besten pafst dazu reines Blei, das man sich durch Glühen des käuflichen Bleizuckers mit etwas Kohle verschaffen kann. Wenn man, nach den Versuchen meines Bruders, ungefähr drei Theile davon mit einem Theile der Legirung aus Gold und Silber in einem kleinen Porcellantiegel über der Lampe zusammenschmelzt, so erhält man eine Legirung, welche sich, ohne dafs sie zu Blech ausgeplattet zu werden braucht, durch reine Salpetersäure vollständig zerlegen läfst. Man behandelt sie mit dieser Säure, bis reines Gold zurückbleibt, das der Sicherheit wegen noch in Königswasser aufgelöst werden mufs, um bei der Auflösung zu erkennen, ob es frei von Silber ist. Aus der vom Golde abfiltrirten und sehr stark verdünnten Flüssigkeit wird durch Chlorwasserstoffsäure Chlorsilber gefällt. Geschieht diese Fällung in einer nicht hinlänglich verdünnten Auflösung, so kann mit dem Chlorsilber Chlorblei gefällt werden, welches sich zwar durch längeres Auswaschen vollständig, aber nur schwer entfernen läfst.

Hat sich bei der Auflösung des Goldes in Königswasser eine kleine Menge von Chlorsilber gebildet, so filtrirt man dies nach gehöriger Verdünnung der Flüssigkeit mit Wasser ab. Durch dasselbe Filtrum kann nachher das Chlorsilber filtrirt werden, das aus der vom Golde abfiltrirten Flüssigkeit gefällt wurde. Da die Auflösung des Goldes eine sehr kleine Menge von aufgelöstem Chlorblei enthalten kann, so ist es in diesem Falle zweckmäfsiger, das Gold, nach Verjagung der Salpetersäure, nicht durch Oxalsäure zu fällen, sondern durch eine Eisenoxydulauflösung; und da man nicht die Auflösung von schwefelsaurem Eisenoxydul dazu anwenden darf, weil sonst das reducirte Gold mit schwefelsaurem Bleioxyd verunreinigt werden könnte, so wählt man am besten zur Reduction des Goldes eine Auflösung von Eisenchlorür.

Bei Anwendung dieser Methode ist es schwer, die kleinen Mengen von Kupfer und Eisen oder anderen Metallen zu bestimmen, welche in einer in der Natur vorkommenden Legirung von Gold und Silber enthalten sein können. Um die Menge derselben genau zu finden, ist es zweckmäfsig, einen anderen Theil der Legirung nach einer anderen Methode zu analysiren, durch welche man zwar die Menge des Silbers nicht mit der gröfsten Genauigkeit, wohl aber die der übrigen Bestandtheile genau bestimmen kann. Man behandelt die zu einem sehr dünnen Bleche ausgeplattete Legirung mit Königswasser. Wenn sich eine Kruste von Chlorsilber auf dem noch nicht angegriffenen Theile der Legirung gebildet, und die Wirkung der Säure selbst bei starkem Erwärmen gänzlich aufgehört hat, giefst man die Flüssigkeit herunter, spült das rückständige Blech mit Wasser ab, und löst durch Ammoniak die darauf haftende Kruste des Chlorsilbers auf. Die ammoniakalische Auflösung giefst man zu der früheren Auflösung in Königswasser, wodurch aus ersterer, wenn sie dadurch sauer wird, das Chlorsilber sich niederschlägt; das rückständige Blech hingegen behandelt man von Neuem mit Königswasser und darauf mit Ammoniak, und wiederholt diese Behandlung so oft, bis Alles von der Legirung aufgelöst ist. Nachdem alle Flüssigkeiten vereinigt und mit Wasser verdünnt sind, wird das gebildete Chlorsilber filtrirt, nachdem man sich vorher überzeugt hat, dafs die Auflösung sauer ist. Aus der vom Chlorsilber abfiltrirten Flüssigkeit reducirt man darauf das Gold vermittelst Oxalsäure, und bestimmt in der vom Golde getrennten Auflösung die kleinen Mengen der anderen Metalle.

Diese Methode ist sehr umständlich, weshalb man sie nur anwendet, wenn in einer Legirung aufser Gold und Silber noch andere Metalle enthalten sind. Wegen der durch Vermischung der Flüssigkeiten sich bildenden Mengen von Chlorammonium und salpetersaurem Ammoniak wird das Chlorsilber nicht ganz vollständig abgeschieden, und es bleibt daher immer anzurathen, einen anderen Theil der Legirung nach der vorher beschriebenen Methode vermittelst Zusammenschmelzen mit Blei, und Behandeln der zusammengeschmolzenen Masse mit Salpetersäure zu analysiren.

Eine andere Methode der Trennung des Goldes und Silbers, welche den Vortheil hat, dafs sie jedenfalls eine Scheidung bewirkt, in welchem Verhältnifs auch beide Metalle legirt sein mögen, ist die vermittelst Schwefelsäure. Die zu einem dünnen Bleche ausgewalzte Legirung wird mit einem Ueberschusse von concentrirter reiner Schwefelsäure, am besten in einer geräumigen Platinschale so lange erhitzt, bis keine Gasentwicklung mehr stattfindet, und die Säure in dicken Dämpfen sich zu verflüchtigen anfängt. Wenn man nach dem Erkalten die saure Lösung mit Wasser verdünnt, so scheidet sich der gröfste Theil des aufgelösten schwefelsauren Silberoxyds aus, das durch mehr hinzugefügtes heifses Wasser aufgelöst werden mufs. Nachdem man die Flüssigkeit abgegossen hat, behandelt man das ungelöste Gold noch einmal mit Schwefelsäure, um den etwa noch vorhandenen Rückhalt von Silber aufzulösen, und wäscht das Gold so lange mit heifsem Wasser aus, bis das Waschwasser durch hinzugefügte Chlorwasserstoffsäure nicht mehr getrübt wird. Wenn man das Gold in Königswasser auflöst, so scheidet sich bisweilen nach der Verdünnung der Auflösung mit Wasser noch eine Spur von Chlorsilber aus, dessen Menge man bestimmt.

Aus der vom Gold abfiltrirten Flüssigkeit wird das Silber durch Chlorwasserstoffsäure gefällt.

Durch Schmelzen mit zweifach-schwefelsaurem Kali in einem geräumigen Platintiegel kann die quantitative Trennung des Goldes vom

Silber noch sicherer bewerkstelligt werden, als durch Schwefelsäure. Es ist indessen auch hierbei rathsam, besonders bei einem sehr bedeutenden Silbergehalte, das Schmelzen zu wiederholen, um alles Silber sicher aus dem ungelösten Golde zu entfernen.

Diese Wiederholung kann am besten auf die Weise stattfinden, dafs man zu der geschmolzenen Masse concentrirte Schwefelsäure hinzufügt, abdampft und dann schmelzt.

Trennung des Goldes vom Silber und Platin. — Die sicherste Trennung dieser drei Metalle ist die, dafs man die Legirung mit concentrirter Schwefelsäure in einer geräumigen Platinschale erhitzt, oder mit zweifach-schwefelsaurem Kali schmelzt, auf die Weise, wie es bei der Trennung des Silbers vom Platin und vom Golde gezeigt ist. Das aufgelöste Silber wird als Chlorsilber bestimmt. Das unaufgelöste Platin und Gold löst man in Königswasser, wobei nach Verdünnung mit Wasser eine Spur von Chlorsilber sich absondern kann. In der Auflösung trennt man das Platin vom Golde nach einer der beiden Methoden, die oben (S. 262) beschrieben sind.

In Verbindung mit Gold und Silber zeigt merkwürdiger Weise das Platin in mancher Hinsicht ein ganz anderes Verhalten, als in Verbindung mit Silber allein. Behandelt man eine Legirung der drei Metalle mit reiner starker Salpetersäure, und ist die Menge des Goldes und des Platins nicht sehr bedeutend gegen die des Silbers, so löst sich mit dem Silber alles Platin in der Säure auf, während das Gold allein ungelöst zurückbleibt. Es ist durch Versuche noch nicht ausgemittelt, wie grofs die Quantität des Platins in der Legirung sein darf, um noch in der Salpetersäure aufgelöst zu werden; sie scheint indessen nicht mehr als 10 Procent betragen zu dürfen. Die Auflösung hat übrigens die den Platinbioxydauflösungen eigenthümliche gelbbraune Farbe. Man hat vorgeschlagen, die Eigenschaft des Platins in Verbindung mit Silber sich aufzulösen, zur Trennung des Platins vom Golde zu benutzen, wie dies schon oben S. 263 angeführt ist. Man schmelzt das platinhaltige Gold mit vielem Silber zusammen, um gemeinschaftlich mit dem Silber das Platin in Salpetersäure zu lösen, während das Gold ungelöst zurückbleibt.

Die Methode der Analyse einer Legirung der drei Metalle, welche am schnellsten zum Ziele führt, könnte daher folgende sein: Man behandelt einen Theil der Legirung mit concentrirter Schwefelsäure, und wägt das ungelöste Gold und Platin. Einen anderen Theil kocht man mit starker reiner Salpetersäure und wägt das allein zurückgebliebene Gold. Auf diese Weise können aber nur Legirungen untersucht werden, die viel Silber und nur wenig Gold und Platin enthalten.

Wenn man aus der salpetersauren Auflösung des Platins und Silbers letzteres durch Chlorwasserstoffsäure als Chlorsilber fällt, so erhält man es nach dem Auswaschen platinhaltig und von gelblicher Farbe. Man kann indessen das Chlorsilber rein und von ganz weifser Farbe erhalten, wenn man nach der Fällung die über dem Chlorsilber stehende platinhaltige Flüssigkeit abgiefst, und dasselbe mit concentrirter Chlorwasserstoffsäure übergiefst und einige Zeit digeriren läfst. Die Säure nimmt Platin auf und färbt sich gelb. Man giefst sie vom Chlorsilber ab, und wiederholt die Behandlung desselben mit Chlorwasserstoffsäure, bis diese nicht mehr gefärbt wird, und das Chlorsilber ganz weifs geworden ist. Nach hinlänglicher Verdünnung der Chlorwasserstoffsäure mit Wasser sammelt man alles Chlorsilber, und erhält nun erst dasselbe so rein, dafs man das Gewicht des Silbers aus demselben bestimmen kann.

Trennung des Goldes vom Kupfer. — Die Bestimmung des Goldes in einer Legirung von Gold und Kupfer geschieht bei Untersuchungen, die mehr einen technischen als einen wissenschaftlichen Zweck haben, auf die Weise, dafs man die gewogene Legirung auf der Kupelle in einem Probirofen mit dem Drei- bis Vierfachen des Gewichts von reinem Blei zusammenschmelzt und darauf abtreibt. Das zurückbleibende Gold wird gewogen, und der Kupfergehalt der Legirung aus dem Verluste berechnet. (Auf ähnliche Weise wird durch Kupellation die Menge von anderen unedlen Metallen im Golde gefunden.)

Enthält eine zu untersuchende Legirung aufser Gold und Kupfer noch Silber, Legirungen, die häufiger ein Gegenstand der Untersuchung für technische Zwecke sind, als die, welche blofs aus Gold und Kupfer bestehen, so setzt man zu einer gewogenen Menge der Legirung, deren Goldgehalt man durch Probiren auf dem Probirstein annäherungsweise ermittelt hat, so viel einer genau gewogenen Menge von reinem Silber hinzu, dafs die Menge desselben mit dem in der Legirung enthaltenen Silber ungefähr 3- bis 4mal so viel, als die des Goldes, beträgt. Man schmelzt dies mit 3- bis 4mal so viel, als das Ganze beträgt, von reinem Blei auf der Kupelle in einem Probirofen zusammen, und treibt es darauf ab. Nachdem das Kupfer und Blei vollständig oxydirt, und die Oxyde von der Kupelle eingesogen sind, wird die rückständige Legirung von Gold und Silber gewogen, der Verlust ergiebt die Menge des Kupfers. Das Gold wird vom Silber auf die oben (S. 265) beschriebene Methode durch Salpetersäure getrennt und gewogen.

Da diese Methoden keine sehr genauen Resultate geben, sondern nur für technische Zwecke hinreichend sind, so müssen sie weniger bei wissenschaftlichen Untersuchungen angewandt werden. Wie bei diesen die Trennung des Goldes vom Kupfer, und vom Kupfer und Silber geschehen mufs, ergiebt sich aus dem Vorhergehenden (S. 265 und 268).

XXXVIII. Zinn.

Bestimmung und Abscheidung des Zinns. — Man kann das Zinn aus seinen Lösungen, die keine feuerbeständigen Bestandtheile enthalten, nur selten vollständig als Zinnoxyd auf die Weise erhalten, dafs man die Lösung abdampft, und den trocknen Rückstand beim Zutritt der Luft glüht. Ist in der Lösung neben ^{a}Zinnoxyd (Zinnsäure) Chlorwasserstoffsäure enthalten, so verflüchtigt sich mit den Dämpfen des Wassers beim Abdampfen der Lösung, wenn sie anfängt concentrirt zu werden, der gröfste Theil des Zinnoxyds als Zinnchlorid, und auch ein Zusatz von Schwefelsäure und von Salpetersäure kann die Verflüchtigung desselben nicht verhindern. Nur wenn ^{b}Zinnoxyd (Metazinnsäure) in einer Lösung enthalten ist, kann, besonders nach dem Zusetzen von Schwefelsäure, vorhandene Chlorwasserstoffsäure verflüchtigt werden, und es bleibt alles Zinn als Zinnoxyd zurück, von welchem durch Glühen alle Schwefelsäure verjagt werden kann. Enthält indessen die chlorwasserstoffsaure Auflösung des ^{b}Zinnoxyds auch Salpetersäure, so bildet sich Zinnchlorid, und je nach der Menge der anwesenden Salpetersäure verflüchtigt sich mehr oder weniger Zinnchlorid während des Abdampfens, jedoch besonders erst, wenn die Lösung sehr concentrirt geworden ist.

Uebrigens können die Zinnverbindungen, die keine feuerbeständigen Bestandtheile und keine Substanzen enthalten, die beim Erhitzen flüchtige Verbindungen mit Zinn bilden können, durch Glühen beim Zutritt der Luft in Zinnoxyd verwandelt werden. Es ist dies namentlich, wie dies weiter unten erwähnt ist, bei den Verbindungen des Zinns mit dem Schwefel der Fall.

Die beste und einfachste Methode, das Zinn, es mag als Oxydul oder als Oxyd in einer Lösung enthalten sein, zu bestimmen, ist die, es vermittelst Schwefelwasserstoffgas als Schwefelzinn zu fällen, und dies in Zinnoxyd zu verwandeln. Die Auflösung darf nicht, auch wenn sie sehr verdünnt ist, durch Abdampfen concentrirt werden, weil sich bei Gegenwart von Chlorwasserstoffsäure etwas Zinnchlorid verflüchtigen könnte. Die Fällung durch Schwefelwasserstoffgas geschieht aus saurer Lösung. Wenn man indessen aus einer alkalischen Auflösung, welche zinnsaures Alkali enthält, das Zinn durch Schwefelwasserstoffgas fällen will, so ist es nicht nöthig, so viel Chlorwasserstoffsäure hinzuzusetzen, dafs das ausgeschiedene Zinnoxyd vollständig wieder gelöst wird; man braucht nur so viel hinzuzufügen, dafs die Auflösung das Lackmuspapier stark röthet. Man leitet darauf durch die klare oder milchichte Flüssigkeit einen langsamen Strom von Schwefelwasserstoffgas, bis dieselbe darnach riecht. Das sich bildende gelbe Schwefelzinn fällt etwas langsam. Das etwa ausgeschiedene Zinnoxyd, welches in der Flüssigkeit suspendirt enthalten ist, wenn die Auflösung des zinnsauren Alkalis mit Chlorwasserstoffsäure übersättigt ist, wird ebenfalls durch Schwefelwasserstoffgas nach und nach in gelbes Schwefelzinn verwandelt. Nach der Fällung läfst man, ehe man filtrirt, das Ganze einige Zeit lose bedeckt so lange an der Luft stehen, bis es fast nicht mehr nach Schwefelwasserstoff riecht. — Hat die Lösung Zinnoxydul enthalten, so ist der durch Schwefelwasserstoff entstandene Niederschlag dunkelbraun, und er zeigt auch eine braune Farbe, wenn neben dem Oxydul auch bedeutende Mengen von Zinnoxyd in der Lösung enthalten waren. Das dem Oxydul entsprechende Schwefelzinn wird aus seinen Lösungen schneller vollständig durch Schwefelwasserstoffgas gefällt, als das gelbe Schwefelzinn, und kann filtrirt werden, wenn auch die Flüssigkeit stark nach Schwefelwasserstoff riecht.

Das erhaltene gelbe Schwefelzinn könnte man, wenn man mit Sicherheit annehmen kann, dafs nur Zinnoxyd und kein Oxydul in der Lösung enthalten war, auf einem gewogenen Filtrum filtriren, und nach gehörigem Trocknen wägen, um aus demselben die Menge des Zinnoxyds zu berechnen. Um zu sehen, ob es vielleicht eingemengten Schwefel enthält, könnte man es nach dem Wägen durch Erhitzen mit concentrirter Chlorwasserstoffsäure lösen, wobei der eingemengte Schwefel ungelöst zurückbleibt. Es ist indessen ungleich einfacher, dasselbe durch Rösten in Zinnoxyd zu verwandeln, was keine Schwierigkeiten hat. — Noch weniger kann man das braune Schwefelzinn seinem Gewichte nach bestimmen, um daraus die Menge des Zinns zu berechnen, da die Lösung des Oxyduls sehr leicht etwas Oxyd enthalten kann.

Das getrocknete Schwefelzinn nimmt man so viel als möglich vom Filtrum herunter und verbrennt das letztere in einem gewogenen Porcellantiegel. Die Asche befeuchtet man mit einigen Tropfen Salpetersäure und erhitzt bis zum Glühen. Beim Verbrennen des Filtrums bilden sich nämlich kleine Zinnkugeln, die durch blofses Glühen nur sehr schwer, durch die Salpetersäure aber leicht oxydirt werden. Hierauf bringt man sämmtliches Schwefelzinn in den Tiegel, bedeckt diesen mit einem Deckel und erhitzt einige Zeit gelinde. Das getrocknete gelbe Schwefelzinn decrepitirt oft beim Erhitzen, so dafs bei Mangel an Vorsicht, besonders wenn man den Tiegel nicht bedeckt hat, ein Verlust entstehen kann. Nachdem das Decrepitiren aufgehört hat, nimmt man den Tiegeldeckel fort und erhitzt so lange beim Zutritt der Luft gelinde, bis kein bedeutender Geruch nach schweflichter Säure mehr wahrzunehmen ist. Erhitzt man gleich anfangs zu stark, so entweicht ein weifser Rauch von Zinnoxyd, weil das gelbe Schwefelzinn bei einer gewissen Temperatur unzersetzt etwas flüchtig ist; beim Zutritt der Luft oxydiren sich die Dämpfe und bilden Zinnoxyd.

Nach dem starken Glühen des Zinnoxyds legt man ein Stückchen kohlensaures Ammoniak in den Tiegel, und erhitzt nach Verflüchtigung desselben stark beim Zutritt der Luft. Es geschieht dies, um kleine Mengen von entstandener Schwefelsäure zu verjagen. Man kann, wenn hierdurch ein kleiner Gewichtsverlust entsteht, dies noch einmal, oder so oft wiederholen, bis das Gewicht unverändert bleibt.

Das braune Schwefelzinn wird auf gleiche Weise wie das gelbe Schwefelzinn geröstet. Es verwandelt sich dadurch, wie das gelbe, vollständig in Zinnoxyd.

Wenn neben dem Schwefelzinn sich viel Schwefel ausgeschieden haben sollte, so ist dieser bei der Röstung desselben nicht nachtheilig. Man muſs nur anfangs länger eine gelinde Hitze geben, um den Schwefel zu verflüchtigen. Ein solches, mit vielem Schwefel gemengtes Schwefelzinn erhält man bei quantitativen Untersuchungen häufig, wenn dasselbe aus seinen Lösungen in alkalischen Schwefelmetallen durch eine verdünnte Säure gefällt wird.

Das Zinnoxyd kann aus seinen Auflösungen durch mehrere andere Fällungsmittel vollständig niedergeschlagen werden, doch stehen sie alle dem Schwefelwasserstoffgas nach. Das Filtrum muſs immer für sich verbrannt und die Asche mit Salpetersäure behandelt werden, aus dem beim Schwefelzinn angegebenen Grunde.

Man kann das Zinnoxyd aus seinen Auflösungen vollständig durch Ammoniak fällen. Der Niederschlag darf aber nicht mit reinem Wasser ausgewaschen werden, weil er sich in diesem auflöst, nachdem das ammoniakalische Salz ausgewaschen ist; man muſs dazu eine verdünnte Auflösung von salpetersaurem Ammoniak anwenden. Chlorammonium darf man nicht nehmen, weil dann beim Glühen Zinnchlorid entweicht.

Ein sehr gutes Fällungsmittel des Zinnoxyds aber ist die Schwefelsäure, wodurch beide Modificationen des Zinnoxyds aus ihren Auflösungen vollständig abgeschieden werden, wenn diese nur durch Wasser sehr stark verdünnt werden.

Der Niederschlag muſs erst nach längerem Stehen filtrirt werden; er läſst sich dann gut mit reinem Wasser auswaschen. Filtrirt man das Zinnoxyd ehe es sich nach längerem Stehen vollständig abgesetzt hat, so können die Theilchen des suspendirten Oxyds das Filtrum dergestalt verstopfen, daſs die Flüssigkeit nicht mehr durch die Poren des Papiers dringen kann. Bei fast keinem anderen Oxyde oder bei keinem anderen Niederschlage überhaupt finden ähnliche Schwierigkeiten statt, wie bei dem Filtriren des Zinnoxyds, wenn man dabei die Vorsicht nicht beobachtet, es sich völlig absetzen zu lassen. Enthält eine Lösung von Zinnchlorid keine freie Chlorwasserstoffsäure, so wird nach Hinzufügung von sehr vielem Wasser und von verdünnter Schwefelsäure das Zinnoxyd schnell gefällt, und setzt sich auch bald ab; es ist aber auch in diesem Falle zweckmäfsig, die klare Flüssigkeit abzugiefsen und für sich zu filtriren, und dann erst den Niederschlag auf das Filtrum zu bringen, der sich dann leicht auswaschen läfst. Enthält indessen die Zinnchloridlösung freie Chlorwasserstoffsäure, so wird zwar das Zinnoxyd nach Hinzufügung von vielem Wasser durch verdünnte Schwefelsäure vollständig gefällt, aber der Niederschlag setzt sich weit später ab, und man darf vor 12 oder 24 Stunden nicht filtriren. Wenn das Zinnoxyd in einer Lösung ist, so enthält dieselbe gewöhnlich viel Chlorwasserstoffsäure; diese Lösung mufs daher nach Verdünnung mit Wasser, und nach Fällung mit Schwefelsäure besonders lange stehen, ehe man die Fällung filtrirt oder die über dem Niederschlage stehende Flüssigkeit abgiefst. Der Niederschlag wird nach dem Trocknen geglüht, und zwar mit einem Zusatze von etwas kohlensaurem Ammoniak, wie das Zinnoxyd, welches durch Rösten des Schwefelzinns erhalten ist.

Diese Methode, das Zinnoxyd zu fällen, kann in vielen Fällen mit sehr vielem Vortheil angewandt werden, besonders wenn das Zinnoxyd von andern Oxyden getrennt werden soll, die nicht durch Schwefelsäure gefällt werden. Man hat vorgeschlagen, statt der Schwefelsäure zur Fällung des Zinnoxyds eine Lösung von schwefelsaurem Natron anzuwenden (Löwenthal). Die Fällung des Zinnoxyds wird durch dieses Salz sehr gut vollständig bewirkt, wie auch durch Lösungen anderer schwefelsaurer Salze. Es sind auch andere Salze, wie z. B. das salpetersaure Ammoniak zur Fällung des Zinnoxyds vorgeschlagen worden, aber alle diese Fällungsmittel haben keine Vortheile vor der Anwendung der verdünnten Schwefelsäure, diese hingegen kann in vielen Fällen angewandt werden, in welchen das schwefelsaure Natron keine Anwendung finden kann.

Wenn man das Zinnoxyd vermittelst der Schwefelsäure aus einer Lösung in Chlorwasserstoffsäure gefällt hat, so mufs man den Niederschlag von aller Chlorwasserstoffsäure durch Auswaschen befreit haben, weil sonst beim Glühen etwas Zinnchlorid verflüchtigt werden könnte. Wird das Waschwasser nicht benutzt, so kann dasselbe vermittelst salpetersauren Silberoxyds auf einen Chlorgehalt geprüft werden.

Man kann indessen bei der Fällung des Zinnoxyds durch Schwefelsäure zu falschen Resultaten gelangen, wenn in der Lösung gewisse Substanzen enthalten sind, welche mit dem Zinnoxyd gemeinschaftlich durch Schwefelsäure gefällt werden, und nicht durch Chlorwasserstoffsäure aus dem Niederschlage entfernt werden können. Zu diesen gehört besonders Phosphorsäure, welche in sehr bedeutender Menge sich mit dem Zinnoxyd verbinden kann. Enthält die Lösung des Zinnoxyds, aus welcher man dasselbe durch Schwefelsäure gefällt hat, sehr viel Chlorwasserstoffsäure, so ist die Menge der Phosphorsäure, welche zugleich mit dem Zinnoxyd gefällt wird. zwar etwas, aber doch nicht viel geringer, als wenn keine oder nur sehr wenig freie Chlorwasserstoffsäure vorhanden war.

Endlich kann selbst durch blofses Kochen das Zinnoxyd aus seinen Auflösungen in Chlorwasserstoffsäure gänzlich gefällt werden, wenigstens, wenn sie nicht zu viel Säure enthalten. Beide Modificationen des Oxyds werden durch Kochen gefällt. Je weniger freie Säure in der Auflösung enthalten, und mit je mehr Wasser sie verdünnt ist, um so schneller und vollständiger geschieht die Ausscheidung durch Kochen. Aber diese Methode der Ausscheidung des Zinnoxyds ist schon deshalb nicht anzurathen, weil bei längerem Kochen aus der chlorwasserstoffsauren Auflösung sich etwas Zinn als Chlorid verflüchtigen könnte.

Ist das Zinnoxyd stark geglüht, so lösen Säuren nur Spuren desselben auf. Wird indessen das geglühte Zinnoxyd in fein zertheiltem Zustande mit concentrirter Schwefelsäure, der nur wenig Wasser zugesetzt ist, so lange erhitzt, bis ein Theil der Schwefelsäure fortgeraucht ist, so löst es sich in der Säure zu einem dicken Syrup auf, der aber, wenn er mit einer hinreichenden Menge von Wasser verdünnt wird, alles aufgelöste Zinnoxyd fallen läfst. Schmelzt man das geglühte Zinnoxyd mit zweifach-schwefelsaurem Kali, so löst es sich in dem schmelzenden Salze auf; wenn man indessen die geschmolzene Masse auch nur mit wenig Wasser behandelt, so kann man keine Lösung bewirken, sondern das Zinnoxyd scheidet sich aus.

Das als Zinnstein in der Natur vorkommende Zinnoxyd wird auch in fein gepulvertem Zustande weder beim Erhitzen mit concentrirter Schwefelsäure, noch beim Schmelzen mit saurem schwefelsaurem Kali aufgeschlossen, und wird auch durch Schwefelwasserstoffwasser und Schwefelammonium nicht in Schwefelzinn verwandelt.

Um ein solches Zinnoxyd auflöslich zu machen, kann man es in einem Silbertiegel in fein gepulvertem Zustande mit einem Ueberschufs von Kali- oder Natronhydrat schmelzen. Das entstandene zinnsaure Alkali löst sich ganz in Wasser auf, und kann, wenn die Auflösung durch Chlorwasserstoffsäure sauer gemacht wird, durch Schwefelwasserstoffgas als Schwefelzinn oder durch Schwefelsäure gefällt werden. Da aber die Anwendung des Silbertiegels mit Unbequemlichkeiten verknüpft ist, so ist folgende Methode vorzuziehen:

Man mengt das fein geriebene Zinnoxyd oder den fein geschlämmten Zinnstein mit drei Theilen trockenen kohlensauren Natrons und drei Theilen Schwefel, und schmelzt das Gemenge bei gelinder Rothglühhitze in einem kleinen gut bedeckten Tiegel von Porcellan. Wenn der überschüssige Schwefel fortgedampft und der Inhalt vollkommen geschmolzen ist, läfst man den Tiegel bei aufgelegtem Deckel vollständig erkalten, und bringt ihn dann in ein Becherglas mit Wasser, wo sich der Inhalt vollständig auflösen wird, wenn das Zinnoxyd rein war. War es mit kleinen Mengen von Eisenoxyd oder anderen Oxyden verunreinigt, so bleiben diese als Schwefelmetalle (gewöhnlich von schwarzer Farbe) ungelöst, können abfiltrirt und mit Wasser, das etwas Schwefelammonium enthält, oder selbst oft mit reinem Wasser ausgewaschen werden. Aus der verdünnten filtrirten Auflösung wird das Schwefelzinn durch verdünnte Schwefelsäure gefällt. Es ist besser, in diesem Falle verdünnte Schwefelsäure als verdünnte Chlorwasserstoffsäure anzuwenden, denn wenn letztere Säure nicht vollständig ausgewaschen wird, so kann beim Rösten des Schwefelzinns sich etwas Zinnoxyd verflüchtigen. Frisch gefällt sieht das Schwefelzinn oft braunröthlich aus, so dafs man vermuthen könnte, es enthielte Schwefelantimon; nachdem es sich aber vollständig gesenkt hat, ist es von gelber Farbe. Nach dem Auswaschen wird es auf die oben beschriebene Weise geröstet.

Diese Aufschliefsung des geglühten Zinnoxyds ist mit keinen Schwierigkeiten verknüpft. Wenn man die gehörige Menge von Schwefel zum Gemenge gesetzt hat, wird durch Schmelzen die Glasur des Porcellantiegels nicht angegriffen.

Die Aufschliefsung des geglühten Zinnoxyds durch Schmelzen mit kohlensaurem Alkali bewirken zu wollen, ist zweckwidrig. Man erhält gröfstentheils fast gar nicht auflösbares Zinnoxyd, ähnlich dem geglühten Zinnoxyd.

Trennung des Zinns von anderen Metallen. — Die Trennung des Zinns von anderen Metallen, so wie die Trennung des Zinnoxyds von anderen Oxyden kann nach fünf verschiedenen Methoden bewerkstelligt werden.

Eine Legirung des Zinns mit anderen Metallen kann erstlich durch Salpetersäure zerlegt werden. Die auf irgend eine Weise zerkleinerte Legirung wird mit einer nicht zu schwachen Salpetersäure, am besten vom specifischen Gewicht 1,3 in einem geräumigen Kolben oxydirt. Je feiner zertheilt das Metall ist, desto heftiger ist die Einwirkung; es entwickeln sich dabei rothe Dämpfe von salpetrichter Säure. Nach Beendigung der heftigen Einwirkung erhitzt man den Inhalt des Kolbens so lange, bis keine Zersetzung der Säure mehr stattfindet. Versäumt man diese Vorsicht, so hat sich häufig etwas Zinn gar nicht oder nicht vollkommen oxydirt und kann dann als Oxydul aufgelöst werden. Die Auflösung und das Ungelöste haben in diesem Falle oft eine gelbliche Farbe. Nachdem alles Zinn oxydirt ist, spült man den Inhalt des Kolbens in eine Porcellanschale, und dampft in derselben das Ganze auf einem Wasserbade so weit ab, bis die Salpetersäure fast völlig verjagt ist; dann fügt man etwas Wasser hinzu, bringt das Zinnoxyd auf ein Filtrum, und wäscht es auf demselben aus, und zwar so lange, bis das Waschwasser das Lackmuspapier fast nicht mehr röthet. Würde man die Oxydation des Zinns nicht in dem Kolben, sondern gleich in der Porcellanschale ausführen, so würde man durch Spritzen, das bei der heftigen Einwirkung nicht zu vermeiden ist, einen Verlust erleiden können.

Nach dem Auswaschen wird das Oxyd getrocknet, so viel als möglich vom Filtrum heruntergenommen und nach dem Verbrennen des Filtrums und Behandeln der Filterasche mit Salpetersäure (S. 272), stark geglüht und gewogen. Das Glühen kann zwar in einem Platintiegel beim Zutritt der Luft geschehen; es ist aber immer besser, dazu einen Porcellantiegel anzuwenden.

Die vom Zinnoxyd abfiltrirte Flüssigkeit enthält die Metalle, welche mit dem Zinn verbunden waren, wenn dieselben in Salpetersäure auflöslich sind.

Diese Methode ist die gewöhnliche, deren man sich bei der Analyse der Legirungen des Zinns bedient. Sie giebt in sehr vielen Fällen Resultate, die genau sind, kann aber in manchen Fällen auch ungenaue Resultate geben. So wird namentlich eine gewisse Menge von Phosphorsäure, ungefähr 5 bis 6 Procent, von dem Zinnoxyd zurückgehalten, und kann auch nicht durch Auswaschen mit Salpetersäure davon getrennt werden.

Man muſs deshalb nie versäumen, das erhaltene Zinnoxyd auf seine Reinheit zu untersuchen. Zu diesem Zwecke löst man es am besten durch Schmelzen mit einem Gemenge von kohlensaurem Natron und Schwefel auf (S. 275).

Soll eine oxydirte Verbindung auf diese Weise zerlegt werden, so muſs sie vorher, wenn es angeht, durch Wasserstoffgas in einem kleinen Porcellantiegel reducirt werden. Unterläſst man die Reduction durch Wasserstoffgas, so kann nach der Behandlung mit Salpetersäure ein sehr unreines Zinnoxyd zurückbleiben.

Die zweite Methode ist die, daſs man die Legirung mit Salpetersäure zuerst in einem Kolben und dann in einer Porcellanschale auf dieselbe Weise wie nach der ersten Methode behandelt. Nachdem man aber den gröſsten Theil der freien Salpetersäure in der Porcellanschale abgedampft hat, befeuchtet man die Masse mit nicht zu schwacher Chlorwasserstoffsäure. Man läſst dieselbe eine viertel oder eine halbe Stunde bei gewöhnlicher Temperatur oder bei ganz gelinder Wärme damit in Berührung. Wendet man aber eine schwächere Chlorwasserstoffsäure an, so muſs das Zinnoxyd mit derselben gekocht werden. Durch darauf hinzugefügtes Wasser löst sich alles auf; ist dies nicht der Fall, so war das Zinnoxyd nicht gleichförmig und vollkommen mit der Chlorwasserstoffsäure befeuchtet. Aus der Lösung fällt man das Zinnoxyd durch verdünnte Schwefelsäure. Je mehr die Lösung Chlorwasserstoffsäure enthält, um so mehr muſs man sie mit Wasser verdünnen, ehe man sie mit Schwefelsäure versetzt, und um so länger muſs man das Ganze stehen lassen, ehe man den Niederschlag auf das Filtrum bringt. In der vom Zinnoxyd abfiltrirten Flüssigkeit sind die mit dem Zinnoxyd verbunden gewesenen Metalle als schwefelsaure Oxyde enthalten.

Die dritte Methode der Trennung des Zinns von anderen Metallen besteht darin, daſs man die Legirung entweder in Königswasser auflöst, oder sie erst mit Salpetersäure behandelt, darauf die oxydirte Masse mit Chlorwasserstoffsäure, wie es so eben erwähnt ist, befeuchtet, und endlich durch hinzugefügtes Wasser das Ganze löst. Durch die Lösung leitet man einen Strom von Schwefelwasserstoffgas, und fällt das Zinn als Schwefelzinn, das man durch vorsichtiges Rösten in Zinnoxyd verwandelt. In der vom Schwefelzinn abfiltrirten Flüssigkeit bestimmt man die Metalle, welche in der Lösung durch Schwefelwasserstoffgas nicht gefällt sind. — Ist das Zinnoxyd in einer oxydirten Verbindung von andern Oxyden zu trennen, so sucht man diese Verbindung zu lösen, sei es durch Chlorwasserstoffsäure, Königswasser, oder in anderen Säuren. Da dies indessen in den meisten Fällen nicht möglich ist, so werden diese Verbindungen am besten nach der vierten Methode untersucht.

Nach der vierten Methode zersetzt man die Verbindungen des Zinns durch Schmelzen mit 6 Theilen eines Gemenges von gleichen Theilen kohlensauren Natrons und Schwefel. Das Schmelzen geschieht, wie dies schon oben (S. 275) erwähnt ist, in einem kleinen Porcellantiegel. Durch den Ueberschuſs des Schwefels wird durch dieses Schmelzen der Porcellantiegel nicht angegriffen.

Nach dem vollständigen Erkalten legt man den Tiegel in ein Glas mit Wasser und läſst die geschmolzene Masse aufweichen. Die meisten anderen Schwefelmetalle bleiben in der Lösung des Schwefelnatriums ungelöst, während das Schwefelzinn sich darin auflöst. Man filtrirt die gelb gefärbte Flüssigkeit (durch eine kleine Spur von suspendirtem Schwefeleisen ist sie grün) von den ungelösten Schwefelmetallen, die in den meisten Fällen von schwarzer Farbe sind, ab und verfährt so, wie es bei dem Aufschlieſsen des Zinnsteins (S. 275) angegeben ist.

Die ungelösten Schwefelmetalle werden ihrer Menge nach nach Methoden bestimmt, welche im Vorhergehenden angegeben sind.

Nach dieser Methode können mit vielem Vortheil namentlich die oxydirten Verbindungen, welche Zinn enthalten, untersucht werden. Sie sind gewöhnlich nicht in Säuren löslich, und schwer durch sie zersetzbar. Aber auch die Legirungen des Zinns können besonders

in zerkleinertem Zustande vollständig durch Schmelzen mit kohlensaurem Natron und Schwefel in Schwefelmetalle verwandelt werden, und das Schwefelzinn löst sich dann im Schwefelnatrium auf. Läfst sich eine Legirung nicht zerkleinern, so kann man sie erst durch Salpetersäure oxydiren, zur Trockne eindampfen, den gröfsten Theil der Salpetersäure durch etwas stärkeres Erhitzen verjagen und dann den Rückstand mit dem Gemenge von kohlensaurem Natron und Schwefel schmelzen.

Eine Abänderung dieser Methode ist die, dafs man sich statt des Schwefelnatriums des Schwefelammoniums bedient, um die Oxyde des Zinns aufzulösen. Sind diese namentlich in nicht zu verdünnten Lösungen mit anderen Oxyden enthalten, so wird nach dem Uebersättigen mit Ammoniak Schwefelammonium hinzugefügt. Wenn das Zinn als Oxydul vorhanden ist, so ist es vortheilhaft, ein Schwefelammonium von gelber Farbe anzuwenden oder selbst etwas fein gepulverten Schwefel hinzuzufügen. Nach dem Zusatze von Schwefelammonium und von Schwefel erwärmt man das Ganze gelinde, am besten in einem Kolben, der mit einem Korke verschlossen werden kann, um die Lösung des Schwefelzinns im Ueberschusse des Schwefelammoniums zu befördern. Hierbei ist jedoch zu bemerken, dafs bei Anwendung von Schwefelammonium sehr oft eine nicht unbedeutende Menge Zinn mit den ungelösten Schwefelmetallen zurückbleibt, weshalb das Schmelzen mit kohlensaurem Natron und Schwefel vorzuziehen ist.

Durch Schwefelnatrium und durch Schwefelammonium trennt man die Oxyde des Zinns von fast allen Oxyden, von deren quantitativer Bestimmung im Vorhergehenden die Rede gewesen ist.

Die fünfte Methode endlich, um Zinn in Legirungen von anderen Metallen zu trennen, beruht darauf, dafs man die Metalle durch Ueberleiten von getrocknetem Chlorgas sämmtlich in Chlormetalle verwandelt, und das flüchtige Zinnchlorid von den nicht flüchtigen Chloriden durch Destillation trennt.

Man wendet dazu den später bei der Analyse der Schwefelmetalle durch Chlorgas beschriebenen Apparat an und erhitzt die zerkleinerte Legirung nicht früher, als bis der ganze Apparat mit Chlorgas gefüllt ist.

Bei gelindem Erhitzen destillirt leicht flüchtiges, flüssiges Zinnchlorid über, das im Wasser der Vorlage aufgelöst wird. Sind in der Legirung kleine Mengen von Wismuth und Antimon enthalten, so werden auch die Chloride dieser Metalle mit dem Zinnchlorid überdestillirt. In der Glaskugel bleiben die Chlorverbindungen der Metalle zurück, die minder flüchtig als das Zinnchlorid sind.

Es mufs hier noch im Allgemeinen bemerkt werden, dafs wenn das Zinnoxyd verbunden mit Metalloxyden vorkommt, welche bei erhöhter Temperatur durch Wasserstoffgas reducirbar sind, und diese

Verbindungen schwer oder gar nicht in Chlorwasserstoffsäure löslich und auch nicht vollkommen durch concentrirte Schwefelsäure zersetzbar sind, man eine solche Verbindung durch Wasserstoffgas reduciren kann, wodurch sie in eine Legirung verwandelt wird, welche durch Salpetersäure oxydirt, oder in Königswasser aufgelöst werden kann.

Trennung des Zinns vom Gold (und vom Platin). — Dieselbe würde sehr gut durch Chlorgas, nach der so eben beschriebenen fünften Methode zu bewerkstelligen sein. Bei einem Ueberschuſs von Zinn kann die Trennung auch auf die Weise geschehen, daſs man die zertheilte Legirung mit nur etwas verdünnter Schwefelsäure kocht, zu welcher man vorsichtig Chlorwasserstoffsäure gesetzt hat. Beim Erhitzen löst sich das Zinn in der Chlorwasserstoffsäure zu Zinnchlorür auf; man erhitzt so lange, bis die Schwefelsäure anfängt sich stark zu verflüchtigen; es wird dadurch Zinnoxyd gebildet, das sich in der concentrirten Schwefelsäure auflöst, während das Gold feinzertheilt ungelöst zurückbleibt. Mischt man das Ganze mit vielem Wasser, so schlägt sich das Zinnoxyd vollständig nieder, aber gemengt mit sehr fein zertheiltem Golde, damit eine purpurrothe Fällung bildend. Erwärmt man diesen Niederschlag mit concentrirter Chlorwasserstoffsäure, so löst sich das Zinnoxyd bei Zusatz von Wasser auf, und das Gold bleibt rein zurück.

Eine Legirung, welche aber sehr viel Gold enthält, wird von concentrirter Schwefelsäure, auch bei einem Zusatze von Chlorwasserstoffsäure, nicht angegriffen. Man muſs sie in Königswasser lösen. Aus der Lösung kann nach Verdünnung mit vielem Wasser das Zinnoxyd durch Schwefelsäure gefällt werden; aus der vom Zinnoxyd abfiltrirten Flüssigkeit fällt man das aufgelöste Gold am besten durch schwefelsaures Eisenoxydul.

Diese Art der Trennung giebt gute Resultate. Auf eine ähnliche Weise würde das Zinn auch vom Platin getrennt werden können.

Trennung des Zinns vom Quecksilber. — Aus der Legirung beider Metalle kann das Quecksilber durch erhöhte Temperatur verflüchtigt werden. Es ist in diesem Falle am besten, das Amalgam in eine Kugelröhre zu legen, und durch dieselbe bei schwacher Rothglühhitze einen langsamen Strom von Wasserstoffgas zu leiten. Das sich verflüchtigende Quecksilber sammelt man unter Wasser (S. 188).

Man kann auch das Amalgam in einem Kolben in Königswasser lösen, die Lösung mit Ammoniak übersättigen, und dann Schwefelammonium hinzufügen. Den Kolben erwärmt man sehr mäſsig, damit das Schwefelzinn sich vollständig löse, verschlieſst ihn dann mit einem Korke, läſst ihn einige Zeit hindurch stehen, und filtrirt das ungelöste Schwefelquecksilber, das man mit Wasser auswäscht, zu welchem etwas Schwefelammonium hinzugefügt ist. Man muſs das Schwefelquecksilber auf einem gewogenen Filtrum bei 100° trocknen, um aus dem Gewichte desselben das des Quecksilbers zu bestimmen. Sollte man befürchten, daſs es etwas Schwefel gemengt enthalte, so kann man es entweder auf dem Filtrum einige Mal mit Schwefelkohlenstoff übergieſsen, und untersuchen, ob derselbe beim freiwilligen Verdampfen etwas Schwefel hinterläſst, oder man kann auch aus dem Schwefelquecksilber das Quecksilber durch Destillation abtreiben.

Aus der Lösung des Zinns in Schwefelammonium wird dasselbe durch verdünnte Schwefelsäure gefällt.

Diese Methode der Trennung, bei welcher man beide Metalle bestimmt, ist der vorzuziehen, aus der Auflösung des Amalgams in Königswasser das Quecksilber durch Zinnchlorür als metallisches Quecksilber zu fällen. Es ist aber schon oben S. 184 erörtert, mit welchen Schwierigkeiten es verknüpft ist, das Quecksilber als Metall durch Zinnchlorür aus einer Lösung zu fällen, welche Salpetersäure enthält.

Trennung des Zinns vom Silber. — Wenn beide Metalle in einer Lösung enthalten sind, so kann man das Silber nicht durch Chlorwasserstoffsäure trennen, weil mit dem Chlorsilber immer Zinnoxyd fallen würde.

In Lösungen können die beiden Metalle durch Ammoniak und Schwefelammonium geschieden werden. Ist die Verbindung indessen fest, so ist es wohl am besten, dieselbe mit kohlensaurem Natron und Schwefel zu schmelzen. Nach der Behandlung der geschmolzenen Masse mit Wasser, kann man das ungelöste Schwefelsilber auf einem gewogenen Filtrum trocknen, und seiner Menge nach bestimmen. Der Sicherheit wegen kann man es in einem kleinen Porcellantiegel durch Wasserstoffgas in metallisches Silber verwandeln (S. 196). Eine Legirung beider Metalle würde wohl am besten durch Salpetersäure auf die (S. 276) angegebene Weise zerlegt werden. Nachdem die freie Salpetersäure fast gänzlich verraucht ist, fügt man Wasser hinzu, und filtrirt die Lösung des salpetersauren Silberoxyds vom Zinnoxyd ab. Das Silber fällt man mit Chlorwasserstoffsäure.

Trennung des Zinns vom Kupfer. — Allgemein geschieht diese Trennung durch Salpetersäure auf die oben beschriebene Weise. Man dampft die durch Salpetersäure oxydirte Masse in der Porcellanschale im Wasserbade ab, und erhitzt so stark, daſs sie durch ausgeschiedenes Kupferoxyd anfängt etwas schwarz zu werden. Man befeuchtet sie dann mit Salpetersäure, und wenn die schwarze Farbe dadurch verschwunden ist, trennt man durch Wasser das salpetersaure Kupferoxyd vom Zinnoxyd.

Man erhält auf diese Weise genau die berechnete Menge des

Zinnoxyds. Dasselbe enthält aber immer eine geringe Menge von Kupferoxyd, welche schon durch das Löthrohr nachgewiesen werden kann.

Wenn man aber nach der S. 277 beschriebenen Methode die Legirung vermittelst Salpetersäure oxydirt, abdampft, mit concentrirter Chlorwasserstoffsäure befeuchtet, das Ganze darauf in Wasser löst, und das Zinnoxyd durch Schwefelsäure fällt, so wird nach dem Auswaschen das Zinnoxyd vollkommen rein von Kupferoxyd erhalten, das seiner ganzen Menge nach in der vom Zinnoxyd abfiltrirten Flüssigkeit enthalten ist.

Zinnoxyd und Kupferoxyd lassen sich nicht aus ihrer Lösung durch Rhodankalium trennen. Bei Gegenwart von Zinnoxyd fällt aus einer verdünnten Lösung das Kupfer, auch nach längerer Zeit, nicht als Kupferrhodanür; es wird vielmehr oft das Zinnoxyd dadurch gefällt.

Legirungen von Zinn und Kupfer, auch wenn man sie im möglichst zertheilten Zustand anwendet, so wie Verbindungen der Oxyde beider Metalle können nicht mit Genauigkeit durch Schmelzen mit einem Gemenge von Schwefel und kohlensaurem Natron zerlegt werden. Mit dem Schwefelzinn löst sich aus der geschmolzenen Masse eine, wiewohl sehr geringe, Menge von Schwefelkupfer in der wässrigen Lösung des Schwefelnatriums auf.

Dagegen können Legirungen von Zinn und Kupfer durch Chlorgas zerlegt werden. Nach der Verflüchtigung des Zinns als Chlorid bleibt in der Glaskugel eine Mengung von Kupferchlorür und von Kupferchlorid zurück. Sollte dieselbe auch Spuren von Zinnoxyd enthalten, so findet man diese, wenn man den Inhalt der Glaskugel in sehr verdünnter Salpetersäure gelöst, und das Kupferoxyd kochend durch Kalihydrat gefällt hat, in der vom Kupferoxyd getrennten Flüssigkeit; man übersättigt diese durch sehr verdünnte Schwefelsäure; es fällt dadurch schon das Zinnoxyd; besser aber ist es durch Schwefelwasserstoffwasser diese Spur von Zinnoxyd in Schwefelzinn zu verwandeln.

Trennung des Zinns vom Uran. — Die Trennung wird sich am besten in saurer Lösung durch Schwefelwasserstoffgas oder durch Schmelzen der festen Substanz mit einem Gemenge von kohlensaurem Natron und Schwefel ausführen lassen. Man könnte auch die Verbindung in Wasserstoffgas glühen und das metallische Zinn durch Auflösen in Chlorwasserstoffsäure vom Uranoxydul trennen.

Trennung des Zinns vom Wismuth. — Wird eine Legirung beider Metalle mit Salpetersäure auf die oben S. 276 erörterte Weise behandelt, so bleibt eine bedeutende Menge von Wismuthoxyd im Zinnoxyd, damit eine röthlich gelbe Verbindung bildend, die nicht in Salpetersäure, wohl aber in Chlorwasserstoffsäure löslich ist.

Am zweckmäßigsten ist es wohl, die Trennung durch Schmelzen

der Substanz mit einem Gemenge von kohlensaurem Natron und Schwefel zu bewerkstelligen. Sind die Metalle in Lösung, so wird sich die Trennung durch Schwefelammonium ausführen lassen.

Trennung des Zinns vom Blei. — Die Trennung beider Metalle kann durch Salpetersäure auf die S. 276 angegebene Weise bewirkt werden; es ist indessen nicht gut möglich, das Zinnoxyd frei von Spuren von Bleioxyd zu erhalten. Die Scheidung durch Schmelzen mit kohlensaurem Natron und Schwefel oder durch Schwefelammonium ist daher vorzuziehen.

In oxydirten Verbindungen, wenn sie durch Säuren, namentlich in Chlorwasserstoffsäure löslich sind, kann die Trennung durch Ammoniak und Schwefelammonium bewerkstelligt werden.

Die Legirung beider Metalle wird ebenfalls am besten in zerkleinertem Zustande durch Schmelzen mit einer Mengung von Schwefel und kohlensaurem Natron zerlegt. Auf dieselbe Weise werden auch am besten die Legirungen aus Zinn, Blei und Wismuth behandelt, welche als leichtflüssige Metallgemische häufig angewandt werden. Die geschmolzene Masse wird mit Wasser behandelt, das ungelöste Schwefelwismuth und Schwefelblei werden entweder mit Chlorwasserstoffsäure behandelt, um sie in Chlormetalle zu verwandeln, welche man durch Alkohol trennen kann (S. 165). Es ist indessen besser, die Oxyde durch Schwefelsäure und Alkohol von einander zu scheiden, wie dies auch oben erwähnt ist. Oder man behandelt die Schwefelmetalle mit starker Salpetersäure, fügt etwas Chlorwasserstoffsäure und Schwefelsäure hinzu, darauf Alkohol, und bestimmt das Blei als schwefelsaures Bleioxyd und das Wismuth als basisches Chlorwismuth.

Dieser Gang der Untersuchung ist vortheilhafter, als der, die Legirung durch Salpetersäure zu oxydiren, und das Zinnoxyd durch Ammoniak und Schwefelammonium vom Wismuth und Bleioxyd zu trennen.

Trennung des Zinns vom Zink. — Die Trennung geschieht durch Salpetersäure auf die S. 276 erörterte Weise. Wie starke Basen überhaupt kann auch das Zinkoxyd auf diese Weise vom Zinnoxyd sehr annähernd genau geschieden werden.

Eben so gut, und vielleicht noch besser geschieht die Trennung nach der Oxydation der Legirung vermittelst Salpetersäure und Befeuchtung mit starker Chlorwasserstoffsäure, durch Fällung des Zinnoxyds aus der wässrigen Lösung durch verdünnte Schwefelsäure.

Die Legirungen, welche aus Zinn und Kupfer mit geringeren Mengen von Blei und Zink bestehen, können am zweckmäfsigsten durch Oxydation mit Salpetersäure zerlegt werden. In der vom Zinnoxyd abfiltrirten Flüssigkeit fällt man zuerst das Bleioxyd vermittelst verdünnter Schwefelsäure mit einem Zusatze von Alkohol (S. 155); darauf nach Verjagung des Alkohols das Kupferoxyd aus der getrennten

Flüssigkeit, welche nicht zu wenig freie Säure enthalten mufs, durch Schwefelwasserstoffgas und endlich nach Neutralisation mit Ammoniak das Zinnoxyd durch Schwefelammonium. Das erhaltene Zinnoxyd mufs durch Schmelzen mit kohlensaurem Natron und Schwefel auf seine Reinheit untersucht werden.

Die Trennung des Zinns vom Zink kann in Lösungen auch vermittelst des Schwefelwasserstoffgases bewirkt werden, nur mufs die Lösung nicht zu wenig freie Säure enthalten, damit nicht mit dem Schwefelzinn noch etwas Schwefelzink gefällt wird.

Trennung des Zinns vom Eisen. — Die Scheidung beider kann nicht durch Salpetersäure bewerkstelligt werden auf die oben S. 276 beschriebene Weise. Werden beide Metalle gemeinschaftlich oxydirt, so löst sich merkwürdiger Weise das Zinnoxyd gemeinschaftlich mit dem Eisenoxyd vollständig in Wasser auf. Wird in dieser Lösung nach Zusetzen von vielem Wasser das Zinnoxyd durch Schwefelsäure gefällt, so fällt dasselbe nicht von rein weifser, sondern von gelblicher Farbe nieder, und enthält viel Eisenoxyd. Ebenso wird das Zinnoxyd mit viel Eisenoxyd verbunden niederschlagen, wenn die beiden Metalle als Chloride in einer sehr verdünnten Lösung enthalten sind, und diese mit Schwefelsäure versetzt wird.

Die Trennung beider Oxyde gelingt nur gut, wenn die Lösung derselben mit Schwefelwasserstoffgas behandelt wird. Es fällt dann nur Schwefelzinn, gemengt mit Schwefel nieder, während das Eisen als Oxydul aufgelöst bleibt.

Wird eine Verbindung von Zinn und Eisen mit einem Gemenge von gleichen Theilen von kohlensaurem Natron und von Schwefel geschmolzen, so werden beide Metalle leicht in Schwefelverbindungen verwandelt. Beim Behandeln der geschmolzenen Masse mit Wasser bleibt zwar das Schwefeleisen ungelöst, während das Schwefelzinn sich in der Lösung des Schwefelnatriums auflöst; ein Theil vom Schwefeleisen indessen löst sich förmlich gemeinschaftlich mit dem Schwefelzinn im Schwefelnatrium auf, und theilt der Lösung desselben eine grüne Farbe mit. Aus dieser Lösung setzt sich weder durch Erwärmen noch durch langes Stehen das Schwefeleisen ab.

Besser als durch Schmelzen mit kohlensaurem Natron und Schwefel gelingt die Trennung des Zinns vom Eisen auf die Weise, dafs man aus der Lösung beider Metalle das Zinn durch Schwefelwasserstoffgas fällt, oder dafs man die Substanz durch Salpetersäure oxydirt, die freie Salpetersäure gröfstentheils aber lange nicht vollkommen durch Abdampfen verjagt, und dann das Zinn nach Uebersättigung mit Ammoniak durch Erwärmen mit Schwefelammonium auflöst. Das ungelöst bleibende Schwefeleisen wird abfiltrirt, und mit Wasser ausgewaschen, zu welchem man Schwefelammonium hinzugefügt hat.

Trennung des Zinns vom Mangan. — Sollten beide als Legirung der Analyse unterworfen werden, was gewifs selten vorkommt, so kann die Trennung nicht durch Salpetersäure bewerkstelligt werden. Das Zinnoxyd bleibt dabei von brauner Farbe, und mit Manganoxyd verbunden, zurück.

Die Trennung der Oxyde beider Metalle gelingt aber sehr gut, wenn man aus der Lösung durch verdünnte Schwefelsäure das Zinnoxyd fällt. Dasselbe scheidet sich vollkommen manganfrei aus, und in der filtrirten Flüssigkeit ist die ganze Menge des Mangans enthalten. Statt durch Schwefelsäure kann das Zinn auch durch Schwefelwasserstoffgas gefällt werden. Weniger gut ist die Trennung vermittelst Ammoniak und Schwefelammonium, schon deshalb, weil das Schwefelmangan sich erst sehr spät vollständig absetzt, und sich nicht gut filtriren und auswaschen läfst.

Trennung des Zinnoxyds von der Thonerde. — Sie geschieht unstreitig am zweckmäfsigsten, indem man durch die Lösung in Chlorwasserstoffsäure oder in Königswasser Schwefelwasserstoffgas leitet, um das Zinnoxyd als Schwefelzinn abzuscheiden.

Auf dieselbe Weise kann das Zinnoxyd auch von den anderen Erden getrennt werden.

Trennung des Zinnoxyds von der Magnesia. — Die Trennung geschieht in Lösungen vermittelst Schwefelwasserstoffgas, wie die Trennung der anderen Erden vom Zinnoxyd oder auch durch verdünnte Schwefelsäure. In der zinnsauren Magnesia kann indessen auch auf eine andere Weise der Gehalt an Magnesia bestimmt werden. Man mengt die Verbindung mit ungefähr der fünffachen Menge von reinem, gepulvertem Chlorammonium und glüht das Gemenge in einem Porcellantiegel, bis alles Chlorammonium vollständig verflüchtigt ist. Schon durch einmaliges Glühen mit Chlorammonium ist das Zinnoxyd mit dem Chlorammonium fast gänzlich verflüchtigt worden. Der Rückstand besteht aus einer Mengung von Magnesia und von Chlormagnesium, und enthält noch eine Spur von Zinnoxyd, welche aber durch eine nochmalige Behandlung mit Chlorammonium vollständig verflüchtigt werden kann. Man bestimmt in dem Rückstand die Menge der Magnesia, indem man ihn in einer Säure auflöst und die Magnesia als phosphorsaure Ammoniak-Magnesia fällt.

Trennung des Zinnoxyds von der Kalkerde. — Sie kann in Lösungen am besten durch Schwefelwasserstoffgas bewirkt werden.

Wird zinnsaure Kalkerde, oder eine Mengung von Zinnoxyd und Kalkerde mit der fünffachen Menge von Chlorammonium in einem Porcellantiegel geglüht, so wird schon durch ein einmaliges Glühen fast alles Zinnoxyd verflüchtigt, und es bleiben im Chlorcalcium nur Spuren davon zurück, die gewifs bei einer zweiten Behandlung mit

Chlorammonium sich ganz vollständig verflüchtigen würden. Es wird aber bei dieser Operation die Glasur des Porcellantiegels sehr stark angegriffen.

Trennung des Zinnoxyds von der Strontianerde und der Baryterde. — Sie geschieht unstreitig in Lösungen am besten durch Schwefelwasserstoffgas. In festen Verbindungen würde man durch Glühen mit Chlorammonium die alkalischen Erden als Chlorverbindungen erhalten und mit Genauigkeit bestimmen können.

Trennung des Zinnoxyds von den Alkalien. — In den Lösungen der zinnsauren Alkalien kann man das Zinnoxyd durch Schwefelsäure fällen, und in der abfiltrirten Flüssigkeit das Alkali als schwefelsaures Salz bestimmen.

Eben so kann aus der durch Chlorwasserstoffsäure sauer gemachten Lösung das Zinn durch Schwefelwasserstoffgas als Schwefelzinn gefällt werden; in der abfiltrirten Flüssigkeit erhält man das Alkali durch Abdampfen als alkalisches Chlormetall.

Man kann ferner aus der Lösung des zinnsauren Alkalis durch eine Lösung von salpetersaurem Quecksilberoxydul das Zinnoxyd als zinnsaures Quecksilberoxydul fällen, das mit einer verdünnten Lösung von salpetersaurem Quecksilberoxydul ausgewaschen werden muſs. Nach dem Trocknen wird es durch starkes Glühen in Zinnoxyd verwandelt, dessen Gewicht man bestimmt. Aus der vom zinnsauren Quecksilberoxydul abfiltrirten Flüssigkeit kann zuerst das Quecksilber gröſstentheils durch verdünnte Chlorwasserstoffsäure oder vollständig durch Schwefelwasserstoffgas entfernt werden. Man dampft die abfiltrirte Flüssigkeit ab, und fügt, wenn man das Quecksilberoxydul durch Schwefelwasserstoff entfernt hat, Schwefelsäure hinzu. Durch Glühen der abgedampften Masse erhält man das Alkali als schwefelsaures Salz.

Eine sehr zweckmäſsige Methode die Menge des Alkalis in den zinnsauren Alkalien zu bestimmen, ist, sie mit Chlorammonium zu glühen; es kann dabei freilich das Zinnoxyd nur aus dem Verluste gefunden werden. Man mengt die ungeglühte oder auch die nicht stark geglühte und darauf fein zerriebene und gewogene Verbindung mit ungefähr dem Fünffachen des Gewichts an reinem gepulvertem Chlorammonium in einem kleinen Tiegel von Porcellan. Auf den Tiegel kann man einen kleinen concaven Deckel von Platin setzen, und auf die concave Oberfläche etwas Chlorammonium legen. Man glüht den Tiegel, mengt nach dem Erkalten den Rückstand mit einer neuen Menge von Chlorammonium, glüht wieder und wiederholt diese Operation so lange, bis der Tiegel nach dem Erkalten nicht mehr an Gewicht abnimmt. Wenn man die Verbindung ungefähr dreimal mit Chlorammonium behandelt hat, entsteht gewöhnlich durch fernere Behandlung damit kein neuer Gewichtsverlust und alles Zinnoxyd ist als Zinnchlorid vollständig entwichen; die Verflüchtigung des Zinns erfolgt bei den zinnsauren Alkalien etwas schwieriger als bei den Verbindungen des Zinnoxyds mit den alkalischen Erden. Das Alkali ist als Chlormetall zurückgeblieben und kann seiner Menge nach sehr genau bestimmt werden. Gewöhnlich ist es in dem Porcellantiegel nicht einmal in geschmolzenem Zustande zurückgeblieben, und es ist anzurathen, es nach der Verflüchtigung des Chlorammoniums nicht bis zum Schmelzen zu erhitzen, um eine Verflüchtigung von geringen Mengen des alkalischen Chlormetalls zu vermeiden. Bisweilen, wenn ein Zutritt der Luft stattfindet, ist der Deckel mit einem dünnen Anfluge von Zinnoxyd bedeckt. Man vermeidet dies, wenn man auf denselben etwas Chlorammonium legt, und ist es geschehen, so kann man diesen Anflug durch Glühen mit Chlorammonium leicht entfernen. Wenn die zinnsaure Verbindung Wasser enthält, so besteht der Verlust in Zinnoxyd und in Wasser.

Es gelingt nicht, die zinnsauren Alkalien auf die Weise zu zerlegen, dafs man sie bei erhöhter Temperatur mit Wasserstoffgas behandelt. Das Zinnoxyd wird nur gröfstentheils dadurch zu Metall reducirt, während sich das Alkali in Hydrat verwandelt. Es bildet sich hierbei aber (wenn zinnsaures Kali angewandt wird), etwas Zinnkalium (?) das sich in Wasser mit blutrother Farbe auflöst. Dasselbe oxydirt sich in der Lösung an der Luft, und läfst Zinnoxyd fallen.

Bestimmung der Mengen von Zinnoxydul und Zinnoxyd, wenn beide zusammen vorkommen. — Es ist sehr schwer, die Mengen von Oxydul und von Oxyd des Zinns in einer Verbindung oder in einer Lösung anders, als auf maafsanalytischem Wege zu bestimmen. Die beste der hierzu vorgeschlagenen Methoden scheint noch die von Berzelius zu sein. Man stellt eine gewogene reine Zinnscheibe in die schwach saure Lösung der beiden Oxyde und läfst das Ganze bei vollständigem Ausschlufs der Luft einige Tage lang an einem mäfsig warmen Orte stehen. Der Gewichtsverlust des Zinns ist gleich der als Oxyd in der Lösung vorhanden gewesenen Menge Zinns. Bestimmt man dann den ganzen Zinngehalt der Lösung, so erfährt man aus der Differenz die Menge des Zinnoxyduls. Es ist sehr wahrscheinlich, dafs metallisches Kupfer bessere Resultate als Zinn geben wird, weil es weniger von Chlorwasserstoffsäure angegriffen wird, allein es sind noch keine Versuche darüber angestellt.

Die maafsanalytische Methode, welche genaue und zuverlässige Resultate giebt, besteht darin, dafs man die Lösung, welche die beiden Oxyde enthält, mit Weinsteinsäure versetzt, mit kohlensaurem Natron alkalisch macht, und sodann nach Zusatz von etwas Stärkekleister so lange von einer Auflösung von Jod in Jodkalium, deren Gehalt an freiem Jod man kennt, zufliefsen läfst, bis die Lösung blau wird. Aus der Anzahl der verbrauchten C. C. Jodlösung läfst sich dann die Menge des durch das Jod zu Oxyd oxydirten Zinnoxyduls berechnen. Kennt man die ganze Menge des vorhandenen Zinns, so ergiebt sich die des Oxyds aus der Differenz. Man hat hierbei darauf zu sehen, dafs die Zinnlösung klar, nicht zu stark alkalisch und stark verdünnt ist. Eine klare Auflösung erreicht man durch hinreichenden Zusatz von Weinsteinsäure, und etwas zu viel hinzugefügtes kohlensaures Natron kann man durch Chlorwasserstoffsäure zersetzen; die Lösung mufs aber noch alkalisch bleiben. Das Verdünnen mit Wasser geschieht zuletzt.

XXXVIII. Antimon.

Bestimmung und Abscheidung des Antimons. — Es gelingt nicht gut, das Antimon, wenn es als Antimonsäure in einer Lösung, z. B. in Königswasser enthalten ist, vollkommen als antimonsaures Natron zu fällen. Will man sich indessen zur Abscheidung des Antimons dieser Methode bedienen, so verfährt man am besten auf folgende Weise: Man sättigt die concentrirte saure Lösung mit kohlensaurem Natron bis zur schwach alkalischen Reaction, wodurch schon der gröfste Theil der Antimonsäure als Natronsalz gefällt wird, verdünnt dann mit Wasser, und setzt ein Drittel vom Volumen der Flüssigkeit an Alkohol von der Dichtigkeit 0,82 hinzu. Unter öfterem Umrühren läfst man das Ganze 24 Stunden stehen, bringt dann das antimonsaure Natron auf ein gewogenes Filtrum, und wäscht es auf demselben mit Wasser aus, zu welchem ein Drittel Volumen Alkohol von der oben angeführten Dichtigkeit hinzugefügt ist. Wenn man das Waschwasser mit der vom antimonsauren Natron abfiltrirten Flüssigkeit vereinigt, so entsteht oft noch eine geringe Trübung, weil in der Lösung von leichter auflöslichen Natronsalzen das antimonsaure Natron nicht so unlöslich ist, als in reinem verdünnten Alkohol. Der Niederschlag bei 100° getrocknet besteht aus neutralem antimonsaurem Natron mit 7 Atomen Wasser. Das Hinzufügen von Wasser vor dem Zusetzen von Alkohol ist nothwendig, weil sonst auch andere Natronsalze mitgefällt werden könnten, und das Sättigen mit kohlensaurem Natron mufs vor dem Verdünnen mit Wasser geschehen, weil sich sonst Antimonsäure ausscheiden könnte, die durch nachherigen Zusatz von kohlensaurem Natron nicht in antimonsaures Natron übergeführt wird.

In der filtrirten Flüssigkeit sind aber oft noch geringe Mengen von antimonsaurem Natron enthalten, wenn nicht die gehörige Menge von Alkohol hinzugefügt worden ist, und das Ganze lange genug gestanden hat. Jedenfalls mufs man sich von der Anwesenheit oder Abwesenheit der Antimonsäure überzeugen, indem man die Flüssigkeit mit Chlorwasserstoffsäure etwas übersättigt, und dann Schwefelwasserstoffwasser hinzufügt. Häufig erhält man dadurch sehr kleine Mengen von Schwefelantimon.

Enthält eine Lösung neben Antimon keine feuerbeständigen Bestandtheile, so bleibt beim Abdampfen der Lösung und Glühen des Rückstandes nur dann alles Antimon als antimonsaures Antimonoxyd zurück, wenn die Lösung keine Chlorwasserstoffsäure enthält.

Während des Abdampfens der Flüssigkeit verflüchtigt sich zwar bei Anwesenheit von Chlorwasserstoffsäure kein Antimon als Chlorid, aber zuletzt, wenn der Rückstand anfängt trocken zu werden, entweicht etwas dreifach Chlorantimon. Man vermeidet diesen Verlust an Antimon auch nicht, wenn man gegen das Ende des Abdampfens von Zeit zu Zeit kleine Mengen von Salpetersäure hinzufügt.

Am besten fällt man das Antimon aus seinen Auflösungen, es mag in denselben als Antimonoxyd oder als Antimonsäure enthalten sein, dadurch, dafs man durch die saure verdünnte Auflösung einen Strom von Schwefelwasserstoffgas leitet. Es wird dadurch Schwefelantimon von orangerother Farbe gefällt. Wenn Antimonoxyd in der Auflösung ist, so bekommt man einen mehr ziegelrothen Niederschlag; wenn Antimonsäure vorhanden ist, so geht die Farbe des Niederschlags etwas ins Gelbe über; doch hängt auch oft von der stärkeren oder geringeren Verdünnung der Flüssigkeit die Verschiedenheit der Farbe ab, so dafs unter gewissen Umständen ein Niederschlag von Schwefelantimon, der aus einer Auflösung von Antimonsäure gefällt worden ist, ganz roth aussehen kann, was besonders dann der Fall ist, wenn die Auflösung der Antimonsäure nur durch organische Säuren, nicht durch Chlorwasserstoffsäure, bewirkt worden war, und die letztere ganz darin fehlt.

Da die meisten concentrirten sauren Auflösungen des Antimons sowohl wenn sie Antimonoxyd, als auch, wenn sie Antimonsäure enthalten, bei der Verdünnung mit Wasser zersetzt werden und einen weifsen Niederschlag bilden, so ist es nothwendig, vor der Verdünnung derselben mit Wasser reine Weinsteinsäure in gehöriger aber nicht zu grofser Menge hinzuzufügen. Wenn dies geschehen ist, kann man jede Antimonauflösung mit so vielem Wasser verdünnen, als man will, ohne dafs sie dadurch milchicht wird. Es mufs dies immer beobachtet werden, denn es ist nicht nur besser, Schwefelwasserstoffgas durch eine klare, als durch eine milchichte Flüssigkeit zu leiten, da leicht bei nicht gehöriger Vorsicht etwas von dem Niederschlage, besonders wenn er schwer ist, der Einwirkung des Schwefelwasserstoffgases entgehen kann, sondern es ist zufolge vieler Versuche gar nicht möglich, das gefällte Schwefelantimon von allem anhängenden Chlor zu befreien, auch wenn das Auswaschen sehr lange Zeit fortgesetzt wird. Bei einem Zusatze von Weinsteinsäure ist es aber möglich, das Schwefelantimon durch hinlängliches Auswaschen chlorfrei zu erhalten.

Es ist zu empfehlen, das Antimon als Schwefelmetall nicht aus zu concentrirten sauren, sondern aus verdünnten Auflösungen zu fällen, besonders wenn diese viel Königswasser enthalten. Denn in concentrirten Auflösungen, auch wenn nur Chlorwasserstoffsäure zugegen ist, wird nicht alles Antimon gefällt, und bei Gegenwart von etwas concentrirtem Königswasser wird oft erst das Schwefelwasserstoffgas durch dasselbe zersetzt, und eine grofse Menge Schwefel abgeschieden, ehe Schwefelantimon gefällt werden kann.

Hat man so lange Schwefelwasserstoffgas durch die Lösung strömen lassen, dafs diese ganz damit gesättigt ist und stark danach riecht, so läfst man die Flüssigkeit an der Luft oder bei höchst gelinder Wärme so lange stehen, bis der Geruch nach Schwefelwasserstoffgas fast verschwunden ist. Diese Vorsicht ist nöthig, weil in der mit Schwefelwasserstoffgas gesättigten Flüssigkeit Spuren von Schwefelantimon aufgelöst bleiben, die sich vollständig fällen, wenn kein freier Schwefelwasserstoff mehr in der Auflösung enthalten ist. Dies ist besonders der Fall, wenn in der Auflösung Antimonsäure, weniger, wenn darin Antimonoxyd enthalten war. Das Schwefelantimon filtrirt man darauf auf einem gewogenen Filtrum, wäscht es mit reinem Wasser gut, besonders von aller Chlorwasserstoffsäure aus, und trocknet es bei 100° so lange, bis es nichts mehr am Gewicht verliert.

Nur in sehr wenigen Fällen ist es rathsam, aus dem Gewichte des Schwefelantimons den Gehalt an Antimon zu berechnen. Es kann dies nur dann stattfinden, wenn man mit Bestimmtheit weifs, dafs in der Auflösung das Antimon nur als Antimonoxyd vorhanden war. Dies ist der Fall, wenn Antimonoxyd oder Schwefelverbindungen des Antimons in concentrirter Chlorwasserstoffsäure aufgelöst worden sind. Aber auch dann ist die Bestimmung des Antimons etwas unsicher, da dieses Schwefelantimon mit Hartnäckigkeit etwas Wasser zurückhält, das es nicht bei 100° sondern erst bei 200° verliert: dabei verwandelt es sich in die schwarze Modification des Schwefelantimons. Diese Menge von Wasser beträgt indessen noch nicht ein Proc., gewöhnlich ein halbes bis zwei Drittel Procent.

Es kann indessen in diesem Schwefelantimon auch bisweilen eine kleine Menge überschüssigen Schwefels vorhanden sein, der sich aus der Auflösung durch Zersetzung des darin aufgelösten freien Schwefelwasserstoffs an der Luft abgeschieden hat, so dafs auch in diesem Falle die Bestimmung des Antimons als Schwefelantimon etwas unsicher wird.

Will man daher aus dem Gewichte eines bei 100° getrockneten Schwefelantimons, das aus einer Auflösung des Antimonoxyds oder des Chlorantimons niedergeschlagen worden ist, die Menge des Antimons berechnen, so mufs man nie versäumen, nach dem Wägen eine kleine Quantität davon in concentrirter Chlorwasserstoffsäure aufzulösen. Löst es sich darin beim Erhitzen unter Entwicklung von Schwefelwasserstoffgas vollständig auf, so kann man wohl sicher sein, dafs das Schwefelantimon dem Antimonoxyd entspricht; bleibt indessen bei der Auflösung Schwefel ungelöst, so mufs man untersuchen, wie viel Antimon in einer gewogenen Quantität des Schwefelantimons enthalten ist, und daraus den ganzen Gehalt an Antimon bestimmen.

Wenn man das Antimon in Königswasser gelöst hat, so ist es gewöhnlich als Antimonsäure in der Lösung enthalten, und nur selten, bei Anwendung einer zu geringen Menge von Salpetersäure, kann auch neben Antimonsäure etwas Antimonoxyd vorhanden sein. Fällt man aus einer solchen Lösung das Antimon durch Schwefelwasserstoffgas, so ist das der Antimonsäure entsprechende Schwefelantimon nach dem Trocknen bei 100° wasserfrei (obgleich es wohl nur eine mechanische Mengung von 2 Atomen Schwefel und dem Schwefelantimon SbS^3 ist). Es ist aber nothwendig, auch in einem solchen Schwefelantimon die Menge entweder des Antimons oder des Schwefels zu bestimmen, da man nicht Gewifsheit hinsichtlich der richtigen Zusammensetzung desselben haben kann.

Die zweckmäfsigste Methode, den Antimongehalt von Schwefelantimon, mag dieses aus einer Lösung von Antimonoxyd oder von Antimonsäure durch Schwefelwasserstoffgas gefällt sein, zu bestimmen, ist die, es in antimonsaures Antimonoxyd SbO^4 zu verwandeln, das immer eine bestimmte Zusammensetzung hat und durch Glühen an der Luft weder verflüchtigt noch zersetzt wird. Man trocknet das Schwefelantimon mit dem vorher bei 100° C. getrockneten und gewogenen Filtrum so lange bei 100° C., bis es nicht mehr an Gewicht verliert, schüttet so viel, als sich ohne Reiben vom Filtrum trennen läfst, in einen gewogenen geräumigen Porcellantiegel, und wägt das Filtrum mit dem noch anhängenden Schwefelantimon zur Bestimmung des Gewichts desselben nach abermaligem Trocknen bei 100° C. Das Schwefelantimon in dem Porcellantiegel benetzt man zuerst mit einigen Tropfen Salpetersäure vom specifischen Gewicht 1,2 bis 1,4, übergiefst es dann vorsichtig mit der acht- bis zehnfachen Menge Salpetersäure vom specifischen Gewicht 1,52, indem man den Tiegel mit einem Uhrglase möglichst bedeckt hält, und erwärmt es dann allmälig im Wasserbade. Das anfängliche Benetzen mit der verdünnten Salpetersäure ist nothwendig, weil die concentrirte Säure zu heftig auf das trockne Schwefelantimon einwirkt und dasselbe beim Zutröpfeln sogar bis zur Entzündung bringen kann. Wenn die Einwirkung der Salpetersäure auf das Schwefelantimon aufgehört hat und dasselbe weifs geworden ist, entfernt man das Uhrglas, dampft bis zur Trockne ab und erhitzt die zurückbleibende weifse Masse, welche aus Antimonsäure und Schwefelsäure besteht, nach und nach. Es verflüchtigt sich dabei ein dicker weifser Rauch von Schwefelsäure, und nach starkem Glühen bleibt antimonsaures Antimonoxyd zurück. Bei zweimaligem Glühen und Wägen mufs dasselbe Gewicht erhalten werden.

Diese Methode, welche von Bunsen herrührt, giebt sehr genaue Resultate, und läfst sich in kurzer Zeit ausführen.

Wenn man nicht ein gehöriges Uebermafs von Salpetersäure anwendet, und das Schwefelantimon sehr viel Schwefel enthält, so erhält man nach dem Glühen Antimonglas (Schwefelantimon mit Antimonoxyd) in geschmolzenem Zustande. Es bildet sich dies immer, wenn der Schwefel nicht vollständig zu Schwefelsäure oxydirt worden ist.

Bequemer, aber kostspieliger als diese Methode, ist die, das Schwefelantimon durch Quecksilberoxyd zu oxydiren, welche ebenfalls Bunsen vorgeschlagen hat. Mengt man das Schwefelantimon mit der zu seiner Oxydation nöthigen, oder selbst mit der sechsfachen Menge von Quecksilberoxyd in einem Porcellantiegel, und bringt das Gemenge bis zum Glühen, so findet beim ersten Glühen eine so starke Einwirkung statt, dafs das Meiste des Gemenges aus dem Tiegel geschleudert wird, und nach stärkerem Glühen bleibt das Antimon als geschmolzenes Antimonglas im Tiegel zurück. Wendet man aber die dreifsigfache Menge vom Quecksilberoxyd an, und erhitzt das Gemenge im Porcellantiegel zuerst gelinde und dann stärker, so geht die Oxydation des Schwefelantimons ganz ruhig vor sich. Untersucht man ein Schwefelantimon, welches man aus einer Lösung, die Antimonsäure enthält, gefällt hat, so mufs die Menge des angewandten Quecksilberoxyds die vierzig- oder fünfzigfache sein. Das gelinde Erhitzen im Anfange ist durchaus nothwendig, weil bei plötzlichem Erhitzen eine zu starke Reaction entsteht. Es ist aber nicht gut möglich, den Ueberschufs des Quecksilberoxyds auf einer gewöhnlichen Lampe vollständig zu verjagen; man mufs dazu ein kleines Gebläse anwenden. Nach wiederholtem Glühen und Wägen mufs man dasselbe Gewicht erhalten.

Bei der Oxydation des Schwefelantimons zu antimonsaurem Antimonoxyd, sowohl durch Salpetersäure als auch durch Quecksilberoxyd, wird der Porcellantiegel nicht angegriffen.

Man mufs bisweilen den Antimongehalt in einem Schwefelantimon bestimmen, welches mit aufserordentlich vielem Schwefel gemengt ist. Es ist dies der Fall, wenn das Antimon in Schwefelammonium oder durch Schmelzen mit kohlensaurem Natron und Schwefel in Schwefelnatrium aufgelöst war, und dann vermittelst einer Säure aus der Auflösung gefällt ist. Ein solches Schwefelantimon mufs man vor der Oxydation durch Salpetersäure oder Quecksilberoxyd aus den schon angeführten Ursachen von dem eingemengten Schwefel oder von dem gröfsten Theile desselben befreien, indem man es mit Schwefelkohlenstoff bei gewöhnlicher Temperatur digerirt. Das vorläufig getrocknete

Schwefelantimon wird mit dem Filtrum und dem Trichter vermittelst eines durchbohrten Korkes auf ein Probirglas luftdicht gesetzt, sodann mit Schwefelkohlenstoff übergossen und gut bedeckt. Der Schwefelkohlenstoff bleibt auf diese Weise lange mit dem Schwefelantimon in Berührung und löst fast allen eingemengten Schwefel auf; nach längerer Zeit lüftet man den Kork auf dem Probirglase etwas, worauf der Schwefelkohlenstoff abläuft. Man kann denselben wiedergewinnen, und ihn zu demselben Zwecke wieder gebrauchen, wenn man das Probirglas mit einem Korke verschliefst, durch welche eine zweimal rechtwinklicht gebogene Glasröhre geht, es darauf in heifses Wasser stellt und den Schwefelkohlenstoff in ein Probirglas destillirt, welches in kaltem Wasser steht. Wenn der Schwefelkohlenstoff bei der Destillation auf diese Weise nur eine sehr kleine Menge von Schwefel zurückläfst, so kann man das Schwefelantimon zur Untersuchung anwenden.

Eine andere Methode, um in dem Schwefelantimon den Gehalt an Antimon zu bestimmen, besteht darin, dafs man das Schwefelantimon in einer Atmosphäre von Wasserstoffgas erhitzt, wodurch man regulinisches Antimon erhält. Wenn das gefällte Schwefelantimon auf einem gewogenen Filtrum getrocknet und gewogen worden ist, bringt man so viel desselben, als sich vom Filtrum ohne Reiben abnehmen läfst, in eine gewogene Kugelröhre, entfernt das in der Röhre hängen gebliebene Schwefelantimon mit der Fahne einer Feder, und wägt die Kugelröhre, nachdem man das Schwefelantimon nochmals bei 100° C. getrocknet hat. Nun leitet man getrocknetes Wasserstoffgas durch den Apparat, und erhitzt, wenn dieser ganz damit angefüllt ist, die Kugel mit dem Schwefelantimon sehr allmälig. Ist das Schwefelantimon so zusammengesetzt, dafs es dem Antimonoxyd entspricht, so entweicht aller Schwefel als Schwefelwasserstoffgas, und Antimon bleibt zurück; ist es aber eine höhere Schwefelungsstufe des Antimons, oder ist es eine Mengung von mehreren Schwefelungsstufen, so bleibt gleichfalls metallisches Antimon zurück; es sublimirt sich aber zuerst Schwefel, und darauf bildet sich Schwefelwasserstoffgas. Durch gelindes Erhitzen treibt man den Schwefel, so wie er sich sublimirt, aus der Röhre, und wenn man entweder keine Bräunung eines mit essigsaurem Bleioxyd getränkten Papiers, das man an das Ende der Glasröhre bringt, mehr wahrnimmt, oder wenn kein Geruch von schweflichter Säure in dem angezündeten wegströmenden Wasserstoffgase zu bemerken ist, und ein Glasstab mit Ammoniak befeuchtet und in einiger Entfernung über die Flamme des wegströmenden Wasserstoffgases gehalten, keine weifsen Nebel erzeugt, hört man mit dem Erhitzen auf.

Nach dem Erkalten des Antimons im Wasserstoffgas verdrängt man das letztere durch atmosphärische Luft aus der Röhre und wägt diese.

Diese Methode giebt nur bei gehöriger Vorsicht ein genaues Resultat. Es ist nicht zu vermeiden, dafs sich ein kleiner Theil des Antimons sublimirt, der sich theils an die obere Fläche der Kugel ansetzt, theils auch, wenn die Hitze während der Operation sehr stark ist, bis in die Röhre fortgeht; wollte man aber eine schwächere Hitze anwenden, so würde aus dem Schwefelantimon nicht vollständig aller Schwefel ausgetrieben werden. Es rührt diese Verflüchtigung einer sehr kleinen Menge von Antimon davon her, dafs das Schwefelantimon, namentlich das rothe durch Schwefelwasserstoff gefällte, sich etwas verflüchtigt und während der Sublimation durch das Wasserstoffgas in Antimon verwandelt wird. Behandelt man auf gleiche Weise in der Natur vorkommendes schwarzes Schwefelantimon, oder auch durch Schmelzung erhaltenes Schwefelantimon mit Wasserstoffgas, so sieht man diese Erscheinungen weniger oder fast gar nicht.

Von dem Antimon wird ein aufserordentlich geringer Theil durch das Wasserstoffgas wirklich fortgeführt, weshalb dieses zuletzt auch mit einer Flamme brennt, die einen fast unmerklichen Antimonrauch ausstöfst, und an der Mündung der Röhre, wo das Gas entzündet wird, eine höchst geringe Spur von Antimonoxyd absetzt. Aus diesem Grunde erhält man bei den meisten Analysen etwas weniger Antimon, als man eigentlich erhalten sollte; es beträgt indessen die Menge Antimon, die auf diese Weise verloren geht, gewöhnlich bei gehöriger Vorsicht nur $\frac{1}{4}$ Procent, bei minderer Vorsicht kann dieselbe indessen ein halbes bis ein ganzes Procent ausmachen. Den geringsten Verlust an Antimon erhält man, wenn man die Glasröhre des Apparates, aus welcher das Wasserstoffgas entweicht, und die etwas lang und von schwer schmelzbarem Glase sein, auch einen kleinen Durchmesser haben mufs, an einer Stelle mit der Flamme einer Lampe so stark erhitzt, als es das Glas ertragen kann. Dadurch wird das Antimon aus dem sich verflüchtigenden Schwefelantimon reducirt, und setzt sich in der Röhre ab. Je langsamer man das Schwefelantimon im Anfange erhitzt, um so weniger verflüchtigt sich von dem Antimon. Zuletzt nur mufs man auf kurze Zeit eine stärkere Hitze geben. Das reducirte Antimon fliefst dabei nicht zu einem einzigen Korne zusammen, sondern bildet mehrere kleine metallische Körner. Die Operation ist gewöhnlich, wenn sie ein möglichst genaues Resultat geben soll, nicht unter 6 Stunden zu beendigen. Hat man während des Strömens des Wasserstoffgases das Schwefelantimon sehr lange Zeit gelinde erhitzt, so erhält man das reducirte Antimon mit Krystallflächen, die demselben durch ihren Glanz eine dunklere Farbe geben, als das durch eine stärkere Hitze reducirte Antimon besitzt.

Dafs man durch Reduction des Schwefelantimons vermittelst Wasserstoffgas bei Vorsicht in der That, wie viele Versuche ergeben haben, genauere Resultate erhält, als man vermuthen sollte, rührt vielleicht davon her, dafs der Verlust, der durch Verflüchtigung des Antimons entsteht, compensirt wird durch eine sehr geringe Menge von Schwefelantimon, welche der reducirenden Wirkung des Wasserstoffgases entgangen ist.

Wegen der Verflüchtigung einer sehr kleinen Menge von Antimon, von welchem der gröfste Theil in der Glasröhre bleibt, welche an der Glaskugel angelöthet ist, kann man sich zur Reduction des Schwefelantimons nicht füglich eines Tiegels mit durchbohrtem Deckel bedienen.

Es setzt sich in diesem Falle ein weifser Anflug von Antimonoxyd an der äufseren Seite des Tiegels und des Deckels an.

Statt das Schwefelantimon durch Erhitzen in Wasserstoffgas in metallisches Antimon überzuführen, kann man auch durch Erhitzen in getrocknetem Kohlensäuregas den überschüssigen Schwefel entfernen. Man wendet dazu einen Apparat an, wie er S. 77 abgebildet ist. In einem langsamen Strome von Kohlensäuregas erhitzt man anfangs gelinde und steigert allmälig die Temperatur bis zu 200° und selbst bis zu 230°. Der überschüssige Schwefel entweicht, und es bleibt schwarzes Schwefelantimon von der Zusammensetzung SbS^3 zurück, welches bei der angegebenen Temperatur noch nicht schmilzt und sich auch nicht verflüchtigt. Man erhält daher auf diese Weise ein genaues Resultat, genauer als durch die Reduction mit Wasserstoffgas. Die Operation erfordert aber Aufmerksamkeit bei ihrer Anwendung. Sie ist beendet, wenn der Tiegel eine halbe Stunde hindurch der erwähnten Temperatur ausgesetzt, sein Gewicht nicht mehr ändert.

Aber fast ein eben so genaues Resultat erhält man, und zwar mit gröfserer Leichtigkeit, wenn man das Schwefelantimon in einem Porcellantiegel mit aufgelegtem Porcellandeckel in einem gewöhnlichen Luftbade einer Temperatur von 200° bis 230° aussetzt, und zwar so lange, bis das Gewicht des Tiegels bei zwei Wägungen unverändert geblieben ist.

In beiden Fällen, wenn man das Schwefelantimon, um es von dem überschüssigen Schwefel zu befreien, in einer Atmosphäre von Kohlensäuregas oder in einem Luftbad erhitzt, mufs man nicht zu kurze Zeit die Temperatur von 200° einwirken lassen. Um die vollständige Verflüchtigung des überschüssigen Schwefels zu bewirken, mufs man, wenn man etwa ein Gramm Schwefelantimon erhitzt, wenigstens 8 bis 12 Stunden die erhöhte Temperatur unterhalten. Diese Behandlung des Schwefelantimons ist besonders bequem, wenn dasselbe mit vielem freiem Schwefel gemengt ist.

Man kann auch in einem Schwefelantimon den Gehalt an Schwefel bestimmen, um aus dem Verlust die Menge des Antimons zu finden. Aber auf diese Weise erhält man nur dann ein richtiges Resultat, wenn das Schwefelantimon wasserfrei ist und überhaupt nichts Anderes, als Schwefel und Antimon enthält, was bei einem gefällten und getrockneten Schwefelantimon aber nicht immer der Fall ist (S. 290). Einen auf die S. 291 angegebene Weise bestimmten Theil des zu untersuchenden Schwefelantimons bringt man in einen Kolben, und tröpfelt durch einen kleinen aufgesetzten Trichter nach und nach rauchende Salpetersäure, um jedes Spritzen, das durch die sehr heftige Einwirkung derselben entstehen kann, möglichst zu vermeiden. Man giefst darauf mehr Salpetersäure hinein, und fügt dann gleich so viel Chlorwasserstoffsäure hinzu, dafs das Antimon vollständig aufgelöst wird. Wendet man statt der rauchenden Salpetersäure schwächere Salpetersäure, oder nicht sehr starkes Königswasser an, so kann dadurch aus dem sehr fein zertheilten Schwefelantimon eine geringe Spur von Schwefelwasserstoffgas entwickelt werden, was sorgfältig zu vermeiden ist. Um das Schwefelantimon zu oxydiren, kann man indessen auch eine schwächere Salpetersäure anwenden; man mufs diese nur vorher beinahe bis zum Kochen erhitzen, ehe man sie auf das Schwefelantimon giefst; es wird sogleich oder später ebenfalls Chlorwasserstoffsäure hinzugesetzt, um das oxydirte Antimon vollständig aufzulösen.

Man läfst nun das Königswasser so lange mit dem Schwefelantimon digeriren, bis entweder nur etwas gelber Schwefel ungelöst zurückgeblieben, oder bis auch dieser aufgelöst ist. Gewöhnlich oxydirt sich aller Schwefel vollständig, wenn man starke, rauchende Salpetersäure in reichlicher Menge angewandt hat; bleibt Schwefel zurück, so ist die Menge desselben gewöhnlich nur gering. Man setzt darauf Weinsteinsäure in hinreichender Menge hinzu. Mit dem Zusetzen dieser Säure darf man nicht zu lange warten; sondern nachdem man das Königswasser einige Zeit mit dem Schwefelantimon digerirt hat, und der Schwefel eben gelb geworden ist, mufs sie hinzugefügt werden. Hat man dies versäumt, und hat sich etwas Antimonsäure krystallinisch abgeschieden, so kann diese nach ihrer Ausscheidung selbst in einem grofsen Ueberschufs von Chlorwasserstoffsäure und Weinsteinsäure nur schwer oder gar nicht vollständig aufgelöst werden. Setzt man aber zur rechten Zeit Weinsteinsäure hinzu, so scheidet sich auch nach langem Stehen nie Antimonsäure aus.

Man fügt darauf eine hinreichende Menge von Wasser hinzu und filtrirt den etwa zurückgebliebenen Schwefel auf einem sehr kleinen gewogenen Filtrum ab, trocknet ihn sorgfältig bei äufserst gelinder Wärme, und bestimmt sein Gewicht. Zu der abfiltrirten Flüssigkeit setzt man eine Auflösung von Chlorbaryum, so lange noch ein Niederschlag entsteht; dann erwärmt man das Ganze sehr mäfsig, damit die schwefelsaure Baryterde sich gut absetze. Diese wird filtrirt und ausgewaschen. Das Auswaschen der schwefelsauren Baryterde erfordert in diesem Falle, wegen der Anwesenheit von Salpetersäure, viel Zeit; es ist gut, dazu heifses Wasser anzuwenden. Nach dem Trocknen glüht man sie, bestimmt ihr Gewicht, und berechnet daraus die in ihr enthaltene Menge von Schwefel. Wenn bei der Behandlung des Schwefelantimons mit Königswasser Schwefel ungelöst zurückgeblieben ist, so rechnet man die Menge desselben zu der hinzu, die in der schwefelsauren Baryterde enthalten war. Dann zieht man die Menge des Schwefels von der des angewandten Schwefelantimons ab, und erfährt dadurch die im Schwefelantimon enthaltene Quantität Antimon.

War die Menge der Weinsteinsäure, welche zu der Antimonauflösung gesetzt wurde, sehr bedeutend, so enthält die gefällte schwefelsaure Baryterde eine kleine Menge von weinsteinsaurer Baryterde, welche durch das sorgfältigste Auswaschen nicht von ihr getrennt werden kann. Durch Glühen verwandelt sich dieselbe in kohlensaure Baryterde. Bei genauen Analysen mufs daher die schwefelsaure Baryterde nach anhaltendem Glühen bei Luftzutritt, wenn ihre Menge einigermafsen bedeutend ist, mit verdünnter Chlorwasserstoffsäure digerirt werden. Man filtrirt die Auflösung, und fällt aus ihr vermittelst einiger Tropfen verdünnter Schwefelsäure die aufgelöste Baryterde als schwefelsaure Baryterde, deren Gewicht man bestimmt. Man berechnet aus demselben die entsprechende Menge von kohlensaurer Baryterde, und zieht das Gewicht derselben von dem der früher erhaltenen schwefelsauren Baryterde ab, oder einfacher, man wägt die mit Säure behandelte schwefelsaure Baryterde nach dem Glühen.

Das Schwefelantimon kann auch durch chlorsaures Kali und Chlorwasserstoffsäure oxydirt werden. Man bringt das trockene chlorsaure Kali mit dem Schwefelantimon in ein grofses Glas, oder besser in einen Kolben, und setzt darauf nicht zu verdünnte Chlorwasserstoffsäure hinzu. Man läfst das Ganze bei gewöhnlicher Temperatur stehen, weil, wenn man es sogleich erhitzte, durch die heftige Einwirkung leicht eine kleine Explosion entstehen könnte. Nach einiger Zeit, nachdem der Schwefel, wenn überhaupt sich etwas von demselben ausgeschieden hat, gelb geworden ist, erhitzt man etwas, setzt Weinsteinsäure hinzu, und darauf Wasser. Man filtrirt den ausgeschiedenen Schwefel und verfährt nun, wie vorher angegeben ist. Doch mufs man hierbei die Weinsteinsäure nie nach, sondern vor dem Zusetzen von Wasser hinzufügen, weil einmal ausgeschiedene Antimonsäure oft schwer wieder auflöslich ist.

Wenn man die höchste Schweflungsstufe des Antimons mit Chlorwasserstoffsäure behandelt, so entwickelt sich Schwefelwasserstoffgas und es scheidet sich Schwefel aus, welcher bei längerem Erwärmen mit Chlorwasserstoffsäure eine gelbe Farbe annimmt. Wenn man denselben auf einem gewogenen Filtrum sammelt, und ihn zuerst mit

Wasser, welches Chlorwasserstoffsäure und Weinsteinsäure enthält, und dann mit reinem Wasser auswäscht, so kann man aus dem Gewichte des Schwefels die Menge des Schwefelantimons berechnen. Die Menge dieses Schwefels beträgt zwei Fünftel der in dem fünffach Schwefelantimon enthaltenen Menge Schwefels.

Diese Methode ist besonders bei der Untersuchung der Schwefelsalze, welche das höchste Schwefelantimon mit alkalischen Schwefelmetallen bildet, anzuwenden. Man behandelt diese unmittelbar so lange mit starker Chlorwasserstoffsäure, bis der abgeschiedene Schwefel von gelber Farbe ist. Man kann dann immer noch die Menge des Antimons in der vom Schwefel abfiltrirten Flüssigkeit, in welcher dasselbe als Antimonoxyd enthalten ist, finden.

Ist das Antimon in einer Flüssigkeit als Antimonoxyd enthalten, so geht es sehr gut an, die Menge desselben indirect dadurch zu bestimmen, dafs man eine Goldchloridauflösung hinzusetzt und aus der Menge des reducirten Goldes die Menge des Antimons berechnet. Man wendet dazu eine Auflösung des Natrium- oder auch Ammoniumgoldchlorids an. Das Antimonoxyd mufs in einem grofsen Ueberschufs von Chlorwasserstoffsäure aufgelöst sein. Nachdem die Flüssigkeiten mit einander gemischt sind, läfst man das Ganze mehrere Tage hindurch an einem gelinde erwärmten Orte stehen. Wenn die Chlorwasserstoffsäure nicht in sehr grofser Menge vorhanden ist, so scheidet sich neben dem reducirten Golde auch Antimonsäure aus, und ist diese einmal ausgeschieden, so kann man sie selbst durch sehr grofse Mengen von Chlorwasserstoffsäure nur sehr schwer auflösen. Man mufs daher der Ausscheidung derselben durch eine sehr grofse Menge von vorher hinzugesetzter Chlorwasserstoffsäure zuvorkommen. Nach mehreren Tagen filtrirt man das reducirte Gold, läfst aber die abfiltrirte, den Ueberschufs von Goldchlorid enthaltende Flüssigkeit wieder einige Tage stehen, um zu sehen, ob sich nicht noch kleine Mengen von Gold abscheiden. Zum Waschwasser setzt man etwas Chlorwasserstoffsäure. Das reducirte Gold wird nach dem Glühen gewogen.

Sollte sich aber mit dem Golde Antimonsäure abgeschieden haben, so wird diese mit dem Golde filtrirt. Nach dem Trocknen schmelzt man vermittelst eines kleinen Gebläses das Gold mit dem verbrannten Filtrum unter einer Decke von salpetersaurem und kohlensaurem Alkali sehr vorsichtig in einem Porcellantiegel bei einer so starken Hitze, dafs das Gold zu einem Regulus zusammenfliefsen kann. Nach dem Erkalten wird der Tiegel zerschlagen, der Regulus von der Schlackendecke befreit und gewogen. — Es ist gut, in jedem Falle, auch wenn man keine Ausscheidung von Antimonsäure bemerkt haben sollte, das geglühte und gewogene Gold auf diese Weise zu behandeln, um zu sehen, ob es dadurch an Gewicht abnimmt.

Diese Bestimmung des Antimonoxyds durch Goldchlorid hat nach mehreren Versuchen genaue Resultate gegeben. Oft aber kann die Reduction des Goldes unsicher sein, ohne dafs man gehörige Gründe dafür angeben kann. Es rührt dies aber wohl unstreitig daher, dafs man eine Goldchloridlösung anwendet, zu welcher man zu viel Chlornatrium oder Chlorkalium hinzugefügt hat. Bei Anwendung einer solchen Goldlösung wird die Reduction des Goldes sehr erschwert, weil die Verwandtschaft des Goldchlorids zum alkalischen Chlormetall überwunden werden mufs.

Zur Bestimmung des Antimons auf maafs-analytischem Wege hat R. Schneider eine geeignete Methode vorgeschlagen. Sie gründet sich darauf, dafs Schwefelantimon, welches durch Schwefelwasserstoffgas aus Lösungen von Antimonoxyd oder Antimonsäure gefällt ist, durch Einwirkung von heifser Chlorwasserstoffsäure drei Atome Schwefelwasserstoff auf ein Atom Schwefelantimon entwickelt.

Die Bestimmung des Schwefelwasserstoffs geschieht durch eine Auflösung von Jod in Jodkalium. Man hat wiederholt Zweifel gegen die Zuverlässigkeit dieser Methode erhoben, aber sie giebt zufriedenstellende Resultate bei Beobachtung gewisser Vorsichtsmaafsregeln, wenn sich auch nicht derselbe Grad der Genauigkeit erreichen läfst, wie bei der Bestimmung der schweflichten Säure durch Jod. Die Auflösung des Schwefelwasserstoffs mufs sehr stark verdünnt sein, das zur Verdünnung angewendete Wasser mufs luftfrei sein und das Experiment mufs rasch ausgeführt werden. Die rothe Färbung, welche augenblicklich beim Hinzufügen einer Jodlösung zu einer Auflösung von Schwefelwasserstoff entsteht, wenn noch keine Stärke hinzugesetzt ist, ist bei einer verdünnten Lösung schwach, verschwindet rasch und verhindert das scharfe Eintreten der Reaktion des Jods auf Stärke nicht.

Das Verfahren selbst ist folgendes: Der Niederschlag des Schwefelantimons, welcher in einer mit Weinsteinsäure versetzten Antimonlösung entstanden ist, wird auf einem Filtrum von feinem Papier gesammelt und vollständig, zuletzt mit heifsem Wasser, ausgewaschen. Zur Zersetzung des Schwefelantimons und zum Auffangen des Schwefelwasserstoffgases bedient man sich des von Bunsen angegebenen und später bei der Bestimmung des Chlors beschriebenen Apparats. Den leicht angetrockneten Niederschlag bringt man mit dem Filtrum in das Kölbchen, übergiefst ihn mit einer hinreichenden Menge einer nur wenig verdünnten Chlorwasserstoffsäure, setzt den Apparat zusammen und erhitzt allmälig bis zum Kochen, welches man einige Minuten anhalten läfst. Die vorgelegte Retorte enthält eine verdünnte Auflösung von Ammoniak.

Wenn die Auflösung des Schwefelantimons beendet ist, so mufs die Flüssigkeit in der Retorte noch alkalisch reagiren; man läfst sie darin vollständig erkalten und verdünnt sie dann mit luftfreiem Wasser zu einem oder zu einem halben Litre. Von dieser Auflösung bringt man eine gemessene Menge in ein Becherglas, setzt noch luftfreies Wasser und etwas Stärkekleister hinzu, macht sie mit Chlorwasserstoffsäure schwach sauer und läfst so lange von einer Jodlösung zufliefsen, bis die blaue Reaktion eintritt.

Einen gröfseren Grad von Genauigkeit erreicht man, wenn man das Schwefelwasserstoffgas statt in Ammoniak in einer Auflösung von arsenichtsaurem Natron, deren Gehalt an arsenichter Säure bekannt ist, auffängt, und die überschüssige arsenichte Säure vermittelst einer Auflösung von Jod bestimmt. Man bringt in die Retorte eine gemessene Menge einer Auflösung von arsenichter Säure in Wasser, deren Gehalt an arsenichter Säure, ungefähr 0,005 bis 0,006 Grm. in 1 C. C., durch eine Jodlösung genau bestimmt ist, und fügt so viel kaustisches Natron hinzu, dafs die Flüssigkeit neutral oder schwach alkalisch reagirt. Das sich mit dem Schwefelwasserstoffgas entwickelnde Chlorwasserstoffsäuregas macht die Lösung rasch sauer, es scheidet sich Schwefelarsen aus, und die Zersetzung des Schwefelwasserstoffgases geschieht rasch und vollständig. Chlorantimon geht bei der Destillation nicht in die Retorte über, wenn man das Destilliren nicht unnöthiger Weise übermäfsig lange fortsetzt, und es bilden sich durch die Einwirkung der kochenden Chlorwasserstoffsäure auf das Filtrum auch keine flüchtige organische Substanzen, welche auf die Jodlösung reducirend einwirken könnten.

Sobald die Flüssigkeit in der Retorte erkaltet ist, bringt man sie in eine Mefsflasche, setzt etwas Weinsteinsäure hinzu, verdünnt bis zu einem bestimmten Volumen, und filtrirt einen Theil durch ein nicht vorher befeuchtetes Filtrum. Von der filtrirten Flüssigkeit sättigt man eine gemessene Menge mit zweifach kohlensaurem Natron und bestimmt dann die arsenichte Säure durch Jodlösung.

Diese Methode ist besonders zu empfehlen, wenn die Menge des Schwefelantimons gering ist, und in diesem Falle wohl den übrigen angegebenen Methoden vorzuziehen.

Trennung des Antimons von anderen Metallen. — Zur Trennung des Antimons von anderen Metallen bediente man sich früher bei regulinischen Antimonverbindungen oft der Salpetersäure, welche das Antimon oxydirt und das Oxyd unaufgelöst zurückläfst, während die Oxyde der anderen Metalle in der Salpetersäure aufgelöst werden. Man erhält indessen bei der Scheidung der Antimonverbindungen durch Salpetersäure kein so genaues Resultat, wie beim Gebrauch derselben Säure zur Trennung des Zinns von anderen Metallen. Denn das Antimonoxyd und die Antimonsäure, welche beide durch Einwirkung der

Salpetersäure auf Antimon entstehen, sind in Salpetersäure nicht so unlöslich, wie das Zinnoxyd, weshalb die filtrirte Flüssigkeit, aufser den aufgelösten Oxyden, nicht unbeträchtliche Spuren von Antimon enthält. Für einen technischen Zweck zwar würde die Analyse der Antimonverbindungen vermittelst Salpetersäure ein hinreichend genaues Resultat geben; aber bei einer wissenschaftlichen Untersuchung der metallischen Verbindungen, welche Antimon enthalten, darf diese Methode nicht angewandt werden.

Wenn man metallisches Antimon, oder Antimonlegirungen mit Salpetersäure oxydirt, die oxydirte Masse bis zur völligen Trocknifs abdampft, und die Behandlung mit Salpetersäure und das Abdampfen sehr oft wiederholt, so kann man es endlich dahin bringen, dafs Salpetersäure aus der abgedampften Masse gar keine Antimonsäure mehr auflöst. Aber diese Methode, das Antimon ganz unlöslich in Salpetersäure zu machen, und es so von anderen Metallen zu trennen, ist durchaus nicht anzuwenden, auch schon deshalb, weil die Behandlung zu langwierig ist.

Trennung des Antimons vom Zinn. — Beide Metalle verhalten sich in ihren oxydirten Verbindungen gegen Reagentien so ähnlich, dafs eine Trennung derselben mit Schwierigkeiten verknüpft ist. Aber beide Metalle werden häufig mit einander legirt, und kommen zusammen in Legirungen vor, so dafs gerade ihre Scheidung öfters verlangt wird. Seit längerer Zeit haben sich mehrere Chemiker mit diesem Gegenstande beschäftigt, und es sind viele Methoden der Trennung vorgeschlagen worden, die mehr oder weniger genaue Resultate geben.

Die älteste Methode der Scheidung ist die von Chaudet. Nach dieser soll die Trennung beider Metalle durch Chlorwasserstoffsäure bewirkt werden, was aber nur dann von Erfolg sein kann, wenn durch die Gegenwart einer grofsen Menge von Zinnchlorür die Einwirkung der Säure auf das Antimon geschwächt wird. Man muss sich also zuerst versichern, dafs in der Legirung aufser Zinn und Antimon nicht noch andere Metalle vorkommen; darauf mufs man zuerst das ungefähre Verhältnifs der Mengen beider Metalle bestimmen. Dies erfährt man am leichtesten auf die Weise, dafs man einen Theil der zu untersuchenden Legirung mit zwanzig Theilen Zinn zusammenschmelzt, das Geschmolzene auswalzt, und es mit concentrirter Chlorwasserstoffsäure längere Zeit kocht: das Ungelöste zeigt ungefähr die Menge des Antimons an, die in der Legirung enthalten ist. Dann schmelzt man mit der gröfsten Vorsicht die zu untersuchende Legirung mit so viel reinem Zinn zusammen, dafs in der neuen Legirung das Verhältnifs des Zinns zum Antimon wie zwanzig zu eins ist. Das Zusammenschmelzen geschieht so, dafs man die abgewogenen Metalle in Papier wickelt, sie in einen kleinen Schmelztiegel legt, mit einer Schicht

Kohlenpulver bedeckt, um das Oxydiren zu verhindern, und sie zehn Minuten lang glühen läfst. Man läfst darauf den Tiegel erkalten, bürstet die metallische Kugel ab, plattet sie aus, und schneidet das Blech in mehrere Stücke; alsdann wickelt man Alles wiederum in Papier, und schmelzt es, mit Kohlenpulver bedeckt, eben so lange wie vorher. Dieses Umschmelzen ist nothwendig, um eine gleichförmige Legirung zu erhalten. Nachdem man sie wiederum sehr gut abgebürstet hat, walzt man sie sehr fein aus, und schneidet das Blech mit der Scheere in mehrere Stücke. Man wägt davon so viel ab, als man zur Analyse gebraucht, und kocht es in einem Kolben mit einem Ueberschusse von starker Chlorwasserstoffsäure wenigstens zwei und eine halbe Stunde hindurch. Darauf verdünnt man die Flüssigkeit mit Wasser, und filtrirt das fein zertheilte Antimon auf einem gewogenen Filtrum, auf welchem man es trocknet und wägt. Die Menge des Zinns berechnet man ausdem Verluste.

Sind mit Antimon und Zinn noch andere Metalle verbunden, so kann eine solche Legirung bei der Behandlung mit Chlorwasserstoffsäure andere Resultate geben. Blei kann aber in grofser Menge mit diesen beiden Metallen vereinigt sein, ohne die Genauigkeit zu beeinträchtigen.

Gay-Lussac hat folgende Methode zur quantitativen Bestimmung beider Metalle vorgeschlagen. Sind sie in einer Auflösung von Chlorwasserstoffsäure enthalten, und ist das gemeinschaftliche Gewicht beider bekannt, so wird in die Auflösung, nachdem zu derselben ein Ueberschufs von Chlorwasserstoffsäure gesetzt ist, wenn sie denselben nicht schon enthielt, ein Blech von reinem Zinn gebracht, welches das Antimon als ein schwarzes Pulver niederschlägt. Die Fällung geschieht nicht vollständig bei gewöhnlicher Temperatur oder würde wenigstens sehr viel Zeit erfordern; wenn indessen das Ganze sehr gelinde erhitzt wird, so geschieht sie vollständig, wenn man nur Sorge trägt, in der Flüssigkeit einen Ueberschufs von Säure zu erhalten. Das Antimon wird darauf auf einem gewogenen Filtrum filtrirt, ausgewaschen, und bei gelinder Hitze so lange getrocknet, bis das Gewicht desselben sich nicht mehr ändert. Die Menge des Zinns findet man durch den Verlust.

Sind beide Metalle in einer Auflösung enthalten, und kennt man nicht die Menge beider Metalle zusammengenommen, so kann man aus einem bestimmten Theile der Auflösung beide Metalle gemeinschaftlich durch Zink fällen, und in einem anderen Theile die Menge des Antimons durch Zinn bestimmen.

Hat man eine Legirung von Zinn und Antimon zu untersuchen, so löst man dieselbe in Chlorwasserstoffsäure auf, zu welcher man nach und nach kleine Mengen von Salpetersäure setzt.

Da man nach der Methode von Gay-Lussac, so wie auch nach

der von Chaudet, nur unmittelbar das Antimon, das Zinn aber durch den Verlust findet, so hat Levol die Methode von Chaudet dahin modificirt, dafs er die Legirung beider Metalle durch Chlorwasserstoffsäure und chlorsaures Kali auflöst, aus der Auflösung beide Metalle durch metallisches Zink fällt, und ohne die Auflösung des Chlorzinks abzugiefsen, durch starke Chlorwasserstoffsäure das Zinn auflöst (welches man aus der Auflösung durch Schwefelwasserstoffgas fällen kann), während das Antimon ungelöst zurückbleibt.

Elsner hat zwar diese Methode nicht genau befunden, da neben dem Zinn auch Antimon durch Chlorwasserstoffsäure aufgelöst wird, aber Levol wendet gegen diese Bemerkung ein, dafs durch die Anwesenheit des Chlorzinks die Einwirkung der Chlorwasserstoffsäure auf Antimon bedeutend geschwächt wird.

Nach Tookey kann man aus einer chlorwasserstoffsauren Lösung von Zinn und Antimon das letztere durch Digestion mit dünn ausgewalztem oder fein zertheiltem Eisen metallisch ausscheiden, während das Zinn als Chlorür in Lösung bleibt. Nachdem alles Eisen aufgelöst ist, bringt man das Antimon auf ein gewogenes Filtrum und wägt es nach dem Trocknen bei 110° C.

Die zweckmäfsigste Methode der Trennung beider Metalle von einander ist folgende: Die Legirung wird, so viel wie es angeht, zerkleinert, und in einem grofsen Becherglase vorsichtig mit starker Salpetersäure (vom specif. Gewichte 1,4; eine ganz starke Salpetersäure vom specif. Gewichte 1,52 greift sie nicht an) übergossen. Nachdem die heftige Oxydation stattgefunden hat, bringt man die Oxyde in eine kleine Porcellanschaale, dampft die überschüssige Säure ab, erhitzt die trockne Masse bis fast zum Glühen und schmelzt sie in einem Silbertiegel bei Rothglühhitze einige Zeit mit einem bedeutenden Ueberschufs von reinem Natronhydrat. Die erkaltete Masse wird mit Wasser aufgeweicht; der Tiegel wird darauf mit Wasser vollständig gereinigt, und Alles in ein gröfseres Glas gespült. In diesem läfst man das schwerlösliche antimonsaure Natron sich setzen; das zinnsaure Natron ist vollständig im Wasser aufgelöst. Wollte man nun dies zinnsaure Natron vom antimonsauren Natron nur durch Wasser trennen, so würde das Resultat der Analyse sich der Wahrheit nur ziemlich entfernt nähern, da das antimonsaure Natron nicht ganz unauflöslich darin ist. Auch läuft das Wasser, wenn man das antimonsaure Natron auswaschen will, nachdem die Auflösung des zinnsauren Natrons abfiltrirt ist, opalisirend durchs Filtrum, was man nur dadurch einigermafsen verhindern kann, wenn man zum Waschwasser etwas kohlensaures Natron setzt.

Man erhält indessen genaue Resultate, wenn die Trennung der beiden Salze durch Alkohol geschieht. Nachdem man nämlich mit vielem Wasser den geschmolzenen Inhalt des Silbertiegels in ein Becherglas gespült hat, setzt man zu der wässerigen Flüssigkeit so viel Alkohol vom specif. Gewicht 0,833, dafs das Verhältnifs des Volumens desselben zu dem des angewandten Wassers wie 1 zu 3 wird. Man rührt Alles gut durch einander, und läfst es sich gut absetzen. In dem verdünnten Alkohol bleibt das zinnsaure Natron vollständig aufgelöst, während das antimonsaure Natron sich vollständig absetzt. Auch das kohlensaure Natron, das sich während des Schmelzens gebildet hatte, wird wie das überschüssige Natronhydrat von dem verdünnten Alkohol aufgelöst. Die Flüssigkeit ist vollständig klar und läfst sich gut filtriren; das antimonsaure Natron mufs darauf mit stärkerem Alkohol (aus gleichen Volumen von Wasser und Alkohol von 0,833 specif. Gewicht bestehend) und zuletzt mit noch stärkerem Alkohol (aus 3 Vol. Alkohol von der genannten Stärke und einem Vol. Wasser) so lange ausgewaschen werden, bis etwas von der abfiltrirten Flüssigkeit, mit verdünnter Schwefelsäure sauer gemacht und mit Schwefelwasserstoffwasser versetzt, nach längerem Stehen keinen gelblichen Niederschlag von Schwefelzinn mehr fallen läfst. Es ist gut, in dem verdünnten Alkohol, der zum Auswaschen dient, eine sehr kleine Menge von kohlensaurem Natron aufzulösen.

Der Alkohol mufs aber genau von der angegebenen Stärke angewandt werden. Nimmt man schwächeren Alkohol, so würde sich neben dem zinnsauren Natron auch etwas antimonsaures Natron auflösen. Es ist dies namentlich der Fall, wenn man zum Auswaschen des antimonsauren Natrons schwachen Alkohol anwendet; derselbe mufs sogar stärker sein, als der, in welchem das zinnsaure Natron gelöst ist. — Wendet man aber stärkeren Alkohol an, so dafs der gröfste Theil des während des Schmelzens gebildeten kohlensauren Natrons ungelöst bleibt, so bleibt mit demselben auch bedeutend viel zinnsaures Natron ungelöst, so dafs man dadurch oft einen grofsen Verlust, von 8 bis 9 Proc., erhalten kann.

Die alkalische Auflösung des zinnsauren Natrons wird längere Zeit einer gelinden Wärme ausgesetzt, um den gröfsten Theil des Alkohols zu verjagen; dann wird sie mit Wasser verdünnt und mit verdünnter Schwefelsäure übersättigt, wodurch das Zinnoxyd gefällt wird. Sicherer kann man es aber durch Schwefelwasserstoffgas in Schwefelzinn verwandeln, das an der Luft geglüht, Zinnoxyd giebt (S. 272).

Es ist nicht möglich, aus dem Gewichte des antimonsauren Natrons mit Sicherheit das des Antimons zu finden. Das Salz kann wohl nach der gegebenen Vorschrift frei von zinnsaurem Natron, aber nicht vollkommen frei von kohlensaurem Natron erhalten werden. Es wird deshalb auf dem Filtrum mit einer Mengung von Chlorwasserstoffsäure und Weinsteinsäure übergossen, worin es sich leicht auflöst. Man kann anfangs den Hals des Trichters vermittelst eines durchbohrten Korks luftdicht auf einer Flasche befestigen, damit die Säuren lange mit dem antimonsauren Natron in Berührung bleiben, um die Auflösung zu befördern. Das Filtrum wäscht man mit einer Mengung von verdünnter Chlorwasserstoffsäure und Weinsteinsäure so lange aus, bis die abfiltrirte Flüssigkeit mit Schwefelwasserstoffwasser versetzt nach einiger Zeit keine röthliche Fällung von Schwefelantimon zeigt. Aus der Lösung wird darauf durch Schwefelwasserstoffgas das Antimon als Schwefelantimon gefällt, in welchem der Antimongehalt bestimmt wird.

Diese Methode giebt bei gehöriger Beachtung aller Vorsichtsmaafsregeln recht genaue Resultate. Ein unangenehmer Umstand bei der Ausführung derselben ist jedoch die Anwendung des Silbertiegels, welche nicht zu umgehen ist. Bisweilen wird dadurch das gefällte Schwefelzinn mit einer sehr geringen Spur von schwarzem Schwefelsilber verunreinigt. Die Bildung des Schwefelsilbers findet indessen nicht statt, wenn das Zinnoxyd nur durch Schwefelsäure gefällt wird.

Sind Zinn und Antimon gemeinschaftlich aus einer Lösung durch Schwefelwasserstoffgas gefällt, so werden die Schwefelmetalle auf einem gewogenen Filtrum getrocknet, und mit demselben gewogen. Dann nimmt man sie möglichst vom Filtrum herunter, welches man nach abermaligem Trocknen wägt, und übergiefst sie in einem Becherglase mit starker Salpetersäure vom specif. Gewichte 1,52, wodurch sie oxydirt werden, wenn man das Ganze bis zur Trocknifs abdampft. Man fügt zu der abgedampften Masse Natronhydrat und spült mit Wasser Alles in einen Silbertiegel, dampft darin bis zur Trocknifs ab, und schmelzt die trockne Masse mit einem Ueberschufs von Natronhydrat. Man verfährt dann so, wie so eben angegeben ist. Aus dem erhaltenen antimonsauren Natron kann in diesem Falle noch weniger die Menge des Antimons berechnet werden, da es schwefelsaures Natron enthalten kann.

Trennung des Antimons vom Quecksilber, Silber, Kupfer, Wismuth, Blei, Cadmium, Kobalt, Zink, Eisen und Mangan; ferner vom Golde und Platin. — Die Oxyde, welche aus sauren Auflösungen durch Schwefelwasserstoff gefällt werden, lassen sich gröfstentheils von dem Antimon durch Behandlung mit Schwefelammonium trennen, da alle Schwefelungsstufen des Antimons hierin auflöslich sind. Auf dieselbe Weise können auch die Metalloxyde, welche nur aus neutralen oder alkalischen Auflösungen sich durch Schwefelammonium als Schwefelmetalle niederschlagen lassen, von den Oxyden des Antimons geschieden werden. Das Verfahren dabei ist folgendes: Die oxydirte oder metallische Verbindung wird in einem kleinen Kolben durch concentrirte Chlorwasserstoffsäure aufgelöst; ist sie hierin nicht ganz löslich, wie dies fast immer der Fall ist, so wendet man Königswasser an. Die concentrirte Auflösung wird dann im Kolben mit Ammoniak übersättigt, wodurch fast immer ein sehr starker Niederschlag entsteht. Man fügt darauf eine zur Auflösung des Antimons hinlängliche Menge von Schwefelammonium hinzu und verkorkt den Kolben. Gewöhnlich entsteht dadurch bei gewöhnlicher Temperatur eine voluminöse schwarzbraune Fällung, weil auch zuerst ein sehr grofser Theil des entstandenen Schwefelantimons sich mit den unlöslichen Schwefelmetallen ausscheidet; aber durch Digestion bei gelinder Wärme wird der Niederschlag immer weniger voluminös und mehr schwarz gefärbt.

Je mehr freien Schwefel das Schwefelantimon enthält, und je intensiver gelb gefärbt es daher ist, um so besser geschieht die Trennung, da das Schwefelantimon sich dann leichter auflöst. Es ist daher oft gut, in dem Schwefelammonium eine kleine Menge von gepulvertem Schwefel aufzulösen. Wenn der Niederschlag sich nicht mehr verändert, kann man das Ganze vollständig erkalten lassen, und nachdem man Wasser hinzugesetzt hat, filtriren. Das Filtriren und Auswaschen mufs ohne Unterbrechung hinter einander geschehen; auch darf man zum Auswaschen kein reines, sondern nur mit etwas Schwefelammonium gemischtes Wasser anwenden. Die filtrirte Flüssigkeit enthält alles Antimon als Schwefelantimon aufgelöst; man fällt es daraus durch verdünnte Chlorwasserstoffsäure, oder durch Essigsäure, welche man nicht mit einem Male, sondern allmälig zusetzt, und womit man die Auflösung schwach sauer macht.

Das so erhaltene Schwefelantimon ist mit Schwefel gemengt, der sich bei Zersetzung des überschüssigen Schwefelammoniums ausgeschieden hat. Man läfst die Flüssigkeit über dem Niederschlage bei höchst gelinder Wärme so lange stehen, bis sie fast nicht mehr nach Schwefelwasserstoffgas riecht; dann filtrirt man das Schwefelantimon auf einem gewogenen Filtrum und trocknet es. Nach dem Trocknen wird es gewogen, und nach einer der Methoden, die oben angegeben sind, analysirt. Am besten ist es in diesem Falle, das Schwefelantimon in einem Porcellantiegel in einer Atmosphäre von Kohlensäuregas, oder selbst in einem Luftbade zu erhitzen (S. 295). Will man es durch starke Salpetersäure zu antimonsaurem Antimonoxyd oxydiren, so mufs es vorher von der gröfsten Menge des beigemengten Schwefels durch Schwefelkohlenstoff befreit werden. — Die durch Schwefelammonium gefällten Schwefelmetalle werden mit Salpetersäure, oder mit Königswasser behandelt und nach den Methoden von einander getrennt, die früher angegeben sind.

Es ist hierbei zu bemerken, dafs es nothwendig ist, die zu analysirende Verbindung vor der Behandlung mit Schwefelammonium in

Säuren, namentlich in Chlorwasserstoffsäure aufzulösen, und die Auflösung mit Ammoniak zu übersättigen; dies ist auch dann nöthig, wenn die Verbindung oxydirt ist. Und selbst wenn die Substanz sehr fein gepulvert ist, darf man sie nicht unmittelbar mit Schwefelammonium übergiefsen, weil ganz trockene Oxyde oft sehr unvollständig dadurch in Schwefelmetalle umgeändert werden.

Sind die Verbindungen schwer in Säuren löslich oder ganz unlöslich darin, so schmelzt man sie mit der sechsfachen Menge eines Gemenges aus gleichen Theilen von Schwefel und kohlensaurem Natron in einem Porcellantiegel, wie dies oben S. 275 bei der Analyse der Zinnverbindungen gezeigt ist. Die geschmolzene Masse behandelt man mit Wasser, filtrirt die ungelösten Schwefelmetalle ab und verfährt so, wie oben angegeben ist.

Die Metalle, welche durch Behandlung mit Schwefelammonium, oder durch Schmelzen mit Schwefelnatrium vom Antimon getrennt werden können, sind: Mangan, Eisen, Zink, Kobalt, Cadmium, Blei, Wismuth, Silber und Quecksilber. Wenn Quecksilber mit dem Antimon verbunden war, kann die Trennung nur durch Schwefelammonium, nicht durch Schwefelnatrium, bewirkt werden; man mufs nach dem Zusetzen von Schwefelammonium das Ganze vollständig erkalten und längere Zeit stehen lassen, ehe man es filtriren kann. Kupfer kann nicht ganz vollständig durch Schwefelammonium oder Schwefelnatrium vom Antimon getrennt werden, noch weniger gut Nickel; Eisen wird besser durch Schwefelammonium, als durch Schmelzen mit Schwefelnatrium vom Antimon getrennt, da ein Theil des Schwefeleisens in der wäfsrigen Lösung des Schwefelnatriums lange aufgelöst oder suspendirt bleibt, dieselbe grün färbend. Gold und Platin können weder durch Schwefelammonium noch durch Schwefelnatrium vom Antimon getrennt werden, da die Schwefelverbindungen derselben, wie das Schwefelantimon, darin auflöslich sind.

Eine andere Methode, metallisches Antimon von den meisten anderen Metallen zu trennen, ist folgende: Man leitet über eine gewogene Quantität der Metalllegirung Chlor, indem man sich dazu eines solchen Apparats bedient, wie er weiter unten bei der Analyse der Schwefelmetalle durch Chlorgas abgebildet ist. Läfst die Legirung sich pulvern, so wendet man sie in gepulvertem Zustande an. Ist dies nicht der Fall, so nimmt man die Stücke der Legirung so klein als man sie erhalten kann. Die Vorlage wird mit einer schwachen Auflösung von Weinsteinsäure, zu welcher man Chlorwasserstoffsäure gesetzt hat, angefüllt. Wenn der Apparat mit Chlorgas angefüllt ist, erwärmt man die Legirung sehr vorsichtig. Die Metalle verwandeln sich dadurch in Chlormetalle, von denen das flüchtige Chlorantimon abdestillirt und durch die Flüssigkeit in der Vorlage zersetzt wird.

20*

Die Weinsteinsäure und die Chlorwasserstoffsäure verhindern, sobald sie beide in hinreichender Menge vorhanden sind, das Milchichtwerden der Flüssigkeit. Wenn sich nichts Flüchtiges mehr entwickelt, läfst man die Kugel erkalten.

Bei Untersuchungen dieser Art kann ein Umstand eintreten, der zu berücksichtigen ist. Bei gewöhnlicher Temperatur werden die meisten Legirungen des Antimons nicht besonders angegriffen. Wenn man aber die Verbindung zu erwärmen anfängt, so absorbirt sie mit einem Male so viel Chlorgas, dafs sie zu glühen beginnt. Sobald man an einem Stücke der Legirung die Feuererscheinung bemerkt, hört man daher sogleich zu erhitzen auf.

Nach Beendigung der Operation schneidet man die Glasröhre dicht hinter der Kugel mit den nicht flüchtigen Chlormetallen ab, spült das Chlorantimon vollständig aus der Glasröhre in ein Becherglas, setzt die in der Vorlage befindliche Flüssigkeit hinzu, verdünnt mit Wasser, und fällt darauf durch Schwefelwasserstoffgas das Antimon als Schwefelantimon. Die Analyse der nicht flüchtigen Chlormetalle geschieht nach Regeln, die im Vorhergehenden angegeben sind. Ist Chlorsilber mit anderen Chlormetallen in der Glaskugel enthalten, so bleibt beim Behandeln mit sehr verdünnter Chlorwasserstoffsäure Chlorsilber ungelöst, welches man bei gleichzeitiger Anwesenheit von Chlorblei und Kupferchlorür sorgfältig auswaschen mufs. — Auf diese Weise kann das Antimon vom Kobalt, Nickel, Blei, Kupfer, Silber, Platin und Gold getrennt werden. Wenn Blei zugegen ist, darf die Kugel aber nicht sehr stark erhitzt werden.

Diese Methode ist zwar im Allgemeinen nicht so sehr zu empfehlen, wie die vorher beschriebenen, nach welchen man das Antimon aus Auflösungen durch Schwefelwasserstoffgas fällt oder es durch Schwefelammonium oder Schwefelnatrium auflöst; allein sie ist, wie noch später gezeigt ist, besonders allen übrigen vorzuziehen, wenn Schwefelantimon von anderen Schwefelmetallen getrennt werden soll. Die Legirungen werden nämlich durch Chlor schwerer zersetzt, als die Schwefelmetalle, und dann tritt oft der Fall ein, dafs das zurückbleibende Chlormetall, wenn es schmelzbar ist, kleine Antheile der noch unzerlegten Legirung umhüllt, und sie gegen die Einwirkung des Chlorgases schützt, besonders wenn die Legirung nicht gepulvert werden kann.

Wenn Verbindungen der Antimonsäure und des Antimonoxyds mit Metalloxyden durch Säuren nicht aufgelöst werden können, und die Zersetzung derselben vermittelst Schmelzens mit kohlensaurem Natron und Schwefel nicht gut angewandt werden kann, wie dies z. B. der Fall ist, wenn sie Kupferoxyd enthalten, so kann man sie durch Wasserstoffgas, wenn das Metalloxyd dadurch bei erhöhter Temperatur zu Metall reducirt werden kann, in Antimonlegirungen verwandeln, und diese auf die so eben beschriebene Weise in Chlorgas erhitzen. Die Reduction vermittelst Wasserstoffgas bewirkt man nicht in einem Porcellantiegel in dem S. 77 abgebildeten Apparat, sondern gleich in einer Kugelröhre, in welcher dann später die entstandene Legirung in Chlorgas erhitzt wird.

Auf diese Weise zerlegt man namentlich das merkwürdige Hüttenproduct, das man Kupferglimmer nennt, und das manche Kupferarten, namentlich das Kupfer von Goslar verunreinigt. Es besteht aus Antimonoxyd verbunden mit Kupferoxyd und Nickeloxyd. Es wird von Säuren nicht angegriffen und widersteht der Auflösung in den stärksten Reagentien. Es kann, wegen der Anwesenheit des Nickels und des Kupfers, nicht gut durch Schmelzen mit kohlensaurem Natron und Schwefel zerlegt werden. Wohl aber läfst die Verbindung sich leicht und bei nicht sehr starkem Erhitzen durch Wasserstoffgas zu einer violetten Legirung reduciren, welche bei der angewandten Hitze noch nicht schmilzt, sondern nur schwach zusammensintert, und die Form der Glimmerblättchen behält. Wenn diese Legirung darauf in der Glaskugel, in welcher die Reduction geschah, der Einwirkung des Chlorgases unterworfen wird, so tritt hier besonders die Erscheinung ein, die oben erwähnt worden, dafs bei der ersten Einwirkung der Hitze die Legirung sich im Chlorgas entzündet, und dabei plötzlich eine grofse Menge von Chlorgas absorbirt. Diese Methode der Untersuchung ist der vorzuziehen, die durch Wasserstoffgas reducirte Legirung in Königswasser aufzulösen. Wird diese Lösung mit Ammoniak übersättigt und mit Schwefelammonium behandelt, so hat die Trennung des Antimons vom Kupfer und vom Nickel Schwierigkeiten.

Man hat versucht, das Antimon von manchen edlen Metallen, namentlich vom Silber, auf einer Kupelle in der Muffel eines Probirofens abzutreiben, wobei das Antimon sich zu Antimonoxyd oxydirt und als Rauch verflüchtigt, während das Silber zurückbleibt und gewogen wird. Indessen wenn eine Legirung, die blofs aus Silber und Antimon besteht, auf diese Weise auf einer Kupelle von Knochenasche so lange in der Muffel geglüht wird, bis kein Antimonrauch mehr bemerkbar ist, so erhält man, nach von Bonsdorff, einen Silberregulus, dessen Oberfläche matt und graulich ist, und der ungefähr noch ein Procent Antimon enthält, weshalb er sich auch nicht ganz vollständig in Salpetersäure auflöst. Wenn aber der erhaltene Regulus mit ungefähr dem Fünffachen seines Gewichts an reinem Blei noch einmal abgetrieben wird, bis das Blicken des Silbers sich zeigt, so ist der erhaltene Silberregulus frei von Antimon. — Auf ähnliche Weise würde man auch Antimon vom Golde trennen können. Die Scheidung dieser beiden Metalle in Auflösungen kann übrigens sehr gut durch eine Lösung von schwefelsaurem Eisenoxydul bewerkstelligt werden, durch welche das Gold reducirt wird.

Trennung des Antimons vom Nickel, Kobalt, Zink, Eisen und Mangan. — Besser noch als vermittelst Schwefelammoniums kann man in Auflösungen das Antimon von den Oxyden der genannten Metalle trennen, wenn man aus der sauren, mit etwas Weinsteinsäure versetzten und darauf mit Wasser verdünnten Auflösung vermittelst Schwefelwasserstoffgas das Antimon als Schwefelantimon unter den Vorsichtsmaafsregeln fällt, die oben angegeben sind. Aus der vom Schwefelantimon abfiltrirten Flüssigkeit kann man indessen wegen der Gegenwart der Weinsteinsäure die aufgelösten Oxyde nicht durch die Fällungsmittel niederschlagen, durch welche sie gewöhnlich gefällt werden. Man mufs daher die Auflösung mit Ammoniak übersättigen, und durch Schwefelammonium die Oxyde als Schwefelmetalle fällen.

Am schwersten ist es dann, das Nickeloxyd zu bestimmen, weil sich dies nicht gut durch Schwefelammonium als Schwefelnickel fällen läfst. Man beobachtet in diesem Falle entweder die Vorsichtsmaafsregeln, die S. 137 bei der Fällung des Schwefelnickels angegeben sind, oder was besser noch, man läfst bei der Trennung des Antimons vom Nickel den Zusatz von Weinsteinsäure zu der Auflösung weg. Man thut gut, sie in anderen Fällen auch wegzulassen, wenn die Menge des Antimons nur unbedeutend ist. — Bei der Trennung des Antimons vom Zink mufs zu der Lösung nicht zu wenig Chlorwasserstoffsäure hinzugefügt werden.

Trennung der Antimonoxyde von den Erden. — Man kann durch Schwefelwasserstoffgas das Antimon von den Erden trennen; es ist aber zweckmäfsig, den Zusatz von Weinsteinsäure zur Auflösung wegzulassen, weil bei Gegenwart dieser Säure die Fällung der Erden in der vom Schwefelantimon getrennten Flüssigkeit oft Schwierigkeiten hat. In einer vom Schwefelantimon abfiltrirten Flüssigkeit, die Weinsteinsäure enthält, kann man nur die Baryterde einigermafsen gut bestimmen, weil diese durch Schwefelsäure vollkommen gefällt wird. Aber die gefällte schwefelsaure Baryterde enthält noch etwas weinsteinsaure Baryterde. Thonerde hingegen kann durch Reagentien bei Gegenwart von Weinsteinsäure fast gar nicht gefällt werden. Will man die Oxyde des Antimons von den Erden trennen, so thut man also besser, entweder so viel Chlorwasserstoffsäure zur Auflösung zu setzen, dafs sie klar wird, oder gleich durch die verdünnte saure milchichte Auflösung Schwefelwasserstoffgas zu leiten. Hat man die Auflösung durch concentrirte Chlorwasserstoffsäure klar gemacht, so kann man, wenn der gröfste Theil des Antimons als Schwefelantimon gefällt ist, eine gehörige Menge von Wasser hinzufügen, um die Einwirkung der Chlorwasserstoffsäure auf das Schwefelantimon zu verhindern, und dann die Fällung durch Schwefelwasserstoffgas weiter fortsetzen.

Es ist indessen schon bemerkt, daſs das durch Schwefelwasserstoffgas gefällte Schwefelantimon immer kleine Mengen von Chlor enthält, (welche selbst durch ein langes Auswaschen nicht fortgenommen werden können), wenn es aus Auflösungen gefällt ist, die nur Chlorwasserstoffsäure und keine Weinsteinsäure enthalten. Wird dann ein solches Schwefelantimon durch Erhitzen in einem kleinen Luftbade oder in einer Atmosphäre von Kohlensäuregas von dem überschüssigen Schwefel befreit, oder wird es vermittelst Salpetersäure in antimonsaures Antimonoxyd verwandelt, so hat man einen kleinen Verlust an Antimon, weil bei diesen Behandlungen eine sehr kleine Menge davon als Chlorantimon entweichen kann. Um dies zu verhüten, muſs man das Schwefelantimon, nachdem es vollkommen von den aufgelösten Erden ausgewaschen ist, auf dem Filtrum in noch feuchtem Zustande mehrere Male mit Wasser auswaschen, welches Weinsteinsäure enthält, und mit etwas Schwefelwasserstoffwasser vermischt ist. Es wird dadurch der Chlorgehalt weggenommen; zuletzt wäscht man das Schwefelantimon noch mit reinem Wasser aus.

In den Verbindungen der Antimonsäure mit den Erden kann man die Menge der letzteren in vielen Fällen sehr genau bestimmen, wenn man die Verbindung mit Chlorammonium mengt, und das Gemenge glüht. Man verfährt dabei auf eine ganz ähnliche Weise, wie bei den Zinnverbindungen. In einer Verbindung der Thonerde mit Antimonsäure kann indessen die Thonerde nicht auf diese Weise bestimmt werden, da ein groſser Theil derselben durch Chlorammonium auch verflüchtigt wird.

Beim Glühen der antimonsauren Magnesia mit Chlorammonium wird schwer, auch durch mehrmalige Behandlung, die Antimonsäure gänzlich verflüchtigt.

Dahingegen werden die Verbindungen der Antimonsäure mit den alkalischen Erden schon bei einmaliger Behandlung durch Chlorammonium ganz vollständig zersetzt; der Rückstand nach dem Glühen ist vollkommen frei von jeder Spur von Antimon.

Trennung der Antimonoxyde von den'Alkalien. — Man kann die Verbindungen in Chlorwasserstoffsäure auflösen, und durch Schwefelwasserstoffgas das Antimon auf eine ähnliche Weise von den Alkalien trennen, wie von den Erden.

Die Lösungen der antimonsauren Alkalien werden durch eine Lösung von salpetersaurem Quecksilberoxydul zersetzt. Der Niederschlag des antimonsauren Quecksilberoxyduls senkt sich auſserordentlich schwer, läſst sich aber nach längerem Stehen gut filtriren. Er muſs mit einer Lösung von salpetersaurem Quecksilberoxydul ausgewaschen werden, nach dem Glühen bei starker Hitze hinterläſst er antimonsaures Antimonoxyd. Aus der filtrirten Flüssigkeit fällt man das überschüssige Quecksilberoxydul durch Schwefelwasserstoffgas oder durch Chlorwasserstoffsäure, und in der abfiltrirten Flüssigkeit bestimmt man die Menge des Alkalis nach bekannten Methoden.

Die beste Methode, in den antimonsauren Alkalien die Menge des Alkalis zu bestimmen, ist, sie mit Chlorammonium zu glühen, wobei das Alkali als Chlormetall zurückbleibt. Man verfährt hierbei ebenso, wie dies oben S. 286 bei der Zerlegung der zinnsauren Alkalien gezeigt ist. Die antimonsauren Alkalien werden noch leichter zersetzt, als die zinnsauren, und ist oft nur ein zweimaliges Glühen mit Chlorammonium nöthig, um das alkalische Chlormetall ganz rein von jeder Spur von Antimon zu erhalten. Die Resultate sind sehr genau.

Bestimmung der Mengen von Antimonoxyd und von Antimonsäure, wenn beide zusammen vorkommen. — Es kann, wenn beide Oxydationsstufen des Antimons in einer Auflösung enthalten sind, die Bestimmung auf die Weise geschehen, dafs man in einem Theile der Lösung die ganze Menge des Antimons bestimmt, in einem anderen hingegen die Menge des Antimonoxyds nach Hinzufügung einer Goldchloridauflösung durch Reduction des Goldes findet (S. 298). Diese Methode kann aber nur dann ein genaues Resultat geben, wenn in der Auflösung aufser den Säuren des Antimons nur Chlorwasserstoffsäure, und allenfalls auch Schwefelsäure zugegen sind, nicht aber, wie dies sehr häufig der Fall ist, bei Gegenwart von Salpetersäure oder Weinsteinsäure.

Zweckmäfsiger ist es, das Antimonoxyd maafsanalytisch auf dieselbe Weise wie das Zinnoxydul zu bestimmen (S. 287). Man kann zu der nach Zusatz von Weinsteinsäure durch kohlensaures Natron schwach alkalisch gemachten Antimonlösung so lange Jodlösung hinzusetzen, bis diese nicht mehr entfärbt wird, und dann den Ueberschufs von Jod durch unterschweflichtsaures Natron zurückmessen.

XXXX. Titan.

Bestimmung des Titanoxyds. — Wenn das Titanoxyd aus seinen Auflösungen durch Ammoniak gefällt ist, so verwandelt es sich nach ungefähr 24 oder 36 Stunden unter Wasserstoffgasentwicklung in Titansäure, aus deren Menge man die des Oxyds berechnen kann. — Das Titanoxyd kann auch durch kohlensaure Kalk- und Baryterde schon bei gewöhnlicher Temperatur vollständig gefällt, und dadurch von starken Basen getrennt werden.

Man wird auch in einer Auflösung die Menge des Titanoxyds maafsanalytisch durch eine Lösung von übermangansaurem Kali oder von Jod in Jodkalium bestimmen können.

Bestimmung der Titansäure. — Aus den sauren Auflösungen der Titansäure wird dieselbe am besten durch Ammoniak gefällt.

Man mufs hierbei ein grofses Uebermaafs von Ammoniak vermeiden, weil dadurch höchst geringe Spuren von Titansäure aufgelöst werden könnten. Der voluminöse Niederschlag des Titansäurehydrats ist dem Thonerdehydrat ähnlich und schwindet auch beim Trocknen sehr stark zusammen. Nach dem Trocknen wird er geglüht (wobei eine Lichterscheinung stattfindet, wenn der Niederschlag nicht bei zu starker Hitze getrocknet ist) und darauf gewogen. Beim ersten Erhitzen kann oft ein Decrepitiren stattfinden. Durch Glühen bekommt er einen starken Glanz und einen Stich in's Bräunliche. Das Wägen mufs in einem gut bedeckten Platintiegel gleich nach dem Erkalten geschehen, weil sonst die Titansäure durch Anziehung von Feuchtigkeit etwas an Gewicht zunimmt.

Auch wenn in der Lösung feuerbeständige Alkalien vorhanden sind, so wird durch Ammoniak nur Titansäure und kein titansaures Alkali gefällt.

Soll die Titansäure nach ihrer Fällung durch Ammoniak und nach dem Auswaschen wiederum in Chlorwasserstoffsäure aufgelöst werden, wie dies manchmal geschehen mufs, um sie noch von anderen Stoffen zu trennen, so mufs bei der Fällung jedes Erhitzen vermieden werden, das Auswaschen darf nur mit kaltem Wasser geschehen, und das Trocknen, wenn dies überhaupt nöthig sein sollte, mufs nur über Schwefelsäure ausgeführt werden. Versäumt man diese Vorsichtsmaafsregeln, so erhält man durch Chlorwasserstoffsäure keine klare, sondern eine opalisirende oder milchichte Lösung.

Man hat die Titansäure aus ihren sauren Auflösungen oft auf die Art gefällt, dafs man die Flüssigkeit längere Zeit kochte. Es bleibt indessen, wenn die Titansäure in Chlorwasserstoffsäure aufgelöst ist, immer ein Theil der Titansäure aufgelöst, und kann nicht anders erhalten werden, als wenn das Ganze bis zur Trockniſs abgedampft wird. Filtrirt man die durch Kochen gefällte Titansäure, so geht die Flüssigkeit, so lange sie sauer ist, zwar klar durchs Papier, versucht man aber die Titansäure mit reinem Wasser auszuwaschen, so läuft dieses milchicht durchs Filtrum, selbst wenn man starkes Filtrirpapier angewendet hat. Man kann dies nur dadurch verhindern, dafs man zum Auswaschen sich eines Wassers bedient, das durch eine Säure sauer gemacht ist, wodurch aber immer etwas mehr Titansäure aufgelöst wird.

Aus der Auflösung in Schwefelsäure kann aber durch Kochen die Titansäure vollständig, oder doch bis auf äufserst geringe Spuren gefällt und dadurch von vielen anderen Substanzen getrennt werden, wenn die Auflösung möglichst wenig freie Schwefelsäure enthält, mit der hinreichenden Menge Wasser verdünnt ist, und anhaltend gekocht wird unter Erneuerung des verdampften Wassers. Je mehr freie

Schwefelsäure die Auflösung enthält, um so mehr Wasser mufs hinzugefügt werden; ist aber die freie Schwefelsäure in gröfserer Menge vorhanden, so ist es besser, den Ueberschufs derselben durch Abdampfen zu verflüchtigen, oder die Lösung vor dem Verdünnen und Kochen so lange mit Ammoniak zu versetzen, als ein dadurch entstehender Niederschlag beim Umrühren der Flüssigkeit noch wieder aufgelöst wird. Ist die Menge der Titansäure und also auch die der Schwefelsäure bedeutend, so mufs man aus der Flüssigkeit, welche von der durch Kochen gefällten Titansäure abfiltrirt ist, den gröfsten Theil der freien Schwefelsäure auf die angegebene Weise entfernen und nochmals kochen.

Das Kochen der Lösung geschieht am besten in einer Platinschale, welche hierbei zwar etwas bunt anläuft (was für die Titansäure charakteristisch ist), aber ohne dafs dadurch die Genauigkeit des Resultats beeinträchtigt wird. Die gefällte Titansäure kann sehr gut auch mit heifsem Wasser ausgewaschen werden, ohne dafs das Waschwasser milchicht durch das Filtrum geht. Nach dem Trocknen mufs die Titansäure sehr stark geglüht werden, um die Schwefelsäure zu verjagen, was man zweckmäfsig durch Zusatz einiger Stückchen von kohlensaurem Ammoniak befördert.

Auch wenn man die Titansäure durch längeres Schmelzen mit nicht zu geringen Mengen von saurem schwefelsaurem Kali, Natron oder Ammoniak, und Behandeln der geschmolzenen Masse mit kaltem Wasser (bei Anwendung von heifsem Wasser erhält man gar keine klare Auflösung) aufgelöst hat, kann man bei Beachtung der oben angegebenen Vorsichtsmaafsregeln die Titansäure durch Kochen fällen. Die gefällte Titansäure enthält kein Alkali und läfst sich auch gut auswaschen.

Man kann auch die Titansäure, wie das Eisenoxyd (S. 97), aus den sauren Auflösungen durch Kochen mit essigsaurem Natron oder essigsaurem Ammoniak fällen. Der Niederschlag läfst sich sehr gut filtriren und auswaschen.

Hat man Titansäure geglüht, so ist sie nach dem Glühen unlöslich in Chlorwasserstoffsäure, wie die in der Natur als Rutil, Brookit und Anatas vorkommende Titansäure. Ist sie dann nicht ganz rein, und will man mit Genauigkeit die Menge der fremden Beimengungen bestimmen, so schmelzt man sie fein gerieben in einem Platintiegel mit der drei- bis vierfachen Menge von kohlensaurem Kali-Natron, bis sich aus der flüssigen Masse keine Kohlensäure mehr entwickelt. Das Glühen mufs vorsichtig und allmälig geschehen, weil sonst bei zu schnellem Erhitzen durch Spritzen ein Verlust entstehen könnte, wie beim Zusammenschmelzen der Kieselsäure oder der kieselsauren Verbindungen mit kohlensauren Alkalien. Das erhaltene titansaure

Alkali wird mit Wasser von gewöhnlicher Temperatur behandelt, wodurch das überschüssige kohlensaure Alkali aufgelöst wird und saures titansaures Alkali ungelöst zurückbleibt, welches sich beim Erwärmen mit einem Ueberschufs von concentrirter Chlorwasserstoffsäure rasch auflöst. Sicherer erhält man aber eine vollständig klare Auflösung, wenn man das saure titansaure Alkali mit der concentrirten Chlorwasserstoffsäure bei gewöhnlicher Temperatur unter häufigem Umrühren längere Zeit stehen läfst.

Die Auflösung der geglühten Titansäure, des Rutils und der Verbindungen der Titansäure überhaupt kann auch durch Erhitzen mit Schwefelsäure bewerkstelligt werden. Man kocht die durch sorgfältiges Schlämmen möglichst fein zertheilte Substanz in einer Platinschale mit einem grofsen Ueberschufs eines Gemisches von gleichen Volumen concentrirter Schwefelsäure und Wasser, indem man das verdampfte Wasser nach vorherigem Abkühlen der Schwefelsäure, so oft es nöthig ist, erneut, bis keine unangegriffene Substanz mehr wahrzunehmen ist. Durch vorsichtiges allmäliges Hinzufügen von Wasser, so dafs sich die Lösung nur höchst unbedeutend erwärmt, erhält man nun alle Titansäure in Lösung. Man kann auch vor dem Vermischen der Lösung mit Wasser den gröfsten Theil der Schwefelsäure abdampfen, es bleibt dann die schwefelsaure Titansäure als eine gummiartige Masse zurück. Diese mufs man mit sehr wenig Wasser befeuchten und damit entweder lange stehen lassen oder gelinde erwärmen, bis die Auflösung erfolgt ist, und dann erst unter Vermeidung jeder Erwärmung mit mehr Wasser verdünnen. Ist ein Theil der Substanz ungelöst geblieben, so giefst man die klare Auflösung ab und behandelt den Rückstand nochmals mit Schwefelsäure.

Sollte die Lösung durch Verdünnen mit Wasser trübe geworden sein, indem beim Zusetzen des Wassers eine Erwärmung stattfand, so mufs man das Wasser abdampfen und wieder erhitzen, bis die Schwefelsäure anfängt sich unter Rauchen zu verflüchtigen.

Da zur Auflösung der Titansäure, und besonders der in der Natur vorkommenden, das vorherige Schlämmen der Substanz durchaus nothwendig ist, so ist es in vielen Fällen vorzuziehen, das Auflösen durch Schmelzen mit saurem schwefelsaurem Kali oder, wenn die Gegenwart des Kalis vermieden werden soll, mit saurem schwefelsaurem Ammoniak zu bewirken. Man verfährt dabei so, wie bei der Aufschliefsung des Corunds (S. 53) angegeben ist, und setzt das Schmelzen mit der ungefähr vierzehnfachen Menge von saurem schwefelsaurem Kali so lange fort, bis alle Titansäure sich aufgelöst hat. Die geschmolzene Masse bringt man nach dem Erkalten in eine grofse Menge kalten Wassers, worin sie sich nach längerer Zeit klar auflöst, wenn jede Erwärmung vermieden wird.

Die Lösungen der Titansäure, erhalten durch Erhitzen mit Schwefelsäure oder durch Schmelzen mit saurem schwefelsaurem Kali, trüben sich endlich auch bei gewöhnlicher Temperatur nach langer Zeit, wenn sie mit sehr vielem Wasser verdünnt sind.

Wenn man Titansäure oder eine Verbindung derselben mit Schwefelsäure erhitzt, und keine vollständige Lösung erhält, sei es, dafs die Substanz nicht hinreichend fein zertheilt war, oder dafs sie in der That nicht gut durch Schwefelsäure aufschliefsbar ist, so kann man zu dem Ganzen schwefelsaures Kali setzen und dann schmelzen. Das schwefelsaure Kali mufs man aber vorher für sich erhitzen, weil es sonst beim Erhitzen mit der Schwefelsäure stark decrepitiren kann.

Es ist versucht worden, die Titansäure indirect auf die Weise zu bestimmen, dafs man ihre chlorwasserstoffsaure Lösung beim Ausschlufs der Luft mit einer gewogenen Menge von reinem Kupferblech kocht. Die Titansäure wird dadurch nach **Fuchs** zu Titanoxyd (Ti^2O^3) reducirt, das in der sauren Lösung aufgelöst wird, dieselbe violett färbend. Wägt man nach dem Versuche das Kupferblech, so läfst sich aus dem Gewichtsverlust desselben die Menge der Titansäure berechnen.

Fuchs hat auf diese Weise versucht, die Titansäure in Silicaten, namentlich in Verbindungen der Kieselsäure mit Titansäure und Kalkerde (Sphen) zu bestimmen. Werden die schwefelsauren Lösungen der Titansäure nach Verdünnung mit Wasser mit Chlorwasserstoffsäure versetzt, so wird in ihnen durch Kupferblech die Titansäure eben so zu Titanoxyd reducirt, wie in der chlorwasserstoffsauren Lösung.

Durch Silber wird nach v. **Kobell** die Titansäure eben so wie durch Kupfer zu Titanoxyd reducirt. Man hat hierbei den Vortheil, in der Lösung das Titanoxyd ohne Beimischung eines anderen Metalloxyds zu erhalten. Es löst sich indessen hierbei etwas Chlorsilber auf, welches nach Verdünnung der Lösung dieselbe opalisirend macht, und sich erst nach längerer Zeit absetzt, indessen durch etwas Schwefelwasserstoffwasser leicht abgeschieden werden kann.

Wiederholte Versuche haben indessen ergeben, dafs man durch die Reduction der Titansäure zu Titanoxyd vermittelst Kupferblechs nicht übereinstimmende Resultate erhält. Man erhält einen gröfseren Gewichtsverlust an Kupfer, als der Reduction der Titansäure zu Titanoxyd entspricht; es weichen ferner die Resultate der Versuche untereinander sehr ab, die Ursache davon ist nicht ermittelt worden.

Trennung der Titansäure von den Oxyden des Antimons und des Zinns. — Die Trennung der Titansäure vom Zinnoxyd, mit welchem sie zusammen in der Natur vorkommt, so wie von den Oxyden des Antimons kann auf verschiedene Weise ausgeführt werden.

Sind die Oxyde in einer Lösung, so wird dieselbe nach Neutralisation mit Ammoniak mit einem Ueberschuſs von Schwefelammonium versetzt und längere Zeit in einem verkorkten Kolben erwärmt (S. 279); die ungelöst bleibende Titansäure wird mit sehr verdünntem Schwefelammonium ausgewaschen, getrocknet und nach starkem Glühen (S. 314) gewogen.

Aus der von der Titansäure abfiltrirten Flüssigkeit fällt man das Schwefelzinn oder Schwefelantimon durch Uebersättigung mit verdünnter Schwefelsäure.

Hat man Spuren von Zinnoxyd von einer Titansäure zu trennen, welche durch Kochen aus einer schwefelsauren Lösung gefällt ist, so braucht man nach Digestion des Niederschlages mit Schwefelammonium die abfiltrirte Lösung des Schwefelzinns nur abzudampfen, und den trocknen Rückstand beim Zutritt der Luft zu glühen. Man erhält dann Zinnoxyd. Wenn indessen in der Lösung des Schwefelzinns in Schwefelammonium auch nur kleine Mengen von Chlorammonium enthalten sind, so muſs das Schwefelzinn aus der Lösung durch verdünnte Schwefelsäure gefällt werden.

Ist eine feste Verbindung der Titansäure mit den Oxyden des Zinns oder Antimons zu untersuchen, welche oft schwer durch Säuren aufgelöst werden kann, so wird dieselbe am besten durch Schmelzen mit einem Gemenge von kohlensaurem Natron und Schwefel zerlegt (S. 275). Beim Behandeln der geschmolzenen Masse mit Wasser bleibt Titansäure ungelöst zurück, welche mit Wasser, dem man etwas Schwefelammonium zugesetzt hat, ausgewaschen wird. Die ausgewaschene Titansäure zeigt nach dem Glühen beim Zutritt der Luft nur einen sehr kleinen Ueberschuſs an Gewicht, der aus Natron besteht. Man mengt, um dieses zu entfernen, die geglühte Titansäure mit ungefähr 4 bis 5 Theilen reinen Chlorammoniums in einem Platintiegel, und erhitzt den bedeckten Tiegel, bis alles Chlorammonium vollständig verflüchtigt ist. Hierdurch wird das vorhandene Natron in Chlornatrium übergeführt, welches sich durch Wasser ausziehen läſst. Die ausgewaschene Titansäure wird getrocknet, geglüht und gewogen. Dampft man die Lösung des Chlornatriums bis zur Trockniſs ab, und bestimmt die Menge desselben, so entspricht dieselbe gerade der Menge des Natrons, welche die Titansäure durch die Behandlung mit Chlorammonium und mit Wasser verloren hat. — Aus der Lösung des Schwefelzinns oder des Schwefelantimons in Schwefelnatrium fällt man die Schwefelmetalle durch Uebersättigung mit verdünnter Schwefelsäure.

Diese Methoden der Trennung vermittelst Schwefelammoniums oder vermittelst Schwefelnatriums sind die, welche gewöhnlich angewandt werden müssen. Sind die Verbindungen der Titansäure mit den Oxyden des Zinns und des Antimons in einer sauren Lösung, so kann aus derselben durch Schwefelwasserstoffgas Schwefelzinn und Schwefelantimon gefällt werden, während die Titansäure gelöst bleibt. Es ist indessen anzurathen, diese Methode nicht immer der vermittelst Schwefelammoniums vorzuziehen, sondern sie nur in besonderen Fällen anzuwenden, wenn kleine Mengen von den Substanzen von einander getrennt werden sollen, da mit dem Schwefelzinn und dem Schwefelantimon aus sehr verdünnten Lösungen leicht geringe Mengen von Titansäure gefällt werden können.

Die Trennung der Titansäure vom Zinnoxyd glückt nicht, wenn man die Verbindung beider mit einer hinreichenden Menge (der 13- bis 14fachen), von saurem schwefelsaurem Kali schmelzt, und die geschmolzene Masse mit vielem Wasser von gewöhnlicher Temperatur behandelt. Es löst sich in diesem Falle zwar die ganze Menge der Titansäure auf, aber zugleich auch eine nicht unbedeutende Menge von Zinnoxyd (nach Versuchen 13 Proc.), während ohne Gegenwart der Titansäure die ganze Menge desselben ungelöst bleiben würde. Aus der vom schwefelsauren Zinnoxyd getrennten Flüssigkeit fällt daher Schwefelwasserstoffgas noch Schwefelzinn, aber durch das Rösten desselben erhält man im Ganzen mehr Zinnoxyd, als in der Verbindung enthalten war, da, wie schon oben angeführt ist, die Titansäure in einer sehr verdünnten Lösung eine Neigung hat, sich auszuscheiden.

Titansäure und Zinnoxyd können nicht auf die Weise getrennt werden, dafs man die Verbindung oder die Mengung beider Oxyde mit Chlorammonium mengt, und das Gemenge glüht. Das Zinnoxyd wird zwar dadurch vollständig verflüchtigt, aber es verflüchtigt sich gemeinschaftlich mit demselben auch Titansäure, was bemerkenswerth ist, da die reine Titansäure mit Chlorammonium geglüht, sich an Gewicht nicht verändert. Der Gewichtsverlust, den die Titansäure in Verbindung mit Zinnoxyd durch Chlorammonium erleidet, ist zwar nicht sehr beträchtlich (er beträgt noch nicht 3 Procent), aber zu einer quantitativen Bestimmung der Titansäure pafst natürlich die Methode nicht.

Trennung der Titansäure von den Oxyden des Quecksilbers, des Silbers, des Kupfers, des Wismuths, des Bleis und des Cadmiums. — Da die Titansäure aus sauren Lösungen durch Schwefelwasserstoffgas nicht gefällt wird, so kann man sie durch dasselbe von den genannten Metalloxyden trennen.

Es ist indessen zu bemerken, dafs man die Schwefelmetalle nach der Fällung bald abfiltriren mufs, weil sich, wenn die Lösung der Titansäure sehr verdünnt ist, auch bei gewöhnlicher Temperatur leicht etwas Titansäure abscheiden kann.

Die Auflösung der Verbindungen der Titansäure mit den genannten Oxyden bewirkt man, wie oben angegeben ist, durch Erhitzen mit Schwefelsäure, oder durch Schmelzen mit saurem schwefelsaurem Kali oder kohlensaurem Kali-Natron (S. 314). Durch bloſses Erhitzen mit Chlorwasserstoffsäure wird sich wohl nur selten eine vollständige Lösung der Titansäure erreichen lassen. Zu berücksichtigen hat man hierbei, daſs sich mit der Titansäure nicht immer das Metalloxyd auflöst; so kann z. B. schwefelsaures Bleioxyd oder metallisches Silber ungelöst zurückbleiben, was man aber durch die Wahl des Aufschlieſsungsmittels möglichst zu vermeiden suchen muſs.

Von den oben genannten Oxyden wird sich wohl nur das Silberoxyd durch Kochen der schwefelsauren Lösung von der Titansäure trennen lassen (welche Trennung indessen besser durch Fällung des Silbers als Chlorsilber bewirkt wird). Die Trennung des Kupfers auf diese Weise gelingt nicht, die gefällte Titansäure enthält etwas Kupfer, selbst wenn man das Auflösen und Fällen noch einmal wiederholt.

Von einigen jener Oxyde, namentlich vom Kupferoxyd, kann die Titansäure oft vortheilhaft durch Weinsteinsäure und Schwefelammonium getrennt werden, wie dies weiter unten erörtert ist.

Trennung der Titansäure vom Uran. — Man übersättigt die saure Lösung mit kohlensaurem Ammoniak, wodurch die Titansäure gefällt wird, während das Uranoxyd aufgelöst bleibt, oder man scheidet die Titansäure aus der schwefelsauren Auflösung durch anhaltendes Kochen ab.

Trennung der Titansäure von den Oxyden des Kobalts, des Zinks, des Eisens und des Mangans. — Man setzt zu der Auflösung, welche gewöhnlich sauer ist, eine Auflösung von Weinsteinsäure, wodurch nicht nur die Titansäure, sondern auch fast alle Oxyde, die mit dieser in der Flüssigkeit enthalten sein können, unfällbar durch Ammoniak werden. Darauf übersättigt man die Auflösung mit Ammoniak, wodurch kein Niederschlag entsteht, wenn die gehörige Menge von Weinsteinsäure angewandt war. Zu dieser ammoniakalischen Auflösung setzt man Schwefelammonium, welches die Titansäure nicht fällt, hingegen die anderen Oxyde als Schwefelmetalle niederschlägt. Man filtrirt diese und wäscht sie mit Wasser aus, zu welchem etwas Schwefelammonium gesetzt ist. Bei diesem Filtriren, namentlich bei dem des Schwefeleisens, muſs man alle Vorsichtsmaaſsregeln beobachten, welche S. 96 angegeben sind.

Schwieriger ist es nun, die Menge der Titansäure in der von den Schwefelmetallen abfiltrirten Flüssigkeit zu bestimmen. Ist auſser der Titansäure kein feuerbeständiger Bestandtheil darin enthalten, so braucht man nicht erst das überschüssig zugesetzte Schwefelammonium durch eine Säure zu zerstören, sondern man dampft die Auflösung bis zur Trockniſs ab, und glüht die trockne Masse beim Zutritt der Luft so lange in einem gewogenen Platintiegel, oder in einer kleinen Platinschale, bis alle flüchtigen Bestandtheile verjagt sind und die Kohle der

Weinsteinsäure vollständig verbrannt ist. Es bleibt dann nur die Titansäure zurück. Indessen hält es oft etwas schwer, die Kohle gänzlich zu verbrennen; es gelingt aber leicht und vollständig, wenn man den Platintiegel einer starken Rothglühhitze beim Zutritt der Luft nur kurze Zeit über einem kleinen Gebläse aussetzt.

Enthielt die angewandte Weinsteinsäure Kalkerde, was bisweilen der Fall ist, so ist die ganze Menge derselben in der Titansäure enthalten, deren Gewicht dadurch vermehrt wird.

Es ist daher immer anzurathen, die geglühte Titansäure durch Schmelzen mit saurem schwefelsaurem Kali oder mit kohlensaurem Kali-Natron (S. 314) in Auflösung zu bringen und sie aus der Lösung wieder zu fällen. Die Lösung der Titansäure in Chlorwasserstoffsäure versetzt man mit Ammoniak bis zur schwach alkalischen Reaction, macht sie dann durch Essigsäure eben sauer und erhitzt bis zum Kochen. Aus der schwefelsauren Lösung fällt man die Titansäure durch Kochen unter Beachtung der (S. 313) gegebenen Vorschriften.

Vom Kobalt, Zink und Mangan läfst sich die Titansäure auch durch Kochen der Lösung mit essigsaurem Natron trennen. Man versetzt die saure Lösung so lange mit kohlensaurem Natron, als ein anfangs dadurch entstehender Niederschlag beim Umrühren noch wieder aufgelöst wird, fügt essigsaures Natron hinzu und kocht die Flüssigkeit einige Minuten. Die Titansäure wird dadurch vollständig gefällt und kann sogleich filtrirt und mit kochendem Wasser ausgewaschen werden.

Zur Trennung der Titansäure vom Eisen kann man sich auch folgender Methoden bedienen, nach welchen man indessen die Titansäure nicht frei von jeder Spur Eisen erhält.

Ist die eisenhaltige Titansäure durch Erhitzen mit Schwefelsäure oder durch Schmelzen mit saurem schwefelsaurem Kali gelöst, so reducirt man das Eisenoxyd durch schweflichte Säure zu Eisenoxydul, verdünnt sodann mit sehr vielem Wasser und kocht anhaltend. Da die schweflichte Säure beim Kochen entweicht und sich dann etwas Eisenoxyd bildet, welches theilweise mit der Titansäure gefällt wird, so fügt man während des Kochens von Zeit zu Zeit etwas schweflichte Säure hinzu, so dafs die Lösung fortwährend darnach riecht. Ist die Menge des Eisens bedeutend, so thut man gut, die gefällte Titansäure wieder durch Abdampfen mit Schwefelsäure aufzulösen, und nochmals durch Kochen unter Zusatz von schweflichter Säure zu fällen.

Statt der schweflichten Säure kann man auch eine Lösung von schweflichtsaurem Alkali anwenden.

Man kann auch in der Auflösung das vorhandene Eisenoxyd durch Schwefelwasserstoffgas reduciren, den Ueberschufs desselben durch Kochen vertreiben und sodann durch kohlensaure Baryterde die Titansäure fällen, indem man genau so verfährt, wie S. 113 bei der Trennung des Eisenoxyds vom Eisenoxydul angegeben ist. Hat man das Schwefelwasserstoffgas durch Kochen nicht vollständig entfernt, so kann auch etwas Schwefeleisen gefällt werden.

Nach Berthier sättigt man die saure Auflösung mit Schwefelwasserstoffgas und setzt sodann Ammoniak im Ueberschufs hinzu, wodurch Schwefeleisen und Titansäure gefällt werden. Man läfst den Niederschlag in einem bedeckten Gefäfs sich absetzen, giefst die überstehende Flüssigkeit, welche Schwefelammonium enthält, möglichst ab und fügt sofort zu dem Rückstand so viel schweflichte Säure, dafs die Flüssigkeit stark darnach riecht. Das Schwefeleisen wird in unterschweflichtsaures Eisenoxydul übergeführt und aufgelöst, während die Titansäure von weifser Farbe ungelöst bleibt und abfiltrirt werden kann. Aber man erhält bei dieser Scheidung, auch wenn man genau so, wie angegeben ist, verfährt, stets zu wenig Titansäure. Wenn man die von der Titansäure abfiltrirte Flüssigkeit lange stehen läfst, so setzt sich gemengt mit Schwefel alle Titansäure ab, welche sich aufgelöst hatte, und man erhält nach dem Glühen derselben ziemlich genau die noch fehlende Menge, durch eine geringe Spur von Eisenoxyd schwach bräunlich gefärbt.

Das in der Natur häufig vorkommende Titaneisen löst sich nur in fein geschlämmtem Zustande in concentrirter Chlorwasserstoffsäure auf. Bei gewöhnlicher Temperatur erfolgt die Auflösung langsam, meistens bis auf einen kleinen Rückstand einer kieselsäurehaltigen Titansäure, beim Erwärmen rascher, aber es bleibt häufig etwas mehr Titansäure zurück, welche auch Eisenoxyd enthält. In den meisten Fällen ist es zweckmäfsiger, das fein gepulverte Titaneisen durch Schmelzen mit saurem schwefelsaurem Kali aufzuschliefsen. Aus der verdünnten Lösung der geschmolzenen Masse kann dann nach Zusatz von schweflichter Säure zur Reduction des Eisenoxyds die Titansäure durch Kochen gefällt werden (S. 320). In der abfiltrirten Flüssigkeit ist neben Eisenoxydul gewöhnlich Magnesia wie auch Manganoxydul und Kalkerde enthalten.

Um die Menge des Eisenoxyduls und des Eisenoxyds im Titaneisen zu bestimmen, kann man aus einer unter Ausschlufs der Luft bereiteten Lösung desselben in Chlorwasserstoffsäure die Titansäure und das Eisenoxyd durch kohlensaure Baryterde fällen, wodurch das Eisenoxydul nicht gefällt wird (S. 113).

Genauer und weniger zeitraubend ist es jedoch, das Eisenoxydul maafsanalytisch zu bestimmen. Man erhitzt eine gewogene Menge des sehr fein gepulverten Minerals mit einem grofsen Ueberschufs eines Gemisches aus 4 Vol. concentrirter Schwefelsäure und 3 Vol. Wasser in einer zugeschmolzenen Glasröhre während einiger Stunden bei 200°. Auf welche Weise sich dies zweckmäfsig ausführen läfst, ist weiter unten bei der Analyse der Silicate beschrieben. Hierdurch wird das

Titaneisen vollständig zersetzt, es scheidet sich eine fast weifse Titansäure aus, die nur sehr wenig Eisenoxyd enthält. Nach dem Erkalten öffnet man die Glasröhre, giefst den Inhalt derselben in eine grofse Menge kalten Wassers, spült die Röhre mit kaltem Wasser aus, und bestimmt das Eisenoxydul in der Lösung oder in einem gemessenen Theile derselben durch übermangansaures Kali.

Nach einer zweiten maafsanalytischen Methode, deren sich Rammelsberg bei der Analyse von Titaneisen bedient hat, löst man eine gewogene Menge des geschlämmten Minerals unter Ausschlufs der Luft in concentrirter Chlorwasserstoffsäure, setzt zu der erkalteten Lösung eine bestimmte Menge chlorsauren Kalis, mehr als hinreichend ist, um alles Eisenoxydul zu oxydiren, treibt das überschüssige Chlor in eine Auflösung von Jodkalium, und bestimmt das ausgeschiedene Jod durch eine Lösung von unterschweflichtsaurem Natron.

Mosander hat eine andere Methode zur Untersuchung des Titaneisens angewandt. Eine gewogene Menge der fein geschlämmten und getrockneten Verbindung wird in einer Porcellanröhre in einem Strome von getrocknetem reinem Wasserstoffgase so lange einer starken Rothglühhitze ausgesetzt, als noch Wasser durch Reduction der Oxyde des Eisens gebildet wird, was leicht in einer der Porcellanröhre angesetzten Glasröhre gesehen werden kann, in welcher sich die Wasserdämpfe niederschlagen. Bei einigen Grammen der angewandten Verbindung ist, wenn eine starke Rothglühhitze angewendet wird, der Versuch in ungefähr einer halben Stunde beendet. Man läfst den Rückstand, welcher aus metallischem Eisen und Titanoxyd besteht, im Wasserstoffgasstrome erkalten, und bestimmt durch den Gewichtsverlust die Menge des entzogenen Sauerstoffs. Dieselbe durch Wägung des gebildeten Wassers zu bestimmen, ist umständlicher und viel weniger zuverlässig. Nach dem Wägen wird der Rückstand mit verdünnter Chlorwasserstoffsäure behandelt, wodurch sich das Eisen unter Entwicklung von Wasserstoffgas auflöst. Die letzten Theile des Eisens müssen indessen durch eine stärkere Chlorwasserstoffsäure bei Digestion in der Wärme ausgezogen werden.

Das in der Chlorwasserstoffsäure ungelöste Titanoxyd ist nie ganz vollkommen rein; es hat ein mehr oder weniger bleigraues Ansehen, und ist wohl schon zum Theil in Titansäure verwandelt. Nach dem Trocknen an offner Luft geglüht, nimmt es an Gewicht zu und verwandelt sich in eine gelbe Titansäure. Man löst diese durch Schmelzen mit zweifach-schwefelsaurem Kali auf, fällt aus der verdünnten Auflösung durch Kochen unter Zusetzen von schweflichter Säure die Titansäure, und bestimmt kleine Mengen von Eisenoxydul, so wie vielleicht von Manganoxydul und von Magnesia in der abfiltrirten Flüssigkeit.

Trennung der Titansäure von den Oxyden des Cers, des Lanthans und des Didyms. — Mit diesen Oxyden zusammen findet sich die Titansäure in manchen in der Natur vorkommenden Verbindungen. Man bewirkt die Trennung der Titansäure, welche einige Schwierigkeit bietet, am besten dadurch, dafs man in die chlorwasserstoffsaure Auflösung, welche aber nicht zu viel freie Säure enthalten darf, schwefelsaures Kali legt, wodurch die oben genannten Oxyde abgeschieden werden (S. 68). Ist die Auflösung sehr sauer, so neutralisirt man sie vorher, so weit es angeht, ohne dafs sich ein bleibender Niederschlag bildet, mit kohlensaurem Kali oder Kalihydrat. Die sich abscheidenden Doppelsalze enthalten keine Titansäure, wenn die Auflösung klar war und später nicht erwärmt wird.

Hat man die Verbindung der Titansäure durch Schmelzen mit saurem schwefelsaurem Kali aufgelöst, so behandelt man die erkaltete geschmolzene Masse mit nicht mehr Wasser, als zur Auflösung des sauren schwefelsauren Kalis nöthig ist, und fügt dann neutrales schwefelsaures Kali hinzu. Die Titansäure bleibt gelöst, wenn jedes Erwärmen vermieden wird. Die ausgeschiedenen Doppelsalze werden mit einer gesättigten Lösung von neutralem schwefelsaurem Kali vollständig ausgewaschen.

Trennung der Titansäure von der Yttererde. — Aus einer verdünnten schwefelsauren Auflösung kann die Titansäure durch Kochen gefällt werden, wobei die Yttererde aufgelöst bleibt. Zweckmäfsiger wird es aber sein, die Trennung durch Kochen der Lösung mit essigsaurem Natron oder Ammoniak zu bewerkstelligen, wie unten bei der Trennung der Titansäure von der Kalkerde angegeben ist.

Trennung der Titansäure von der Beryllerde und Thonerde. — Sie geschieht durch Fällung der Titansäure aus der verdünnten schwefelsauren Auflösung durch Kochen. Durch Kalihydratlösung kann dieselbe nicht bewirkt werden; auch nicht durch Schmelzen mit Kalihydrat im Silbertiegel, weil die Titansäure nicht ganz unauflöslich in einem Ueberschufs von Kalihydrat ist.

Trennung der Titansäure von der Magnesia. — Die Magnesia kann, wie die Yttererde, durch Kochen der schwefelsauren oder der mit essigsaurem Natron versetzten Lösung von der Titansäure getrennt werden. Auch kann man die Lösung mit Ammoniak übersättigen und so lange gelinde kochen, bis das freie Ammoniak verjagt ist. Die Magnesia bleibt dann aufgelöst.

Trennung der Titansäure von der Kalkerde. — Von der Kalkerde, mit welcher die Titansäure zusammen in mehreren Mineralien vorkommt, kann man die Titansäure durch Ammoniak trennen. Die gefällte Titansäure mufs beim Filtriren so viel wie möglich gegen den Zutritt der atmosphärischen Luft geschützt werden, damit sie nicht durch kohlensaure Kalkerde verunreinigt wird, was aber schwer vollständig zu vermeiden ist, besonders wenn in der Auflösung die Menge der Kalkerde sehr bedeutend ist.

Diesem Uebelstande entgeht man, wenn man nach der Fällung der Titansäure mit Ammoniak das Ganze so lange kocht, bis das freie Ammoniak verjagt ist.

Zweckmäfsiger ist es aber, nach dem Zusatz von Ammoniak in geringem Ueberschufs die Lösung mit etwas Essigsäure bis zur sauren Reaction zu versetzen, dann das Ganze einige Minuten zu kochen und die gefällte Titansäure sogleich zu filtriren und mit heifsem Wasser auszuwaschen. Die Titansäure enthält gar keine Kalkerde und läfst sich sehr gut filtriren und auswaschen.

Aus der schwefelsauren Auflösung, wie man sie durch Schmelzen der Verbindung mit saurem schwefelsaurem Kali erhält, läfst sich die Titansäure auch durch Kochen von der Kalkerde wie von andern starken Basen trennen. Wenn man die Auflösung hinreichend verdünnt, so bleibt die schwefelsaure Kalkerde, die übrigens in schwefelsaurem Kali weit auflöslicher als in Wasser ist, vollkommen gelöst. Sollte die Titansäure eine Spur Kalkerde enthalten, so kann man diese durch Auflösen der Titansäure in concentrirter Schwefelsäure und nochmaliges Fällen durch Kochen entfernen.

Trennung der Titansäure von der Strontianerde und der Baryterde. — In der chlorwasserstoffsauren Auflösung kann man die Trennung durch Ammoniak bewirken, indem man so verfährt, wie bei der Trennung der Titansäure von der Kalkerde angegeben ist.

Wenn man jedoch eine Auflösung von Titansäure und Baryterde mit Ammoniak übersättigt, dann durch Essigsäure sauer macht und durch Kochen die Titansäure vollständig abscheidet, so enthält diese nach dem Auswaschen eine sehr geringe Menge von Baryterde. Die Baryterde kann übrigens auch durch Schwefelsäure abgeschieden werden, nur mufs man jedes Erwärmen vermeiden und die Lösung nicht stark verdünnen. Die gefällte schwefelsaure Baryterde wird anfangs mit verdünnter Chlorwasserstoffsäure ausgewaschen. Wird eine Verbindung dieser alkalischen Erden mit Titansäure durch Erhitzen mit Schwefelsäure oder durch Schmelzen mit saurem schwefelsaurem Kali zersetzt, so bleibt nach dem Auflösen der Titansäure die schwefelsaure Baryterde vollständig ungelöst, und die schwefelsaure Strontianerde zum gröfsten Theil. Das Auswaschen derselben mufs, so lange nicht alle Titansäure entfernt ist, mit kaltem Wasser geschehen. Von der noch aufgelösten Strontianerde wird die Titansäure durch Ammoniak getrennt, wie oben angegeben ist.

Trennung der Titansäure von den Alkalien. — Von den feuerbeständigen Alkalien scheidet man die Titansäure durch Ammoniak.

wenn die Verbindung in Chlorwasserstoffsäure löslich ist, wie dies der Fall bei den titansauren Alkalien ist, wenn sie nicht geglüht sind.

Ist die Verbindung in Chlorwasserstoffsäure oder in verdünnter Schwefelsäure unlöslich, wie dies bei den titansauren Alkalien der Fall ist, wenn sie geglüht sind, so muſs sie durch Erhitzen mit concentrirter Schwefelsäure aufgelöst werden (S. 315). Sollte etwas dadurch ungelöst bleiben, was gewöhnlich nur der Fall ist, wenn die geglühte Verbindung nicht ein sehr feines Pulver war, so wird dies nach dem Abgieſsen der klaren Auflösung von Neuem mit concentrirter Schwefelsäure behandelt. — Man fällt dann aus der Auflösung die Titansäure entweder durch Ammoniak oder durch Kochen.

Sollten die geglühten titansauren Alkalien sich auch durch Behandlung mit concentrirter Schwefelsäure beim Erhitzen nicht vollständig zersetzen lassen, so müssen sie mit saurem schwefelsaurem Ammoniak zusammengeschmolzen werden (S. 315). Die geschmolzene Masse wird in Wasser gelöst, und aus der mit vielem Wasser verdünnten Lösung die Titansäure durch Kochen oder durch Ammoniak gefällt.

Es giebt noch eine andere Methode, die titansauren Alkalien zu untersuchen, und zwar die geglühten und in verdünnten Säuren ganz unauflöslichen. Man mengt die Verbindung in möglichst fein zertheiltem Zustande mit dem Fünffachen von reinem Chlorammonium in einem Porcellantiegel, und glüht das Gemenge bis zur Verflüchtigung der ammoniakalischen Salze. Die titansaure Verbindung erfährt eine Gewichtsvermehrung, indem das Alkali sich in alkalisches Chlormetall verwandelt, während die Titansäure unverändert bleibt. Man wiederholt das Glühen mit Chlorammonium, bis das Gewicht des Rückstandes sich nicht mehr verändert. Aus der Gewichtszunahme kann man den Gehalt der Verbindung an Alkali berechnen, wenn sie kein Wasser enthielt. Sicherer ist es jedoch, den geglühten Rückstand mit Wasser zu behandeln, und das gelöste alkalische Chlormetall nach dem Abdampfen und schwachem Erhitzen zu wägen.

XXXXI. Thorium.

Abscheidung und Bestimmung der Thorerde. — Die Thorerde kann aus einer Auflösung, die keine anderen feuerbeständigen Substanzen enthält, durch Abdampfen und Glühen des Rückstandes erhalten und als solche gewogen werden. Auch die Schwefelsäure läſst sich von der Thorerde durch Glühen vollständig verflüchtigen.

Will man geglühte Thorerde wieder auflösen, so muſs man sie sehr fein gepulvert längere Zeit mit concentrirter oder nur etwas verdünnter Schwefelsäure bis zum Verdampfen derselben erhitzen, oder mit saurem schwefelsaurem Kali zusammenschmelzen; in Chlorwasserstoffsäure ist sie fast unlöslich.

Aus den Auflösungen kann die Thorerde durch Kalihydrat oder Ammoniak vollständig abgeschieden werden, wenn dieselben keine Weinsteinsäure oder Citronensäure enthalten. Der Niederschlag von Thorerdehydrat ist unlöslich in einem Ueberschufs des Fällungsmittels, wird aber durch kohlensaure Alkalien, besonders durch kohlensaures Ammoniak, aufgelöst. Wegen seiner schleimigen Beschaffenheit dauert das Filtriren und Auswaschen desselben längere Zeit; aber der ausgewaschene Niederschlag enthält kein Alkali, auch wenn die Fällung durch Kalihydrat bewirkt ist.

Am zweckmäfsigsten fällt man die Thorerde durch Oxalsäure. Die Fällung geschieht vollständig, da die oxalsaure Thorerde in Oxalsäure, wie auch in den verdünnten stärkern Säuren nicht löslich ist; selbst eine 10procentige Chlorwassserstoffsäure löst nur Spuren derselben auf. Den Niederschlag wäscht man mit Wasser aus, welches etwas Oxalsäure enthält, weil bei Anwendung von reinem Wasser das Waschwasser leicht trübe durch das Filtrum geht. Durch Glühen des Niederschlags erhält man reine Thorerde und zwar in einem höchst fein zertheilten Zustande, so dafs man sie nicht zu pulvern braucht, wenn sie wieder aufgelöst werden soll.

Nach Berzelius kann die Thorerde durch neutrales schwefelsaures Kali gefällt werden. Man verfährt so, wie bei der Trennung des Ceroxyduls von der Yttererde (S. 68) angegeben ist. Wenn die Auflösung der Thorerde sehr sauer ist, so neutralisirt man sie zweckmäfsig vor dem Zusetzen des schwefelsauren Kalis annähernd durch Ammoniak.

Trennung der Thorerde von anderen Substanzen. — Von den Metallen, welche aus sauren Auflösungen durch Schwefelwasserstoffgas als Schwefelmetalle gefällt werden können, läfst sich die Thorerde auf diese Weise trennen.

Durch Oxalsäure kann die Thorerde namentlich von der Titansäure, dem Zinnoxyd, dem Uranoxyd, der Beryllerde, der Thonerde, wie auch von dem Manganoxydul, der Magnesia und den Alkalien getrennt werden. Bei der Scheidung vom Eisenoxydul und Manganoxydul mufs man darauf sehen, dafs in der Flüssigkeit eine hinreichende Menge von Chlorwasserstoffsäure vorhanden ist, damit die gefällte oxalsaure Thorerde kein Eisenoxydul und Manganoxydul enthält.

Von der Magnesia, den alkalischen Erden und den Alkalien kann die Thorerde durch Ammoniak getrennt werden, nur ist bei Gegenwart der alkalischen Erden ein Ueberschufs von Ammoniak zu vermeiden.

Da die Thorerde bei Gegenwart von Weinsteinsäure durch Ammoniak und Schwefelammonium nicht gefällt wird, so läfst sie sich wie die Titansäure (S. 319) dadurch von vielen Metallen trennen.

Die Auflöslichkeit der Thorerde in kohlensaurem Ammoniak auch bei Gegenwart von Schwefelammonium kann ebenfalls zur Trennung von andern Substanzen benutzt werden.

Von der Beryllerde und Thonerde kann die Thorerde auch durch einen Ueberschufs von Kalihydrat getrennt werden. Wenn die Auflösung Beryllerde enthält, so darf sie nicht erhitzt werden (Theil I S. 211).

Trennung der Thorerde von der Yttererde. Aus der Auflösung scheidet man die Thorerde durch neutrales schwefelsaures Kali ab, wie oben angegeben ist. Das ausgeschiedene Doppelsalz der Thorerde kann man nach dem Auswaschen mit einer kalt gesättigten Auflösung von schwefelsaurem Kali, in welcher es fast unlöslich ist, in verdünnter Chlorwasserstoffsäure auflösen, und aus der Lösung die Thorerde durch Oxalsäure fällen.

Trennung der Thorerde von den Oxyden des Cers, wie auch des Lanthans und des Didyms. — Eine genaue Methode, die Thorerde vom Ceroxydul, mit welchem zusammen sie in dem Pyrochlor, dem Monazit und dem Samarskit vorkommt, zu trennen, ist bis jetzt nicht bekannt. Wöhler erhitzte die Oxyde mit concentrirter Schwefelsäure, verdampfte den Ueberschufs derselben, löste die so erhaltenen schwefelsauren Salze in wenigem Wasser auf und erhitzte die saure, concentrirte Lösung bis zum Kochen. Es bildet sich dann eine schneeweifse wollige Masse, ähnlich der aus nicht zu verdünnten Lösungen gefällten schwefelsauren Kalkerde, welches Verhalten für die Thorerde charakteristisch ist. Die ausgeschiedene schwefelsaure Thorerde wird rasch filtrirt und mit kochendem Wasser, dem man ein wenig Schwefelsäure hinzufügt, ausgewaschen. Man erhält so die Thorerde frei von Ceroxyd, aber die abfiltrirte Flüssigkeit enthält noch ein wenig Thorerde, welche sich auf diese Weise nicht von dem Ceroxyd trennen läfst.

Chydenius hat die Trennung auf folgende Weise bewerkstelligt. Er erhitzte die neutrale oder schwach saure Auflösung von Thorerde und Ceroxydul in Chlorwasserstoffsäure nach Zusatz von unterschwefligsaurem Natron zum Kochen, wodurch die Thorerde zum gröfsten Theil gefällt wird, während das Ceroxydul aufgelöst bleibt. Statt die Lösung zu kochen, kann man sie auch einige Zeit warm stehen lassen. Der Niederschlag läfst sich gut filtriren und auswaschen. Er löst sich in Chlorwasserstoffsäure unter Entwicklung von schweflichter Säure und Zurücklassung von Schwefel auf. Da aber die Thorerde beim Kochen mit unterschwefligsaurem Natron nicht vollständig gefällt wird, so giebt auch diese Methode kein genaues Resultat.

XXXXII. Zirkonium.

Abscheidung und Bestimmung der Zirkonerde. — Die Zirkonerde wird aus ihren Auflösungen durch Ammoniak vollständig gefällt, auch wenn bedeutende Mengen von Ammoniaksalzen vorhanden sind. Der Niederschlag ist voluminös wie gefällte Thonerde, und läfst sich auf gleiche Weise wie diese auswaschen, indem man ihn vorher auf dem Filtrum etwas antrocknen läfst (S. 50). Durch starkes Glühen des ausgewaschenen und getrockneten Niederschlags, was anfangs mit Vorsicht geschehen mufs, erhält man wasserfreie Zirkonerde, welche gewogen wird. (Beim Glühen zeigt sich oft eine Lichtentwicklung). Die geglühte Zirkonerde ist nur als sehr feines Pulver in concentrirter Schwefelsäure beim Erhitzen löslich. Ist sie nicht fein zertheilt, so ist es zweckmäfsiger, sie durch längeres Schmelzen mit saurem schwefelsaurem Kali aufzulösen. Durch Kalihydrat wird die Zirkonerde ebenfalls vollständig gefällt, da aber der dadurch erhaltene Niederschlag immer Kali enthält, welches sich durch Auswaschen nicht entfernen läfst, so thut man gut, ihn in Chlorwasserstoffsäure wieder aufzulösen, und dann die Zirkonerde durch Ammoniak zu fällen.

Die Zirkonerde läfst sich auch auf die Weise abscheiden, dafs man die Auflösung derselben durch Kalihydrat möglichst neutralisirt und dann soviel einer heifs gesättigten Lösung von schwefelsaurem Kali hinzufügt, dafs beim Erkalten eine kleine Menge dieses Salzes auskrystallisirt. Der Niederschlag ist basisch schwefelsaure Zirkonerde, welche etwas Kali enthält; in reinem Wasser ist er ein wenig löslich, weshalb man dem Waschwasser etwas Ammoniak oder Kali zusetzen mufs. Nach dem Auswaschen kann man den Niederschlag mit Kalihydrat kochen, es bleibt Zirkonerdehydrat zurück (Berzelius).

Die Zirkonerde wird bei gewöhnlicher Temperatur aus sauren Auflösungen durch kohlensaure Baryterde nicht vollständig gefällt.

Trennung der Zirkonerde von anderen Substanzen. — In sauren Auflösungen kann man die Zirkonerde durch Schwefelwasserstoff von allen Metallen trennen, die dadurch als Schwefelmetalle gefällt werden.

Da die Zirkonerde bei Gegenwart von Weinsteinsäure durch Ammoniak und Schwefelammonium nicht ausgeschieden wird, so kann man sie, wie die Titansäure (S. 319), dadurch von den meisten Metallen trennen, namentlich vom Eisen, Mangan, Zink und Kobalt.

Auch die Auflöslichkeit der Zirkonerde in einem Ueberschufs von kohlensaurem Ammoniak bei Gegenwart von Schwefelammonium wird sich zur Trennung von vielen Metallen benutzen lassen.

Trennung der Zirkonerde von der Thorerde. — Man fügt zu der etwas sauren Auflösung einen Ueberschufs von Oxalsäure, wodurch die Thorerde gefällt wird, während die Zirkonerde aufgelöst bleibt. Der in Lösungen von Zirkonerdesalzen durch Oxalsäure entstehende Niederschlag löst sich nämlich in einem Ueberschufs von Oxalsäure leicht auf.

Trennung der Zirkonerde von der Titansäure. — Es ist bis jetzt keine Methode bekannt, durch welche sich eine auch nur annähernde Trennung dieser beiden Substanzen bewirken läfst. Schon die Nachweisung der Titansäure und Zirkonerde, wenn sie neben einander vorhanden sind, ist mit Schwierigkeiten verknüpft. Eine Lösung, die Titansäure und Zirkonerde enthält, zeigt in mancher Beziehung ein eigenthümliches Verhalten, so läfst sich z. B. aus der schwefelsauren Lösung die Titansäure durch Kochen nicht abscheiden.

In einer Auflösung von Titansäure und Zirkonerde läfst sich die Menge der Titansäure vielleicht dadurch bestimmen, dafs man sie durch ein Metall zu Titanoxyd reducirt und dieses maafsanalytisch bestimmt.

Eine zweckmäfsige Methode zur Trennung der Titansäure und der Zirkonerde würde übrigens um so erwünschter sein, als diese beiden Substanzen in mehreren Mineralien zusammen vorkommen.

Trennung der Zirkonerde vom Uran. — Diese Trennung, welche ebenfalls mit Schwierigkeiten verbunden ist, läfst sich dadurch bewirken, dafs man die Zirkonerde aus der neutralen Lösung durch eine concentrirte Auflösung von schwefelsaurem Kali fällt, und den Niederschlag mit einer kalt gesättigten Lösung dieses Salzes auswäscht.

Trennung der Zirkonerde von der Yttererde und den Oxyden des Cers, Didyms und Lanthans. — Sie geschieht am besten durch Oxalsäure. Man neutralisirt die Lösung so weit mit Ammoniak, als dies geschehen kann, ohne dafs ein bleibender Niederschlag entsteht, und setzt dann Oxalsäure im Ueberschufs und oxalsaures Ammoniak hinzu, so dafs die Lösung keine andere freie Säure als Oxalsäure enthält, weil sonst mit der Zirkonerde etwas Yttererde aufgelöst bleiben könnte. Den Niederschlag von oxalsaurem Ceroxydul und oxalsaurer Yttererde filtrirt man nach einiger Zeit und wäscht ihn mit Wasser aus, welches etwas oxalsaures Ammoniak enthält, weil bei Anwendung von reinem Wasser das Waschwasser trübe durch das Filtrum geht. Aus der filtrirten Flüssigkeit kann die Zirkonerde durch Ammoniak gefällt werden.

Man kann auch die Trennung auf die Weise bewirken, dafs man zu der Lösung Weinsteinsäure setzt und darauf Ammoniak im Ueberschufs. Es scheidet sich weinsteinsaure Yttererde und weinsteinsaures Ceroxydul aus; nach 24 Stunden filtrirt man den Niederschlag und wäscht ihn mit einer nicht zu verdünnten Lösung von weinsteinsaurem Ammoniak aus. Aus der weinsteinsäurehaltigen Lösung erhält man die Zirkonerde durch Eindampfen und durch Glühen des Rückstandes, welcher aus reiner Zirkonerde besteht, wenn die Lösung keine anderen feuerbeständigen Substanzen enthielt. Es ist jedoch immer gut, den Rückstand durch Erhitzen mit Schwefelsäure oder durch Schmelzen mit saurem schwefelsaurem Kali aufzulösen, wie die auf gleiche Weise erhaltene Titansäure (S. 320), und aus der Lösung die Zirkonerde durch Ammoniak zu fällen.

Trennung der Zirkonerde von der Beryllerde. — Man versetzt die nicht zu stark verdünnte Auflösung der Zirkonerde und Beryllerde mit einem Ueberschufs einer concentrirten Lösung von Kalihydrat, wodurch die Beryllerde aufgelöst wird, während die Zirkonerde ungelöst bleibt. Hierbei mufs man eine Erwärmung und eine zu lange Digestion vermeiden (Th. I, S. 210). Die ausgewaschene Zirkonerde wird zur Entfernung des Kalis in Chlorwasserstoffsäure gelöst und wieder durch Ammoniak gefällt.

Trennung der Zirkonerde von der Thonerde. — Die Thonerde wird wie die Beryllerde durch einen Ueberschufs einer Lösung von Kalihydrat von der Zirkonerde getrennt. Man erhitzt die mit Kalihydrat versetzte Lösung bis zum Kochen, läfst die ungelöste Zirkonerde sich absetzen, und kocht sie, nachdem man die überstehende klare Flüssigkeit abgegossen hat, nochmals mit einer neuen Lösung von Kalihydrat, um sicher alle Thonerde aufzulösen.

Trennung der Zirkonerde von der Magnesia, den alkalischen Erden und den Alkalien. — Man fällt die Zirkonerde aus der sauren Lösung durch Ammoniak. Bei Gegenwart von alkalischen Erden oder Magnesia hat man die bei der Trennung der Titansäure von diesen Basen vermittelst Ammoniak angegebenen Vorsichtsmaafsregeln (S. 324) zu beachten.

XLIII. Tantal.

Abscheidung und Bestimmung der Tantalsäure. — Aus einer alkalischen Lösung kann die Tantalsäure durch Schwefelsäure, besonders beim Erhitzen, vollständig gefällt werden. Die ausgeschiedene schwefelsaure Tantalsäure wird nach dem Auswaschen, wodurch sie einen Theil ihrer Schwefelsäure verliert, so lange stark geglüht, bis sich ihr Gewicht nicht mehr vermindert. Um die Verflüchtigung der Schwefelsäure zu befördern, legt man vor dem Glühen ein Stückchen kohlensaures Ammoniak auf die Tantalsäure.

Frisch gefällte Tantalsäure kann in andern Säuren, namentlich in Chlorwasserstoffsäure und Salpetersäure, wenn auch nur schwierig, aufgelöst werden. Aus dieser sauren Lösung wird die Tantalsäure durch Zusatz von Ammoniak bis zur alkalischen Reaktion vollständig ausgeschieden, auch wenn die Lösung sehr viel freie Säure enthält, da die Gegenwart von Ammoniaksalzen die Fällung nicht hindert. Durch verdünnte Schwefelsäure kann dagegen die Tantalsäure bei Gegenwart von Chlorwasserstoffsäure oder Salpetersäure nicht vollständig abgeschieden werden, die Lösung enthält auch nach längerem Kochen noch eine geringe Menge von Tantalsäure, welche daraus durch Ammoniak gefällt wird.

Trennung der Tantalsäure von Metalloxyden und Erden. — Die Tantalsäure gehört mit der Kieselsäure und den Säuren des Niobs zu den wenigen Oxyden, welche durch Erhitzen mit concentrirter Schwefelsäure oder durch Schmelzen mit saurem schwefelsaurem Kali nicht aufgelöst werden, und kann dadurch von fast allen Oxyden, namentlich von den Oxyden des Silbers, Kupfers, Urans, Eisens, Mangans und Cers, von der Thorerde, Yttererde, Beryllerde, Magnesia und Kalkerde getrennt werden. Man erhitzt die fein zertheilte Verbindung in einer Platinschale mit einem grofsen Ueberschufs eines Gemisches aus 2 Vol. concentrirter Schwefelsäure und 1 Vol. Wasser längere Zeit bis zum anfangenden Kochen. Wenn das Wasser verdampft ist und die Schwefelsäure in dicken Dämpfen entweicht, so läfst man die Schale erkalten, setzt dann vorsichtig unter stetigem Umrühren allmälig wieder etwas Wasser hinzu, und erhitzt von Neuem, was man so oft wiederholt, bis sich keine unzersetzte Substanz mehr bemerken läfst. Dann verdampft man die freie Schwefelsäure fast vollständig und behandelt den Rückstand nach dem Erkalten mit Wasser; die Tantalsäure bleibt ungelöst und wird nach dem Auswaschen, wie vorher angegeben ist, geglüht und gewogen.

In den meisten Fällen ist es aber zweckmäfsiger, die Verbindungen der Tantalsäure durch längeres Schmelzen mit der ungefähr sechsfachen Menge sauren schwefelsauren Kalis zu zersetzen, weil manche derselben durch Erhitzen mit der Schwefelsäure nur wenig angegriffen werden, und weil das Schmelzen sich leichter ausführen läfst und die Zerlegung meistens sicherer bewirkt. Die beim Auflösen der geschmolzenen Masse in Wasser zurückbleibende Tantalsäure wird wie die durch Schwefelsäure abgeschiedene behandelt. — Von einigen schwachen Basen, z. B. vom Eisenoxyd, läfst sich jedoch die Tantalsäure auf diese Weise nicht vollständig trennen.

Trennung der Tantalsäure von der Zirkonerde und Titansäure. Durch Schmelzen der Verbindungen mit saurem schwefelsaurem Kali und Behandeln der geschmolzenen Masse mit kaltem

Wasser erhält man nur einen Theil der Zirkonerde oder Titansäure in Lösung, und man mufs defshalb die ungelöst gebliebene Tantalsäure zu wiederholten Malen mit concentrirter Schwefelsäure erhitzen oder mit saurem schwefelsaurem Kali schmelzen, bis dadurch aus der Tantalsäure keine Zirkonerde oder Titansäure mehr aufgelöst wird.

Trennung der Tantalsäure vom Zinn. - Wird eine zinnhaltige Verbindung der Tantalsäure durch concentrirte Schwefelsäure oder durch saures schwefelsaures Kali zerlegt, so bleibt fast alles Zinnoxyd mit der Tantalsäure ungelöst zurück. Durch Digeriren dieser Tantalsäure mit Schwefelammonium löst sich nicht alles Zinn auf. Man schmelzt sie einige Zeit mit der sechsfachen Menge eines Gemenges aus gleichen Theilen kohlensauren Natrons und Schwefel in einem Porcellantiegel, und zieht die erkaltete Masse mit Wasser aus. Die ungelöst gebliebene Tantalsäure enthält etwas Natron, von dem sie durch Schmelzen mit saurem schwefelsaurem Kali befreit wird. Aus der Auflösung des Schwefelnatriums kann das Schwefelzinn durch Uebersättigen mit einer Säure abgeschieden werden.

Trennung der Tantalsäure vom Quecksilberoxydul. — Das Quecksilberoxydul kann von der Tantalsäure durch starkes Glühen verjagt werden. Zur Bestimmung des Quecksilbers kann man die Verbindung durch Erwärmen mit Salpetersäure zersetzen und nach dem Verdünnen mit Wasser die kleine Menge aufgelöster Tantalsäure durch Hinzufügen von etwas Schwefelsäure und Erhitzen bis zum Kochen abscheiden. Aus der filtrirten Flüssigkeit fällt man durch Schwefelwasserstoff Schwefelquecksilber oder besser durch phosphorichte Säure und Chlorwasserstoffsäure Quecksilberchlorür. Der Niederschlag mufs sich beim Glühen verflüchtigen, ohne den geringsten Rückstand von Tantalsäure zu hinterlassen. Die Tantalsäure wird nach dem Trocknen geglüht und gewogen; sie zeigt beim Glühen eine Feuererscheinung.

Trennung der Tantalsäure vom Silber. — Aufser durch Schmelzen mit saurem schwefelsaurem Kali kann das tantalsaure Silberoxyd auch zweckmäfsig dadurch zersetzt werden, dafs man es in Wasserstoffgas glüht, und aus dem Rückstand das gebildete metallische Silber durch Salpetersäure auflöst.

Trennung der Tantalsäure vom Eisen. — Läfst sich die Verbindung durch Erhitzen mit Schwefelsäure zersetzen, so übergiefst man die Masse, nachdem der gröfste Theil der freien Schwefelsäure durch Verdampfen entfernt ist, mit Wasser, reducirt das Eisenoxyd durch schweflichte Säure zu Eisenoxydul und erhitzt die Flüssigkeit kurze Zeit bis zum Kochen. Die Tantalsäure, welche vollständig abgeschieden wird, enthält kein Eisen.

Widersteht aber die Verbindung der Einwirkung der Schwefelsäure, wie das bei den Tantaliten und den stark geglühten Verbindungen der Tantalsäure mit dem Eisenoxyd der Fall ist, und zersetzt man sie durch Schmelzen mit saurem schwefelsaurem Kali, so enthält die beim Behandeln der geschmolzenen Masse mit Wasser ungelöst bleibende Tantalsäure Eisenoxyd, welches sich durch verdünnte Säuren nicht ausziehen läfst. Man digerirt eine solche Tantalsäure einige Zeit mit Schwefelammonium, wodurch das Eisenoxyd in Schwefeleisen verwandelt wird, welches durch kochende stark verdünnte Schwefelsäure aufgelöst werden kann.

Trennung der Tantalsäure von der Kalkerde. — Man bewerkstelligt sie durch Erhitzen mit Schwefelsäure oder durch Schmelzen mit saurem schwefelsaurem Kali, was bei kleineren Mengen von Kalkerde, wie sie in einigen Tantaliten vorkommen, leicht gelingt, bei gröfsern Mengen aber wohl ein sehr lange fortgesetztes Auswaschen erfordern wird.

Trennung der Tantalsäure von der Baryterde. — Man mengt die fein gepulverte tantalsaure Baryterde mit Chlorammonium und glüht das Gemenge in einem Porcellantiegel. Wenn kein Chlorammonium mehr entweicht, so wägt man den Rückstand und wiederholt das Glühen mit Chlorammonium so oft, bis das Gewicht des Rückstands sich nicht mehr verändert. Derselbe besteht dann aus Chlorbaryum und Tantalsäure, welche durch Wasser getrennt werden können.

Wenn die tantalsaure Baryterde nicht geglüht ist, so kann man sie durch Eindampfen mit Salpetersäure zersetzen. Die auf einem Wasserbade getrocknete Masse wird mit Wasser behandelt, wodurch sich neben der salpetersauren Baryterde etwas Tantalsäure auflöst, welche durch wiederholtes Eindampfen der filtrirten Lösung vollständig abgeschieden werden kann.

Frisch gefällte tantalsaure Baryterde kann auch durch längeres Kochen mit einer Lösung von Chlorammonium zerlegt werden. Die abgeschiedene Tantalsäure erhitzt man der Sicherheit wegen nach dem Glühen und Wägen mit trocknem Chlorammonium, wodurch sich das Gewicht nicht verändern darf.

Trennung der Tantalsäure von den Alkalien. — Wenn die Verbindung in Wasser vollständig auflöslich ist, was nur bei den neutralen tantalsauren Alkalien der Fall ist (das Kalisalz ist auch in Kalihydrat löslich, das Natronsalz aber in Natronhydrat fast unlöslich), so übersättigt man die Lösung mit Schwefelsäure und erhitzt zum Kochen, wodurch die Tantalsäure frei von Alkalien abgeschieden wird (S. 330). Da die abfiltrirte Lösung bisweilen noch Spuren von Tantalsäure enthält, so ist anzurathen, sie vor dem Eindampfen mit Ammoniak zu übersättigen, um noch etwa vorhandene Tantalsäure zu fällen, obgleich dadurch die Bestimmung der Alkalien beschwerlicher wird. Wenn man das Uebersättigen mit Ammoniak unterläfst, so bleibt beim Auflösen des erhaltenen schwefelsauren Kalis in Wasser oft ein sehr geringer Rückstand von Tantalsäure, deren Menge man von der des schwefelsauren Kalis abzieht.

Man kann auch die klare Auflösung der tantalsauren Alkalien durch anhaltendes Kochen mit einer Lösung von Chlorammonium zersetzen, wodurch die Tantalsäure, verbunden mit etwas Ammoniak, abgeschieden wird, während Chlorkalium und Chlornatrium aufgelöst bleiben, und nach dem Eindampfen und Verjagen des überschüssigen Chlorammoniums gewogen werden können.

Zur Zersetzung des tantalsauren Natrons ist diese Methode die beste; aber aus dem tantalsauren Kali scheint sich auf diese Weise die Tantalsäure nicht ganz frei von Kali abzuscheiden.

Die Tantalsäure kann auch aus den klaren Auflösungen der tantalsauren Alkalien durch eine Lösung von salpetersaurem Quecksilberoxydul vollständig abgeschieden werden.

Der grüngelbliche Niederschlag von tantalsaurem Quecksilberoxydul wird mit einer verdünnten Lösung von salpetersaurem Quecksilberoxydul ausgewaschen und nach dem Trocknen stark geglüht. Es bleibt reine Tantalsäure zurück, welche gewogen wird. Die abfiltrirte Flüssigkeit dampft man ein, verjagt den gröfsten Theil des Quecksilbersalzes durch Erhitzen, fügt dann etwas Schwefelsäure hinzu und erhitzt den Rückstand zum lebhaften Glühen. Das zurückbleibende schwefelsaure Alkali wird zur Vertreibung der überschüssigen Schwefelsäure wiederholt mit etwas kohlensaurem Ammoniak geglüht, bis das Gewicht nicht mehr abnimmt. Mit etwas Wasser befeuchtet darf das schwefelsaure Alkali Lackmuspapier nicht röthen.

Löst sich aber das tantalsaure Alkali nicht vollständig klar in Wasser, wie dies bei den sauren tantalsauren Alkalien der Fall ist (die neutralen Salze zerfallen beim Glühen in saure Salze und in Alkalihydrat, und lösen sich dann ebenfalls nicht mehr klar in Wasser auf), so kann die Zersetzung nach keiner der angeführten Methoden vollständig bewirkt werden, die ausgeschiedene Tantalsäure enthält dann immer Alkali. Selbst wenn man die trübe Lösung der sauren tantalsauren Alkalien mit einem Ueberschufs von Schwefelsäure eindampft, und den Rückstand längere Zeit bis zum Verdampfen der Schwefelsäure erhitzt, so kann man nicht sicher sein, dafs die Zersetzung vollständig erfolgt ist. Man mufs die Verbindung längere Zeit mit der acht- bis zehnfachen Menge sauren schwefelsauren Ammoniaks schmelzen, bis sie sich vollständig darin aufgelöst hat. Das Schmelzen geschieht zweckmäfsig in einem langhalsigen Kolben von sehr schwer schmelzbarem Glase; man kann darin gut beobachten, ob die

Tantalsäure völlig gelöst ist, und es verflüchtigt sich nur sehr wenig Schwefelsäure. Durch das Schmelzen, welches bei dunkler Rothglühhitze stattfindet, wird der Kolben fast gar nicht angegriffen. Die geschmolzene Masse giebt, wenn die gehörige Menge von saurem schwefelsaurem Ammoniak angewendet ist, mit Wasser eine klare Lösung, welche die Tantalsäure erst beim Erhitzen fallen läfst. Da eine geringe Menge derselben aufgelöst bleiben kann, so ist es gut, die filtrirte Lösung mit Ammoniak zu übersättigen, wodurch die noch etwa gelöste Tantalsäure ausgeschieden wird.

Wenn indessen das tantalsaure Alkali einer sehr starken Hitze ausgesetzt gewesen ist, so löst es sich nicht vollständig beim Schmelzen mit saurem schwefelsaurem Ammoniak auf, und wird dann auch nicht vollständig zersetzt. Man mufs in diesem Fall, nachdem die geschmolzene Masse in Wasser gelöst ist, die Lösung von der geringen Menge des ungelösten Salzes abgiefsen, und dieses nochmals mit saurem schwefelsaurem Ammoniak schmelzen. Wenn auch dann nicht Alles gelöst wird, so bestimmt man in dem Rückstand nach dem Wägen die Menge der Tantalsäure durch Schmelzen mit saurem schwefelsaurem Kali, und berechnet die Menge des in dem Rückstand enthaltenen Alkalis aus dem Verlust.

Die Zersetzung der tantalsauren Alkalien durch Glühen mit Chlorammonium gelingt nur bei dem neutralen tantalsauren Natron, und auch nur dann, wenn dieses vorher nicht über 100° erhitzt war. In allen andern Fällen bleibt nach der Verflüchtigung des Chlorammoniums ein saures tantalsaures Alkali zurück, welches der weitern Zersetzung durch Chlorammonium widersteht.

Analyse der Tantalite und Yttrotantalite. — Die Tantalite enthalten neben Tantalsäure Eisenoxydul und Manganoxydul, so wie wechselnde Mengen von Zinnoxyd und Wolframsäure, und oft Spuren von Kupferoxyd und Kalkerde. In einigen Tantaliten hat sich auch Zirkonerde gefunden. In den Yttrotantaliten kommen neben Tantalsäure, Yttererde, Uranoxyd, Eisenoxydul und Kalkerde geringe Menge von Wolframsäure, Magnesia, Kupferoxyd, Ceroxydul und Zinnoxyd vor. Durch Säuren wird auch der fein geschlämmte Tantalit nur sehr wenig angegriffen; selbst durch anhaltendes Erhitzen mit concentrirter Schwefelsäure bis zum Verdampfen derselben läfst er sich nicht zersetzen. Nur Spuren von Eisenoxyd werden durch die Schwefelsäure ausgezogen. Der Yttrotantalit wird zwar beim Erhitzen mit Schwefelsäure stärker angegriffen, aber auch nicht vollständig zersetzt.

Die beste Methode, diese Mineralien zu zersetzen, ist die vermittelst sauren schwefelsauren Kalis, welche Berzelius zuerst empfohlen hat. Das fein geschlämmte Pulver wird mit der achtfachen Menge des Salzes*) in einem geräumigen Platintiegel so lange geschmolzen, bis am Boden des Tiegels kein unaufgeschlossenes Pulver mehr zu bemerken ist und sich Alles in dem schmelzenden Salze ganz aufgelöst hat. Die geschmolzene Masse wird wiederholt mit Wasser in einer Platinschale ausgekocht, und die ungelöst gebliebene Tantalsäure filtrirt und ausgewaschen. Sie enthält noch beträchtliche Mengen von Eisenoxyd, so wie Zinnoxyd und Wolframsäure, wenn diese vorhanden sind. Man schmelzt sie mit der sechsfachen Menge eines Gemenges von gleichen Theilen kohlensauren Natrons und Schwefel in einem bedeckten Porcellantiegel, behandelt die geschmolzene Masse mit Wasser und wäscht den Rückstand mit sehr verdünntem Schwefelammonium aus. Aus der Auflösung fällt man durch verdünnte Schwefelsäure Schwefelzinn und Schwefelwolfram, welche man längere Zeit beim Zutritt der Luft glüht und nach dem Wägen so behandelt, wie es weiter unten im Abschnitt Wolfram gezeigt ist. Die abfiltrirte Flüssigkeit dampft man ein und glüht die trockne Masse, um zu sehen, ob noch geringe Spuren von Wolframsäure darin vorhanden sind, was indessen selten der Fall ist. Die so vom Zinn und Wolfram befreite Tantalsäure ist durch Schwefeleisen schwarz gefärbt: man übergiefst sie mit stark verdünnter kochender Schwefelsäure, wäscht das gelöste Eisen aus, und schmelzt sie wieder mit saurem schwefelsauren Kali, um das Natron zu entfernen.

Wenn man die Tantalsäure gewogen hat, so ist es, nachdem man durch qualitative Versuche die Gewifsheit erlangt hat, dafs die gefundene Säure wirklich Tantalsäure und nicht eine ähnliche Säure ist, nothwendig, sich von der Reinheit der Säure zu überzeugen. Dies geschieht am besten dadurch, dafs man die Tantalsäure in Tantalchlorid auf die Weise verwandelt, wie es im ersten Theile dieses Werkes beschrieben ist. Wenn man die Tantalsäure nicht durch Schmelzen mit kohlensaurem Natron und Schwefel, sondern durch Digeriren mit Schwefelammonium gereinigt hat, so wird das erhaltene Chlorid gewöhnlich geringe Spuren von Wolframchlorid zeigen. Man wird bisweilen auch neben dem Tantalchlorid sehr kleine Mengen von Zinnchlorid (und Titanchlorid) erhalten, welche sich durch den flüssigen Aggregatzustand und durch die Eigenschaft auszeichnen, bei Berührung mit der Luft stark zu rauchen. Ein sehr kleiner Gehalt an Zinnoxyd kann auch durch das Löthrohr entdeckt werden.

Sollte Zirkonerde in dem Minerale enthalten sein, so ist diese

---

*) Das saure schwefelsaure Kali bereitet man sich am besten dadurch, dafs man neutrales schwefelsaures Kali mit einer hinreichenden Menge concentrirter Schwefelsäure so lange schmelzt, bis die Masse bei anfangender Rothglühhitze ruhig fliefst.

durch das erste Schmelzen mit saurem schwefelsaurem Kali nicht vollständig aufgelöst worden und wird wohl am besten vor dem Schmelzen der Tantalsäure mit kohlensaurem Natron und Schwefel daraus, wie (S. 331) angegeben ist, entfernt.

Die von der zuerst abgeschiedenen unreinen Tantalsäure abfiltrirte Flüssigkeit behandelt man mit Schwefelwasserstoff, wodurch gewöhnlich ein hellbrauner Niederschlag entsteht, welcher nach dem Auswaschen und Trocknen in einem Porcellantiegel geglüht wird. Den unbedeutenden Rückstand befeuchtet man mit Salpetersäure und wägt ihn nach nochmaligem Glühen. Er besteht aus Kupferoxyd und Bleioxyd. Aus der abfiltrirten Flüssigkeit, zu welcher man die Schwefelsäure, wodurch das Schwefeleisen aus der Tantalsäure aufgelöst ist, hinzufügen kann, verjagt man den Schwefelwasserstoff durch Erhitzen, und oxydirt das in der Lösung enthaltene Eisenoxydul zu Oxyd. Das weitere Verfahren ist nun, je nachdem man einen Tantalit oder einen Yttrotantalit untersucht, ein verschiedenes.

Hat man einen Tantalit auf die beschriebene Weise behandelt, so enthält die Lösung aufser Eisenoxyd und Manganoxydul nur noch mehr oder weniger Kalkerde. Man neutralisirt die Lösung so weit es eben möglich ist, ohne einen bleibenden Niederschlag zu erhalten, mit kohlensaurem Natron, und erhitzt nach Zusatz von essigsaurem Natron zum Kochen, wodurch das Eisenoxyd gefällt wird. Nach Zusatz von Chlorwasser zu der filtrirten Lösung scheidet sich beim Kochen das Mangan ab, und aus der getrennten Flüssigkeit wird nach Uebersättigung mit Ammoniak die Kalkerde durch Oxalsäure gefällt. Der Niederschlag des Mangans enthält aber gewöhnlich eine sehr geringe Menge Kalkerde, welche man aus der Auflösung desselben durch Schwefelsäure und Alkohol abscheiden kann (S. 91).

Enthält der Tantalit Zirkonerde, so ist die Menge derselben, welche sich beim ersten Schmelzen mit saurem schwefelsaurem Kali aufgelöst hat, mit dem Eisenoxyd gemeinschaftlich gefällt. Man reducirt dasselbe nach dem Wägen durch starkes Glühen in Wasserstoffgas, und zieht aus dem Rückstand das metallische Eisen durch verdünnte Chlorwasserstoffsäure aus; die Zirkonerde bleibt ungelöst.

Bei der Analyse des Yttrotantalits behandelt man die Lösung, in welcher man das Eisenoxydul zu Oxyd oxydirt hat, und welche aufser Eisenoxyd noch Uranoxyd, Yttererde, Ceroxyd, Kalkerde, Magnesia und oft auch Manganoxydul enthält, zweckmäfsig auf folgende Weise. Man neutralisirt den gröfsten Theil der freien Säure durch kohlensaures Natron, setzt dann eine hinreichende Menge von essigsaurem Natron hinzu, so dafs die Lösung nur noch freie Essigsäure enthält, und fällt durch oxalsaures Ammoniak die Yttererde, die Kalkerde und das Ceroxydul. Nach 12 bis 24 Stunden filtrirt man, wäscht den

Niederschlag mit einer verdünnten Lösung von oxalsaurem Ammoniak aus und glüht denselben nach dem Trocknen, um die Oxalsäure zu zerstören. Den Rückstand, bestehend aus Yttererde, Ceroxyd und Kalkerde, löst man in Chlorwasserstoffsäure auf, und fällt durch kohlensäurefreies Ammoniak in nur geringem Ueberschufs die Yttererde und das Ceroxyd, welche nach dem Auflösen in möglichst wenig Schwefelsäure durch schwefelsaures Kali getrennt werden (S. 68). Aus der abfiltrirten Lösung wird die Kalkerde durch Oxalsäure gefällt. Die von der Yttererde, Kalkerde und dem Ceroxyd befreite Lösung wird mit kohlensaurem Ammoniak übersättigt und mit Schwefelammonium versetzt, wodurch Schwefeleisen und Schwefelmangan ausgeschieden werden, welche man nach dem Filtriren und Auswaschen auf die gewöhnliche Weise trennt. Die abfiltrirte Lösung dampft man ein, zerstört die essigsauren und oxalsauren Salze durch Glühen und trennt in dem Rückstand das Uranoxyd von der Magnesia auf die (S. 171) angegebene Weise.

Schmelzt man fein geschlämmten Tantalit mit kohlensaurem Kali in einem Platintiegel zusammen, so löst Wasser aus der geschmolzenen Masse tantalsaures Kali und grünes mangansaures Kali auf, und es bleibt vorzüglich Eisenoxyd und viel saures tantalsaures Kali ungelöst zurück. Die grüne Auflösung, die sich nicht gut vom Ungelösten durch Filtriren trennen läfst (zum Auswaschen mufs man eine verdünnte Lösung von kohlensaurem Kali anwenden, weil bei Anwendung von reinem Wasser die Flüssigkeit trübe durch das Filtrum geht), wird mit einem Ueberschufs von Schwefelsäure gekocht, wodurch reine Tantalsäure abgeschieden wird. Der in Wasser unlösliche Rückstand wird ebenfalls durch verdünnte Schwefelsäure zersetzt, aber die dadurch abgeschiedene Tantalsäure mufs noch auf die vorher angegebene Weise gereinigt werden. Die von der Tantalsäure getrennten Flüssigkeiten können auf die beschriebene Weise untersucht werden.

Wird der Tantalit mit kohlensaurem Natron geschmolzen, so bildet sich nur wenig grünes mangansaures Natron und beim Behandeln der geschmolzenen Masse mit Wasser löst sich zuerst fast nur kohlensaures Natron auf und erst später nach Entfernung desselben tantalsaures Natron. Das Ungelöste enthält jedoch viel saures tantalsaures Natron. Die Auflösung und der Rückstand können ebenfalls durch Schwefelsäure zersetzt werden.

Durch Schmelzen des Tantalits mit Kalihydrat in einem Silbertiegel und Behandeln der geschmolzenen Masse mit Wasser erhält man die Tantalsäure vollständig in Auflösung, aber auch diese Methode der Zersetzung des Tantalits ist schon wegen der Anwendung des Silbertiegels nicht besonders zu empfehlen.

XLIV. Niob.

Abscheidung und Bestimmung der Unterniobsäure. — Von den Verbindungen des Niobs sind die der Unterniobsäure die wichtigsten, da nur diese in der Natur vorkommen. Aus alkalischen Lösungen wird die Unterniobsäure, wie die Tantalsäure, durch verdünnte Schwefelsäure gefällt, mit welcher sie eine unlösliche Verbindung bildet. Um eine vollständige Fällung zu erreichen, vermeidet man einen unnöthigen Ueberschufs von Schwefelsäure, verdünnt die Lösung mit vielem Wasser und kocht einige Zeit. Es bleiben nur selten und in geringerem Maafse, als dies bei der Tantalsäure der Fall ist, unbedeutende Spuren aufgelöst, welche dann durch Ammoniak vollständig abgeschieden werden können. Der ausgewaschene Niederschlag wird geglüht, zweckmäfsig unter Zusatz von einigen Stückchen kohlensauren Ammoniaks, bis alle Schwefelsäure ausgetrieben ist, und das Gewicht constant bleibt.

Auch durch Chlorwasserstoffsäure wird die Unterniobsäure aus alkalischen Lösungen gefällt, und zwar auch bei einem Ueberschufs derselben fast vollständig, wenn sie nicht damit gekocht wird. Kocht man aber die gefällte Unterniobsäure mit einem Ueberschufs von Chlorwasserstoffsäure, so kann sie sich beim Hinzufügen von Wasser auflösen. Aus dieser Lösung wird sie vollständig durch Ammoniak gefällt. Salpetersäure fällt die Unterniobsäure ebenfalls aus alkalischen Lösungen, ohne indessen beim Kochen etwas aufzulösen.

Trennung der Unterniobsäure von der Tantalsäure. — Beide Verbindungen sind bis jetzt noch nicht gemeinschaftlich gefunden worden. Ihre Trennung ist jedenfalls mit den gröfsten Schwierigkeiten verbunden.

Die einzige Methode der Trennung, welche doch auch nur annähernd genaue Resultate giebt, ist folgende: Beide Säuren (wenn sie gemeinschaftlich in der Natur vorkommen sollten, so werden sie bei der Untersuchung gemeinschaftlich abgeschieden) müssen zuerst mit Natronhydrat in einem Silbertiegel geschmolzen werden, um sie in Natronsalze zu verwandeln. Die geschmolzene Masse wird mit Wasser aufgeweicht, und die Lösung von dem Ungelösten abgegossen. Dieses löst sich, nach Entfernung des überschüssigen Natrons vollständig in heifsem Wasser auf. Zur erkalteten Lösung wird so viel von der zuerst abgegossenen Mutterlauge hinzugefügt, dafs dadurch noch keine Abscheidung des Natronsalzes entsteht: man leitet sodann durch die Lösung Kohlensäuregas. Obgleich aus alkalischen Lösungen die Tantalsäure weit früher als die Unterniobsäure gefällt wird, so werden jedoch aus dieser gemeinschaftlichen Lösung beide Säuren gleichzeitig als saure Salze gefällt, und zwar ganz vollständig, so dafs in der abfiltrirten Flüssigkeit durch Uebersättigung mit Schwefelsäure keine Trübung oder Opalisirung entsteht. Den Niederschlag kocht man in noch feuchtem Zustande in einer Platinschale zuerst mit einer verdünnten Lösung von Natronhydrat (wozu man einen Theil der erhaltenen Mutterlauge nehmen kann), giefst die Lösung ab, und kocht dann das Ungelöste mit einer sehr verdünnten Lösung von kohlensaurem Natron so oft, bis die filtrirte Flüssigkeit durch Uebersättigung mit verdünnter Schwefelsäure keinen Niederschlag, und kaum noch eine Opalisirung zeigt. Es wird hierdurch das saure unterniobsaure Natron aufgelöst, während das saure tantalsaure Natron ungelöst bleibt. Nach dem Auswaschen muſs letzteres mit zweifach-schwefelsaurem Kali geschmolzen werden, um es von dem Natron zu befreien. Aus den filtrirten Lösungen wird durch Uebersättigung mit verdünnter Schwefelsäure und durch Kochen die Unterniobsäure gefällt.

Diese Methode der Trennung hat sich als die einzig anwendbare bewährt. Wenn man das Gemenge von Tantalsäure und von Unterniobsäure auf die so eben beschriebene Weise mit Natronhydrat behandelt, und aus der geschmolzenen Masse eine Auflösung der Natronsalze beider Säuren bereitet, so kann die Trennung nicht dadurch bewirkt werden, daſs man zu der Lösung nur so viel von einer Auflösung von kohlensaurem Natron hinzufügt, daſs durch dieselbe noch keine Ausscheidung der Natronsalze der metallischen Säuren sich zeigt, und dann Chlorammonium hinzufügt. Es fällt dadurch zwar zuerst Tantalsäure (als saures Salz verbunden mit Natron und Ammoniumoxyd) und später, besonders nach einem neuen Zusetzen von Chlorammonium, Unterniobsäure. Es ist indessen nicht möglich zu bestimmen, wann die Tantalsäure vollständig gefällt ist, und die Unterniobsäure noch nicht angefangen hat, gefällt zu werden.

Trennung der Unterniobsäure von der Titansäure und der Zirkonerde. — In mehreren Mineralien kommt die Unterniobsäure gemeinschaftlich mit Titansäure oder Zirkonerde vor. Die Trennung kann auf dieselbe Weise, wie die der Tantalsäure (S. 331) durch wiederholtes Schmelzen mit saurem schwefelsaurem Kali bewirkt werden. Es löst sich jedoch beim Behandeln der geschmolzenen Masse mit kaltem Wasser mit der Titansäure und der Zirkonerde etwas Unterniobsäure auf, die später mit der Titansäure oder Zirkonerde gefällt wird. Die Menge derselben ist aber so unbedeutend, daſs man mit den erhaltenen Resultaten zufrieden sein kann.

Da die Unterniobsäure durch Schmelzen mit kohlensaurem Kali und Behandeln der geschmolzenen Masse mit Wasser aufgelöst wird, die Titansäure und Zirkonerde aber hierbei ungelöst zurückbleiben, so kann man auch die Trennung auf diese Weise ausführen. Die in Wasser unlöslichen Verbindungen der Titansäure oder Zirkonerde mit

Kali erhitzt man, ohne sie vorher zu glühen, mit concentrirter Schwefelsäure (S. 315), verdampft den Ueberschufs derselben fast vollständig und behandelt den Rückstand mit kaltem Wasser. Bleibt hierbei eine geringe Menge von Unterniobsäure, welche durch das Schmelzen mit kohlensaurem Kali und Behandeln der geschmolzenen Masse mit Wasser nicht aufgelöst worden war, ungelöst zurück, so löst sich diese, wenn sie rein ist, nach dem Auswaschen in einer Auflösung von Kalihydrat leicht und vollständig auf.

Hat man Unterniobsäure durch Schwefelsäure ausgeschieden, so kann man sie nach dem Auswaschen in noch feuchtem Zustande durch gelindes Erwärmen mit einer Auflösung von Kalihydrat auflösen, was sehr leicht geschieht, und sie dadurch von etwa mitgefällter Titansäure oder Zirkonerde trennen.

Trennung der Unterniobsäure vom Zinnoxyd. — Die Unterniobsäure wird wie die Tantalsäure bei einer Analyse gemeinschaftlich mit dem Zinnoxyd abgeschieden und auch durch Schmelzen mit kohlensaurem Natron und Schwefel (S. 332) von demselben getrennt. In dem Schwefelnatrium löst sich indessen auch eine geringe Menge von Unterniobsäure auf, welche beim Uebersättigen der Lösung mit Schwefelsäure vollständig mit dem Schwefelzinn abgeschieden wird, wenn man einige Zeit kocht. Reducirt man nach dem Wägen das Zinnoxyd durch Erhitzen in Wasserstoffgas und löst das metallische Zinn in Chlorwasserstoffsäure auf, so bleibt die Unterniobsäure ungelöst.

Trennung der Unterniobsäure von Metalloxyden und Erden. — Die Trennung kann ganz auf dieselbe Weise, wie es bei der Tantalsäure angeführt ist, durch Schwefelsäure oder durch saures schwefelsaures Kali bewerkstelligt werden. In der von der Unterniobsäure abfiltrirten Flüssigkeit sind gewöhnlich noch kleine Mengen Unterniobsäure enthalten, welche sich in den meisten Fällen nach annähernder Neutralisation der Lösung vermittelst Kali oder Ammoniak durch Kochen abscheiden lassen. Hat man aus einer eisenhaltigen Verbindung die Unterniobsäure durch Schmelzen mit saurem schwefelsaurem Kali abgeschieden, so enthält sie noch Eisenoxyd, welches sich auch durch verdünnte Säuren nicht auswaschen läfst. Man kann sie nach dem Auswaschen mit Schwefelammonium digeriren, oder, wenn sie auch Zinnoxyd oder Wolframsäure enthält, mit Schwefel und kohlensaurem Natron schmelzen. Das Eisenoxyd verwandelt sich dadurch in Schwefeleisen, welches man am besten durch sehr verdünnte kochende Schwefelsäure auflöst. Nimmt man hierzu Chlorwasserstoffsäure, so löst sich mit dem Eisen auch etwas Unterniobsäure auf, welches bei Anwendung von Schwefelsäure weniger zu befürchten ist.

Auch durch Schmelzen mit der ungefähr fünffachen Menge von

kohlensaurem Kali und Behandeln der geschmolzenen Masse mit Wasser läfst sich die Trennung in vielen Fällen bewirken. Man mufs dann aber nicht unterlassen, den in Wasser ungelöst gebliebenen und ausgewaschenen Rückstand mit Schwefelsäure zu erhitzen, den Ueberschufs derselben fast vollständig zu verdampfen und die Masse mit Wasser zu behandeln, wobei die durch das Schmelzen mit kohlensaurem Kali etwa nicht ausgezogene Unterniobsäure ungelöst zurückbleibt.

Trennung der Unterniobsäure von den Alkalien. — Ist die Verbindung in Wasser löslich, so kann aus der Auflösung die Unterniobsäure durch Schwefelsäure oder durch salpetersaures Quecksilberoxydul, wie dies bei der Tantalsäure angegeben ist (S. 334), abgeschieden werden.

Ob die unterniobsauren Alkalien so vollständig durch Chlorammonium zerlegt werden können, wie das tantalsaure Natron (S. 334), ist noch nicht gehörig untersucht worden.

Die geglühten und die sauren unterniobsauren Alkalien lassen sich weit besser, als die entsprechenden tantalsauren, durch Erhitzen mit concentrirter Schwefelsäure zerlegen. Auch nach sehr starkem Glühen widerstehen sie nicht der Einwirkung des schmelzenden sauren schwefelsauren Ammoniaks, so dafs man nicht gezwungen ist, sie mit saurem schwefelsaurem Kali zu schmelzen, wie dies bei tantalsauren Alkalien der Fall ist.

Abscheidung der Unterniobsäure aus den in der Natur vorkommenden niobhaltigen Mineralien. — Diese Mineralien widerstehen der Einwirkung der Säuren nicht in dem Grade, wie die tantalhaltigen (S. 335), und mehrere derselben, wie der Tyrit und der Euxenit, lassen sich durch concentrirte Schwefelsäure vollständig zersetzen.

Man erhitzt die sehr fein gepulverte oder auch geschlämmte Substanz in einer Platinschale längere Zeit mit einem Ueberschufs von concentrirter Schwefelsäure, die man von Zeit zu Zeit nach vorherigem Erkalten vorsichtig mit etwas Wasser vermischt. Läfst sich kein unzersetztes Pulver mehr wahrnehmen, und ist die ausgeschiedene Unterniobsäure weifs geworden, so entfernt man den gröfsten Theil der freien Schwefelsäure durch Abdampfen, behandelt den Rückstand mit wenigem Wasser, um die gebildeten Schwefelsäure-Salze aufzulösen, und scheidet nach Zusatz von vielem Wasser die Unterniobsäure durch Kochen vollständig ab. Zweckmäfsig reducirt man vor dem Verdünnen das Eisenoxyd durch einen Ueberschufs von schweflichter Säure, weil sich sonst mit der Unterniobsäure etwas Eisenoxyd abscheiden könnte. Nach dem Filtriren und Auswaschen wird die Unterniobsäure geglüht (S. 339) und gewogen, und dann, wie unten angegeben ist, weiter untersucht.

Läfst sich auf diese Weise durch Schwefelsäure keine vollständige Zersetzung erreichen, wie dies beim Columbit und auch beim Samarskit der Fall ist, so kann das Mineral nach dem (S. 336) angegebenen Verfahren durch Schmelzen mit saurem schwefelsaurem Kali zerlegt werden. Eben so zweckmäfsig ist es aber, in diesem Falle die Zersetzung des Minerals und die Abscheidung der Unterniobsäure auf die S. 341 angegebene Weise durch Schmelzen mit kohlensaurem Kali zu bewirken. Löst sich mit dem unterniobsauren Kali etwas mangansaures Kali auf, so kann man dieses durch eine geringe Menge von Schwefelwasserstoff zersetzen; etwa aufgelöstes Uranoxyd läfst sich durch Zusatz von Kalihydrat abscheiden. Durch Filtriren dieser Flüssigkeit erhält man gewöhnlich keine klare Lösung, und man ist dann gezwungen, die suspendirten Oxyde vor dem Abgiefsen der Lösung sich vollständig absetzen zu lassen, was aber etwas lange dauert. Dieses Uebelstandes wegen empfiehlt es sich häufig, auf folgende Weise zu verfahren. Man übersättigt die alkalische Lösung, ohne die ungelösten Oxyde vorher abzufiltriren, mit Schwefelsäure, setzt schweflichte Säure im Ueberschufs hinzu, um vorhandenes Eisenoxyd zu reduciren, und kocht einige Zeit, bis die ausgeschiedene Unterniobsäure weifs geworden ist. Wenn man hierbei einen unnöthigen Ueberschufs von Schwefelsäure vermeidet, die Lösung zuletzt stark verdünnt und noch einige Zeit kocht, so scheidet sich die Unterniobsäure vollständig ab. Nach dem Filtriren und Auswaschen nimmt man den noch feuchten Niederschlag vom Filtrum (was mit Hülfe einer weichen Federfahne und einer Spritzflasche fast vollständig gelingt, ohne dafs man das Filtrum, auf welches man später wieder die Unterniobsäure bringt, aus dem Trichter zu nehmen braucht), und erwärmt ihn mit einer verdünnten Lösung von Kalihydrat, wodurch die Unterniobsäure leicht gelöst wird. Bleibt hierbei ein Rückstand, so kann dieser namentlich aus Titansäure und Zirkonerde bestehen, aber auch andere durch das Behandeln mit Schwefelsäure nicht aufgelöste Oxyde, wie auch etwa bei dem Schmelzen mit kohlensaurem Kali unzersetzt gebliebenes Mineral enthalten. Man behandelt ihn noch feucht mit concentrirter Schwefelsäure und scheidet etwa vorhandene Unterniobsäure ab (S. 342), welche man ebenfalls in etwas Kalihydrat auflöst. Aus der alkalischen Lösung wird die Unterniobsäure wieder durch Schwefelsäure gefällt (S. 338). Die so erhaltene Unterniobsäure, wie auch die durch Zersetzung des Minerals vermittelst Schwefelsäure oder sauren schwefelsauren Kalis abgeschiedene, kann noch Zinnoxyd und Wolframsäure enthalten, und wird dann nach dem Wägen mit kohlensaurem Natron und Schwefel geschmolzen (S. 336).

Wenn das untersuchte Mineral Kieselsäure enthält, so wird auch diese mit der Unterniobsäure gemeinschaftlich abgeschieden und mufs auf eine später beim Kiesel angegebene Weise davon getrennt werden. Wie schon früher bemerkt ist, läfst sich die Titansäure und auch die Zirkonerde nicht gut durch Erhitzen mit Schwefelsäure oder durch Schmelzen mit saurem schwefelsaurem Kali von der Unterniobsäure trennen; es ist daher anzurathen, eine auf solche Weise direct aus dem Minerale abgeschiedene Unterniobsäure später noch mit kohlensaurem Kali zu schmelzen, um zu sehen, ob sich die geschmolzene Masse vollständig in Wasser auflöst.

Enthält das Mineral Alkalien, oder will man es darauf untersuchen, so wird man sich, wenn die Zersetzung durch Erhitzen mit Schwefelsäure und auch durch Schmelzen mit saurem schwefelsaurem Ammoniak nicht gut gelingt, einer der später bei der Analyse der Silicate angegebenen Methoden bedienen können.

Die auf eine der angegebenen Weisen erhaltene Lösung der mit der Unterniobsäure verbunden gewesenen Basen, kann in sehr vielen Fällen zweckmäfsig so behandelt werden, wie es bei der Analyse des Yttrotantalits angegeben ist (S. 337).

Bestimmung der Niobsäure. — Die Niobsäure ist bis jetzt noch nicht in Verbindungen angetroffen worden, welche sich in der Natur finden. Sie kann nur durch Zersetzung des Niobchlorids vermittelst Wassers dargestellt werden.

Sie hat sehr viel Aehnlichkeit theils mit der Tantalsäure, theils mit der Unterniobsäure, namentlich hinsichtlich ihres Verhaltens gegen Schwefelsäure. Sie wird deshalb aus ihren Verbindungen auf eine ähnliche Weise abgeschieden, wie diese beiden Säuren, so dafs es nicht nöthig ist, hier ausführlich von der Trennung der Niobsäure von den Basen zu berichten. Die Eigenschaften der Niobsäure sind im ersten Theile dieses Werkes aufgeführt.

Es mögen daher hier nur wenige Bemerkungen genügen, welche sich auf die Umwandlung der Niobsäure in Unterniobsäure beziehen.

Wenn man niobsaure Verbindungen zersetzt, sei es durch Schwefelsäure oder auch durch Schmelzen mit zweifach-schwefelsaurem Kali, so erleidet die Niobsäure keine Veränderung. Wird indessen eine niobsaure Verbindung durch Schmelzen mit zweifach-schwefelsaurem Ammoniak zersetzt, so erleidet die Niobsäure eine theilweise Reduction zu Unterniobsäure, und man erhält deshalb einen kleinen Gewichtsverlust. Aber auch durch wiederholtes Schmelzen mit zweifach-schwefelsaurem Ammoniak ist es nicht gut möglich, die Niobsäure vollständig in Unterniobsäure zu verwandeln.

Durch Glühen der Niobsäure mit oxalsaurem Ammoniak findet nur eine sehr geringe Reduction zu Unterniobsäure statt; eine noch geringere durch wiederholtes Glühen mit Chlorammonium, wobei etwas Niobsäure verflüchtigt werden kann. Glühen mit kohlensaurem Ammoniak und mit Quecksilbercyanid erzeugt keine Veränderung und keine Reduction.

XLV. Wolfram.

Bestimmung und Abscheidung der Wolframsäure. — Wenn in einer Auflösung aufser Wolframsäure keine feuerbeständigen Basen vorhanden sind, so braucht dieselbe blofs bis zur Trocknifs abgedampft und die trockene Masse beim Zutritt der Luft geglüht zu werden, um die Menge der Wolframsäure zu bestimmen. Es geschieht dies namentlich, wenn die Wolframsäure in Ammoniak aufgelöst worden ist. Die Wolframsäure bleibt nach dem Glühen von gelber Farbe zurück. Da sie feuerbeständig ist, so ist beim Glühen kein Verlust zu befürchten. Erscheint die Wolframsäure nach starkem Glühen beim Zutritt der Luft grünlich, so ist sie nicht vollkommen rein, sondern enthält kleine Antheile anderer Substanzen. Oft rührt die grünliche Farbe von eingemengtem Wolframoxyd her, das sich beim Glühen der Säure, wenn sie kleine Mengen von organischen Substanzen enthielt, durch Reduction gebildet hatte. In diesem Falle verschwindet durch längeres Glühen beim Zutritt der Luft die grüne Farbe, besonders wenn man die Wolframsäure vorher mit Salpetersäure befeuchtet hat. Durch Glühen können Ammoniak und alle flüchtigen Säuren, auch Schwefelsäure, von der Wolframsäure verjagt werden. Um jedoch die Schwefelsäure vollständig zu verjagen, ist es nothwendig, beim Glühen der Säure ein Stückchen kohlensaures Ammoniak auf die Wolframsäure zu legen, darauf aber das Ganze stark beim Zutritt der Luft zu erhitzen.

Enthält die Auflösung neben Wolframsäure noch andere feuerbeständige Substanzen, namentlich Alkalien, so kann die Abscheidung der Wolframsäure nach einer der folgenden drei Methoden bewirkt werden.

Man übersättigt die Auflösung mit Chlorwasserstoffsäure, dampft sie auf einem Wasserbade zur Trockne ein, und erhitzt den Rückstand einige Zeit in einem Luftbade bis 120°. Die völlig ausgetrocknete Masse übergiefst man wieder mit Chlorwasserstoffsäure, zerdrückt die Klümpchen mit einem Glasstabe, und wiederholt das vollständige Eintrocknen und Behandeln mit Chlorwasserstoffsäure mehrere Male. Die Wolframsäure ist dann ganz abgeschieden und kann durch Auswaschen mit verdünnter Chlorwasserstoffsäure von den darin löslichen Substanzen getrennt werden. Wendet man zum Auswaschen reines Wasser an, so erhält man sehr leicht ein trübes Filtrat. Die getrocknete Wolframsäure nimmt man möglichst vom Filtrum herunter, verbrennt dieses für sich, behandelt die Filterasche mit einem Tropfen Salpetersäure, fügt die übrige Wolframsäure hinzu und wägt nach starkem Glühen.

Nach der zweiten Methode, welche indessen nur dann anzuwenden ist, wenn neben der Wolframsäure nur noch Alkalien vorhanden sind, versetzt man die Auflösung der Wolframsäure mit einem Ueberschufs von Schwefelsäure, dampft sie auf einem Wasserbade ein und verjagt den Ueberschufs der Schwefelsäure bei möglichst niedriger Temperatur. Erhitzt man, um die Verjagung der Schwefelsäure zu beschleunigen, zu stark, so kann die ausgeschiedene Wolframsäure wieder einen Theil der Schwefelsäure austreiben. Das Auswaschen der Wolframsäure bewirkt man am besten mit Wasser, dem man etwas Schwefelsäure hinzugefügt hat, und behandelt sie dann, wie oben angegeben ist.

Die dritte Methode, welche zuerst von Berzelius empfohlen ist, giebt die genauesten Resultate, ist in ihrer Ausführung aber weniger bequem, als die schon beschriebenen, und vorzüglich nur zur Trennung der Wolframsäure von den Alkalien anzuwenden. Man neutralisirt die Lösung der Wolframsäure, wenn sie alkalisch ist, vorsichtig mit Salpetersäure, so dafs sie nach Vertreibung etwa vorhandener Kohlensäure noch äufserst schwach das Lackmuspapier röthet, und setzt dann so lange eine Auflösung von salpetersaurem Quecksilberoxydul hinzu, als noch ein Niederschlag entsteht. Hierauf fügt man vorsichtig einige Tropfen Ammoniak hinzu, bis der Niederschlag anfängt sich zu bräunen. Vertreibt man vorhandene Kohlensäure nicht vor dem Fällen mit salpetersaurem Quecksilberoxydul, so wird der Niederschlag, der immer schon sehr bedeutend an sich ist, unnützer Weise durch eine oft beträchtliche Menge von kohlensaurem Quecksilberoxydul vermehrt. Den Niederschlag läfst man sich absetzen, filtrirt ihn und wäscht ihn mit Wasser aus, zu welchem man eine kleine Menge von der Auflösung des salpetersauren Quecksilberoxyduls hinzugefügt hat. Wäscht man ihn mit reinem Wasser aus, so geht dieses etwas milchicht durchs Filtrum. Der getrocknete Niederschlag wird vorsichtig stark geglüht (es entweichen hierbei giftige Quecksilberdämpfe), bis sich das Gewicht nicht mehr ändert; es bleibt reine Wolframsäure zurück. Das Glühen kann ohne Nachtheil in einem Platintiegel geschehen.

Man mufs aber bei Anwendung einer der drei Methoden nie versäumen, die von der Wolframsäure abfiltrirte Flüssigkeit später noch auf einen Gehalt an Wolframsäure zu untersuchen.

Es gelingt dagegen nicht, die Wolframsäure aus einer Auflösung, sie mag neutral oder alkalisch sein, auf die Weise zu scheiden, dafs man zu derselben einen Ueberschufs von Schwefelammonium setzt, worin das entstehende Schwefelwolfram sich auflöst, und alsdann diese Auflösung mit einer verdünnten Säure übersättigt. Es wird zwar ein großer Theil des Wolframs als Schwefelwolfram mit gelbbräunlicher Farbe gefällt, aber es ist unmöglich, ungeachtet aller angewandten Vorsicht, alles Wolfram aus der Flüssigkeit abzuscheiden. Das ausgeschiedene Schwefelwolfram verwandelt sich übrigens nach dem Trocknen durch Glühen beim Zutritt der Luft sehr leicht in reine Wolframsäure. — Vollständiger kann man zwar das Schwefelwolfram aus einer Auflösung von Schwefelkalium durch eine verdünnte Säure fällen, doch auch in diesem Falle ist man nie sicher, daß die ganze Menge des Wolframs ausgeschieden ist; denn gewöhnlich ist in der vom Schwefelwolfram getrennten sauren Flüssigkeit eine noch bedeutende Menge von Wolframsäure enthalten.

Es gelingt auch nicht, die Wolframsäure in ihren Verbindungen, namentlich mit den Alkalien, durch Glühen mit Chlorammonium vollständig in stickstoffhaltiges Wolframoxyd zu verwandeln, das in Wasser unauflöslich ist, und sich auf nassem Wege nicht mit Alkalien verbindet. Denn nicht die ganze Menge der Wolframsäure wird durch Chlorammonium in dieses Oxyd, so wie auch das Alkali nicht vollständig in Chlormetall verwandelt. Behandelt man daher die geglühte Masse mit Wasser, so hinterläßt dieses zwar viel schwarzes stickstoffhaltiges Wolframoxyd ungelöst, aber mit dem alkalischen Chlormetall löst sich immer wolframsaures Alkali auf.

Trennung der Wolframsäure von Metalloxyden. — Läßt sich die Verbindung der Wolframsäure oder des Wolframoxyds mit Oxyden durch Säuren nicht leicht vollständig zersetzen (wie dies z. B. bei der in der Natur unter dem Namen Wolfram vorkommenden Verbindung der Fall ist, in welchem die Wolframsäure mit Eisen- und Manganoxydul verbunden ist), so schmelzt man sie fein gepulvert in einem Platintiegel mit dem Drei- bis Vierfachen ihres Gewichtes an kohlensaurem Kali-Natron. Die Zersetzung geschieht ohne Schwierigkeiten. Es ist nicht nöthig, wie man vorgeschlagen hat, das kohlensaure Alkali mit salpetersaurem zu mengen. Die Analyse wird dadurch, besonders wenn die Menge des angewandten salpetersauren Alkalis nicht sehr gering ist, erschwert, weil sich dann viel mangansaures Alkali bildet, und die Mangansäure aus der alkalischen Lösung durch Reduction abgeschieden werden muß. Wendet man aber nur kohlensaures Alkali an, so bildet sich bei einem vorwiegenden Eisengehalt gewöhnlich kein mangansaures Alkali. — Die geschmolzene Masse wird in Wasser aufgelöst, welches wolframsaures und kohlensaures Alkali auflöst, und die Oxyde, welche mit der Wolframsäure verbunden waren, vollständig ungelöst zurückläßt, wenn diese in einer Auflösung von kohlensaurem Alkali unlöslich sind. Nach dem Auswaschen löst man dieselben in einer Säure, am besten in Chlorwasserstoffsäure, auf, und bestimmt die Mengen der Oxyde nach Methoden, die im Vorhergehenden angegeben sind.

Die Wolframsäure selbst kann dann durch den Verlust bestimmt werden. Will man aber ihre Menge unmittelbar finden, so scheidet man die Wolframsäure aus der alkalischen Lösung nach einer der drei oben beschriebenen Methoden ab. Am besten wählt man in diesem Falle die vermittelst salpetersauren Quecksilberoxyduls.

Waren die Oxyde, mit welchen die Wolframsäure verbunden war, in einer Auflösung von kohlensaurem Alkali nicht vollkommen unlöslich, so werden die meisten derselben als Schwefelmetalle gefällt, wenn zu der alkalischen Auflösung der Wolframsäure Schwefelammonium hinzugefügt wird. Man filtrirt die Schwefelmetalle, wäscht sie vollkommen mit Wasser aus, das mit etwas Schwefelammonium versetzt ist, und behandelt sie darauf nach Methoden, die im Vorhergehenden umständlich angegeben sind. Es ist indessen zu bemerken, daſs, wenn Eisen vorhanden war, etwas Schwefeleisen gemeinschaftlich mit dem Schwefelwolfram sich auflöst.

Statt des kohlensauren Alkalis kann man zur Zersetzung dieser Verbindung sich des sauren schwefelsauren Kalis bedienen. Man schmelzt die fein gepulverte Verbindung mit fünf bis sechs Theilen des Salzes in einem Platintiegel so lange, bis sich Alles im schmelzenden Salze aufgelöst hat. Die geschmolzene Masse wird darauf mit Wasser übergossen, wodurch die Oxyde, die mit der Wolframsäure verbunden waren, und das überschüssige saure schwefelsaure Kali aufgelöst werden, die Wolframsäure selbst aber in Verbindung mit Kali anfänglich ungelöst zurückbleibt, da das wolframsaure Kali in den Lösungen der Salze sich nicht löst, aber in Wasser auflöslich ist, wenn man die Auflösung der Salze abgegossen hat. Fügt man nun zu den Lösungen einen Ueberschuſs von Ammoniak, so werden Eisenoxyd und andere Oxyde gefällt, während die Wolframsäure aufgelöst bleibt. Fügt man nun zu dem Ganzen noch Schwefelammonium in hinreichender Menge, so bleibt die Wolframsäure aufgelöst, während die Oxyde, welche mit ihr verbunden waren, meistentheils in Schwefelmetalle verwandelt werden, die in Schwefelammonium unlöslich sind. Sie werden abfiltrirt und mit Wasser, zu welchem Schwefelammonium hinzugefügt ist, ausgewaschen. Die Wolframsäure wird in diesem Falle am besten durch den Verlust bestimmt. — Diese Methode ist aber der Zerlegung vermittelst des kohlensauren Alkalis nicht vorzuziehen.

Ist hingegen eine Verbindung der Wolframsäure mit Metalloxyden durch Salpetersäure, Chlorwasserstoffsäure, oder eine andere Säure zersetzbar, wenn auch schwer zersetzbar, wie dies bei dem in der Natur vorkommenden Wolframmineral der Fall ist, so lassen sich alle Bestandtheile der Verbindung auf folgende Weise bestimmen. Man digerirt die fein geschlämmte Verbindung in einem langhalsigen Kolben mit Chlorwasserstoffsäure, der etwas Salpetersäure zugesetzt wird, kocht dann und zwar so lange, bis die ausgeschiedene Wolframsäure von rein gelber Farbe erscheint. Der Zusatz von Salpetersäure zur Chlorwasserstoffsäure beschleunigt nicht nur die Zersetzung des Minerals, sondern vermindert auch das unangenehme Stofsen der Masse während des Kochens. Wenn die Wolframsäure in der Verbindung nur mit Oxyden verbunden war, deren Schwefelmetalle in Schwefelammonium nicht löslich sind, so übersättigt man die zersetzte Masse mit Ammoniak und fügt dann Schwefelammonium hinzu. Es wird dadurch die Wolframsäure aufgelöst. Man filtrirt, und wäscht die ungelösten Schwefelmetalle mit Wasser aus, zu welchem man Schwefelammonium hinzugefügt hat. Man trennt sie nach Methoden, welche im Vorhergehenden erörtert sind. Die von den Schwefelmetallen abfiltrirte Flüssigkeit enthält aufser Wolframsäure keine feuerbeständigen Bestandtheile; man dampft sie daher bis zur Trocknifs ab, erhitzt vorsichtig die trockne Masse in einem Porcellantiegel und glüht beim Zutritt der Luft. Der geglühte Rückstand besteht aus Wolframsäure. — Es ist zu bemerken, dafs sich gemeinschaftlich mit Schwefelwolfram kleine Mengen von Schwefeleisen und von Schwefelmangan in Schwefelammonium auflösen können.

Wenn man auf diese Weise das Wolframmineral behandelt, so bestehen die in Schwefelammonium unlöslichen Schwefelmetalle aus Schwefeleisen und aus Schwefelmangan. Waren in dem Minerale Spuren von Kieselsäure, so bleiben diese zurück, wenn man diese Schwefelmetalle in verdünnter Chlorwasserstoffsäure auflöst. Enthielt das Mineral ferner geringe Mengen von Kalkerde und von Magnesia, so sind diese in der Wolframsäure enthalten, welche durch Abdampfen der von den ungelösten Schwefelmetallen getrennten Flüssigkeit erhalten ist. Man bestimmt diese kleine Mengen der Erden auf die Weise, wie es weiter unten angegeben ist, am besten durch Schmelzen der Wolframsäure mit kohlensaurem Kali-Natron.

Gewöhnlich aber pflegt man die durch Zersetzung des Wolframminerals vermittelst Säuren erhaltene Wolframsäure, nachdem viel Wasser hinzugefügt ist, von den gelösten Oxyden des Mangans und des Eisens durch Filtration zu trennen und die Wolframsäure mit Wasser, zu welchem etwas Chlorwasserstoffsäure hinzugefügt ist, so lange auszuwaschen, bis das Waschwasser kein Eisenoxyd mehr enthält. Es scheint indessen fast unmöglich zu sein, aus der Wolframsäure durch Auswaschen die Oxyde des Eisens und des Mangans bis auf die letzten Spuren zu entfernen. Diese kleinen Spuren von zurückgehaltenen Metalloxyden lösen sich mit der Wolframsäure gemeinschaftlich in Ammoniak auf[*], und wenn man diese Säure aus

---

[*] Das Eisenoxyd kann sich in nicht unbeträchtlicher Menge durch bedeutende Mengen von Wolframsäure gemeinschaftlich mit dieser in Ammoniak auflösen.

der ammoniakalischen Lösung durch Abdampfen und Glühen gewinnt, so sind sie in derselben enthalten. Man muſs dann die Wolframsäure nach dem Wägen in einer Lösung von Kalihydrat durch Kochen lösen, wodurch stets einige wenige Milligramme von den Oxyden des Eisens und des Mangans abgeschieden werden (Schneider).

Wenn man die ausgeschiedene Wolframsäure (gemeinschaftlich mit den Spuren von den Oxyden des Eisens und des Mangans) in Ammoniak auflöst, so bleibt oft ein geringer Rückstand ungelöst. Er besteht aus etwas Kieselsäure und aus nicht völlig zersetztem Minerale, in welchem der Gehalt an Wolframsäure gröſser ist, als im ursprünglichen Mineral. Dieser in Ammoniak unlösliche geringe Rückstand kann auch aus Unterniobsäure bestehen, oder dieselbe enthalten. Zu der sauren Lösung der Oxyde des Eisens und des Mangans wird die Spur dieser Oxyde hinzugefügt, welche aus der Wolframsäure durch Kalihydrat geschieden ist, und darauf fällt man die ganze Menge derselben nach Uebersättigung der Lösung mit Ammoniak durch Schwefelammonium. Die von den Schwefelmetallen abfiltrirte Flüssigkeit wird bis zur Trockniſs verdampft, der Rückstand geglüht, und mit sehr verdünnter Chlorwasserstoffsäure behandelt. Es bleibt dabei eine höchst geringe Menge von Wolframsäure ungelöst zurück, welche bei der Zersetzung der Mineralien von der groſsen Menge der angewandten Säuren aufgelöst worden war. Man fügt sie zu der gröſseren Menge der erhaltenen Wolframsäure hinzu. Die von der kleineren Menge der Wolframsäure abfiltrirte chlorwasserstoffsaure Flüssigkeit kann kleine Mengen von Kalkerde und von Magnesia enthalten, die man nach bekannten Methoden gewinnt.

Diese Methoden der Zersetzung der wolframsauren Verbindungen sind, wenn sie angewandt werden können, der Zersetzung durch kohlensaures Alkali und durch zweifach-schwefelsaures Kali vorzuziehen, da man durch sie alle Bestandtheile der Verbindung mit Sicherheit bestimmen kann.

Man bewirkt die Zersetzung vieler wolframsaurer Verbindungen sehr gut, wenn man sie mit dem Sechsfachen eines Gemenges von gleichen Theilen kohlensauren Natrons und Schwefel mengt und das Gemenge in einem Porcellantiegel schmelzt. Die geschmolzene Masse wird mit Wasser behandelt, welches das Schwefelsalz von Schwefelwolfram und Schwefelnatrium auflöst. Die unlöslichen Schwefelmetalle bleiben zurück. Hat man Wolfram auf diese Weise zerlegt, so müssen diese Schwefelmetalle, weil Schwefeleisen in ihnen enthalten ist, mit Wasser ausgewaschen werden, zu dem man etwas Schwefelammonium oder ein anderes alkalisches Schwefelmetall gesetzt hat. — Diese Methode gelingt sehr gut, und aus der alkalischen Lösung wird sich alles Wolfram durch öfter wiederholtes Abdampfen mit Chlorwasserstoffsäure, wie es S. 345 angegeben ist, abscheiden lassen.

Man sieht leicht ein, dafs durch diese Methoden nur die Metalloxyde von der Wolframsäure getrennt werden können, deren Schwefelmetalle in den alkalischen Schwefelmetallen unauflöslich sind. Die Trennung aber der Wolframsäure von Oxyden, deren Schwefelmetalle sich in Schwefelammonium auflösen lassen, ist mit mehr Schwierigkeiten verbunden.

Viele Metalloxyde können von der Wolframsäure nach der Digestion mit Salpetersäure auch auf die Weise getrennt werden, dafs man die durch die Säure zersetzte Verbindung bis nahe zur Trocknifs abdampft, und dann dieselbe mit Alkohol behandelt. Dieser löst die darin löslichen salpetersauren Salze auf und läfst die Wolframsäure ungelöst zurück. Man kann diese dann in Ammoniak auflösen, wobei jedoch öfters eine kleine Menge der unzersetzten Verbindung ungelöst zurückbleibt. Die ammoniakalische Auflösung der Wolframsäure wird bis zur Trocknifs abgedampft und die trockene Masse geglüht, worauf reine Wolframsäure zurückbleibt.

Trennung der Wolframsäure von der Unterniobsäure. — Die in der Natur vorkommenden Verbindungen der Unterniobsäure enthalten fast alle Wolframsäure, wenn diese oft auch nur in höchst geringer Menge darin enthalten ist. Man trennt sie von der Unterniobsäure auf dieselbe Weise, wie von der Tantalsäure. Es ist aber zu bemerken, dafs die Unterniobsäure nicht ganz so vollkommen unlöslich in Ammoniak und in Schwefelammonium, so wie auch in einer verdünnten Lösung von kohlensaurem Natron ist, wie die Tantalsäure. Wenn man daher die bei Analysen erhaltene Unterniobsäure mit einem Gemenge von Schwefel und von kohlensaurem Natron schmelzt, die geschmolzene Masse mit Wasser behandelt, und die ungelöste Unterniobsäure, die gewöhnlich Schwefeleisen enthält, mit sehr verdünntem Schwefelammonium auswäscht, so enthält die filtrirte Flüssigkeit geringe Spuren von Unterniobsäure. Uebersättigt man sie mit verdünnter Schwefelsäure, so wird die Unterniobsäure dadurch gefällt, zugleich mit vielem Schwefel und einem Theile des aufgelösten Schwefelwolframs. Der Niederschlag wird an der Luft geglüht, aber nicht stark, und dann entweder mit zweifach-schwefelsaurem Kali geschmolzen, oder besser mit concentrirter Schwefelsäure bis zur anfangenden Verdampfung der freien Schwefelsäure erhitzt. Man trennt darauf durch Wasser und durch Kochen die Unterniobsäure von der Wolframsäure, welche sich auflöst und durch Abdampfen der schwefelsauren Auflösung erhalten werden kann.

Hat man die unreine Unterniobsäure mit Schwefelammonium behandelt, was wohl in den meisten Fällen zweckmäfsig ist, so braucht man nur die von der Unterniobsäure getrennte Flüssigkeit bis zur Trocknifs abzudampfen, den trocknen Rückstand beim Zutritt der Luft zu glühen und ihn dann mit Schwefelsäure zu behandeln.

Gewöhnlich ist in der unreinen Unterniobsäure neben Wolframsäure auch Zinnoxyd enthalten, welches auf die weiter unten anzuführende Weise daraus geschieden wird.

Trennung der Wolframsäure von der Tantalsäure. — Mit kleinen Mengen von Wolframsäure kommt die Tantalsäure häufig verbunden vor. Wenn solche Verbindungen mit zweifach-schwefelsaurem Kali geschmolzen werden, und man die geschmolzene Masse mit Wasser behandelt, so ist fast alle Wolframsäure in der im Wasser ungelösten Masse enthalten. Man digerirt nun dieselbe mit Ammoniak oder Schwefelammonium, wodurch Wolframsäure oder Schwefelwolfram aufgelöst wird, während die Tantalsäure ungelöst bleibt. Aus der Auflösung erhält man durch Eindampfen und Glühen des Rückstandes reine Wolframsäure.

Gewöhnlich bleibt aber eine kleine Menge von Wolframsäure mit grofser Hartnäckigkeit bei der Tantalsäure zurück und kann nur durch Schmelzen mit einem Gemenge von Schwefel und von kohlensaurem Natron davon getrennt werden, wie dies schon oben erörtert ist. Am sichersten findet man die kleinsten Mengen von Wolfram in der Tantalsäure, wenn man letztere in Chlorid verwandelt (S. 336). Behandelt man die Chloride, nachdem sie einige Zeit der atmosphärischen Luft ausgesetzt worden sind, mit Ammoniak, so löst dieses die Wolframsäure auf, während die Tantalsäure ungelöst zurückbleibt.

Trennung der Wolframsäure von der Titansäure. — Diese wird durch Ammoniak bewirkt, welches die Titansäure fällt und die Wolframsäure auflöst. Wenn die gefällte Titansäure noch Wolframsäure enthält, so kann dieselbe durch Schwefelammonium aufgelöst werden.

Sind die Säuren geglüht, so kann die Trennung durch Ammoniak nicht bewirkt werden. Man kann sie dann mit zweifach-schwefelsaurem Kali schmelzen, und erst die geschmolzene Masse mit Wasser behandeln; es löst sich die Titansäure und dann auch das wolframsaure Kali auf. In der Lösung werden beide Säuren durch Ammoniak von einander getrennt.

Trennung der Wolframsäure von dem Zinnoxyd. — Das Gemenge beider Säuren wird in einem Porcellantiegel in einem Strome von Wasserstoffgas in dem S. 77 abgebildeten Apparate geglüht, wodurch metallisches Zinn und Wolframoxyd gebildet wird, welches man durch Erhitzen mit concentrirter Chlorwasserstoffsäure trennt (Dexter).

Nach Rammelsberg gelingt die Trennung auf diese Weise nur dann vollständig, wenn man so stark in Wasserstoffgas erhitzt, dafs auch die Wolframsäure zu metallischem Wolfram reducirt wird. Auf eine einfachere Weise erhält man aber die Wolframsäure frei von Zinnoxyd, wenn man sie wiederholt mit Chlorammonium bis zur Verflüch-

tigung desselben erhitzt, wodurch alles Zinn verjagt wird, und dann wieder längere Zeit an der Luft glüht.

Es glückt nicht, das Zinnoxyd von der Wolframsäure durch Schmelzen mit zweifach-schwefelsaurem Kali zu trennen. Wird die geschmolzene Masse mit Wasser behandelt, so enthält das ausgewaschene Zinnoxyd noch eine bedeutende Menge von Wolframsäure.

Soll eine unreine Unterniobsäure von ihrem Gehalt an Wolframsäure und an Zinnoxyd befreit werden, so wird sie entweder noch feucht mit Schwefelammonium behandelt, oder nach dem Trocknen und Glühen mit einem Gemenge von kohlensaurem Natron und Schwefel geschmolzen.

Im ersten Falle wird die von der Unterniobsäure abfiltrirte Flüssigkeit bis zur Trocknifs abgedampft, und die trockne Masse beim Zutritt der Luft geglüht. Sie besteht aus Zinnoxyd, Wolframsäure und etwas Unterniobsäure. Man reducirt in ihr das Zinnoxyd vermittelst Wasserstoffgas, und trennt dann nach der Auflösung des Zinns durch Chlorwasserstoffsäure die Wolframsäure von der Unterniobsäure durch concentrirte Schwefelsäure.

Im zweiten Falle fällt man die von der Unterniobsäure abfiltrirte Flüssigkeit durch verdünnte Schwefelsäure, glüht den erhaltenen Niederschlag beim Zutritt der Luft und behandelt das Geglühte ebenso.

Trennung der Wolframsäure von den Erden. — Die Trennung der Wolframsäure von den Erden, welche, wie z. B. Thonerde, durch Ammoniak oder durch kohlensaures Ammoniak gefällt werden können, geschieht auf die Weise, dafs man, nach Zersetzung der Verbindung durch eine Säure, die zersetzte Masse mit Ammoniak oder kohlensaurem Ammoniak behandelt, wodurch die Wolframsäure aufgelöst, die Erde hingegen gefällt wird. Es ist indessen noch nicht untersucht worden, ob auf diese Weise die Thonerde vollständig von der Wolframsäure geschieden werden kann.

Die Trennung der Wolframsäure von der Kalkerde, Strontianerde und Baryterde kann auf die Weise leicht bewerkstelligt werden, dafs man, nach Zersetzung der Verbindung durch eine Säure, die zersetzte Masse längere Zeit mit einem Ueberschufs einer Auflösung von kohlensaurem Kali oder Natron oder auch von kohlensaurem Ammoniak digerirt und das Ganze zum Kochen bringt, wodurch die Erden gefällt werden, während die Wolframsäure in der alkalischen Flüssigkeit aufgelöst bleibt. Enthielt die Verbindung eine kleine Menge von Kieselsäure, so ist es gut, die durch eine Säure zersetzte Verbindung mit einem Ueberschufs von Ammoniak zu behandeln, wodurch Alles aufgelöst wird bis auf die Kieselsäure, die man nach dem Filtriren und Auswaschen durch etwas verdünnte Chlorwasserstoffsäure von einer geringen Menge ausgeschiedener kohlensaurer Erden befreit.

Die Wolframsäure kann von den alkalischen Erden auch auf die S. 345 angegebene Weise durch wiederholtes Eintrocknen mit Chlorwasserstoffsäure oder Salpetersäure getrennt werden.

Läfst sich die Verbindung der Wolframsäure durch eine Säure schwer zersetzen, so kann man sie fein gepulvert mit dem drei- oder vierfachen Gewicht von kohlensaurem Kali oder Natron in einem Platintiegel schmelzen. Wird darauf die geschmolzene Masse mit Wasser behandelt, so bleibt die Erde an Kohlensäure gebunden ungelöst zurück, während das Wasser wolframsaures und überschüssiges kohlensaures Alkali auflöst. Aus dieser Auflösung kann die Wolframsäure nach der oben S. 346 angeführten Methode durch salpetersaures Quecksilberoxydul abgeschieden werden. — Diese Methode ist auch bei leichter sich zersetzenden Verbindungen der ersteren vorzuziehen, nur können dann kleine Einmengungen von Kieselsäure schwieriger bestimmt werden.

Die Verbindung der Wolframsäure mit alkalischen Erden, namentlich die mit der Kalkerde, welche unter dem Namen Scheelit in der Natur vorkommt, kann auch auf folgende Weise untersucht werden. Man digerirt die fein gepulverte Verbindung mit concentrirter Salpetersäure, dampft die zersetzte Masse beinahe bis zur Trocknifs ab und behandelt sie mit Alkohol, welcher die salpetersaure Kalkerde auflöst; aus dieser Auflösung kann die Kalkerde durch Schwefelsäure gefällt werden, worauf die schwefelsaure Kalkerde mit Alkohol ausgewaschen wird. Ungelöst im Alkohol bleibt die Wolframsäure. Man muſs sie in Ammoniak auflösen, um zu sehen, ob sie rein ist, und nicht noch kleine Mengen von unzersetzter Verbindung oder von Kieselsäure enthält, welche durch Filtration geschieden werden. Die ammoniakalische Lösung wird abgedampft, und die trockene Masse geglüht. — Berzelius hat sich dieser Methode bei der Zerlegung des Scheelits bedient.

Trennung der Wolframsäure von den Alkalien. — Sie kann mit grofser Genauigkeit nach der oben S. 346 angeführten Methode durch eine Auflösung von salpetersaurem Quecksilberoxydul ausgeführt werden. Die vom wolframsauren Quecksilberoxydul abfiltrirte Flüssigkeit wird zur Bestimmung der Alkalien auf die S. 334 angegebene Weise behandelt.

Es kann übrigens aus der von dem wolframsauren Quecksilberoxydul getrennten Lösung das aufgelöste Quecksilberoxydul vor dem Eindampfen durch Chlorwasserstoffsäure oder durch Schwefelwasserstoffgas entfernt werden. Durch wiederholtes Eindampfen der filtrirten Flüssigkeit mit Chlorwasserstoffsäure kann man die Salpetersäure entfernen und dann die Alkalien als Chlorverbindungen wägen.

Bestimmung des Wolframoxyds und der Verbindungen

desselben. — Das reine Wolframoxyd verwandelt sich durch anhaltendes Glühen beim Zutritt der Luft in Wolframsäure, welche ihrer Menge nach bestimmt werden kann. Die erhaltene Säure ist gewöhnlich grün, und wird schwer von gelber Farbe erhalten. Wird aber das Wolframoxyd mit kohlensaurem Alkali beim Zutritt der Luft geschmolzen, so bildet sich wolframsaures Alkali, aus dessen Auflösung in Wasser die Wolframsäure durch salpetersaures Quecksilberoxydul abgeschieden werden kann.

Man kennt bis jetzt nur die Verbindungen der Wolframsäure mit dem Wolframoxyde und den Alkalien, welche der Einwirkung der stärksten Reagentien widerstehen. Schmelzt man sie indessen mit kohlensaurem Alkali beim Zutritt der Luft, so bildet sich, wie beim Schmelzen der Wolframsäure mit Alkali, wolframsaures Alkali, aus dessen Auflösung in Wasser die Wolframsäure bestimmt werden kann.

Es ist indessen nicht möglich zu bestimmen, wie viel des Wolframs als Säure und wie viel als Oxyd in der Verbindung enthalten war. Auch kann auf diese Weise nicht die Menge des Alkalis in der Verbindung gefunden werden.

Letzteres kann zwar geschehen, wenn man die Verbindung mit einer genau gewogenen Menge von kohlensaurem Natron schmelzt. Zweckmäßiger ist es aber, auf folgende von Scheibler angegebene Weise zu verfahren. Die fein gepulverte Substanz schmelzt man mit Barythydrat in einem Silbertiegel bei sehr langsam gesteigerter Hitze zusammen, behandelt die erkaltete Masse mit heißem Wasser, filtrirt rasch und wäscht die unlösliche wolframsaure Baryterde aus. In dem Filtrate bestimmt man nach Entfernung der Baryterde durch Schwefelsäure die Alkalien durch Abdampfen und Glühen des Rückstandes. Die ausgewaschene wolframsaure Baryterde zersetzt man durch wiederholtes Eindampfen mit Chlorwasserstoffsäure (S. 345).

Mengt man die Wolframverbindung mit Chlorammonium, und glüht das Gemenge, so erhält man eine geschmolzene kupferrothe Masse, aus welcher durch Wasser wolframsaures Natron und Chlornatrium aufgelöst wird und kupferrothes stickstoffhaltiges Wolframoxyd ungelöst zurückbleibt. Das entstandene wolframsaure Natron enthält viel Säure, und ist in Wasser sehr schwer löslich. In der Auflösung läßt sich die Menge des Alkalis und die der Wolframsäure bestimmen. Das ungelöste Wolframoxyd enthält indessen noch etwas Natron, und beim Zutritt der Luft geglüht, fängt es an zu schmelzen. Um es zu analysiren, muß man es auf die so eben angeführte Weise mit Barythydrat schmelzen.

Wöhler, der die Natronverbindung zuerst darstellte, zersetzte dieselbe durch Chlorgas bei erhöhter Temperatur, wobei er sublimirtes wolframsaures Wolframchlorid, und eine zurückbleibende lauchgrüne

Masse erhielt, aus der durch Wasser Chlornatrium ausgezogen werden konnte. — Er suchte die Zerlegung auch dadurch zu bewerkstelligen, dafs er die Verbindung in einem bedeckten Porcellantiegel mit Schwefel glühte, bis aller überschüssige Schwefel verjagt war. Die geglühte Masse wurde dann so lange mit Königswasser digerirt, bis sie wie reine Wolframsäure aussah, die Flüssigkeit darauf verdampft und die Masse geglüht, wobei Schwefelsäure wegging. Die Wolframsäure wurde endlich vom schwefelsauren Natron durch Wasser getrennt, und ihrem Gewichte nach bestimmt. Die vollständige Oxydation der durch das Schmelzen mit Schwefel erhaltenen Masse vermittelst Königswasser geschieht aber nur sehr langsam.

XLVI. Molybdän.

Bestimmung der Molybdänsäure. — Man kann die Molybdänsäure aus ihren Auflösungen in Ammoniak oder in Säuren nicht wie die Wolframsäure durch Eindampfen und Glühen des Rückstandes ihrer Menge nach bestimmen, weil man die flüchtigen Substanzen nicht durch Glühen verjagen darf. Denn die Molybdänsäure ist flüchtig, und wenn sie auch schwer flüchtig ist, so kann doch besonders beim Zutritt der Luft, selbst bei nicht zu starkem Rothglühen, eine nicht unbeträchtliche Menge der Säure verjagt werden.

In den meisten Fällen läfst sich aber in einer Substanz, die neben Molybdänsäure nur flüchtige Bestandtheile enthält, die Menge des Molybdäns sehr genau auf folgende Weise bestimmen. Man erhitzt die Substanz so lange in einer Atmosphäre von Wasserstoffgas, bis das Gewicht sich nicht mehr verändert; die Molybdänsäure wird dadurch zu Molybdänoxyd reducirt, welches nicht flüchtig ist. Man kann diese Reduction, welche schon bei gelinder Rothglühhitze vor sich geht, in einem Platintiegel auf die S. 77 angegebene Weise ausführen. Eine theilweise Reduction des Molybdänoxyds zu metallischem Molybdän, wodurch das Resultat zu niedrig ausfallen würde, hat man hierbei nicht zu befürchten, wenn man nicht unnöthiger Weise bis zum hellen Rothglühen erhitzt.

Hat man eine Auflösung von Molybdänsäure in Ammoniak eingedampft, so mufs der Rückstand anfangs sehr langsam und schwach erhitzt werden, weil zuerst ein starkes Schäumen stattfinden kann.

Wenn die Molybdänsäure in einer alkalischen Auflösung enthalten ist, so scheidet man sie am zweckmäfsigsten durch eine Auflösung von salpetersaurem Quecksilberoxydul ab, wobei man so verfährt, wie bei der Fällung der Wolframsäure (S. 346) angegeben ist. Den getrockneten Niederschlag nimmt man möglichst vom Filtrum herunter, und wäscht dieses dann mit etwas warmer Salpetersäure aus. Die Auflösung dampft man in einem Tiegel bis zur Trockniſs ab, fügt den Niederschlag hinzu und erhitzt in einer Atmosphäre von Wasserstoffgas.

Diese Methode giebt sehr genaue Resultate. Wenn in der Auflösung sehr viel von einem alkalischen Chlormetall enthalten ist, so wird das molybdänsaure Quecksilberoxydul mit sehr vielem Quecksilberchlorür gemengt, das jedoch beim Glühen in Wasserstoffgas ganz verflüchtigt wird. Besser ist es aber, die Gegenwart des Chlormetalls zu vermeiden, um den Niederschlag nicht zu voluminös zu machen.

Aus den sauer gemachten und verdünnten Auflösungen kann man die Molybdänsäure vermittelst Schwefelwasserstoffgas als braunes Schwefelmolybdän fällen; aber diese Fällung ist mit nicht geringen Schwierigkeiten verbunden. Zuerst entsteht eine blaue Auflösung, und erst durch einen Ueberschuſs des Schwefelwasserstoffgases wird die Molybdänsäure als braunes Schwefelmolybdän gefällt. Die von dem Niederschlag abfiltrirte Flüssigkeit, besonders aber das Waschwasser, sind indessen gewöhnlich noch bläulich gefärbt. Man muſs deshalb beide erwärmen und mit Schwefelwasserstoffwasser versetzen, wodurch noch eine geringe Menge von braunem Schwefelmolybdän sich ausscheidet. Diese Operation muſs man mehrere Male wiederholen, denn man gewinnt immer noch kleine Mengen von Schwefelmolybdän, welche dem zuerst erhaltenen Niederschlage hinzugefügt werden müssen. Endlich erhält man eine farblose Flüssigkeit, aus welcher durch Schwefelwasserstoffwasser kein Schwefelmolybdän mehr gefällt werden kann.

Das erhaltene braune Schwefelmolybdän wird auf einem gewogenen Filtrum gesammelt und nach vorsichtigem Trocknen gewogen. Darauf erhitzt man eine gewogene Menge davon in einer Atmosphäre von Wasserstoffgas so lange, bis kein Schwefel mehr entweicht, und das Gewicht unverändert bleibt. Das braune Schwefelmolybdän verwandelt sich dadurch in graues Schwefelmolybdän (MoS^2), aus welchem man den Gehalt an Molybdän berechnet.

Man kann auch die Fällung des Schwefelmolybdäns auf folgende Weise ausführen. Die Auflösung der Molybdänsäure wird, wenn sie sauer ist, mit Ammoniak neutralisirt, und darauf mit einem Ueberschuſs von Schwefelammonium versetzt, in welchem das entstandene Schwefelmolybdän aufgelöst bleibt. Wenn nach einiger Zeit diese Auflösung goldgelb geworden ist, so wird sie, nach gehöriger Verdünnung mit Wasser, durch Salpetersäure oder eine andere Säure schwach sauer gemacht, wodurch sich Schwefelmolybdän ausscheidet, welches nach einiger Zeit, wenn es sich vollständig abgesetzt hat, filtrirt und ausgewaschen wird. Man muſs die abfiltrirte Flüssigkeit aber mit Schwefelwasserstoffwasser versetzen und längere Zeit stehen lassen, um zu sehen, ob sie noch eine Spur von Molybdän als Molybdänsäure enthält, was bisweilen der Fall ist. Die geringe Menge des erhaltenen Schwefelmolybdäns wird darauf der größeren Menge hinzugefügt, und alles mit Wasserstoffgas, wie es eben erwähnt wurde, behandelt.

Auf diese Weise kann die Molybdänsäure auch aus der gelben Verbindung mit phosphorsaurem Ammoniak abgeschieden werden.

Kobell hat gefunden, dafs wenn Molybdänsäure oder eine molybdänsaure Verbindung, in Chlorwasserstoffsäure gelöst, beim Ausschlufs der Luft mit einer gewogenen Menge von blankem Kupfer gekocht wird, dadurch so viel Kupfer aufgelöst wird, dafs die Molydänsäure zu dem Sesquioxyde Mo^2O^3 reducirt wird. Man könnte die zu einer quantitativen Bestimmung der Molybdänsäure benutzen. — Nach anderen Versuchen soll hingegen die Molybdänsäure durch Kupfer nur bis zu dem Oxyde MoO^2 reducirt werden.

Man hat vorgeschlagen, das Verhalten der Molybdänsäure zu Phosphorsäure und Ammoniak in sauren Lösungen zur quantitativen Bestimmung der Molybdänsäure zu benutzen. Es ist dies indessen nicht anzurathen, da der gelbe Niederschlag der Verbindung des phosphorsauren Ammoniaks mit Molybdänsäure nicht vollkommen unlöslich ist, besonders in einigen Salzlösungen, und da auch seine Zusammensetzung selbst noch nicht mit großer Sicherheit bekannt ist.

Trennung der Molybdänsäure von der Wolframsäure — Die Scheidung dieser Säuren ist unstreitig mit Schwierigkeiten verknüpft. Sie würde vielleicht am besten auf die Weise gelingen, dafs man die Säuren in einem Alkali auflöst, zu der Auflösung Weinsteinsäure hinzufügt, und darauf das Ganze mit Chlorwasserstoffsäure übersättigt. Es entsteht dadurch bei Gegenwart von Weinsteinsäure keine Fällung, weder der Molybdänsäure, noch der Wolframsäure. Die Molybdänsäure wird darauf durch Schwefelwasserstoffgas auf die Weise, wie es oben gezeigt ist, als Schwefelmolybdän gefällt. Die abfiltrirte Flüssigkeit wird zur Trocknifs abgedampft, und der Rückstand beim Zutritt der Luft geglüht. Wenn die Kohle der Weinsteinsäure dadurch nicht gänzlich zerstört wird, so kann man den Rückstand mit einem Gemenge von vielem kohlensauren und etwas salpetersaurem Alkali oder auch mit blofsem kohlensauren Alkali schmelzen. Die geschmolzene Masse wird in Wasser gelöst und aus der Auflösung die Wolframsäure durch salpetersaures Quecksilberoxydul gefällt. — Diese Trennungsmethode ist indessen noch nicht durch die Erfahrung erprobt worden.

Trennung der Molybdänsäure von Metalloxyden. — Durch Schwefelammonium kann die Molybdänsäure von den meisten der Oxyde, die im Vorhergehenden abgehandelt sind, getrennt werden. Es wird die molybdänsaure Verbindung durch einen Ueberschufs einer Säure aufgelöst; die Auflösung macht man ammoniakalisch, und digerirt sie mit einem Ueberschusse von Schwefelammonium. Die hierdurch niedergeschlagenen Schwefelmetalle filtrirt man von der Auflösung des Schwefelmolybdäns. Sie lassen sich gewöhnlich sehr gut filtriren und auswaschen. Nur wenn sie Schwefeleisen enthalten, mufs man beim Auswaschen vorsichtig sein, und dem Waschwasser eine kleine Menge von Schwefelammonium zusetzen. (Ist die Molybdänsäure mit Kupferoxyd verbunden, so kann dieses von derselben nicht vollständig durch Schwefelammonium getrennt werden.) Aus der filtrirten Lösung fällt man das Schwefelmolybdän durch sehr verdünnte Salpetersäure oder eine andere Säure und glüht es in einem Strome von Wasserstoffgas, um es in MoS^2 zu verwandeln.

Diese Methode läfst sich mit Vortheil auch dann anwenden, wenn das Molybdän mit solchen Metalloxyden verbunden ist, die aus einer sauren Auflösung durch Schwefelwasserstoffgas sich nicht fällen lassen, weil die Molybdänsäure durch Schwefelwasserstoffgas in einer sauren Auflösung nur langsam und schwierig vollständig in braunes Schwefelmolybdän verwandelt wird.

Die meisten Verbindungen der Molybdänsäure mit Metalloxyden lassen sich in fein zerriebenem Zustande schon durch blofses Digeriren mit Schwefelammonium zerlegen. Es ist dies namentlich der Fall bei dem in der Natur vorkommenden molybdänsauren Bleioxyd. Es ist bei diesen Verbindungen also gar nicht nothwendig, sie erst mit Säuren zu behandeln, wenn die Metalloxyde durch Schwefelammonium als Schwefelmetalle ausgeschieden werden sollen. Gewöhnlich indessen pflegt man das molybdänsaure Bleioxyd in fein zerriebenem Zustande durch Digestion mit Salpetersäure zu zersetzen, die Masse mit Ammoniak zu übersättigen, und mit Schwefelammonium zu digeriren. Das geschiedene Schwefelblei wird nach dem Auswaschen mit Wasser, das etwas Schwefelammonium enthält, im Wasserstoffgasstrome geglüht und gewogen (S. 154).

Lassen sich aber die Verbindungen der Molybdänsäure mit Metalloxyden weder durch Digeriren mit Schwefelammonium, noch durch Säuren zersetzen, so schmelzt man sie in einem Porcellantiegel mit einem Gemenge von drei Theilen Schwefel und eben so viel kohlensaurem Natron. Die geschmolzene Masse wird mit Wasser behandelt, wodurch die meisten Metalloxyde als Schwefelmetalle ungelöst zurückbleiben, während das aus Schwefelmolybdän und Schwefelnatrium bestehende Schwefelsalz gelöst wird. Aus der Lösung fällt man das Schwefelmolybdän durch eine verdünnte Säure.

Will man aus sauren Auflösungen die Molybdänsäure von manchen Metalloxyden, namentlich von den Oxyden des Eisens durch Schwefelwasserstoffgas trennen, so ist dies schon wegen der langsamen Fällung des Schwefelmolybdäns mit Schwierigkeiten verknüpft. Man muſs aber ferner dann möglichst die Gegenwart der Salpetersäure vermeiden, und nur Chlorwasserstoffsäure in nicht zu geringer Menge anwenden, weil sonst mit dem Schwefelmolybdän eine nicht unbeträchtliche Menge von Schwefeleisen gefällt werden kann.

Die Verbindungen der Molybdänsäure mit den Metalloxyden, welche in kohlensauren Alkalien nicht löslich sind, lassen sich sehr gut durch Schmelzen mit der dreifachen Menge von kohlensaurem Kali-Natron zerlegen. Aus der geschmolzenen Masse wird durch Wasser molybdänsaures Alkali aufgelöst, und aus dieser Auflösung die Molybdänsäure durch salpetersaures Quecksilberoxydul gefällt, nachdem vorher die Lösung möglichst durch Salpetersäure neutralisirt ist. Das Metalloxyd bleibt ungelöst zurück. Auf diese Weise kann auch das molybdänsaure Bleioxyd zerlegt werden. — Das Schmelzen kann in den meisten Fällen in einem Platintiegel über einem einfachen Brenner geschehen. Bei Gegenwart von Bleioxyd kann man dem kohlensauren Alkali eine sehr geringe Menge von salpetersaurem Kali hinzufügen.

Trennung des metallischen Molybdäns von anderen Metallen. — Das Molybdän kommt verbunden mit grofsen Mengen von Eisen und sehr kleinen Mengen von anderen Metallen in den sogenannten Eisensauen in Mannsfeld vor.

Die Zerlegung dieser Legirungen kann auf verschiedene Weise unternommen werden. Sie lösen sich in Salpetersäure, Königswasser, und selbst in Chlorwasserstoffsäure, jedoch in letzterer langsam und schwierig und erst nach einer sehr lange fortgesetzten Digestion vollständig, bis auf einen sehr geringen Rückstand von Kohle, auf. Hat man Salpetersäure oder Königswasser angewendet, so dampft man die Auflösung nach Zusatz von Chlorwasserstoffsäure auf einem Wasserbade wiederholt ein, um die Salpetersäure zu zerstören. Riecht die Masse beim Erwärmen mit Chlorwasserstoffsäure nicht mehr nach Chlor, so löst man sie in wenigem heifsen Wasser auf, wenn nöthig unter Zusatz von etwas Chlorwasserstoffsäure, setzt dann viel Wasser hinzu und fällt durch Schwefelwasserstoffgas Schwefelmolybdän. Würde man diese Vorsichtsmafsregeln nicht anwenden, so würde mit dem Schwefelmolybdän viel Schwefeleisen fallen. (Mit dem Schwefelmolybdän fällt aber etwas Schwefelkupfer, das durch Schwefelammonium von jenem getrennt werden muſs, was indessen seine Schwierigkeiten hat, und besser durch eine Lösung von Schwefelkalium oder Schwefelnatrium bewirkt wird.)

Es kann daher die Auflösung auch unmittelbar mit Ammoniak und Schwefelammonium (oder bei Anwesenheit von vielem Kupfer wohl besser nach Sättigung mit kohlensaurem Natron mit Schwefelnatrium) behandelt werden, wodurch nur Schwefelmolybdän aufgelöst wird, während die Schwefelmetalle des Eisens, Kupfers, Nickels und Kobalts ungelöst bleiben.

Heine hat die Analyse dieser Legirungen vermittelst Chlorgas bewerkstelligt. Er bediente sich dazu eines Apparates, wie er später bei der Analyse der Schwefelmetalle abgebildet ist. Da die Kugelröhre später zur Verflüchtigung des Eisenchlorides längere Zeit hindurch stark erhitzt wird, so muſs sie aus schwer schmelzbarem Glase angefertigt sein. In die erste Kugel wurde die Legirung in groben Stücken gelegt, die leicht durch Chlorgas zersetzt und schon bei gewöhnlicher Temperatur davon angegriffen werden. Wendet man das feine Pulver der Legirung an, so ist die Einwirkung des Chlorgases zu energisch. Wenn der Apparat vollständig mit Chlorgas angefüllt war, wurde die Kugel mit der Legirung zuerst sehr allmälig und dann stark erwärmt, und mit dem Erhitzen so lange fortgefahren, bis sich nicht nur alles Molybdän als rothes Chlormolybdän, sondern auch alles Eisen als Eisenchlorid verflüchtigt hatte. Da letzteres sich in sehr groſser Menge erzeugt, und ein sehr voluminöses Haufwerk bildet, so darf die zweite Kugel nicht zu klein sein. In der ersten Kugel bleiben, auſser etwas Kohle, die Chloride von Kupfer, Nickel und Kobalt zurück, während die Chlorverbindungen des Eisens und Molybdäns, so wie auch etwas Chlorschwefel und Chlorphosphor abdestilliren, und theils in der folgenden Kugel und der Röhre sich absetzen, theils von dem chlorhaltigen Wasser der Vorlage aufgelöst werden. Das Molybdän ist in dieser Auflösung als Molybdänsäure enthalten, und kann vom Eisenchlorid entweder durch Schwefelwasserstoffgas oder durch Schwefelammonium getrennt werden.

Trennung der Molybdänsäure von den Erden. — Sie geschieht unstreitig am besten durch Schmelzen der Verbindungen mit der dreifachen Menge von kohlensaurem Kali-Natron. Die geschmolzene Masse mit Wasser behandelt, läſst die Erde mit Kohlensäure verbunden ungelöst zurück, während die Molybdänsäure mit Alkali verbunden aufgelöst wird, und aus dieser Auflösung nach Neutralisation derselben mit Salpetersäure durch salpetersaures Quecksilberoxydul gefällt werden kann.

Man kann gewiſs auch die molybdänsaure Verbindung in fein zerriebenem Zustande durch Digeriren mit einer Auflösung von kohlensaurem Alkali zerlegen, aber besser ist es immer, durch Schmelzen die vollständige Zersetzung zu bewirken.

Trennung der Molybdänsäure von den Alkalien. — Die molybdänsauren Alkalien sind in Wasser auflöslich; die sauren Verbindungen jedoch oft sehr schwer löslich. Man kann daher unmittelbar die Auflösung durch salpetersaures Quecksilberoxydul fällen, und aus dem Niederschlage die Menge der Molybdänsäure bestimmen. War in der Auflösung noch kohlensaures Alkali, so muſs eine Neutralisation mit Salpetersäure vorhergehen. In der vom molybdänsauren Quecksilberoxydul abfiltrirten Flüssigkeit können die Alkalien so bestimmt werden, wie oben S. 354 bei der Trennung der Alkalien von der Wolframsäure angegeben ist.

Man kann die Verbindungen der Molybdänsäure mit den Alkalien auch durch Glühen mit Chlorammonium zerlegen, eine Methode, welche angewandt werden kann, wenn man besonders nur das Alkali genau bestimmen will. Man mengt diese Verbindungen im trockenen Zustande mit einem Ueberschufse des ammoniakalischen Salzes und glüht sie damit. Wenn die Molybdänsäure als saures Salz mit dem Alkali verbunden ist, so schmilzt die Masse nicht; die Säure verwandelt sich aber in stickstoffhaltiges Molybdänoxyd. Man mengt mit neuen Quantitäten von Chlorammonium und glüht von Neuem so lange, bis nach dem Glühen keine Gewichtszunahme mehr stattfindet. Die geglühte Masse wird mit Wasser behandelt, wobei stickstoffhaltiges Molybdänoxyd ungelöst zurückbleibt, während sich Chlorkalium oder Chlornatrium auflöst. — Diese Methode, welche genaue Resultate giebt, kann besonders auch dann angewandt werden, wenn die Verbindung in Wasser sehr schwer löslich ist.

Man kann die molybdänsauren Alkalien auch auf die Weise zerlegen, daſs man sie in einem Strome von trocknem Chlorwasserstoffgas gelinde glüht. Es wird dadurch das Molybdän als Chlorid verflüchtigt, während das Alkali als alkalisches Chlormetall zurückbleibt. Man bedient sich einer Kugelröhre, und überhaupt eines ähnlichen Apparates, wie bei der Zersetzung der Substanzen durch Chlorgas.

XLVII. Vanadin.

Bestimmung und Abscheidung der Vanadinsäure und der Oxyde des Vanadins. — Ist die Vanadinsäure in einer Flüssigkeit aufgelöst, welche sonst keine feuerbeständigen Substanzen erhält, so bleibt nach dem Abdampfen der Lösung und Glühen des Rückstandes an der Luft reine Vanadinsäure zurück, deren Gewicht sich auch nach längerem Glühen nicht verändert, da sie dadurch nicht verflüchtigt und auch bei Abwesenheit reducirender Substanzen nicht reducirt wird.

Es ist aber nöthig, daſs man hierbei im Anfange eine sehr geringe, nicht bis zum Glühen gehende Hitze giebt, und die Masse umrührt, wenn Ammoniak darin ist, weil sonst etwas Vanadinsäure zu Vanadinoxyd reducirt wird. Hat indessen durch zu rasches Erhitzen eine theilweise Reduction stattgefunden, so kann man eine kleine Menge von salpetersaurem Ammoniak auf die Vanadinsäure legen, und dann sehr vorsichtig glühen; es oxydirt sich dadurch das entstandene Vanadinoxyd zu Vanadinsäure. Der Tiegel wird dabei bedeckt, um einen Verlust zu vermeiden (Hauer), was indessen wegen der heftigen Gasentwicklung schwer ist.

Enthält die Auflösung nicht Vanadinsäure, sondern niedrigere Oxydationsstufen des Vanadins, so kann man ebenfalls durch Abdampfen der Lösung und Glühen des Rückstandes die Menge des Vanadins bestimmen. In diesem Falle ist es aber anzurathen, den Rückstand nach längerem Glühen an der Luft durch Erhitzen in Wasserstoffgas (S. 77), bis das Gewicht constant geworden ist, zu Vanadinsuboxyd (VO) zu reduciren, und aus dem Gewichte desselben das des Vanadins zu berechnen. Da die Reduction der Vanadinsäure zu Vanadinsuboxyd sich leicht bewerkstelligen läfst, und man an dem Gewichtsverlust sehen kann, ob die Vanadinsäure rein war, so ist es ganz zweckmäfsig, die Reduction auch in andern Fällen vorzunehmen.

Die Vanadinsäure oder die Oxyde des Vanadins lassen sich aus einer Lösung nicht gut vollständig so abscheiden, dafs man aus dem Niederschlage auf eine einfache Weise die Menge des Vanadins bestimmen kann. Zur Fällung der Vanadinsäure hat sich die von Berzelius angegebene Methode noch am meisten bewährt. Die Auflösung wird, wenn sie sauer ist, mit Ammoniak neutralisirt, durch Eindampfen möglichst concentrirt und mit einer heifs gesättigten Lösung von Chlorammonium versetzt, so dafs beim Erkalten etwas Chlorammonium auskrystallisirt. Statt eine concentrirte Lösung von Chlorammonium hinzuzufügen, kann man auch ein Stück festes Chlorammonium in die Auflösung der Vanadinsäure legen. Es scheidet sich dadurch vanadinsaures Ammoniak aus, welches in einer concentrirten Lösung von Chlorammonium fast unlöslich ist. Nach Hauer ist es anzurathen, der Lösung auch Alkohol hinzuzusetzen, um das vanadinsaure Ammoniak vollständiger auszufällen. In diesem Falle gebraucht man nicht so viel Chlorammonium, weil dieses in verdünntem Alkohol weit weniger löslich ist, als in Wasser. Man läfst das Ganze zweckmäfsig einige Tage stehen, bringt dann das ausgeschiedene Salz auf ein Filtrum, wäscht es mit einer gesättigten Lösung von Chlorammonium aus und entfernt den gröfsten Theil dieses Salzes durch Waschen mit Alkohol, in welchem das vanadinsaure Ammoniak nicht löslich ist. Nach dem Trocknen nimmt man das Salz möglichst vom Filtrum herunter, verbrennt dieses für sich, oxydirt die Spur des in der Asche enthaltenen Vanadins, und verwandelt dann durch vorsichtiges Erhitzen das vanadinsaure Ammoniak in Vanadinsäure. In der von dem vanadinsauren Ammoniak abfiltrirten Flüssigkeit sind jedoch gewöhnlich noch Spuren von Vanadin enthalten.

Enthält eine Auflösung Vanadinoxyd, so setzt man Quecksilberchlorid hinzu und darauf Ammoniak in geringem Ueberschufs, wodurch das Vanadinoxyd in Verbindung mit Quecksilberoxyd gefällt wird. Der filtrirte und getrocknete Niederschlag hinterläfst beim Glühen in einem Platintiegel Vanadinsäure, die noch etwas Quecksilberoxyd enthält. Man trennt beide, indem man die Säure in einer Auflösung von kohlensaurem Ammoniak auflöst (Berzelius). Das Quecksilberoxyd wird sich auch durch Erhitzen der Vanadinsäure unter Wasserstoffgas verflüchtigen lassen, indem dann Vanadinsuboxyd zurückbleibt. Aber auch bei dieser Fällung enthält die Flüssigkeit gewöhnlich noch eine geringe Menge Vanadin.

Vollständiger als nach dem angegebenen Verfahren scheint sich in manchen Fällen das Vanadin dadurch abscheiden zu lassen, dafs man die Auflösung, gleichviel ob sie Vanadinsäure oder Vanadinoxyd enthält, mit einer Lösung von Chlorbarium versetzt, und darauf mit Ammoniak bis zur schwach alkalischen Reaction. Man mufs dann aber in dem ausgewaschenen Niederschlage das Vanadinoxyd oder die Vanadinsäure von der Baryterde auf die unten angegebene Weise durch concentrirte Schwefelsäure trennen.

Auch durch eine Auflösung von salpetersaurem Quecksilberoxydul kann eine fast vollständige Fällung der Vanadinsäure bewirkt werden, wenn man so verfährt, wie bei der Abscheidung der Wolframsäure (S. 346) angegeben ist. Man darf nicht unterlassen, nach dem Zusatz einer hinreichenden Menge des Fällungsmittels die Flüssigkeit vorsichtig mit so viel Ammoniak zu versetzen, dafs sie nicht mehr sauer reagirt. Den Niederschlag wäscht man mit Wasser aus, dem man einige Tropfen Ammoniak hinzugefügt hat.

Es gelingt aber nicht, aus einer Lösung der Vanadinsäure oder des Vanadinoxyds nach Uebersättigung mit Schwefelammonium durch einen Ueberschufs einer Säure alles Vanadin als Schwefelvanadin zu fällen. Es fällt nur ein Theil desselben.

Nach Czudnowicz läfst sich die Vanadinsäure auf folgende Weise maafsanalytisch bestimmen. Man läfst die Lösung der Vanadinsäure in verdünnter Schwefelsäure längere Zeit mit Zink in Berührung, wodurch eine grüne Lösung entsteht, welche das Vanadin als V^2O^1 enthält. Durch Zusatz von übermangansaurem Kali zu dieser Lösung bildet sich wieder Vanadinsäure, so dafs sich aus der zu dieser Oxydation verbrauchten Menge einer titrirten Lösung von übermangansaurem Kali die Menge der Vanadinsäure berechnen läfst. Diese Methode läfst sich auch benutzen, um bei gleichzeitiger Anwesenheit von Vanadinsäure und einer niedrigeren aber bekannten Oxydationsstufe des Vanadins die Menge der letzteren zu bestimmen.

Trennung der Vanadinsäure von Metalloxyden. — Die Trennung der Vanadinsäure von den Oxyden, deren Schwefelmetalle in einem Ueberschufse von Schwefelammonium unlöslich sind, könnte durch dieses Reagens auf die Weise geschehen, wie die Trennung des Zinnoxyds, des Antimonoxyds, der Wolfram- und Molybdänsäure von jenen Oxyden. Die von den ungelösten Schwefelmetallen abfiltrirte Flüssigkeit müfste dann bis zur Trocknifs abgedampft, und der trockne Rückstand, wenn sonst keine feuerbeständige Substanzen in der Lösung waren, so lange beim Zutritt der Luft geröstet werden, bis er sich vollständig in Vanadinsäure verwandelt hat. Man kann diese Umwandlung sehr befördern, wenn man von Zeit zu Zeit sehr geringe Mengen von salpetersaurem Ammoniak hinzufügt, und dann bei aufgelegtem Deckel erhitzt. Dies mufs indessen wegen der starken Gasentwicklung mit vieler Vorsicht geschehen.

Auch durch Schmelzen solcher vanadinsauren Metalloxyde mit einem Gemenge von kohlensaurem Natron und Schwefel würden sich dieselben zerlegen lassen. Die geschmolzene Masse wird mit Wasser behandelt, die ungelösten Schwefelmetalle werden abfiltrirt, und die davon getrennte Flüssigkeit wird nach Uebersättigung mit Salpetersäure bis zur Trocknifs abgedampft. Die trockne Masse erhitzt man allmälig in einem Porcellantiegel bis zum Schmelzen. War die Menge des salpetersauren Salzes zur vollständigen Oxydation nicht hinreichend, so wird mehr salpetersaures Alkali hinzugesetzt, und aus der Lösung der geschmolzenen Masse in Wasser die Vanadinsäure durch Chlorammonium als vanadinsaures Ammoniak gefällt.

In sauren Auflösungen kann das Vanadinoxyd und die Vanadinsäure von den Metalloxyden, welche sich aus denselben durch Schwefelwasserstoffgas als unlösliche Schwefelmetalle niederschlagen lassen, hierdurch von denselben getrennt werden. In hinreichend sauren Auflösungen wird durch Schwefelwasserstoffgas kein Schwefelvanadin gefällt, die Vanadinsäure wird nur dadurch unter Abscheidung von Schwefel reducirt.

Die vanadinsauren Metalloxyde, deren Basen in kohlensauren Alkalien nicht löslich sind, können durch Schmelzen mit einem kohlensauren Alkali zerlegt werden. Durch Behandlung der geschmolzenen Masse mit Wasser löst sich vanadinsaures Alkali auf, während die Metalloxyde ungelöst zurückbleiben. Aus der filtrirten Lösung des vanadinsauren Alkali's wird nach einer der vorhin angegebenen Methoden die Vanadinsäure gefällt.

Es ist aber bei diesen Zerlegungen nöthig, den in Wasser unlöslichen Rückstand nach dem Auswaschen auf einen Gehalt an Vanadinsäure zu prüfen. Denn wie bei den Zerlegungen der phosphorsauren Salze durch Schmelzen mit kohlensaurem Alkali werden oft die vanadinsauren Salze nicht vollständig zersetzt. Die Prüfung geschieht einfach auf die Weise, dafs man den Rückstand mit einer Säure übergiefst, selbst bei einem kleinen Gehalt an Vanadinsäure wird derselbe dadurch gelb gefärbt, wenn er auch vorher von ganz weifser Farbe war. In diesem Falle müssen dann die Metalloxyde aus der sauren Lösung durch Schwefelwasserstoff oder aus der mit Ammoniak gesättigten durch Schwefelammonium gefällt werden, um die kleine Menge der Vanadinsäure noch zu erhalten.

Es ist ferner anzurathen, die Vanadinsäure, wenn man sie aus dem vanadinsauren Ammoniak durch Erhitzen erhalten hat, auf ihre Reinheit zu prüfen. Dies geschieht leicht auf die Weise, dafs man sie vermittelst Wasserstoffgas in schwarzes Vanadinsuboxyd verwandelt (S. 363). Nur aus reiner Vanadinsäure erhält man auf diese Weise die berechnete Menge des Suboxyds. Ist etwas Alkali in der erhaltenen Vanadinsäure, so wird die mit demselben verbundene Säure nur zu Oxyd reducirt, welches in Verbindung mit Alkali der weiteren Reduction durch Wasserstoffgas widersteht.

Ist Vanadinsäure in geringer Menge mit grofsen Mengen anderer Stoffe verbunden, so kann man die Verbindung mit einem Gemenge von kohlensaurem und salpetersaurem Alkali schmelzen, die geschmolzene Masse mit Wasser behandeln, und aus der filtrirten und concentrirten Lösung vermittelst Chlorammoniums das Vanadin als Ammoniaksalz fällen. Es fällt auf diese Weise oft nicht so rein, dafs es durch Erhitzen eine reine Vanadinsäure liefert. Zweckmäfsiger ist es wohl, die filtrirte Lösung durch Chlorwasserstoffsäure schwach sauer zu machen, und das Vanadin nach Vertreibung der Kohlensäure durch Chlorbarium und etwas Ammoniak bis zur alkalischen Reaction zu fällen.

Die Trennung der Baryterde von dem Vanadin wird dann auf die weiter unten angegebene Weise ausgeführt.

Ist das Vanadin in sehr geringer Menge mit Metallen verbunden, so mufs die Verbindung immer mit salpetersaurem Kali oder Natron geschmolzen werden. Sie wird so viel wie es angeht zerkleinert angewandt, was oft schwer zu bewerkstelligen ist. Man kann sie mit einem gleichen Gewichte von salpetersaurem Alkali in einem eisernen Tiegel schmelzen. Dabei stellt sich mit dem Anfange des Schmelzens eine lebhafte Einwirkung und eine so starke Erhitzung ein, dafs oft das Ganze in ein starkes Glühen kommt, welches ein weiteres Erhitzen kaum nöthig macht. Die halb geschmolzene Masse wird mit Wasser behandelt, und das Ungelöste noch einmal, oder so oft noch mit salpetersaurem Alkali geschmolzen, als man dadurch noch Vanadin ausziehen kann. Bei der zweiten Behandlung mit salpetersaurem Alkali findet natürlicher Weise kein Erglühen statt. Aus den filtrirten Lösungen wird auf die oben angegebene Weise das Vanadin abgeschieden.

Ist die Menge des Vanadins in einem Roheisen oder auch in geschmeidigem Eisen zu bestimmen, so kann man dasselbe nach Fritzsche zuerst mit verdünnter Schwefelsäure behandeln, um den gröfseren Theil des Eisens aufzulösen. Das Eisen bekleidet sich gewöhnlich mit einem Ueberzuge, auf welchen die verdünnte Schwefelsäure keine weitere Einwirkung mehr ausübt. Diese Rinden bilden sich besonders im Falle einer Reduction der bereits aufgelöst gewesenen Substanzen durch das noch ungelöste Eisen, und sie enthalten fast alles Vanadin, während in der schwefelsauren Lösung nur Spuren davon enthalten sind.

Soll eine Eisenschlacke auf einen Gehalt an Vanadin untersucht werden, so wird auch sie mit einem gleichen Gewichte von salpetersaurem Alkali eine Stunde hindurch einer mäfsigen Glühhitze ausgesetzt. Die Masse wird, nachdem sie gepulvert, mit Wasser behandelt, damit ausgekocht, und die Lösung mit Salpetersäure so gesättigt, dafs sie noch alkalisch bleibt. Entsteht bei dem Zusetzen von Salpetersäure zur Lösung eine gelbe Färbung, so zeigt dies die Gegenwart der Vanadinsäure an, welche man dann aus der Füssigkeit durch Chlorammonium oder aus der schwach sauren durch Chlorbaryum und Ammoniak fällt.

Auf dieselbe Weise verfährt man, wenn man den Gehalt von Vanadin in einem Uranpecherze bestimmen will.

Das vanadinsaure Ammoniak, welches man in diesem Falle erhält, ist selten bei der ersten Fällung ganz rein. Wenn man es durch Erhitzen beim Eintritt der Luft in Vanadinsäure verwandelt hat, so kann diese, nach Bestimmung des Gewichts, vermittelst Wasserstoffs auf die oben beschriebene Weise zu Vanadinsuboxyd reducirt werden. Da dasselbe von Säuren (Salpetersäure ausgenommen) nicht angegriffen wird, so behandelt man es damit, um fremde Stoffe daraus auszuziehen, oder sucht auch solche durch alkalische Lösungen davon zu trennen. Wie ein Gehalt an Kieselsäure von der Vanadinsäure zu trennen ist, kann erst später erörtert werden.

Trennung der Vanadinsäure vom Bleioxyd. — Das Bleioxyd, das mit der Vanadinsäure verbunden in der Natur vorkommt, kann von derselben, nach Berzelius, nicht durch Kochen mit einem kohlensauren Alkali getrennt werden. Ist daher Arseniksäure oder Phosphorsäure zugleich noch mit dem Bleioxyd verbunden, so können diese vom vanadinsauren Bleioxyd dadurch getrennt werden, dafs man die fein gepulverte Verbindung mit einer Auflösung von kohlensaurem Natron kocht und mehrere Male damit bis zur Trocknifs abdampft. Wasser löst dann, neben kohlensaurem Natron, phosphorsaures und arseniksaures Natron auf, während vanadinsaures und kohlensaures Bleioxyd ungelöst zurückbleiben. Wenn die Verbindung Chlorblei enthält, so löst das Wasser auch Chlornatrium auf.

Auch die Schwefelsäure kann die Vanadinsäure nicht vollständig vom Bleioxyd trennen, selbst wenn die Verbindung vorher in verdünnter Salpetersäure aufgelöst wird. Die vollständige Trennung wird erst auf die Weise bewirkt, dafs man die Verbindung der Vanadinsäure mit dem Bleioxyd mit saurem schwefelsaurem Kali schmelzt. Nach Behandlung der geschmolzenen Masse mit Wasser bleibt dann schwefelsaures Bleioxyd ungelöst zurück, während vanadinsaures und überschüssiges saures schwefelsaures Kali aufgelöst werden.

Das in der Natur vorkommende vanadinsaure Bleioxyd, welches auch etwas Chlorblei enthält, löst man durch gelindes Erwärmen mit Salpetersäure auf. Zuerst scheidet sich gewöhnlich etwas röthliche Vanadinsäure aus, welche sich aber später vollständig in der Säure auflöst. Zu der klaren gelben Lösung fügt man etwas salpetersaures Silberoxyd, um die kleine Menge des Chlors zu bestimmen. Nach Abscheidung des überschüssigen Silberoxyds vermittelst Chlorwasserstoffsäure dampft man die Flüssigkeit ein, wodurch sie eine grünblaue Farbe annimmt, während sich Chlorblei abscheidet. Durch wiederholtes Abdampfen und Zusetzen von neuer Chlorwasserstoffsäure mufs man suchen alle Salpetersäure zu entfernen; man fügt dann Alkohol hinzu, und scheidet dadurch das Chlorblei ab (S. 155). Die filtrirte Flüssigkeit kann bis zur Trocknifs abgedampft werden, nachdem man Salpetersäure hinzugefügt hat; es ist am zweckmäfsigsten, den trocknen Rückstand mit salpetersaurem Alkali zu schmelzen. Die geschmolzene Masse bildet mit Wasser eine farblose Lösung, aus welcher man durch Zusatz von Chlorammonium vanadinsaures Ammoniak abscheidet. Aus der abfiltrirten Flüssigkeit scheidet man durch eine Lösung von Magnesia und Zusetzen eines grofsen Ueberschusses von Ammoniak etwa vorhandene Phosphorsäure und Arseniksäure ab, deren Trennung weiter unten erörtert ist. Da die Fällung der Vanadinsäure durch Chlorammonium gewöhnlich aber nicht ganz vollständig ist, so setzt man vor der Abscheidung der Phosphorsäure und Arseniksäure zweckmäfsig etwas Weinsteinsäure zur Lösung, weil sonst die phosphorsaure oder arseniksaure Ammoniak-Magnesia etwas Vanadin enthält. Will man diese geringe Menge Vanadin noch gewinnen, so mufs man die abfiltrirte Lösung eindampfen, den Rückstand zur Vertreibung der Ammoniaksalze und zur Zerstörung der Weinsteinsäure glühen, dann wieder mit etwas salpetersaurem Kali schmelzen, und aus der Lösung der geschmolzenen Masse in Wasser die Vanadinsäure durch salpetersaures Quecksilberoxydul und Ammoniak abscheiden.

Trennung der Vanadinsäure von der Baryterde. — Man kann nach Berzelius die Baryterde von der Vanadinsäure nicht dadurch trennen, dafs man die Verbindung mit Schwefelsäure behandelt, wenn man auch Chlorwasserstoffsäure hinzusetzt, oder die Vanadinsäure durch Alkohol oder Oxalsäure reducirt. In allen diesen

Fällen erhält man eine schwefelsaure Baryterde, die nach dem Glühen gelb ist und Vanadinsäure enthält.

Auch durch Schmelzen der Verbindung mit saurem schwefelsaurem Kali und Behandeln der geschmolzenen Masse mit Wasser erhält man eine schwefelsaure Baryterde, welche noch etwas Vanadin enthält; durch wiederholtes Schmelzen mit saurem schwefelsaurem Kali läfst sich indessen das Vanadin daraus entfernen.

Besser gelingt die Trennung durch Schmelzen der Verbindung mit kohlensaurem Alkali; es bleibt beim Behandeln der geschmolzenen Masse mit heifsem Wasser kohlensaure Baryterde zurück, welche noch etwas Vanadinsäure enthält. Man löst sie in verdünnter Chlorwasserstoffsäure auf, wobei sogleich die charakteristische gelbe Färbung eintritt, und fügt zu der Lösung schwefelsaures Alkali. Die dadurch gefällte schwefelsaure Baryterde ist nach dem Auswaschen frei von Vanadin (Hauer).

Will man neben der Baryterde auch die Vanadinsäure bestimmen, so löst man am zweckmäfsigsten die Verbindung durch gelindes Erhitzen mit einem grofsen Ueberschufs von reiner concentrirter Schwefelsäure auf, und giefst dann diese Lösung in eine grofse Menge kalten Wassers, wodurch die schwefelsaure Baryterde abgeschieden wird. Aus der abfiltrirten Lösung erhält man durch Eindampfen und Verflüchtigen der Schwefelsäure in einer Platinschale die Vanadinsäure. Sollte die ausgewaschene schwefelsaure Baryterde noch eine geringe Menge Vanadinsäure enthalten, so mufs man das Auflösen in concentrirter Schwefelsäure und das Fällen durch Wasser noch einmal wiederholen.

Trennung der Vanadinsäure von den Alkalien. — Aus der Lösung kann man die Vanadinsäure, wie S. 363 angegeben ist, durch Chlorammonium, oder durch Chlorbaryum und Ammoniak, oder auch durch salpetersaures Quecksilberoxydul und Ammoniak abscheiden, und dann in der filtrirten Flüssigkeit die Alkalien bestimmen.

Hat man die Fällung durch salpetersaures Quecksilberoxydul bewirkt, so kann man die Lösung nach Zusatz von Schwefelsäure eindampfen und den Rückstand stark glühen, unter Zusatz von etwas kohlensaurem Ammoniak, wenn Kali vorhanden ist. Die geringe Menge des in der Auflösung enthaltenen Quecksilbers verflüchtigt sich und man erhält neutrale schwefelsaure Alkalien. Statt dessen kann man auch die Lösung der Alkalien in einer Porcellanschale eindampfen und den Rückstand zur Zerstörung der Salpetersäure wiederholt mit Chlorwasserstoffsäure eintrocknen, bis sich hierbei kein Chlor mehr entwickelt. Durch vorsichtiges Erhitzen läfst sich dann die geringe Menge vorhandenen Quecksilberchlorids von den alkalischen Chlormetallen verflüchtigen.

Ist die Vanadinsäure durch Chlorbaryum und Ammoniak abgeschieden, so entfernt man den überschüssigen Baryt aus der filtrirten Lösung durch Schwefelsäure und erhält dann durch Abdampfen schwefelsaure Alkalien, wenn man hinreichend Schwefelsäure angewendet hat, um die Chlorverbindungen zu zersetzen.

Bei der Abscheidung der Vanadinsäure durch Chlorammonium enthält die filtrirte Auflösung eine grofse Menge dieses Salzes, welches durch vorsichtiges Erhitzen des vorher vollständig eingetrockneten Rückstandes entfernt wird.

Gewöhnlich enthält indessen das alkalische Chlormetall etwas Vanadin, dessen Gegenwart man schon an der Farbe erkennt. Man übergiefst es dann mit einigen Tropfen einer Lösung von Oxalsäure, dampft ab, und glüht den Rückstand sehr schwach im bedeckten Platintiegel. Den schwarzen Rückstand laugt man mit sehr verdünntem Ammoniak aus, verjagt aus der filtrirten Flüssigkeit das Ammoniak durch Erhitzen, macht sie durch Chlorwasserstoffsäure sauer, dampft bis zur Trocknifs ab und erhitzt den Rückstand vorsichtig. Man erhält auf diese Weise das alkalische Chlormetall rein. Das Filtrum mit der kleinen Menge von Vanadinoxyd wird gemeinschaftlich mit dem Filtrum des vanadinsauren Ammoniaks verbrannt (Hauer).

Berzelius empfiehlt, das vanadinsaure Salz in Chlorwasserstoffsäure aufzulösen, die Auflösung mit etwas Zucker (oder wohl besser mit Oxalsäure) so lange zu digeriren, bis sie blau wird, und die Vanadinsäure in Vanadinoxyd verwandelt ist, dieses dann mit Ammoniak zu fällen und den Niederschlag mit Wasser zu waschen, zu welchem man etwas Ammoniak gesetzt hat, worin derselbe unauflöslich ist. Indessen erhält man doch eine Spur von Vanadin in der abfiltrirten Flüssigkeit. Diese wird abgedampft und die abgedampfte Masse bis zur Verjagung des Chlorammoniums erhitzt, worauf das Alkali als Chlormetall zurückbleibt, welches man auf die so eben beschriebene Weise von der geringen Menge von Vanadin trennen kann.

XLVIII. Chrom.

Abscheidung und Bestimmung des Chromoxyds. — Ist in einer Auflösung das Chrom als Chromoxyd enthalten, so schlägt man es daraus am besten durch Ammoniak nieder. Es wird dadurch als Hydrat gefällt; man wäscht dieses, trocknet, glüht und wägt es. Beim Glühen des Chromoxyds mufs man einige Vorsicht anwenden; denn wird es bis zu einem gewissen Grade erhitzt, so zeigt es eine plötzliche Feuererscheinung, wobei durch Spritzen etwas verloren gehen kann, wenn die Menge des Oxyds bedeutend ist. Es ist daher nöthig, das Chromoxyd in einem Platintiegel, der mit einem Deckel gut verschlossen ist, zu glühen. Durch Glühen wird das Oxyd in Säuren

Hg_2CrO_4 partially decomposed by water. CrO_3 is dissolved. Ag_2CrO_4 decomposed by HNO_3 with reduction of CrO_3. Nitrous acid reduces CrO_3.

unauflöslich. — Es ist nöthig, bei der Fällung einen grofsen Ueberschufs von Ammoniak zu vermeiden, weil in diesem das Chromoxyd etwas auflöslich ist, und vor dem Filtriren das Ganze längere Zeit zu erwärmen oder besser bis zur Verjagung des freien Ammoniaks zu erhitzen; denn erst dann schlägt sich das Chromoxyd ganz vollständig nieder. Versäumt man diese Vorsicht, so enthält die abfiltrirte Flüssigkeit noch deutliche Spuren von Chromoxyd, und ist durch dieselben noch schwach gefärbt. — Das Ammoniak fällt auf diese Weise das Chromoxyd vollständig aus seinen Auflösungen, sowohl aus den grünen als aus den blauvioletten.

Vollständiger als durch Ammoniak bei gewöhnlicher Temperatur wird das Chromoxyd durch Schwefelammonium gefällt. Man braucht bei Anwendung desselben das Ganze nicht zu erhitzen. Wenn man das Chromoxyd durch Ammoniak bei gewöhnlicher Temperatur gefällt hat, so kann durch einen kleinen Zusatz von Schwefelammonium alles Chromoxyd noch ausgeschieden werden, das sich in dem Ueberschufs des Ammoniaks aufgelöst hatte.

Abscheidung und Bestimmung der Chromsäure. — Ist in einer Flüssigkeit das Chrom als Chromsäure enthalten, so kann man, wenn die Auflösung neutral ist, eine Auflösung von salpetersaurer Baryterde, oder wenn sie etwas sauer ist, von salpetersaurem Bleioxyd hinzusetzen, wodurch chromsaure Baryterde, oder chromsaures Bleioxyd, von denen letzteres in sehr verdünnten sauren Auflösungen unauflöslich ist, gefällt wird. Aus dem Gewichte der schwach geglühten Niederschläge berechnet man die Menge der Chromsäure. Man pflegt gewöhnlich die Fällung der Chromsäure durch ein Bleioxydsalz der durch ein Baryterdesalz vorzuziehen, jedoch mit Unrecht. Sind in beiden Fällen die Lösungen sauer, so neutralisirt man sie durch kohlensaures Alkali, oder, was vorzuziehen ist, man fügt zur Lösung essigsaures Natron. Ist die Menge der freien Säure sehr grofs, so kann man den gröfsten Theil derselben vor dem Zusatz des essigsauren Natrons durch kohlensaures Natron neutralisiren. — Den getrockneten Niederschlag nimmt man möglichst vom Filtrum, wäscht dieses mit verdünnter Salpetersäure aus, trocknet die Auflösung in einem gewogenen Tiegel ein, fügt den Niederschlag hinzu und glüht schwach.

Besonders zu empfehlen ist aber die Methode, die Fällung durch salpetersaures Quecksilberoxydul zu bewirken, wobei man so verfährt, wie bei der Abscheidung der Wolframsäure (S. 346) angegeben ist. Der rothe Niederschlag ist anfangs etwas voluminös; durch Stehen wird er schwer und setzt sich gut ab. Er mufs mit einer verdünnten Auflösung von salpetersaurem Quecksilberoxydul ausgewaschen werden. Nach dem Trocknen wird er in einem Platintiegel geglüht, wodurch Chromoxyd von schön grüner Farbe zurückbleibt, welches gewogen wird.

Man kann auch die Chromsäure in einer Auflösung in Chromoxyd überführen, und dann dieses auf die oben angegebene Weise durch Ammoniak fällen. Die Reduction der Chromsäure zu Chromoxyd geschieht am besten durch Chlorwasserstoffsäure. Die Chromsäure enthaltende Flüssigkeit wird, wenn sie verdünnt ist, etwas concentrirt, und mit einem Ueberschufse von Chlorwasserstoffsäure versetzt, beim Kochen bildet sich dann Chromoxyd, das in der chlorwasserstoffsauren Flüssigkeit aufgelöst bleibt. Chlor wird hierbei frei und entweicht. Dies geschieht aber sehr langsam und in verdünnten Lösungen nur unvollständig. Die Reduction wird indessen sehr beschleunigt, und geschieht vollständig, auch wenn die Lösungen nicht concentrirt sind, wenn man Alkohol hinzusetzt, weshalb man denselben immer anwenden mufs. Bei Anwendung von Alkohol entwickelt sich Chloräther.

Man kann auch zur Reduction der Chromsäure Schwefelwasserstoffgas durch die Auflösung leiten, nachdem man vorher Chlorwasserstoffsäure oder eine andere Säure hinzugefügt hat. Das Zusetzen einer freien Säure ist nothwendig, weil selbst eine Auflösung von reiner Chromsäure in Wasser durch Schwefelwasserstoffgas nicht vollständig reducirt wird. Es bildet sich hierbei Schwefelsäure, und es scheidet sich eine geringe Menge von Schwefel aus. Die Reduction der Chromsäure zu Chromoxyd vermittelst Schwefelwasserstoffgas ist dann besonders anwendbar, wenn die Auflösung sehr verdünnt ist.

Die Reduction der Chromsäure zu Chromoxyd durch Schwefelwasserstoffgas ist der durch schweflichte Säure vorzuziehen, obgleich sie schneller durch letztere geschieht, weil bei Gegenwart von schweflichter Säure das Chromoxyd durch Ammoniak etwas schwieriger gefällt wird.

Es kann die Chromsäure vermittelst der Oxalsäure quantitativ bestimmt werden. Sie wird durch die Oxalsäure zu Chromoxyd reducirt, während die Oxalsäure sich zu Kohlensäure oxydirt. Aus dem Gewichte der entstandenen Kohlensäure berechnet man die Menge der Chromsäure. Zur Bestimmung der Kohlensäure verfährt man eben so wie bei der Analyse des Braunsteins (S. 82).

Die Chromsäure läfst sich auch sehr gut maafsanalytisch bestimmen. Zu der die Chromsäure enthaltenden sauren Lösung setzt man eine bestimmte Menge eines Eisenoxydulsalzes, welche aber mehr als hinreichend ist, um alle Chromsäure zu Chromoxyd zu reduciren, und bestimmt dann das überschüssige Eisenoxydul durch eine Lösung von übermangansaurem Kali.

Ist die Verbindung der Chromsäure in festem Zustande, so kann man sie auch in einem Kölbchen mit concentrirter Chlorwasserstoffsäure kochen, das entweichende Chlor in eine Auflösung von Jodkalium leiten, und das dadurch frei gewordene Jod durch ein titrirte Lösung von schweflichter Säure oder von unterschweflichtsaurem Natron bestimmen. Auf diese Weise erhält man ein sehr genaues Resultat.

Minder einfach ist aber die maafsanalytische Bestimmung, wenn man ein Chromoxydsalz zur Untersuchung hat. Man mufs dann vorher das Chromoxyd in Chromsäure verwandeln, und dies geschieht am zweckmäfsigsten auf folgende Weise: Man löst das zu untersuchende Oxydsalz in Wasser auf, und setzt so viel von einer Auflösung von Kalihydrat hinzu, bis sich alles Chromoxydhydrat wieder gelöst hat; alsdann leitet man so lange Chlorgas in dieselbe, bis die grüne Farbe sich in eine gelbrothe verwandelt hat. Man setzt darauf zu dieser Flüssigkeit Kalilösung im Ueberschufs, dampft ab und glüht das Abgedampfte schwach im Platintiegel. Alles chlorsaure Kali wird zersetzt, und die geglühte Masse besteht aus chromsaurem Kali und Chlorkalium.

Trennung der Chromsäure von der Wolframsäure und Molybdänsäure. — Diese Säuren können auf verschiedene Weise getrennt werden. Sind sie mit einem Alkali verbunden, so wird die concentrirte Auflösung der Verbindung durch Chlorwasserstoffsäure zersetzt. Es wird dadurch besonders Wolframsäure ausgefällt. Ohne dieselbe zu filtriren, erhitzt man das Ganze in einem Kolben oder in einer geräumigen Porcellanschale, und setzt dann kleine Mengen von Alkohol hinzu, wodurch vorzüglich die Chromsäure zu Chromoxyd reducirt wird, welches aufgelöst bleibt. Man fügt darauf Ammoniak hinzu, wodurch Chromoxyd gefällt wird, während die gefällte Wolframsäure sich auflöst, auch wenn sie, wie die Molybdänsäure, durch die Einwirkung des Alkohols etwas zu blauem Oxyde reducirt worden ist. Man erhitzt dann noch das Ganze einige Zeit, damit das Chromoxyd vollständig abgeschieden werde (S. 371).

Man kann auch, und dies scheint besser zu sein, die Auflösung nach dem Zusatz von Chlorwasserstoffsäure und etwas Alkohol so lange abdampfen, bis aller Alkohol und Chloräther sich verflüchtigt haben, und darauf nach der Sättigung mit Ammoniak Schwefelammonium hinzufügen und erhitzen. Das gefällte Chromoxyd wird filtrirt. Die abfiltrirte Flüssigkeit enthält die Schwefelmetalle des Molybdäns und Wolframs in Schwefelammonium gelöst.

Sind die Säuren an Metalloxyde gebunden, so müssen diese zuerst abgeschieden werden, was gewöhnlich am besten durch Schmelzen mit einem kohlensaurem Alkali geschieht.

Trennung der Chromsäure von der Vanadinsäure. — Beide Säuren können, wenn man sie in Oxydsalze auf die Weise verwandelt hat, wie es so eben bei der Trennung der Chromsäure von der Molybdän- und Wolframsäure gezeigt ist, vermittelst Schwefelammonium getrennt werden, durch welches das Vanadin als Schwefelvanadin aufgelöst wird, und das Chromoxyd ungelöst zurückbleibt. Man erhitzt das Ganze, um das Chromoxyd vollständig auszuscheiden.

Eine andere und bessere Methode ist anzuwenden, wenn beide Säuren mit Alkalien zu neutralen Salzen verbunden sind. Man setzt zu der concentrirten Auflösung dieser Salze Chlorammonium bis zur vollständigen Sättigung, wodurch vanadinsaures Ammoniak gefällt wird, das mit einer gesättigten Auflösung von Chlorammonium ausgewaschen wird. Das chromsaure Alkali bleibt in der Auflösung.

Trennung des Chromoxyds und der Chromsäure von Antimon, Zinn, Gold, Platin, Quecksilber, Silber, Kupfer, Wismuth, Blei und Cadmium. — Das Cromoxyd und die Chromsäure können von den Metallen, die aus einer sauren Auflösung sich durch Schwefelwasserstoffgas fällen lassen, leicht getrennt werden. Das Chromoxyd erleidet durch Schwefelwasserstoffgas keine Veränderung; die Chromsäure aber wird durch dasselbe in Chromoxyd verwandelt, welches in der sauren Flüssigkeit aufgelöst bleibt.

Vom Bleioxyd kann das Chromoxyd auch noch auf die Weise sehr gut getrennt werden, daſs man beide Oxyde durch Chlorwasserstoffsäure in Chlormetalle verwandelt, und diese dann mit Alkohol behandelt. Das Chlorblei bleibt von starkem Alkohol ungelöst, während das Chromchlorid sich darin auflöst. Ist der angewandte Alkohol stark, und enthält die Lösung nur wenig freie Chlorwasserstoffsäure (S. 155), so wird alles Bleioxyd vollständig als Chlorblei abgeschieden; es ist indessen immer zweckmäſsig, in der vom Chlorblei abfiltrirten alkalischen Lösung sich durch einen Tropfen von verdünnter Schwefelsäure zu überzeugen, ob noch Spuren von Bleioxyd darin enthalten sind.

Ist Bleioxyd mit einer geringen Menge von Chromoxyd verbunden, so kann die Trennung beider auch dadurch bewerkstelligt werden, daſs man die Verbindung mit verdünnter Schwefelsäure behandelt; das Ganze muſs so lange bei gelinder Hitze abgedampft werden, bis die Schwefelsäure sich mit beiden Oxyden verbunden, das schwefelsaure Bleioxyd sich ausgeschieden, und das schwefelsaure Chromoxyd sich aufgelöst hat. Man setzt nun Alkohol hinzu, in welchem das schwefelsaure Bleioxyd vollständig unlöslich ist, das schwefelsaure Chromoxyd aber sich auflösen kann, besonders wenn die Menge desselben nicht sehr bedeutend ist. Das schwefelsaure Bleioxyd wird mit verdünntem Alkohol ausgewaschen, und aus der alkoholischen Auflösung wird, nach Zusatz von Wasser und Entfernung der gröſsten Menge des Alkohols durch Abdampfen, das Chromoxyd durch Ammoniak gefällt. — Diese Methode gelingt indessen nicht, wenn das schwefelsaure Chromoxyd zu stark erhitzt, oder gar bis zum anfangenden Glühen gebracht worden war. Es ist dann in Alkohol unlöslich geworden, und selbst von Wasser wird es nicht aufgelöst.

Ist Chromsäure mit Bleioxyd verbunden, so erwärmt man die Verbindung mit concentrirter Chlorwasserstoffsäure und starkem Alkohol, wodurch die Chromsäure in Chromoxyd verwandelt wird; dieses bleibt in der Chlorwasserstoffsäure aufgelöst, während das entstehende Chlorblei sich in dem Alkohol nicht auflöst. Man filtrirt das Chlorblei auf einem gewogenen Filtrum und wäscht es mit starkem Alkohol aus; darauf wird es getrocknet und nach dem Trocknen gewogen. Es ist aber wegen der vorhandenen freien Chlorwasserstoffsäure nothwendig, zu der vom Chlorblei abfiltrirten Lösung etwas Schwefelsäure zu setzen, um noch etwa aufgelöstes Bleioxyd zu fällen. Dagegen ist es nicht anzurathen, sogleich nach der Zersetzung des chromsauren Bleioxyds durch Chlorwasserstoffsäure und Alkohol Schwefelsäure hinzuzufügen, in der Absicht, um das Bleioxyd als schwefelsaures Bleioxyd aus der alkoholischen Flüssigkeit abzusondern.

Auf diese Weise wird sowohl das chromsaure Bleioxyd, welches im Handel vorkommt, als auch das, welches sich in der Natur unter dem Namen Rothbleierz findet, untersucht. Bei der Analyse des letzteren ist es nöthig, die Verbindung vorher fein zu schlämmen, weil sie sonst nicht vollständig, oder erst nach längerer Einwirkung durch Chlorwasserstoffsäure zerlegt wird. Bei der Analyse des im Handel vorkommenden chromsauren Bleioxyds muſs man die Stoffe berücksichtigen, mit denen es gemengt und verfälscht sein kann. Wenn man es mit Chlorwasserstoffsäure und Alkohol auf die beschriebene Weise zersetzt hat, so können auſser dem Chlorblei auch schwefelsaures Bleioxyd, schwefelsaure Baryterde und schwefelsaure Kalkerde, mit denen das Präparat gemengt war, ungelöst zurückbleiben, während Kalkerde als Chlorcalcium in der alkoholischen Lösung enthalten ist, wenn kohlensaure Kalkerde vorhanden war; man kann sie durch etwas verdünnte Schwefelsäure als schwefelsaure Kalkerde fällen. Den ungelösten Rückstand behandelt man bei gewöhnlicher Temperatur mit einer Lösung von zweifach-kohlensaurem Kali, wodurch die schwefelsaure Baryterde allein unzersetzt bleibt, während schwefelsaure Kalkerde, schwefelsaures Bleioxyd und Chlorblei sich in kohlensaure Salze verwandeln. Nach dem Auswaschen behandelt man den Rückstand mit verdünnter Salpetersäure, wodurch Kalkerde und Bleioxyd aufgelöst werden, während schwefelsaure Baryterde ungelöst bleibt. In der filtrirten Lösung des sauren kohlensauren Kalis kann die Schwefelsäure bestimmt werden. Sollte Thon in dem Präparate enthalten sein, so bleibt auch dieser bei der Zersetzung mit dem Chlorblei ungelöst zurück, und wenn der unlösliche Rückstand zuerst mit zweifach-kohlensaurem Alkali und darauf mit verdünnter Salpetersäure behandelt wird, so ist der Thon mit der schwefelsauren Baryterde gemengt, welche im Präparate enthalten war. Durch Kochen mit verdünnten Lösungen von kohlensaurem

Kali auf die Weise, wie S. 26 erörtert ist, kann man die schwefelsaure Baryterde in kohlensaure verwandeln, und diese durch verdünnte Chlorwasserstoffsäure von dem Thone scheiden.

Will man in einem käuflichen chromsauren Bleioxyd nur die Menge der Chromsäure bestimmen, so geschieht dies am besten durch maafsanalytische Bestimmung des durch Kochen mit concentrirter Chlorwasserstoffsäure sich daraus entwickelnden Chlors.

Trennung des Chromoxyds und der Chromsäure von den Oxyden des Nickels, Kobalts, Zinks, Eisens und Mangans. — Wenn die Verbindungen in Säuren auflöslich sind, und diese Auflösung Chromoxyd enthält, so kann dieses durch kohlensaure Baryterde gefällt werden. Nachdem man zur Auflösung einen Ueberschufs von kohlensaurer Baryterde hinzugefügt hat, läfst man das Ganze längere Zeit unter öfterem Umrühren bei gewöhnlicher Temperatur stehen, bis das Chromoxyd gefällt ist, was freilich etwas langsam aber doch vollständig geschieht. Der Niederschlag wird mit kaltem Wasser ausgewaschen, in Chlorwasserstoffsäure gelöst, die aufgelöste Baryterde durch Schwefelsäure abgeschieden, und das Chromoxyd durch Ammoniak niedergeschlagen. — Aus der abfiltrirten Flüssigkeit fällt man die Oxyde, nachdem man vorher die Baryterde durch Schwefelsäure entfernt hat. — Auch in schwefelsauren Auflösungen kann auf diese Weise die Trennung des Chromoxyds von den oben genannten Oxyden bewirkt werden; es bleibt dann bei der Auflösung des Chromoxyds in Chlorwasserstoffsäure schwefelsaure Baryterde ungelöst zurück, welche aber durch Erhitzen der sauren Auflösung und durch Auswaschen vollständig von allem Chromoxyd getrennt werden kann.

Die Trennung des Chromoxyds von den genannten Oxyden durch kohlensaure Baryterde ist in manchen Fällen, z. B. wenn Zinkoxyd zugegen ist, nicht sehr genau.

Wenn Eisen vorhanden ist, so kann man dasselbe nur dann auf diese Weise vom Chromoxyde trennen, wenn es als Oxydul vorhanden ist. Ist in einer Auflösung aber Chromoxyd gemeinschaftlich mit Eisenoxyd aufgelöst, so leitet man in einem Kolben durch dieselbe Schwefelwasserstoffgas, bis sie darnach riecht, wodurch sich das Eisenoxyd in Oxydul verwandelt, und vertreibt den Schwefelwasserstoff vollständig durch längeres Erhitzen, indem man gleichzeitig Kohlensäure durch die Flüssigkeit leitet, um den Zutritt der Luft zu verhindern. Man fährt mit dem Durchleiten des Kohlensäuregases so lange fort, bis die Auflösung vollständig erkaltet ist, worauf man sie mit kohlensaurer Baryterde behandelt. — Diese Umwandlung des Eisenoxyds in Eisenoxydul durch Schwefelwasserstoffgas ist in diesem Falle der durch schweflichte Säure vorzuziehen.

Die meisten von diesen Metalloxyden, namentlich die des Eisens, kann man auch auf gleiche Weise durch Schwefelammonium nach hinreichendem Zusatz von Weinsteinsäure und Ammoniak vom Chromoxyd trennen, wie von der Titansäure (S. 319).

Diese Methode ist aber wohl nur in sehr wenigen Fällen der Trennung des Chromoxyds vermittelst kohlensaurer Baryterde vorzuziehen. Sie ist auch bei grofsen Mengen von Chromoxyd deshalb nicht gut ausführbar, weil dasselbe eine sehr bedeutende Menge von Weinsteinsäure erfordert, um durch Ammoniak unfällbar zu werden.

Die Trennung des Chromoxyds vom Eisenoxyd wie auch von andern Oxyden, welche in einer Auflösung von kohlensaurem Kali oder Natron oder von Kali- oder Natronhydrat nicht auflöslich sind, kann auch dadurch bewirkt werden, dafs man das Chromoxyd in Chromsäure überführt, welche von der alkalischen Flüssigkeit aufgelöst wird.

Ist die Substanz in Säuren aufgelöst, so übersättigt man die saure Auflösung mit Kalihydrat und leitet dann längere Zeit durch die erwärmte Lösung Chlorgas, indem man dafür sorgt, dafs die Lösung immer alkalisch bleibt. Wenn der anfangs durch Kalihydrat entstandene Niederschlag sich nicht mehr verändert, so ist alles Chromoxyd zu Chromsäure oxydirt, welche dann durch Filtriren von dem ungelösten Rückstand getrennt werden kann. Wenn man auf diese Weise Mangan von Chrom trennt, so bildet sich mit der Chromsäure leicht etwas Uebermangansäure, was sich schon an der Farbe der Lösung erkennen läfst. In diesem Falle versetzt man die Flüssigkeit, welche noch alkalisch reagiren mufs, mit etwas Alkohol und erwärmt längere Zeit; es wird dadurch die Uebermangansäure reducirt und das Mangan vollständig ausgeschieden, während die Chromsäure nicht reducirt wird. Sollte sich in dem ungelösten Rückstand nach dem Auswaschen beim Auflösen noch die Gegenwart einer Spur von Chromoxyd erkennen lassen, so mufs man das Fällen durch Kalihydrat und das Durchleiten von Chlorgas wiederholen. Statt des Kalihydrats kann man auch kohlensaures Natron oder Kali anwenden, was in den meisten Fällen vorzuziehen sein wird. Die filtrirte alkalische Lösung macht man durch Essigsäure schwach sauer und fällt dann die Chromsäure durch Chlorbaryum oder durch essigsaures Bleioxyd. Das angewendete Kalihydrat oder kohlensaure Natron darf aber keine Schwefelsäure enthalten, weil dann der chromsaure Baryt oder das chromsaure Bleioxyd durch Schwefelsäure verunreinigt werden würde. — Man kann auch die alkalische Lösung der Chromsäure mit einem Ueberschufs von Chlorwasserstoffsäure erhitzen, nach Entfernung des gröfsten Theils des Chlors durch Zusatz von etwas Alkohol die Chromsäure vollständig reduciren, und dann das gebildete Chromoxyd auf die schon angegebene Weise durch Ammoniak fällen. Nach dem Glühen und Wägen befeuchtet man das Chromoxyd im Tiegel mit einer concentrirten Lösung von Chlorammonium; wird diese durch Chromsäure gelblich gefärbt, so enthielt das Chromoxyd etwas Alkali. Man erhitzt dann das Chromoxyd nach dem Eintrocknen bis zur Verflüchtigung des Chlorammoniums, wäscht es im Tiegel mit Wasser aus, bis alles Chlorkalium oder Chlornatrium ausgezogen ist, und wägt es nach dem Trocknen und Glühen noch ein Mal.

Ist die Substanz in Säuren unlöslich, so erreicht man die Oxydation des Chromoxyds zu Chromsäure in den meisten Fällen auf folgende Weise. Man mengt die fein gepulverte Substanz in einem geräumigen Platintiegel mit dem 6 bis 10 fachen Gewicht eines Gemenges aus 2 Theilen kohlensauren Natrons und 1 Theil salpetersauren Kalis, und erhitzt das Gemenge bis zum Schmelzen. Allmälig steigert man die Temperatur bis zum hellen Rothglühen und unterhält dieses so lange, bis die Masse ruhig fliefst. Bei dem Schmelzen und dem nachherigen Steigern der Temperatur muſs man vorsichtig sein, weil leicht ein starkes Schäumen und Spritzen statt findet. Die geschmolzene Masse behandelt man mit Wasser, es löst sich chromsaures Alkali auf, während Eisenoxyd und andere in kohlensaurem Alkali und Kalihydrat nicht lösliche Oxyde zurückbleiben und durch Filtriren und Auswaschen von der Chromsäure getrennt werden können. Enthält die Substanz Mangan, so löst sich mit der Chromsäure Mangansäure auf, welche aber durch Erhitzen der Lösung mit Alkohol reducirt werden kann, so daſs alles Mangan abgeschieden wird. Aus der filtrirten alkalischen Lösung kann man nach Neutralisation mit Salpetersäure die Chromsäure durch salpetersaures Quecksilberoxydul fällen. Bei der Neutralisation mit Salpetersäure entwickelt sich etwas salpetrichte Säure, welche eine geringe Menge der Chromsäure wiederum zu Chromoxyd reduciren kann, dieses ist aber bei der Fällung von keinem Nachtheil, denn die kleine Menge des vorhandenen Chromoxyds fällt mit dem chromsauren Quecksilberoxydul. — Uebrigens kann man die Chromsäure in der Lösung auch zu Chromoxyd reduciren und dieses durch Ammoniak fällen. Das geglühte und gewogene Oxyd wird, wie oben angegeben ist, auf Alkali untersucht. — Die von der Lösung der Chromsäure abfiltrirten Oxyde werden in Chlorwasserstoffsäure gelöst und nach früher angegebenen Methoden von einander getrennt. Wenn bei der Behandlung des Rückstandes mit Chlorwasserstoffsäure etwas unzersetzte Substanz ungelöst bleibt, so muſs diese nochmals mit kohlensaurem Natron und salpetersaurem Kali geglüht werden.

Statt des salpetersauren Kalis kann auch chlorsaures Kali angewandt werden, welches indessen schon bei niedrigerer Temperatur als das salpetersaure Kali seinen Sauerstoff abgiebt und deshalb nicht so energisch wirkt. In diesem Falle ist es wegen der Gegenwart des

Chlorkaliums nicht zweckmäfsig, später die Chromsäure durch salpetersaures Quecksilberoxydul zu fällen.

Man hat bisweilen vorgeschlagen, das Chromoxyd durch eine Lösung von Kalihydrat, in welcher es bei gewöhnlicher Temperatur auflöslich ist, von anderen Oxyden zu trennen, welche darin unlöslich sind. Diese Methode der Trennung ist aber durchaus zu verwerfen, denn sie giebt oft nicht einmal annähernde Resultate. Viele Oxyde, wie Eisenoxyd, Kobaltoxyd, Nickeloxyd u. s. w. können mit vielem Chromoxyd gemeinschaftlich in Kalihydratlösung bei gewöhnlicher Temperatur gelöst werden, und werden mit demselben durch Kochen gefällt.

Die Verbindung des Chromoxyds mit Eisenoxydul, welche in der Natur unter dem Namen von Chromeisenstein vorkommt, wird selbst in sehr fein geschlämmtem Zustande durch Schmelzen mit einer Mengung von kohlensaurem und salpetersaurem Alkali nicht vollständig zersetzt.

Man zerlegt diese besser auf folgende Weise. Die sehr fein gepulverte oder besser noch geschlämmte Substanz wird mit der ungefähr 10 bis 12fachen Menge sauren schwefelsauren Kalis in einem geräumigen Platintiegel längere Zeit geschmolzen, bis sich in der schmelzenden Masse kein unzersetztes Pulver mehr wahrnehmen läfst. Man mufs sich hüten, zu stark zu erhitzen, weil dann ein zu starkes Steigen der Masse statt findet und sich zu viel Schwefelsäure verflüchtigt, wodurch die fernere Einwirkung des schmelzenden Salzes beeinträchtigt wird. Beim Behandeln der geschmolzenen Masse mit Wasser würde Chromoxyd mit etwas Eisenoxyd in Verbindung mit Schwefelsäure und Kali in einem Zustande zurückbleiben, in welchem es nicht nur in Wasser, sondern auch in Säuren und in alkalischen Auflösungen unlöslich ist. Man erhitzt deshalb das schmelzende saure schwefelsaure Kali, wenn die Auflösung des Minerals erfolgt ist, allmälig stärker, um die freie Schwefelsäure zu verjagen, bis auch das entstandene schwefelsaure Eisenoxyd anfängt, zersetzt zu werden, und schmelzt dann diese Masse, ohne sie aus dem Tiegel zu nehmen, mit dem doppelten Gewicht eines Gemenges aus 2 Theilen kohlensauren Natrons und 1 Theil salpetersauren Kalis vorsichtig zusammen, wie oben angegeben ist.

Behandelt man die geschmolzene Masse mit kochendem Wasser und etwas Alkohol zur Reduction von etwa vorhandener Mangansäure, so wird chromsaures Kali so wie etwas Thonerde mit etwa vorhandenen geringen Mengen von Kieselsäure und Titansäure aufgelöst, während Eisenoxyd, Thonerde, Magnesia und Manganoxyd ungelöst zurückbleiben, welche sich nach dem Auswaschen in heifser Chlorwasserstoffsäure auflösen. Ein Rückstand, der hierbei bleibt, besteht aus nicht aufgeschlossenem Chromeisenstein und muſs durch nochmaliges Schmelzen zersetzt werden. Die Menge desselben von der des angewendeten Minerals abzuziehen, ist nicht anzurathen, weil die Zusammensetzung des Rückstandes von der des Minerals verschieden sein kann. — Die Trennung der Chromsäure von der Thonerde, mit welcher auch die Kieselsäure und die Titansäure abgeschieden werden, findet sich weiter unten angegeben.

Zum Aufschlieſsen des Chromeisensteins vor dem Schmelzen mit kohlensaurem Natron und salpetersaurem Kali kann man statt saures schwefelsaures Kali auch Borax anwenden.

Nach Abich kann man den Chromeisenstein vollständig zersetzen, wenn man ihn mit der vierfachen Menge von kohlensaurer Baryterde der Weiſsglühhitze aussetzt.

Rivot giebt an, daſs der fein gepulverte Chromeisenstein, wenn er vier Stunden hindurch in einem Strome von Wasserstoffgas bei starker Rothglühhitze geglüht wird, dadurch vollständig zersetzt wird, indem das Eisenoxydul zu metallischem Eisen reducirt wird. Der Gewichtsverlust giebt dann die Menge des mit dem Eisen verbunden gewesenen Sauerstoffs an. Die geglühte Masse wird darauf während 24 Stunden mit Salpetersäure bei gelinder Wärme digerirt. Die Säure löst das reducirte Eisen auf (so wie einen Theil der Kalkerde, wenn eine Spur davon im Chromeisenstein vorhanden war), ist aber ganz ohne Einwirkung auf das Chromoxyd und die Thonerde (so wie auch auf Kieselsäure, auf Titanoxyd und auf den gröſsern Theil der Kalkerde, wenn diese Körper vorhanden sind). Das Chromoxyd kann durch Schmelzen mit kohlensaurem und salpetersaurem Alkali in Chromsäure übergeführt werden.

Sehr gut gelingt die Aufschlieſsung des Chromeisensteins auch auf folgende Weise.

Man erhitzt etwa 1 Grm. des fein geschlämmten Minerals mit 15 bis 20 C.C. eines Gemisches aus 4 Vol. concentrirter Schwefelsäure und 3 Vol. Wasser in einer dickwandigen zugeschmolzenen Glasröhre von schwer schmelzbarem Glase während 3 bis 4 Stunden auf 260° bis 270°. Auf welche Weise sich dies zweckmäſsig ausführen läſst, ist weiter unten bei der Analyse der Silicate beschrieben. Wenn sich in der erkalteten Röhre noch etwas unzersetztes Mineral wahrnehmen läſst, so setzt man sie noch einige Zeit der angegebenen Temperatur aus. Man erhält so eine vollständig klare Auflösung bis auf etwa vorhandene Kieselsäure, welche man, nach dem Verdünnen des Inhalts der Röhre mit Wasser, abfiltriren kann. In dem Filtrate oxydirt man nach Uebersättigung mit kohlensaurem Natron das Chromoxyd, wie S. 377 angegeben ist, durch Chlorgas zu Chromsäure, und trennt diese durch Filtriren von den übrigen im Chromeisensteine enthaltenen Substanzen.

In dem Filtrate ist mit der Chromsäure gewöhnlich eine sehr geringe Menge Thonerde enthalten, welche auf die unten angegebene Weise abgeschieden wird. — Wenn man den Chromeisenstein mit einer concentrirteren Schwefelsäure, als oben angegeben ist, erhitzt, so bildet sich leicht ein unlösliches Chromoxydsalz, welches auch das noch nicht zersetzte Mineral einhüllt.

Nach Brunner wird 1 Theil fein gepulverten Chromeisensteins mit 8 Theilen chlorsauren Kalis gemengt, in einer flachen Porcellanschale mit einem erkalteten Gemisch aus 2 Vol. concentrirter Schwefelsäure und 1 Vol. Wasser unter öfterem Umrühren 24 Stunden bei gewöhnlicher Temperatur stehen gelassen. Man erwärmt nun längere Zeit gelinde, zuletzt nach Zusatz von Wasser, wobei sich dann Alles bis auf etwas vorhandene Kieselsäure auflöst. Es scheint indessen schwierig zu sein, auf diese Weise eine vollständige Auflösung des Chromeisensteins zu bewirken.

Ist Chromsäure mit den oben genannten Oxyden verbunden, so wird die Verbindung mit kohlensaurem Alkali geschmolzen. Bei Behandlung der geschmolzenen Masse mit Wasser bleiben die Oxyde ungelöst, während chromsaures und überschüssiges kohlensaures Alkali aufgelöst werden.

Trennung des Chromoxyds und der Chromsäure von der Thonerde. — Von der Thonerde kann man das Chromoxyd, wie das Eisenoxyd (S. 104), durch eine Auflösung von Kalihydrat trennen, welche die Thonerde auflöst und das Chromoxyd ungelöst zurückläßt. Es ist aber hierbei durchaus nöthig, beide Substanzen mit der Auflösung von Kali so lange zu kochen, bis das Chromoxyd, welches sich in einem Ueberschuſs des Kalis bei gewöhnlicher Temperatur auflöst, sich vollständig wieder niedergeschlagen hat. Das gefällte Chromoxydhydrat enthält, wenn es gut ausgewaschen ist, kein Kali oder nur unwägbare Spuren davon, aber es ist nicht ganz frei von Thonerde; ferner ist durch das lange Kochen mit Kalihydratlösung eine geringe Menge des Oxyds zu Chromsäure oxydirt worden, welche sich namentlich im Waschwasser findet. Hat man später die Thonerde aus der sauer gemachten Auflösung durch kohlensaures Ammoniak gefällt, so findet sich die geringe Menge der Chromsäure in der abfiltrirten Flüssigkeit. Diese Trennungsmethode ist daher nur bei kleinen Mengen von Thonerde und von Chromoxyd anzuwenden. Sind die Mengen von Thonerde und Chromoxyd nicht ganz gering, so ist es zweckmäſsiger das Chromoxyd zu Chromsäure zu oxydiren, was durch Behandeln der alkalisch gemachten Lösung mit Chlorgas oder durch Schmelzen der festen Substanz mit kohlensaurem und salpetersaurem Alkali bewirkt wird (S. 377). Hierbei bleibt der gröſste Theil der Thonerde im Rückstand, besonders wenn die Oxydation durch kohlensaures Natron und Chlorgas ausgeführt ist. Im letztern Falle versetzt man die kochend heifse Lösung mit einem Ueberschufs von Chlorammonium, dampft auf dem Wasserbade bis zur Trocknifs ab, behandelt den Rückstand mit heifsem Wasser, macht die Flüssigkeit durch einige Tropfen Ammoniak alkalisch, und filtrirt die geringe Menge Thonerde ab. — In der abfiltrirten Lösung reducirt man die Chromsäure und fällt das Chromoxyd durch Ammoniak (S. 378). — Hat man das Chromoxyd durch Kalihydrat und Chlorgas oder durch Schmelzen mit kohlensaurem und salpetersaurem Alkali oxydirt, so kann die alkalische Auflösung mehr Thonerde enthalten. Man scheidet dann die gröfste Menge derselben ab, indem man durch die Auflösung längere Zeit Kohlensäure leitet. Die dadurch gefällte Thonerde läfst sich gut filtriren und auswaschen, und ist dann frei von Chromsäure. Die abfiltrirte Lösung enthält noch etwas Thonerde, welche durch Eindampfen mit Chlorammonium, wie oben angegeben ist, abgeschieden werden kann.

Aus einer alkalischen Auflösung, die neben salpetrichsaurem Alkali viel Thonerde und Chromsäure enthält, läfst sich zwar durch Eindampfen oder sehr lange anhaltendes Erhitzen mit Chlorammonium die Thonerde vollständig abscheiden, allein sie ist dann nicht frei von Chrom, weshalb das vorherige Einleiten von Kohlensäure vorzuziehen ist.

Sind Chromsäure und Thonerde in einer sauren Flüssigkeit aufgelöst, so erhitzt man diese bis zum Kochen und setzt dann vorsichtig Ammoniak hinzu, bis die Lösung eben alkalisch reagirt. Die gefällte Thonerde läfst sich dann gut filtriren und auswaschen, ist aber, wenn die Menge der Chromsäure nicht sehr gering ist, durch etwas Chromsäure gelb gefärbt. Man übergiefst sie, wenn das Waschwasser sich nicht mehr gelb färbt, mit Ammoniak und wäscht sie mit kochendem Wasser aus, wodurch sie ganz weifs wird. Da aber durch das Ammoniak auch etwas Thonerde aufgelöst wird, so fängt man dieses Filtrat für sich in einer kleinen Porcellan- oder Platinschale auf, dampft auf dem Wasserbade bis zur Trocknifs ab, behandelt die trockene Masse mit Wasser, bringt die geringe Menge der ausgeschiedenen Thonerde auf das Filter und wäscht nun mit kochendem Wasser vollständig aus. Die Thonerde ist ganz frei von Chromsäure.

Trennung des Chromoxyds und der Chromsäure von der Magnesia. — Das Chromoxyd trennt man von der Magnesia durch Schmelzen mit einem Gemenge von salpetersaurem und kohlensaurem Natron, wie das Eisenoxyd von Chromoxyd getrennt wird (S. 378). Wird die geschmolzene Masse mit Wasser behandelt, so löst sich chromsaures Kali auf, während die Magnesia ungelöst zurückbleibt.

Diese Art der Trennung ist besonders bei festen Verbindungen anwendbar, die sich schwer in Säuren lösen. Sind aber Chromoxyd und Magnesia in einer Auflösung enthalten, so können dieselben vermittelst kohlensaurer Baryterde, welche bei gewöhnlicher Temperatur das Chromoxyd, aber nicht die Magnesia fällt, geschieden werden.

Ist Chromsäure mit Magnesia verbunden, so kann aus der neutralen oder neutral gemachten Auflösung durch salpetersaures Quecksilberoxydul die Chromsäure gefällt werden, während die Magnesia aufgelöst bleibt. Diese Methode ist besser, als die Magnesia vor Abscheidung der Chromsäure durch kohlensaures Kali oder durch phosphorsaures Natron und Ammoniak zu fällen.

Trennung des Chromoxyds und der Chromsäure von der Kalkerde, der Strontianerde und der Baryterde. — Ist das Chromoxyd mit diesen Erden in sauren Auflösungen enthalten, so kann dasselbe wie Eisenoxyd durch Ammoniak getrennt werden. Man muſs nach dem Zusetzen von Ammoniak das Ganze bis zur Verflüchtigung des freien Ammoniaks kochen, sowohl um die vollständige Fällung des Chromoxyds zu bewirken, als auch, um dasselbe frei von einer Einmengung der alkalischen Erde zu erhalten.

Baryterde trennt man vom Chromoxyd besser als durch Ammoniak vermittelst Schwefelsäure. Auch Kalkerde kann man, wenn sie mit einer sehr kleinen Menge von Chromoxyd verbunden ist, dadurch aus Auflösungen scheiden, daſs man die Verbindung mit Schwefelsäure zersetzt, und darauf Alkohol hinzufügt, wodurch schwefelsaure Kalkerde ausgeschieden wird, während das schwefelsaure Chromoxyd gelöst wird. Man muſs sich indessen hüten, wenn man eine Verbindung von Chromoxyd und Kalkerde zersetzt, nach Behandlung mit Schwefelsäure die Masse zu stark zu erhitzen, oder gar die überschüssige Schwefelsäure vollständig zu verjagen, wodurch das schwefelsaure Chromoxyd nicht nur in Alkohol unlöslich wird, sondern auch in Wasser. — Man kann, bei Gegenwart von Chromoxyd, aus einer neutralen Auflösung die Kalkerde nicht vollständig durch die Auflösung eines neutralen oxalsauren Salzes fällen.

Ist aber Kalkerde mit einer gröſseren Menge von Chromoxyd verbunden, so ist es weit besser, daſs man die Trennung durch Schmelzen der Verbindung mit einem Gemenge von kohlensaurem und salpetersaurem Alkali bewirkt (S. 378). Die geschmolzene Masse wird mit Wasser behandelt, welches kohlensaure Kalkerde ungelöst zurückläſst, während sich chromsaures Alkali auflöst.

Strontianerde kann wie Baryterde vom Chromoxyd in Auflösungen durch Schwefelsäure unter Zusatz von Alkohol getrennt werden; besser indessen bewirkt man die Trennung auf die Weise, wie man die Kalkerde vom Chromoxyd scheidet.

Hat man eine feste Verbindung von Chromsäure mit einer von

jenen Erden zu untersuchen, so ist es am zweckmäfsigsten, dieselbe in fein gepulvertem Zustande mit einer Lösung von kohlensaurem Kali oder Natron zu kochen. Chromsaure Kalkerde und Strontianerde werden schon durch einmaliges Kochen vollständig zersetzt; es bildet sich unlösliche kohlensaure Kalkerde und Strontianerde, und die abfiltrirte Flüssigkeit enthält chromsaures Alkali und überschüssiges kohlensaures Alkali. Man sättigt sie mit Salpetersäure, wenn man die Chromsäure als chromsaures Quecksilberoxydul fällen will.

Soll chromsaure Baryterde zerlegt werden, so mufs, nachdem dieselbe mit einer Lösung von kohlensaurem Alkali gekocht ist, die Flüssigkeit von dem Ungelösten abgegossen und durch eine neue Lösung von kohlensaurem Alkali ersetzt werden, mit welcher man das Kochen wiederholt. Durch eine solche zweimalige Behandlung mit kohlensaurem Alkali ist dann die chromsaure Baryterde vollständig zersetzt und in kohlensaure Baryterde umgewandelt.

Bei der Zersetzung der chromsauren Baryterde ist eine zweimalige Behandlung mit kohlensaurem Alkali deshalb nothwendig, weil das sich bildende chromsaure Alkali die Einwirkung des kohlensauren Alkalis auf chromsaure Baryterde vollkommen hemmen kann. Lösungen von kohlensaurem Alkali mit vielem chromsauren Alkali sind ganz ohne Einwirkung auf chromsaure Baryterde. Auch wird kohlensaure Baryterde schon bei gewöhnlicher Temperatur durch eine Auflösung von neutralem chromsaurem Kali in chromsaure Baryterde verwandelt.

Die Zersetzung der chromsauren Baryterde durch kohlensaures Alkali erfolgt auch schon bei gewöhnlicher Temperatur, doch viel langsamer, und nur durch öfteres Abgiefsen der Flüssigkeit und Erneuern derselben durch eine Lösung von kohlensaurem Alkali gelingt sie vollständig.

Durch Schmelzen der chromsauren Baryterde mit kohlensaurem Alkali geschieht die Zersetzung weit unvollständiger, als durch Kochen mit einer Lösung von kohlensaurem Alkali.

Die Analyse der Verbindungen der Chromsäure mit den alkalischen Erden, namentlich mit der Baryterde, kann vortrefflich auf die Weise ausgeführt werden, dafs man sie sehr fein gepulvert mit Chlorammonium, etwa mit der fünffachen Menge, mengt, und das Gemenge in einem Porcellantiegel bis zur Verflüchtigung des Chlorammoniums erhitzt. Es bildet sich dadurch Chromoxyd und das Chlormetall der alkalischen Erde, welches sich durch Wasser vom Chromoxyd trennen läfst. Ein einmaliges Glühen mit Chlorammonium reicht schon hin, um eine vollständige Zersetzung zu bewirken, man wiederholt indessen die Behandlung mit einer neuen Menge von Chlorammonium, um zu sehen, ob das Gewicht des Tiegels sich dadurch nicht verändert.

Die chromsaure Baryterde kann auch auf die Weise zerlegt werden, daſs man sie fein gepulvert mit Chlorwasserstoffsäure und Alkohol erwärmt, wodurch die Chromsäure sich in Chromoxyd verwandelt, das in der Chlorwasserstoffsäure mit der Baryterde aufgelöst bleibt. Letztere wird aus dieser Lösung durch Schwefelsäure gefällt, worauf man das Chromoxyd durch Ammoniak niederschlägt. Man kann auch diese Methode bei den Verbindungen der Chromsäure mit der Strontianerde und der Kalkerde anwenden, wenn, namentlich bei letzterer, die Menge des Alkohols so vermehrt wird, daſs nach Hinzufügung von Schwefelsäure die schwefelsauren Erden ungelöst bleiben.

Trennung des Chromoxyds und der Chromsäure von den Alkalien. — Das Chromoxyd trennt man, wie das Eisenoxyd, von den Alkalien vermittelst Ammoniak (S. 370). — Die Verbindungen der Chromsäure mit den Alkalien werden auf die Weise am besten analysirt, daſs man in ihrer concentrirten wässerigen Auflösung die Chromsäure durch Behandlung mit Chlorwasserstoffsäure und Alkohol in Chromoxyd verwandelt, dieses nach Verdampfung des Alkohols durch Ammoniak fällt, und in der davon abfiltrirten Flüssigkeit das Alkali als Chlormetall bestimmt. Auf welche Weise man das geglühte und gewogene Chromoxyd auf Alkali untersucht und davon befreit, ist S. 378 angegeben.

Eine andere Methode der Scheidung kann besonders bei verdünnten Auflösungen angewandt werden. Man setzt zu der neutralen Auflösung salpetersaures Quecksilberoxydul und fällt dadurch die Chromsäure. Der Niederschlag wird mit einer verdünnten Auflösung von salpetersaurem Quecksilberoxydul ausgewaschen. In der abfiltrirten Flüssigkeit bestimmt man das Alkali so, wie es oben S. 354 bei der Trennung der Wolframsäure von den Alkalien gezeigt ist.

Feste Verbindungen der Chromsäure mit den Alkalien können auch auf gleiche Weise durch Erhitzen mit Chlorammonium zerlegt werden, wie dies so eben bei der chromsauren Baryterde gezeigt ist.

Bestimmung der Mengen von Chromoxyd und Chromsäure, wenn beide zusammen vorkommen. — Hat man Chromsäure von Chromoxyd zu trennen, und sind beide aufgelöst, so setzt man, nach Maus, zu der Flüssigkeit eine Auflösung von essigsaurem Bleioxyd hinzu; es wird dadurch chromsaures Bleioxyd gefällt, während Chromoxyd und das überschüssig hinzugesetzte essigsaure Bleioxyd aufgelöst bleiben. Enthält die Flüssigkeit viel freie Säure, so setzt man essigsaures Natron hinzu; Essigsäure kann ohne Nachtheil im Ueberschusse vorhanden sein, denn das chromsaure Bleioxyd ist darin unlöslich.

In einer braunen Lösung von Chromoxyd und von Chromsäure kann man die Chromsäure als chromsaures Quecksilberoxydul durch eine Lösung von salpetersaurem Quecksilberoxydul fällen. Enthält die Lösung viel freie Säure, so mufs sie vorher durch Kali- oder Natronhydrat fast neutralisirt werden.

Enthält die Auflösung andererseits freies Alkali, so mufs die Neutralisation durch Salpetersäure geschehen. In beiden Fällen mufs man aber dafür sorgen, dafs kein brauner Niederschlag erfolge, und die Flüssigkeit klar bleibe. Enthält die Auflösung Schwefelsäure oder Chlorwasserstoffsäure, so schlägt sich freilich mit dem chromsauren auch schwefelsaures Quecksilberoxydul und Quecksilberchlorür nieder; nach starkem Glühen bleibt aber reines Chromoxyd zurück. Jedenfalls ist aber die Methode nicht anzuwenden, wenn sehr grofse Mengen von diesen Säuren vorhanden sind. — Aus der abfiltrirten Flüssigkeit kann zuerst das Quecksilberoxydul durch Schwefelwasserstoffgas als Schwefelquecksilber oder durch Chlorwasserstoffsäure als Quecksilberchlorür entfernt werden, worauf man das Chromoxyd durch Ammoniak fällt, oder man fällt unmittelbar durch Ammoniak; der Niederschlag mufs dann stark geglüht werden, um ihn rein von aller Verunreinigung mit Quecksilberverbindungen zu erhalten.

Diese Methode kann indessen nicht sehr genaue Resultate geben, weil mit der Chromsäure auch kleine Mengen von Chromoxyd durch salpetersaures Quecksilberoxydul gefällt werden können, wie dies schon oben S. 378 erwähnt ist.

Hat man eine feste aber nicht geglühte Verbindung von Chromsäure und Chromoxyd zu untersuchen, so kann man sie, wenn sie frisch gefällt worden war, mit einer Auflösung von essigsaurem Bleioxyd, zu welcher freie Essigsäure gesetzt ist, digeriren. Man erhält so das Chromoxyd aufgelöst, während das chromsaure Bleioxyd ungelöst bleibt. Aus der Auflösung des Chromoxyds entfernt man durch Schwefelwasserstoffgas das überschüssig hinzugesetzte Bleioxyd, und fällt darauf das Chromoxyd. Es ist gut, auch das chromsaure Bleioxyd zu zerlegen, um zu bestimmen, wie viel Chromsäure darin enthalten ist. Dies geschieht am besten durch Chlorwasserstoffsäure und Alkohol; man scheidet das entstandene Chlorblei ab, und bestimmt in der davon abfiltrirten Flüssigkeit die Menge des Chromoxyds.

Eine leichtere Methode Chromoxyd und Chromsäure zu bestimmen, wenn beide zusammen vorkommen, hat Vohl angegegeben. Zuerst bestimmt man die Kohlensäure, die das Salz durch Zersetzung vermittelst eines oxalsauren Salzes (S. 372 liefert, und berechnet daraus die Menge der Chromsäure. Alsdann fällt man aus der Auflösung die ganze Menge des Chroms als Chromoxyd durch Ammoniak und zieht von dieser ganzen Menge des Oxyds die der gefundenen Chromsäure entsprechende Menge Chromoxyd ab.

Am zweckmäfsigsten indessen ist es, in einer Verbindung von Chromsäure und von Chromoxyd zuerst die ganze Menge des Chroms zu bestimmen, indem man die Chromsäure zu Oxyd reducirt, und dann durch Ammoniak oder Schwefelammonium fällt. Darauf bestimmt man in einer andern Menge der Verbindung die Chromsäure maafsanalytisch, indem man durch Chlorwasserstoffsäure Chlor daraus entwickelt (S. 372).

XLIX. Arsenik.

Bestimmung des Arseniks als arseniksaures Bleioxyd.
— Enthält eine Flüssigkeit, aufser Arseniksäure, nur Salpetersäure und gar keine feuerbeständigen Substanzen, so dampft man die vorher bis auf ein kleines Volumen eingeengte Auflösung in einem nicht zu kleinen gewogenen Porcellantiegel mit einer gewogenen Menge frisch geglühten reinen Bleioxyds auf einem Wasserbade bis zur Trocknifs ab, während man von Zeit zu Zeit mit einem kleinen Glasstabe umrührt, und erhitzt die trockne Masse vorsichtig bis zum schwachen Rothglühen. Den Gehalt an Arseniksäure erfährt man, wenn man das Gewicht des angewandten Bleioxyds von dem der geglühten Masse abzieht. Es ist hierbei aber nothwendig, dafs sich keine andere Säure, die mit Bleioxyd ein feuerbeständiges Salz bildet, neben der Arseniksäure in der Auflösung befindet. Auch die Gegenwart von Ammoniak ist nachtheilig bei dieser Methode der Untersuchung.

Die Menge des Bleioxyds, die man hier anwenden mufs, richtet sich natürlich nach der Menge der zu bestimmenden Arseniksäure. Es ist gut, ungefähr fünf- bis sechsmal so viel Bleioxyd anzuwenden, als man Arseniksäure in der zu untersuchenden Substanz vermuthet. Ein noch gröfserer Ueberschufs an Bleioxyd ist nur insofern nachtheilig, als dadurch unnützer Weise die Masse der zu wägenden Substanz vermehrt wird. — Das anzuwendende Bleioxyd bereitet man am besten, um es ganz rein zu erhalten, durch Glühen von reinem salpetersaurem Bleioxyd.

Ist mit der Arseniksäure zugleich Salpetersäure vorhanden, so mufs man den Tiegel mit der eingetrockneten Masse, welche dann auch salpetersaures Bleioxyd enthält, gut bedeckt zuerst in einem Sandbade allmälig bis zur anfangenden Zersetzung des salpetersauren Bleioxyds erhitzen, weil sonst durch das Decrepitiren des salpetersauren Bleioxyds ein Verlust entstehen kann.

Enthält die Flüssigkeit arsenichte Säure, so setzt man vor dem Eindampfen bis zu einem geringen Volumen Salpetersäure hinzu, und verfährt dann wie oben angegeben ist. Aus der Menge der Arseniksäure berechnet man die der arsenichten Säure. Sollte auch durch das Eindampfen mit Salpetersäure nicht alle arsenichte Säure höher oxydirt sein, so wird diese durch das Erhitzen des entstandenen salpetersauren Bleioxyds vollständig in Arseniksäure verwandelt. Auch trockene arsenichte Säure, wie auch metallisches Arsenik können ihrer Menge nach auf diese Weise bestimmt werden. Man übergiefst sie gepulvert in einer Platin- oder Porcellanschale mit starker Salpetersäure, worin sie sich bei schwachem Erhitzen vollständig auflösen und in Arseniksäure verwandeln, und verfährt dann, wie oben angegeben ist.

Diese Methode der Bestimmung des Arseniks giebt sehr genaue Resultate, und mufs immer, wo es möglich ist, angewandt werden.

Bestimmung des Arseniks als arseniksaure Ammoniak-Magnesia. — Enthält eine Auflösung neben arsenichter Säure oder Arseniksäure Chlorwasserstoffsäure, so kann die Menge derselben nicht auf die beschriebene Weise durch Bleioxyd gefunden werden. In diesem Falle, so wie auch, wenn andere Bestandtheile in der Flüssigkeit enthalten sind, welche die Bestimmung vermittelst Bleioxyds nicht zulassen, welche aber mit der Arseniksäure in einer Auflösung, die freies Ammoniak enthält, vorhanden sein können, wendet man jetzt allgemein die Methode an, die Arseniksäure als arseniksaure Ammoniak-Magnesia zu fällen, eine Methode, welche zuerst von Levol vorgeschlagen ist. Eine längere Erfahrung hat jetzt gezeigt, dafs man nach derselben die Menge des Arseniks sicherer bestimmen kann, als nach den anderen gebräuchlichen Methoden (die als arseniksaures Bleioxyd ausgenommen).

Enthält eine Verbindung oder eine Flüssigkeit arsenichte Säure, so mufs diese zuerst in Arseniksäure verwandelt werden. Diese Verwandlung geschieht am zweckmäfsigsten, auch wenn die Lösung eine sehr verdünnte ist, dadurch, dafs man zu derselben Chlorwasserstoffsäure hinzufügt (wenn diese nicht schon im freien Zustand vorhanden ist) und sodann nach und nach kleine Mengen von chlorsaurem Kali. Man erwärmt das Ganze; es kann dieses Erwärmen selbst in einer offnen Schale geschehen, ohne dafs dadurch Arsenik als Chlorarsenik sich verflüchtigt. Wenn auch in einer sehr verdünnten Lösung ein deutlicher Chlorgeruch sich gezeigt hat, so ist die arsenichte Säure in Arseniksäure verwandelt. Statt mit chlorsaurem Kali kann die Flüssigkeit auch mit Königswasser erhitzt werden; in sehr verdünnten Flüssigkeiten erfolgt dadurch die Oxydation der arsenichten Säure aber schwieriger, als durch chlorsaures Kali. Nie mufs man aber eine Lösung von arsenichter Säure, die nur Chlorwasserstoffsäure und nicht zugleich freies Chlor oder Salpetersäure enthält, durch Abdampfen concentriren, weil dadurch Chlorarsenik entweicht.

Die Lösung, aus welcher die Arseniksäure gefällt werden soll, wird zuerst durch Eindampfen auf ein geringes Volumen gebracht, mit Ammoniak übersättigt, so dafs sie sehr stark darnach riecht, und mit $\frac{1}{4}$ Vol. absoluten Alkohol versetzt, wodurch kein Niederschlag und keine Trübung entstehen darf. Hierauf setzt man eine Lösung von schwefelsaurer Magnesia hinzu, in welcher man so viel Chlorammonium aufgelöst hat, dafs auch ein sehr grofser Ueberschufs von Ammoniak in derselben keine Fällung von Magnesia hervorbringt. Man läfst das Ganze längere Zeit, wenigstens zwei Tage lang, stehen, am besten unter einer Glasglocke mit abgeschliffenem Rande, um das Verflüchtigen des Ammoniaks zu verhindern. Den Niederschlag sammelt man auf einem vorher bei 100° getrockneten und gewogenen Filtrum, und wäscht ihn mit einer Mischung aus 4 Vol. Wasser und 1 Vol. absoluten Alkohol, der noch Ammoniak in nicht zu geringer Menge zugesetzt ist, vollständig aus.

Reines Wasser darf man zum Auswaschen nicht anwenden, weil darin die arseniksaure Ammoniak-Magnesia auflöslicher ist, als in verdünntem ammoniakhaltigem Alkohol. Aber auch in diesem ist das Salz nicht ganz unlöslich, so dafs in der Lösung immer eine, wenn auch sehr geringe Menge Arseniksäure aufgelöst bleibt (im Litre oft nur 0,002 Grm. und noch weniger). — Der Niederschlag der arseniksauren Ammoniak-Magnesia scheidet sich auch aus Auflösungen aus, die ammoniakalische Salze enthalten. Man mufs indessen, so viel wie es möglich ist, die Menge derselben in der Lösung nicht vermehren, da dadurch die Auflöslichkeit des Niederschlags sowohl etwas befördert, als auch die Ausscheidung desselben verlangsamt wird. Zweckmäfsig ist es überhaupt, die abfiltrirte Flüssigkeit noch einige Tage stehen zu lassen, um zu sehen, ob noch eine Abscheidung des Salzes stattfindet, was besonders dann der Fall sein kann, wenn nur wenig Arseniksäure vorhanden war, und sich gröfsere Krystalle der arseniksauren Ammoniak-Magnesia an den Wänden des Glases abgesetzt hatten.

Nach dem Trocknen bei 100°, bis das Gewicht sich nicht mehr vermindert, hat die arseniksaure Ammoniak-Magnesia die Zusammensetzung $2MgO + NH^4O + AsO^5 + HO$. Es dauert indessen längere Zeit, ehe das Gewicht constant wird, und es ist deshalb zweckmäfsig, zum Trocknen eine Temperatur von etwas über 100° anzuwenden, was ohne Gefahr geschehen kann, da das bei 100° vollkommen getrocknete Salz beim Erhitzen bis 110° keinen Gewichtsverlust erleidet.

Man kann auch, was aber weniger zu empfehlen ist, die gefällte arseniksaure Ammoniak-Magnesia auf ein über Schwefelsäure getrocknetes und gewogenes Filtrum sammeln und dann so lange über Schwefelsäure stehen lassen, bis das Gewicht sich nicht mehr ändert. Sie behält dabei ihren ganzen Wassergehalt, und hat dann die Zusammensetzung $2MgO + NH^4O + AsO^5 + 12HO$. Das langwierige Trocknen wird etwas beschleunigt, wenn es über Schwefelsäure unter der Luftpumpe geschieht, wobei ebenfalls der ganze Wassergehalt im Salze bleibt.

Levol hatte vorgeschlagen, den Niederschlag zu glühen, wodurch er seinen Gehalt an Wasser und an Ammoniak verliert, und sich in arseniksaure Magnesia, $2MgO + AsO^3$, verwandelt. In der That, wenn man den gut getrockneten Niederschlag während mehrerer Stunden einer sehr langsam von 100° bis 400° gesteigerten Temperatur aussetzt, und ihn dann allmälig vom dunkeln bis zum hellen Rothglühen erhitzt, so kann man es dahin bringen, dafs beim Erhitzen das Ammoniak sich verflüchtigt und kein Arsenik reducirt und verflüchtigt wird. Man erhält dann genau die berechnete Menge von reiner arseniksaurer Magnesia ($2MgO + AsO^3$). Wenn man indessen den getrockneten Niederschlag gleich anfangs stärker erhitzt, so wird durch das Ammoniak Arsenik reducirt und verflüchtigt, und man kann einen bedeutenden Verlust erhalten. Durch schnelles gelindes Erhitzen bis zum Rothglühen erhält man gewöhnlich nie mehr als 96 Proc., gewöhnlich nur 95 und 93, und bei gleich anfangs starkem Glühen nur 88 Proc. des Arseniks, das in dem Magnesiasalze enthalten war. — Das Glühen darf nicht in einem Platintiegel, sondern mufs in einem Porcellantiegel bewerkstelligt werden, weil ersterer durch reducirtes Arsenik stark angegriffen wird.

Abscheidung und Bestimmung des Arseniks als Schwefelarsenik. — Durch Schwefelwasserstoffgas kann man das Arsenik, es mag als Arseniksäure oder als arsenichte Säure vorhanden sein, aus sauren Lösungen vollständig abscheiden und von den Substanzen trennen, welche durch Schwefelwasserstoffgas aus saurer Lösung nicht gefällt werden. Enthält eine Auflösung das Arsenik als arsenichte Säure, so macht man sie durch Chlorwasserstoffsäure oder Schwefelsäure sauer, und leitet dann Schwefelwasserstoffgas hindurch, bis sie stark darnach riecht. Das Zusetzen von Chlorwasserstoffsäure oder Schwefelsäure ist nothwendig, weil aus einer Auflösung der arsenichten Säure in Wasser durch Schwefelwasserstoffgas nicht alles Arsenik gefällt wird. Das überschüssige Schwefelwasserstoffgas entfernt man durch längeres mäfsiges Erwärmen, während dessen man zweckmäfsig Kohlensäuregas durch die Flüssigkeit leitet, um das Entweichen des Schwefelwasserstoffgases zu befördern. Es werden auf diese Weise die letzten Spuren von Schwefelarsenik, die in einer mit Schwefelwasserstoff gesättigten Flüssigkeit aufgelöst bleiben, vollständig niedergeschlagen.

Enthielt die Auflösung neben der arsenichten Säure keine Verbindung, welche Schwefelwasserstoff zersetzt, wie z. B. Eisenoxyd, so ist der Niederschlag reines Schwefelarsenik von der Zusammensetzung AsS^3; man bringt ihn auf ein bei 100° getrocknetes und gewogenes Filtrum und wägt ihn nach dem Trocknen bei 100°.

Wenn man aus einer Flüssigkeit arsenichte Säure durch Schwefelwasserstoffgas als Schwefelarsenik gefällt, und dasselbe gewogen hat, so hat man häufig die kleine Menge des eingemengten Schwefels vom Schwefelarsenik durch Behandlung mit Ammoniak getrennt, wodurch das Schwefelarsenik aufgelöst wird, der Schwefel aber ungelöst zurückbleibt und seiner Menge nach bestimmt werden kann. Es bleibt indessen nicht die ganze Menge desselben vollständig zurück, sondern ein Theil wird durch die Auflösung des Schwefelarseniks in Ammoniak aufgelöst.

In den meisten Fällen ist es aber anzurathen, in dem erhaltenen Niederschlag das Arsenik zu bestimmen, da sich schon aus Schwefelwasserstoffwasser leicht etwas Schwefel abscheidet. Zu diesem Zwecke bringt man das Schwefelarsenik, welches man dann auf kein gewogenes Filtrum zu bringen braucht, gleich nach dem Filtriren und Auswaschen in ein Becherglas. Wenn man den Trichter mit dem Filtrum in geneigter Lage über das Becherglas hält, so läfst sich der Niederschlag mit Hülfe einer Spritzflasche und einer weichen Federfahne fast vollständig vom Filtrum abwaschen. Den Trichter stellt man jetzt wieder über das Becherglas, und wäscht das Filtrum, wie auch die Federfahne, mit etwas stark verdünntem und erwärmtem Natronhydrat aus, wodurch das noch anhaftende Schwefelarsenik leicht gelöst wird.

Durch Zusatz von mehr Natronhydrat bringt man nun alles Schwefelarsenik in dem Becherglase in Auflösung, erhitzt bis zum Kochen, und leitet durch die siedend heifse Lösung so lange Chlorgas, bis sie Lackmuspapier bleicht. Es erfolgt dadurch eine vollständige Oxydation des Schwefels zu Schwefelsäure und des Arseniks zu Arseniksäure. Eine Ausscheidung von Schwefel findet dabei nur statt, wenn die Auflösung während des Durchleitens des Chlorgases nicht heifs genug ist, oder wenn man gar zu wenig Natronhydrat angewendet hat. — Aus der Auflösung wird die Arseniksäure auf die S. 388 angegebene Weise als arseniksaure Ammoniak-Magnesia ausgeschieden.

Die Oxydation des Schwefelarseniks kann auch auf andere Weise bewirkt werden. Man bringt den Niederschlag gleich nach dem Auswaschen auf die oben angegebene Weise in eine nicht zu kleine Porcellanschale und trocknet ihn auf dem Wasserbade ein. Sodann bedeckt man die Schale mit einem passenden Uhrglase und bringt, anfangs in kleinen Portionen, eine nicht zu geringe Menge rauchender Salpetersäure hinein. Man mufs hierbei sehr vorsichtig sein, weil sonst, besonders wenn die Porcellanschale klein ist, leicht durch die anfangs sehr heftige Reaction der Salpetersäure ein Verlust entstehen kann. Wenn die Einwirkung nachgelassen hat, erwärmt man gelinde auf einem Wasserbade, bis sich Alles gelöst hat, nimmt dann das Uhrglas fort und verdampft die Salpetersäure fast vollständig. Das am Filtrum festsitzende Schwefelarsen löst man durch etwas Ammoniak auf, verdampft diese Lösung in einer kleinen Porcellanschale, behandelt den Rückstand mit etwas rauchender Salpetersäure und vereinigt diese Lösung mit der vorigen.

Statt der rauchenden Salpetersäure kann man auch Chlorwasserstoffsäure und chlorsaures Kali anwenden. Man übergiefst das noch feuchte Schwefelarsenik, welches man auf die oben angegebene Weise vom Filtrum genommen hat, in einer Porcellanschale mit concentrirter Chlorwasserstoffsäure und fügt nach und nach chlorsaures Kali hinzu, während man auf einem Wasserbade gelinde erwärmt. Wenn sich Alles aufgelöst hat, oder wenn der ausgeschiedene Schwefel sich zusammengeballt hat, was häufig geschieht, so dampft man bis fast zur Trocknifs ein, um die überschüssige Chlorwasserstoffsäure zu verjagen. — Aus den durch Salpetersäure oder durch Chlorwasserstoffsäure und chlorsaures Kali erhaltenen Lösungen fällt man auf die angegebene Weise arseniksaure Ammoniak-Magnesia.

Wenn sich bei der Oxydation des Schwefelarseniks etwas Schwefel ausgeschieden haben sollte, so thut man gut, diesen durch Erwärmen mit rauchender Salpetersäure oder durch Schmelzen mit kohlensaurem Kali-Natron, dem man etwas Salpeter zugesetzt hat, zu oxydiren, und aus der Lösung noch etwa vorhandene Arseniksäure als arseniksaure Ammoniak-Magnesia zu fällen.

Wenn man Schwefelarsenik auf einem gewogenen Filtrum gesammelt und nach dem Trocknen bei 100° gewogen hat, so kann man auch den Schwefelgehalt desselben bestimmen und das Arsenik aus dem Verlust berechnen. Man oxydirt den Niederschlag, so viel als sich ohne Reiben vom Filtrum trennen läfst, auf eine der beschriebenen Weisen zu Arseniksäure und Schwefelsäure, und fällt die letztere aus der sauren Lösung durch Chlorbaryum. Am besten bewirkt man zu diesem Zweck die Oxydation durch rauchende Salpetersäure, und entfernt den Ueberschufs derselben durch wiederholtes Eindampfen unter Zusatz von Chlorwasserstoffsäure, bevor man die Schwefelsäure fällt. Das Filtrum mit dem noch anhaftenden Schwefelarsenik wird nach abermaligem Trocknen bei 100° gewogen, um aus dem Gewichtsverlust die Menge des zur Schwefelbestimmung angewendeten Schwefelarseniks zu erfahren.

Ist das Arsenik als Arseniksäure vorhanden, so geht die Fällung von Schwefelarsenik aus der sauer gemachten Auflösung durch Schwefelwasserstoffgas sehr langsam vor sich, und die Flüssigkeit kann noch bedeutende Mengen von Arseniksäure enthalten, wenn sie auch mit Schwefelwasserstoffgas gesättigt ist. Durch mäfsiges Erwärmen wird aber die Fällung des Schwefelarseniks beschleunigt, und man thut deshalb gut, die Auflösung während des Durchleitens des Schwefelwasserstoffgases zu erwärmen. Wenn die Flüssigkeit stark nach Schwefelwasserstoffgas riecht und sich das Schwefelarsenik gut absetzt, so dafs die Lösung ganz klar wird, so vertreibt man den überschüssigen Schwefelwasserstoff, wie bei der Fällung der arsenichten Säure angegeben ist, und filtrirt den Niederschlag. Die filtrirte Flüssigkeit mufs man aber noch mit vielem Schwefelwasserstoffwasser versetzen und noch einige Zeit warm stellen, um zu sehen, ob sich noch Schwefelarsenik ausscheidet. Der erhaltene Niederschlag ist keine eigene Schwefelungsstufe des Areniks, sondern ein Gemenge von AsS^3 und $2S$.

Aus dem Gewichte des bei 100° getrockneten Niederschlages die Menge des Areniks zu berechnen, ist nicht anzurathen, da derselbe viel beigemengten Schwefel enthalten kann, der sich aus dem Schwefelwasserstoffgas ausgeschieden hat, das so lange durch die Lösung hat geleitet werden müssen.

War nun überdies Königswasser oder Salpetersäure in der Flüssigkeit, wie dies der Fall ist, wenn man Arsenikverbindungen durch diese Säuren oxydirt hat, so wird dadurch die Menge des sich ausscheidenden Schwefels vermehrt, so dafs sie oft einige Procent betragen kann. Es ist daher nothwendig, das erhaltene Schwefelarsenik zu untersuchen. Dies geschieht ganz auf dieselbe Weise, wie die Untersuchung desjenigen Schwefelareniks, das durch Schwefelwasserstoffgas aus Auflösungen der arsenichten Säure gefällt ist.

Da es so schwierig ist, die Areniksäure ganz vollständig durch Schwefelwasserstoffgas als Schwefelarsenik zu fällen, so thut man immer gut, nach Wöhler's Vorschlag, vor der Fällung mit Schwefelwasserstoffgas die Areniksäure in arsenichte Säure zu verwandeln, weil diese sich bei weitem leichter und vollständiger als Schwefelarsenik fällen läfst. Zu dem Ende erwärmt man vorsichtig die Areniksäure enthaltende Flüssigkeit, während man nach und nach in kleinen Antheilen eine wässerige Auflösung von schweflichter Säure hinzufügt. Man mufs darauf so lange erhitzen, bis kein Geruch nach schweflichter Säure mehr wahrzunehmen ist. Man kann auch die Auflösung eines schweflichtsauren Alkalis auf gleiche Weise anwenden, nur mufs dann zugleich immer so viel Chlorwasserstoffsäure, dafs das Salz vollständig zersetzt werden kann, hinzugefügt werden, wenn nicht etwa viel von dieser Säure in der arsenikalischen Flüssigkeit enthalten ist. — Nach der Verwandlung der Areniksäure in arsenichte Säure wird letztere durch Schwefelwasserstoffgas gefällt.

Statt der schweflichten Säure oder eines schweflichtsauren Alkalis kann man zur Zersetzung der Areniksäure eine Lösung von unterschweflichtsaurem Natron unter Zusetzen von Chlorwasserstoffsäure anwenden. Beim Erhitzen wird dadurch schon Schwefelarsenik gefällt; man fügt dann noch etwas Schwefelwasserstoffwasser hinzu, um die etwa noch gelöste arsenichte Säure zu fällen. Es ist indessen zu bemerken, dafs das gefällte Schwefelarsenik die Verbindung As S³ ist, die oft noch mit vielem Schwefel gemengt sein kann. Der Niederschlag ist also schwerer durch chlorsaures Kali und Chlorwasserstoffsäure vollständig zu oxydiren, als das Schwefelarsenik As S³.

Aus einer Auflösung von Arsenik in Schwefelammonium kann durch Uebersättigen mit Chlorwasserstoffsäure Schwefelarsenik gefällt werden. Es ist aber anzurathen, die sauer gemachte Lösung noch längere Zeit mit Schwefelwasserstoff zu erwärmen, wie eine arseniksäurehaltige Lösung, aus welcher durch Schwefelwasserstoffgas Schwefelarsenik gefällt werden soll (S. 392). Das Schwefelarsenik enthält beigemengten Schwefel und wird zur Bestimmung des Arseniks so behandelt, wie oben angegeben ist.

Verjagt man gleich nach dem Zusatz der Säure das Schwefelwasserstoffgas durch Erhitzen, so ist in der filtrirten Flüssigkeit gewöhnlich noch Arsenik enthalten. Dies ist besonders der Fall, wenn Arseniksäure in Schwefelammonium aufgelöst ist, weil die Arseniksäure dadurch bei gewöhnlicher Temperatur nur sehr langsam in Schwefelarsenik übergeführt wird. Durch Erhitzen wird diese Verwandlung beschleunigt, ist aber doch erst nach mehreren Stunden beendet.

Bestimmung der arsenichten Säure durch Goldchlorid. — Ist in einer Auflösung nur arsenichte Säure, nicht Arseniksäure, enthalten, so kann die Menge derselben sehr genau durch eine Goldauflösung bestimmt werden. Man wendet aber nicht eine Auflösung von Goldchlorid an, sondern die von Goldchloridnatrium oder -ammonium. Die Auflösung darf keine Salpetersäure enthalten; ein selbst grofser Ueberschufs von Chlorwasserstoffsäure ist aber weniger von Nachtheil. Hat man eine feste Verbindung zu untersuchen, die arsenichte Säure enthält, so wird diese in Chlorwasserstoffsäure aufgelöst, und dann die Goldauflösung hinzugefügt. Man läfst das Ganze mehrere Tage hindurch stehen, sehr verdünnte Auflösungen an einem sehr mäfsig erwärmten Ort. Man hat hierbei nicht mit den Schwierigkeiten zu kämpfen, wie bei der Bestimmung der antimonichten Säure, wo durch die Ausscheidung der Antimonsäure leicht eine Ungenauigkeit im Resultat stattfinden kann (S. 298). — Das reducirte Gold setzt sich sehr langsam an die Wände des Becherglases an, und ist bisweilen schwer von denselben mechanisch abzunehmen, wenn sie nicht sehr glatt, sondern durch einen längeren Gebrauch etwas rauh geworden sind. Es versteht sich, dafs zu dem Versuche ein Ueberschufs der Goldauflösung angewandt und das Ganze während der langsamen Reduction sorgfältig bedeckt und gegen den Staub gut geschützt werden mufs, damit durch letzteren nicht schon eine Reduction des Goldes bewirkt wird. — Es ist anzurathen, die vom reducirten Golde abfiltrirte Flüssigkeit noch einige Zeit aufzubewahren; denn da die Aus-

scheidung des Goldes sehr langsam geschieht, so reducirt sich oft in der filtrirten Flüssigkeit noch eine geringe Menge desselben, welche bestimmt werden muſs.

Aus der Menge des reducirten Goldes wird die Menge der arsenichten Säure, die hierbei zu Arseniksäure oxydirt worden ist, berechnet. Diese Methode hat genaue Resultate gegeben; es ist jedoch wahrscheinlich, daſs, wenn die Goldchloridlösung sehr viel alkalisches Chlormetall enthält, die Resultate weniger genau ausfallen werden.

Maaſsanalytische Bestimmung der arsenichten Säure. — Man macht die Auflösung der arsenichten Säure, wenn sie alkalisch ist, schwach sauer, setzt saures kohlensaures Natron hinzu bis zur alkalischen Reaction, und darauf, nach Zusatz von Stärkekleister, so lange von einer Auflösung von Jod in Jodkalium, deren Gehalt an freiem Jod man kennt, bis die Lösung blau wird. Die arsenichte Säure ist dann vollständig in Arseniksäure übergeführt, und aus der dazu verbrauchten Menge Jod läſst sich die Menge der arsenichten Säure berechnen. Diese Methode giebt genaue Resultate und ist der vermittelst Goldchlorid vorzuziehen.

Weniger empfehlenswerth als die schon beschriebenen Methoden, die arsenichte Säure und die Arseniksäure ihrer Menge nach zu bestimmen, ist eine ältere, auch noch jetzt zuweilen angewandte, nach welcher man die Arseniksäure durch Auflösungen von essigsaurem oder salpetersaurem Bleioxyd als arseniksaures Bleioxyd fällt, das nach dem Trocknen in einem Porcellantiegel ohne Filtrum schwach geglüht, und dann gewogen werden muſs. Dasselbe ist in Salpetersäure auflöslich; die Auflösung muſs daher, wenn sie sauer ist, durch ein Alkali neutralisirt werden. Da hingegen in Essigsäure das arseniksaure Bleioxyd nicht auflöslich ist, so kann selbst die freie Arseniksäure, ohne neutralisirt zu sein, durch eine Auflösung von essigsaurem Bleioxyd ganz gefällt werden. Man muſs aber, da man nicht mit Gewiſsheit wissen kann, welche Verbindung der Arseniksäure mit dem Bleioxyd gefällt worden ist, die Menge des Bleioxyds in dem gewogenen arseniksauren Bleioxyd bestimmen, was auf eine Weise leicht geschieht, die weiter unten beschrieben werden wird.

Ist aber Chlorwasserstoffsäure in der arseniksäurehaltigen Flüssigkeit vorhanden, so kann die Fällung durch eine Bleioxydauflösung nicht stattfinden. Es bilden sich alsdann Doppelsalze von arseniksaurem Bleioxyd und Chlorblei, welche durch Behandlung selbst mit sehr vielem Wasser nicht zersetzt werden können.

Bestimmung der Arseniksäure vermittelst Eisens. — Berthier hat eine Methode angegeben, die Arseniksäure ihrer Menge nach zu bestimmen, und zwar in Flüssigkeiten, die nicht nur Salpetersäure und Chlorwasserstoffsäure, sondern auch Schwefelsäure, und selbst auch Alkalien enthalten können. Man löst eine genau gewogene Menge von reinem metallischem Eisen (Klaviersaitendraht) in der Wärme in Salpetersäure auf, mischt diese Auflösung des Eisenoxyds zu der Flüssigkeit, in welcher die Arseniksäure bestimmt werden soll, und fällt das Ganze durch ein Uebermaafs von Ammoniak. War die Menge des hinzugesetzten Eisenoxyds so grofs, dafs dieses mit der Arseniksäure ein sehr basisches Salz bilden kann, so wird alle Arseniksäure gefällt, da das zwei-drittel arseniksaure Eisenoxyd von Ammoniak weder aufgelöst noch zersetzt wird. Der Niederschlag ist sehr schleimig und schwer auszuwaschen; wenn man indessen einen grofsen Ueberschufs von Eisenoxyd angewandt hat, so wird zwar das Volumen des Niederschlags vermehrt, allein das Auswaschen wird erleichtert, weil der Niederschlag in demselben Verhältnisse weniger schleimig wird. Nach dem Trocknen wird der Niederschlag geglüht. Hiebei mufs man im Anfange eine sehr gelinde Hitze anwenden; denn er enthält etwas Ammoniak, welches dadurch ausgetrieben wird. Wenn dies nicht geschieht, so kann durch eine zu plötzliche Hitze durch das Ammoniak ein Theil der Arseniksäure zu arsenichter Säure und zu metallischem Arsenik reducirt werden und verloren gehen, was übrigens auch bei gröfster Vorsicht stattzufinden scheint. Wenn in der Flüssigkeit Schwefelsäure enthalten war, so ist es anzurathen, den Niederschlag nach dem ersten Glühen und Wägen noch einmal zu glühen, um zu sehen, ob er dadurch nichts mehr an Gewicht verliert, weil es möglich ist, dafs bei einem zu kurze Zeit anhaltenden Glühen nicht alle Schwefelsäure vollkommen verjagt worden wäre, worauf man um so mehr aufmerksam sein mufs, da man, um die Schwefelsäure zu vertreiben, beim Glühen nicht kohlensaures Ammoniak anwenden darf.

Aus dem Gewichte des erhaltenen geglühten Niederschlags findet man die Menge der in der Auflösung enthalten gewesenen Arseniksäure; denn was derselbe mehr wiegt, als das darin enthaltene Eisenoxyd, besteht aus Arseniksäure. Da die Menge des aufgelösten Eisens bekannt ist, so ist es auch die des Eisenoxyds; doch ist hierbei zu bemerken, dafs jedes geschmeidige Eisen noch eine geringe Menge Kohle enthält. Der Kohlegehalt des Klaviersaitendrahts beträgt ungefähr ein viertel Procent.

Diese Methode darf man aber nicht anwenden, wenn in der arseniksäurehaltigen Flüssigkeit Metalloxyde enthalten sind, auch wenn diese von einem Ueberschusse von Ammoniak nicht gefällt werden. Ebenso darf keine Kalkerde, Strontianerde oder Baryterde in der Flüssigkeit enthalten sein. Von den feuerbeständigen Bestandtheilen sind es fast nur die Alkalien, deren Gegenwart nicht nachtheilig wirkt.

Es ist nothwendig, keine zu geringe Menge von Eisenoxyd zu der Flüssigkeit zu setzen, da das neutrale arseniksaure Eisenoxyd vom

Ammoniak aufgelöst wird. Ein grofser Ueberschufs von Eisenoxyd hingegen ist, wie schon oben bemerkt wurde, vortheilhaft. Auf zwei Theile Arseniksäure, die man in der Flüssigkeit vermuthet, kann man einen Theil Eisen anwenden.

Durch diese Methode kann auch die Menge der arsenichten Säure bestimmt werden, nachdem dieselbe vermittelst Königswasser in Arseniksäure verwandelt ist.

Die Methode von Berthier hat den Nachtheil, dafs die Mengung des basisch arseniksauren Eisenoxyds mit überschüssigem Eisenoxyd beim Glühen, auch wenn dies mit Vorsicht geschieht, Arsenik verlieren kann, wenn noch Spuren von Ammoniak und ammoniakalischen Salzen in derselben enthalten sind, und dafs sie oft nicht vollkommen ausgewaschen werden kann; denn beim letzten Auswaschen löst sich in dem Waschwasser oft etwas arseniksaures Eisenoxyd auf und färbt dasselbe schwach röthlich, was auch nicht dadurch zu vermeiden ist, dafs man zu dem Waschwasser etwas Ammoniak setzt.

v. Kobell hat die Methode von Berthier auf eine Weise modificirt, wodurch sie auch dann anwendbar ist, wenn in der arseniksäurehaltigen Flüssigkeit viele Metalloxyde enthalten sind, und zwar solche, welche bei gewöhnlicher Temperatur durch kohlensaure Baryterde aus ihren Auflösungen nicht gefällt werden können. Man setzt zur Lösung der arseniksauren Verbindung, wie bei der Berthier'schen Methode, eine gehörige Menge von salpetersaurer Eisenoxydlösung, deren Eisengehalt man kennt, fällt das Ganze nicht mit Ammoniak, sondern durch einen Ueberschufs von kohlensaurer Baryterde, wobei alle Erwärmung vermieden werden mufs. Es wird die Arseniksäure vollständig mit dem Eisenoxyd ausgefällt, und nichts von den übrigen Metalloxyden mit niedergeschlagen. Die Fällung kann vollständig durch kaltes Wasser ausgewaschen werden, ohne dafs etwas vom Niederschlage sich im Waschwasser auflöst. Waren die zu analysirenden Verbindungen ganz eisenfrei, so wird der ausgewaschene und gelinde geglühte Niederschlag gewogen; man löst ihn darauf in Chlorwasserstoffsäure auf, und fällt aus der Auflösung die Baryterde vermittelst verdünnter Schwefelsäure. Aus der Menge der erhaltenen schwefelsauren, berechnet man die der kohlensauren Baryterde und zieht diese von dem Gewichte des ersten Niederschlags ab.

v. Kobell räth, um den Niederschlag, der durch die kohlensaure Baryterde hervorgebracht wird, nicht unnützer Weise zu voluminös zu machen, in den Fällen, wo es mehr auf eine Scheidung der Arseniksäure von Metalloxyden, als auf eine quantitative Bestimmung der Säure ankommt, die arseniksaure Verbindung mit einer Auflösung von Kalihydrat zu behandeln, um den gröfsten Theil der Arseniksäure auszuziehen. Es kann dies natürlich nur dann geschehen, wenn die Metalloxyde in Kalilösung unlöslich sind. Der unlösliche Rückstand wird in Chlorwasserstoffsäure gelöst; es wird nun eine weit geringere Menge von Eisenoxydauflösung erfordert, um die Abscheidung der noch darin enthaltenen Arseniksäure zu bewirken.

Bestimmung der Arseniksäure vermittelst Uranoxyd. — Man hat von Zeit zu Zeit noch andere Methoden vorgeschlagen, die Arseniksäure zu fällen, von denen ich indessen hier nur noch die von Werther erwähnen will. Sie besteht darin, die Auflösung der Arseniksäure mit einer Auflösung von Kalihydrat im Ueberschufs zu versetzen, darauf mit Essigsäure zu übersättigen, wodurch eine klare Lösung entstehen mufs, und sodann eine Auflösung von essigsaurem Uranoxyd hinzuzufügen. Es fällt dann stets eine bestimmte Verbindung der Arseniksäure mit Uranoxyd heraus, die in Wasser, in Essigsäure und in Salzauflösungen, namentlich in einer Salmiaklösung, unlöslich ist. Man mufs die Arseniksäure mit der Kalilösung, vor der Uebersättigung mit Essigsäure, kochen. Wenn man die Arseniksäure mit einem Ueberschufs von essigsaurer Uranoxydauflösung gefällt hat, so ist indessen das gefällte arseniksaure Uranoxyd so fein vertheilt, dafs es, sobald man es auszuwaschen anfängt, milchicht durch das Filtrum geht. Dieser Uebelstand läfst sich dadurch beseitigen, dafs man zum Auswaschen sich einer verdünnten Auflösung von Chlorammonium bedient, und das Chlorammonium durch mit Alkohol vermischtes Wasser (1 Vol. Alkohol mit 8 bis 9 Vol. Wasser) auswäscht. Der Niederschlag wird bei gelinder Wärme (im Wasserbade) vollkommen getrocknet, sorgfältig vom Filtrum genommen, das Filtrum für sich verbrannt, und der Niederschlag im Porcellantiegel längere Zeit einer schwachen Glühhitze, welche aber die Rothglühhitze nicht erreichen darf, ausgesetzt. Es bleibt wasserfreies arseniksaures Uranoxyd ($2U^2O^3 + AsO^5$) zurück, aus dessen Gewicht man das der Arseniksäure berechnet.

Bei Anwendung dieser Methode sind aber mehrere Umstände zu berücksichtigen. Es darf kein Ammoniaksalz in der zu fällenden Lösung enthalten sein, weil sonst in dem arseniksauren Uranoxyd Ammoniak enthalten ist, durch welches beim Erhitzen des Niederschlags schon bei nicht zu hoher Temperatur durch Reduction arsenichte Säure entweicht. Es dürfen ferner keine alkalische Erden vorhanden sein, indem diese zum Theil mit gefällt werden. Es mufs, wie schon oben erwähnt, das zu untersuchende arseniksaure Salz in Essigsäure löslich sein. Die Bestimmung der Arseniksäure nach dieser Methode beschränkt sich daher nur auf die Fälle, dafs entweder reine Arseniksäure, oder arseniksaure Alkalien in der zu untersuchenden Flüssigkeit enthalten sind. Aber auch wenn letztere als saure Salze vorhanden sind, mufs die Auflösung mit Kalilösung übersättigt und gekocht werden.

Wenn auch diese Methode vielleicht der von Berthier deshalb vorzuziehen sein sollte, weil sie einfacher ist, so steht sie doch in allen Fällen der nach, die Arseniksäure als arseniksaure Ammoniak-Magnesia zu fällen, welche unstreitig, wenn man die oben angegebenen Vorsichtsmaafsregeln beobachtet, die beste und bequemste bleibt, zumal da sie, auch bei Gegenwart von Säuren und Basen mannigfaltiger Art, angewandt werden kann.

Trennung des Arseniks vom Chrom, Titan, Uran, Nickel, Kobalt, Zink, Eisen, Mangan und von den Erden. — Die Trennung der arsenichten Säure von diesen Substanzen, die durch Schwefelwasserstoffgas nicht gefällt werden können, geschieht gewöhnlich durch dieses Gas. Bei der Fällung des Schwefelarseniks verfährt man so, wie S. 390 angegeben ist.

Die Arseniksäure kann von den genannten Metalloxyden auf gleiche Weise geschieden werden, nachdem man sie vorher nach der oben S. 393 beschriebenen Methode vermittelst schweflichter Säure in arsenichte Säure verwandelt hat. Es ist diese Verwandlung der Arseniksäure in arsenichte Säure nicht zu unterlassen, da oft die Arseniksäure von den genannten Metalloxyden selbst aus sehr sauren Auflösungen gar nicht durch Schwefelwasserstoffgas geschieden werden kann, was z. B., nach Wöhler, der Fall ist, wenn Zinkoxyd und Arseniksäure in einer sauren Lösung enthalten sind. Durch Schwefelwasserstoffgas wird dann der ganze Zinkgehalt bei hinreichend vorhandener Arseniksäure als ein gelbes Pulver gefällt.

Ist das Arsenik in regulinischem Zustande mit den oben genannten Metallen verbunden, so wird die Legirung am besten in gepulvertem Zustande in Salpetersäure oder in Königswasser aufgelöst. Besser noch ist es, die gepulverte Verbindung mit Chlorwasserstoffsäure und chlorsaurem Kali zu behandeln, weil man nach der Entfernung des freien Chlors die gebildete Arseniksäure leichter durch schweflichte Säure reduciren kann, als wenn die Auflösung Salpetersäure enthält. Hat man eine arsenikhaltige Legirung in der Hitze in Salpetersäure aufgelöst, so thut man gut daran, die Auflösung, wenn sie noch heifs ist, mit Wasser zu verdünnen, weil sonst beim Erkalten leicht arsenichte Säure herauskrystallisirt. Ueberhaupt hat die Anwendung der Salpetersäure den Nachtheil, dafs sie zu wenig arsenichte Säure auflöst, und wenn daher in der metallischen Verbindung sehr viel Arsenik enthalten ist, so krystallisirt, ehe die ganze Menge derselben zersetzt worden, arsenichte Säure in der Flüssigkeit, und bedeckt den nicht zersetzten Theil, der dadurch gegen die Einwirkung der Säure geschützt wird.

Wenn Arsenik mit Metallen verbunden ist, welche in sauren Auflösungen durch Schwefelwasserstoffgas nicht als Schwefelmetalle gefällt werden, wie mit Eisen, Nickel, Kobalt, Zink und Mangan, und wenn die Verbindung zugleich Spuren von Kupfer, Wismuth, oder von einem andern Metalle enthält, das, wie Arsenik selbst, aus der sauren Auflösung durch Schwefelwasserstoffgas als Schwefelmetall niedergeschlagen werden kann, so ist es am besten, durch die mit Wasser verdünnte saure Auflösung der Arsenikverbindung, ohne die Arseniksäure vorher zu arsenichter Säure zu reduciren, während einer sehr kurzen Zeit Schwefelwasserstoffgas hindurchzuleiten, oder zu derselben etwas Schwefelwasserstoffwasser hinzuzusetzen; es fällt dadurch die geringe Menge von Schwefelkupfer, Schwefelwismuth u. s. w. mit etwas Schwefelarsenik verbunden, nieder. Man filtrirt diese, behandelt sie sogleich mit dem Filtrum mit Königswasser oder mit Salpetersäure, wodurch sie sich auflösen, und wobei etwas Schwefel abgeschieden werden kann, übersättigt die Auflösung mit Ammoniak, und setzt dann Schwefelammonium hinzu. Schwefelkupfer, Schwefelwismuth u. s. w. bleiben dabei ungelöst, während Schwefelarsenik aufgelöst wird. Diese Auflösung kann man zu der sauren Auflösung setzen, und dann alles Arsenik als Schwefelarsenik fällen.

Ehemals hat man sogar Kupferoxyd, Wismuthoxyd und ähnliche Oxyde von der Arseniksäure auf die Weise quantitativ geschieden, dafs man durch die sauer gemachte Auflösung Schwefelwasserstoffgas leitete, und die gefällten Schwefelmetalle schnell, nachdem sie sich gebildet hatten, filtrirte. Diese Methode konnte in der That ein annäherndes Resultat geben, aber nur wenn Arseniksäure, nicht aber, wenn arsenichte Säure in der Auflösung enthalten war.

Die Trennung der Arseniksäure von den meisten der genannten Oxyde, und selbst von den Erden, wenigstens von den alkalischen, kann sehr gut auf die Weise geschehen, dafs man die Verbindung in gepulvertem Zustande mit drei Theilen von trockenem kohlensaurem Natron mengt und das Gemenge schmelzt. Die Arseniksäure verbindet sich dann gänzlich mit dem Natron, während das Metalloxyd oder die alkalische Erde ausgeschieden wird, wenn dieselben nicht in dem Ueberschufs des kohlensauren Natrons auflöslich sind. Behandelt man die geschmolzene Masse mit Wasser, so löst dasselbe das arseniksaure und das überschüssige kohlensaure Natron auf, und das Metalloxyd und die alkalische Erde bleiben, letztere gewöhnlich in kohlensaurem Zustande, ungelöst zurück.

Durch die Methode kann in sehr vielen Fällen eine vollkommene Scheidung bewirkt werden, die durchaus nicht erfolgen würde, wenn man die Lösung der arseniksauren Metalloxyde in einer Säure mit einem Uebermaafs einer Lösung eines kohlensauren Alkalis fällte. Denn in diesem Falle enthält das gefällte Metalloxyd eine geringere oder gröfsere Menge von Arseniksäure, auch wenn das Ganze erhitzt oder gekocht wird. Auch selbst wenn man statt der Lösung des kohlensauren Alkalis eine Lösung von Kalihydrat anwenden wollte, so würde durch diese zwar dem Metalloxyde immer mehr Arseniksäure, aber doch nicht die ganze Menge derselben entrissen werden.

Manche der oben erwähnten Metalloxyde und Erden geben, in ihrer Verbindung mit Arseniksäure, mit kohlensaurem Natron eine sehr schwer schmelzbare Masse. Die vollständige Zersetzung erfolgt aber nur, wenn das Ganze in einem vollkommenen Flufs gewesen ist. Zu diesen gehört namentlich die arseniksaure Kalkerde. Wenn man aber statt des reinen kohlensauren Natrons kohlensaures Kali-Natron anwendet, welches bei weitem leichter schmelzbar ist, so erfolgt die Schmelzung, und dadurch auch die vollständige Zersetzung bei einer weit niedrigeren Temperatur.

Aber diese Methode ist wegen der Materie der Gefäfse, die man anzuwenden gezwungen ist, nicht gut ausführbar. Wendet man einen kleinen Porcellantiegel an, so wird aus demselben durch die Einwirkung des schmelzenden Alkalis zu viel Kieselsäure und Thonerde aufgenommen; die Glasur wird fast ganz aufgelöst. Nimmt man statt dessen einen Platintiegel, so wird das Platin durch die gemeinschaftliche Einwirkung des arseniksauren Alkalis und der Gase der Lampe so stark angegriffen, dafs es bisweilen durch das Glühen durchlöchert werden kann. Man vermindert zwar die Gefahr, den Platintiegel zu verderben, wenn man dem kohlensauren Alkali etwas salpetersaures Alkali beimengt, wodurch die Masse auch schmelzbarer wird, aber es ist in jedem Falle diese Methode nur anzuwenden, wenn sehr wenig Arseniksäure in der zu untersuchenden Verbindung enthalten ist.

Bei einigen wenigen arseniksauren Salzen kann man die Arseniksäure von den Basen trennen, wenn man sie im ungeglühten und fein zertheilten Zustande mit einer Lösung von Alkalihydrat kocht. Es gelingt dies besonders beim arseniksauren Kupferoxyd und beim arseniksauren Eisenoxyd; es gelingt aber nicht beim arseniksauren Manganoxydul, auch nicht beim arseniksauren Zinkoxyd, wenn letzteres mit einer Lösung von kohlensaurem Alkali gekocht wird, selbst auch dann nicht, wenn diese arseniksauren Salze wiederum in Chlorwasserstoffsäure gelöst, und mit einem Ueberschufs von Kalihydrat oder von kohlensaurem Alkali lange und anhaltend gekocht werden.

Vom Nickel, Kobalt und Mangan kann die Arseniksäure fast vollständig dadurch getrennt werden, dafs man die Verbindung in Chlorwassersäure auflöst, und die Auflösung nach Uebersättigung mit Kalihydrat unter Zusatz von Chlorwasser oder unterchlorichtsaurem Natron, oder während man Chlorgas durchleitet, längere Zeit kocht, wodurch die Superoxyde der genannten Metalle mit nur Spuren von Arseniksäure, welche sich durch nachheriges Auswaschen nicht entfernen läfst, abgeschieden werden. Bei Gegenwart von Mangan bildet sich auch Uebermangansäure, weshalb man in diesem Falle vor dem Filtriren die Lösung noch einige Zeit mit etwas Alkohol kochen mufs; es wird dadurch die Uebermangansäure vollständig zersetzt. Wendet man statt des Kalihydrats kohlensaures Natron an, so enthalten die ausgewaschenen Superoxyde etwas mehr Arseniksäure, aber doch immer nur eine sehr geringe Menge.

Die Verbindungen des metallischen Arseniks mit den Metallen der oben genannten Oxyde kann man auf eine für die Analyse vortheilhafte Weise zersetzen, wenn man eine gewogene Menge derselben in fein gepulvertem Zustande mit dem vier- bis fünffachen Gewichte eines Gemenges von kohlensaurem und salpetersaurem Alkali erst innig mengt, und dann schmelzt. Geschieht dies in einem Porcellantiegel, so wird derselbe angegriffen und die geschmolzene Masse verunreinigt; wenn die Menge des Arseniks in der Verbindung nur gering ist, so kann es in einem Platintiegel geschehen, auf dessen Boden man etwas kohlensaures Alkali gelegt hat. Das Schmelzen geschieht ohne Feuererscheinung, und unter mäfsigem Aufblähen der Masse. Nach dem Erkalten wird die geschmolzene Masse mit heifsem Wasser behandelt, wodurch arseniksaures Alkali aufgelöst wird, während das Oxyd des Metalls, welches mit dem Arsenik verbunden war, ungelöst zurückbleibt. Nach dem Auswaschen löst man das Metalloxyd, das gewöhnlich noch etwas Alkali enthält, in Chlorwasserstoffsäure auf, und bestimmt die Menge desselben nach Methoden, die im Vorhergehenden beschrieben sind. Das Arsenik wird in der Lösung des arseniksauren Alkalis durch ein Magnesiasalz auf die oben S. 388 angeführte Weise bestimmt. Wenn aber in der Verbindung die Menge des Arseniks bedeutend gewesen ist, so ist immer beim Schmelzen, auch wenn es mit aller Vorsicht ausgeführt ist, etwas Arsenik verflüchtigt worden, was man schon durch den knoblauchartigen Geruch bemerken kann, der während des Schmelzens entwickelt wird. In diesem Falle ist es daher besser, lieber eine andere Methode der Zerlegung anzuwenden, was um so mehr anzurathen ist, da mit der gröfseren Menge des Arseniks in der Verbindung die Gefahr steigt, den Platintiegel zu verderben.

In sehr vielen Fällen können die Verbindungen sowohl des Arseniks mit Metallen, als auch der Arseniksäure und der arsenichten Säure mit Metalloxyden nach einer besseren Methode, als die angeführten sind, zerlegt werden. Man mengt die fein geriebenen Verbindungen mit drei Theilen kohlensauren Natron und drei Theilen Schwefel, und schmelzt das Gemenge in einem gut bedeckten Porcellantiegel. Wenn der überschüssige Schwefel fortgedampft, und der Inhalt vollkommen geschmolzen ist, läfst man den Tiegel bei aufgelegtem Deckel vollständig erkalten, und behandelt dann die Masse mit Wasser, durch welches das alkalische Schwefelsalz des Arseniks sich vollständig auflöst, während die Schwefelverbindungen des mit dem Arsenik verbundeu gewesenen Metalls ungelöst zurückbleiben. Man hat bei Anwendung dieser Methode den grofsen Vortheil, dafs der Porcellantiegel hierbei gar nicht angegriffen wird. — Aus der Auflösung des alkalischen Schwefelsalzes kann das Schwefelarsenik durch eine verdünnte Säure gefällt werden, was aber, wie aus dem Vorhergehenden hervorgeht, mit Schwierigkeiten verknüpft ist. Es ist deshalb besser, die concentrirte alkalische Auflösung des Schwefelarseniks mit Chlorwasserstoffsäure zu übersättigen, zu der sauren Flüssigkeit, ohne das gefällte Schwefelarsenik abzufiltriren, nach und nach chlorsaures Kali hinzuzusetzen und das Ganze zu erwärmen. Wenn der Schwefel, der hierbei gewöhnlich ausgeschieden wird, sich zusammengeballt hat, so nimmt man ihn aus der Lösung und oxydirt ihn in einem Reagirglase durch längeres gelindes Erwärmen mit rauchender Salpetersäure. Man kann auch zu der Lösung des Schwefelarseniks in Schwefelnatrium Natronhydratlösung hinzufügen, sie bis fast zum Kochen erhitzen und Chlorgas hindurchleiten, um das Arsenik in Arseniksäure zu verwandeln. — Aus der Lösung wird darauf die Arseniksäure als arseniksaure Ammoniak-Magnesia gefällt.

Will man in den metallischen Verbindungen des Arseniks mit Metallen das Arsenik durch den Verlust bestimmen, so geschieht dies sehr vortheilhaft auf die Weise, dafs man dieselben in gepulvertem Zustande mit Schwefelpulver mengt und das Gemenge in einem Strome von Wasserstoffgas glüht. Das Arsenik wird vollständig als Schwefelarsenik verjagt, während das mit dem Arsenik verbundene Metall als Schwefelverbindung zurückbleibt. Diese Methode ist weiter unten ausführlich beschrieben.

Man kann die Arseniksäure von allen den Oxyden, welche aus ihren Auflösungen, wenn zu denselben Weinsteinsäure gesetzt ist, durch Alkalien nicht gefällt werden, auf folgende Weise trennen und ihrer Menge nach bestimmen: Man löst die arseniksaure Verbindung in einer Säure, am besten in Chlorwasserstoffsäure, auf, und setzt zu der Auflösung eine so grofse Menge von Weinsteinsäure, dafs durch nachherige Uebersättigung mit Ammoniak kein Niederschlag entsteht. Ein zu reiches Uebermaafs der Weinsteinsäure aber ist zu vermeiden. Man fällt dann aus der ammoniakalischen Lösung die Arseniksäure auf die S. 388 angegebene Weise als arseniksaure Ammoniak-Magnesia. Die Ausscheidung derselben findet um so rascher und um so vollständiger statt, je mehr freies Ammoniak und je mehr Alkohol die Lösung enthält; aber mit der Menge des freien Ammoniaks wächst auch die Gefahr, dafs sich Magnesia ausscheidet, und durch Zusatz einer zu grofsen Menge von Alkohol können auch andere Salze gefällt werden.

Den Niederschlag behandelt man so, wie S. 389 angegeben ist. Meistens ist aber anzurathen, ihn nach dem Filtriren und Auswaschen noch feucht in etwas Chlorwasserstoffsäure aufzulösen, und nach Zusatz von wenig Weinsteinsäure nochmals durch Ammoniak und Alkohol zu fällen. Dadurch wird er sowohl von etwa mit gefällter Magnesia als auch von geringen Mengen der vorhandenen Metalloxyde, welche den zuerst erhaltenen Niederschlag häufig etwas färben, vollständig gereinigt.

Die Bestimmung der Metalloxyde ist bei dieser Methode, wegen der Anwesenheit der Weinsteinsäure, mit Schwierigkeiten verknüpft. Lassen sich die Metalloxyde aus der ammoniakalischen Lösung durch Schwefelammonium als Schwefelmetalle fällen, so wählt man diese Methode, wobei aber immer zu berücksichtigen ist, dafs die gefällten Schwefelmetalle etwas Magnesia enthalten können. Will man die Metalloxyde frei von Weinsteinsäure erhalten, deren Gegenwart die richtige Bestimmung der Metalloxyde erschwert, und zum Theil verhindert, so mufs man die von der arseniksauren Ammoniak-Magnesia filtrirte Flüssigkeit abdampfen, und die trockene Masse an der Luft glühen, um die Weinsteinsäure zu zerstören. In dem geglühten Rückstande ist neben den Metalloxyden noch Magnesia enthalten, von welcher sie zu trennen sind.

Die Oxyde, von denen die Arseniksäure auf diese Weise getrennt werden kann, sind Kupferoxyd, Nickeloxyd, Kobaltoxyd, Cadmiumoxyd, die Oxyde des Eisens und Mangans, Uranoxyd, Chromoxyd (doch erfordert die Gegenwart der beiden letzteren eine grofse Menge von Weinsteinsäure, um durch Ammoniak unfällbar gemacht zu werden) und Thonerde.

Die Verbindungen des Arseniks mit den Metallen der genannten Oxyde können theils durch Königswasser, theils durch Chlorwasserstoffsäure und chlorsaures Kali oxydirt, und aus der Auflösung die Arseniksäure von den Metalloxyden nach der beschriebenen Methode getrennt werden.

Trennung der Arseniksäure von Basen vermittelst des salpetersauren Quecksilberoxyduls. — Man verfährt grade so, wie es später bei der Trennung der Phosphorsäure von Basen angegeben ist, sowohl wenn man die Lösung in Salpetersäure mit metallischem Quecksilber abdampft, als wenn man die neutralisirte Lösung mit einer Auflösung von salpetersaurem Quecksilberoxydul fällt, und es können auch alle die Basen auf diese Weise von der Arseniksäure getrennt werden, welche bei der Phosphorsäure angegeben sind. Die Menge der Arseniksäure läfst sich aber bei Anwendung dieser Methode nicht auf eine ähnliche Weise bestimmen, wie es weiter unten bei der Phosphorsäure gezeigt ist. Es ist nämlich nicht möglich, das Ungelöste mit kohlensaurem Natron zu glühen und zu schmelzen, um die ganze Menge der Arseniksäure an Natron gebunden zu erhalten, aus welcher Verbindung man die Säure nach der Auflösung in Wasser durch ein Magnesiasalz abscheiden könnte. Das Glühen dürfte auch nicht in einem Platintiegel vorgenommen werden, der dadurch heftig angegriffen werden würde. Eben so wird aber auch ein Porcellantiegel, wenn in ihm kohlensaures Alkali geschmolzen wird, angegriffen. Auf nassem Wege das unlösliche arseniksaure Quecksilberoxydul durch eine Lösung von kohlensaurem Natron oder Kali zu zersetzen, glückt nicht. Die Zersetzung geschieht nur, wenn man die Lösung des kohlensauren Alkalis mit dem arseniksauren Quecksilberoxydul erhitzt, wodurch zwar eine Zersetzung erfolgt, das Quecksilberoxydul aber zum Theil in Oxyd und in Metall sich zersetzt, und vom ersteren viel aufgelöst bleibt. Uebersättigt man die Lösung mit Chlorwasserstoffsäure, und darauf mit Ammoniak, so wird etwas Arseniksäure in Verbindung mit Quecksilberoxyd und Ammonium gefällt, so dafs man nicht die ganze Menge der Arseniksäure erhält, wenn man darauf dieselbe als arseniksaure Ammoniak-Magnesia fällt. Jedenfalls ist es etwas umständlich, die Arseniksäure so vollständig von dem Quecksilberoxydul zu trennen, dafs man sie leicht ihrer Menge nach bestimmen kann. Man mufs sich daher bei dieser Methode begnügen, die Arseniksäure aus dem Verluste zu finden, wenn man die Menge der Base mit Genauigkeit bestimmt hat.

Die Verbindungen der arsenichten Säure mit den genannten Metalloxyden können auf ähnliche Weise analysirt werden. Die arsenichte Säure verwandelt sich in ihnen durch die Behandlung mit Salpetersäure und durch das Abdampfen im Wasserbade bis zur Trocknifs in Arseniksäure, und wird durch das Quecksilberoxydul vollständig von der Base getrennt.

Weniger genaue Resultate giebt eine ältere Methode, die Auflösung der arseniksauren Salze in Salpetersäure mit einer Auflösung von salpetersaurem Bleioxyd bis zur Trocknifs abzudampfen, und die trockene Masse mit Wasser zu behandeln, wobei arseniksaures Bleioxyd ungelöst zurückbleibt. Nicht immer hat der Rückstand die Zusammensetzung: $2PbO + AsO^3$, so dafs man denselben noch weiter untersuchen mufs.

Löst sich die Verbindung in Essigsäure auf, so kann auch die Fällung des arseniksauren Bleioxyds durch eine Auflösung von essigsaurem Bleioxyd stattfinden, ohne dafs man abzudampfen braucht. Aber auch von dieser Methode gilt das eben Gesagte.

Chlorwasserstoffsäure darf in beiden Fällen nicht vorhanden sein (S. 395).

Trennung der Arseniksäure von den Basen vermittelst Schwefelsäure und Alkohol. — Von fast allen Basen kann man die Arseniksäure auch durch Behandlung mit Schwefelsäure und Alkohol trennen. Da aber die meisten schwefelsauren Oxyde in Verbindung mit schwefelsaurem Ammoniak unlöslicher in Alkohol sind, als für sich allein, so verfährt man hierbei auf folgende Weise: Das arseniksaure Salz wird in einer Platinschale mit concentrirter Schwefelsäure bei sehr gelinder Temperatur so lange behandelt, bis die Masse einen dicken Syrup bildet; man setzt darauf eine dem angewandten Salze gleiche Menge von schwefelsaurem Ammoniak hinzu, und erhitzt wiederum so lange, bis der gröfste Theil der überschüssigen Säure sich verflüchtigt hat. Nach dem Erkalten wird die zähflüssige Masse in der möglichst geringsten Menge Wasser bei sehr gelinder Erwärmung aufgelöst, und die Lösung in eine grofse Menge von Alkohol vom specif. Gewicht 0,8 gegossen, wodurch sich sogleich ein fein krystallinisches Pulver abscheidet, das aus dem schwefelsauren Doppelsalze des Oxyds und des Ammoniaks, so wie aus dem überschüssigen schwefelsauren Ammoniak besteht. Die Arseniksäure und die überschüssige Schwefelsäure lösen sich in dem Alkohol auf.

Es ist unbedingt nöthig, die mit schwefelsaurem Ammoniak und Schwefelsäure behandelte Masse erst in sehr wenigem Wasser zu lösen, und nicht sogleich mit Alkohol zu übergiefsen; denn wenn man kein Wasser anwendet, so bildet sich eine harte Masse, die selbst nach mehrtägigem Digeriren mit Alkohol nicht aufgeweicht und von ihm durchdrungen werden kann.

Wenn das Ganze zwölf Stunden hindurch gestanden, und der Niederschlag sich abgesetzt hat, kann man auch noch Aether hinzusetzen, wodurch kleine Mengen der etwa aufgelösten schwefelsauren Salze vollständig gefällt werden; es entsteht indessen durch den Zusatz des Aethers gewöhnlich keine neue Trübung, und in den meisten Fällen mag derselbe überflüssig sein.

Der Niederschlag wird filtrirt und mit Alkohol ausgewaschen. Man trocknet ihn, und glüht ihn so lange, bis alles schwefelsaure Ammoniak verjagt ist, und das Gewicht des Rückstandes sich nicht mehr verändert. Da aber die meisten schwefelsauren Metalloxyde durch starkes Erhitzen einen Theil ihrer Schwefelsäure verlieren können, so ist es besser, die Base aus dem Rückstande nach Auflösung desselben in Wasser und einem Zusatze einer Säure nach Methoden, die im Vorhergehenden erörtert worden sind, zu bestimmen.

Am wenigsten vollständig werden die Verbindungen mit dem Eisenoxyd und der Thonerde nach dieser Methode zerlegt. Bei der Untersuchung der arseniksauren Magnesia nach dieser Methode war das erhaltene Resultat ein sehr genaues.

Aus der Lösung kann man nach Zusatz von Ammoniak bis zur alkalischen Reaction den gröfsten Theil des Alkohols durch Abdampfen verjagen und dann, wie S. 388 angegeben ist, die Arseniksäure durch Magnesiasalz fällen.

Bestimmung der Metalloxyde in arseniksauren Verbindungen und in Arsenikverbindungen als Schwefelmetalle. — In sehr vielen Verbindungen der Arseniksäure mit Metalloxyden kann man die Menge der Arseniksäure sehr genau durch den Verlust auf die Weise bestimmen, dafs man sie mit Schwefel in einer Atmosphäre von Wasserstoffgas glüht, wodurch die Arseniksäure zu Arsenik reducirt und verflüchtigt wird, während die Base sich in Schwefelmetall verwandelt, welches gewogen wird. Dies ist bei den Verbindungen der Arseniksäure mit denjenigen Metalloxyden der Fall, welche in Schwefelmetalle von einer bestimmten Zusammensetzung verwandelt werden, wenn man sie mit Schwefel gemengt in einem Strome von Wasserstoffgas erhitzt, also bei den Verbindungen der Arseniksäure mit den Oxyden des Mangans, des Eisens, des Zinks, des Bleis und des Kupfers.

Man bedient sich zu diesen Versuchen des S. 77 abgebildeten Apparats. Es ist hierbei zu bemerken, dafs man bei diesen Versuchen den Porcellantiegel nicht mit einem durchbohrten Platindeckel bedecken darf, weil durch die sich verflüchtigenden Arsenikdämpfe das Platin so spröde und brüchig wird, dafs man selbst fürchten mufs, dafs Stücke des brüchigen Arsenik-Platins in den Tiegel während des Versuchs fallen können. Man nimmt daher zur Bedeckung des Porcellantiegels einen durchbohrten Porcellandeckel. Es versteht sich, dafs man diese Versuche in einem abgeschlossenen Raume mit gutem Zuge anstellt, um nicht durch die Arsenikdämpfe zu leiden.

Man mengt die arseniksaure Verbindung mit gepulvertem reinem Schwefel, und verfährt so, wie bei der Bestimmung der genannten Metalloxyde als Schwefelmetalle. Man kann die arseniksauren Verbindungen im lufttrocknen wasserhaltigen Zustande, oder nach gelindem Glühen in wasserfreiem Zustande anwenden. Gewöhnlich ist schon, wenn man die Verbindung mit dem Schwefel gut gemengt hat, nach dem ersten Glühen im Wasserstoffgasstrome die Umwandlung des Metalloxyds in Schwefelmetall ganz vollendet; es ist indessen nöthig, die Operation zu wiederholen, bis das Gewicht des Tiegels bei zwei Wägungen dasselbe bleibt.

Man erhält auf diese Weise sehr genaue Resultate, aber nur bei den Verbindungen der Arseniksäure mit den oben genannten Metalloxyden. Die erhaltenen Schwefelmetalle sind ganz frei von Arsenik. Wenn man das arseniksaure Eisenoxyd auf diese Weise in Schwefeleisen verwandelt, so bleibt bisweilen, wenn man nicht eine hinreichende Hitze angewendet hat, eine Spur von Arsenik beim Schwefeleisen.

Die Verwandlung dieser arseniksauren Basen in Schwefelmetalle gelingt schon vollkommen, wenn man dieselben mit Schwefelpulver gemengt, in einem bedeckten Porcellantiegel glüht. Es ist indessen schon bemerkt worden, daſs man auf diese Weise die Schwefelmetalle nicht rein erhält. Sie enthalten alle einen kleinen Ueberschuſs von Schwefel, den sie aber durch Glühen in einer Atmosphäre von Wasserstoffgas vollständig verlieren. Auch die Verbindungen der Arseniksäure mit dem Nickeloxyd und dem Kobaltoxyd verlieren durch Glühen mit Schwefel ihren Arsenikgehalt vollständig, und werden in Schwefelmetalle verwandelt, aber aus deren Gewicht kann man nicht das des Nickels und des Kobalts berechnen (S. 126).

Eben so, wie in den arseniksauren Metalloxyden kann auch in den Verbindungen der arsenichten Säure mit den genannten Basen durch diese Methode die Menge des Metalls als Schwefelverbindung bestimmt werden.

Es sind aber nicht nur die Verbindungen der Säuren des Arseniks mit Metalloxyden, welche auf diese Weise in Schwefelmetalle verwandelt werden können, sondern auch die Verbindungen des metallischen Arseniks mit den Metallen der oben erwähnten Oxyde, wie das Arsenikeisen und der Arsenikkies. Das erhaltene Schwefeleisen FeS kann bisweilen eine Spur von Arsenik enthalten, besonders wenn die Substanz vorher nicht fein gepulvert war oder wenn man nicht stark genug geglüht, und die Operation unter Zusetzen von neuem Schwefel nicht wiederholt hat. Auch die Verbindungen des Arseniks mit Kobalt (Speiskobalt) und mit Nickel (die gewöhnliche Nickelspeise) werden vollständig in Schwefelverbindungen (aber von keiner bestimmten Zusammensetzung) verwandelt, die kein Arsenik enthalten. — Bemerkenswerth ist es, daſs der Glanzkobalt oder die Verbindung von Schwefelkobalt und von Arsenikkobalt mit Schwefel gemengt durch Glühen seinen Arsenikgehalt fast gar nicht verliert.

Trennung des Arseniks vom Quecksilber, Silber, Kupfer, Wismuth, Blei und Cadmium. — Diese Trennung wird gewöhnlich durch Schwefelammonium bewirkt. Die Auflösung wird, wenn sie sauer ist, ammoniakalisch gemacht, und mit einer hinlänglichen Menge Schwefelammoniums versetzt. Wenn die Menge des Arseniks beträchtlich ist, läſst man Alles bei gelinder Wärme längere Zeit mit einem Ueberschuſs von Schwefelammonium digeriren, und bedeckt so lange das Glas mit einer Glasplatte. Bei grofsen Quantitäten von Arsenik ist es besser, die Schwefelmetalle in einem lose verkorkten Kolben mehrere Stunden lang mit dem Schwefelammonium in einem Wasserbade zu erhitzen. Nach dem vollständigen Erkalten werden die unlöslichen Schwefelmetalle filtrirt und mit Wasser, zu dem etwas Schwefelammonium gesetzt ist, ausgewaschen. In diesen Schwefelmetallen bestimmt man dann die Quantität der Oxyde nach Methoden, die im Vorhergehenden angeführt sind. Aus der abfiltrirten Flüssigkeit kann man durch Uebersättigung mit einer verdünnten Säure Schwefelarsenik fällen, was aber, wie schon S. 394 bemerkt ist, seine Schwierigkeiten hat, weshalb man besser die Auflösung auf einem Wasserbade eindampft, den Rückstand durch Erwärmen mit einer nicht zu verdünnten Auflösung von Natronhydrat auflöst, und diese Lösung nach der Verjagung des Ammoniaks kochend heifs mit Chlorgas behandelt (S. 391). Man kann den Rückstand auch mit rauchender Salpetersäure behandeln, um das Schwefelarsenik zu oxydiren, wobei man aber sehr vorsichtig sein mufs. Die Trennung des Arseniks von den angeführten Metallen auf diese Weise mufs indessen nur dann gewählt werden, wenn keine andere sichere Methode der Scheidung angewandt werden kann. Sie ist bisweilen keine ganz vollständige, besonders wenn man nicht die darin unlöslichen Schwefelmetalle gehörige Zeit mit Schwefelammonium hat digeriren lassen. Es ist dies namentlich der Fall, wenn Kupferoxyd von Arseniksäure oder arsenichter Säure getrennt werden soll. Manchmal bleibt etwas Schwefelkupfer im alkalischen Schwefelmetall aufgelöst, es ist dies übrigens weniger der Fall, wenn die Trennung durch Schwefelnatrium, als wenn sie durch Schwefelammonium geschieht.

Auf dieselbe Weise kann man von den Säuren des Arseniks auch die Oxyde des Mangans, des Eisens, des Zinks und des Kobalts trennen, deren Schwefelmetalle in einem Ueberschusse von Schwefelammonium nicht aufgelöst werden. Aber sicherer ist es immer, diese Verbindungen nach der oben S. 402 angeführten Methode durch Schmelzen mit einem Gemenge von Schwefel und kohlensaurem Natron zu zerlegen, wodurch in jedem Falle die Trennung vollständiger von statten geht. Nur wenn die Scheidung in Auflösungen bewirkt werden soll, ist die Anwendung des Schwefelammoniums weniger bedenklich; aber immer ist bei dieser Methode zu befürchten, dafs die unlöslichen Schwefelmetalle noch kleine Mengen von Schwefelarsenik enthalten, was besonders dann der Fall ist, wenn die Digestion mit Schwefelammonium nicht hinlänglich lange gedauert hat, und keine höhere Temperatur dabei angewandt worden ist.

Was übrigens die Verbindung der Arseniksäure mit dem Silberoxyd betrifft, so kann diese auf die leichteste Weise so zerlegt werden, dafs man sie in Salpetersäure auflöst, und aus der Auflösung durch Chlorwasserstoffsäure das Silberoxyd als Chlorsilber fällt. In der abfiltrirten Flüssigkeit kann man die Arseniksäure als arseniksaure Ammoniak-Magnesia bestimmen. Die Verbindung des Silberoxyds mit der Arseniksäure verwandelt sich durch Glühen in einer Atmosphäre von Wasserstoffgas in metallisches Silber. Es ist hierbei nicht nöthig, das Silbersalz vorher mit Schwefel zu mengen. — Verbindungen von Arsenik mit Silber werden ebenfalls in Salpetersäure, und zwar in starker aufgelöst, damit das Arsenik sogleich in Arseniksäure verwandelt wird, und die Auflösung eben so behandelt werden kann.

Trennung der Arseniksäure von der Thonerde. — Diese Trennung kann weder durch Schmelzen der Verbindung mit kohlensauren Alkalien, noch durch Schmelzen mit einer Mengung von kohlensauren Alkalien und Schwefel bewerkstelligt werden. Man kann zwar aus einer Auflösung der arseniksauren Thonerde, wenn man sie vorsichtig mit Kalihydrat neutralisirt und verdünnt, die Arseniksäure durch eine Auflösung von salpetersaurem Quecksilberoxydul als arseniksaures Quecksilberoxydul fällen, während die Thonerde aufgelöst bleibt. Jedoch ist dann die Bestimmung der Arseniksäure sehr umständlich (S. 404).

Zweckmäfsiger löst man die arseniksaure Thonerde in Chlorwasserstoffsäure auf, verwandelt in der Lösung die Arseniksäure vermittelst schweflichter Säure in arsenichte Säure, und fällt diese vermittelst Schwefelwasserstoffgas als Schwefelarsenik. In der abfiltrirten Flüssigkeit kann man die Thonerde durch Ammoniak fällen, ohne vorher den Schwefelwasserstoff zu verjagen.

Weniger zweckmäfsig als diese Methode, wenn man auch die Menge der Thonerde bestimmen will, ist die, zu der Lösung der arseniksauren Thonerde in einer Säure Weinsteinsäure hinzuzufügen, und dann die Arseniksäure als arseniksaure Ammoniak-Magnesia zu fällen (S. 403).

Durch Glühen der arseniksauren Thonerde in einem Strome von Wasserstoffgas kann man zwar die Thonerde von der gröfsten Menge der Arseniksäure trennen, welche dadurch als metallisches Arsenik verflüchtigt wird; aber es ist nicht möglich, sie ganz vollständig davon zu befreien; beim Schmelzen mit Cyankalium giebt sie immer noch einen, wiewohl nicht starken Spiegel von Arsenik.

Auch wenn man die arseniksaure Thonerde mit Schwefel mengt, und das Gemenge in einem Strome von Wasserstoffgas glüht, ist es nicht möglich, das Arsenik vollständig von der Thonerde zu verjagen.

Trennung der Arseniksäure und der arsenichten Säure von dem Bleioxyd, der Baryterde, der Strontianerde und der Kalkerde. — Sind diese Basen an Arseniksäure gebunden, und hat man die Verbindung in festem Zustande zu untersuchen, so kann man zuerst durch gelindes Glühen die Menge des Wassers bestimmen. Man übergiefst sie darauf fein gepulvert mit Schwefelsäure, und digerirt sie damit einige Zeit. Ist die Zersetzung vollendet, so setzt man, wenn nur Baryterde vorhanden ist, Wasser hinzu, wenn aber Kalkerde, Strontianerde oder Bleioxyd vorhanden sind, verdünnten Alkohol. Der hinzugesetzte Alkohol braucht nicht stark zu sein, wenn man schwefelsaure Strontianerde und schwefelsaures Bleioxyd abscheiden will.

Es genügt ein Viertel vom Volumen der Flüssigkeit an Alkohol hinzuzufügen. Bei Gegenwart von Kalkerde mufs man aber das doppelte Volumen an Alkohol anwenden. Man filtrirt die schwefelsauren Salze, wäscht sie mit Wasser oder mit mehr oder weniger verdünntem Alkohol aus, und bestimmt in der filtrirten Lösung auf die S. 388 angegebene Weise die Arseniksäure.

Ehe man indessen diese arseniksauren Verbindungen mit Schwefelsäure digerirt, ist es in den meisten Fällen gut, sie vorher mit Chlorwasserstoffsäure zu behandeln, worin die neutralen und basischen arseniksauren Salze alle auflöslich sind; auch die sauren arseniksauren Verbindungen lösen sich darin auf, doch nur, wenn sie nicht geglüht sind. Manche saure arseniksaure Verbindungen, deren Basen Erden oder Metalloxyde sind, werden nach dem Glühen von concentrirter Chlorwasserstoffsäure nicht aufgelöst.

Die Verbindungen der arsenichten Säure mit den vier genannten Basen können auf folgende Weise sehr genau untersucht werden. Nach dem Trocknen wägt man sie, am besten in einer kleinen tarirten Schale oder in einem Porcellantiegel, übergiefst sie mit reiner Salpetersäure von gewöhnlicher Stärke, dampft im Wasserbade bis zur Trocknifs ab, und erhitzt die trockene Masse bis zum anfangenden Glühen, worauf sie gewogen wird. Man kann das Erhitzen und Wägen wiederholen, um zu sehen, ob das Gewicht der oxydirten Masse dasselbe bleibt. Erhitzt man dieselbe zu stark, so könnte von derselben bisweilen etwas Arseniksäure als arsenichte Säure und Sauerstoff verflüchtigt werden. Die erhaltene arseniksaure Verbindung wird durch Chlorwasserstoffsäure und Schwefelsäure zersetzt, wie es so eben erwähnt ist.

Die Verbindungen der alkalischen Erden mit Arseniksäure können auch durch Behandlung mit Chlorammonium auf die Weise zerlegt werden, wie es oben S. 286 bei der Trennung des Zinnoxyds von den Alkalien gezeigt ist. Diese Trennung ist indessen schwieriger, als die der Alkalien; es gehört eine mehrmalige oft fünfmalige Behandlung mit Chlorammonium dazu, um die alkalische Erde vollständig in Chlormetall zu verwandeln. — Arseniksaures Bleioxyd kann aber durch Chlorammonium nicht zerlegt werden.

Trennung der Arseniksäure und der arsenichten Säure von den Alkalien. — Diese Scheidung bewirkt man, wenn die Menge des Arseniks sowohl als die der Alkalien bestimmt werden soll, am besten durch Fällung des Arseniks als Schwefelarsenik durch Schwefelwasserstoff auf die S. 390 angegebene Weise.

Die Trennung kann auch, wie die der Phosphorsäure von den Alkalien, sehr gut durch metallisches Quecksilber und Salpetersäure, oder wenn Arseniksäure vorhanden, durch eine Auflösung von salpetersaurem Quecksilberoxydul bewirkt werden, aber dann ist die Bestimmung des Arseniks sehr umständlich (S. 404). Weniger zu empfehlen ist die Methode, die Arseniksäure von den Alkalien vermittelst einer Auflösung von essigsaurem Bleioxyd zu trennen (S. 395).

Die beste, einfachste und leichteste Methode, die Menge des Alkalis in den arseniksauren Alkalien zu bestimmen, ist die, dafs man sie mit Chlorammonium mengt, und das Gemenge glüht. Man verfährt dabei so, wie es oben S. 286 bei der Trennung des Zinnoxyds von den Alkalien gezeigt ist. Aber die Zersetzung der arseniksauren Alkalien durch Chlorammonium geschieht bei weitem leichter, als die der zinnsauren und antimonsauren. Gewöhnlich ist nach einer einmaligen Behandlung mit Chlorammonium die vollständige Zersetzung erfolgt. Das Alkali kann mit grofser Genauigkeit als Chlormetall bestimmt werden.

Trennung des Arseniks in Legirungen von anderen Metallen. — Hat man eine Verbindung von regulinischem Arsenik mit anderen Metallen zu untersuchen, so kann man die meisten dieser Metalle von dem Arsenik aufser durch Schwefel nach der S. 407 angeführten Methode auch durch Chlorgas auf die Weise trennen, wie das Antimon dadurch von Metallen geschieden wird, deren Chlorverbindungen nicht flüchtig sind (S. 307). Arsenikverbindungen lassen sich indessen nicht so leicht durch Chlor zersetzen, wie die Verbindungen, welche Schwefelarsenik und Schwefelantimon mit anderen Schwefelmetallen bilden, von deren Zerlegung durch Chlor weiter unten beim Schwefel gesprochen werden soll. Wenn man von mancher Arsenikverbindung auch nur einige Gramm zur Untersuchung angewandt, und einen ganzen Tag hindurch Chlor über die erwärmte Verbindung geleitet hat, so ist oft noch ein Theil derselben unzersetzt in der Glaskugel geblieben. Behandelt man daher die nicht flüchtigen Chlormetalle mit Wasser, um sie darin aufzulösen, wenn sie darin auflöslich sind, so bleibt der unzersetzte Theil der Verbindung ungelöst zurück; die Menge desselben mufs dann bestimmt und vom Gewichte der angewandten Quantität abgezogen werden. Wegen der langsamen Zersetzung der Arsenikmetalle ist die Untersuchung durch Chlor nur dann vorzüglich anwendbar, wenn die Metalle von der Art sind, dafs ihre Oxyde weder durch Schwefelwasserstoffgas, noch durch Schwefelammonium von den Säuren des Arseniks getrennt werden können. Ist dies aber der Fall, so löst man die metallische Arsenikverbindung in Salpetersäure, in Königswasser oder in Chlorwasserstoffsäure mit einem Zusatze von chlorsaurem Kali auf, und behandelt die Lösung nach Methoden, welche im Vorhergehenden beschrieben sind.

Trennung des Arseniks vom Zinn. — Man kannte früher

keine sichere Methode der Scheidung dieser beiden Metalle, in neuerer Zeit indessen sind mehrere Trennungsarten vorgeschlagen worden, durch welche man genaue Resultate erlangen kann.

Wenn man beide Metalle in regulinischem Zustande von einander scheiden will, so kann man nicht durch blofses Erhitzen die ganze Menge des Arseniks vom Zinn verjagen, auch wenn der Versuch in einer Atmosphäre von Wasserstoff- oder von Kohlensäuregas angestellt wird. Ein Theil des Arseniks bleibt hartnäckig bei dem Zinn.

Sind beide Metalle vollkommen oxydirt, und behandelt man das arseniksaure Zinnoxyd bei erhöhter Temperatur mit Wasserstoffgas, so wird es durch dasselbe sehr leicht reducirt, und das Arsenik aus dem reducirten Zinne ausgetrieben, aber auch dieses enthält noch Arsenik, selbst wenn bei der Reduction eine sehr starke Hitze angewandt worden ist.

Wenn eine Legirung von Zinn und Arsenik mit Salpetersäure gekocht wird, so wird, wie Levol gefunden hat, der ganze Arsenikgehalt beim Zinnoxyd als arseniksaures Zinnoxyd zurückgehalten, wenn der Arsenikgehalt in der Legirung nicht mehr als 5 Procent beträgt. In der sauren Flüssigkeit ist dann keine Spur von Arsenik mehr zu entdecken. Nach dem Trocknen gleicht die unlösliche Verbindung dem grob gestofsenen Glase; durch Glühen wird sie schwarz. Der Arsenikgehalt der Legirung kann selbst bis zu 8 Procent steigen, ohne dafs die Salpetersäure Arseniksäure oder arsenichte Säure enthält; ist aber der Arsenikgehalt noch gröfser, so wird dieser Ueberschufs von der Salpetersäure aufgenommen.

Hierauf gründet Levol eine Methode zur Scheidung des Zinns vom Arsenik, welche nur die grofse Unbequemlichkeit hat, dafs man das Arsenik nicht mit einem Male, sondern durch mehrere Operationen erhält.

Er setzt die Legirung in möglichst dünnen Scheiben der Einwirkung einer etwas starken Salpetersäure aus, aber zuerst nur bei gewöhnlicher Temperatur, damit Zinnoxydul entstehen kann, worauf dann später dasselbe durch Kochen höher zu Zinnoxyd oxydirt wird. Das arseniksaure Zinnoxyd wird abfiltrirt, und in der filtrirten salpetersauren Flüssigkeit das aufgelöste Arsenik bestimmt.

Das arseniksaure Zinnoxyd wird nach dem Trocknen und Wägen in einem kleinen Schiffchen von Glas, welches man in eine weite Glasröhre schiebt, mit Wasserstoffgas behandelt, das man über die Verbindung leitet, während die Glasröhre durch ein Kohlenfeuer zur dunklen Rothglut gebracht wird. Um das Wasserstoffgas ganz frei von Arsenik anzuwenden, wird es zuvor durch eine Auflösung von salpetersaurem Silberoxyd geleitet. Es sublimirt sich metallisches Arsenik als ein Metallspiegel an dem kälteren Theil der Glasröhre, während das Zinn zu geschmolzenen Kügelchen reducirt wird. Das Stück der Glasröhre, in welchem das Arsenik sich angesetzt hat, wird abgeschnitten, gewogen, das Arsenik daraus aufgelöst, und die Glasröhre wieder gewogen; der Gewichtsverlust zeigt die Menge des Arseniks. — Levol schreibt nicht vor, aus dem ausströmenden Wasserstoffgas, das eine sehr kleine Menge von Arsenikwasserstoff enthalten muſs, das Arsenik zu gewinnen. Es würde dies am besten gelingen, wenn man es über eine gewogene Menge von metallischem Kupfer leitete, das man zum Glühen bringt, und in welches man auch das erhaltene metallische Arsenik als Dampf zu leiten hätte, um die ganze Menge des verflüchtigten Arseniks auf einmal zu erhalten.

Das reducirte arsenikhaltige Zinn wird in Chlorwasserstoffsäure aufgelöst, und die Mengung des sich entwickelnden Wasserstoffgases und des Arsenikwasserstoffgases zuerst durch eine Auflösung von Kalihydrat geleitet, um sie von allem Chlorwasserstoffgas zu befreien, und sodann durch eine Auflösung von salpetersaurem Silberoxyd, in welcher sich das Arsenik als arsenichte Säure auflöst, während metallisches Silber gefällt wird.

In der chlorwasserstoffsauren Auflösung des Zinns bleibt etwas fester Arsenikwasserstoff ungelöst, der gut von allem Zinnchlorür ausgewaschen werden muſs. Man übergieſst ihn auf dem Filtrum mit einigen Tropfen Salpetersäure, und löst ihn darin auf.

Aus der salpetersauren Silberoxydauflösung fällt man durch die Auflösung eines alkalischen Chlormetalls das Silberoxyd als Chlorsilber. Die filtrirte Auflösung, welche arsenichte Säure enthält, vermischt man mit der Auflösung des festen Arsenikwasserstoffs, und fällt durch Schwefelwasserstoffgas Schwefelarsenik, das Levol als AsS^3 berechnet. — Berzelius macht darauf aufmerksam, daſs es vortheilhafter wäre, das durch Chlorwasserstoffsäure entwickelte Arsenikwasserstoffgas über eine gewogene Menge von glühendem Kupfer zu leiten, um die Menge des Arseniks zu bestimmen. Es muſs dann aber immer noch die kleine Menge des Arseniks in dem festen Arsenikwasserstoff bestimmt werden, der bei der Auflösung in Chlorwasserstoffsäure ungelöst zurückbleibt.

Levol wendet die beschriebene Methode an, um die kleine Menge des Arseniks im Kupfer zu bestimmen. Er löst dasselbe in Salpetersäure auf, und setzt zu der Auflösung so viel von einer kalt bereiteten Auflösung von salpetersaurem Zinnoxydul hinzu, daſs nach dem Kochen das entstandene Zinnoxyd alles Arsenik als arseniksaures Zinnoxyd abscheiden kann, welches sodann nach der angegebenen Methode untersucht wird.

Wenn ein käufliches Zinn, auſser sehr kleinen Mengen von Arsenik, keine anderen Metalle enthält, so kann man es sogleich in

Chlorwasserstoffsäure auflösen, in dem entweichenden Arsenikwasserstoffgas den Gehalt an Arsenik, und sodann auch das Arsenik in dem ungelösten festen Arsenikwasserstoff bestimmen. Da aber das käufliche Zinn zugleich immer kleine Mengen von Kupfer und von Blei enthält, so muſs es mit Salpetersäure behandelt werden, wobei das Zinnoxyd mit der ganzen Menge des Arseniks, das in Arseniksäure verwandelt worden ist, ungelöst zurückbleibt. Der Rückstand wird nach der beschriebenen Methode behandelt.

Statt der Methode der Trennung des Arseniks vom Zinn, die Levol angegeben hat, welche überhaupt die erste war, welche vorgeschlagen wurde, bedient man sich jetzt anderer, welche weniger umständlich sind und zugleich ein sehr genaues Resultat geben.

Soll eine Verbindung von Zinn und Arsenik in metallischem Zustande untersucht werden, so mengt man die möglichst fein zertheilte Legirung in einem nicht zu kleinen Porcellantiegel mit 5 Theilen trockenen kohlensauren Natrons und eben so vielem Schwefel innig zusammen, und schmelzt das Gemenge bei einer nicht zu starken Hitze. Hat es eine tief dunkelbraune Farbe angenommen, und schäumt es nicht mehr, so giebt man eine starke Glühhitze, und unterhält dieselbe so lange, bis die ganze Masse ganz dünnflüssig geworden ist, und keine Blasen mehr wirft. Nach dem Erkalten weicht man sie in heiſsem Wasser auf. Der Porcellantiegel wird hierbei nicht angegriffen. Die Masse ist vollständig in Wasser löslich, bisweilen bleibt jedoch ein sehr geringer schwarzer, aus Schwefeleisen bestehender Rückstand, dessen Eisen theils in der Legirung enthalten war, theils auch durch das Feilen in die Masse gekommen sein konnte. Man kann diese Spur von Schwefeleisen abfiltriren; es läſst sich selbst mit reinem Wasser auswaschen. Nach dem Auswaschen verwandelt es sich durch Glühen an der Luft in Eisenoxyd, aus welchem man den Eisengehalt berechnen und von dem Gewichte der Legirung abziehen kann.

Die vom Schwefeleisen abfiltrirte Flüssigkeit wird mit einer groſsen Menge von Wasser verdünnt, und vorsichtig mit Chlorwasserstoffsäure übersättigt, wodurch ein voluminöser röthlich brauner Niederschlag von Schwefelzinn und Schwefelarsenik entsteht. Man erwärmt das Ganze bei sehr gelinder Hitze so lange, bis der Geruch nach Schwefelwasserstoff ziemlich verschwunden ist, und filtrirt den Niederschlag auf einem bei 100° getrockneten und gewogenen Filtrum. Die filtrirte Flüssigkeit wird mit vielem Schwefelwasserstoffwasser versetzt und noch einige Zeit an einem mäſsig warmen Orte aufbewahrt, um zu sehen, ob sich noch Schwefelarsenik ausscheidet. Man wäscht den Niederschlag zuerst mit Wasser aus, das man mit einer sehr geringen Menge von Chlorwasserstoffsäure versetzt, und zuletzt mit reinem Wasser. Darauf trocknet man ihn so lange bei 100°, bis er nicht mehr an Gewicht abnimmt.

Hat man zum Fällen der Schwefelmetalle statt der Chlorwasserstoffsäure verdünnte Schwefelsäure angewandt, so ist der Niederschlag bei weitem voluminöser; das Trocknen desselben ist mit einem grofsen Zeitverlust verknüpft, auch wird das Filtrum weit stärker von der Schwefelsäure als von der Chlorwasserstoffsäure angegriffen.

Nach dem Trocknen und Wägen der Schwefelmetalle bringt man so viel derselben, als sich vom Filtrum herunter nehmen läfst, in eine gewogene, auf beiden Seiten mit Röhren von verschiedenem Durchmesser versehene Glaskugel. Der der einen kann klein sein, der der andern mufs einen Viertelzoll grofs sein, um nicht verstopft zu werden. Ist beim Einfüllen der Schwefelmetalle in die Kugelröhre nichts verloren gegangen, so wägt man das Filtrum nach abermaligem Trocknen bei 100°, und bestimmt dadurch die Menge der zur Untersuchung verwendeten Schwefelmetalle. Hat aber beim Einfüllen ein Verlust stattgefunden, so erhitzt man die Kugel mit den Schwefelmetallen kurze Zeit in einem Wasserbade, indem man trockene Luft durchleitet, und wägt sie nach dem Erkalten. Hierauf biegt man das weite Glasrohr der Kugelröhre zu einem rechten oder etwas stumpfen Winkel und verbindet den gebogenen Theil mit einer Vorlage, die Ammoniak enthält, wie sie weiter unten als ein Theil des Apparates abgebildet ist, der zur Zersetzung der Schwefelmetalle vermittelst Chlorgas bestimmt ist. Man bringt darauf die Kugelröhre mit einem Apparat in Verbindung, in welchem Schwefelwasserstoffgas entwickelt wird, das zum Trocknen durch eine Röhre mit Chlorcalcium streicht (durch concentrirte Schwefelsäure wird das Schwefelwasserstoffgas zersetzt).

Wenn der ganze Apparat mit Schwefelwasserstoffgas angefüllt ist, so erwärmt man die Kugel zuerst gelinde, und nach und nach stärker. Es sublimirt sich Schwefelarsenik und Schwefel, die man beide durch eine kleine Flamme weiter nach der Ammoniakflüssigkeit zu treiben mufs. Das Schwefelarsenik wird in dem Ammoniak aufgelöst; der Schwefel aber, wenn er als Dampf oder als flüssiger Schwefel mit dem Ammoniak in Berührung kommt, scheidet sich aus, wird jedoch in dem Maafse, als das Ammoniak vom Schwefelwasserstoffgas in Schwefelammonium verwandelt wird, ebenfalls gelöst. Man fährt mit dem Erhitzen der Schwefelmetalle, und mit dem Darüberleiten des Gases so lange fort, als sich noch ein Anflug von einem gelben Sublimate bildet. Um dies gut beurtheilen zu können, treibt man das in der Glasröhre befindliche Sublimat nach der Vorlage zu, und erhitzt darauf die Kugel etwas minder stark; zeigt sich dann kein neuer Anflug, so ist die Operation beendet. Man darf die Kugel hierbei deshalb nicht zu stark erhitzen, weil bei zu starker Glühhitze das Schwefelwasserstoffgas selbst zum Theil zersetzt und Schwefel abgeschieden wird, dessen Absetzen zu der Vermuthung Veranlassung geben kann, dafs die Operation noch nicht beendet sei.

Nach dem vollständigen Erkalten des Apparates schneidet man die Glasröhre, in welcher ein Theil von dem Sublimate enthalten ist, nicht weit von der Kugel ab. Das in der Röhre Enthaltene löst man durch eine etwas erwärmte Auflösung von Kalihydrat auf, dampft diese Auflösung mit der in der Vorlage befindlichen Ammoniakflüssigkeit bis zur Trocknifs ab, oxydirt den Rückstand durch rauchende Salpetersäure oder nach Zusatz von Natronhydrat durch Chlorgas und fällt dann die Arseniksäure durch ein Magnesiasalz (S. 388).

Der in der Kugel enthaltene Rückstand ist von schwarzbrauner Farbe und besteht aus Schwefelzinn. Aus dem Gewichte desselben läfst sich der Zinngehalt nicht berechnen, da er immer etwas mehr Schwefel enthält, als die Verbindung SnS. Man schüttet das Schwefelmetall daher aus der Kugel in einen kleinen gewogenen Porcellantiegel, befeuchtet es mit etwas Salpetersäure, und verwandelt es durch vorsichtiges Rösten auf die oben S. 272 beschriebene Weise in Zinnoxyd. Man kann auch das Rösten des Schwefelzinns in der Kugel selbst vornehmen, indem man sie erhitzt und einen Strom von atmosphärischer Luft darüber leitet, bis auch nach starkem Glühen das Gewicht sich nicht mehr verändert; aber dann mufs die Kugelröhre aus sehr schwer schmelzbarem Glase angefertigt sein.

Diese Methode giebt, wenn sie nur einigermaafsen mit Sorgfalt ausgeführt wird, sehr genaue Resultate.

Elsner wollte die Trennung des Zinns vom Arsenik auf die Weise bewerkstelligen, dafs er die Schwefelmetalle in Wasserstoffgas erhitzte. Dadurch werden jedoch beide zum Theil reducirt, und das rückständige Zinn enthält Arsenik, das durch blofses Erhitzen aus demselben nicht verflüchtigt werden kann.

Wollte man eine Legirung von Zinn und Arsenik unmittelbar in Schwefelwasserstoffgas erhitzen, so würde die Verwandlung der Metalle in Schwefelmetalle und die Verflüchtigung des Arseniks als Schwefelarsenik nur unvollkommen von Statten gehen.

Hat man indessen die beiden Metalle in oxydirtem Zustande, so geht es sehr gut an, die Oxyde auf dieselbe Art, wie die Schwefelmetalle in einer Atmosphäre von Schwefelwasserstoffgas zu erhitzen. Diese Methode giebt dieselben genauen Resultate, wie wenn man die Metalle erst in Schwefelmetalle verwandelt.

Man kann deshalb auch die Legirung von Arsenik und Zinn in fein zertheiltem Zustande in einem gröfseren Porcellantiegel mit Salpetersäure tropfenweise übergiefsen, während man den Tiegel mit einem Uhrglase bedeckt hält. Man fährt mit dem allmäligen Zutröpfeln der Säure fort, bis die heftige Einwirkung vorüber ist, und die Legirung sich in ein trockenes weifses Pulver verwandelt hat. Man setzt dann zur vollständigen Oxydation noch mehr Salpetersäure hinzu, dampft das Ganze in einem Wasserbade bis zur Trockniſs ein, und erhitzt bei 100° C. so lange, bis das Gewicht sich nicht mehr verändert. Man bringt dann eine möglichst grofse und gewogene Menge des Rückstandes in eine Kugelröhre, und behandelt sie mit Schwefelwasserstoffgas ganz auf dieselbe Weise, wie dies oben bei den Schwefelmetallen gezeigt ist.

Wenn man bei der Trennung des Zinns vom Arsenik nur die Menge des ersteren Metalls unmittelbar, und die des Arseniks durch den Verlust bestimmen will, so kann man die durch Eindampfen mit Salpetersäure erhaltenen Oxyde in dem Porcellantiegel zur Vertreibung der Salpetersäure glühen und den Rückstand mit der fünf- bis sechsfachen Menge von Cyankalium schmelzen, wodurch das Arsenik verflüchtigt wird. Wird die geschmolzene Masse mit Wasser behandelt, so hinterläſst sie einen grauen Rückstand ungelöst. Die von demselben abfiltrirte Flüssigkeit, mit verdünnter Schwefelsäure übersättigt, entwickelt eine grofse Menge von Cyanwasserstoffsäure, und giebt einen Niederschlag von Zinnoxyd. Man leitet durch die zinnoxydhaltige Flüssigkeit Schwefelwasserstoffgas, wodurch alles Zinn als Schwefelzinn ausgeschieden wird. — Der graue Rückstand, der aus metallischem und oxydirtem Zinn besteht, wird mit Salpetersäure erhitzt und dadurch oxydirt; durch nachheriges Erhitzen mit Chlorwasserstoffsäure wird er in Wasser nicht löslich, weil diejenige Modification des Zinnoxyds entstanden ist, welche der Einwirkung fast aller Reagentien widersteht, und nur durch eine lange Behandlung mit Schwefelwasserstoff kann er in Schwefelzinn verwandelt werden. Man verdünnt daher das Ganze mit Wasser, und leitet längere Zeit Schwefelwasserstoffgas hindurch. Die beiden erhaltenen Niederschläge, welche übrigens nicht gelb, sondern rothbraun aussehen, werden gemeinschaftlich filtrirt, und nach dem Auswaschen und Trocknen, beim Zutritt der Luft, in Zinnoxyd verwandelt. Wenn die Menge des erhaltenen Schwefelzinns bedeutend ist, so thut man oft gut, nach dem Glühen des Schwefelzinns dasselbe mit etwas Salpetersäure zu befeuchten, und dann vorsichtig und unter Zusetzen von etwas kohlensaurem Ammoniak mit dem Glühen fortzufahren.

Man erhält nach dieser Methode zwar ein Zinnoxyd, das ganz arsenikfrei ist; da aber das Zinnoxyd etwas Porcellanmasse enthalten könnte, von welcher es nicht getrennt werden kann, da es sich nicht vollständig in Chlorwasserstoffsäure auflösen läſst, so muſs man den Tiegel vor und nach dem Schmelzen wägen.

Auf dieselbe Weise wie die oxydirten Verbindungen des Arseniks und des Zinns können nicht die Schwefelverbindungen beider Metalle durch Cyankalium von einander geschieden werden, weil durch

Schmelzen mit Cyankalium das Schwefelarsenik nicht vollständig zu Metall reducirt werden kann.

Das Arsenik kann aus dem Verluste am leichtesten dadurch bestimmt werden, dafs man beide Metalle in Schwefelmetalle verwandelt und diese in einem durch Chlorcalcium getrockneten Schwefelwasserstoffgasstrome glüht. Man kann sich dazu des S. 77 abgebildeten Apparats bedienen. — Ist die Verbindung der beiden Metalle in oxydirtem Zustande, so wird sie in dem Porcellantiegel mit Schwefelpulver gemengt, und in dem Strome von Schwefelwasserstoffgas geglüht. Es verflüchtigt sich das Arsenik als Schwefelarsenik vollständig, während Schwefelzinn zurückbleibt, aus dessen Gewicht man indessen nicht den Zinngehalt berechnen mufs, sondern das man in Zinnoxyd verwandelt. Ist die Verbindung in metallischem Zustande, und läfst sie sich gut zerkleinern, so kann man das Pulver oder die zerkleinerte Legirung mit Schwefel in dem Porcellantiegel schmelzen, und das Geschmolzene in dem Strome von Schwefelwasserstoffgas glühen. Läfst sich indessen die Legirung nicht zerkleinern, so mufs man sie auf die oben S. 417 angegebene Weise oxydiren, und die oxydirte Masse im Porcellantiegel, nachdem sie schwach geglüht ist, mit Schwefel mengen, und das Gemenge im Schwefelwasserstoffstrome glühen.

Bunsen hat eine andere Methode vorgeschlagen, um das Zinn vom Arsenik zu trennen, die darauf beruht, dafs das Schwefelarsenik in feuchtem Zustande durch eine Lösung von saurem schweflichtsaurem Kali aufgelöst werden kann, das Schwefelzinn hingegen nicht. Diese Methode kann besonders gut angewandt werden, wenn man beide Schwefelmetalle in einem Ueberschufs von einem alkalischen Schwefelmetall aufgelöst hat, wie dies der Fall ist, wenn man Verbindungen von Zinn und Arsenik mit anderen Metalloxyden mit einer Mengung von kohlensaurem Alkali und Schwefel geschmolzen hat. Hat man die geschmolzene Masse mit Wasser behandelt, so wird die von den ungelösten Schwefelmetallen abfiltrirte Flüssigkeit, welche Schwefelzinn und Schwefelarsenik enthält, durch einen grofsen Ueberschufs einer Lösung von schweflichter Säure in Wasser gefällt, die Flüssigkeit im Wasserbade mit dem Niederschlage digerirt, und dann das Ganze so lange gekocht, bis ungefähr zwei Drittel des Wassers und alle schweflichte Säure verjagt ist. Es bleibt Schwefelzinn ungelöst, während das Schwefelarsenik als arseniksaures und unterschweflichtsaures Alkali aufgelöst worden ist.

Beim Auswaschen des ungelösten Schwefelzinns müssen besondere Vorsichtsmaafsregeln beobachtet werden. Wäscht man dasselbe mit reinem Wasser aus, so läuft die Flüssigkeit stets trübe durch das Filtrum. Bunsen schlägt vor, um diesen Uebelstand zu vermeiden, den Niederschlag mit einer concentrirten Lösung von Chlornatrium auszuwaschen, bis alle arsenichte Säure entfernt ist, und darauf das Chlornatrium durch Auswaschen mit einer Lösung von essigsaurem Ammoniak, das einen kleinen Ueberschufs von Essigsäure enthalten mufs, zu entfernen. Das letztere Waschwasser, welches das essigsaure Ammoniak enthält, wird für sich aufgefangen, weil aus einer Lösung dieses Salzes die arsenichte Säure nicht mehr vollständig durch Schwefelwasserstoffgas niedergeschlagen werden kann. Aber auch hierdurch kann der Uebelstand nicht beseitigt werden; die Lösung läuft ungeachtet dieser Maafsregeln trübe durch das Filtrum; und es ist schwer, das Schwefelzinn ganz vom Chlornatrium zu befreien, so dafs man gewöhnlich durch Rösten desselben ein Zinnoxyd erhält, das Chlornatrium enthält. Das mit dem Waschwasser im Niederschlage zurückbleibende essigsaure Ammoniak verdunstet beim Trocknen des Filtrums und läfst das Schwefelzinn rein zurück, das durch Rösten in Zinnoxyd verwandelt und als solches gewogen wird. — Während man nach dieser Methode das Schwefelantimon vom Schwefelarsenik sehr gut trennen kann, ist die Trennung des Schwefelzinns vom Schwefelarsenik mit Schwierigkeiten verknüpft.

Lenssen hat versucht, die Trennung dadurch zu bewirken, dafs er die durch Behandeln mit Salpetersäure erhaltenen Oxyde durch Digeriren mit Ammoniak und Schwefelammonium auflöste, und aus dieser Lösung die Arseniksäure als arseniksaure Ammoniak-Magnesia ausschied. Es mufs dann alles Arsenik als Arseniksäure vorhanden sein, die Auflösung der oxydirten Masse wird rasch und ohne Erwärmen, und die Fällung der Arseniksäure gleich nach erfolgter Auflösung geschehen müssen, weil sich sonst Schwefelarsenik bildet (S. 394), aus dessen Auflösung in Schwefelammonium durch ein Magnesiasalz keine arseniksaure Ammoniak-Magnesia abgeschieden werden kann.

Hat man nun nach irgend einer Methode das Zinn vom Arsenik getrennt, so ist es rathsam, das erhaltene Zinnoxyd nach dem Wägen auf einen Arsenikgehalt zu untersuchen.

Dies geschieht am besten auf die Weise, dafs man einen sehr kleinen Theil des Zinnoxyds mit etwas Cyankalium in einer Glasröhre von schwer schmelzbarem Glase, welche an einem Ende zugeschmolzen ist, durch die Flamme einer Lampe erhitzt. Enthält das Zinnoxyd auch nur geringe Mengen von Arsenik, so zeigt sich an der kalten Stelle der Glasröhre ein metallischer Spiegel von Arsenik. Wenn man indessen nach den angegebenen Methoden mit Vorsicht das Zinn vom Arsenik getrennt hat, wenn man namentlich das Schwefelarsenik vom Schwefelzinn durch Sublimation in einer Atmosphäre von Schwefelwasserstoffgas geschieden hat, so wird man es vollkommen frei von jeder Spur von Arsenik finden.

Andere Methoden, die Trennung des Zinns vom Arsenik zu bewerkstelligen, geben keine genauen Resultate. Es ist schon oben Seite 413 angeführt worden, dafs eine Trennung beider Metalle vermittelst Salpetersäure nicht gelingt, indem das entstandene Zinnoxyd oft einen Theil, oft die ganze Menge des Arseniks der Legirung enthalten kann. Aber auch wenn man beide Metalle in Königswasser auflöst, die Auflösung mit einer grofsen Menge von Wasser (dem 50fachen Volumen) verdünnt, und das aufgelöste Zinnoxyd durch Schwefelsäure zu fällen sucht, so enthält der Niederschlag des schwefelsauren Zinnoxyds eine grofse Menge von Arsenik. Es geht auch nicht an, aus der Auflösung beider Metalle in Königswasser das Zinnoxyd durch kohlensaure Kalkerde zu fällen, selbst bei einem grofsen Zusatz von Chlorammonium, welches sonst auf die vollständige Fällung des Oxyds durch kohlensaure Kalkerde nicht hinderlich einwirkt, wohl aber die Fällung der arseniksauren und arsenichtsauren Kalkerde verhindert. Das gefällte Zinnoxyd enthält dessen ungeachtet eine wiewohl geringe Menge von Arsenik. Eben so wenig glückt auch die Trennung beider Metalle durch kohlensaure Baryterde.

Trennung des Arseniks vom Antimon. — Die Trennung des Arseniks vom Antimon ist wie die vom Zinn mit Schwierigkeiten verbunden. Sind indessen beide Metalle in regulinischem Zustande mit einander vereinigt, und sonst nicht andere Metalle zugegen, so kann man schon durch blofses Erhitzen beim Ausschlufs der atmosphärischen Luft das Arsenik vom Antimon trennen, indem das Arsenik von diesem abdestillirt wird. Das Antimon und das Wismuth sind aber vielleicht fast die einzigen Metalle, von welchen durch blofses Erhitzen die ganze Menge des Arseniks abgetrieben werden kann.

Um daher Antimon vom Arsenik zu trennen, ist es am besten, die Legirung in einer Atmosphäre von Kohlensäuregas zu glühen. Es ist nicht rathsam, die Operation in Wasserstoffgas vorzunehmen, weil dadurch immer ein kleiner Theil des Antimons als Antimonwasserstoffgas verflüchtigt werden könnte. Man kann die Legirung in einem Porcellantiegel mit durchbohrtem Deckel erhitzen; genauere Resultate erhält man indessen, wenn man die Legirung in einer gewogenen Kugelröhre erhitzt. Wenn die Menge des Arseniks bedeutend ist, mufs man hierbei darauf sehen, dafs das hintere Ende der Kugelröhre nicht von zu geringem Durchmesser sei. Sobald der Apparat mit Kohlensäuregas angefüllt ist, erhitzt man die Glaskugel so lange, als sich noch metallisches Arsenik in der hinteren Glasröhre absetzt. Mit einer kleinen Lampe treibt man das Arsenik immer weiter aus der Röhre fort, bis sie rein davon ist. Wenn das Arsenik vollständig aus der Röhre getrieben ist, läfst man die Kugelröhre erkalten, während das Kohlensäuregas noch immer hindurch geleitet wird, verdrängt nach dem Erkalten die Kohlensäure durch atmosphärische Luft und wägt die Kugelröhre mit dem zurückgebliebenen metallischen Antimon, und findet so die Menge des Arseniks durch den Verlust. Es ist hierbei nothwendig, keine gar zu starke Hitze zu geben, damit sich nicht etwas Antimon mit verflüchtigt. Uebrigens versteht es sich von selbst, daſs man, der Gesundheit wegen, bei diesem Versuche sehr vorsichtig sein muſs, um nicht etwas von den Arsenikdämpfen einzuathmen. Die Operation muſs daher in einem abgeschlossenen Raume mit einem guten Abzug angestellt werden. — Fast alles in der Natur unter dem Namen Scherbenkobalt vorkommende Arsenik enthält kleine Quantitäten von Antimon, die auf die so eben beschriebene Weise bestimmt werden können.

Nach früher angewendeten Methoden, die Legirung mit Salpetersäure vollständig zur Trockniſs einzudampfen, und die entstandene Arseniksäure durch Wasser auszuziehen, oder die Legirung in Königswasser zu lösen, mit einem Ueberschuſs von Chlorwasserstoffsäure bis fast bis zur Trockniſs einzudampfen, und dann durch vieles Wasser die Antimonsäure abzuscheiden, erhält man keine genauen Resultate, weil die Antimonsäure immer Arseniksäure enthält.

Sind Antimon und Arsenik in einer Auflösung enthalten, so kann man folgendermaaſsen verfahren: Man versetzt die Auflösung mit etwas Weinsteinsäure, reducirt vorhandene Arseniksäure durch schweflichte Säure und fällt dann durch Schwefelwasserstoff Schwefelantimon und Schwefelarsenik (S. 390). Den Niederschlag bringt man auf ein bei 100° getrocknetes und gewogenes Filtrum, wäscht ihn vollständig aus und wägt ihn nach dem Trocknen bei 100°. In einem gewogenen Theile desselben kann man nun den Schwefelgehalt, wie beim Schwefelantimon (S. 296), bestimmen, und in einem andern gewogenen Theile den Antimongehalt durch langes Erhitzen in Wasserstoffgas (S. 293), und aus dem Verlust den Arsenikgehalt berechnen.

Es ist nöthig, das Schwefelarsenik in einer Atmosphäre von Wasserstoffgas von dem Antimon abzutreiben, weil bei einer Destillation auch in einer Atmosphäre von Kohlensäuregas eine nicht unbedeutende Menge von Schwefelantimon wegen der Flüchtigkeit desselben mit dem Schwefelarsenik davon geht. Es braucht wohl kaum bemerkt zu werden, daſs man bei der angeführten Methode Sorge wegen der schädlichen Arsenikdämpfe tragen muſs.

Man sieht ein, daſs nach dieser Methode der geringste Gehalt an Antimon im Schwefelarsenik leichter aufgefunden und gewogen werden kann, als sich ein geringer Gehalt an Arsenik im Schwefelantimon bestimmen läſst.

Da Schwefelantimon, sowohl das, welches der antimonichten Säure, als auch das, welches der Antimonsäure entspricht, durch concentrirte Chlorwasserstoffsäure vollständig unter Entwickelung von

Schwefelwasserstoffgas, besonders bei Anwendung einer ganz geringen Hitze, zersetzt wird, die den beiden Säuren des Arseniks entsprechenden Schwefelverbindungen hingegen hartnäckig der Einwirkung der concentrirtesten Chlorwasserstoffsäure auch bei erhöhter Temperatur widerstehen, so kann man Antimon und Arsenik auch auf die Weise annähernd trennen, dafs man beide Metalle in Schwefelmetalle verwandelt, und diese in einem Kolben mit concentrirter Chlorwasserstoffsäure übergiefst. Man läfst diese Säure erst kalt einwirken, darauf aber unterstützt man die Einwirkung durch eine gelinde Hitze. Der Kolben mufs sehr geräumig sein, damit durch das Erhitzen nicht Chlorantimon sich verflüchtigen kann. Wenn das Schwefelarsenik von rein gelber Farbe zurückgeblieben ist, setzt man Weinsteinsäure und Wasser hinzu, um dasselbe filtriren und auswaschen zu können. Aus der Auflösung fällt man das Antimon durch Schwefelwasserstoffgas.

Nach dieser Methode erhält man indessen stets etwas Arsenik zu wenig, weil sich in Verbindung mit Schwefelantimon etwas Schwefelarsenik auflösen mufs. Der Verlust an Arsenik beträgt gewöhnlich einige Procent. So vortrefflich daher diese Methode bei qualitativen Untersuchungen zu benutzen ist, so ist es nicht rathsam, sie bei quantitativen Analysen anzuwenden.

Die beste Methode der Trennung des Arseniks vom Antimon ist unstreitig folgende: Die beiden Metalle oder die Schwefelverbindungen derselben werden vorsichtig oxydirt, durch Königswasser oder durch Chlorwasserstoffsäure und chlorsaures Kali. Sind die Schwefelmetalle frisch gefällt, so gelingt die Oxydation sehr gut auf die beim Schwefelarsenik (S. 391) angeführte Weise vermittelst Kalihydrat und Chlorgas, wenn man vorher Weinsteinsäure zur Lösung der Schwefelmetalle in Kalihydrat hinzufügt, um das sonst später stattfindende Ausscheiden von Antimonsäure zu verhindern. Zu der auf die eine oder die andere Weise erhaltenen Auflösung setzt man Weinsteinsäure, falls diese nicht schon vorher hinzugefügt ist, und darauf Ammoniak im Ueberschufs. Es darf dadurch kein Niederschlag entstehen, sondern die Auflösung mufs vollständig klar bleiben; entsteht aber dennoch eine geringe Fällung, so war gewöhnlich eine nicht hinreichende Menge von Weinsteinsäure hinzugefügt. In diesem Falle giefst man die klare Flüssigkeit ab, und sucht den Niederschlag in Weinsteinsäure aufzulösen, worauf man dann die Auflösung mit der anderen vermischt.

Aus der Auflösung wird darauf die Arseniksäure als arseniksaure Ammoniak-Magnesia gefällt, wie S. 388 angegeben ist. — Aus der von der Fällung abfiltrirten Flüssigkeit fällt man, nachdem sie durch verdünnte Chlorwasserstoffsäure sauer gemacht ist, das Antimon durch Schwefelwasserstoffgas.

Diese Methode giebt bei Anwendung der gehörigen Vorsicht sehr genaue Resultate.

Hat man Antimon und Arsenik in oxydirtem Zustande von einander in fester Form zu trennen, so kann auch folgende Methode angewendet werden. Man schmelzt die Verbindung im Silbertiegel vorsichtig mit ungefähr der achtfachen Menge von reinem Natronhydrat und läfst das Ganze einige Zeit im Flusse. Die geschmolzene Masse wird nun so behandelt, wie es S. 303 bei der Trennung des Antimon vom Zinn angegeben ist.

Aus der vom antimonsauren Natron abfiltrirten Lösung verjagt man den gröfsten Theil des Alkohols durch Erhitzen, macht die Lösung durch Chlorwasserstoffsäure schwach sauer und fällt die Arseniksäure durch ein Magnesiasalz (S. 388).

Ist eine Legirung von Antimon und Arsenik zu untersuchen, so mufs sie zuerst gepulvert durch Salpetersäure oxydirt werden, wenn die Trennung vermittelst des Natronhydrats geschehen soll. Hierbei mufs man noch vorsichtiger verfahren, als dies S. 303 bei der Oxydation einer Legirung von Antimon und Zinn gezeigt ist.

Die Trennung des Antimons vom Arsenik vermittelst des Natronhydrats ist zwar nicht der kurz vorher beschriebenen Methode vorzuziehen, welche vielmehr einfacher und, weil kein Silbertiegel dabei angewendet wird, auch genauer ist; sie mufs aber, wie dies weiter unten gezeigt werden wird, angewendet werden, wenn die drei Metalle, Zinn, Antimon und Arsenik, von einander zu trennen sind.

Will man bei einer Trennung des Antimons vom Arsenik die Menge des letzteren nicht unmittelbar, sondern nur aus dem Verluste bestimmen, so kann man sich zur Analyse des Cyankaliums bedienen. Man schmelzt die oxydirte Legirung mit fünf oder sechs Theilen Cyankalium, und verfährt dabei ganz auf die Weise, wie es oben S. 418 bei der Trennung des Zinns vom Arsenik vermittelst Cyankaliums gezeigt worden ist. Die Schwefelverbindungen beider Metalle können indessen durch Schmelzen mit Cyankalium nicht von einander getrennt werden, da sie dadurch nicht vollständig zu Metall reducirt werden.

Wie das Zinn vom Arsenik, so kann auch nach Bunsen das Antimon vom Arsenik dadurch getrennt werden, dafs man die Schwefelverbindungen beider Metalle mit einer Lösung von saurem schweflichtsaurem Kali digerirt, wobei man verfährt, wie S. 419 angegeben ist. Es bleibt Schwefelantimon von rother Farbe ungelöst zurück, welches mit reinem Wasser ausgewaschen werden kann; die davon abfiltrirte Flüssigkeit enthält alles Arsenik als arsenichte Säure, welche unmittelbar durch Schwefelwasserstoffgas gefällt werden kann. Das erhaltene Schwefelarsenik wird auf die S. 391 angeführte Weise zu Arseniksäure oxydirt, welche als arseniksaure Ammoniak-Magnesia gefällt wird. Es ist dies, besonders wenn die Menge des Arseniks nur gering ist, der Oxydirung der ganzen Flüssigkeit durch chlorsaures Kali und Chlorwasserstoffsäure vorzuziehen, wenn in derselben die Menge des unterschweflichtsauren Alkalis zu bedeutend ist.

Hat man eine regulinische Verbindung von Arsenik und Antimon mit anderen Metallen, oder sind die Oxyde beider mit denen anderer Metalle verbunden, so löst man die Verbindung in Königswasser oder in Chlorwasserstoffsäure mit einem Zusatze von chlorsaurem Kali, oder wenn sie oxydirt ist, in reiner Chlorwasserstoffsäure auf, setzt zu der Auflösung Weinsteinsäure, und verdünnt sie mit Wasser. Darauf fällt man das Antimon und das Arsenik durch Schwefelwasserstoffgas, wenn nämlich die anderen Metalle aus sauren Auflösungen durch dieses Gas nicht gefällt werden. Es ist anzurathen, die Arseniksäure vorher durch schweflichte Säure in arsenichte Säure zu verwandeln.

Die vom Schwefelantimon und Schwefelarsenik abfiltrirte Flüssigkeit wird mit Ammoniak übersättigt, und die in ihr aufgelösten Metalloxyde werden durch Schwefelammonium gefällt, weil die Gegenwart der Weinsteinsäure andere Fällungsmittel anzuwenden hindert.

Sind aber Arsenik und Antimon mit solchen Metallen verbunden, deren Oxyde aus sauren Auflösungen ebenfalls durch Schwefelwasserstoffgas als Schwefelmetalle ausgeschieden werden, so muſs die Trennung meistens durch Schwefelammonium geschehen.

Sind auſser Arsenik und Antimon keine anderen Metalle zugegen, als die, welche S. 404 angegeben sind, so kann man auch aus der Auflösung, welche aber das Arsenik als Arseniksäure enthalten muſs, nach Zusatz der Weinsteinsäure die Arseniksäure durch ein Magnesiasalz fällen, und die filtrirte Auflösung mit Schwefelwasserstoff behandeln, wodurch die übrigen Metalle mit Ausnahme des Antimons gefällt werden.

In der Natur kommen in einigen Fahlerzen Antimon und Arsenik mit Quecksilber verbunden vor. In der Auflösung geschieht die Trennung dieser am besten durch Schwefelammonium, nachdem sie ammoniakalisch gemacht worden ist. Man digerirt einige Zeit das unlösliche Schwefelquecksilber mit dem Schwefelammonium, läſst aber dann die Flüssigkeit beim Ausschluſs der Luft vollständig erkalten, ehe man das Schwefelquecksilber filtrirt. Das Filtriren desselben geschieht auf einem gewogenen Filtrum, auf welchem man das Schwefelquecksilber anfangs mit etwas Schwefelammonium und dann mit reinem Wasser auswaschen kann, um es vielleicht von etwas überschüssigem Schwefel zu befreien, wenn man es seinem Gewichte nach bestimmen will.

Auf welche Weise die Verbindungen des Schwefelarseniks und des Schwefelantimons mit anderen Schwefelmetallen untersucht werden, kann erst später beim Artikel Schwefel umständlich erörtert werden.

Trennung des Arseniks vom Antimon und Zinn. — Sind die drei Metalle in regulinischem Zustand mit einander verbunden, so müssen sie zuerst oxydirt werden. Dies geschieht durch starke, aber reine Salpetersäure auf die S. 303 beschriebene Weise. Nimmt man zur Oxydation nicht eine sehr starke Salpetersäure, so ist gewöhnlich die oxydirte Masse etwas grau durch noch nicht oxydirtes Metallpulver. Die oxydirte Masse wird im Wasserbade zur Trocknifs abgedampft, darauf in einen Silbertiegel geschüttet, das an den Wänden des Gefäfses Haftende mit einer verdünnten Auflösung von Natronhydrat in den Silbertiegel gespült, das Ganze in demselben im Wasserbade zur Trocknifs gebracht, und dann mit der achtfachen Menge von festem Natronhydrat geschmolzen. Man weicht die erkaltete Masse so lange mit heifsem Wasser auf, bis das Ungelöste ein fein zertheiltes Pulver bildet, verdünnt die erhaltene Flüssigkeit mit Wasser, und verfährt dann so wie S. 304 angegeben ist.

Es ist nicht nöthig, aus der vom antimonsauren Natron getrennten, alkoholhaltigen, alkalischen Flüssigkeit den Alkohol durch Erhitzen zu verjagen. Man übersättigt sie mit Chlorwasserstoffsäure, wodurch ein sehr voluminöser Niederschlag von arseniksaurem Zinnoxyd entsteht. Ohne denselben aufzulösen, leitet man durch die erwärmte Flüssigkeit lange und anhaltend Schwefelwasserstoffgas, wodurch der weifse Niederschlag sich in einen ganz dunkelbraunen, der aus Schwefelzinn und Schwefelarsenik besteht, verwandelt, und verfährt gerade so, wie bei der Fällung der Arseniksäure durch Schwefelwasserstoff (S. 392) angegeben ist. Sollte sich in der von den Schwefelmetallen abfiltrirten Lösung nach einiger Zeit noch etwas Schwefelarsenik ausscheiden, so ist dieses frei von jeder Spur von Schwefelzinn und wird deshalb nicht zu den Schwefelmetallen auf dem gewogenen Filtrum hinzugefügt, sondern für sich untersucht.

Die Schwefelmetalle trocknet man bei 100° C. und behandelt dann zur Bestimmung des Zinns und Arseniks eine gewogene Menge davon nach der S. 419 beschriebenen Methode mit Schwefelwasserstoffgas.

Diese Methode giebt sehr genaue Resultate.

Hat man die drei Metalle in oxydirtem Zustande, so werden sie unmittelbar mit Natronhydrat im Silbertiegel behandelt.

Hat man die drei Metalle mit Schwefel verbunden, und noch mit vielem Schwefel gemengt, so ist es rathsam, dieselben durch Schwefelkohlenstoff von dem gröfsten Theile des gemengten Schwefels zu befreien, und sie dann erst durch Salpetersäure zu oxydiren. Scheidet sich hierbei Schwefel aus, so mufs dieser nach dem Entfernen der Salpetersäure durch Eindampfen vermittelst rauchender Salpetersäure und gelindem Erwärmen aufgelöst werden.

Bestimmung der Mengen von arsenichter Säure und von Arseniksäure, wenn beide zusammen vorkommen. — Levol hat für diese Trennung vorgeschlagen, die Arseniksäure aus der Auflösung, welche beide Säuren enthält, als arseniksaure Ammoniak-Magnesia zu fällen. Die arsenichte Säure bleibt aufgelöst, und kann aus der getrennten, mit Chlorwasserstoffsäure übersättigten Auflösung mit Schwefelwasserstoffgas niedergeschlagen werden. — Es ist hierbei nur zu bemerken, daſs in der Flüssigkeit eine bedeutende Menge von Chlorammonium enthalten sein muſs, um die gleichzeitige Fällung der arsenichten Säure als Magnesiasalz zu verhindern.

Die Bestimmung der arsenichten Säure, wenn sie mit Arseniksäure verbunden vorkommt, kann auch durch Goldchloridauflösung geschehen. Aus dieser wird durch arsenichte Säure Gold reducirt, aus dessen Menge man die der arsenichten Säure berechnet (S. 394). Die vom Golde getrennte Flüssigkeit behandelt man mit schweflichter Säure, durch welche das überschüssige Gold reducirt und die Arseniksäure in arsenichte Säure verwandelt wird, welche man durch Schwefelwasserstoffgas fällen kann. Von der ganzen Menge des erhaltenen Arseniks zieht man die ab, welche in der arsenichten Säure enthalten ist, um die der Arseniksäure zu finden.

Sehr zweckmäſsig indessen bestimmt man die arsenichte Säure maaſsanalytisch (S. 395), und in einer anderen Menge der Substanz die ganze Quantität des Arseniks, indem man die arsenichte Säure durch chlorsaures Kali und Chlorwasserstoffsäure zu Arseniksäure oxydirt, und die ganze Menge derselben als arseniksaure Ammoniak-Magnesia fällt.

L. Tellur.

Bestimmung des Tellurs, der tellurichten Säure und der Tellursäure. — Ist das Tellur in einer Auflösung, in welcher es quantitativ bestimmt werden soll, als tellurichte Säure enthalten, so thut man am besten, diese durch schweflichte Säure zu reduciren. Das reducirte Tellur wird auf einem gewogenen Filtrum ausgewaschen und nach dem Trocknen bei 100° gewogen. Enthält die Lösung der tellurichten Säure nur wenig Chlorwasserstoffsäure, ungefähr gerade so viel als zu ihrer Lösung nothwendig ist, so wird durch die schweflichte Säure das Tellur nur langsam gefällt, auch wenn man das Ganze erhitzt; nach Zusatz von mehr Chlorwasserstoffsäure erfolgt dann die Ausscheidung schneller, besonders beim Erhitzen.

Je concentrirter die Flüssigkeit ist, desto schneller geschieht die Fällung. Es dauert aber immer längere Zeit, ehe durch die schweflichte Säure die ganze Menge der tellurichten Säure als metallisches

Tellur gefällt wird. Man thut am besten, die Flüssigkeit, wenn sie hinreichend concentrirt ist, mehrere Tage an einem warmen Orte mit einem Ueberschusse von schweflichter Säure zu digeriren. Darauf wird das Metall filtrirt, während die Flüssigkeit nach schweflichter Säure riecht. Man muſs es nie unbedeckt, auch nur während einiger Augenblicke, ehe es ausgewaschen ist, auf dem Filtrum in Berührung mit atmosphärischer Luft lassen, weil es sonst, bei Gegenwart von etwas Chlorwasserstoffsäure, bald oxydirt wird und etwas Chlortellur bildet, das aufgelöst die früher durchfiltrirte Flüssigkeit, welche freie schweflichte Säure enthält, trübt, indem diese die aufgelöste tellurichte Säure reducirt. Es ist daher besser, die klare Flüssigkeit durchs Filtrum zu gieſsen, und das Tellur mit Wasser, das schweflichte Säure enthält, erst auszuwaschen, ehe man es ebenfalls aufs Filtrum bringt.

Hat man eine alkalische Auflösung der tellurichten Säure, so macht man sie durch Chlorwasserstoffsäure sauer, und setzt aus dem oben angegebenen Grunde mehr Chlorwasserstoffsäure hinzu, als nöthig ist, um die anfangs gefällte tellurichte Säure wieder aufzulösen.

Statt der wässrigen Lösung der schweflichten Säure kann man auch eine Lösung von schweflichtsaurem Alkali anwenden, wenn auch die erstere vorzuziehen ist. Man muſs hierbei darauf sehen, daſs auch nach Zusatz des schweflichtsauren Alkalis hinreichend freie Chlorwasserstoffsäure vorhanden ist, jedenfalls so viel, daſs keine tellurichte Säure sich ausscheidet, weil diese unzersetzt bleiben würde. Setzt man das schweflichtsaure Alkali zur kalten Flüssigkeit, so kann sie zuerst klar und farblos bleiben und erst nach einiger Zeit anfangen, sich zu bräunen und schwarzes Tellur auszuscheiden.

Nach der Reduction der tellurichten Säure vermittelst schweflichter Säure muſs man nie die Vorsicht unterlassen, die vom reducirten Tellur abfiltrirte saure Flüssigkeit noch einmal zu erwärmen, um durch einen neuen Zusatz von schweflichter Säure sich bestimmt zu überzeugen, daſs alles Tellur vollständig aus der Flüssigkeit ausgeschieden ist. Es ist dies sehr häufig nicht der Fall, wenn man nicht längere Zeit die Auflösung der tellurichten Säure mit der schweflichten Säure erwärmt hat.

Enthält die Auflösung der tellurichten Säure Salpetersäure, so kann durch die ungebundene Salpetersäure leicht etwas reducirtes Tellur wieder aufgelöst werden. Um dies zu vermeiden, muſs man vor dem Zusetzen der schweflichten Säure oder des schweflichtsauren Alkali's nach und nach Chlorwasserstoffsäure zu der Auflösung fügen, und diese durch Erhitzen so lange concentriren, bis dadurch die Salpetersäure zerstört ist. Daſs dies geschehen ist, erkennt man daran, daſs die Auflösung beim Erwärmen nicht mehr nach Chlor riecht.

Man verdünnt die concentrirte Auflösung mit etwas Wasser, und reducirt darauf das Tellur durch schweflichte Säure oder schweflichtsaures Alkali. — Man kann auch die Salpetersäure fast vollständig aus der Flüssigkeit dadurch entfernen, dafs man dieselbe im Wasserbade bis zur Trocknifs abdampft. Wenn nun auch Chlorwasserstoffsäure in der Auflösung enthalten ist, so geht durchs Abdampfen kein Chlortellur verloren.

Statt der schweflichten Säure kann man sich zur Ausscheidung des Tellurs, wenn dasselbe als tellurichte Säure in einer Lösung enthalten ist, der phosphorichten Säure bedienen. Man kann dazu die Säure anwenden, welche durch Zerfliefsen des Phosphors entstanden ist, denn die Gegenwart der Phosphorsäure in dieser Säure ist ohne Einflufs. Die tellurichte Säure wird vollkommen durch phosphorichte Säure zu Tellur reducirt, aber die Reduction geschieht langsamer als mittelst der schweflichten Säure, und auch wie bei dieser gelingt sie nur, wenn eine nicht zu geringe Menge von Chlorwasserstoffsäure vorhanden ist. Ist Salpetersäure in der Lösung, so zerstört man diese durch Chlorwasserstoffsäure auf die oben angeführte Weise. Dann fügt man phosphorichte Säure hinzu, und dampft das Ganze im Wasserbade bis zu einem sehr dünnen Syrup ein. Es scheidet sich während des Eindampfens das Tellur als schwarzes Pulver ab, das dann so aussieht, wie das durch schweflichte Säure reducirte Tellur. Man fügt darauf Wasser hinzu, und bringt das abgeschiedene Tellur auf ein gewogenes Filtrum. Die abfiltrirte Flüssigkeit enthält noch tellurichte Säure; man erhält daher wiederum reducirtes Tellur, wenn die Flüssigkeit von Neuem im Wasserbade bis zu einem dünnen Syrup abgedampft wird, ohne dafs man von Neuem phosphorichte Säure hinzuzufügen braucht, wenn man Anfangs die gehörige Menge hinzugesetzt hat. Man mufs das Abdampfen im Wasserbade so lange wiederholen, bis sich dabei kein Tellur mehr ausscheidet. Man sammelt alles Tellur auf einem gemeinsamen Filtrum, und wägt es, nachdem es nach dem Auswaschen bei 100° getrocknet ist.

Obgleich das Tellur auf diese Weise vollständig aus seinen Lösungen geschieden werden kann, so geschieht dies doch langsamer als durch schweflichte Säure, und in den meisten Fällen ist die Anwendung der schweflichten Säure bei der Reduction des Tellurs der der phosphorichten Säure vorzuziehen. Es giebt indessen einige Fälle, namentlich bei der Trennung der tellurichten Säure von den alkalischen Enden, wo zur Reduction des Tellurs phosphorichte und nicht schweflichte Säure angewandt wird.

Das durch schweflichte oder durch phosphorichte Säure reducirte Tellur schrumpft nach dem Trocknen sehr zusammen und nimmt dann ein geringes Volumen ein.

Sowohl durch schweflichte Säure als auch durch phosphorichte Säure wird das Tellur aus seinen Lösungen reducirt, wenn in denselben auch Weinsteinsäure enthalten ist; nur ist dann die Reduction schwieriger und erfolgt langsamer.

Ist in einer Lösung das Tellur als Tellursäure enthalten, so wird dieselbe durch Erhitzen mit Chlorwasserstoffsäure unter Entwicklung von Chlor in tellurichte Säure verwandelt. Dies geschieht schon bei einer Temperatur von 40° bis 50°, aber schneller, wenn man stärker erhitzt. Man fährt mit dem Erhitzen so lange fort, bis ein Geruch nach Chlor nicht mehr wahrzunehmen ist.

Bestimmung der Säuren des Tellurs als Schwefeltellur. — Die tellurichte Säure kann aus ihren verdünnten Lösungen in Chlorwasserstoffsäure und selbst in Salpetersäure vollständig durch Schwefelwasserstoffgas als braunes Schwefeltellur gefällt werden. Trocknet man dasselbe bei einer Temperatur von etwas unter 100°, so kann man aus der Menge des erhaltenen Schwefeltellurs sehr genau auf die Menge des Tellurs in der Lösung schliefsen. Die salpetersaure Lösung der tellurichten Säure mufs frei von salpetrichter Säure sein, was leicht zu bewirken ist, wenn die Lösung nach dem Verdünnen mit Wasser erhitzt worden ist, und man sie darauf hat erkalten lassen.

Wenn man indessen nicht überzeugt ist, dafs das erhaltene Schwefeltellur rein und von normaler Zusammensetzung ist, so mufs die Menge des Tellurs in ihm bestimmt werden. Man behandelt dann das Schwefeltellur noch feucht mit dem Filtrum mit Königswasser, oder besser mit Chlorwasserstoffsäure und chlorsaurem Kali. Man digerirt erst bei sehr gelinder Hitze, um nicht nur das Tellur, sondern auch den Schwefel vollständig aufzulösen, zerstört dann das noch vorhandene chlorsaure Kali oder die Salpetersäure durch Eindampfen und scheidet durch schweflichte Säure das Tellur aus.

Sehr leicht und schnell kann das Schwefeltellur auf die Weise völlig oxydirt werden, dafs man es in trockenem, oder auch feuchtem Zustande mit dem Filtrum in ein geräumiges Glas, das verkorkt werden kann, oder in einen Kolben bringt, darin mit sehr wenigem Wasser übergiefst, so dafs dasselbe das Schwefeltellur kaum bedeckt, und dann einen langsamen Strom von Chlorgas hineinleitet. Es ist zweckmäfsig, das Gas in ein zweites Glas abzuleiten, das Wasser enthält. Es löst sich das Tellur sehr leicht durch Hülfe des Chlorgases in dem wenigen Wasser auf, und auch der Schwefel oxydirt sich nach einiger Zeit vollständig. Man kann denselben abscheiden, wenn er von ganz gelber Farbe ist, ihn mit den Ueberresten des Filtrams abfiltriren, und mit Wasser auswaschen, zu welchem man Chlorwasserstoffsäure hinzugefügt hat. Zweckmäfsiger indessen ist es, die vollständige Oxydation des Schwefels zu bewirken, da derselbe noch etwas Tellur umschliefsen könnte. Wenn das Chlorgas sehr schnell hinzugeleitet worden ist, so kann das abgeleitete Chlorgas etwas Tellurchlorid wegführen, das sich indessen in dem Wasser des zweiten Glases auflöst.

Nachdem die Flüssigkeit mit Wasser verdünnt ist, wird sie erwärmt, bis sie nicht mehr nach Chlor riecht. Es ist zweckmäfsig, dann noch etwas Chlorwasserstoffsäure hinzuzufügen und von Neuem zu erhitzen, um zu sehen, ob dadurch von Neuem ein Chlorgeruch entsteht. Die Lösung enthält nämlich Tellursäure, die erst vollständig in tellurichte Säure verwandelt werden mufs, wenn man in der Lösung das Tellur durch scheflichte Säure abscheiden will.

Reduction der oxydirten Tellurverbindungen durch Cyankalium. — Wird tellurichte Säure oder Tellursäure oder eine Verbindung derselben in einem gut bedeckten Porcellantiegel mit Cyankalium geschmolzen, und die geschmolzene Masse nach dem Erkalten mit Wasser übergossen, so scheidet sich sogleich metallisches Tellur (in krystallinischen Nadeln) ab; zugleich bildet sich vorübergehend eine weinrothe Lösung von Tellurkalium, aus welcher das Tellur bei Berührung mit der Luft ausgeschieden wird. Man erhält indessen nach vielfältigen Versuchen nicht die ganze Menge des in den Verbindungen enthaltenen Tellurs, auch wenn man die Menge des Cyankaliums sehr vermehrt, und das Schmelzen lange Zeit fortdauern läfst. Man erhält gewöhnlich nur ungefähr 93 bis 94 Proc. an metallischem Tellur von der Menge, welche in der oxydirten Verbindung enthalten war.

Aus der vom metallischen Tellur abfiltrirten Flüssigkeit kann man nach Uebersättigung derselben mit Chlorwasserstoffsäure durch scheflichte Säure geringe Mengen von Tellur fällen, welche indessen lange nicht den Verlust decken.

Durch Schmelzen der oxydirten Tellurverbindungen, oder des metallischen Tellurs mit Cyankalium bildet sich nur Tellurkalium (nicht Tellurcyankalium), und wird der Zutritt der atmosphärischen Luft nicht vollständig abgehalten, so oxydirt sich schon während des Schmelzens das Kalium des gebildeten Tellurkaliums, und die oberen Schichten der Masse enthalten metallisches Tellur, während die unteren Schichten aus unzersetztem Tellurkalium bestehen. Ein Theil des Tellurs auf der Oberfläche der geschmolzenen Masse kann sich vorübergehend zu tellurichter Säure oxydiren, welche aber beim ferneren Schmelzen durch das Cyankalium reducirt wird. Ein anderer Theil des ausgeschiedenen metallischen Tellurs verflüchtigt sich aber von der Oberfläche der geschmolzenen Masse, und dies ist die Ursache des Verlustes.

Man mufs daher das Schmelzen der Tellurverbindung mit Cyankalium beim Ausschlufs der Luft in einer Atmosphäre von Wasserstoffgas in dem S. 77 abgebildeten Apparate vornehmen, oder besser noch in einem kleinen mit langem engen Halse versehenen Kolben, in welchen man das Wasserstoffgas durch eine den Hals bis auf einen engen Zwischenraum ganz ausfüllende Glasröhre hineinleitet. Man bringt das Cyankalium in kleinen Stücken nebst der Tellurverbindung in den Kolben, und mengt beides durch Schütteln. Man muſs nicht zu wenig Cyankalium anwenden, ungefähr das Zehn- bis Zwölffache von der Tellurverbindung. Nachdem man beides durch Schütteln gemengt hat, bedeckt man das Ganze noch mit einer Schicht von grobgepulvertem Cyankalium. Wenn die Luft aus dem Kolben durch Wasserstoffgas verdrängt ist, schmelzt man das Ganze durch vorsichtiges Erhitzen, was übrigens schon bei einem geringen Hitzgrad bewirkt wird, bei welchem das Glas des Kolbens gar nicht angegriffen wird. Wenn die schmelzende schwarze Masse keine Blasen mehr erzeugt, und das Schmelzen ungefähr 10 Minuten gedauert hat, läſst man nach und nach erkalten, während das Wasserstoffgas immerfort zuströmen muſs. Nach dem gänzlichen Erkalten füllt man den Kolben vollständig mit Wasser, kehrt ihn um und stellt ihn in ein Glas mit Wasser. Das Tellurkalium löst sich vollständig im Wasser mit tief weinrother Farbe auf; die Lösung flieſst beständig nach unten ab, und da sie immer durch reines Wasser ersetzt wird, so ist in kurzer Zeit die ganze Masse des Tellurkaliums aufgelöst. Man verdünnt die Lösung, aus welcher sich durch den Einfluſs der atmosphärischen Luft fortwährend Tellur ausscheidet, mit vielem Wasser, und leitet einen langsamen Strom von atmosphärischer Luft (aus einem gewöhnlichen Gasbehälter) hindurch. Nach einigen Stunden ist das Tellur vollständig als metallisches Tellur von schwarzer Farbe und deutlich krystallinischer Beschaffenheit ausgeschieden. Man sammelt es auf einem gewogenen Filtrum, trocknet es nach dem Auswaschen bei 100° und bestimmt sein Gewicht.

Ist die Untersuchung mit Sorgfalt angestellt worden, so erhält man die richtige Menge des Tellurs bis auf $\frac{1}{4}$ Proc. Dieser Verlust rührt von etwas tellurichter Säure her, welche entweder der reducirenden Einwirkung des Cyankaliums und des Wasserstoffgases entgangen ist, oder welche sich durch den Zutritt sehr kleiner Mengen von atmosphärischer Luft, welcher vielleicht nicht ganz vollständig zu vermeiden ist, gebildet haben mögen. Es ist auch möglich, daſs etwas Tellur beim Ausscheiden aus dem Tellurkalium sich in der Lösung durch die atmosphärische Luft oxydirt. Man erhält das Tellur aus dieser Spur von tellurichter Säure, wenn man die vom Tellur abfiltrirte Flüssigkeit durch Chlorwasserstoffsäure übersättigt und mit schweflichter Säure behandelt.

Wenn bei dem Schmelzen der Masse nicht unnöthiger Weise eine zu hohe Temperatur angewendet worden ist, so hat sich kein Tellur verflüchtigt, in dem langen Halse des Kolbens kann keine Spur von sublimirtem Tellur wahrgenommen werden, und das ausströmende Wasserstoffgas, wenn man es auf kurze Zeit anzündet, zeigt keine grünliche Färbung.

Wird die Reduction der oxydirten Tellurverbindungen vermittelst Cyankaliums und Wasserstoffgas in Porcellantiegeln ausgeführt, so enthält die von dem metallischen Tellur abfiltrirte Flüssigkeit etwas mehr tellurichte Säure (einige Procente des vorhandenen Tellurs), und es hat aufserdem ein wenn auch geringer Verlust von Tellur stattgefunden.

Wenn man fein zertheiltes metallisches Tellur mit einer Lösung von Cyankalium kocht, so löst es sich, jedoch nur in sehr geringer Menge auf. Die Lösung enthält in der That Tellurcyankalium (während man durch Schmelzen des Tellurs mit Cyankalium nur Tellurkalium erhält, wie dies schon oben bemerkt wurde). Durch atmosphärische Luft wird aus der Lösung kein metallisches Tellur abgeschieden, wohl aber durch Chlorwasserstoffsäure, und hat man die Lösung nicht lange beim Zutritt der atmosphärischen Luft stehen lassen, so wird durch Chlorwasserstoffsäure alles Tellur abgeschieden. Leitet man indessen durch die Lösung sehr lange atmosphärische Luft, so bleibt die Auflösung zwar klar, aber das Tellurcyankalium ist nach und nach in tellurichtsaures Kali verwandelt worden. Man erhält dann durch Sättigung mit Chlorwasserstoffsäure kein metallisches Tellur, sondern eine Ausscheidung von tellurichter Säure, welche sich in einer gröfseren Menge von Chlorwasserstoffsäure sehr leicht auflöst.

Da das Tellur in nur sehr kleiner Menge durch Erhitzen in einer Lösung von Cyankalium zu Tellurcyankalium sich auflöst, so ist diese Eigenschaft des Tellurs zu analytischen Zwecken nicht füglich zu benutzen.

Reduction der oxydirten Tellurverbindungen durch Schmelzen mit kohlensaurem Alkali in einer Atmosphäre von Wasserstoffgas. — Man kann die oxydirten Verbindungen des Tellurs auch vollständig in Tellurkalium verwandeln (aus dessen Lösung das Tellur mit so grofser Leichtigkeit geschieden werden kann), wenn man dieselben mit kohlensaurem Alkali gemengt in einer Atmosphäre von Wasserstoffgas schmelzt. Die geschmolzene Masse löst sich ebenfalls vollständig in Wasser mit weinrother Farbe auf, und hat alle Eigenschaften des durch Cyankalium erzeugten Tellurkaliums.

Die zu zersetzenden oxydirten Tellurverbindungen werden mit der sechsfachen Menge von kohlensaurem Kali-Natron gemengt. Zu diesem Gemenge fügt man noch ein ungefähr gleiches Gewicht von gepulvertem und schwach geglühtem reinem Chlorkalium oder Chlornatrium, und mengt Alles wohl durch einander in einem nicht zu grofsen gewogenen Porcellantiegel. Nachdem man das Ganze noch mit einer Schicht von Chlorkalium bedeckt hat, wird es, während man Wasserstoffgas in den Tiegel leitet (wie im Apparat S. 77) bei ziemlich starker Hitze geschmolzen. Durchaus nothwendig ist es, dafs das Wasserstoffgas ununterbrochen, besonders aber während des Erkaltens, gut zuströmt.

Nach dem vollständigen Erkalten wird die geschmolzene Masse in vielem Wasser gelöst, und durch die Lösung ein langsamer Strom von atmosphärischer Luft geleitet, bis das Tellur vollständig sich ausgeschieden hat.

Bei dem Auflösen der geschmolzenen Masse in Wasser lösen sich aber auch gewöhnlich kleine Porcellanstücke ab, weil der Tiegel trotz der Beimengung von Chlorkalium oder Chlornatrium durch das schmelzende kohlensaure Alkali angegriffen wird. Man mufs deshalb vor dem Versuch den Porcellantiegel genau wägen, und nachdem nach dem Versuch die geschmolzene Masse in Wasser aufgelöst worden, wägt man nach vollständiger Reinigung den Tiegel wieder. Der Verlust besteht in kleinen Porcellanstücken, welche mit dem ausgeschiedenen Tellur gemengt sind. Man wägt dieses, nachdem es auf einem gewogenen Filtrum bei 100° getrocknet ist, und zieht von dem Gewichte desselben das der kleinen Porcellanstücke ab*).

Der Verlust an Tellur beträgt 2 bis 3 pCt., und dieses Tellur findet sich in der abfiltrirten alkalischen Flüssigkeit als tellurichtsaures Alkali. Es rührt dies davon her, dafs die tellurichte Säure etwas schwer und langsam vom Wasserstoffgas reducirt wird. Wird die Flüssigkeit durch Chlorwasserstoffsäure übersättigt, so kann aus der Lösung das Tellur durch schweflichte Säure gefällt werden.

Diese Methode, das Tellur aus seinen oxydirten Verbindungen zu scheiden, steht der anderen Methode, dies durch Schmelzen mit Cyankalium in einem Kolben mit langem Halse zu bewerkstelligen, sehr nach; sie mufs indessen bei gewissen Trennungen des Tellurs benutzt werden.

Bestimmung der tellurichten Säure und der Tellursäure in ihren Lösungen durch Abdampfen. — Ist in einer Auflösung tellurichte Säure in andern Säuren, namentlich in Salpetersäure, aufgelöst, so kann sie auf die Weise bestimmt werden, dafs man die Auflösung im Wasserbade bis zur Trocknifs abdampft, und die trockene Masse in einem Platintiegel so lange erhitzt, bis das Gewicht sich nicht mehr ändert. Schon bei einer Temperatur von

---

*) Löst man das Tellur in Salpetersäure auf und bestimmt das Gewicht der nicht gelösten Porcellanstücke unmittelbar, so stimmt dasselbe mit dem Gewichtsverluste überein.

ungefähr 200° wird die Salpetersäure aus der tellurichten Säure vollständig fortgetrieben, und die tellurichte Säure läfst sich bis zum Schmelzen erhitzen, was erst bei bedeutend höherer Temperatur stattfindet, ohne dafs sich merkliche Mengen verflüchtigen.

Ist die tellurichte Säure in Chlorwasserstoffsäure gelöst, so kann man die Lösung zur Entfernung der Chlorwasserstoffsäure mit einem Zusatze von Salpetersäure im Wasserbade bis zur Trocknifs abdampfen, den Rückstand noch einige Male mit concentrirter Salpetersäure eintrocknen und dann erhitzen, wie oben angegeben ist.

Auch selbst wenn in der Lösung der tellurichten Säure Schwefelsäure enthalten ist, kann die tellurichte Säure durch Abdampfen und Erhitzen der trocknen Masse sehr gut und genau ihrem Gewichte nach bestimmt werden. Es entweicht indessen die Schwefelsäure erst bei einer ziemlich hohen Temperatur vollständig von der tellurichten Säure. Es gehört dazu die Hitze des schmelzenden Zinks, bei welcher man die tellurichte Säure einige Zeit im schmelzenden Zustand erhalten mufs. Es verflüchtigt sich dabei noch keine tellurichte Säure. — Die Schwefelsäure treibt übrigens die Chlorwasserstoffsäure von der tellurichten Säure aus, ohne dafs sich etwas davon als Tellurchlorid verflüchtigt.

Ist in einer Lösung Tellursäure enthalten, so fügt man Chlorwasserstoffsäure hinzu, und dampft im Wasserbade ab, wodurch die Tellursäure zu tellurichter Säure unter Chlorentwickelung reducirt wird. Ehe die Masse trocken geworden ist, fügt man Salpetersäure hinzu, und verfährt auf die so eben beschriebene Weise, um die richtige Menge der tellurichten Säure zu erhalten.

Bestimmung der Tellursäure vermittelst Silberoxyds. — Man kann, nach Berzelius, die Tellursäure unmittelbar in der Auflösung der tellursauren Salze als basisch tellursaures Silberoxyd bestimmen. Man setzt zu der Auflösung salpetersaures Silberoxyd in einem kleinen Ueberschusse, worauf man den Niederschlag in Ammoniak auflöst, die Flüssigkeit so weit abdampft, bis das überschüssige Ammoniak entfernt ist, und nun das abgeschiedene basisch tellursaure Silberoxyd auf einem gewogenen Filtrum filtrirt, worauf man es behutsam trocknet. Dasselbe hat die Zusammensetzung $3AgO + TeO^3$, woraus man die Menge des Tellurs berechnen kann. Zweckmäfsiger indessen ist es, in dem gewogenen Niederschlage die Menge des Silbers zu bestimmen, um aus dem Verluste die Menge der Tellursäure sicherer bestimmen zu können. Man löst ihn deshalb in Salpetersäure auf, und fällt aus der Lösung vermittelst Chlorwasserstoffsäure das Silberoxyd als Chlorsilber.

Trennung des Tellurs vom Chrom, Uran, Nickel, Kobalt, Zink, Eisen und Mangan. — Man löst die Verbindung in

Chlorwasserstoffsäure auf, oder wenn sie darin nicht löslich ist, in Salpetersäure, in Königswasser, oder in Chlorwasserstoffsäure unter Zusatz von chlorsaurem Kali, reducirt in der Auflösung etwa vorhandene Tellursäure durch Erhitzen mit Chlorwasserstoffsäure zu tellurichter Säure, und fällt dann aus der etwas verdünnten Lösung durch Schwefelwasserstoffgas Schwefeltellur.

Die Tellursäure kann zwar ebenfalls durch Schwefelwasserstoffgas gefällt werden, doch geschieht dies so langsam und unvollständig, dafs es immer vorzuziehen ist, die Tellursäure zuvor zu tellurichter Säure zu reduciren.

Zum Auflösen von Tellurmetallen mufs man starke Salpetersäure anwenden, weil bei der Behandlung mit schwacher Salpetersäure in einigen Fällen eine geringe Entwicklung von Tellurwasserstoffgas stattfinden könnte. — Mehrere dieser Tellurverbindungen können übrigens durch Chlorgas auf eine weiter unten angeführte Weise zerlegt werden.

Leichter als durch Schwefelwasserstoffgas, kann das Tellur von den genannten Metallen durch schweflichte Säure, oder durch schweflichtsaures Alkali in der sauren Auflösung getrennt werden, da jene Metalle durch diese Reagentien nicht fällbar sind. Man verfährt dabei so, wie S. 427 angegeben ist. — Das reducirte Tellur kann bisweilen kleine Mengen von den Metallen enthalten, von denen es vermittelst der schweflichten Säure getrennt wurde, doch ist diese Menge stets sehr unbedeutend.

Es gelingt nicht gut, das Tellur von den Metallen, deren Schwefelverbindungen in den Lösungen der alkalischen Schwefelmetalle unlöslich sind, dadurch zu trennen, dafs man die Lösung nach der Neutralisation durch Ammoniak mit Schwefelammonium übersättigt. Auch wenn man die festen Verbindungen mit einem Gemenge von kohlensaurem Alkali und Schwefel schmelzt, und die geschmolzene Masse mit Wasser behandelt, so wird oft nicht alles Tellur gelöst, sondern es bleibt etwas davon bei den ungelösten Schwefelmetallen.

Trennung des Tellurs vom Kupfer, Wismuth und Cadmium. — Man löst die Verbindungen in einer Säure auf, und fällt aus der Lösung metallisches Tellur durch schweflichte Säure, worauf dann die Metalle in der filtrirten Lösung bestimmt werden. Aus einer Lösung, welche Wismuth enthält, wird indessen nach Berzelius durch schweflichte Säure mit dem reducirten Tellur eine nicht ganz unbedeutende Menge von Wismuth niedergeschlagen. Es ist nicht untersucht worden, ob aus einer chlorwasserstoffsauren Lösung des Wismuthoxyds und der tellurichten Säure man ersteres durch Zusatz von Wasser als basisches Chlorwismuth fällen kann, und ob dabei die tellurichte Säure aufgelöst bleibt.

Vermittelst einer Lösung von Kalihydrat kann die tellurichte Säure von den Metalloxyden nicht vollständig getrennt werden. — Das Tellurkupfer kann auch durch Chlorgas zerlegt werden.

Trennung des Tellurs vom Silber. — Man löst die Verbindung in Salpetersäure auf, und fällt aus der Lösung durch Chlorwasserstoffsäure Chlorsilber. Die Auflösung des Tellursilbers durch Salpetersäure erfolgt langsam bei gewöhnlicher Temperatur, aber schneller beim Erwärmen. Man muſs die salpetersaure Lösung nicht zu lange stehen lassen, ehe man Chlorwasserstoffsäure hinzufügt, denn es setzen sich sonst kleine, demantglänzende, in Wasser unauflösliche Krystalle von saurem tellurichtsaurem Silberoxyd ab.

Wird Tellursilber oder tellurichtsaures Silberoxyd mit kohlensaurem Natron und Schwefel geschmolzen, und wird die geschmolzene Masse mit Wasser behandelt, so bleibt Schwefelsilber ungelöst, das noch ziemlich viel Tellur enthält. Auch wenn die Lösung des tellurichtsauren Silberoxyds in Salpetersäure mit Ammoniak übersättigt und mit Schwefelammonium behandelt wird, enthält das abgeschiedene Schwefelsilber Tellur, aber nicht in sehr bedeutender Menge.

Wird Tellursilber in einer Atmosphäre von Wasserstoffgas geglüht, so bleibt es unverändert. Tellurichtsaures Silberoxyd verwandelt sich dadurch in Tellursilber.

Trennung der Säuren des Tellurs von den Oxyden des Quecksilbers. — Diese Trennung wird in Lösungen nicht vollständig durch Schwefelammonium bewerkstelligt; sie kann aber bei festen Verbindungen auf die Weise bewirkt werden, daſs man dieselben mit wasserfreiem kohlensaurem Alkali und mit Kalkerde mengt, und das metallische Quecksilber auf die S. 188 beschriebene Weise abdestillirt. Der alkalische Rückstand wird in Chlorwasserstoffsäure gelöst und aus der sehr stark verdünnten Lösung das Tellur durch schweflichte Säure abgeschieden.

Man kann indessen auch auf nassem Wege die Verbindungen des Quecksilbers mit dem Tellur mit Genauigkeit untersuchen. Man löst sie auf mittelst Königswasser, wenn die oxydirten Verbindungen sich in Salpetersäure lösen, so wendet man diese Säure an, fügt aber zu der Lösung Chlorwasserstoffsäure. Man verdünnt darauf das Ganze mit nicht zu wenigem Wasser, fügt phosphorichte Säure (die Säure, welche man durch Zerflieſsen des Phosphors erhalten hat) hinzu, und läſst es längere Zeit (24 bis 36 Stunden) bei gewöhnlicher Temperatur stehen. Es ist zwar oben S. 429 erwähnt worden, daſs die phosphorichte Säure die tellurichte Säure zu reduciren im Stande ist; es geschieht dies aber nicht im Mindesten in verdünnten Lösungen bei gewöhnlicher Temperatur; das Quecksilber scheidet sich vollständig als Quecksilberchlorür ab, das seiner Menge nach bestimmt werden kann.

Wenn eine Verbindung von Tellur mit Quecksilber durch Chlorgas zersetzt wird, so wird alles Tellur und alles Quecksilber als flüchtige Chloride verflüchtigt, und im Wasser gelöst. In dieser Lösung kann das Quecksilber auf die so eben beschriebene Weise vom Tellur getrennt werden.

Trennung des Tellurs vom Gold. — Beide kommen gemeinschaftlich in mehreren Verbindungen in der Natur vor. Ist die Verbindung in Königswasser aufgelöst worden, so kann aus der Lösung das Gold durch schwefelsaures Eisenoxydul gefällt werden, von welchem die tellurichte Säure nicht reducirt wird.

Man kann auch in der Lösung in Königswasser, nachdem man aus derselben die Salpetersäure durch Erwärmen mit Chlorwasserstoffsäure entfernt hat, das Tellur und das Gold gemeinschaftlich durch schweflichte Säure fällen. Der Niederschlag wird nach dem Auswaschen mit Salpetersäure übergossen, wodurch das Tellur aufgelöst wird. Hat man vorher Gold und Tellur gemeinschaftlich auf einem gewogenen Filtrum gesammelt, und ihr Gewicht bestimmt, so ergiebt sich die Menge des Tellurs aus dem Verlust, wenn man die des Goldes gefunden hat. Man kann übrigens das Tellur in der salpetersauren Lösung auch noch durch schweflichte Säure fällen.

Trennung der Säuren des Tellurs von dem Bleioxyd. — Man löst die Verbindung in Salpetersäure auf. Auch die Verbindung vom Tellur und Blei wird in Salpetersäure gelöst, von welcher sie im gepulverten Zustande schon bei gewöhnlicher Temperatur heftig angegriffen wird. Zur gänzlichen Lösung bedarf es ohne Anwendung von Wärme einige Zeit, mit Hülfe derselben geht sie schnell von statten. Man verdünnt die Lösung mit Wasser, und setzt darauf ein Achtel vom Volumen an Alkohol, und verdünnte Schwefelsäure hinzu; nachdem das schwefelsaure Bleioxyd sich abgesetzt hat, wird es filtrirt, mit alkoholhaltigem Wasser ausgewaschen, und seinem Gewichte nach bestimmt.

Die Zersetzung des Tellurbleis kann sehr gut vermittelst Chlorgas bewerkstelligt werden.

Trennung des Tellurs vom Antimon. — Das Antimon kommt mit dem Tellur gemeinschaftlich vor. Man trennt in der Lösung das Tellur durch schweflichte Säure, welche das Antimon aus den Lösungen seiner Oxyde nicht reducirt. Die Gegenwart von Weinsteinsäure, welche immer zu den Lösungen des Antimons hinzugesetzt zu werden pflegt, um sie mit Wasser verdünnen zu können, ist ohne Einfluſs auf die Reduction des Tellurs durch schweflichte Säure.

Trennung des Tellurs vom Arsenik. — Auch diese Trennung kann mittelst der schweflichten Säure geschehen, welche nur

die Arseniksäure zu arsenichter Säure, aber diese nicht zu Metall reducirt.

Trennung des metallischen Tellurs von anderen Metallen vermittelst Chlorgas. — Das Tellur, wenn es mit Metallen verbunden ist, läfst sich von vielen derselben sehr gut durch Chlorgas trennen. Man bedient sich zu diesen Untersuchungen eines Apparats, wie er weiter unten bei der Analyse von Schwefelmetallen beschrieben ist. Bei gewöhnlicher Temperatur werden die Verbindungen, auch wenn sie gepulvert werden können, nicht bedeutend durch das Chlorgas angegriffen, wohl aber beim Erwärmen. Es wird dadurch Chlortellur abdestillirt, während die Verbindungen des Chlors mit den übrigen Metallen, die nicht flüchtig sind, zurückbleiben. Hierbei bildet sich weifses Tellurchlorid, wenn der Strom des Chlorgases, der über die erwärmte Tellurverbindung geleitet wurde, ziemlich stark ist. Ist derselbe hingegen nur schwach, und die Erwärmung etwas stark, so bildet sich schwarzes Tellurchlorür, das in braunvioletten Dämpfen überdestillirt. Das Tellurchlorid löst sich in der Vorlage, welche man vorher mit verdünnter Chlorwasserstoffsäure füllt, vollständig auf, während bei Anwendung von reinem Wasser tellurichte Säure ausgeschieden wird. Das Tellurchlorür aber löst sich in dem mit Chlorwasserstoffsäure versetzten Wasser unter Abscheidung von schwarzem metallischen Tellur auf; in blofsem Wasser würde bei der Zersetzung desselben sich ein Gemenge von tellurichter Säure und metallischem Tellur ausscheiden. — Hat man mit dem Durchleiten des Chlorgases lange fortgefahren, so hat sich in der Flüssigkeit Tellursäure gebildet, welche aber durch Erhitzen der Chlorwasserstoffsäure enthaltenden Flüssigkeit in tellurichte Säure verwandelt werden mufs, ehe das Tellur durch schweflichte Säure gefällt wird.

Nach Beendigung der Operation, wenn kein Chlortellur mehr entwickelt wird, und nach dem Erkalten des Ganzen, wird die in der Flüssigkeit der Flasche aufgelöste tellurichte Säure vermittelst schweflichter Säure oder schweflichtsauren Alkali's reducirt. Wenn sich in dieser Flüssigkeit vorher durch Bildung von Tellurchlorür metallisches Tellur ausgeschieden hatte, so ist es nicht nöthig, dasselbe vor der Reduction der aufgelösten tellurichten Säure zu filtriren. Die nicht flüchtigen Chlormetalle werden nach Methoden untersucht, die im Vorhergehenden angegeben sind. — Auf diese Weise kann das Tellur von den meisten Metallen, auch vom Golde getrennt werden, mit welchem es zusammen in der Natur vorkommt.

Trennung der Säuren des Tellurs von den Erden. — Wenn man die Verbindungen der Säuren des Tellurs mit den Erden in Chlorwasserstoffsäure löst, so wird in den Lösungen durch Erhitzen die Tellursäure in tellurichte Säure verwandelt. Man kann letztere dann durch Schwefelwasserstoffgas als Schwefeltellur fällen, und in der abfiltrirten Flüssigkeit die Erde bestimmen.

Man kann auch aus der chlorwasserstoffsauren Lösung die tellurichte Säure durch schweflichte Säure fällen, und in der vom Tellur abfiltrirten Flüssigkeit die Erde bestimmen. Dieser Gang der Untersuchung kann indessen nicht angewandt werden, wenn alkalische Erden vorhanden sind, die in ihrer Verbindung mit Schwefelsäure theils unlöslich, theils sehr schwerlöslich in Chlorwasserstoffsäure sind. Man kann indessen zur Reduction der tellurichten Säure phosphorichte Säure anwenden, da die alkalischen Erden mit Phosphorsäure Verbindungen bilden, die in Chlorwasserstoffsäure löslich sind.

Die Verbindungen der tellurichten Säure und der Tellursäure mit den alkalischen Erden wird man wie die der Alkalien durch Erhitzen mit Chlorammonium untersuchen können.

Trennung der Säuren des Tellurs von den Alkalien. — Werden die tellursauren und tellurichtsauren Alkalien in Chlorwasserstoffsäure gelöst (und die Lösung erhitzt, wenn Tellursäure vorhanden ist, um diese in tellurichte Säure zu verwandeln), so kann in der sauren Lösung die Trennung durch schweflichte Säure oder Schwefelwasserstoff bewerkstelligt werden.

In den trocknen Salzen kann die Menge der Alkalien sehr genau durch Erhitzen mit Chlorammonium bestimmt werden, wenn man so verfährt, wie S. 286 bei der Zersetzung der zinnsauren Alkalien angegeben ist. Gewöhnlich wird schon die ganze Menge des Tellurs nach einer einmaligen Mengung der Verbindung mit Chlorammonium und einem einmaligen Erhitzen vollständig ausgetrieben.

LI. Selen.

Bestimmung des Selens und der selenichten Säure. — Will man die Quantität von selenichter Säure in ihrer Lösung in Wasser, in Chlorwasserstoffsäure, in Salpetersäure oder in Königswasser bestimmen, so kann man dieselbe im Wasserbade bis zur Trockniſs abdampfen. Man darf die Säure aber nur einer Temperatur von 100° und keiner höheren aussetzen, weil sie sonst anfängt sich zu verflüchtigen. Enthielt die Lösung Salpetersäure, so ist diese bei 100° noch nicht gänzlich verflüchtigt; man muſs dann etwas Wasser hinzufügen, und wieder bei 100° abdampfen, wodurch die Salpetersäure verflüchtigt wird. Die selenichte Säure durch Eindampfen der Lösung mit Salpetersäure und einer gewogenen Menge von Bleioxyd und durch Glühen der trocknen Masse (S. 387) zu bestimmen, gelingt nicht, weil dabei selenichte Säure entweicht. Ist Selen als selenichte Säure in einer Auflösung enthalten, so bestimmt man es am besten durch schweflichte Säure, und zwar auf ähnliche Weise, wie das Tellur. Man setzt zu der Flüssigkeit, welche die selenichte Säure enthält, Chlorwasserstoffsäure und eine Auflösung von schweflichter Säure oder von schweflichtsaurem Alkali. Im letztern Fall muſs aber mehr Chlorwasserstoffsäure hinzugesetzt werden, als nöthig ist, um das schweflichtsaure Alkali vollständig zu zersetzen. Das Selen wird dadurch in den meisten Fällen in kurzer Zeit reducirt und scheidet sich als ein zinnoberrothes Pulver ab, das lange in der Flüssigkeit suspendirt bleibt. Erhitzt man diese aber bis zum Kochen, so ballt sich das reducirte Selen zu einem sehr geringen Volumen zusammen und färbt sich schwarz. Wenn nun bei einem neuen Zusatze von schweflichter Säure keine rothe Färbung mehr entsteht, so wird das reducirte Selen auf einem gewogenen Filtrum gesammelt, ausgewaschen, bei 100° getrocknet und gewogen.

Oft wird indessen das Selen durch schweflichte Säure langsamer reducirt. In jedem Falle ist es aber gerathen, die Flüssigkeit, wenn das Selen sich ausgeschieden hat, von Neuem mit schweflichter Säure zu versetzen, und sie darauf längere Zeit an einem warmen Orte stehen zu lassen. Wird dann kein Selen mehr gefällt, so kann man sicher sein, daſs die ganze Menge desselben schon vorher reducirt worden war.

Eine Lösung von reiner selenichter Säure wird durch schweflichte Säure gar nicht reducirt, auch nicht beim Erhitzen. Erst nach dem Zusetzen von etwas Chlorwasserstoffsäure beginnt die Reduction vermittelst schweflichter Säure. Wendet man statt der Chlorwasserstoffsäure verdünnte Schwefelsäure an, so geschieht die Reduction durch schweflichte Säure sehr langsam und nicht vollständig.

Enthält die Auflösung, in welcher die selenichte Säure bestimmt werden soll, zugleich auch Salpetersäure, so muſs diese vor dem Zusetzen der schweflichten Säure erst durch Chlorwasserstoffsäure zerstört werden. Man concentrirt zu dem Ende die Flüssigkeit durch Eindampfen und setzt nach und nach so lange Chlorwasserstoffsäure zur heiſsen Lösung, bis kein Chlor mehr entwickelt wird. Darauf fällt man das Selen durch schweflichte Säure.

Das Selen kann aus den Lösungen der selenichten Säure auch durch phosphorichte Säure reducirt werden; aber auch nur (wie durch schweflichte Säure) bei Gegenwart von Chlorwasserstoffsäure. Die Reduction erfolgt indessen bei demselben Verfahren weit schwieriger und langsamer als die Reduction der tellurichten Säure durch phosphorichte Säure (S. 429).

Man muſs zur Abscheidung des Selens wohl fast immer die schweflichte Säure der phosphorichten vorziehen. Es giebt indessen einige Fälle, wo die schweflichte Säure nicht gut angewandt werden kann, und die phosphorichte Säure vorgezogen werden muſs.

Bestimmung der Säuren des Selens als Schwefelselen. — Die selenichte Säure kann aus ihren Lösungen vollständig durch Schwefelwasserstoffgas als gelbes Schwefelselen gefällt werden, das nach dem Trocknen einen starken Stich ins Rothe erhält. (Dasselbe ist wohl nur eine innige Mengung von Schwefel und Selen nach dem bestimmten Verhältnisse SeS^3, Thl. I. S. 600.) Man kann aus dem Gewichte des bei 100° oder etwas unter 100° getrockneten Niederschlags genau die Menge des Selens und der selenichten Säure in der Lösung berechnen.

Wenn man indessen nicht vollkommen überzeugt sein kann, daſs das erhaltene Schwefelselen rein ist, und wenn man eine Einmengung von Schwefel darin vermuthet, so muſs die Menge des Selens in ihm durch einen Versuch gefunden werden. Man oxydirt es, noch im feuchten Zustande mit dem Filtrum mit Königswasser oder besser mit Chlorwasserstoffsäure und einem Zusatze von chlorsaurem Kali. Auch durch rauchende Salpetersäure kann bei gehöriger Behandlung eine vollständige Lösung des Schwefelselens erfolgen. Leicht und schnell indessen kann das Schwefelselen oxydirt werden, wenn man es auf dieselbe Weise mit Chlorgas behandelt, wie Schwefeltellur, wenn man in diesem die Menge des Tellurs finden will (S. 430). Es wird durch das Chlorgas das Selen früher oxydirt als der Schwefel, aber es ist zweckmäſsig das Schwefelselen vollständig zu oxydiren, weil der zuerst ausgeschiedene Schwefel, wenn er auch von ganz gelber Farbe ist, dennoch etwas Selen enthalten kann. — Die Lösung enthält Selensäure. Sie wird so lange erhitzt, bis sie nicht mehr nach Chlor riecht, dann fügt man etwas Chlorwasserstoffsäure hinzu, und erhitzt von Neuem. Riecht sie dann nicht mehr nach Chlor, so wird die selenichte Säure durch schweflichte Säure zu Selen reducirt.

Abscheidung des Selens aus Lösungen von Selencyankalium. — Man kann das Selen in den Säuren des Selens so wie auch in vielen andern Verbindungen sehr gut auf die Weise bestimmen, daſs man dieselben mit Cyankalium schmelzt; es bildet sich dadurch Selencyankalium, das in Wasser leicht auflöslich ist, und aus dessen Lösung das Selen durch Uebersättigung mit verdünnter Chlorwasserstoffsäure ganz vollständig gefällt werden kann.

Das Zusammenschmelzen der Selenverbindungen mit Cyankalium geschieht in einem Kolben oder Tiegel in einer Atmosphäre von Wasserstoffgas auf dieselbe Weise, wie es beim Tellur S. 432 beschrieben ist. Hierbei ist aber zu bemerken, daſs beim Schmelzen von reiner selenichter Säure mit Cyankalium sich etwas selenichte Säure verflüchtigt, ehe das Cyankalium auf dieselbe einwirkt. Es ist

daher nothwendig, die selenichte Säure vor dem Schmelzen mit Cyankalium in selenichtsaures Alkali überzuführen, was durch Abdampfen mit einem kleinen Ueberschufs von kohlensaurem Alkali geschieht.

Obgleich das Selencyankalium lange nicht so empfindlich ist gegen die kleinsten Mengen von atmosphärischer Luft wie das Tellurkalium (S. 431), so haben doch vielfältige Versuche gezeigt, dafs man nur dann genaue Resultate erhält, wenn das Schmelzen in einer Atmosphäre von Wasserstoffgas vor sich geht. Die geschmolzene Masse ist von brauner Farbe; sie löst sich vollständig in Wasser zu einer farblosen Lösung auf. Man verdünnt dieselbe mit nicht zu vielem Wasser und erhitzt sie längere Zeit bis zum Kochen, darauf läfst man sie erkalten, übersättigt sie mit Chlorwasserstoffsäure, und erhitzt wieder einige Zeit hindurch. Es scheidet sich nun alles Selen aus, das sich dann bald vollständig gut absetzt, worauf man es filtrirt. Das ausgewaschene Selen wägt man nach dem Trocknen bei 100°.

Es ist durchaus nothwendig, dafs man genau so verfährt, wie es so eben angegeben ist. Verdünnt man die Lösung mit zu vielem Wasser, so scheidet sich das Selen schwerer und weit langsamer ab. Die geschmolzene Masse besteht zwar aus Selencyankalium, aber neben demselben hat sich Selenkalium gebildet. Wird daher die Lösung in Wasser von gewöhnlicher Temperatur mit verdünnter Chlorwasserstoffsäure übersättigt, so entweicht Selenwasserstoffgas, und ein über der Oberfläche der Flüssigkeit gehaltenes Papier, das mit einer Bleioxydlösung getränkt ist, wird gebräunt. Dies ist nicht der Fall, wenn die wässerige Lösung der geschmolzenen Masse vor der Uebersättigung mit Chlorwasserstoffsäure erhitzt wird; das Selenkalium in derselben wird durch das überschüssige Cyankalium in Selencyankalium verwandelt.

Man erhält nach dieser Methode sehr genaue Resultate. In der vom Selen abfiltrirten Flüssigkeit ist gewöhnlich kein Selen, oder nur eine sehr geringe Spur davon zu entdecken, die als selenichte Säure darin enthalten, und durch schweflichte Säure abzuscheiden ist.*)

Nicht blofs durch Schmelzen mit Cyankalium wird das Selen in Selencyankalium verwandelt, sondern auch schon durch Erhitzen mit einer Auflösung von Cyankalium. Ist das Selen in fein zertheiltem Zustande, so wird es ziemlich leicht aufgelöst. Die Lösung enthält Selencyankalium; durch Uebersättigung mit verdünnter Chlorwasserstoffsäure wird das Selen vollständig gefällt. Diese Eigenschaft des

---

*) Aus einer sehr verdünnten Lösung des Selencyankaliums, aus welcher sich durch Uebersättigung mit verdünnter Chlorwasserstoffsäure das Selen sehr langsam absetzt, scheidet sich, wenn das Selen abfiltrirt worden ist, noch eine Spur von Selen durch langes Stehen ab. Dasselbe ist merkwürdigerweise blau.

Selens, sich durch Erhitzen in einer Lösung von Cyankalium zu Selencyankalium aufzulösen, kann bei manchen Trennungen des Selens von anderen Stoffen mit vielem Vortheil benutzt werden.

Die Säuren des Selens hingegen verwandeln sich nicht in Selencyankalium, wenn ihre Lösungen mit einer Lösung von Cyankalium auch sehr lange erhitzt und gekocht werden. Wird die Lösung dann mit Chlorwasserstoffsäure übersättigt, so erfolgt nicht die geringste Ausscheidung von Selen.

Abscheidung des Selens aus den Lösungen von Selenkalium. — Werden die Salze der selenichten Säure oder der Selensäure mit kohlensaurem Alkali in einer Atmosphäre von Wasserstoffgas geschmolzen, so werden sie vollständig in Selenkalium oder in Selennatrium verwandelt, aus deren Lösung in Wasser das Selen durch den Sauerstoff der Luft vollständig gefällt werden kann. Man führt diese Reduction genau so aus, wie die der oxydirten Tellurverbindungen (S. 433). Man löst die geschmolzene röthlichbraune Masse in Wasser auf, und leitet durch die mit nicht zu wenigem Wasser verdünnte Lösung einen langsamen Strom von atmosphärischer Luft, wodurch die anfangs schwach gefärbte Flüssigkeit dunkelbraun wird, und allmälig alles Selen vollständig gefällt wird, das nach 18 bis 20 Stunden filtrirt werden kann. Ist dasselbe mit Porcellanstückchen, die sich vom Tiegel abgelöst haben, gemengt, so werden diese auf die S. 434 angegebene Weise berücksichtigt.

Bestimmung der Selensäure. — Ist das Selen als Selensäure in einer Flüssigkeit enthalten, so kann es weder daraus durch schweflichte Säure reducirt, noch durch Schwefelwasserstoffgas als Schwefelselen gefällt werden. Man muſs die Flüssigkeit so lange mit Chlorwasserstoffsäure anhaltend bei gelinder Hitze erwärmen, bis sich kein Chlor mehr entwickelt. Die Selensäure wird durch die Chlorwasserstoffsäure zu selenichter Säure reducirt, und kann dann durch schweflichte Säure reducirt oder durch Schwefelwasserstoffgas als Schwefelselen gefällt werden.

Allgemein pflegte man die Selensäure aus neutralen oder aus sauren Lösungen als selensaure Baryterde zu fällen, und aus dem Gewichte derselben das der Selensäure zu berechnen.

Diese Methode der Bestimmung der Selensäure ist aber ganz zu verwerfen, und zwar vorzüglich aus zwei Ursachen. Die selensaure Baryterde hat in einem weit gröſseren Grade, als dies bei der schwefelsauren Baryterde der Fall ist, die Neigung, sich mit anderen löslichen Baryterdesalzen und mit Salzen der Alkalien, falls diese vorhanden sind, so innig zu verbinden, daſs diese gar nicht, auch nicht durch anhaltende Behandlung mit heiſsem Wasser davon zu trennen sind.

Und dann ist die selensaure Baryterde durchaus nicht so unauflöslich, wie die schwefelsaure Baryterde, namentlich nicht in verdünnten Säuren. Durch Zusatz von Alkohol läfst sich die Löslichkeit zwar vermindern, aber dann ist der Niederschlag noch viel weniger rein.

Es ist nun zwar möglich, dafs man bei der Fällung der Selensäure durch ein Baryterdesalz mit oder ohne Anwendung von Alkohol ein richtiges Resultat erhält, aber wahrscheinlicher ist es, dafs man bedeutend zu viel oder zu wenig erhält. Das Resultat ist ganz unsicher.

Ist Selensäure allein, oder nur mit Salpetersäure in einer Lösung, so kann die Menge derselben vermittelst einer gewogenen Menge von Bleioxyd auf die Weise bestimmt werden, wie es bei der Arseniksäure angegeben ist (S. 387).

Trennung des Selens vom Chrom, Uran, Thallium, Nickel, Kobalt, Zink, Eisen und Mangan. — Die Trennung der selenichten Säure von den Oxyden dieser Metalle kann durch Schwefelwasserstoffgas in der chlorwasserstoffsauren oder, wenn Thallium vorhanden ist, schwefelsauren Lösung bewerkstelligt werden.

Da die erwähnten Oxyde in ihren Lösungen in Chlorwasserstoffsäure durch schweflichte Säure nicht reducirt werden, so können sie mit Ausnahme des Thalliums, weil das Chlorthallium sehr schwer löslich ist, durch dieselbe von der selenichten Säure getrennt werden, aus welcher dadurch das Selen abgeschieden wird.

Ist indessen Selensäure mit den genannten Oxyden verbunden, so mufs diese durch Erhitzen mit Chlorwasserstoffsäure in selenichte Säure verwandelt werden, wenn die Scheidung mittelst Schwefelwasserstoffgas oder mittelst schweflichter Säure statt finden soll. Man kann aber in diesem Falle die Trennung durch Schwefelammonium bewirken, von welchem die Selensäure nicht verändert wird.

Die Trennung des Selens von diesen Metallen, wie überhaupt von den Metallen, deren Schwefelverbindungen in Schwefelammonium nicht löslich sind, gelingt aber durch Schwefelammonium nicht, wenn die Auflösung das Selen als selenichte Säure enthält. In diesem Falle enthalten die gefällten Schwefelmetalle mehr oder weniger Selen. Auch durch Schmelzen der festen Verbindungen mit einem Gemenge von Schwefel und kohlensaurem Natron und Behandeln der geschmolzenen Masse mit Wasser erhält man die Schwefelmetalle nicht frei von Selen. — Man kann aber die selenichte Säure in der Lösung der selenichtsauren Oxyde in Selensäure überführen, indem man zu der Lösung so viel Kalihydrat hinzufügt, dafs dieselbe in einem nicht zu grofsen Ueberschusse vorhanden ist, und dann durch das Ganze Chlorgas leitet, bis dasselbe vorwaltet. Hierauf übersättigt man die Lösung mit Ammoniak und fügt Schwefelammonium hinzu.

Wenn die Metalle der genannten Oxyde mit Selen verbunden sind, so werden die Verbindungen in Salpetersäure, in Königswasser oder am besten in Chlorwasserstoffsäure mit einem Zusatze von chlorsaurem Kali aufgelöst, und dann aus der Lösung die selenichte Säure von den Metalloxyden auf die erwähnte Weise getrennt.

Mehrere dieser Selenverbindungen können sehr gut durch Chlorgas auf eine weiter unten anzuführende Methode zersetzt werden.

Trennung des Selens vom Kupfer, Wismuth und Cadmium. — Man muſs in den Lösungen, wenn sie das Selen als selenichte Säure enthalten, die Trennung durch schweflichte Säure zu bewirken suchen oder durch Chlorgas die selenichte Säure in Selensäure verwandeln. Enthält die Lösung Selensäure, so können durch Schwefelwasserstoffgas oder durch Schwefelammonium Schwefelmetalle gefällt werden; die Selensäure wird dadurch nicht verändert.

Was die Verbindungen des Selens mit diesen Metallen betrifft, so kann namentlich die Verbindung des Kupfers mit dem Selen sehr gut durch Chlorgas zerlegt werden.

Trennung des Selens vom Silber. — Wenn die Verbindung in Salpetersäure gelöst worden ist, so wird aus der Lösung das Silberoxyd als Chlorsilber abgeschieden. Auch das Selensilber wird in Salpetersäure gelöst, und die Lösung eben so behandelt. In verdünnter Salpetersäure löst sich das Selensilber ziemlich schwer, in concentrirter Salpetersäure hingegen ziemlich leicht auf.

Werden Selensilber oder selenichtsaures Silberoxyd mit einem Gemenge von kohlensaurem Alkali und Schwefel geschmolzen, und wird die geschmolzene Masse mit Wasser behandelt, so enthält das ungelöste Schwefelsilber nur geringe Mengen von Selen. Es ist nicht untersucht worden, ob durch wiederholtes Schmelzen mit kohlensaurem Alkali und Schwefel das Silber vollständig vom Selen getrennt werden kann.

Wird Selensilber in einer Atmosphäre von Wasserstoffgas geglüht, so verliert es Selen, aber es ist bei Anwendung von Rothglühhitze nicht möglich, alles Selen vom Silber zu verjagen; es bleibt ein schwarzes Selensilber mit einem geringeren Selengehalte zurück.

Die Zerlegung des Selensilbers, das in der Natur vorkommt, kann sehr leicht durch Chlorgas bewirkt werden.

Trennung des Selens vom Quecksilber. — Die Trennung des Selens vom Quecksilber und die der Säuren des Selens von den Oxyden dieses Metalls hat dadurch eine besondere Wichtigkeit, daſs das Selenquecksilber in der Natur sehr verbreitet zu sein scheint, und sehr viele Selenmineralien gröſsere oder geringere Mengen von Selen-

quecksilber enthalten. Ueberall da, wo sich Spuren von Selen finden, findet man auch häufig Spuren von Quecksilber.

Das Selenquecksilber wird (wie das Schwefelquecksilber) durch Erhitzen mit Salpetersäure nicht angegriffen. Durch Königswasser hingegen erfolgt eine schnelle Einwirkung, wenn es damit erhitzt wird.

Man kann die Menge des Quecksilbers in den selenhaltigen Verbindungen durch Erhitzen derselben mit Kalkerde bestimmen, indem man so verfährt, wie es S. 188 beschrieben ist. Besser aber ist es, die Zersetzung auf nassem Wege zu bewirken, weil man dann alle Bestandtheile der Verbindung besser zu bestimmen im Stande ist. Die Verbindungen werden in Salpetersäure oder in Königswasser aufgelöst. Zu der salpetersauren Lösung muſs Chlorwasserstoffsäure hinzugefügt werden. Man verdünnt die Lösung mit vielem Wasser, und fügt zu derselben phosphorichte Säure (durch Zerflieſsen des Phosphors erhalten). Bei der groſsen Verdünnung und bei gewöhnlicher Temperatur wird dadurch die selenichte Säure nicht reducirt, wohl aber alles Quecksilberchlorid vollständig in Quecksilberchlorür verwandelt. Nachdem Alles länger als 24 Stunden bei gewöhnlicher Temperatur gestanden, wird das Quecksilberchlorür filtrirt und in der filtrirten Flüssigkeit die selenichte Säure durch schweflichte Säure zersetzt.

Wenn man Selenquecksilber durch Erhitzen in Chlorgas zersetzt, so wird nicht nur alles Selen, sondern auch alles Quecksilber als Chlorid verflüchtigt. Aber das in der Natur vorkommende Selenquecksilber enthält oft viel Schwerspath und Kalkspath, von welchen es schwer und nicht vollkommen mechanisch zu trennen ist. Durch Digestion mit Chlorwasserstoffsäure kann es vom Kalkspath gereinigt werden; durch die Behandlung mit Chlorgas bleibt in der Glaskugel der Schwerspath unzersetzt zurück.

Trennung des Selens vom Blei. — Die verschiedenen Arten des in der Natur vorkommenden Selenbleis werden am zweckmäſsigsten durch Chlorgas auf die weiter unten zu beschreibende Weise zersetzt. Da sie fast alle Selenquecksilber enthalten, so kann dies auf diese Weise besonders gut bestimmt werden, indem alles Quecksilber vollständig als Chlorid mit dem Selenchlorid verflüchtigt wird. Das rückständige Chlorblei darf nicht zu stark erhitzt werden, weil sonst leicht etwas davon verflüchtigt werden kann.

Die oxydirten Verbindungen des Selens mit dem Blei werden, wenn sie selenichte Säure enthalten, in möglichst wenig Salpetersäure gelöst. Man verdünnt die Lösung mit Wasser, und setzt ein Achtel vom Volumen derselben an Alkohol, und darauf verdünnte Schwefelsäure hinzu Das erhaltene schwefelsaure Bleioxyd wird mit verdünntem Alkohol ausgewaschen. In der filtrirten Flüssigkeit wird die selenichte Säure zersetzt, nachdem vorher der Alkohol verjagt und die Salpetersäure durch Chlorwasserstoffsäure zerstört worden ist.

Das Selenblei wird nach seiner Lösung in Salpetersäure eben so behandelt. Es löst sich darin auf, wenn es frei von Selenquecksilber und von Schwefelblei ist.

Die Verbindung der Selensäure mit dem Bleioxyd hingegen ist in Salpetersäure sehr schwer und fast nicht vollständig löslich. Man suspendirt sie in Wasser, und leitet einen Strom von Schwefelwasserstoffgas hindurch. Es wird dadurch nach und nach Schwefelblei erzeugt, während Selensäure sich in Wasser löst. Wenn das Selen in derselben bestimmt werden soll, so reducirt man sie vermittelst Chlorwasserstoffsäure zu selenichter Säure, und zersetzt diese mit schweflichter Säure.

Das Selenblei sowohl, so wie auch die oxydirte Verbindung des Selens mit dem Blei können noch auf eine andere Weise zerlegt werden. In sehr fein gepulvertem Zustande mengt man sie innig mit dem sechsfachen Gewicht einer Mischung aus 2 Theilen kohlensaurem Natron und 1 Theil salpetersaurem Kali, bringt das Gemenge in einen geräumigen Platintiegel und bedeckt das Ganze mit einer Schicht des Gemenges von kohlensaurem Natron und salpetersaurem Kali. Hierauf erhitzt man den Tiegel allmälig längere Zeit bis zum dunkeln Rothglühen, wobei die Masse zuletzt gröfstentheils schmilzt. Man mufs sich aber hüten, den Tiegel, auch nur am Boden, bis zum hellen Rothglühen zu bringen, weil dann das Platin von dem sich unter Schäumen zersetzendem salpetersaurem Alkali angegriffen wird. Um ein zu starkes Erhitzen zu vermeiden und doch den ganzen Tiegel bis zum dunkeln Rothglühen zu bringen, kann man eine einfache Spirituslampe anwenden, oder die Flamme eines Bunsenschen Brenners, nachdem man sie vorher durch ein oder zwei Drathnetze hat schlagen lassen.

Die geschmolzene Masse behandelt man nach dem Erkalten mit Wasser. Dasselbe löst selensaures, kohlensaures, salpetrichtsaures und salpetersaures Alkali auf, während Bleioxyd ungelöst zurückbleibt. Die filtrirte Lösung wird mit etwas Schwefelwasserstoffwasser versetzt, von dem sich in geringer Menge ausscheidendem Schwefelblei abfiltrirt, mit Chlorwasserstoffsäure übersättigt, und so lange bei mäfsiger Hitze abgedampft, bis die Salpetersäure darin zerstört, und die Selensäure in selenichte Säure verwandelt worden ist, welche man darauf mit schweflichter Säure zersetzt. Das Bleioxyd löst man in Salpetersäure, wobei oft fremde Stoffe, welche mit dem Selenblei gemengt waren, ungelöst zurückbleiben, das erhaltene Schwefelblei kocht man ebenfalls mit Salpetersäure, vereinigt die Lösungen und fällt vermittelst Schwefelsäure und Alkohol schwefelsaures Bleioxyd.

www.ingramcontent.com/pod-product-compliance
Lightning Source LLC
Chambersburg PA
CBHW031152020526
44117CB00042B/276